Demenz in Medien, Zivilgesellschaft und Familie

Heinrich Grebe

Demenz in Medien, Zivilgesellschaft und Familie

Deutungen und Behandlungsansätze

Heinrich Grebe
Marburg, Deutschland

Die vorliegende Arbeit wurde von der Philosophischen Fakultät der Universität Zürich im Frühjahrssemester 2018 auf Antrag der Promotionskommission, Prof. Dr. Harm-Peer Zimmermann (Hauptverantwortliche Betreuungsperson) und Prof. Dr. Dr. h.c. Andreas Kruse, als Dissertation angenommen.

ISBN 978-3-658-28115-1   ISBN 978-3-658-28116-8   (eBook)
https://doi.org/10.1007/978-3-658-28116-8

Die Deutsche Nationalbibliothek verzeichnet diese Publikation in der Deutschen Nationalbibliografie; detaillierte bibliografische Daten sind im Internet über http://dnb.d-nb.de abrufbar.

Springer VS
© Springer Fachmedien Wiesbaden GmbH, ein Teil von Springer Nature 2019
Das Werk einschließlich aller seiner Teile ist urheberrechtlich geschützt. Jede Verwertung, die nicht ausdrücklich vom Urheberrechtsgesetz zugelassen ist, bedarf der vorherigen Zustimmung des Verlags. Das gilt insbesondere für Vervielfältigungen, Bearbeitungen, Übersetzungen, Mikroverfilmungen und die Einspeicherung und Verarbeitung in elektronischen Systemen.
Die Wiedergabe von allgemein beschreibenden Bezeichnungen, Marken, Unternehmensnamen etc. in diesem Werk bedeutet nicht, dass diese frei durch jedermann benutzt werden dürfen. Die Berechtigung zur Benutzung unterliegt, auch ohne gesonderten Hinweis hierzu, den Regeln des Markenrechts. Die Rechte des jeweiligen Zeicheninhabers sind zu beachten.
Der Verlag, die Autoren und die Herausgeber gehen davon aus, dass die Angaben und Informationen in diesem Werk zum Zeitpunkt der Veröffentlichung vollständig und korrekt sind. Weder der Verlag, noch die Autoren oder die Herausgeber übernehmen, ausdrücklich oder implizit, Gewähr für den Inhalt des Werkes, etwaige Fehler oder Äußerungen. Der Verlag bleibt im Hinblick auf geografische Zuordnungen und Gebietsbezeichnungen in veröffentlichten Karten und Institutionsadressen neutral.

Satz/Layout: Satzzentrale GbR, Marburg

Springer VS ist ein Imprint der eingetragenen Gesellschaft Springer Fachmedien Wiesbaden GmbH und ist ein Teil von Springer Nature.
Die Anschrift der Gesellschaft ist: Abraham-Lincoln-Str. 46, 65189 Wiesbaden, Germany

Danksagung

Von Herzen danken möchte ich zunächst jenen Menschen, denen ich bei der Arbeit an der vorliegenden Studie begegnen durfte – in den von mir durchgeführten Interviews, in meinen teilnehmenden Beobachtungen. Diese Begegnungen stellen nicht nur eine unerlässliche Grundlage der Studie dar, sie sind zugleich auch eine große persönliche Bereicherung gewesen. Ich denke immer wieder an das Gehörte und an das Erlebte zurück und fühle mich den Unterstützer*innen meiner Forschung sehr verbunden.

Ganz herzlicher Dank gebührt weiter meinem akademischen Lehrer Prof. Dr. Harm-Peer Zimmermann. Er hat meine Untersuchung als Erstgutachter mit großem Einsatz gefördert. Seine ebenso hilfreichen wie wertschätzenden Kommentare und Überlegungen sind überaus prägend für mich gewesen.

Weiter möchte ich meinen herzlichen Dank an den Zweitgutachter dieser Studie richten – an Prof. Dr. Dr. h.c. Andreas Kruse. Der Kontakt zu ihm war stets überaus inspirierend und wegweisend; seine Bereitschaft, sich als Zweitgutachter zu engagieren, erfüllt mich mit großer Freude.

Der Volkswagen Stiftung danke ich vielmals für die Förderung des Forschungsprojektes »Gutes Leben im hohen Alter angesichts von Verletzlichkeit und Endlichkeit«. Als Mitarbeiter in besagtem Projekt konnte ich einige wichtige konzeptionelle und empirische Ausgangspunkte für meine Studie schaffen.

Für ihre unbedingte Unterstützung und für ihren andauernden Zuspruch danke ich weiter herzlichst meiner Frau Stefanie Grebe sowie meinen Töchtern Klara und Frieda. Herzlich danken möchte ich weiter meinen Eltern Helga und Heinz-Georg Grebe und meiner Schwester Helena Grebe. Sie waren und sind mir ein entscheidender Rückhalt. Nicht zuletzt sei meiner Schwägerin Sabrina Rocholl viele Male gedankt. Sie unterstützte mich auf engagierte und sorgfältige Weise bei einer formalen Korrektur der Studie. Abschließend danke ich Simone Tavenrath vom Team der Satzzentrale für die Layoutgestaltung.

Verzeichnis der Grafiken und Tabellen

Grafik 1:	Anzahl Artikel mit den Titelstichwörtern »demenz*«, »alzheimer*« und/oder »dement*«; Quelle: BILD; Zeitraum: 01.01.1980 bis 31.12.2016	87
Grafik 2:	Anzahl Artikel mit den Titelstichwörtern »demenz*«, »alzheimer*« und/oder »dement*«; Quelle: SZ; Zeitraum: 02.01.1992 bis 31.12.2016	87
Grafik 3:	Anzahl Artikel mit den Titelstichwörtern »demenz*«, »alzheimer*« und/oder »dement*«; Quelle: FAZ; Zeitraum: 01.01.1980 bis 31.12.2016	87
Tabelle 1:	Übersicht zu den Gesprächspartner*innen aus dem Bereich der zivilgesellschaftlichen Demenzproblematisierung (Teil I)	96
Tabelle 2:	Übersicht zu den Gesprächspartner*innen aus dem Bereich der zivilgesellschaftlichen Demenzproblematisierung (Teil II)	99
Tabelle 3:	Übersicht zu den Gesprächspartner*innen aus dem Bereich der familiären Demenzproblematisierung	101

Anmerkungen

- Wo das ohne Nachteile für die Lesbarkeit des Textes möglich ist, versuche ich, unterschiedliche Geschlechter sichtbar zu machen. Das geschieht vor allem in einer Form, wie sie im folgenden Beispielsatz zur Anwendung kommt: »Helfer*innen der familiären Demenzsorge«.
- Kursivierungen und Großschreibungen in den verwendeten Zitaten entsprechen den jeweiligen Quelltexten.
- Auslassungen aus Zitaten zeige ich mit »[...]« an.
- Werden einzelne Sätze aus Zitaten abgekürzt, so steht an deren Ende »[.]«.
- Erläuternde Anmerkungen innerhalb von Zitaten stehen in eckigen Klammern. Beispielhaft sei dazu der folgende Auszug aus einem von mir erhobenen Gespräch angeführt: »›Ach, was ist denn das für eine Musik‹, sagt [mein Mann]. Ich sage: ›Das ist Mozart, das ist ein Klavierkonzert.‹« Ebenso habe ich Worteinfügungen zur syntaktischen Anpassung von Zitaten in eckigen Klammern gesetzt. Dazu gleichfalls ein Beispiel: »Hier wurde festgestellt, dass die Grundlage derartiger präventiver Empfehlungen ›oft nicht mehr als blanke Theorie [ist]‹.« Eckige Klammern finden zudem Verwendung, um Groß- und Kleinschreibungen von Zitaten an den textlichen Zusammenhang anzupassen, in den sie eingefügt werden. Beispiel: »[E]in erwachsener Mensch kann sich unmöglich zu einem Kind zurückentwickeln.«
- Angaben zu Online-Quellen haben die folgende Form: Deutsche Alzheimer Gesellschaft e.V. (Internet), *Finanzierung*.

Inhaltsverzeichnis

1   **Einleitung: Fragestellung und Aufbau der Analyse** 1

2   **Theoretische Grundlagen: Der Begriff der Problematisierung** . . . 9

    Vom Wahnsinn zur Geisteskrankheit:
    Die historische Wandelbarkeit von Problemen 9

    Zum Zusammenhang von Problemen, Diskursen und Macht 15

    Subjektkonstitution via Selbst-Problematisierung 21

    Problematisierungen als Antworten auf Schwierigkeiten 28

    Die kritische Dimension der Analyse von Problematisierungen . . . 35

    Die kulturwissenschaftliche Relevanz des
    Problematisierungsbegriffs 44

    Problematisierung von Demenz:
    Theoretische Leitlinien der Analyse 47

3   **Methoden und Quellen der Problematisierungsanalyse** 51

    How to do Problematisierungsanalyse? – oder:
    Auf der Suche nach dem richtigen Werkzeug 51

    Verfolgen als methodische Technik 56

    Bereiche der Problematisierung von Demenz 62

    Datenerhebungsmethoden und Quellenkorpus 80

    Datenauswertung: Auf der Spur von Interpretationen und
    Behandlungsformen 103

    Methodologische und forschungsethische
    Selbst-Problematisierung 109

| 4 | Die wissenschaftliche Demenzproblematisierung | 115 |

Medizin I: Merkmale, Ursachen und Verbreitung
demenzieller Erkrankungen. 115

Medizin II: Diagnose, Therapie und Prävention
demenzieller Erkrankungen. 123

Historische Entwicklung:
Die (Wieder-)Entdeckung der Alzheimer-Demenz 137

»Bringing the social back in«:
Erweiterte Blickwinkel der Forschung zu Demenz 145

»Dementia studies«: Aktuelle Tendenzen 160

| 5 | Empirischer Teil A: Demenz – Probleminterpretation | 167 |

5.1 Zur medialen und lebensweltlichen Bedeutung des medizinischen Demenzkonzepts 167

»Demenz ist eine Gehirnerkrankung«:
Die mediale Popularisierung medizinischer Inhalte 167

»Jetzt hat das Dings doch mal Hand und Fuß«:
Lebensweltliche Relevanzen der Medikalisierung von Demenz... 170

Psychodynamische Interpretationen: Perspektiven auf die
Ursachen von Demenz abseits des medizinischen Mainstreams .. 178

Medikalisierungskritiken: »Demenz ist keine Krankheit« 181

5.2 Demenz als Problem der Betroffenen 192

Die metaphorische Dimension der Demenzproblematisierung... 192

Metaphorische Deutungskonzepte I:
Menschen mit Demenz sind abwesend, unten und leer. 199

Metaphorische Deutungskonzepte II:
Von zwischenmenschlichen Brücken, Momenten des
Aufblühens und dauerhaften Inhalten 214

5.3　Demenz als Problem von Familie und Gesellschaft 225

　　 Familiäre Demenzsorge I:
　　 Physische und psychische Schwierigkeiten 225

　　 Familiäre Demenzsorge II:
　　 Vom Reinwachsen, Rüberkommen und Sinn-Finden 245

　　 Kostspielige »Epidemie«:
　　 Demenz als gesamtgesellschaftliches Problem 255

5.4　Probleminterpretation – Zusammenfassung 266

6　　Empirischer Teil B: Demenz – Problembehandlung 275

6.1　Bewältigungsstrategien von Demenzbetroffenen und der
　　 Diagnoseprozess.. 275

　　 Verbergen, kompensieren, akzeptieren: Die direkt Betroffenen
　　 und ihr Umgang mit dem Problem Demenz.................. 275

　　 »Alzheimer oder zu viel Stress? Machen Sie den Test!«:
　　 Printmediale Anleitungen zu einer Demenzdiagnose 285

　　 Vom Verdacht zum Befund: Anfänge der familiären
　　 Problembehandlung 289

6.2　Medikamentöse und präventive Demenztherapien 297

　　 (Un-)Wirksame Pillen:
　　 Kausale und symptomatische Therapiemittel 297

　　 »Currywurst gegen Alzheimer«:
　　 Der Ansatz der Prävention................................ 308

　　 »Der wichtigste Faktor in der Behandlung der Demenz«:
　　 Die Maßnahme der sozialen Versorgung..................... 313

6.3 **Die Praxis der Demenzsorge: Organisation und Aufteilung** ... 316

»... weil ihr das allein nicht stemmen könnt«:
Sorgende Angehörige und die Notwendigkeit einer
externen Unterstützung 316

Helfer*innen der familiären Demenzsorge 320

»Wichtig ist halt einfach, dass man den Kontakt behält«:
Die Heimunterbringung 331

6.4 **Ethische und kommunikative Grundprinzipien der Demenzsorge**... 339

»... dass er Lücken haben darf, Schwächen haben
darf und dass er trotzdem wertgeschätzt wird«:
Das Prinzip der Anerkennung.............................. 339

»Zugänge zu anscheinend unerreichbaren Menschen«:
Das Prinzip der kommunikativ-hermeneutischen Sensibilität.... 346

Ein »gerüttelt Maß an Geduld und Frustrationstoleranz«:
Das Prinzip der Selbstkontrolle............................. 357

6.5 **Sorgepraktiken zur Behandlung von körperlichen, kognitiven und emotionalen Schwierigkeiten Demenzbetroffener** 365

Grundversorgung: Ernährung und Hygiene 365

»Griechischer Wein« und »Bällchenspielen«:
Physische und kognitive Aktivierung........................ 381

»... wenn jemand, den man gerne hat, so richtig also verzweifelt
ist und weint«: Emotionale Fürsorge 389

6.6 **Suizid als ultima ratio der Behandlung des Problems Demenz**........ 399

»... dann möchte ich das mir von Gott geschenkte Leben zurück geben«: Die Option des (un-)assistierten Suizids 399

»Aber schön ist es doch!«: Gegenstimmen zur Möglichkeit des Suizids 404

6.7 **Problembehandlung – Zusammenfassung** 410

7 **Schluss** 419

»Demenz und Gesellschaft«: Heilung und Sorge als Antwort auf demenzielle Beeinträchtigungen und deren Begleiterscheinungen 419

Re-Problematisierung der Demenzinterpretation: Kritik der Kritik an gesellschaftlichen Bildern von Demenz 425

Re-Problematisierung der Demenzbehandlung: Kontrolle der Sorgegeber – Kontrolle der Sorgeempfänger........ 431

Anhang 439

Primärquellen: Monographien 439

Primärquellen: Zeitungsartikel 439

Sekundärliteratur 473

Internetseiten 510

Interviewleitfäden 511

Transkriptionsregeln 513

1 Einleitung: Fragestellung und Aufbau der Analyse

In den letzten Dekaden des 20. Jahrhunderts setzte eine intensive Auseinandersetzung mit den Phänomen Demenz ein.[1] Vielfältige Gründe, die ich später noch näher darstelle, haben zu dieser bis heute anhaltenden Entwicklung beigetragen. Mit Michel Foucault lässt sich das Geschehen als Prozess einer umfassenden »Problematisierung« von Demenz kennzeichnen.[2] Der besagte Problematisierungsprozess fand und findet in unterschiedlichen gesellschaftlichen Bereichen statt: in den Wissenschaften, in gesundheits- und pflegesystemischen Institutionen, im lebensweltlichen Alltag, in bürgerschaftlichen Hilfs- und Unterstützungsinitiativen, in der Politik etc. Nicht zuletzt sind auch die Medien stark an der Problematisierung von Demenz beteiligt. Einen ersten Einblick in die mediale Demenzproblematisierung geben die folgenden Schlagzeilen einiger ausgewählter Pressetexte: »Fluch Alzheimer«[3]; »Die tickende Zeitbombe Demenz«[4]; »Das Volksleiden Alzheimer«[5].

Der foucaultsche Problematisierungsbegriff basiert auf der Annahme, dass Probleme nicht ohne Weiteres existieren – vielmehr fragte Foucault auf Grundlage dieses Begriffes danach, wie »und warum bestimmte Dinge (Verhalten, Erscheinungen, Prozesse) zum Problem wurden«.[6] Ulrike Klöppel erläutert dazu: »Indem Foucault das Problem als Substantiv, das als Gegebenheit akzeptiert wird, auf das Verb ›problematisieren‹ zurückführt, verweist er auf den gesellschaftlichen Konstruktionsprozess von Problemen[.]«[7]

Solche Prozesse zeichnen sich aus foucaultscher Perspektive einerseits dadurch aus, dass hier spezifische Schwierigkeiten als ein eigenständiges Problem gedeutet bzw. konzeptionalisiert werden. Das Beispiel der medizinischen Demenzproblematisierung veranschaulicht das ganz exemplarisch:

---

1 Vgl. Ballenger 2006, Holstein 2000, Berrios 1990, Fox 1989.
2 Foucault 1996a, S. 178.
3 Bild Zeitung v. 24.09.1994.
4 Frankfurter Allgemeine Zeitung v. 09.09.2008.
5 Süddeutsche Zeitung vom 25.05.2000.
6 Foucault 1996a, S. 178.
7 Klöppel 2010a, S. 255.

Die Medizin ging seit den 1970er und 1980er Jahren verstärkt dazu über, kognitive und behaviorale Schwierigkeiten bzw. Beeinträchtigungen, wie sie im höheren und hohen Alter gehäufter auftreten, als Ausdruck einer hirnorganischen Erkrankung zu interpretieren, die den Namen Alzheimer-Demenz trägt.

Wie Foucault weiter ausgeführt hat, manifestieren sich Problematisierungsprozesse nicht nur auf der interpretatorisch-konzeptionellen Ebene, sie etablieren zudem auch Ansätze einer Problembehandlung. So ist beispielsweise die medizinische Demenzproblematisierung mit der Entwicklung und der therapeutischen Anwendung von pharmakologischen Präparaten wie Cholinesterase-Hemmern verbunden, die zu einer Verbesserung bzw. zur Erhaltung der geistigen Leistungsfähigkeit von Demenzbetroffenen beitragen sollen.[8]

Foucault hat jedoch auch betont, dass es verschiedene Arten und Weisen geben kann, bestimmte schwierige Phänomene und Situationen als Problem zu interpretieren und zu behandeln. Dieser Aspekt tritt deutlich am Beispiel einer sehr einflussreichen sozialpsychologischen Form der Demenzproblematisierung zutage. So basiert der von Tom Kitwood entwickelte Ansatz einer person-zentrierten Pflege auf der Annahme, dass die kognitiven und behavioralen Schwierigkeiten von Menschen mit Demenz zum Teil Folge einer gesellschaftlichen Exklusion und Missachtung sind – und nicht das Ergebnis pathologischer hirnorganischer Entwicklungen. Kitwood hat dazu in der Einleitung seines Hauptwerkes »Demenz. Der person-zentrierte Ansatz im Umgang mit verwirrten Menschen« geschrieben:

> »Ich begann mich zu fragen, ob nicht wenigstens einige der Symptome, die gewöhnlich beobachtet werden, eher auf ein Versagen im Verständnis und in der Pflege als auf ein strukturelles Versagen des Gehirns zurückzuführen sein könnten.«[9]

Die bis hier skizzierten Überlegungen Foucaults haben der vorliegenden Studie einen fundamentalen Impuls gegeben: Diese Analyse widmet sich der Problematisierung von Demenz – sie will klären, wie das Phänomen Demenz aktuell als ein Problem interpretiert und behandelt wird.

---

8   Vgl. Förstl/Kurz/Hartmann 2011, S. 64f.
9   Kitwood 2013, S. 23.

Ich habe schon erwähnt, dass die Demenzproblematisierung der Gegenwart ein äußerst facettenreicher und komplexer Zusammenhang ist. Aus diesem Grund konzentriert sich meine Untersuchung auf drei spezifische – gesellschaftlich elementare – Problematisierungsbereiche:

Erstens ist das der Bereich der populärmedialen Demenzproblematisierung. Der Bereich der Massenmedien erfährt deshalb besondere Beachtung, da es sich bei diesem um eine entscheidende Instanz für die gesellschaftliche Identifikation und Diskussion von Problemen handelt.[10] Medientexte geben etwa wieder, was in wissenschaftlichen Spezialdiskursen wie dem Diskurs der Medizin zum Problem Demenz ausgesagt wird. Genauso spiegeln Medien lebensweltliche Problemperspektiven, zum Beispiel wenn sie einzelne Demenzbetroffene oder deren Angehörige porträtieren. Die besondere Bedeutung massenmedialer Problemrepräsentationen liegt zudem in dem Umstand begründet, dass diese auch Orientierungen für den praktischen Umgang mit Demenz geben können und so konkrete Problembehandlungsweisen anleiten. Für die Analyse der medialen Demenzproblematisierung wurden verschiedene Arten von Quellen ausgewählt. Zum einen handelt es sich hier um insgesamt 1016 Presseartikel, die zwischen 1980 und 2016 in der Bild Zeitung (BILD), der Süddeutschen Zeitung (SZ) und der Frankfurter Allgemeinen Zeitung (FAZ) erschienen sind.[11] Zum anderen wurden sechs Buchpublikationen ausgewählt und untersucht: zwei Ratgeber zum Thema der Versorgung von Menschen mit Demenz, zwei literarische Erfahrungsberichte von Angehörigen demenzbetroffener Personen sowie zwei Sachbücher zur Demenzthematik.[12]

---

10 Vgl. beispielsweise Heimerdinger 2006, S. 67.
11 Die Namen dieser Zeitungen werden in der Folge durchgängig mit BILD, SZ und FAZ abgekürzt.
12 Aus dem Feld der Ratgeberliteratur wurde der Titel »Der 36-Stunden-Tag. Die Pflege des verwirrten älteren Menschen, speziell des Alzheimer-Kranken« von Nancy L. Mace und Peter V. Rabins (1986) sowie der Titel »Das Herz wird nicht dement. Rat für Pflegende und Angehörige« von Udo Baer und Gabi Schotte-Lange (2013) berücksichtigt. Aus dem Feld der demenzbezogenen Erfahrungsberichtsliteratur wurde der Titel »Der alte König in seinem Exil« von Arno Geiger (2014) sowie der Titel »Demenz. Abschied von meinem Vater« von Tilman Jens (2010) selektiert. Aus dem Feld demenzbezogener Sachbücher wurde der Titel »Das 4. Lebensalter. Demenz ist keine Krankheit« von Reimer Gronemeyer (2013) sowie der Titel »Vergiss Alzheimer! Die Wahrheit über eine Krankheit, die keine ist« von Cornelia Stolze (2013) einbezogen.

Neben der medialen Demenzproblematisierung berücksichtigt die Analyse zweitens die zivilgesellschaftliche Problematisierung von Demenz. Dies geschieht zum einen auf Grundlage von fünf problemzentrierten Interviews, die mit Vorstandsmitgliedern und anderen Mitarbeiterinnen einer lokalen Alzheimer Gesellschaft geführt wurden.[13] Zum anderen habe ich über den Verlauf von insgesamt neun Wochen eine von dieser Alzheimer Gesellschaft ausgerichtete Betreuungsgruppe für Menschen mit Demenz beforscht. Dies geschah auf Basis des Verfahrens der teilnehmenden Beobachtung.[14] Die Arbeit der Alzheimer Gesellschaft ist im Rahmen meiner Analyse deshalb überaus beachtenswert, da die Organisation zum Problem Demenz aufklärt und sie zudem konkrete Behandlungsansätze konzipiert und anbietet. Aufklärungsarbeit leistet die Alzheimer Gesellschaft etwa über schriftliche Informationsbroschüren, über Sprechstunden oder auch über Gesprächs- bzw. Selbsthilfegruppen für Betroffene und Angehörige. Des Weiteren offeriert die Alzheimer Gesellschaft diverse praktische Hilfs- und Unterstützungsangebote für den Umgang mit dem Problem Demenz. Hierzu gehört auch die von mir beforschte Betreuungsgruppe: Sie soll einerseits Menschen mit Demenz positive Erfahrungs- und Begegnungsmöglichkeiten eröffnen; andererseits geht es hier darum, Angehörigen, die ein demenzbetroffenes Familienmitglied versorgen, einen zeitlichen Freiraum ohne Sorgeverantwortung zu schaffen.

Drittens nimmt die Untersuchung auf den Bereich der familiären Demenzproblematisierung Bezug. Datengrundlage dafür sind insgesamt neun problemzentrierte Interviews mit Personen, die einen demenzbetroffenen Ehepartner bzw. ein demenzbetroffenes Elternteil versorgt haben. Zusätzlich wurde ein öffentliches Gruppengespräch mit drei Angehörigen von Betroffenen ausgewertet, das deren demenzbezogenen Erfahrungen und Praktiken thematisierte. Der familiäre Bereich ist zunächst deshalb ein zentraler Bereich der Demenzproblematisierung, da sich demenzielle Beeinträchtigungen in verschiedener Hinsicht auf die Familie und auf das Leben der Angehörigen von Betroffenen auswirken. Wichtig ist der familiäre Kontext zudem deshalb, da demenzielle Beeinträchtigungen einer Person sehr

---

13 Zur Methode des problemzentrierten Interviews vgl. Witzel 1985.
14 Zum Programm der teilnehmende Beobachtung vgl. Cohn 2014 sowie Schmidt-Lauber 2007.

Einleitung: Fragestellung und Aufbau der Analyse 5

häufig zuerst von deren Familie bemerkt werden.[15] Angehörige sind es so vielfach auch, die eine medizinische Abklärung der Situation, also eine diagnostische Untersuchung anbahnen. Hinzu kommt weiter, dass die Behandlung des Problems Demenz nach der Diagnose vorwiegend und lange Zeit im familiär-häuslichen Umfeld erfolgt: Zwischen 60% und 75% der Demenzbetroffenen in Deutschland werden hier unterstützt und versorgt, gleichwohl es in fortgeschrittenen Demenzphasen in vielen Fällen zu einer Heimunterbringung kommt.[16] Angesichts eines solchen Schrittes verliert das familiäre Umfeld jedoch nicht zwangsläufig an Bedeutung. Im Gegenteil begleiten Angehörige demenzbetroffene Familienmitglieder oftmals auch dann noch sehr intensiv, wenn diese in einer Pflegeeinrichtung leben.[17]

Die Auswertung der verschiedenen Quellen erfolgt im Rahmen eines methodischen Modells der Problematisierungsanalyse, das eigens für die vorliegende Studie entwickelt wurde. Auf Grundlage von diesem Modell arbeite ich nicht nur heraus, welche Probleminterpretationen sich in den erhobenen Quellen abzeichnen und welche konkreten Problembehandlungsweisen die Quellen thematisieren bzw. anschaulich machen. Es wird des Weiteren auch gezeigt, wie diese Interpretations- und Behandlungsformen über die unterschiedlichen Problematisierungsbereiche von Medien, Zivilgesellschaft und Familie hinweg zirkulieren. Zudem geht es ganz besonders darum zu klären, welche potenziellen und manifesten praktischen Effekte die vorfindlichen Probleminterpretationen und -behandlungen haben. Entscheidend ist dabei der integrative Ansatz meiner Studie, denn sie erschließt sowohl mediale Quellen als auch Alltagserfahrungen und -praktiken, von denen Akteur*innen der Alzheimer Gesellschaft sowie Angehörige Demenzbetroffener berichten; zusätzlich werden direkte Beobachtungen zu einem Angebot der zivilgesellschaftlichen Demenzhilfe analytisch eingebunden.

---

15 Vgl. Leung et al. 2011 sowie Hinton/Franz/Friend 2004.
16 Die Angaben zur häuslich-familiären Demenzsorge in Deutschland variieren. Ich habe hier zwei Werte angegeben, die häufiger in der wissenschaftlichen Forschung angeführt werden. Der erste dieser Werte geht auf Jan Wojnar (2004) zurück, der zweite auf Jens Bruder (2011).
17 Vgl. Robinson/Reid/Cooke 2010.

Einen innovativen Charakter besitzt die Untersuchung damit erstens in der Hinsicht, dass sie sich Bereichen, die in der Demenzforschung häufig getrennt voneinander betrachtet werden, auf verbindende Art und Weise nähert. Zweitens ist die Studie in der Hinsicht innovativ, als sie erstmals den foucaultschen Problematisierungsbegriff in theoretischer wie methodischer Hinsicht für die Demenzforschung fruchtbar zu machen sucht. Drittens kommt der Analyse deshalb eine innovative Bedeutung zu, da sie einen umfassenden Beitrag zu einer kulturwissenschaftlich fundierten Demenzforschung leistet, die im deutschsprachigen Raum noch relativ selten betrieben wird.

Die Darstellung der Untersuchung nimmt folgenden Aufbau an:

Kapitel 2 dient einer ausführlichen Darstellung der theoretischen Grundlagen. Vor allem wird der Problematisierungsbegriff Foucaults in vertiefter Weise expliziert und in Bezug zu einigen weiteren zentralen theoretischen Begriffen und Konzepten des foucaultschen Werkes gesetzt. Zudem thematisiere ich hier die Frage, inwiefern eine Problematisierungsanalyse sensu Foucault mit einer kritischen Intention verbunden ist. Das Kapitel schließt damit, dass die vorangegangenen Ausführungen in drei theoretische Analyseleitlinien übertragen werden.

Kapitel 3 widmet sich zunächst einer Beschreibung des methodischen Vorgehens. Im Rahmen der Methodendiskussion nehme ich Bezug auf ein politikwissenschaftliches Modell der Problematisierungsanalyse, das Carol Bacchi vorgestellt hat.[18] Zudem adaptiere ich ein wesentliches methodisches Verfahren der »multi-sited ethnography«.[19] Dieses Verfahren besteht darin, dass personale, materielle oder diskursiv-ideelle Gegenstände über verschiedene Untersuchungsebenen bzw. Untersuchungsbereiche hinweg verfolgt werden. In dem sich hieran anschließenden Teil von Kapitel 3 erörtere ich detailliert die Bildung und die Zusammensetzung des Quellenkorpus. Am Ende dieses Kapitels nehme ich noch eine methodologische und forschungsethische Selbst-Problematisierung zu der von mir entwickelten Studie vor.

---

18 Vgl. Bacchi 2012.
19 Marcus 1995/2011.

Kapitel 4 nimmt die wissenschaftliche Auseinandersetzung mit Demenz in den Blick. Die ersten beiden Teile des Kapitels fassen zusammen, wie das Phänomen Demenz derzeit in der Medizin problematisiert wird. Einerseits geht es hier darum, was der medizinische Diskurs zu den Merkmalen, den Ursachen und zur Verbreitung von Demenz feststellt. Andererseits stehen die Behandlungsansätze von Diagnose, Therapie und Prävention im Fokus. Daraufhin widmet sich Kapitel 4 der Geschichte der medizinischen Demenzproblematisierung sowie Perspektiven, Feldern und Ergebnissen der nicht-medizinischen Forschung zu Demenz.

Kapitel 5 umfasst Teil A der empirischen Analyse. Ich verdeutliche hier, wie Demenz in den Untersuchungsquellen interpretiert wird. Dabei konzentriere ich mich zuerst auf metaphorische Interpretationen, die zeigen, inwiefern Demenz ein Problem für die direkt davon Betroffenen ist. Zweitens stehen solche Probleminterpretationen im Fokus, in denen es um die Lage des familiären Umfeldes von Menschen mit Demenz geht. Drittens widmet sich Kapitel 5 Probleminterpretationen, die Demenz als gesamtgesellschaftliches Problem kennzeichnen. Zuletzt nehme ich eine Zusammenfassung der Ergebnisse des Untersuchungsteils A vor.

Kapitel 6 beinhaltet Teil B der empirischen Studie und widmet sich der Praxis der Problembehandlung. Zu Beginn geht es um Umgangsweisen mit Demenz, wie sie die Betroffenen selbst ausüben. Dann widme ich mich der Problembehandlungsmaßnahme der Demenzdiagnose. Im weiteren Verlauf der Analyse findet die Frage Beachtung, welche Bedeutung einer medikamentösen und präventiven Demenzbehandlung in den Quellen beigemessen wird. Es folgt eine umfangreiche Auseinandersetzung mit der Behandlungspraxis der psychosozialen Demenzsorge. Zunächst schildere ich, wie Angehörige die Versorgung demenzbetroffener Familienmitglieder organisieren und zwischen verschiedenen Helfer*innen aufteilen. Hiernach beschreibe ich drei wesentliche ethische und kommunikative Prinzipien bzw. Haltungen der Demenzsorge (das Prinzip der Anerkennung, das Prinzip der kommunikativ-hermeneutischen Sensibilität und das Prinzip der Selbstkontrolle). In der Folge spreche ich die Maßnahmen einer ernährungsbezogenen und hygienischen Grundversorgung, einer physischen und kognitiven Aktivierung sowie einer emotionalen Fürsorge an. Im letzten Schwerpunkt von Teil B wende ich mich wieder von der Demenzsorgepraxis ab und setze mich mit der im Korpus verschiedentlich anzutreffenden Vorstellung auseinander, dass – mangels effektiver medizinischer Behandlungsmöglichkeiten – ein Suizid eine Lösung für das Problem Demenz sein könne. Schließlich fasse ich die primären Ergebnisse des Untersuchungsteils B noch einmal zusammen.

Kapitel 7 beendet die Studie. Hier werden die untersuchten Probleminterpretationen und -behandlungsformen noch einmal in resümierender Weise diskutiert und einer abschliessenden Re-Problematisierung unterzogen.

Um sicherzustellen, dass sich die Leser*innen bei der Lektüre leichter orientieren können, führe ich jedes der Kapitel mit einem kurzen Abstract ein, der die inhaltlichen Schwerpunkte der jeweiligen Kapitel aufführt.

2 Theoretische Grundlagen: Der Begriff der Problematisierung

In diesem Kapitel wird der theoretisch grundlegende Begriff der Studie expliziert: Michel Foucaults Begriff der Problematisierung. Am Beispiel der Studie »Wahnsinn und Gesellschaft« geht es erstens um Foucaults Hinweis auf die historische Wandelbarkeit von Problemen. Zweitens thematisiere ich den Zusammenhang von Problemen, Diskursen und Macht. Drittens stelle ich Foucaults Überlegungen zu historischen und aktuellen Formen einer subjektiven Selbst-Problematisierung vor. Viertens führe ich aus, inwiefern Foucault Problematisierungsprozesse als Antworten auf situative Schwierigkeiten verstanden hat. Der fünfte Teil des Kapitels beleuchtet die Frage, worin für Foucault die kritische Dimension einer Untersuchung von Problematisierungen bestand. Sechstens wird die kulturwissenschaftliche Anschlussfähigkeit der Problematisierungstheorie von Foucault diskutiert. Das Kapitel schließt mit einem siebten Teil, in dem auf Basis der vorangegangenen Ausführungen die theoretischen Leitlinien meiner Analyse der Problematisierung von Demenz formuliert werden.

Vom Wahnsinn zur Geisteskrankheit: Die historische Wandelbarkeit von Problemen

Probleme werden oftmals als gegeben betrachtet, sie treten scheinbar ganz ohne unser Zutun auf. Michel Foucault vertrat eine einflussreiche Gegenposition zu dieser Annahme. Er beschrieb Probleme als das Ergebnis einer gesellschaftlichen Wahrnehmungs-, Definitions- und Behandlungspraxis.[1]

---

1 Ich konzentriere mich hier und in der Folge auf den Problematisierungsbegriff von Foucault. Gleichwohl findet auch in verschiedenen anderen Zusammenhängen eine Reflexion darüber statt, wie Phänomene als Problem gedeutet und bearbeitet werden. Explizit erwähnt sei hier John Dewey (2002) und sein Werk »Logik. Theorie der Forschung«. Deweys Ausführungen weisen gewisse inhaltliche Parallelen zu Foucaults Überlegungen auf (vgl. auch Barnett 2015 sowie Rabinow 2011). Diese Parallelen finden im weiteren Verlauf der Darstellung in einigen Fußnoten kursorisch Beachtung. Ein ausgiebigerer Bezug auf Dewey (2002, S. 49/S. 102) bleibt jedoch aus, da bereits der erwähnte Buchtitel anzeigt, dass es Dewey vorrangig um eine »Theorie des Forschungs-

Hieraus folgt: Damit etwas als Problem erscheinen kann, muss es überhaupt erst zu einem solchen gemacht werden.[2] Prozesse der Konstitution von Pro-

---

prozesses« ging – genauer: um die Entwicklung einer »einheitlichen Logik einer Theorie der Forschung«. Sie sollte laut Dewey (2002, S. 102) helfen, das »grundlegende Problem der gegenwärtigen Kultur und des damit verbundenen Lebens« zu bearbeiten. Das besagte Problem bestand für Dewey in einer mangelhaften beiderseitigen Integration von gesundem Menschenverstand und Wissenschaft. Dewey (ebd., S. 98f.) stellte dazu unterscheidend fest, dass der gesunde Menschenverstand sich »mit einem Bereich befasst, der vorherrschend qualitativ ist«, während die Wissenschaft »ihr Substrat in Begriffen von Größe und anderen mathematischen Relationen« formuliert. Weiter zeichnet sich der gesunde Menschenverstand nach Dewey (ebd., S. 99) dadurch aus, dass er insofern »teleologisch ist«, als er sich »direkt und indirekt mit Problemen von Gebrauch und Genuss befasst«, wohingegen die Wissenschaft eine »Eliminierung von ›Zweckursachen‹ aus jedem Bereich, mit dem sie es zu tun hat«, vornimmt: »Sie operiert [...] in Begriffen der ›Wirkursachen‹, ohne Rücksicht auf Zwecke und Werte.« Auch wenn Dewey (ebd., S. 102) damit verschiedene Differenzen zwischen gesundem Menschenverstand und Wissenschaft markierte, zielte seine Publikation gerade darauf ab, eine »fundamentale Einheit der Struktur [bzw. der Logik] der Forschung im gesunden Menschenverstand und in der Wissenschaft« zu belegen. Durch eine konzeptionelle Ausarbeitung dieser (logischen) Einheit versuchte Dewey zu der von ihm intendierten Stärkung der Verbindung von gesundem Menschenverstand und Wissenschaft beizutragen. Foucault beschäftigte sich ebenfalls intensiv mit dem Zusammenhang von lebensweltlichen und akademischen Wissensbeständen. Es handelt sich dabei jedoch nur um einen Schwerpunkt seiner zahlreichen Untersuchungen zu gesellschaftlichen Problematisierungsprozessen. Foucault nahm also Formen, Bedingungen und Wirkungen vielfältiger Problematisierungen in den Blick – seine Analyseperspektive war inhaltlich weiter. Außerdem hat Foucault in diesem Zusammenhang ein sehr umfassendes Bündel an impulsgebenden und richtungsweisenden theoretischen Termini und Konzepten entwickelt. Ebenso sind aus der Foucault-Rezeption einige wichtige methodische Instrumente für empirische kultur- und sozialwissenschaftliche Untersuchungen hervorgegangen. Vor dem Hintergrund dieser Punkte wird deutlich, warum sich nicht Deweys Schrift zur »Theorie der Forschung«, sondern das foucaultsche Werk als zentrale inhaltliche, theoretische und methodische Basis der vorliegenden Untersuchung anbietet.

2   Eine vergleichbare Einschätzung brachte Dewey (ebd., S. 59) in den folgenden Zeilen zum Ausdruck: »Die Umwelt, in der Menschen leben, handeln und forschen, ist nicht einfach eine physische, sondern« ebenso eine kulturelle Umwelt. Probleme, die zur Forschung anregen, erwachsen aus den Beziehungen der Mitmenschen zueinander, und die Organe für den Umgang mit diesen Beziehungen sind nicht nur das Auge und das Ohr, sondern auch die Bedeutungen, die sich im Laufe des Lebens entwickelt haben, zusammen mit der Art und Weise, wie die Kultur samt all ihren Bestandteilen aus

blemen – Problematisierungen – hat Foucault als den zentralen Gegenstand seiner Studien bestimmt:

> »Wie und warum [wurden] bestimmte Dinge (Verhaltensweisen, Erscheinungen, Prozesse) zum *Problem*? Warum wurden zum Beispiel bestimmte Verhaltensformen als ›Wahnsinn‹ gekennzeichnet und klassifiziert, während ähnliche Formen in einem bestimmten historischen Augenblick völlig vernachlässigt wurden[.]«[3]

Die Problematisierung des Wahnsinns war unter anderem Gegenstand von Foucaults Dissertation »Wahnsinn und Gesellschaft« aus dem Jahr 1961.[4] Im Zentrum der auf Europa ausgerichteten Studie stand der Zeitraum vom 16. bis zum 19. Jahrhundert. Grundsätzlich erkannte Foucault die Differenzierung zwischen Wahnsinn und Vernunft als zentral für die europäischen Gesellschaften:

> »Der abendländische Mensch hat seit dem frühen Mittelalter eine Beziehung zu etwas, das er vage benennt mit: Wahnsinn, Demenz, Unvernunft. Vielleicht verdankt die abendländische Vernunft einiges von ihrer Komplexität gerade dieser vagen Daseinsform[.]«[5]

In Hinblick auf den historischen Verlauf der Problematisierung des Wahnsinns unterschied Foucault drei verschiedene Phasen voneinander.[6] Sei-

---

Werkzeugen, Künsten, Institutionen, Traditionen und auf Gewohnheiten beruhenden Überzeugungen überliefert wird.«
3   Foucault 1996a, S. 178.
4   Welche unterschiedlichen Bedeutungen Foucault mit dem Begriff Wahnsinn (französisch: folie) verband, hat Ingrid Kasten (1992, S. 236) nachgezeichnet: »So gebraucht Foucault *folie* bei der Besprechung von Zeugnissen aus dem 15. und 16. Jahrhundert im medizinischen Sinne, also in der Bedeutung ›Geisteskrankheit‹, ›Irresein‹, ›Verrücktsein‹, ›Wahnsinn‹, aber auch in einem ganz gemeinen, eher umgangssprachlichen Sinne, zur Bezeichnung von Verhaltensweisen, die von geltenden sozialen Normen abweichen. Außerdem hat das Wort *folie* bei Foucault eine gleichsam mystische Bedeutungskomponente und kann mit der Vorstellung von Unschuld und Reinheit, dem Besitz geheimen Wissens verbunden sein oder auch als ›eine Bewegung [...], um zu Gott zu gelangen‹ qualifiziert werden.«
5   Foucault 1973, S. 9.
6   Ausdrücklich sei darauf hingewiesen, dass Foucaults Darstellung der unterschiedlichen Phasen der Problematisierung des Wahnsinns auch Widerspruch hervorgerufen hat. Hans Joas (2011, S. 97) stellt so etwa fest: »Für Foucault wurde der Wahnsinnige etwa im Mittelalter als normaler Teil der Schöpfung toleriert und erst im ›Zeitalter der Vernunft‹ aus dem Leben ausgeschlossen und in ›totale Institutionen‹ eingesperrt. Diese Deutung beruht auf einem fatalen Fehlschluß. Die angebliche Toleranz gegenüber

ner Einschätzung nach war der Wahnsinn »im Mittelalter und dann in der Renaissance [...] im gesellschaftlichen Blickfeld als ästhetische oder alltägliche Gegebenheit gegenwärtig«.[7] Anschließend hätten jedoch zunehmend und vorrangig Ausschließungs- und Internierungspraktiken den Umgang mit dem Wahnsinn bzw. mit den als wahnsinnig betrachteten Personen bestimmt: »Seit der Mitte des siebzehnten Jahrhunderts ist der Wahnsinn an dieses Gebiet der Internierung und an die Geste, die ihm dieses Gefängnis als seine natürlich Bleibe zuwies, gebunden.«[8] Nach Foucaults Einschätzung galten die Wahnsinnigen zum damaligen Zeitpunkt vornehmlich als Teil einer ethisch-moralisch defizitären Gesamtheit von Unvernünftigen, zwischen denen in vielen Internierungseinrichtungen nicht weiter unterschieden wurde:

> »Die Internierung ist keine erste Anstrengung auf dem Wege zur Hospitalisierung des Wahnsinns in seinen verschiedenen Krankheitsaspekten, sondern sie stellt vielmehr eine Gleichsetzung der Geisteskranken mit allen anderen Sträflingen dar[.]«[9]

Ab dem späten 18. Jahrhundert erfolgte schließlich die Etablierung der Psychiatrie als »einer medizinischen Wissenschaft vom Wahnsinn«.[10] Foucault betrachtete diese Entwicklung jedoch ausdrücklich nicht als »wirkliche und alleinige Aufklärung über den Wahnsinn als Krankheit«.[11] Besonders stark lehnte er die Vorstellung ab, dass die Betroffenen hier gänzlich aus spezifischen Kontroll- und Zwangsmaßnahmen entlassen worden wären. »Die ›wissenschaftliche‹ Erforschung des Wahnsinns«, so fasst Reiner Ruffing Foucaults Position zusammen, »habe zu nichts anderem geführt, als dass aus einem ›Wahnsinnigen‹ nun ein ›Geisteskranker‹ wurde, der in den entstehenden Kliniken den kritisch kontrollierenden Blicken des Arztes unter-

---

dem Wahnsinnigen beruhte nämlich auf einer radikalen Distanzierung von ihm; er wurde als fundamental anderes Wesen wahrgenommen, das im reich differenzierten Kosmos seinen eigenen Platz einnehme, aber eben gerade nicht Mensch im Vollsinn sei. Der Wahnsinnige ist in diesem Weltbild gerade nicht ein Mensch wie du und ich, sondern quasi Angehöriger einer anderen Gattung.«

7   Foucault 2001a, S. 236.
8   Foucault 1973, S. 71.
9   Ebd., S. 104. Kurz vor dieser Stelle hatte Foucault (ebd., S. 100) jedoch eingeschränkt: »Es wäre nicht völlig, aber teilweise falsch, wollte man behaupten, daß die Wahnsinnigen ganz einfach wie polizeiliche Gefangene behandelt wurden.«
10 Ebd., S. 406.
11 Ruoff 2007, S. 23.

worfen wurde. Zwar seien die äußeren Ketten gelöst worden, aber nur, um den Kranken um so mehr an innere zu binden. Zum Beispiel, indem man ihm in der Klinik zu verdeutlichen versuchte, dass er es ja jederzeit selbst in der Hand habe, durch sein Verhalten entweder angekettet oder in die Freiheit entlassen zu werden.«[12]

Vor dem Hintergrund seiner Analyse dieser unterschiedlichen Problematisierungsformen und -phasen zog Foucault das folgende Resümee:

> »Den Wahnsinn findet man nicht im Naturzustand. Der Wahnsinn existiert nur in einer Gesellschaft, er existiert nicht außerhalb der Formen der Empfindsamkeit, die ihn isolieren, und der Formen einer Zurückweisung, die ihn ausschließen oder gefangen nehmen.«[13]

Foucault ging es hier darum, Folgendes deutlich zu machen: Gesellschaftliche Vorstellungen davon, was Wahnsinn bzw. Geisteskrankheit ist und inwiefern es sich dabei um ein Problem handelt, werden keineswegs von einer Wirklichkeit des Wahnsinns bzw. der Geisteskrankheit bestimmt. Vielmehr gründen diese Vorstellungen auf bestimmten Arten und Weisen, spezifische Verhaltensformen und Erscheinungen wahrzunehmen, einzuordnen, zu erklären, zu bewerten und zu beeinflussen. Die Existenz der betreffenden Verhaltensformen und Erscheinungen hat Foucault ausdrücklich nicht in Frage gestellt, sehr wohl aber die Annahme, der Wahnsinn bzw. die Geisteskrankheit stelle ein universelles, ohne jeden sozialen Einfluss existentes Problem dar.[14] Vielmehr handelt es sich hier um ein Problem, dessen »Inhalt sich mit Zeit und Umständen verändert«[15]:

---

12 Ruffing 2008, S. 33.
13 Foucault 2001a, S. 236. Es handelt sich an dieser Stelle um ein Foucault-Zitat aus einem Interview zu den Ergebnissen von »Wahnsinn und Gesellschaft«.
14 Foucault (1984, S. 701) schrieb dazu: »Sich den Allgemeinheiten des ›Wahnsinns‹, der ›Delinquenz‹ oder der ›Sexualität‹ zu verweigern, soll nicht heißen, dass das, worauf sich diese Begriffe beziehen, nicht existiert, oder dass sie allein Chimären sind, die aus einem unbestimmten Grund erfunden worden sind.« An anderer Stelle führte Foucault (2005j, S. 898) aus: »[M]an hat mich sagen lassen, der Wahnsinn existiere nicht, wohingegen das Problem gerade umgekehrt ist: Es ging darum, zu wissen, wie der Wahnsinn in verschiedenen Definitionen, die man von ihm hat geben können, zu einem gegebenen Zeitpunkt in ein institutionelles Feld integriert werden konnte, das ihn als Geisteskrankheit an einem bestimmten Ort neben anderen Krankheiten konstituierte.«
15 Foucault 1984, S. 701.

»Dort wo man versucht wäre, sich auf eine historische Konstante zu beziehen oder auf ein unmittelbar anthropologisches Merkmal [...], geht es darum, eine ›Singularität‹ auftreten zu lassen. Zu zeigen, dass es [...] gar nicht so evident war, die Wahnsinnigen als Geisteskranke zu betrachten[.]«[16]

Um die Singularität des Problems des Wahnsinns bzw. der Geisteskrankheit »auftreten« lassen zu können, widmete sich Foucault ganz spezifischen Fragen: Was galt zu einem bestimmten Zeitpunkt als Wahnsinn oder als Geisteskrankheit? Wie wurde damit jeweils umgegangen? Auf welchen gesellschaftlichen Faktoren und Zusammenhängen basierte diese Problematisierungspraxis? Foucault brachte damit ein an Friedrich Nietzsche orientiertes Vorgehen der Genealogie zum Einsatz. Dieses zielte nicht darauf, den »evolutionären Fortschritt und anthropologische Wurzeln« der Problematisierung des Wahnsinns bzw. der Geisteskrankheit auszumachen.[17] Vielmehr vollzieht es sich in der »Rekonstruktion der Ursprünge zentraler Parameter [...], die in den Umkreis des Problems gehören«.[18] Eine solche Genealogie legt die spezifische Form und die verschiedenen Grundlagen eines Problematisierungsprozesses offen und macht damit die historisch-konkrete, kontextgebundene Einzigartigkeit (Singularität) des betreffenden Problems deutlich. Diese Einzigartigkeit zeichnet sich umso stärker ab, da ein genealogisches Vorgehen vielfach die kontingente Dimension von Problematisierungen zu Tage treten lässt, das heißt die Nicht-Notwendigkeit ihres Verlaufs, ihre ungeplanten und zufälligen Aspekte. Hierdurch sensibilisiert die genealogische Vorgehensweise auch dafür, dass bei einer veränderten historisch-kontextuellen Ausgangslage ein anderer Verlauf des analysierten Problematisierungsprozesses möglich gewesen wäre: »Die historische Herleitung desubstanzialisiert das Problem[.]«[19]

Im Falle der Problematisierung des Wahnsinns bzw. der Geisteskrankheit kam Foucault zu der Einsicht, dass diese von diversen Faktoren bestimmt wurde: Einen »roten Faden, der zur modernen Psychiatrie führt«, gab es seiner Einschätzung nach nicht, »sondern nur eine Kreuzung unter-

---

16 Foucault 2005a, S. 29.
17 Bublitz 2001, S. 30.
18 Ruffing 2008, S. 107.
19 Ebd., S. 107.

schiedlicher Entwicklungen in der Geschichte«.[20] Foucault zufolge hat beispielsweise die Gleichsetzung der Wahnsinnigen mit allen anderen Personengruppen (Arme, Kriminelle, Libertins, Prostituierte etc.) innerhalb der Internierungseinrichtungen des 17. und 18. Jahrhunderts besonders auch durch den Einfluss von wirtschaftlichen und fürsorgepolitischen Interessen ein Ende gefunden. Michael Rouff erläutert zu diesem Ergebnis von »Wahnsinn und Gesellschaft«:

> »Wenn der Wahnsinn plötzlich nicht mehr in der Masse der Internierten verschwindet, dann verdankt er dies einer sozialen Entwicklung, die sich aus einer ökonomischen Komponente und einer neuen Sozialethik ableitet. Man kann die gesunden Armen zur Arbeit zwingen und man kann die Betreuung der Kranken den Familien aufbürden, aber der ›gemeingefährliche‹ Irre lässt sich nicht in den Bereich des Privaten abschieben.«[21]

Zum Zusammenhang von Problemen, Diskursen und Macht

Trotzdem Foucault betonte, dass die Medizin nicht allein für die Durchsetzung der psychiatrischen Problematisierungsform verantwortlich war, betrachtete er akademische (Be-)Deutungs- und Aussagensysteme – wissenschaftliche Diskurse – als entscheidende gesellschaftliche Instanzen der Bildung von Problemdefinitionen und -behandlungsansätzen. Die Entwick-

---

20 Ruoff 2007, S. 24.
21 Ebd. Die umfassende Verbundenheit zwischen dem Problem des Wahnsinns bzw. der Geisteskrankheit und seinem gesellschaftlichen Kontext wird nicht nur im Fall der historisch weiter zurückliegenden Ereignisse deutlich, die Foucault behandelte. Jüngere Vorgänge belegen diese Verbundenheit ebenso. Homosexualität etwa wurde in der neunten Fassung der von der World Health Organisation herausgegebenen Internationalen statistischen Klassifikation der Krankheiten und verwandter Gesundheitsprobleme (ICD-9) noch im Bereich »V. Psychiatrische Krankheiten« aufgeführt (Diagnoseschlüsselnummer 302.0). Mit der Einführung der ICD-10 im Jahr 1992 entfiel die Definition von Homosexualität als psychiatrische Krankheit. Diese Veränderung ist jedoch keineswegs allein auf einen medizinischen Erkenntnisfortschritt zurückführen – vielmehr manifestiert sich in ihr gerade der Einfluss veränderter gesellschaftlicher Perspektiven auf Homosexualität wie auch der Kampf von Aktivist*innen gegen die Pathologisierung ihrer sexuellen Orientierung. Vgl. dazu Deutsches Institut für Medizinische Dokumentation und Information 1993/2017 sowie Rohrmann 2011, S. 179f.

lung einer eigenen Diskurstheorie trieb Foucault in verschiedenen Werken voran, die nach »Wahnsinn und Gesellschaft« erschienen.[22]

Ein zentrales Charakteristikum der foucaultschen Diskurstheorie besteht in dem Verweis auf die Produktivität diskursiver Ordnungen. Indem etwa wissenschaftliche Diskurse das Wesen oder die Wahrheit bestimmter Phänomene definieren, verkörpern sie Praktiken, »die systematisch die Gegenstände bilden, von denen sie sprechen«.[23] Foucault ging also von einer besonderen »bedeutungsstiftende[n] Kraft«[24] der Diskurse aus, und formulierte dementsprechend diese Kernthese: »Wir müssen uns nicht einbilden, daß uns die Welt ein lesbares Gesicht zuwendet, welches wir nur zu entziffern haben. […] Man muß den Diskurs als Gewalt begreifen, die wir den Dingen antun; jedenfalls als eine Praxis, die wir ihnen aufzwingen.«[25]

Die Produktivität von Diskursen manifestierte sich für Foucault jedoch nicht nur in der Bildung von »Objektivitäten im Sinne sozialer Gegenstände und Themen, Begriffe, Klassifikationen und Argumente«.[26] Eingeschlossen war für ihn hier auch und gerade die Konstitution von »Subjektivitäten im Sinne von legitimen Sprecher- und Rezipientinnenrollen einschließlich körperlicher Prägungen (Habitus)«.[27] Folglich existiert »die körperlich-leibliche Existenzweise nicht außerhalb von Diskursen«, vielmehr nahm Foucault an, dass »Denkweisen im Körper materialisiert sind (embodied mind)«.[28] »Der Körper selbst« gleicht damit gewissermaßen einem »Speichermedium; das kulturelle Gedächtnis besitzt eine somatische Matrix«.[29]

Ausgehend von seinen Überlegungen zur weitreichenden Produktivität von Diskursen argumentierte Foucault, dass Diskurse hochgradig machtvoll

---

22 Zu erwähnen sind hier vor allem die Publikationen »Die Ordnung der Dinge« (1966 erschienen), »Archäologie des Wissens« (1969 erschienen) und das auf Foucaults Antrittsvorlesung am Collège de France basierende Buch »Die Ordnung des Diskurses« (1971 erschienen). Vgl. Foucault 1974/1983a/1991.
23 Foucault 1983a, S. 74.
24 Diaz-Bone 2006, S. 250.
25 Foucault 1974, S. 34.
26 Link 2001, S. 410.
27 Ebd.
28 Karl 2007, Abs. 11.
29 Zimmermann 2012, S. 80.

sind: »Diskurse üben Macht aus, da sie Wissen transportieren, das kollektives und individuelles Bewusstsein speist.«[30] Den Hinweis auf die Macht des von Diskursen vermittelten Wissens ergänzte Foucault später um die Einsicht, »daß Macht und Wissen einander unmittelbar einschließen; daß es keine Machtbeziehung gibt, ohne daß sich ein entsprechendes Wissensfeld konstituiert, und kein Wissen, das nicht gleichzeitig Machtbeziehungen voraussetzt und konstituiert«.[31]

Neben ihrer machtvollen Produktivität zeichnen sich wissenschaftliche Diskurse durch ihre besondere Problembezogenheit aus. In einem Sammelband zu Forschungsmethoden der Kulturanthropologie findet sich so beispielsweise die folgende Feststellung: »Wissenschaft beginnt immer mit einem Problem.«[32] Probleme sind jedoch genauso Konstruktionen wie abstrakte Themen, Begriffe oder Klassifikationen, was die Diskurstheorie Foucaults und auch die empirische Studie »Wahnsinn und Gesellschaft« verdeutlicht: Wissenschaftliche Diskurse bilden systematisch die Objekte und Subjekte, von denen sie sprechen, und das heißt ebenfalls, dass diesen ein bestimmter Status zugewiesen wird – besonders auch der Status des Problematischen.

Im Anschluss an seine diskurstheoretischen Arbeiten beschäftigte sich Foucault intensiver mit der »Geschichte der verschiedenen Verfahren [...], durch die in unserer Kultur Menschen zu Subjekten gemacht werden«.[33] Hierbei erweiterte er seine Perspektive wieder, er blieb also nicht länger vornehmlich auf die Frage konzentriert, welche Bedeutung Diskurse für Subjektbildungsprozesse haben: »Das Subjekt wird nicht nur im Spiel der Symbole konstituiert.«[34] Gegenstand der betreffenden Analysen war das Geschehen in Gefängnissen, kirchlichen Anstalten, wirtschaftlichen Produkti-

---

30 Jäger 2001, S. 87.
31 Foucault 1977, S. 39.
32 Bischoff/Oehme-Jüngling 2014, S. 51.
33 Foucault 1994a, S. 243.
34 Foucault 2005g, S. 773. Ich spreche hier davon, dass Foucault seine Perspektive wieder erweitert hat, da bereits »Wahnsinn und Gesellschaft« nicht allein auf die Rolle der diskursiven Sphäre beschränkt gewesen war.

onsstätten, militärischen Einrichtungen oder Schulen.³⁵ In Zusammenhang mit derartigen Anlagen hat Foucault auch von Dispositiven gesprochen:

> »Das, was ich mit diesem Begriff zu bestimmen versuche, ist […] eine entschieden heterogene Gesamtheit, bestehend aus Diskursen, Institutionen, architektonischen Einrichtungen, reglementierenden Entscheidungen, Gesetzen, administrativen Maßnahmen, wissenschaftlichen Aussagen, philosophischen, moralischen und philanthropischen Lehrsätzen, kurz, Gesagtes ebenso wie Ungesagtes, das sind die Elemente des Dispositivs. Das Dispositiv selbst ist das Netz, das man zwischen diesen Elementen herstellen kann.«³⁶

Die Hauptfunktion von Dispositiven besteht darin »einer dringenden Anforderung nachzukommen«, die sich »zu einem historisch gegebenen Zeitpunkt« stellt.³⁷ Mit anderen Worten: Anlass der Herausbildung von Dispositiven ist »ein bestehendes oder gleichsam sich abzeichnendes – mithin diskursiv prozessiertes […] – gesellschaftliches Problem«.³⁸ So führte etwa der Übergang vom Feudalismus zum Frühkapitalismus (Merkantilismus) »zu einer verstärkten Disziplinierungsforderung gegenüber der Bevölkerung […], die sich nach ökonomischen Kriterien als völlig unzuverlässig erwiesen hat«.³⁹ Arbeitshäuser, Werkstätten und Schulen sind in dieser historischen Phase Teil eines sich herausbildenden Dispositivs, das das von Staatsoberhäuptern, Wirtschaftspolitikern und frühen Volkswirtschaftlern identifizierte Problem einer geringen wirtschaftlichen Produktivität lösen und so der Stärkung des Staates dienen sollte. Mit den Bemühungen um eine volkswirtschaftliche Produktivitätssteigerung entstand Foucault zufolge die historisch neue Form der Bio-Macht, die sich stark von der Souveränitätsmacht des feudalen Herrschers unterschied und die in Form einer Bio-Politik ihren Ausdruck fand:

> »Man bemerkte, dass die Beziehung zwischen der Macht und dem Untertan oder besser dem Einzelnen sich nicht auf jene Form von Unterwerfung beschränken darf, die es der Macht gestattet, dem Untertan Güter, Reichtümer und möglicherweise sogar Blut und Leben wegzunehmen [= Souveränitätsmacht], sondern dass sie sich auf das Individuum als biologisches Wesen beziehen sollte, das in Betracht gezogen werden muss,

---

35 Vgl. Foucault 1977/1983b/2006a+b.
36 Foucault 2003c, S. 392.
37 Ebd., S. 393.
38 Schneider 2015, S. 29.
39 Ruoff 2007, S. 101.

wenn man die Bevölkerung als Produktionsmaschine zur Erzeugung von Reichtum, Gütern und weiteren Individuen nutzen will [= Bio-Macht/Bio-Politik].«[40]

Ihre Fortsetzung findet diese Entwicklung heute in einer umfassenden Messung bzw. Quantifizierung von Wirtschaft, Gesellschaft und Bevölkerung, wobei es besonders um eine Verdatung der physischen (und psychischen) Merkmale und Potenziale des Menschen geht: »›Bio-Macht‹ manifestiert sich in einer Produktion von statistischem Wissen über den menschlichen Körper, das der Vergleichbarkeit dient und somit auch Werte der Normalität oder des Optimalen hervorbringt.«[41] Der »historische Effekt einer auf das Leben gerichteten Machttechnologie«, so stellte Foucault fest, ist eine »Normalisierungsgesellschaft«.[42]

Ein wichtiges Element der in gesellschaftlichen Dispositiven erfolgenden Subjektivierungsprozesse – verstanden als Prozesse, mittels derer »man die Konstitution eines Subjekts, genauer, einer Subjektivität erwirkt« – sind Disziplinar- und Zwangsmaßnahmen.[43] Zu den für die Schule relevanten

---

40   Foucault 2005b, S. 235. In »Der Wille zum Wissen« hat Foucault (1983b, S. 134f.) eine detailliertere Beschreibung von Bio-Macht und Bio-Politik – er spricht hier auch von der »Macht zum Leben« – formuliert: »Konkret hat sich die Macht zum Leben seit dem 17. Jahrhundert in zwei Hauptformen entwickelt, die keine Gegensätze bilden, sondern eher zwei durch ein Bündel von Zwischenbeziehungen verbundene Pole. Zuerst scheint sich der Pol gebildet zu haben, der um den Körper als Maschine zentriert ist. Seine Dressur, die Steigerung seiner Fähigkeiten, die Ausnutzung seiner Kräfte, das parallele Anwachsen seiner Nützlichkeit und seine Gelehrigkeit, seine Integration in wirksame und ökonomische Kontrollsysteme – geleistet haben all das die Machtprozeduren der *Disziplinen: politische Anatomie des menschlichen Körpers*. Der zweite Pol, der sich etwas später – um die Mitte des 18. Jahrhunderts – gebildet hat, hat sich um den Gattungskörper zentriert, der von der Mechanik des Lebenden durchkreuzt wird und den biologischen Prozessen zu Grunde liegt. Die Fortpflanzung, die Geburten- und Sterblichkeitsrate, das Gesundheitsniveau, die Lebensdauer, die Langlebigkeit mit allen Variationsbedingungen wurden zum Gegenstand eingreifender Maßnahmen und *regulierender Kontrollen: Bio-Politik der Bevölkerung*.«
41   Zimmermann 2017, S. 113.
42   Foucault 1983b, S. 139.
43   Foucault 2005i, S. 871. In Hinblick auf den Zusammenhang von Disziplin und Macht betonte Foucault (2005e, S. 723): »Die Macht ist nicht die Disziplin; die Disziplin ist eine mögliche Verfahrensweise der Macht.«

Maßnahmen zählte Foucault etwa »Abschließung, Überwachung, Belohnung und Bestrafung, Pyramide der Hierarchie«.[44]

Obwohl in der Schule und anderen Einrichtungen in der Regel ein Machtgefälle (»Pyramide der Hierarchie«) zwischen den Vertreter*innen dieser Einrichtungen und ihren ›Insassen‹ besteht, ging Foucault von einem »strikt relationalen Charakter der Machtverhältnisse« aus.[45] Der Patient der Psychiatrie beispielsweise erscheint aus dieser Perspektive nicht als völlig machtlos, im Gegenteil sprach Foucault davon, »dass das wahnsinnige Subjekt kein unfreies Subjekt ist und dass sich gerade der Geisteskranke als wahnsinniges Subjekt in der Beziehung zu und der Konfrontation mit demjenigen konstituiert, der ihn als wahnsinnig erklärt«.[46] Machtausübung, von Foucault definiert als »eine Weise der Einwirkung auf die Handlungen anderer« (etwa mit dem Ziel ihrer Normalisierung), schließt das Vorhandensein von Freiheit folglich keineswegs aus.[47] Vielmehr stellt letztere aus der Perspektive Foucaults eine Voraussetzung ersterer dar:

> »Macht wird nur auf ›freie Subjekte‹ ausgeübt und nur insofern diese ›frei‹ sind. Hierunter wollen wir individuelle oder kollektive Subjekte verstehen, vor denen ein Feld von Möglichkeiten liegt, in dem mehrere ›Führungen‹, mehrere Reaktionen und verschiedene Verhaltensweisen statthaben können.«[48]

Zu den Verhaltensweisen, die Subjekte etwa gegenüber der Machtausübung bestimmter Institutionen wie der Psychiatrie oder der Schule praktizieren können, zählten für Foucault ausdrücklich auch subversiv-kritische Aktivi-

---

44 Foucault 1994a, S. 253.
45 Foucault 1983b, S. 96. Dieser relationale Charakter wird auch in einer Definition seines Machtbegriffes deutlich, die Foucault (ebd., S. 93) in der Studie der »Der Wille zum Wissen« entwickelt hat: »Unter Macht, scheint mir, ist zunächst zu verstehen: die Vielfältigkeit von Kraftverhältnissen, die ein Gebiet bevölkern und organisieren; das Spiel, das in unaufhörlichen Kämpfen und Auseinandersetzungen diese Kraftverhältnisse verwandelt, verstärkt, verkehrt; die Stützen, die diese Kraftverhältnisse aneinander finden, indem sie sich zu Systemen verketten – oder die Verschiebungen und Widersprüche, die sie gegeneinander isolieren; und schließlich die Strategien, in denen sie zur Wirkung gelangen und deren große Linien und institutionellen Kristallisierungen sich in den Staatsapparaten, in der Gesetzgebung und in den gesellschaftlichen Hegemonien verkörpern.«
46 Foucault 2005j, S. 889.
47 Foucault 1994a, S. 255.
48 Ebd.

täten. Er verwies hier beispielsweise auf »mögliche, notwendige, unwahrscheinliche, spontane, wilde, einsame, abgestimmte, kriegerische, gewalttätige, unversöhnliche, kompromißbereite, interessierte oder opferbereite Widerstände«.[49] Solche Widerstände stellen »in den Machtbeziehungen die andere Seite, das nicht wegzudenkende Gegenüber«[50] dar: »Wo es Macht gibt, gibt es Widerstand.«[51] Vor diesem Hintergrund ging Foucault davon aus, dass Machtbeziehungen stets eine strategische Dimension besitzen: »Die Macht ist der Name, den man einer komplexen strategischen Situation in einer Gesellschaft gibt.«[52] Herrschaftsverhältnisse zeichnen sich dagegen durch die Unmöglichkeit von Widerstand aus:

> »Wenn es einem Individuum oder einer gesellschaftlichen Gruppe gelingt, ein Feld von Machtbeziehungen zu blockieren, sie unbeweglich und starr zu machen und jede Umkehrung der Bewegung zu verhindern – durch den Einsatz von Instrumenten, die sowohl ökonomischer, politischer oder militärischer Natur sein mögen –, dann steht man vor etwas, das man als einen Herrschaftszustand bezeichnen kann.«[53]

Subjektkonstitution via Selbst-Problematisierung

Wie dargestellt, widmete sich Foucault intensiv solchen Disziplinierungs- und Zwangsdispositiven, die einzelne Personen oder auch die gesamte Bevölkerung als Problem identifizieren und behandeln: Das Gefängnis, so argumentierte Foucault, zielt auf eine Korrektur des Straftäters, die kirchliche Gemeindearbeit auf eine Rettung des Sünders, die Psychiatrie versucht, den Geisteskranken zu heilen, Schulen und Werkstätten sollen das antriebslose Volk zu einer produktiven Arbeiter- und Unternehmerschaft machen. Darüber hinaus thematisierte Foucault auch solche Prozesse, in denen sich Subjekte selbst an Verhaltens- und Lebensweisen ausrichten, die von gesellschaftlichen Macht-Wissen-Formationen propagiert und eingefordert werden.

---

49 Foucault 1983b, S. 96.
50 Ebd.
51 Ebd.
52 Ebd., S. 94.
53 Foucault 2005j, S. 878.

Foucaults Auseinandersetzung mit derartigen »Technologien des Selbst«[54] erfolgte unter anderem im Zusammenhang mit seiner Arbeit an einer »Geschichte der Gouvernementalität«.[55] Der Begriff der Gouvernementalität diente Foucault zur Kennzeichnung unterschiedlicher »Handlungsformen und Praxisfelder, die in vielfältiger Weise auf die Lenkung und Leitung von Individuen und Kollektiven zielen« und besonders auch »Techniken des ›Sich-selbst-Regierens‹«[56] umfassen:

> »Der Kontaktpunkt, an dem die Form der Lenkung der Individuen durch andere mit der Weise ihrer Selbstführung verknüpft ist, kann nach meiner Auffassung Regierung genannt werden. In der weiten Bedeutung des Wortes ist Regierung nicht eine Weise, Menschen zu zwingen, das zu tun, was der Regierende will; vielmehr ist sie immer ein bewegliches Gleichgewicht mit Ergänzungen und Konflikten zwischen Techniken, die Zwang sicherstellen, und Prozessen, durch die das Selbst durch sich selbst konstruiert oder modifiziert wird.«[57]

Ein von wirtschaftlichen und (bio-)politischen Dispositiven angeleitetes Sich-selbst-Regieren wird aktuell als ein dominanter Subjektivierungsmodus vieler Gesellschaften betrachtet. So stellen Peter Miller und Nikolas Rose unter Bezug auf Foucault fest:

> »Political authorities no longer seek to govern by instructing individuals in all spheres of their existence, from the most intimate to the most public. Individuals themselves, as workers, managers and members of families can be mobilized in alliance with political

---

54 Foucault 2005l, S. 966.
55 Foucault 2006a+b.
56 Lemke 2007, S. 13. Foucault (2003d, S. 820f.) selbst definierte den Gouvernementalitätsbegriff wie folgt: »Unter Gouvernementalität verstehe ich die Gesamtheit, gebildet aus den Institutionen, den Verfahren, Analysen und Reflexionen, den Berechnungen und den Taktiken, die es gestatten, diese recht spezifische und doch komplexe Form der Macht auszuüben, die als Hauptzielscheibe die Bevölkerung, als Hauptwissensform die politische Ökonomie und als wesentliches technisches Instrument die Sicherheitsdispositive hat. Zweitens verstehe ich unter ›Gouvernementalität‹ die Tendenz oder die Kraftlinie, die im gesamten Abendland unablässig und seit sehr langer Zeit zur Vorrangstellung dieses Machttypus, den man als ›Regierung‹ bezeichnen kann, gegenüber allen anderen – Souveränität, Disziplin – geführt und die Entwicklung einer ganzen Reihe spezifischer Regierungsapparate einerseits und einer ganzen Reihe von Wissensformen andererseits zur Folge gehabt hat. Schließlich glaube ich, dass man unter Gouvernementalität den Vorgang oder das Ergebnis des Vorgangs verstehen sollte, durch den der Gerechtigkeitsstaat des Mittelalters, der im 15. und 16. Jahrhundert zum Verwaltungsstaat geworden ist, sich Schritt für Schritt ›gouvernementalisiert‹ hat.«
57 Foucault 1993, S. 203f.

objectives, in order to deliver economic growth, successful enterprise and optimum personal happiness. [...] Modern political power does not take the form of the domination of subjectivity [...]. Rather, political power has come to depend upon a web of technologies for fabricating and maintaining self-government.«[58]

Die Auseinandersetzung mit Praktiken des Regierens und des Sich-selbst-Regierens wie auch die damit verbundene Differenzierung zwischen einer Souveränitäts- und einer Bio-Macht veranlasste Foucault dazu, auf Distanz zu der Vorstellung zu gehen, dass Machtausübung allein in der Formulierung von Verboten und in der Sanktionierung von Verbotsverletzungen bestehe: »Man muss aufhören, die Wirkungen der Macht immer nur negativ zu beschreiben, als ob sie nur ›ausschließen‹, unterdrücken, verdrängen, zensieren, abstrahieren, maskieren, verschleiern würden.«[59] Stattdessen stellte Foucault die Existenz einer positiv-produktiven Form der Macht heraus. Diese setzt seiner Ansicht nach verschiedene attraktiv wirkende Anreize zur subjektiven Umsetzung bestimmter Lebens- und Verhaltensweisen, zu einer bestimmten Form der Selbstregulierung:

> »Dass die Macht Bestand hat, dass man sie annimmt, wird ganz einfach dadurch bewirkt, dass sie nicht bloß wie eine Macht lastet, die Nein sagt, sondern, dass sie in Wirklichkeit Dinge durchläuft und hervorbringt, Lust verursacht, Wissen formt und einen Diskurs produziert, man muss sie als ein produktives Netz ansehen, das weit stärker durch den ganzen Gesellschaftskörper hindurchgeht als eine negative Instanz, die die Funktion hat zu unterdrücken.«[60]

Neben historisch jüngeren Selbstregierungsformen behandelte Foucault auch die griechisch-römische Ethik der »Sorge um sich« (epimeleia heautou), die er zeitlich zwischen dem 4. Jahrhundert vor und dem 3. Jahrhundert nach Christus verortete.[61] Als Quellengrundlage dieser Analyse dienten ihm unter anderem Schriften von Platon, Epikur, Seneca, Epiktet oder Marc Aurel. Die Eigenart und das Ziel der Selbstsorge der männlichen Bürger[62] der Antike beschrieb Foucault wie folgt:

---

58 Miller/Rose 1990, S. 28.
59 Foucault 1977, S. 250.
60 Foucault 2003b, S. 197.
61 Foucault 1986.
62 Die Ethik der Sorge um sich war, wie Foucault (2005c, S. 677) ausdrücklich betonte, eine Ethik des männlichen Bürgers. Von bürgerlichen Frauen konnte die Sorge um sich nicht ausgeübt werden – genauso wenig wie von Sklaven.

> »Es ging [...] darum, ihrem Leben bestimmte Werte zu geben (bestimmte Beispiele zu reproduzieren, einen außergewöhnlichen Ruf zu hinterlassen oder ihrem Leben den größtmöglichen Glanz zu verleihen). Es ging darum, aus seinem Leben das Objekt einer Erkenntnis oder einer *techne*, ein Kunstobjekt zu machen. [...] [D]as Hauptkunstwerk, für das man Sorge zu tragen hat, die wesentliche Zone, auf die man ästhetische Werte anzuwenden hat, [ist] man selbst, das eigene Leben, die Existenz[.]«[63]

Zu den Mitteln dieser Lebenskunst, dieser »Ästhetik der Existenz« zählte Foucault »Formen der Enthaltsamkeit, des Auswendiglernens, der Gewissensprüfung, der Meditationen, des Schweigens und des Hörens auf andere«, wobei es sich bei diesen anderen vor allem um Lehrer oder Freunde des Selbstsorgenden handelte.[64] Die Sorge um sich blieb jedoch nicht nur auf denjenigen bezogen, der sie durch die Anwendung entsprechender Technologien und »Praktiken des Selbst« ausübte.[65] Sie »impliziert[e] komplexe Beziehungen zu anderen«, etwa zu Ehefrau und Kindern, zu den Lehrern und Freunden wie zur gesamten Bürgergemeinde (Polis).[66] Nur wer »sich nicht um sich selbst gesorgt hat und zum Sklaven seiner Begierden geworden ist« ging aus Sicht der antiken Selbstsorgeethik dazu über, »andere zu beherrschen und über sie eine tyrannische Macht auszuüben«.[67]

Praktiken der »Einwirkung des Subjekts auf sich selbst«, so resümierte Foucault seine Auseinandersetzung mit der Sorge um sich, sind »seit der griechisch-römischen Antike ein ziemlich wichtiges Phänomen unserer Gesellschaften«.[68] Er ergänzte dazu:

> »Diese Praktiken des Selbst besaßen in den griechischen und römischen Zivilisationen eine sehr viel größere Bedeutung und vor allem Autonomie als später, als sie bis zu einem gewissen Grad von den Institutionen der Religion, der Pädagogik, der Medizin und der Psychiatrie vereinnahmt wurden.«[69]

Von einer besonderen Autonomie der Sorge um sich sprach Foucault unter anderem im direkten Vergleich zu den Selbstpraktiken des entstehen-

---

63 Foucault 2005g, S. 766.
64 Ebd., S. 768.
65 Foucault 2005j, S. 876.
66 Ebd., S. 883.
67 Ebd., S. 885.
68 Ebd., S. 876.
69 Ebd.

den Christentums. Die Beziehung zwischen dem Selbstsorgenden der Antike und den ihn dabei unterstützenden Lehrern basierte »auf dem Bedürfnis nach Selbstverbesserung«.[70] Die Grundlage der Beziehung zwischen dem christlichen Mönch und seinem Lehrer erkannte Foucault dagegen im Programm des Gehorsams:

> »Gehorsam meint hier die vollständige Kontrolle des Verhaltens durch den Meister und keinen durch Autonomie geprägten Endzustand. Er gründet in Selbstaufgabe und im Verzicht auf eigenen Willen. Dies ist die neue Selbsttechnik. [...] Das Selbst muss sich durch Gehorsam als Selbst konstituieren.«[71]

Anstatt Gehorsam gegenüber einem Gebotekanon forderte die Sorge um sich eine »persönliche Wahl«.[72] Weiter bestand ihre Zielsetzung nicht darin, die Führung eines gottesfürchtigen Lebens sicherzustellen, sondern darin, »ein schönes Leben zu haben und den anderen die Erinnerung an eine schöne Existenz zu hinterlassen«.[73] Im Gegensatz zu einem Allgemeingültigkeit beanspruchenden Gebotekanon sollte die Ethik der Sorge um sich auch kein »Verhaltensmodell für alle [...] liefern«, was schon der Umstand unterstreicht, dass sie allein der Gruppe der männlichen Bürger vorbehalten war – »einer kleinen Zahl von Leuten in der Bevölkerung«.[74]

Gleichwohl Foucault auf eine besondere Autonomie der antiken Sorge um sich verwies, ist diese nicht unabhängig von ihrem gesellschaftlichen Kontext gewesen. Wie im Falle historisch nachfolgender Praktiken des Selbst auch umfasst die Sorge um sich eine Reihe von Orientierungen und Vorgehensweisen, die das Subjekt »in seiner Kultur vorfindet und die ihm vorgegeben, von seiner Kultur, seiner Gesellschaft, seiner Gruppe aufgezwungen sind«.[75] Foucaults Auseinandersetzung mit der Antike stellt folglich auch keine Suche nach einem Vorgehen dar, das eine gänzlich selbstbestimmte, absolut unabhängige Lebensführung ermöglichen kann: »Ich mache das

---

70 Foucault 2005l, S. 994.
71 Ebd., S. 995.
72 Foucault 2005g, S. 748.
73 Ebd., S. 749.
74 Ebd., S. 748.
75 Foucault 2005j, S. 889.

keineswegs, um sagen zu können: ›Unglücklicherweise hat man die Sorge um sich vergessen, seht her, hier ist sie, der Schlüssel zu allem.‹«[76] Stattdessen stehen die Analysen zur Sorge um sich erstens im Zusammenhang mit einem besonderen Interesse Foucaults an den Manifestationen und der Entwicklung einer »Selbstkultur«, die als solche nicht außerhalb von gesellschaftlichen Macht-Wissen-Formationen existiert, sondern deren Teil ist.[77] Zweitens versuchte er mit den Forschungen zur Sorge um sich, auf eine besondere moralisch-ethische Herausforderung der Gegenwart zu reagieren. Diese Herausforderung ging für Foucault aus dem Umstand hervor, dass »die meisten von uns nicht glauben, dass eine Moral auf Religion gegründet sein könnte, und wir kein Rechtssystem wollen, das in unser moralisches, persönliches und intimes Leben eingreift«.[78] Angesichts des Umstandes, dass Wertesysteme, die eine universelle Gültigkeit beanspruchen, an gesellschaftlicher Bedeutung und Legitimationskraft verloren haben, fragte Foucault nach Formen und Potenzialen einer Ethik, die nicht auf einem allgemeinen Gesetz gründet:

> »Von der Antike zum Christentum geht man von einer Moral, die im wesentlichen Suche nach einer persönlichen Ethik war, zu einer Moral als Gehorsam gegenüber einem System von Regeln über. Und für die Antike interessiere ich mich, weil aus einer ganzen Reihe von Gründen die Idee einer Moral als Gehorsam gegenüber einem Kodex von Regeln jetzt dabei ist zu verschwinden, bereits verschwunden ist. Und diesem Fehlen einer Moral entspricht eine Suche, muss eine Suche entsprechen, nämlich die nach einer Ästhetik der Existenz.«[79]

Foucaults Auseinandersetzung mit der Entwicklung der Selbstkultur lässt darüber hinaus unterschiedliche Arten und Weisen einer Selbst-Problematisierung hervortreten. Ausgehend von dem Verweis auf das Prinzip der Eigenverantwortung ist der Einzelne heute dazu aufgerufen, sich selbst an wirtschaftlichen und politischen Interessen (z. B. Produktivität und Gesundheit der Bevölkerung), an lebensstilistischen Idealen, an statistischen Normalitäten (Durchschnittsgewicht, Durchschnittseinkommen etc.) aus-

---

76 Foucault 2005j, S. 894.
77 Foucault 2005g, S. 773.
78 Ebd., S. 750.
79 Foucault 2005k, S. 905.

zurichten.⁸⁰ Dieser Umstand gibt dem Einzelnen erstens den Impuls dazu, sich selbst auf etwaige Abweichungen von gesellschaftlich leitenden Interessen, Idealen, Normalitäten zu überprüfen. Zweitens wird der Einzelne hierdurch veranlasst, im Falle des Vorhandenseins etwaiger Abweichungen selbstständig an der eigenen Problemhaftigkeit zu arbeiten und sie aufzulösen. Da wirtschaftlich-politische Leitwerte, Lebensstilentwürfe und gesellschaftliche Normalitäten nicht statisch sind, stellt diese Form der Selbst-Problematisierung eine fortwährende Notwendigkeit dar: »Das Subjekt hat die ständige Aufgabe des Sich-Einpendelns auf die Mitte der Normalität und das Risiko des Sich-Bewegens in Randbereichen zu analysieren und auszubalancieren.«⁸¹ Parallel dazu gilt: »[J]edes Maß und Ziel, das Individuen hindert, auf wechselnde Anforderungen flexibel zu reagieren, steht sogleich im Verdacht der Starrheit und Unproduktivität, verbunden mit der Prognose des Misserfolgs.«⁸²

Für die foucaultsche Gouvernementalitätstheorie ist die subjektive Selbstführung der Gegenwart demnach stets an spezifische »Regierungsziele gekoppelt«⁸³ – auch wenn diese Selbstführung einer vermeintlich unabhängigen Selbstverwirklichung, einer Realisierung ganz individueller Anliegen zu dienen scheint: In dem aktuellen »›Regime des Sich-selbst-Regierens‹ impliziert die Umsetzung von Freiheit von Anfang an ein Unterwerfen unter das, was in der Gesellschaft als normal gilt«.⁸⁴

---

80 Zur Forderung nach Eigenverantwortung und deren Bedeutung für gegenwärtige Praktiken der Selbst-Regierung vgl. Beck/Beck-Gernsheim 1994, Sennet 1998, Bauman 2010, Klopotek/Scheiffele 2016.
81 Schultebraucks 2006, S. 30. Zu ergänzen ist hier jedoch, dass eine Bewegung in Randbereiche nicht generell ein Problem darstellt. So wird ein überdurchschnittlich hohes Einkommen ebenso positiv bewertet wie eine überdurchschnittliche körperliche Leistungsfähigkeit. Festzuhalten bleibt also, dass die Abweichung von einem Mittelwert – egal ob sie negativ oder positiv ausgeprägt ist – unter bestimmten Voraussetzungen große gesellschaftliche Wertschätzung erfahren kann und sie deshalb oftmals ein bedeutsames subjektives Handlungsziel darstellt (das gilt z. B. für Leistungssportler). Vgl. Link 2009.
82 Schroeter/Zimmerman 2012, S. 74.
83 Bröckling/Krasmann/Lemke 2012, S. 29.
84 Simons 2004, S. 176.

Sowohl die Selbstkultur des Mönchs als auch die Sorge um sich stand nicht in Verbindung mit Regierungsmaßnahmen für eine produktiv-gesunde Bevölkerung, mit kommerzialisierten Lifestyletrends oder mit statistisch berechneten Normalitäten. Wenn der christliche Mönch sich selbst als Problem erkannte und behandelte, dann geschah das auf Grundlage klösterlicher und vor allem göttlicher Gebote: Welche seiner Verhaltensweisen hatten gegen diese Gebote verstoßen und wie konnten etwaige Verstöße verbüßt werden? Wenn der Selbstsorgende der Antike das eigene Verhalten als problematisch wahrnahm, dann geschah das deshalb, weil dieses Verhalten nicht den eigenen Vorstellungen einer schönen Existenz entsprach, bzw. weil er erkannte, gewisse Grundlagen der Sorge um sich verletzt zu haben. Grundlegend war hier für den Selbstsorgenden, den richtigen Gebrauch von seiner Freiheit zu machen, und das hieß erstens, »nicht Sklave anderer zu sein«, und zweitens »nicht Sklave seiner selbst und seiner Begierden zu sein«.[85]

Problematisierungen als Antworten auf Schwierigkeiten

Obwohl Foucault mit seinen Studien unterschiedlichste Problematisierungsprozesse analysiert hatte, machte er erst spät einige ausführlichere Anmerkungen zu seinem Problematisierungsbegriff. Zwei Texte sind in diesem Zusammenhang zentral: Ein 1984 unter dem Titel »Polemik, Politik und Problematisierungen« erschienenes Gespräch mit Paul Rabinow sowie die Verschriftlichung der 1983 gehaltenen Vorlesungsreihe »Diskurs und Wahrheit«.[86]

Foucault verdeutlichte hier, dass er Problematisierungen als Antworten auf Unsicherheiten und Schwierigkeiten betrachtete. Der Anlass eines Problematisierungsprozesses sind also Situationen bzw. Phänomene, die als prekär betrachtet werden. Der Antwortcharakter einer Problematisierung manifestierte sich für Foucault erstens in einer reflexiven Dynamik: Die »Schwierigkeiten und Hemmnisse einer Praxis« werden im Rahmen einer Problematisierung gedanklich hinterfragt und in ein »allgemeines Problem«

---
85 Foucault 2005j, S. 882f.
86 Foucault 2005f/1996a.

überführt.[87] Dabei schränkte Foucault jedoch ein, dass nicht jede wahrgenommene Schwierigkeit, jede unsichere Situation auch eine umfassendere Problematisierung erfährt. Auf Schwierigkeiten antwortet eine Problematisierung zweitens, indem sie aktive Bemühungen um eine Lösung begründet. Das Problem wird nicht nur reflektiert, sondern ebenfalls ›in die Hand genommen‹, also mittels bestimmter, lösungsorientierter Verfahren bearbeitet.

Zusammenfassend kennzeichnet der Begriff der Problematisierung bei Foucault einen Transformationsprozess: »Diese […] Umwandlung einer Gesamtheit von Hemmnissen und Schwierigkeiten in Probleme, worauf die verschiedenartigen Lösungen eine Antwort beizubringen versuchen, konstituier[t] den Punkt einer Problematisierung[.]«[88]

Gleichwohl dachte Foucault nicht an einen idealtypischen Verlauf, wie ihn positivistische Modelle suggerieren: Problematisierungen sensu Foucault entwickeln sich keineswegs von einer direkten Einsicht in das Wesen be-

---

87 Foucault 2005f, S. 733.
88 Ebd. An dieser Stelle kann wieder auf eine inhaltliche Verbindung zwischen Foucault und Dewey hingewiesen werden. Forschungsaktivitäten in lebensweltlichen Kontexten (= Forschungen im Bereich des gesunden Menschenverstands) wie auch im wissenschaftlichen Feld werden für Dewey (2002, S. 50) durch Irritierendes, durch Krisenhaftes ausgelöst: »Denn Forschung erwächst aus einem früheren Zustand beruhigter Anpassung, die aufgrund einer Störung unbestimmt oder problematisch wird […] und dann in den eigentlichen Forschungsprozess übergeht[.]« Ganz im Sinne Foucaults ging auch Dewey davon aus, dass Forschungen zu spezifischen Störungen bzw. Schwierigkeiten einerseits interpretatorisch-konzeptionelle Operationen umfassen und andererseits lösungsbezogene (Be-)Handlungen einschließen. Wenn in dem voranstehenden Zitat von »einem früheren Zustand beruhigter Anpassung« die Rede ist, so geht es dabei um die Anpassung des Organismus an seine Umwelt. Dewey (ebd., S. 80) führte Folgendes zur Bedeutung organischer Anpassungsleistungen aus und markierte dabei auch die Fähigkeit zur Problematisierung als ein exklusives Charakteristikum des Menschen: »Auf der biologischen Ebene müssen Organismen auf die sie umgebenden Bedingungen in Formen reagieren, die diese Bedingungen und die Beziehungen der Organismen zu ihnen so ändern, dass die wechselseitige Anpassung wiederhergestellt wird, die für die Aufrechterhaltung der Lebensfunktion erforderlich ist. Menschliche Organismen sehen sich derselben Art von Schwierigkeit gegenüber. Aber unter dem Einfluss kultureller Bedingungen haben die dabei auftretenden Probleme nicht nur einen verschiedenen Inhalt, sondern können *als* Probleme formuliert werden, so dass die Forschung bei ihrer Lösung mitwirken kann.«

stimmter Schwierigkeiten hin zu wirklichkeitsgerechten Problemdefinitionen und rundherum effektiven Lösungsverfahren. Eine solche Vorstellung stünde seiner Position entgegen, dass »alle Erfahrung bereits Wissensrelationen und Machtverhältnisse voraussetzt«.[89]

Schon die Perzeption von Situationen hängt von diskursiv formierten Deutungshorizonten ab: Was uns als situative Schwierigkeit erscheint, ist nicht zuletzt eine Frage gesellschaftlich bedingter Perspektiven. Ulrike Klöppel hat diesen Aspekt am Beispiel der Wahrnehmung des Hermaphroditismus anschaulich gemacht:

> »Ist es eine nackte Tatsache, dass geschlechtliche Uneindeutigkeit verstörend wirkt? […] Mit dem Konzept der Problematisierung verbindet sich die Einsicht, dass kein Körper allein aufgrund seiner differenten Beschaffenheit prädestiniert dazu ist, Verunsicherungen und Probleme auszulösen. Erst im Vergleich mit normativen Erwartungen, die im Laufe der Geschichte durch unterschiedliche Diskurse und Ordnungen des Sichtbaren geformt worden sind, können Körper als uneindeutig und als Problem erscheinen.«[90]

Auch die Reflexion über bestimmte Schwierigkeiten und deren Weiterbehandlung als »allgemeines Problem« ist kein Vorgang, der diesen so Rechnung trägt, wie sie tatsächlich sind. Die Problematisierung »bestimmt vielmehr die Bedingungen, unter denen mögliche Antworten gegeben werden können; sie definiert die Elemente, die das konstituieren werden, worauf die verschiedenen Lösungen sich zu antworten bemühen«.[91] Problematisierun-

---

89 Deleuze 1992, S. 166. Ich schließe mich an dieser Stelle der Argumentation Ulrike Klöppels (2010a, S. 258) an, die davon ausgeht, dass eine derart idealtypische Vorstellung »Foucaults de-essentialistischen Ansatz« verfehlt.
90 Ebd., S. 257f.
91 Foucault 2005f, S. 733. Erneut zeichnet sich hier eine Parallele zwischen Foucault und Dewey ab. Wie schon erwähnt, stellte Letzterer fest, dass Forschungen (bzw. Problematisierungen) auf die Klärung und Auflösung von Störungen zielen. In diesem Zusammenhang betonte Dewey (2002, S. 80) auch dies: »[I]n einer kulturellen Umwelt werden physische Bedingungen durch den Komplex von Bräuchen, Traditionen, Berufen, Interessen und Absichten modifiziert, in den sie eingebettet sind. Dementsprechend wandeln sich auch die Formen der Reaktion. Sie machen sich die Signifikanz zunutze, die die Dinge erworben haben, und die *Bedeutungen*, welche die Sprache bereitstellt. Offensichtlich haben Felsen als Mineralien in einer Gruppe von Menschen, die gelernt hat, Eisen zu verarbeiten, eine viel größere Signifikanz als für Schafe und Tiger oder für eine andere Gruppe von Hirten und Bauern. Die Bedeutungen miteinander verknüpf-

gen sind damit als ebenso gerahmte wie rahmengebende Prozesse zu verstehen. Gleichzeitig unterstrich Foucault: »Die Problematisierung ist eine Antwort auf eine konkrete Situation, die real ist.«[92] Es handelt sich hier folglich um einen konstruktiven Prozess, der dennoch eine wirkliche Grundlage hat: »Problematisierung bedeutet nicht die Darstellung eines zuvor existierenden Objekts, genauso wenig aber auch die Erschaffung eines nicht existierenden Objekts durch den Diskurs.«[93]

Zu den Faktoren, die die Entstehung und den Verlauf einer Problematisierung beeinflussen, zählte Foucault in den beiden oben erwähnten Texten verschiedene Elemente. Er verwies vor allem auf die Rolle des »historischen Kontexts«[94], mithin auf die Relevanz von »sozialen, ökonomischen oder politischen Prozessen«[95], auf die Bedeutung von »Modifikationen in verschiedenen Praktiken«[96] oder auf den Stellenwert »neue[r] soziale[r] Reaktionen auf Krankheiten«.[97]

Obwohl Foucault diesen Elementen eine einflussausübende bzw. rahmende Wirkung zuschrieb, erkannte er in ihnen keine Faktoren, die uniforme Verläufe von Problematisierungen determinieren. Stattdessen weist ein konkreter Problematisierungsprozess immer auch »etwas Schöpferisches« auf – und zwar »in dem Sinn, daß [...] bei einer gegebenen Situation nicht [gefolgert werden kann], daß die Art von Problematisierung folgen wird«.[98] Grundsätzlich sind also vielgestaltige Formen der Problematisierung eines bestimmten schwierigen Phänomens möglich: »Auf ein und dieselbe Gesamtheit von Schwierigkeiten können mehrere Antworten gegeben werden.«[99]

---

ter Symbole, die die Sprache einer Gruppe bilden, führen darüber hinaus [...] zu einem neuen Typ von Haltungen und infolgedessen zu neuen Arten der Reaktion.«
92 Foucault 1996a, S. 179.
93 Foucault 2005h, S. 826.
94 Foucault 2001b, S. 172.
95 Foucault 2005f, S. 732.
96 Foucault 2001b, S. 172.
97 Ebd.
98 Ebd., S. 172f.
99 Foucault 2005f, S. 732.

Dies ist deshalb so, da nach Foucaults Überzeugung zwar davon auszugehen war, dass gesellschaftliche Strukturen Problematisierungen stets prägen – dennoch existierte für ihn keine Universalstruktur, die rundherum gleichförmige Perzeptions- und Handlungsweisen herstellt. In seinen diskurstheoretischen Arbeiten hatte Foucault darauf hingewiesen, dass sich der »Gesamtdiskurs einer Gesellschaft« nicht nur aus wenigen, miteinander harmonisierenden Diskursen zusammensetzt, die eine rundherum homogene gesellschaftliche Wirklichkeit etablieren.[100] Vielmehr handelt es sich bei diesem Gesamtdiskurs um ein »großes wucherndes diskursives Gewimmel«, das hochdynamisch und durchaus konfliktträchtig ist – auch wenn damit nicht infrage gestellt wird, dass es Bereiche gemeinsam geteilter Wirklichkeit gibt.[101] Das »Wuchern der Diskurse« und die Heterogenität diskursiv bereitgestellter Wirklichkeitsentwürfe hat nun auch zur Folge, dass unterschiedliche Positionen existieren, aus denen heraus Subjekte Schwierigkeiten wahrnehmen und als Probleme behandeln können.[102]

Problematisierungen sind in ihrem Zustandekommen und in ihrem Verlauf außerdem deshalb nicht vordeterminiert, da Subjekte auch dazu in der Lage sind, auf kritische Weise mit vorherrschenden Problemwahrnehmungs- und -behandlungsmustern umzugehen: »Kritik [ist] die Bewegung, in welcher sich das Subjekt das Recht herausnimmt, die Wahrheit auf ihre Machteffekte hin zu befragen und die Macht auf ihre Wahrheitsdiskurse hin.«[103] Auch wenn Subjekte unweigerlich in gesellschaftliche Macht-Wissen-Formationen eingebunden sind, hatte Foucault, wie schon zuvor dargestellt wurde, festgestellt, dass Machtbeziehungen insofern subjektive Freiheiten und damit auch Kritik- und Widerstandspotenziale umfassen, als vor Einzelnen oder sozialen Gruppen stets ein »Feld von Möglichkeiten« liegt, in dem [...] verschiedene Verhaltensweisen statthaben können«.[104] Gerade weil solche Möglichkeitsfelder existieren, gerade weil Macht und Freiheit sich nicht ausschließen, versuchen gouvernementale Mächte auch darauf hinzuwirken, dass Subjekte sich auf eine solche Weise selbst in Füh-

---

100 Jäger 2004, S. 117.
101 Ebd.
102 Bublitz 1999a.
103 Foucault 1992, S. 15.
104 Foucault 1994a, S. 255.

rung nehmen, die den Interessen dieser Mächte entspricht.[105] Ein mit negativem Zwang und positiver Ermunterung arbeitendes Regierungshandeln ist deshalb notwendig, da den Subjekten neben der Konformität auch die Deviation offensteht. In Zusammenhang mit der »Regierbarmachung« der Gesellschaft hat sich Foucaults Einschätzung nach so auch eine neue »moralische und politische Haltung, eine Denkungsart« herausgebildet – eine kritische »Kunst, nicht dermaßen regiert zu werden«.[106]

Zusammenfassend können bestimmte Phänomene also deshalb auf unterschiedliche Arten und Weisen problematisiert werden, weil sich aufgrund des Wucherns der Diskurse und aufgrund von kritisch-widerständigen Denk- und Handlungsoptionen der Subjekte ein »Raum für kontingente Reaktionen, für eigenwillige Variationen und verquere Wendungen« eröffnet.[107] Dies hatte Foucault nicht zuletzt auch in Hinblick auf Prozesse subjektiver Selbst-Problematisierung betont: »Man muss begreifen, dass die Selbstbeziehung wie eine Praxis strukturiert ist, die ihre Modelle, ihre Konformitäten, ihre Varianten, aber auch ihre Schöpfungen hat.«[108]

Zur Veranschaulichung lässt sich die Geschichte der Problematisierung der Homosexualität heranziehen. In »Der Wille zum Wissen« zeigte Foucault unter anderem, dass die Homosexualität vom 19. Jahrhundert an zu einem psychiatrischen Problem gemacht wurde. Foucault betonte jedoch, dass diese Problematisierung »auch die Konstitution eines Gegen-Diskurses er-

---

105 Bröckling, Krasmann und Lemke (2012, S. 30) weisen so auch darauf hin, dass aktuelle gouvernementale Ordnungen Handlungsoptionen nicht per se begrenzen, sondern stattdessen ausgewählte Optionen schaffen und zu deren Nutzung anregen: »Die Förderung von Handlungsoptionen ist nicht zu trennen von der Forderung, einen spezifischen Gebrauch von diesen ›Freiheiten‹ zu machen, so dass die Freiheit zum Handeln sich oftmals in einen faktischen Zwang zum Handeln oder eine Entscheidungszumutung verwandelt.«
106 Foucault 1992, S. 12.
107 Schroeter/Zimmermann 2012, S. 78. Wenn Klaus R. Schroeter und Harm-Peer Zimmermann an dieser Stelle von »verqueren Wendungen« sprechen, so tun sie das in Bezug auf einen Queerness-Begriff, wie er im Kontext der Gender Studies etwa von Judith Butler und anderen verwendet wird: »As the very word implies, ›queer‹ does not name some natural kind or refer to some determinate object; it acquires its meaning from its oppositional relation to the norm. Queer is by definition *whatever* is at odds with the normal, the legitimate, the dominant.« Halperin 1995, S. 62.
108 Foucault 2005g, S. 758.

möglicht[e]: die Homosexualität hat begonnen, von sich selber zu sprechen, auf ihre Rechtmäßigkeit oder auf ihre ›Natürlichkeit‹ zu pochen – und dies häufig in dem Vokabular und in den Kategorien, mit denen sie medizinisch disqualifiziert wurde«.[109] Diese Aneignung von Begrifflichkeiten stellt eine Form eigenwilliger Variation und verquerer Wendung dar: Der Kampf für eine gesellschaftliche Ent-Problematisierung der Homosexualität richtete sich gegen den psychiatrischen Homosexualitätsdiskurs und stützte sich zugleich auf ihn. Möglich wurde das wegen eines elementaren Charakteristikums von Diskursen:

> »Die Diskurse sind taktische Elemente oder Blöcke im Feld der Kräfteverhältnisse: es kann innerhalb einer Strategie verschiedene und sogar gegensätzliche Diskurse geben; sie können aber auch zwischen entgegengesetzten Strategien zirkulieren, ohne ihre Form zu ändern.«[110]

Auf Basis der bisherigen Darstellung lässt sich ein erstes Resümee zu Foucaults Problematisierungsbegriff ziehen. Grundsätzlich kennzeichnet der Begriff Prozesse der diskursiv vorstrukturierten Deutung und lösungsorientierten Behandlung von Schwierigkeiten. Dabei ging Foucault davon aus, dass Problematisierungen jeweils historisch konkrete Kontexte haben, über die sich wiederum das Zustandekommen und die Gestalt einer Problematisierung erklären lässt. Diese Kontexte zu erschließen, war eine zentrale Intention von Foucault: Ausgehend von den verschiedenen Lösungsansätzen zu einem bestimmten Bereich von Schwierigkeiten zielte er darauf, »an der Wurzel dieser verschiedenartigen Lösungen die allgemeine Form einer Problematisierung wiederzufinden, die sie möglich gemacht hat – bis hinein in ihren Gegensatz [...]«.[111]

Mit anderen Worten: Wie ein Diskurs sensu Foucault ein spezifisches Sagbarkeitsfeld herstellt, so führt die Problematisierung eines bestimmten Bereiches von Schwierigkeiten zu der Herausbildung eines Antwortfeldes, das sowohl spezifische Probleminterpretationen als auch spezifische Problembehandlungsmaßnahmen umfasst. Ein entscheidendes Ziel einer Problematisierungsanalyse besteht demnach darin, dieses Antwortfeld in seiner

---

109 Foucault 1983b, S. 101.
110 Ebd.
111 Foucault 2005f, S. 733.

Bandbreite, in seiner inneren Struktur und seinen Entstehungsbedingungen zu erfassen:

> »The question I raise is this one: How and why were very different things in the world gathered together, characterized, analyzed, and treated as, for example, ›mental illness‹? What are the elements which are relevant for a given ›problematization‹?«[112]

Die kritische Dimension der Analyse von Problematisierungen

Eine Auseinandersetzung mit diesen Fragen – eine Problematisierungsanalyse – kennzeichnete Foucault explizit als »kritische Analysebewegung«.[113] Die kritische Dimension der Untersuchung von Problematisierungen wird besonders in Hinblick auf die folgenden zwei Aspekte deutlich.

Erstens handelt es sich um einen Ansatz, der nach den »Entstehungsbedingungen und dem Gewordensein vermeintlicher Evidenzen und Subjektformen« fragt und der diesen »den Anschein der Gewissheit und Natürlichkeit zu entreißen« versucht.[114] Foucault selbst hatte dieses zentrale Anliegen seiner Studien folgendermaßen zusammengefasst: »[T]he aim is to demonstrate how things which appear most evident are in fact fragile, and that they rest upon particular circumstances […] which have absolutely nothing necessary or definitive about them.«[115]

Zweitens konzentriert sich eine Problematisierungsanalyse besonders auf die Produktivität von Macht-Wissen-Formationen. Hier wird eine Probleminterpretation und die mit ihr verbundene Problembehandlungspraxis auf ihre Macht-, Herrschafts- und Disziplinierungseffekte befragt: Eine Problematisierung ist ein in vielerlei Weise wirkmächtiger Zusammenhang, da sie jeweils spezifische »Gegenstände, Handlungsregeln und Selbstbeziehungsmodi definiert«.[116] Eine Studie wie »Wahnsinn und Gesellschaft« zeigt so auch, welche schwerwiegenden Folgen bestimmte Problematisierungsformen nach sich ziehen können. Einkerkerung und Ankettung – das ist etwa lange

---

112 Foucault 2001b, S. 171.
113 Foucault 2005f, S. 733.
114 Nachtigall 2012, S. 74.
115 Foucault zit. nach Mort/Peters 2005, S. 19.
116 Foucault 2005d, S. 706.

Zeit die ›Lösung‹ für Wahnsinn und abweichendes Verhalten gewesen.[117] In einem Gespräch mit Hubert L. Dreyfus und Paul Rabinow stellte Foucault heraus, dass es darauf ankommt, gesellschaftliche Problematisierungsprozesse fortwährend auf die von ihnen ausgehenden Wirkungen zu befragen:

> »Ich möchte Genealogie von Problemen, von Problematiken treiben. Mein Ausgangspunkt ist nicht, daß alles böse ist, sondern daß alles gefährlich ist, was nicht dasselbe ist wie böse. Wenn alles gefährlich ist, dann haben wir immer etwas zu tun. Deshalb führt meine Position nicht zur Apathie, sondern zu einem Hyper- und pessimistischen Aktivismus. Ich denke, daß die ethisch-politische Wahl, die wir jeden Tag zu treffen haben, darin besteht zu bestimmen, was die Hauptgefahr ist. Nehmen sie beispielsweise Robert Castels Analyse der Geschichte der Antipsychiatrie-Bewegung (La gestion des risques). Ich bin völlig mit dem einverstanden, was Castel sagt, aber das bedeutet nicht, wie manche Leute meinen, daß die Irrenanstalten besser waren als die Antipsychiatrie; es bedeutet nicht, daß wir nicht recht getan hätten, diese Irrenanstalten zu kritisieren. Ich denke, es war gut, das zu tun, weil eben *sie* die Gefahr waren. Und jetzt ist klar, daß die Gefahr sich gewandelt hat. In Italien etwa haben sie alle Irrenanstalten geschlossen, und es gibt dort mehr freie Kliniken und so weiter – und sie haben neue Probleme.«[118]

Foucault weist hier auf eine Entwicklung hin, in deren Rahmen der Problemlösungsansatz der geschlossenen »Irrenanstalt« – der »totalen Institution«[119] – durch den antipsychiatrischen Ansatz der De-Institutionalisierung psychisch kranker Menschen ersetzt wurde. Gleichwohl hob Foucault hervor, dass eine derartige Ersetzung nicht gleichbedeutend mit einer gänzlichen Aufhebung aller Schwierigkeiten in den betreffenden Handlungsfeldern ist: Aus jeder neu gebildeten Problematisierungsform können neuartige Schwierigkeiten hervorgehen – jede neue Problematisierung kann entsprechend neuartige Gefahren, neuartige Negativfolgen für die von dieser Problematisierung Betroffenen haben.[120] Gerade deshalb ist jener pessi-

---

117 Klaus Dörner (1984, S. 20) beschreibt diese Entwicklung folgendermaßen: »Der Aufstieg des Zeitalters der Vernunft, des Merkantilismus und des aufgeklärten Absolutismus vollzog sich in eins mit einer neuen rigorosen Raumordnung, die alle Formen der Unvernunft, die im Mittelalter zu der einen, göttlichen, in der Renaissance sich säkularisierenden Welt gehört hatten, demarkierte und jenseits der zivilen Verkehrs-, Sitten- und Arbeitswelt, kurz: der Vernunftwelt, hinter Schloß und Riegel verschwinden ließ.«
118 Foucault 1994b, S. 268.
119 Zum Begriff der totalen Institution vgl. Goffman 1989.
120 Ein letztes Mal sei hier ein inhaltlicher Berührungspunkt zwischen Foucault und Dewey erwähnt. Für Dewey (2002, S. 52) war ebenfalls die Annahme irrig, dass die Forschung zu spezifischen Störungen oder Schwierigkeiten auf eine abschließende Prob-

mistische Hyperaktivismus, jene beständige Aufmerksamkeit erforderlich, von der Foucault gesprochen hat.

Foucaults Auffassung nach war die Analyse von Problematisierungsprozessen so auch fest mit einer »permanente[n] Kritik unseres geschichtlichen Seins«, mit einer »kritische[n] Ontologie unserer selbst« verbunden.[121] Diese kritische Ontologie definierte Foucault als »eine Haltung, als ein *ethos* [...], bei dem die Kritik dessen, was wir sind, zugleich historische Analyse der uns gesetzten Grenzen und Probe auf ihre mögliche Überschreitung ist«.[122] Demnach hat Kritik als eine »an den Grenzen unserer selbst geleistete Arbeit«[123] zwei Bezugspunkte: Sie untersucht unsere Geschichte, indem sie fragt, wie und mit welchen Folgen wir wurden, was wir heute sind. Dadurch werden die Grenzen deutlich, in deren Rahmen wir uns selbst und unsere Umwelt verstehen und gestalten. Zudem bezieht sich diese Form der Kritik auf die Gegenwart, »und zwar sowohl, um die Stellen zu erfassen, an denen Veränderung möglich und wünschenswert ist, als auch, um die genaue Form zu bestimmen, die dieser Veränderung gegeben werden muss«.[124] Hier geht es also um den Aspekt der Grenzüberschreitung – und das bedeutet, um die Schaffung anderer Denk-, Handlungs-, Lebens- und Erfahrungsweisen als jene, die aktuell verbreitet und möglich sind.

Angesichts der Rede von einer Grenzüberschreitung mag der Eindruck entstehen, dass die kritische Ontologie einen Ansatz verkörpert, der schließlich doch noch einen unverstellten Blick auf das tatsächliche Wesen des Menschen und der Dinge eröffnet. Foucault trat derartigen Interpretationen entschieden entgegen: »Es stimmt, dass man auf die Hoffnung verzichten muss, jemals einen Standpunkt zu erreichen, der uns den Zugang zur

---

lemlösung hinausläuft: »Der Forschungsprozess beseitigt dadurch, dass er die gestörte Beziehung Organismus-Umwelt (die den Zweifel definiert) in Ordnung bringt, nicht nur den Zweifel, indem er zu einer früheren Anpassungsintegration zurückkehrt. Er schafft neue Umweltbedingungen, die neue Probleme hervorrufen.«
121 Foucault 2005d, S. 699/S. 706.
122 Ebd., S. 707.
123 Ebd., S. 705.
124 Ebd., S. 703.

vollständigen und endgültigen Erkenntnis dessen geben könnte, was unsere historischen Grenzen auszumachen vermag.«[125]

Eine weitere Deutung, die im Zusammenhang mit dem Begriff der Grenzüberschreitung naheliegend scheint, ist die, dass Foucault dabei einen allseitigen gesellschaftlichen Umwälzungsprozess im Sinn hatte. Dies ist jedoch keineswegs der Fall: »[Die] historische Ontologie unserer selbst [muss sich] von all jenen Projekten abwenden, die global und radikal sein wollen.«[126] Foucault begründete diese Forderung mit dem Hinweis darauf, dass »umfassende Programme zu einer anderen Gesellschaft, einer anderen Denkungsart, einer anderen Kultur oder einer anderen Weltanschauung [...] nur zur Fortführung der schädlichsten Traditionen geführt [haben]«.[127] Foucault ging es deshalb um partielle Grenzüberschreitungen und Grenzerweiterungen, die einen direkten Bezug zu ganz konkreten gesellschaftlichen Zusammenhängen und Sektoren haben:

> »Ich ziehe die sehr gezielten Umgestaltungen vor, die seit zwanzig Jahren in einer bestimmten Anzahl von Bereichen stattgefunden haben und die unsere Weisen zu sein und zu denken, die Autoritätsbeziehungen, die Verhältnisse zwischen den Geschlechtern, die Art und Weise, wie wir den Wahnsinn oder die Krankheit wahrnehmen, betreffen[.]«[128]

Als eine solche Form der grenzüberschreitenden Umgestaltung eines bestimmten sozialen Bereiches kann beispielsweise die Arbeit der Antipsychiatriebewegung verstanden werden.[129] Die antipsychiatrische Reformbewegung hat verschiedene Alternativen zu der damals vorherrschenden Definition und (Zwangs-)Behandlung psychischer Erkrankungen etabliert und damit die Grenzen der bestehenden psychiatrischen Problematisierungsform überschritten. Wie zuvor erwähnt, kann jedoch die Etablierung derart alternativer Problematisierungsformen neue Anlässe zu einer Kritik geben und selbst zum Gegenstand von Umgestaltungsinterventionen werden.

---

125 Foucault 2005d, S. 704.
126 Ebd.
127 Ebd.
128 Ebd., S. 703.
129 Für eine Übersicht zu dem unter der Oberbezeichnung Antipsychiatrie zusammengefassten Zusammenhang vgl. Bopp 1982.

Das Beispiel der Psychiatrie-Reform zeigt nicht zuletzt auch, welche Rolle historische Analysen »an den Grenzen unserer selbst«[130] im Kontext derartiger Umgestaltungsprozesse spielen können: Ein viel rezipierter Bezugspunkt der Antipsychiatrie war Foucaults Studie »Wahnsinn und Gesellschaft« – und dies obwohl seine Analyse eine historische und nicht-gegenwartsbezogene Ausrichtung besaß. Im Rahmen dieses Rezeptionsprozesses bildete sich eine spezifische Verbindung heraus: Der damalige gesellschaftliche Kampf für eine Verbesserung der Lage psychisch kranker Menschen nahm intensiven Bezug auf wissenschaftliche Einsichten zur Geschichte des soziokulturellen Umgangs mit Wahnsinn bzw. Geisteskrankheit. In solchen Bezugnahmen und Verbindungen sah Foucault eine entscheidende Intention seiner kritischen Ontologie unserer selbst verwirklicht: »Ich versuche eine Referenz hervorzurufen zwischen unserer Realität und dem, was wir von unserer vergangenen Geschichte wissen. Wenn es mir gelingt, dann produziert diese Interferenz reale Effekte in unserer gegenwärtigen Geschichte.«[131]

Foucaults Ansatz ging dabei nicht von etablierten Bezugspunkten kritischen Denkens aus – etwa vom Konzept des Marxismus oder vom Konzept der Psychoanalyse. Wie Thomas Lemke im Rahmen seiner Foucault-Interpretation verdeutlicht, waren beide Konzepte damals nämlich »ihrerseits in die Kritik geraten aufgrund ihrer autoritären und normalisierenden Effekte und ihrer Unfähigkeit, die Vielfalt und Heterogenität von Machtbeziehungen zu berücksichtigen«.[132] Genauso wenig bezog sich Foucault auf anderweitige, universelle Geltung beanspruchende Wertesysteme, das geht bereits aus der vorangegangenen Schilderung hervor: Gerade auch wegen des gesellschaftlichen Bedeutungsverlusts solcher Wertesysteme hatte Foucault

---

130 Ein für den deutschen Kontext wesentliches Dokument dieses Reformprozesses war der 1975 erschienene »Bericht über die Lage der Psychiatrie in der Bundesrepublik Deutschland – Zur psychiatrischen und psychotherapeutischen/psychosomatischen Versorgung der Bevölkerung«. Zu den hier von einer Sachverständigen-Kommission formulierten Handlungsvorschlägen gehörte etwa die Bildung einer »Gemeindenahe[n] Versorgung«, die »Umstrukturierung der großen psychiatrischen Krankenhäuser« oder die »Gleichstellung psychisch und somatisch Kranker«. Vgl. BMJFG 1975, S. 16f.
131 Foucault zit. nach Lemke 1997, S. 345.
132 Lemke 2019, S. 24.

begonnen, nach alternativen moralisch-ethischen Prinzipien (wie etwa dem Prinzip der antiken Sorge um sich) zu fragen. Überdies affirmierte Foucault bestehende normative Ordnungen nicht offensiv, da diese immer wieder auch als elementare Bestandteile von Herrschafts-, Disziplinierungs- und Regierungsmaßnahmen fungieren – in dem Zitat zu Foucaults Distanz gegenüber Marxismus und Psychoanalyse klingt dieser Aspekt bereits an. Zudem hatte Foucault sich in seinen Studien gezielt der Historisierung vermeintlich allgemeiner Werte und Wahrheiten gewidmet und dabei auch die Wandelbarkeit normativer Überzeugungen herausgearbeitet. Zwar existierte »Wahrheit« für Foucault durchaus – jedoch immer nur im Plural, immer nur in direktem Zusammenhang mit vielfältigen, historisch konkreten Situationen: »Ich glaube zu sehr an die Wahrheit, um nicht anzunehmen, daß es verschiedene Wahrheiten und verschiedene Weisen gibt, sie auszusprechen.«[133]

Dem Programm der kritischen Ontologie scheint damit ein Fundament zu fehlen: »Müssen wir nicht zur Verteidigung unserer Überzeugungen auf die solide Grundlage einer Analyse der menschlichen Natur und universeller Werte zurückgreifen?«[134] Lemke, der diese Frage an Foucault stellt, verneint umgehend – der Ansatz der kritischen Ontologie scheint eine andere Basis für ethische Positionierungen finden zu können:

> »Foucaults ›Alternative‹ zu der Legitimation normativer Bewertungen aus allgemeinen theoretischen Prinzipien ist ihre Begründung durch konkrete Erfahrungen in direkten Begegnungen mit angenommenen Ursachen von Herrschaft und Ausbeutung. Um Gefängnisse und Irrenhäuser [...] als Haupthindernisse für eine ›bessere Gesellschaft‹ zu bestimmen, müssen wir sie als praktische Realitäten erfahren haben – nicht als theoretische Prinzipien. Foucaults Bücher sind daher auch das Ergebnis seiner Erfahrungen von Irrenanstalten, Gefängnisrevolten und der gesellschaftlichen Reaktionen auf Homosexualität; die in ihnen vorgestellten Analysen sind ohne die ›persönliche‹ Dimension undenkbar. Es sind diese Erfahrungen und das Interesse an der Schaffung der Möglichkeit anderer (›egalitärer‹, ›besserer‹ etc.) Erfahrungen, die seine Arbeiten anleiten.«[135]

Es leuchtet ein, dass unmittelbare Begegnungen mit den »praktischen Realitäten« von »Herrschaft und Ausbeutung« auf die Entstehung einer kriti-

---
133 Foucault 2005k, S. 907.
134 Lemke 1997, S. 358.
135 Ebd., S. 359.

schen Haltung hinwirken können. Einzuwenden ist jedoch, dass eine solche Wirkung nicht zwangsläufig eintritt: Es existieren verschiedenste Herrschafts- und Ausbeutungssituationen, die vielen daran beteiligten Menschen völlig unkritisch erscheinen. Und so muss in Zweifel gezogen werden, ob Erfahrungen tatsächlich besser zur »Legitimation normativer Bewertungen« geeignet sind als »theoretische Prinzipien«. Nicht zuletzt hat Foucault selbst an vielen Stellen seines Werkes die Annahme einer vermeintlichen Evidenz von Erfahrung nachdrücklich zurückgewiesen. Er betrachtete Erfahrung stattdessen, wie Lemke zusammenfasst, »als dynamisches Zusammenspiel von Wahrheitsspielen, Formen der Macht und Selbstverhältnissen«: »Erfahrung wird gleichzeitig vorgestellt als dominante Struktur und als transformierende Kraft, als bestehender Hintergrund von Praktiken und als transzendierendes Ereignis, als Gegenstand der theoretischen Untersuchung und als Ziel, historische Schranken zu überwinden.«[136]

Ergänzend ist festzuhalten, dass auch erfahrungsbasierte Kritik zu Fehleinschätzungen bezüglich der Frage führen kann, welche Interventionen zur Verbesserung von Situationen geeignet sind, die veränderungsbedürftig anmuten. In Zusammenhang mit derartigen Fehleinschätzungen tritt für Lemke jedoch ein entscheidender Vorteil erfahrungsbasierter Urteilsbildungen zu Tage: »[E]rstens unterliegt jede Form von Kritik diesem Problem, und zweitens sind diese Irrtümer wesentlich schneller durch weitere Erfahrungen korrigierbar als Urteile, die in allgemeinen Theorien wurzeln.«[137]

Die Ausführungen Lemkes zu Foucaults Kritikverständnis sind gleich in mehrfacher Hinsicht aufschlussreich. Erstens sensibilisieren sie dafür, welche Rolle hier Foucaults persönliche Eingebundenheit in verschiedene gesellschaftliche Konflikte gespielt hat: Foucault war nicht immer nur distanzierter Beobachter, sondern stellenweise ganz direkt involviert. Zweitens zeigt Lemke in seiner Foucault-Rezeption, welche Relevanz Erfahrungen bei normativen Positionierungen haben können. Unter anderem lassen nahräumliche Erfahrungen in manchen Fällen eine kritische Haltung entstehen, die so bei einer Betrachtung aus der Ferne vielleicht nicht zu Stande gekommen wäre. Außerdem sind konkrete Erfahrungen eine wichtige

---

136 Lemke 2019, S. 24f.
137 Lemke 1997, S. 359.

Grundlage für die Evaluation der Effektivität von Hilfs- und Veränderungsmaßnahmen.[138] Drittens deutet sich in Zusammenhang mit den Zitaten Lemkes an, dass Foucaults Programm einer kritischen Ontologie universalistischen Ethiken nicht generell überlegen ist – vor allem in Hinsicht auf einen Punkt ist das zu betonen: Ersteres steht genauso in Beziehung zu soziokulturellen Standorten und damit verbundenen Normen wie die letzteren. Den eigenen normativen Standort hat Foucault aber nicht ganz explizit elaboriert und dauerhaft festgemacht – Nancy Fraser und andere brachten deshalb Einwände gegen sein Werk vor.[139] In einem Aufsatz aus dem Jahr 1981 attestiert Fraser den Arbeiten Foucaults einen »lack of an adequate normative perspective«[140]:

> »[Foucault] tends to assume that his account of modern power is both politically engaged and normatively neutral. At the same time, he is unclear as to whether he suspends all normative notions or only the liberal norms of legitimacy and illegitimacy. To make matters worse, Foucault sometimes appears not to have suspended the liberal norms after all, but rather to be presupposing them.«[141]

Frasers Text resultiert dennoch nicht in einer generellen Ablehnung Foucaults. Vielmehr würdigt sie seine empirischen Analysen und theoretischen Überlegungen ausdrücklich. Nach ihrem Dafürhalten bedarf es allerdings eines klar umrissenen Wertehorizontes, damit eine kritische Stellungnahme zu Macht- bzw. Herrschafts- oder Ausbeutungsphänomenen möglich werden kann: »Clearly what Foucault needs and needs desperately are normative criteria for distinguishing acceptable from unacceptable forms of power.«[142]

Lemke bestreitet hingegen, dass Foucaults Studien ein stärkeres, ganz eindeutiges normatives Fundament benötigen. Der Umstand, dass sich im Werk von Foucault Widersprüche und Ambivalenzen ausmachen lassen,

---

138 Ausgeschlossen ist hiermit aber nicht, dass auch die theoretische Evaluation manifester oder möglicher Wirkungen von Macht-, Herrschafts- und Ausbeutungssituationen zu einer ausgeprägten kritischen Haltung führen kann. Ferner bleibt es äußerst bedeutsam und alles andere als zweitrangig, dass die Folgen von Praktiken, die auf eine Reformation kritischer Situationen zielen, im Rahmen von Theorien abgeschätzt werden.
139 Vgl. Habermas 1985, S. 324 sowie Honneth 1985, S. 181.
140 Fraser 1981, S. 286.
141 Ebd., S. 273.
142 Ebd., S. 286.

ist für Lemke nicht Ausdruck von »Unvermögen und Mangel« – stattdessen sind Widersprüche und Ambivalenzen als ein bewusstes »Ergebnis und Ziel« der foucaultschen Analysen zu verstehen.[143] So lege etwa Frasers Forderung nach einer expliziten normativen Positionierung Foucaults ein wesentliches Prinzip zur Legitimierung von wissenschaftlichen Diskursen und daraus abgeleiteten politischen Maßnahmen offen:

> »The reactions to Foucault's rejection of normative criteria for founding critique show the compulsion that binds each political intervention to a proof of justification, a norm of identity[.] [...] It was Foucault's intention to problematize a particular disciplinary regime, or – perhaps in more contemporary terms – a certain kind of quality management that determines how critique is ›correctly‹ conducted in order to establish itself as ›true‹ critique, what tests have to be passed in order to be really critical and not merely affirmative.«[144]

Ich selbst folge Lemkes Einschätzung, dass Foucaults Untersuchungen nicht durch die ihnen eigenen Widersprüche und Ambivalenzen desavouiert werden. Dennoch müssen diese Erwähnung finden und Gegenstand einer Reflexion sein, wie sie bis hier hin erfolgte. Das gilt besonders dann, wenn es um den Ansatz der kritischen Ontologie geht.

In Hinblick auf den Stellenwert der kritischen Ontologie für Analysen zu gesellschaftlichen Problematisierungsprozessen bleibt so abschließend folgendes festzuhalten: Problematisierungsanalysen erfassen nicht nur Entwicklungen, in denen etwas als ein Problem definiert und behandelt wird – sie können zugleich einen »act of critical inquiry« darstellen.[145] Problematisieren in diesem Sinne meint, dass gesellschaftliche Problemwahrnehmungen und Problemlösungsformen auch gezielt hinterfragt werden: Es geht darum, die soziokulturelle Bedingtheit sowie die konkreten Auswirkungen spezifischer Problematisierungsformen herauszuarbeiten – und dort, wo »Veränderung möglich und wünschenswert ist«, Horizonte jenseits der von diesen Problematisierungen etablierten Perspektiven und Praktiken zu eröffnen.[146] Als »act of critical inquiry« schließen Problematisierungsanalysen also Re-Problematisierungen der jeweils fokussierten Problematisierungen

---

143 Lemke 1997, S. 27.
144 Lemke 2003, S. 175.
145 Koopman 2013, S. 98.
146 Foucault 2005d, S. 703.

mit ein. Derartige Re-Problematisierungen sind ein zentrales Instrument der kritischen Ontologie unserer selbst: »Hier ist Problematisierung nicht länger der Gegenstand, sondern das Ziel der kritischen Arbeit.«[147]

Die kulturwissenschaftliche Relevanz des Problematisierungsbegriffs

Seit einigen Jahren lässt sich beobachten, dass der rezeptionsgeschichtlich tendenziell vernachlässigte Problematisierungsbegriff Foucaults etwas intensiver diskutiert und forschungspraktisch genutzt wird. Dies geschieht sowohl in den Feldern von Kultur-, Sozial- und Politikwissenschaft als auch in der philosophischen Ethik. Ich greife jetzt einen Impuls aus dieser Diskussion eingehender auf: das programmatische Paper »On Problematization« von Clive Barnett.

Nach Barnetts Einschätzung akzentuiert Foucaults Problematisierungsbegriff besonders die »inherent problematicity of action«: »Domains of action are never *merely* habitual or routine, if by this it is presumed that they are reproduced automatically or without thought.«[148] Damit wendet sich Barnett gegen die in Teilen der Foucault-Rezeption verbreitete Vorstellung, dass die gesellschaftliche Praxis in vollständiger Weise durch diskursive Ordnungen determiniert wird. Aus diesem Grund plädiert Barnett auch für einen Ansatz der Problematisierungsanalyse, der Diskurs und Praxis nicht einfach gleichsetzt und der allein auf eine kritische Dekonstruktion von Diskursen über bestimmte Probleme ausgerichtet ist.

Barnett geht es stattdessen um ein solches Vorgehen, das besonders auf den Bereich situativer Schwierigkeiten fokussiert ist – und auf Arten und Weisen, wie die gesellschaftlichen Subjekte mit situativen Schwierigkeiten umgehen: »The notion of problematization might, in short, point towards a mode of descriptive analysis that helps to draw into view the significance of the difficulties and concerns that already animate people's actions.«[149]

---

147 Lemke 2019, S. 33.
148 Barnett 2015, Abs. 56.
149 Ebd., Abs. 58.

Ich greife Barnetts Ausführungen jedoch nicht deshalb auf, um eine diskursorientierte Art der Problematisierungsanalyse gegen die von Barnett eingeforderte »situational analysis of the formation of problems« auszuspielen. Es ist mir um eine Vorgehensweise zu tun, die diese beiden Optionen verbindet. Die Anmerkungen von Barnett finden deshalb Erwähnung, weil sie stark für Überschneidungen zwischen dem foucaultschen Problematisierungsbegriff und theoretischen Kernannahmen der Empirischen Kulturwissenschaft sensibilisieren.

Auch in diesem fachlichen Kontext wird die Bedeutung von »generative[n] Grammatik[en]« für das Denken und Deuten, das Tun und Lassen betont.[150] Das geschieht insbesondere auf Grundlage der foucaultschen Diskurstheorie. Kulturwissenschaftlich grundlegend ist überdies die Ablehnung eines universal-deterministischen Verständnisses der Wirkungen struktureller Ordnungen: Es gilt hier nicht per se, dass diskursive Strukturen Denken und Handeln in vollumfänglicher und geradliniger Weise vorherbestimmen. Vielmehr wird eine Kritik an der »Aufmerksamkeitsverengung auf die strukturellen Vorgaben der Praxis« formuliert.[151] Was ein rein strukturorientierter Ansatz unter anderem ausblendet, ist die »für das Handeln konstitutive Situativität«.[152] Stefan Beck betonte, dass Handlungssituationen immer auch kontingente Züge tragen können, und bezog sich dabei auf Sally Falk Moore:

> »Order never fully takes over, nor could it. The cultural, contractual, and technical imperatives leave gaps, require adjustments and interpretations to be applicable to particular situations, and are themselves full of ambiguities, inconsistencies, and often contradictions.«[153]

Diese Ambiguität von Situationen wird auch in Foucaults Verständnis von Problematisierungsprozessen berücksichtigt. Deutlich macht das seine Feststellung, dass bestimmte situative Schwierigkeiten unterschiedlich beantwortet werden können. Mitverantwortlich hierfür ist besonders die konfliktgeladene Heterogenität bzw. Pluralität gesellschaftlicher Diskurse, die eben keine lücken- und widerspruchslose Ordnung ausbilden.

---

150 Bublitz 1999b, S. 222.
151 Beck 1997, S. 320.
152 Ebd.
153 Moore 1975, S. 220.

Festzuhalten bleibt weiter, dass es sich bei der empirischen Kulturwissenschaft um eine besonders »*Agency*-nahe Wissenschaft« handelt.[154] Was auf Basis der Perspektive Agency im Fokus steht, ist das »Verhältnis von sozialer Bestimmtheit und individueller bzw. kollektiver Selbstbestimmungsfähigkeit«.[155] Dabei gilt, dass das Fach unter dieser Perspektive besonders »an Eigensinn, an Kreativität und Reflexivität interessiert ist«.[156] In Bezug auf subjektive Rezeptions-, Reflexions-, und Handlungsweisen geht die Empirische Kulturwissenschaft also sowohl von vorstrukturiert-reproduktiven als auch von unbestimmt-schöpferischen Aktivitäten aus – wie das Mustafa Emirbayer und Ann Mische in einer prominenten Definition des Agency-Begriffs tun:

> »What [...] is human agency? We define it as *the temporally constructed engagement by actors of different structural environments – the temporal-relational contexts of action – which, through the interplay of habit, imagination, and judgement, both reproduces and transforms those structures in interactive response to the problems posed by changing historical situations.*«[157]

Agency wird hier als eine Antwort auf situative, sich historisch wandelnde Probleme eingeführt – eine Antwort, die gesellschaftliche Strukturen ebenso reproduzieren wie transformieren kann.[158] Ganz ähnliche Vorstellungen finden sich bei Foucault. Betonte dieser in seinen Arbeiten zunächst den reproduktiven Aspekt von Praxis, also die (Vor-)Strukturiertheit von Reflexions- und Handlungsweisen, so thematisierte er später auch Möglichkeiten einer kritisch-widerständigen Transformation, Umgestaltung und (Grenz-)Überschreitung rahmengebender Strukturen. Eine besondere Bedeutung kam für Foucault hier dem Denken als Praxis zu, die die Fähigkeit einschließt, zu bestehenden »Tätigkeits- und Reaktionsweisen auf Abstand zu gehen, sie für sich zum Denkgegenstand zu machen und sie auf ihren Sinn, ihre Bedingungen und ihre Zwecke hin zu befragen«.[159] Gleichwohl

---

154 Schwertl 2010, S. 24.
155 Scherr 2012, S. 118.
156 Ebd.
157 Emirbayer/Mische 1998, S. 970.
158 Gleichwohl kommt diese Antwort keinesfalls unabhängig von gesellschaftlichen Strukturen zustande, wie auch Andreas Reckwitz (2012, S. 14) betont: »›Agency‹ ist nie ohne ›structure‹ zu denken, in deren Rahmen sie sich bewegt.«
159 Foucault 2005f, S. 732.

hat Foucault »›Denken‹ nicht als ein inneres System konzipiert, das autonom ist« – es stellt eine »soziale Praxis«[160] dar, die als solche unweigerlich in Verbindung zu Macht-Wissen-Formationen steht: »Foucault […] began to take up the question of thinking as an activity, one that similarly involved both constraint and freedom.«[161] Wie Foucault selbst deutlich gemacht hat, bewegt sich Denken insofern zwischen Restriktion und Freiheit, als es sowohl die Grundlage als auch der Bezugspunkt von Kritik ist:

> »There is always a little thought occurring even in the most stupid institutions, there is always thought even in silent habits. Criticism consists in uncovering that thought and trying to change it: showing that things are not as obvious as people believe, making it so that what is taken for granted is no longer taken for granted. […] [A]s soon as people begin to no longer be able to think things the way they have been thinking them, transformation becomes at the same time very urgent, very difficult and entirely possible.«[162]

Die aufgeführten Aspekte zeigen insgesamt deutlich, dass der Problematisierungsbegriff eine ausgeprägte Anschlussfähigkeit für die Empirische Kulturwissenschaft besitzt: Er korrespondiert mit den fachlich zentralen Aspekten von offen-inkonsistenter Situativität und subjektiver Agency – ohne die Bedeutungen diskursiver Formationen und gesellschaftlicher Regierungsdispositive zu vernachlässigen, die fachlich ebenso zentral sind. So etabliert der Problematisierungsbegriff (und sein paradigmatischer Kontext) eine integrative Perspektive auf die Bereiche von Struktur, Situation und Subjekt.

Problematisierung von Demenz: Theoretische Leitlinien der Analyse

Diese integrative Perspektive schlägt sich auch in einer ersten theoretischen Leitlinie meiner Analyse der Problematisierung von Demenz nieder: Ich gehe von einer gesellschaftlichen Konstitution des Problems Demenz aus – einer Konstitution, die diskursive, situative und subjektive Dimensionen hat.[163] Foucaults Überlegungen rahmen meine Untersuchung zweitens in

---

160 Lemke 1997, S. 342.
161 Rabinow/Rose 2003, S. 12.
162 Foucault 2000, S. 456.
163 Dieser Konstitutionsprozess berührt überdies noch weitere Dimensionen. Aus der Perspektive der Science and Technology Studies (vgl. Beck/Niewöhner/Sørensen 2012) wäre beispielsweise zu ergänzen, dass auch materielle bzw. technische Artefakte ein

der Hinsicht, dass ich die gesellschaftliche Problematisierung von Demenz als heterogenen, dynamischen Prozess betrachte, der in pluralen Kontexten stattfindet. Drittens nehme ich auf dieser Grundlage an, dass die gesellschaftliche Problematisierung von Demenz ein in vielerlei Hinsicht produktiver Zusammenhang ist, den es auf seine konkreten Auswirkungen hin zu reflektieren gilt. Diese drei theoretischen Leitlinien seien mit der nachfolgenden Darstellung näher erläutert:

Leitlinie 1: Der konstitutive Charakter der Problematisierung von Demenz

Die Rede von einer gesellschaftlichen Konstitution des Problems Demenz kann leicht dahingehend missverstanden werden, dass das, was gegenwärtig überaus viele Menschen als schwerwiegendes Problem erleben, nichts anderes als eine soziokulturelle Erfindung sei. Eine derart radikalkonstruktivistische Sichtweise wird hier jedoch ausdrücklich nicht vertreten: Der Begriff Demenz bezieht sich auf eine Wirklichkeit, die durchaus gegeben ist. Ich schließe mich in der Frage nach dem Realitätsgehalt des Problems Demenz jener Positionierung an, die Foucault in Bezug auf die Existenz des Wahnsinns, des Verbrechens und der Sexualität vorgenommen hat:

> »[W]enn ich sage, daß ich die ›Problematisierung‹ von Wahnsinn, Verbrechen oder Sexualität studiere, so ist das keine Art und Weise, die Realität solcher Erscheinungen zu leugnen. Im Gegenteil, ich habe versucht zu zeigen, daß gerade etwas wirklich in der Welt Vorhandenes in einem gegebenen Augenblick das Ziel sozialer Regulierungen war.«[164]

Parallel zu den Überlegungen Foucaults fokussiere ich auf die sozialen »Regulierungen« jenes Phänomens, das gegenwärtig unter der Oberbezeichnung Demenz zusammengefasst wird. Es handelt sich bei diesen »Regulierungen« um eine gesellschaftliche Praxis, die Demenz auf spezifische Art und Weise zu einem Problem macht. Diese Praxis näher zu erschließen, ist das Ziel meiner Untersuchung: Wenn die aktuellen Formen der Problematisierung von Demenz als Antworten auf spezifische Schwierigkeiten verstanden werden können, geht es mir darum zu klären, wie genau diese Antworten zu Stande kommen.

Teil davon sind. Gleichwohl finden derart materielle Faktoren in meiner Untersuchung keine eingehendere Berücksichtigung.
164 Foucault 1996a, S. 179.

Ich vertrete dabei jedoch nicht die These, dass diskursive Ordnungen und zugehörige Institutionen den gesellschaftlichen Umgang mit Demenz in einseitiger und totaler Weise bestimmen. Vielmehr nehme ich an, dass sich die »konstitutive Macht von Diskursen« in einem komplexen Verhältnis zu offen-konflikthaften Situationen und schöpferisch-kritischen Subjekten entfaltet.[165]

Diese theoretische Annahme zieht eine spezifische methodische Ausrichtung meiner Analyse nach sich: Sie will dadurch besonders facettenreiche Erkenntnisse zur gesellschaftlichen Problematisierung von Demenz gewinnen, dass neben abstrahierend-allgemeinen Problembeschreibungen und -behandlungsskripten auch im interpersonalen Gespräch erhobene, stark subjektive Erfahrungs- und Praxisberichte sowie situativ-konkrete Beobachtungen zu dieser Problematisierung untersucht werden.

Leitlinie 2: Die Vielfalt der Problematisierung von Demenz

Rahmengebend ist Foucaults These, dass auf »ein und dieselbe Gesamtheit von Schwierigkeiten« verschiedene Antworten gegeben werden können.[166] Das Beispiel der Antipsychiatriebewegung zeigt exemplarisch, inwiefern unterschiedliche Konzepte zum Problem psychischer Erkrankung nebeneinander existieren können, die wiederum in Bezug zu spezifischen wissenschaftlichen, politischen und ethischen Kontexten stehen. Dabei sind derart differente Problematisierungsweisen wie auch ihre Kontexte als dynamische Gebilde zu verstehen: Problematisierungsfelder wie das Feld der Problematisierung psychischer Erkrankung sind grundsätzlich beweglich. Vor diesem Hintergrund setze ich voraus, dass die gesellschaftliche Problematisierung von Demenz keine einheitliche Form annehmen muss. Vielmehr ist davon auszugehen, dass die aktuelle gesellschaftliche Problematisierung von Demenz vielfältige Problemwahrnehmungen, -definitionen und -behandlungen umfassen kann, die wiederum in diversen Kontexten gründen.

In Zusammenhang mit dieser Vielfalt, deren Existenz bereits eine oberflächliche Sichtung aktueller Publikationen zum Thema Demenz belegt,

---

165 Sitter 2015, S. 57.
166 Foucault 2005f, S. 732.

stellt sich erstens die Frage nach ihrer Bandbreite: In welchen Kontexten wird Demenz problematisiert und welche Problematisierungsweisen haben sich dabei ausgebildet? Zweitens fragt sich, welche Relationen hier bestehen: Beziehen sich die vorzufindenden Problematisierungsweisen in affirmativer oder kritischer Weise aufeinander und sind bestimmte unter ihnen dominant, während andere randständig bleiben?

Leitlinie 3: Die Produktivität der Problematisierung von Demenz

Mit Foucault gehe ich davon aus, dass die gesellschaftliche Problematisierung von Demenz verschiedene Auswirkungen hat, und ich frage danach, welcher Art diese Auswirkungen sind bzw. sein können. Parallel zu anderen Problematisierungsanalysen will ich klären, was die »possible harms« gegenwärtiger Demenzproblematisierungsformen sind.[167] Der Begriff der Possibilität zeigt an, dass es mir hier einerseits um die Erörterung möglicher Auswirkungen zu tun ist, wie sie sich etwa aus diskursiven bzw. medialen Problemrepräsentationen ableiten lassen. Da die vorliegende Untersuchung jedoch auch subjektive Erfahrungen und Praktiken berücksichtigt, können andererseits situativ-manifeste Negativfolgen der Problematisierung von Demenz erschlossen werden.

Es erscheint mir jedoch unzulässig, ausschließlich nur danach zu fragen, inwiefern die Problematisierung von Demenz nachteilige Entwicklungen bzw. Schäden oder Leiden (= »harms«) zur Folge haben. Deshalb wird nachdrücklich darauf Bedacht gelegt, Nutzen und Vorteile von demenzbezogenen Problematisierungsprozessen zu eruieren: Inwiefern haben die vorhandenen Problematisierungsweisen förderliche Resultate? Die Auseinandersetzung mit der Frage nach nachteiligen und förderlichen Effekten wird durch eine wiederholte Re-Problematisierung der untersuchten Demenzproblematisierung vollzogen.

---

167 Bacchi/Goodwin 2016, S. 25.

3 Methoden und Quellen der Problematisierungsanalyse

In diesem Kapitel wird der methodische Rahmen der Untersuchung entwickelt und der Quellenkorpus vorgestellt. Erstens diskutiere ich ein aktuelles Modell der Problematisierungsanalyse. In Reaktion auf dessen Einschränkungen und Leerstellen geht es zweitens um ein grundlegendes methodisches Prinzip der Multi-Sited Ethnography. Auf Basis der vorangegangenen Überlegungen wird drittens der Untersuchungsgegenstand eingegrenzt sowie viertens das Untersuchungssample beschrieben. Ein fünfter Teil widmet sich der Darstellung der Auswertungsverfahren. Sechstens nehme ich eine methodologische und forschungsethische Selbst-Problematisierung vor.

How to do Problematisierungsanalyse? – oder:
Auf der Suche nach dem richtigen Werkzeug

Foucault hat seine Ausführungen zum Begriff der Problematisierung nicht um konkrete Anmerkungen dazu ergänzt, wie genau eine Analyse gesellschaftlicher Problematisierungen methodisch realisiert werden kann. Auch bei anderen zentralen theoretischen Termini seines Oeuvres verzichtete er darauf, diese in methodische Konzepte mit Anleitungscharakter zu überführen. Was die Foucault-Lektüre greifbar macht, sind eher basale methodische Prinzipien: So präsentieren sich seine Studien klar als »traditionelle historische Arbeiten, die sich an die üblichen Kriterien halten«, vor allem an die »Beweisführung anhand historischer Dokumente«, an den »Bezug auf Texte«.[1]

Foucaults Verzicht auf die Bereitstellung methodischer Manuale erfolgte dabei durchaus absichtsvoll: »Was ich geschrieben habe, sind keine Rezepte, weder für mich noch für sonst jemand. Es sind bestenfalls Werkzeuge – und Träume.«[2] Diese Feststellung wurde wissenschaftlich vielfach als Einladung dazu gelesen, »mit Foucaults Werkzeugkiste unter dem Arm, in der sich theoretische und praktische Instrumente befinden, weiterzubasteln und

---
1 Lemke 1997, S. 343.
2 Foucault 1996b, S. 25.

einige seiner Ideen weiterzudenken oder auch erst zu Ende zu denken«.[3] Auch ich verstehe Foucaults Werkzeug-Metapher als Einladung, wenn ich auf den folgenden Seiten ein gegenwartsbezogenes, kulturwissenschaftlich akzentuiertes Modell der Problematisierungsanalyse vorstelle.

Dass der Problematisierungsbegriff zunehmend als ein fruchtbarer Rahmen für empirische Analysen fungiert, belegen verschiedene Publikationen jüngeren Datums. Verwiesen sei hier auf die bereits schon zuvor erwähnte Studie Klöppels zum Hermaphroditismus-Diskurs, auf Iris Dzudzeks Analyse zum Thema städtischer Kreativpolitik, auf Kirsten Frederiksens historische Arbeit zu Ausbildungsprogrammen in der Krankenpflege, auf Miriam Sitters Untersuchung zur PISA-Bildungsdebatte und auf verschiedene Analysen der Politikwissenschaftlerin Carol Bacchi.[4]

Bacchi gehört nicht nur zu den international sichtbarsten Proponent*innen des Problematisierungsbegriffs, sie hat auf dessen Basis auch ein eigenständiges methodisches Modell entwickelt. Dieses trägt den Titel »What's the Problem Represented to be?«, kurz: WPR.[5] Bacchi verknüpft hier Foucaults problematisierungsbezogene Ausführungen mit seiner Gouvernementalitätstheorie. Nach Bacchis Einschätzung stellt die Konstitution von Problemen ein entscheidendes Element gouvernementaler Führung dar: »[G]overning takes place *through* the ways in which ›problems‹ are constituted in policies. Put in other words, we are governed through *problematizations*[.]«[6] Aus dieser Annahme leitet Bacchi wiederum die Bedeutung eines kritischen Analyseansatzes ab: »The task becomes considering the extent to which recommended policy proposals [...] either reproduce or disrupt modes of governing that install forms of marginalization and domination.«[7]

Das Zitat vermittelt bereits einen Eindruck davon, was die Datengrundlage des WPR-Modells darstellt. Es handelt sich um »policy proposals«, um Dokumente wie Anträge, Berichte und Programme, die in toto als politische

---

3   Jäger 2001, S. 95.
4   Klöppel 2010b, S. 69f., Dzudzek 2016, S. 40f., Frederiksen/Lomborg/Beedholm 2015, S. 204f., Sitter 2015, S. 40f.
5   Bacchi/Goodwin 2016, S. 13.
6   Bacchi 2016, S. 9.
7   Ebd., S. 12.

Problemrepräsentationen bezeichnet werden: »A problem representation is the way in which a particular policy ›problem‹ is constituted *as the real.*«[8] Quellenmaterialien, die Bacchi in ihren Analysen untersucht hat, sind etwa Reporte der World Health Organization (WHO) zum Thema des Alkoholkonsums.[9]

Das WPR-Modell sieht ein insgesamt siebenteiliges Schema für die Bearbeitung solcher Problemrepräsentationen vor. Grundsätzlich gilt es, auf Grundlage von Quellentexten eine Reihe von Fragen zu beantworten, zudem wird eine Selbst-Problematisierung der Forschenden eingefordert: »The rationale for this commitment to self-problematization is that, given one's location within historically and culturally entrenched forms of knowledge, we need ways to subject our own thinking to critical scrutiny.«[10]

Die einzelnen Elemente des WPR-Modells hat Bacchi folgendermaßen zusammengefasst:

»Question 1: What's the problem (e.g. [...] ›drug use/abuse‹, [...] ›global warming‹ [...] etc.) represented to be in a specific policy or policies?

Question 2: What deep-seated presuppositions or assumptions underlie this representation of the ›problem‹ (*problem representation*)?

Question 3: How has this representation of the ›problem‹ come about?

Question 4: What is left unproblematic in this problem representation? Where are the silences? Can the ›problem‹ be conceptualized differently?

Question 5: What effects (discursive, subjectification, lived) are produced by this representation of the ›problem‹?

Question 6: How and where has this representation of the ›problem‹ been produced, disseminated and defended? How has it been and/or how can it be disrupted and replaced?

Step 7: Apply this list of questions to your own problem representations.«[11]

Das WPR-Analyseschema lässt sich in vier Teilabschnitte aufgliedern, die verdeutlichen, inwiefern Foucaults Problematisierungsbegriff hier als Grundlage gedient hat: Die Fragen 1, 2 und 3 bilden einen ersten thema-

---

8 Bacchi 2016, S. 9.
9 Vgl. Bacchi 2015.
10 Bacchi/Goodwin 2016, S. 24.
11 Ebd., S. 20.

tisch zusammenhängenden Abschnitt, da sie darauf abzielen zu erfassen, wie genau ein spezifisches Problem konstituiert wird. Frage 5 hingegen fokussiert auf den Aspekt der Produktivität einer Problematisierung und bildet insofern einen zweiten Themenabschnitt. Ein dritter thematischer Abschnitt wird durch Frage 4 aufgemacht, da es hier in direkter Verbindung zur Intention der kritischen Ontologie Foucaults darum geht, Alternativen zu den untersuchten Problematisierungsweisen zu erschließen. Frage 6 bewegt sich zwischen dem Anliegen einer Konstitutionsanalyse und dem Anliegen der Erschließung alternativer Problematisierungsweisen. Schritt 7 begründet einen letzten Teilabschnitt: Hier wird Bacchis Entwurf einer Problematisierungsanalyse mit der wissenschaftlich zentralen Anforderung einer Selbstreflexion zum Ansatz einer Selbst-Problematisierung verbunden.

Grundsätzlich vermittelt das WPR-Modell so eine anschauliche Orientierung dazu, wie das Vorgehen einer Problematisierungsanalyse aussehen kann. Dies gilt vor allem in der Hinsicht, dass hier eine Reihe richtungsweisender Untersuchungsfragen aufgeführt wird. Zudem stellt Bacchi mit dem Begriff der Problemrepräsentation einen Terminus vor, der zentrale Gegenstände derartiger Analysen zu kennzeichnen hilft. Ein wertvoller Impuls geht nicht zuletzt aus dem Umstand hervor, dass das WPR-Modell den Ansatz einer Selbst-Problematisierung stark macht. In deren Rahmen soll Selbstreflexivität mehr als eine bloße Absichtserklärung sein:

> »[The] theme, commonly described as ›reflexivity‹, is well-rehearsed in contemporary social criticism [...] but takes on special significance in Foucauldian analysis given Foucault's [...] commitment to problematizing ›even what we are ourselves‹ [...]. To this end, the WPR approach moves beyond easy-to-make *declarations* of the need to become ›reflexive‹ to endorse a precise and demanding *activity* – subjecting one's own recommendations and proposals to a WPR analysis.«[12]

Trotz dieser bedeutsamen Anregungen eignet sich das WPR-Modell nicht als alleinige methodische Basis für meine Analyse. Unklar lässt es nämlich, wie sich ein Problematisierungszusammenhang über unterschiedliche gesellschaftliche Kontexte hinweg erschließen lässt. Alkoholkonsum etwa wird an diversen sozialen Orten problematisiert – die von Bacchi untersuchten WHO-Reporte stellen nur einen Ort dieser Problematisierung dar. In diesem Zusammenhang zeichnet sich eine weitere Einschränkung des

---
12 Bacchi/Goodwin 2016, S. 24.

WPR-Modells ab: Es fokussiert vornehmlich auf die Analyse von »policy texts«.[13] Im Falle von Bacchis Analyse zur Problematisierung des Alkoholkonsums bedeutet das etwa auch, dass solche Problematisierungsformen nicht eingehender berücksichtigt werden, wie sie in der praktischen Arbeit von staatlichen Institutionen, therapeutischen Einrichtungen oder Selbsthilfegruppen bestehen. Zwar betont Bacchi: »Alongside and through the production of ›problems‹, governmental practices contribute to the production of ›subjects‹, ›objects‹, and ›places‹.«[14] Dennoch handelt es sich bei dem WPR-Modell nicht um ein methodisches Werkzeug, das einen Zugang zu den Verhältnissen zwischen politischen Problemrepräsentationen und gesellschaftlichen Subjekten, Objekten, Orten und Situationen herstellt.

Daraus folgt auch, dass das WPR-Modell insofern nur begrenzte Einsichten zur Produktivität von Problematisierungen eröffnen kann, als es sich nicht direkt der subjektiven, objektiven und örtlich-situativen Ebene nähert. Zudem ist der von Bacchi entwickelte Ansatz mit der Tendenz verbunden, dass die Auswirkungen von politischen Problemrepräsentationen vornehmlich als »harmful and limiting« gedacht werden.[15] Das WPR-Modell basiert demnach auf der mehr oder minder expliziten Annahme, dass solche Problemrepräsentationen vor allem nachteilige, kritikwürdige Effekte haben.

Die aufgeführten Einschränkungen und Begrenztheiten von Bacchis Konzept schmälern seine Bedeutung nicht. Trotzdem schränken sie die Möglichkeit ein, dass eine Problematisierung als multikontextueller, ebenso diskursiver wie subjektiv-situativer Zusammenhang erschlossen werden kann. Um diese Möglichkeit zu eröffnen, nehme ich Bezug auf das kulturwissenschaftlich zentrale Programm der »vielortigen Ethnographie«.[16]

---

13   Bacchi/Goodwin 2016, S. 20.
14   Ebd., S. 14.
15   Ebd., S. 50.
16   Lauser 2005, Abs. 12.

Verfolgen als methodische Technik

»Es wird nicht mehr bloß aufgesucht«, so hat Michi Knecht einen entscheidenden methodischen Veränderungsprozess innerhalb ethnografisch arbeitender Fächer wie der Empirischen Kulturwissenschaft zusammengefasst.[17] Lange Zeit war Ethnographie angelegt als eine auf einen Ort bezogene Kombination aus »field-work among people in society and the written results of fieldwork«.[18] Heute findet Ethnographie auch über verschiedene Orte hinweg statt: Neben die Single-Sited Ethnography ist eine Multi-Sited Ethnography getreten.[19] Auslöser dieser Entwicklung waren vor allem umfassende gesellschaftliche Transformationsprozesse: »Multi-locale/multi-sited ethnography was an attempt to adapt anthropology to the changing realities of what had been known since the 1970s as the ›world-system‹, and in the 1990s became increasingly glossed as ›globalization‹«.[20]

Inwiefern diese gesellschaftlichen Veränderungen zu einer methodischen Herausforderung führen, verdeutlicht das Beispiel der erhöhten Beweglichkeit soziokultureller Akteure, zu denen ethnographische Analysen eine besondere Nähe aufzubauen suchen. Wer etwa den Gegenstand transnationa-

---

17 Knecht 2013, S. 89.
18 Nanda/Warms 2011, S. 389.
19 Zu betonen ist dabei, dass die Single-Sited Ethnography keineswegs an Bedeutung verloren hat oder gar durch das Paradigma der Multi-Sited Ethnography ersetzt wurde. Für die anhaltende Relevanz der Single-Sited Ethnography vgl. etwa Candea 2007. Hinzu kommt: Auch eine Single-Sited Ethnography ist in ihren Fragestellungen und Einsichten keineswegs immer hermetisch und auf einen Ort beschränkt, wie beispielsweise Brigitta Schmidt-Lauber (2009, S. 247) feststellt: »Feldforschung nach dem Prinzip des Eintauchens und der längeren Anwesenheit an einem Ort muss […] per se mitnichten zur Konstruktion geschlossener Horizonte führen. Im Gegenteil lassen sich auch von einem Locus der Forschung Wege und Verbindungen erkennen und erschließen […]. Entscheidend ist also auch hier die Forschungsfrage und die (kulturtheoretisch geleitete) Perspektive.«
20 Candea 2007, S. 168. Für den Begriff des Weltsystems hat Immanuel Wallerstein (2009, S. 25) folgende Definition vorgelegt: »A world-system is not the system *of the* world, but a system *that is a* world and which can be, most often has been, located in an area less than the entire globe. World-systems analysis argues that the units of social reality within which we operate, whose rules constrain us, are for the most part such world-systems (other than the now extinct, small minisystems that once existed on the earth).«

ler Arbeitsmigration untersucht, der beschäftigt sich mit einer hoch mobilen Personengruppe.[21] »[A]llein schon aus Gründen der Gegenstandsangemessenheit«, so Knecht, ist es heute oftmals erforderlich, »dass Ethnograf*innen sich mobilisieren und unterschiedliche Forschungsorte und -perspektiven verbinden«.[22]

Dass es sich dabei unter anderem auch um virtuelle oder dokumentarisch-archivalische Orte handeln kann, zeigt der Ansatz einer »teilnehmende[n] Beobachtung in Online-Multiplayer-Games«[23] bzw. das Beispiel der historischen Ethnographie, die das »Archiv als Feld« definiert.[24] Anschaulich wird hier, inwiefern sich die Vorstellung geändert hat, dass ethnographische Feldforschung nur im Rahmen einer direkten physisch-zwischenmenschlichen Begegnung stattfinden kann. Ein deutlicher Beleg dieser Entwicklung ist zudem der Umstand, dass im Rahmen verschiedener vielortiger Ethnographien an die Akteur-Netzwerk-Theorie Bruno Latours angeschlossen wird, die auf die Existenz und die soziale Bedeutung nicht-menschlicher Akteure verweist.[25]

Es ist jedoch nicht nur Gegenstandsangemessenheit allein, die die Multi-Sited Ethnography hat attraktiv werden lassen. Die mindestens einjährigen und durchaus auch mehrjährigen Feldforschungsaufenthalte, die für die Single-Sited Ethnography mandatorisch sind, lassen sich heute stellenweise nur schwer mit den Anforderungen einer wissenschaftlichen Karriere ver-

---

21 Vgl. Welz 1998.
22 Knecht 2013, S. 91.
23 Bareither 2016, S. 66.
24 Maase 2001. Der historisch-ethnographisch Forschende, so führte Isaac Rhys (1992, S. 173) aus, kann nicht »wie der ethnologische Feldforscher seine eigenen Dokumente produzieren, indem er sich, Notizbuch zur Hand, in seiner Umgebung umsieht. Er muß sich mit den Einträgen aus den ›Notizbüchern‹ begnügen, welche die vergangenen Aufzeichnungssysteme hervorgebracht haben und welche die Zeit überlebt haben[.]«
25 Latour (1996, S. 369) konkretisierte die Ausrichtung der Akteur-Netzwerk-Theorie wie folgt: »[T]he actor-network theory […] has very little to do with the study of social networks. […] [I]t also aims at describing the very nature of societies. But to do so it does not limit itself to human individual actors, but extends the word actor – or actant – to *non*-human, *non*-individual entities.«

einbaren.[26] Im Fall der zeitlich begrenzteren Feldaufenthalte der Multi-Sited Ethnography, die zudem Aufenthalte in archivalisch-medialen oder virtuellen Feldern einschließen können, ist die Vereinbarkeit von Forschung, Lehre und administratorischen Verpflichtungen deutlich besser möglich.

Obwohl die Etablierung der Multi-Sited Ethnography damit ebenso diverse Gründe wie Auswirkungen hat, bleibt sie an basalen ethnographischen Prinzipien ausgerichtet: Was nach wie vor »konstitutiv für ethnografische Forschung« ist, ist »die Offenheit gegenüber dem, was sich im Feld zeigt, und ein gründliches, aufwändiges Sich-Einlassen auf *real-world-situations* als methodischer Kern«.[27] Eine anhaltend einflussreiche Beschreibung der Multi-Sited Ethnography wurde 1995 von George E. Marcus vorgelegt. Ausgangspunkt der Argumentation von Marcus ist der Hinweis darauf, dass kulturelle Phänomene bzw. Logiken immer auf diversen gesellschaftlichen Ebenen relevant sein können. Gleichzeitig sind an ihrer Herstellung, Erhaltung, Transformation und Auflösung in der Regel stets unterschiedliche Akteure und Faktoren menschlicher sowie nicht-menschlicher Art beteiligt:

> »Cultural logics so much sought after in anthropology are always multiply produced, and any ethnographic account of these logics finds that they are at least partly constituted within sites of the so-called system (i. e. modern interlocking institutions of media, markets, states, industries, universities – the worlds of elites, experts, and middle-class). Strategies of quite literally following connections, associations, and putative relationships are thus at the very heart of designing multi-sited ethnographic research.«[28]

Hier kristallisiert sich einmal mehr heraus, inwiefern die Multi-Sited Ethnography auf eine charakteristische Gegenstandsangemessenheit zielt: Da kulturelle Phänomene multiple Wirkungen entfalten und sie zugleich co-produziert sind, können sie nur dann in adäquater Weise erschlossen werden, wenn man ihren diversen Elementen im sprichwörtlichen und übertrage-

---

26 Hierauf weist Mark-Anthony Falzon (2016, S. 6) hin: »[T]he institutionalization of the social sciences into mainstream academia, coupled with the prescribed work practices of contemporary academic careers (in which teaching and administration are on par with research), has made it increasingly difficult for ethnographers to stay put in the field for the long durations classically associated with ethnography.«
27 Knecht 2013, S. 91.
28 Marcus 1995, S. 97.

nen Sinn ›nachgeht‹. Aus einer theoretischen Perspektive, die Kultur als »immer hybrid, vermischt und sich laufend verändernd«[29] versteht, wird somit eine spezifische methodische Technik abgeleitet, die Technik der Verfolgung:

> »Multi-sited ethnographies define their objects of study through several different modes or techniques. These techniques might be understood as practices of construction through (preplanned or opportunistic) movement and of tracing within different settings of a complex cultural phenomenon given an initial, baseline conceptual identity that turns out to be contingent and malleable as one traces it.«[30]

Das Zitat macht zwei wesentliche Aspekte der Multi-Sited Ethnography deutlich. Erstens handelt es sich hier um eine methodische Strategie, die ebenso fahrplanmäßig operiert, wie sie unvorhergesehene Erkenntnismöglichkeiten ausnutzt. Dies bedeutet, dass einerseits aufgrund theoretisch-empirisch fundierter Vorüberlegungen bestimmt wird, in welchen Bereichen und Gegenständen sich ein bestimmtes kulturelles Phänomen manifestiert. Andererseits wird die Feldforschung zu diesen Bereichen und Gegenständen mit einer Offenheit für die Entdeckung und Weiterverfolgung solcher Zusammenhänge betrieben, deren Relevanz sich im Rahmen der Vorplanungsphase noch nicht abzeichnete. Was das obige Zitat zweitens veranschaulicht, ist die konstruktivistische Dimension der Multi-Sited Ethnography: Sie findet ihre Untersuchungsgegenstände, ihre vielverzweigten Untersuchungsfelder nicht einfach vor, sie erschafft sie; und zwar indem sie beschreibt, inwiefern sich ein bestimmtes kulturelles Phänomen auf diversen Ebenen manifestiert und indem sie Verbindungslinien zwischen Erscheinungen zieht, die sie als Teil des betreffenden Phänomens betrachtet. Es handelt sich hier also um eine »Praxis der Konstruktion von Elementen und Akteuren und um ihr In-Beziehung-Setzen in einem von den Forschenden selbst imaginierten und konstruierten Raum«.[31] In diesem »In-Beziehung-Setzen«, in dem methodischen Verfolgen von »connections, associations, and putative relationships« über verschiedene diskursive und soziale Orte hinweg erkenne ich eine Verfahrensweise, die es mir ermöglicht, die

---

29 Sarasin 2014, S. 31.
30 Marcus 1995, S. 106.
31 Hess/Tsianos 2010, S. 253.

gegenwärtige Problematisierung von Demenz in der Vielfalt und Verwobenheit ihrer Formen, Kontexte und Effekte näher zu erfassen.[32]

Konkret bedeutet das, dass ich die Problematisierung von Demenz erschließe, indem ich sie über drei spezifische Bereiche hinweg verfolge. Hierbei handelt es sich um die Bereiche der medial-interdiskursiven, der zivilgesellschaftlichen und der familiären Demenzproblematisierung. Diese methodische Vorgehensweise eröffnet eine umfassendere Perspektive auf die Problematisierung von Demenz, als dies eine Analyse täte, die etwa allein auf politische Repräsentationen des Problems Demenz fokussierte. Zugleich ermöglicht das von mir eingesetzte Verfolgungsprinzip den in den vorangegangenen Ausführungen angesprochenen Brückenschlag zwischen abstrahierend-allgemeinen Problemrepräsentationen und situativ-konkreten Arten und Weisen der Problemwahrnehmung und Problembehandlung.

Bevor ich die erwähnten Problematisierungsbereiche wie auch den angewandten Verfolgungsmodus eingehender vorstelle, grenze ich meinen Ansatz vom Programm einer vielortigen Ethnographie ab. Als eine solche kann und soll die von mir durchgeführte Untersuchung nämlich nicht verstanden werden – und dies aus den folgenden vier Gründen: Erstens markiert Marcus »a juxtaposition, an assemblage, or network« als »object of study« der Multi-Sited Ethnography.[33] Der Gegenstand meiner Analyse ist dagegen eine Problematisierung – ein Gegenstand, der weder durch den Assemblage- noch durch den Netzwerkbegriff in seiner Spezifität treffend bestimmt wird.[34] Zweitens argumentieren Kritiker der Multi-Sited Ethnog-

---

32 Marcus 1995, S. 97.
33 Marcus 2011, S. 23.
34 »Mit dem Assemblagekonzept wird«, wie Maria Schwertl (2015, S. 29) ausführt, »[...] eine Herangehensweise verfolgt, die nicht von festen Entitäten ausgeht, sondern Verfestigungen als Sonderfall von Verflechtungen ansieht. [...] Das Konzept der Assemblage blickt erstens auf sich herausbildende Ordnungen auf Ebene der Akteure, die ›neben sozialen Akteuren auch Objekte, Infrastrukturen und deren Materialität umfassen‹ können, ›zweitens auf die Beziehungen zwischen allen Involvierten und drittens auf die Ebene zeitlicher Entwicklungen, also auf Prozesse‹[.]« Rabinow (2005, S. 55), der sowohl einen für die Kulturwissenschaft stark relevanten Assemblage-Begriff geprägt hat als auch in seinen Arbeiten an den foucaultschen Problematisierungsbegriff anschließt, differenziert beide Begriffe wie folgt voneinander: »Problematizations emerge out of a cauldron of convergent factors (economics, discursive, political, environmental, and

raphy, diese trete im Grunde mit dem Anspruch auf, kulturelle Phänomene in ganzheitlicher Weise erfassen zu können: »[T]here is […] a problematic reconfiguration of holism implicit (and sometimes explicit) in the multisited research sensibility – a suggestion that bursting out of our field-sites will enable us to provide an account of a totality ›out there‹.«[35] Von einer derart holistischen Intention distanziert sich meine Analyse ganz ausdrücklich: Die Problematisierung von Demenz wird hier nur ausschnittweise erfasst – auch wenn sich die Analyse drei unterschiedlichen Problematisierungsbereichen widmet.[36] Drittens stützen sich vielortige Ethnographien in der Regel auf mehrere Phasen teilnehmender Beobachtung über unterschiedliche soziale Orte hinweg. Auch meine Problematisierungsanalyse bezieht das Verfahren der teilnehmenden Beobachtung ein, jedoch wurde diese nicht in einer translokalen Manier umgesetzt, sondern blieb auf einen konkreten sozialen Ort beschränkt. Viertens zielt meine Auseinandersetzung mit der Problematisierung von Demenz nicht darauf, Einsichten über globale Zusammenhänge oder das »word-system« zu gewinnen – auch wenn Marcus argumentiert, dass ethnographisch arbeitende Untersuchungen solche Einsichten angesichts der Globalität unserer Gegenwart nahezu zwangsläufig herstellen: »[A]ny ethnography of a cultural formation in the world system is also an ethnography of the system[.]«[37]

---

the like). […] [T]heir emergence and articulation is an event of long duration […]. [T]he temporality of assemblages is qualitatively different from that of […] problematizations […]. […] One might say that an assemblage is not the kind of thing that is intended to endure[.]«

35 Candea 2007, S. 169.
36 Ich möchte damit jedoch keineswegs suggerieren, dass der Holismus-Vorwurf gegenüber vielortigen Ethnographien generell zutrifft. Hinzu kommt: Auch Ethnographien, die auf einen Ort konzentriert bleiben, können durchaus mit einem holistischen Anspruch auftreten, wie etwa Falzon (2016, S. 13) betont: »Multi-sited ethnography is no more holistically inclined than its predecessor.«
37 Marcus 1995, S. 99.

Bereiche der Problematisierung von Demenz

Die Problematisierung von Demenz allein im deutschsprachigen Raum ist aktuell sehr verzweigt, darauf habe ich auch schon in der Einleitung hingewiesen. Sie umfasst unter anderem die Bereiche der familiären Versorgung, der institutionellen Pflege, der praktischen Medizin, der zivilgesellschaftlichen Aktion, der psychosozialen Therapie, der Medien, der Wissenschaft, der Wirtschaft, der Politik, des Rechts, der Technik und der Kunst. Angesichts dieser Situation wird deutlich, inwiefern ein holistischer Ansatz schon aus forschungspragmatischen Gründen kaum realisierbar ist: Die gegenwärtige Problematisierung von Demenz lässt sich in umfassenderer Weise nur durch ein interdisziplinäres Forscherkollektiv erfassen.[38] Deshalb bleibt die vorliegende Studie auf drei ausgewählte Bereiche konzentriert. Hier handelt es sich erstens um den Bereich der populärmedialen, zweitens um den Bereich der zivilgesellschaftlichen und drittens um den Bereich der familiären Demenzproblematisierung. Diese Auswahl geht auf eine Reihe von Überlegungen und Einsichten zurück, die ich jetzt ausführlich vorstelle.

Mediale Demenzproblematisierung

Meine Analyse berücksichtigt erstens Repräsentationen des Problems Demenz, wie sie in deutschsprachigen Presseberichten, in Ratgebern, in literarischen Erfahrungsberichten von Angehörigen sowie in Sachbüchern existieren. Diese Problemrepräsentationen gehören – einer begrifflichen Trennung von Jürgen Link zufolge – dem medialen Interdiskurs an. Link unterscheidet die Ebene des Interdiskurses von jener des Spezialdiskurses und der des Elementardiskurses. Dabei geht er von folgender These aus: »Je differenzierter das moderne Wissen und je weltkonstitutiver seine technische Anwendung, umso wissensdefizitärer, wissensgespaltener, orientierungsloser und kulturell peripherer sind moderne Subjekte.«[39] Mit anderen Worten: »Steigende Komplexität erzeugt steigenden Beratungsbedarf.«[40] Als

---

38 Inwiefern sich in Bezug auf die Analyse dieser Problematisierung tatsächlich von einem kollektiven Forschungsvorhaben reden lässt, zu dem meine Studie einen Beitrag leistet, zeigt der Forschungsstand in Kapitel 4.
39 Link 2012, S. 59.
40 Macho 1999, S. 29.

entscheidende Quellen der modernen Wissensdifferenzierung betrachtet Link die Spezialdiskurse, wobei es sich vor allem um die verschiedenen wissenschaftlichen Disziplinen handelt. Sie sind die Speicher des gesellschaftlichen Expertenwissens und stellen unter anderem komplexe Definitionen und Behandlungsstrategien für unterschiedlichste Probleme bereit.

Unter den Interdiskurs hingegen subsumiert Link journalistische Medien, Literatur, »Populärreligion, ›Ideologien‹, Populärwissenschaft« und so weiter.[41] Ein zentrales Charakteristikum des Interdiskurses besteht darin, dass er wissenschaftliche Erkenntnisse gesellschaftlich anschlussfähig macht, dass er »die Ankopplung von Spezialwissen an alltagsweltliche Handlungsbezüge« ermöglicht.[42] Interdiskursive Transmissions- und Translationsprozesse reduzieren das aus der Vervielfältigung und Unübersichtlichkeit von Spezialdiskursen resultierende Wissensdefizit des modernen Subjekts. Dabei trägt der Interdiskurs besonders auch die von den Wissenschaften identifizierten Probleme in die Öffentlichkeit. Dies sind nicht selten solche Probleme, die für die Gesellschaft andernfalls zum Teil gar nicht existierten, wie etwa das Thema des Klimawandels zeigt: »Der globale Klimawandel [...] ist für Laien überhaupt erst durch die Kommunikation der Wissenschaft wahrnehmbar.«[43]

Übertragen auf das Beispiel von Presseberichten zur Demenzthematik bedeutet das: Eine wesentliche Funktion dieser Berichte besteht darin, dass sie die äußerst komplexen und voraussetzungsreichen Inhalte demenzbezogener Spezialdiskurse in ein Allgemeinwissen ›übersetzen‹. »Forscher machen Alzheimer sichtbar« titelte die BILD in einem Bericht über die Visualisierung der neuropathologischen Merkmale dieser Demenzform mittels des Verfahrens der Positronen-Emissions-Tomographie.[44] Vor dem Hintergrund der linkschen Diskurstheorie ist in ganz ähnlich lautender Form festzustellen: Medien machen das Problem Demenz sichtbar – und zwar, indem sie etwa unter Rückgriff auf medizinisches Spezialwissen konkrete Problem-Merkmale, -Ursachen und -Behandlungsmöglichkeiten aufzeigen.

---

41 Link/Link-Heer 2002, S. 11.
42 Waldschmidt/Klein/Tamayo Korte/Dalman-Eken 2007, Abs. 18.
43 Weber 2008, S. 59.
44 BILD v. 18.02.2008.

Zusammen mit der Sichtbarmachung des Problems Demenz stellt der mediale Interdiskurs oftmals auch Orientierungen für den Umgang mit dem Problem bereit, also »Applikations-Vorlagen [...], d.h. diskursive Komplexe, die von Subjekten [...] selektiv assimiliert werden können«.[45] Berichte und Bücher, die zu bestimmten Formen des Umgangs mit dem Problem Demenz beraten, machen diesen Aspekt sehr deutlich. Gerade auch die interdiskursive Gattung des Ratgebens ist eine, die »zu den virulenten kulturellen Problemzonen« und öffentlich diskutierten Lösungsansätzen hinführt.[46] Denn »Ratgeber sind Texte«, die für »Felder der Unsicherheit und der Ratlosigkeit Antwortangebote bereithalten«.[47] Gleichwohl geht Link nicht davon aus, dass schon der Konsum eines singulären Zeitungsartikels oder Ratgeberbuches automatisch zu Orientierungseffekten wie der subjektiven Internalisierung und Reproduktion der in einem Artikel/Buch vermittelten Problematisierung führt:

> »Entscheidend ist [...] nicht die Hermeneutik von Einzelbeispielen (einzelnen Karikaturen, ›Sprachbildern‹, Fotos, Texten, Filmen etc.), sondern der ständige Wiederholungseffekt großer Massen von Applikationsvorlagen und punktuellen Applikationsvorgängen.«[48]

Im Elementardiskurs schließlich vereint »sich das stark komplexitätsreduzierte historisch-spezifische Wissen (seit geraumer Zeit vor allem von den naturwissenschaftlich-technischen Diskursen und Praktiken gespeist) mit dem sogenannt anthropologischen Alltagswissen«.[49] Die Unterschiede zwischen Inter- und Elementardiskurs lassen sich folgendermaßen zusammenfassen:

> »Während ersterer Subjektivierungsangebote offeriert, die für Einzelne in unterschiedlicher Weise verbindlich sein können, stellt offensichtlich der Elementardiskurs den diskursiven Raum bereit, in dem sich entscheidet, welche Subjektivierungsweisen tatsächlich übernommen oder auch zurückgewiesen werden – und somit für den Alltagsmenschen handlungsrelevant sind.«[50]

---

45 Link 2009, S. 41.
46 Heimerdinger 2006, S. 67.
47 Ebd., S. 61.
48 Link 1992, S. 69.
49 Link 2001, S. 417. Link gebraucht den Begriff des Elementardiskurses stellenweise synonym mit dem der Elementarkultur. Dies geschieht auch im Falle des obigen Zitates.
50 Waldschmidt/Klein/Tamayo Korte 2009, S. 63.

Wie nun das Beispiel literarischer Erfahrungsberichte von Angehörigen Demenzbetroffener zeigt, dringt nicht nur (bio-)medizinisches oder anderweitiges Expertenwissen in den Interdiskurs durch, sondern auch das elementardiskursive Alltagswissen fachlicher Laien.[51] Dementsprechend betont Link, dass der mediale Bereich »Wissenskomplexe verschiedener spezial- und elementardiskursiver Herkunft« zusammenführt – gerade wegen seines »kombinatorischen Charakters« wird dieser Bereich denn auch als Interdiskurs gekennzeichnet.[52]

Der zentrale Unterschied zwischen Spezial- und Elementardiskurs wiederum besteht darin, dass »sich das Spezialwissen um Abstraktion bemüht«, während »im Alltagswissen der Einzelfall in seiner Komplexität an prominenter Stelle« steht.[53] Im Interdiskurs kommt es dabei nicht selten zu einer gezielten Verbindung von Spezial- und Alltagswissen, gerade die Berichterstattung zur Demenzthematik zeigt das deutlich: Erläuterungen zum abstrakten Problemkonzept der Medizin werden hier mit persönlichen Problemperspektiven und -erfahrungen von einzelnen Demenzbetroffenen und Angehörigen verbunden und so exemplarisch veranschaulicht.

In Hinblick auf die Beziehung zwischen Spezial-, Inter- und Elementardiskurs bleibt zuletzt festzuhalten, dass Link hier nicht von einem unidirektionalen top-down-Verhältnis ausgeht. Wie schon die Angehörigenliteratur zeigt, bewegt sich Wissen keineswegs immer nur einseitig von Seiten der spezialdiskursiven Sphäre in Richtung der interdiskursiven und subjektiv-alltäglichen Ebene. Link spricht stattdessen von einer »zyklischen« Beziehung, »wobei aber in der longue und moyenne durée die ›top-down‹-Richtung dominiert«.[54]

Zusammenfassend findet der populärmediale Bereich in meiner Problematisierungsanalyse deshalb Berücksichtigung, weil ihm als Teil des Interdiskurses eine besondere gesellschaftliche Bedeutung zukommt. Auf dieser

---

51 Gleichwohl gilt, dass auch das Wissen von Laien stark von spezialdiskursiven Inhalten durchsetzt sein kann. Darauf weisen etwa auch Vertreter der Medikalkulturforschung wie Eberhard Wolff (2008, S. 25) hin: »[D]as professionelle medizinische Wissen [hat] immer schon seinen Weg in populäre Krankheitsvorstellungen gefunden[.]«
52 Link 2009, S. 19.
53 Waldschmidt/Klein/Tamayo Korte 2009, S. 206.
54 Link 2005, S. 93.

Datengrundlage wird zum einen greifbar, welche spezial- und elementardiskursiven Problematisierungen in der öffentlichen Auseinandersetzung mit Demenz überhaupt verbreitet sind. Zum anderen handelt es sich hier um mediale Beschreibungen, die – ihrem interdiskursiven Charakter entsprechend – als orientierungsstiftende Problemrepräsentationen zu verstehen sind: Indem diese Repräsentationen professionell-abstrakte sowie persönlich-alltägliche Wissensinhalte zur Demenzthematik gesellschaftlich rezipierbar machen, vermitteln sie mehr als bloße Informationen. Vielmehr verkörpern sie, wie auch in den vorangegangen Ausführungen zur Produktivität von (Inter-)Diskursen gezeigt wurde, »›practical‹ or ›prescriptive‹ texts«, die potenziell für eine subjektive Applikation bzw. Adaption zur Verfügung stehen.[55] Im Umkehrschluss bedeutet dies: Was Möglichkeiten und Grenzen des Lebens mit Demenz sind, hängt nicht zuletzt auch von der interdiskursiven Problematisierung von Demenz ab.

Zivilgesellschaftliche Demenzproblematisierung

Einen zweiten Analyseschwerpunkt stellt die zivilgesellschaftliche Problematisierung von Demenz dar. Diese wird am Beispiel der Arbeit eines lokalen Verbands der Deutschen Alzheimer Gesellschaft e.V. untersucht. Datengrundlage ist erstens eine Interviewreihe mit Vorstandsmitgliedern und weiteren Mitarbeiterinnen dieser Alzheimer Gesellschaft. Ein zweiter Fokus liegt auf einem spezifischen Problemlösungsinstrument der Alzheimer Gesellschaft. Hierbei handelt es sich um eine nachmittägliche Betreuungsgruppe für Menschen mit Demenz, die ich im Rahmen einer teilnehmenden Beobachtung beforscht habe.

Da der Begriff der Zivilgesellschaft ein sehr vielschichtiger ist, muss hier näher erläutert werden, in welchem Sinne ich diesen Begriff verwende. Dieter Gosewinkel unterscheidet drei Definitionen des Terminus Zivilgesellschaft: »*Bereichsbezogene Definitionen*«, »*Handlungsbezogene Definitionen*« und »*Kombinationen bereichs- und handlungsbezogener Definitionen*«.[56]

---

55 Bacchi 2012, S. 4.
56 Gosewinkel 2010, Abs. 7f.

Handlungsbezogene Definitionen »zielen auf positive Beiträge der Zivilgesellschaft für die Durchsetzung und Stabilisierung von Demokratie sowie auf Zivilgesellschaft als Ort der Einübung demokratischer Lernprozesse und Steuerungszentrum demokratischer Selbstregierung ab«.[57] Solcherlei normativ eingefärbte Definitionen stoßen jedoch auf Kritik. Unter anderem wird betont, dass zivilgesellschaftliche Aktivitäten nicht per se von fruchtbarer Bedeutung für den Erhalt und die Stärkung demokratischer Ordnungen seien. Das Beispiel der Weimarer Republik etwa »mit ihrem überaus weitgespannten und lebendigen Vereinsleben beweist die vielfach demokratiegefährdende und hochexklusive Praxis des damaligen Vereinslebens«.[58]

Ich setze den Begriff der Zivilgesellschaft nicht ein, um so demokratieförderliche Handlungsformen zu markieren – ich möchte damit vielmehr ein bestimmtes soziales Areal umreißen. Leitend ist hier deshalb eine bereichsbezogene Definition:

> »[Bereichsbezogene Definitionen] verstehen Zivilgesellschaft als einen Raum sozialen Handelns, der zwischen dem Staat, der Wirtschaft und dem privaten Bereich – vielfach Familie genannt – angesiedelt ist. Dieser Zwischen-Raum, bisweilen auch ›Dritter Sektor‹ genannt, ist der Ort, an dem freie Assoziationen in besonderer Verdichtung und Intensität das soziale und politische Handeln prägen. Er zeichnet sich durch ein besonders hohes Maß an gesellschaftlicher Selbstorganisation aus, in dem soziale Bewegungen und Nicht-Regierungsorganisationen agieren. In diesem Konzept wird der Staat zumeist als eine räumlich-institutionelle Sphäre interpretiert, die von der Zivilgesellschaft getrennt, ja, dieser sogar entgegengesetzt ist.«[59]

Auch zu dieser bereichsbezogenen Definition existiert eine Kritik – eine Kritik, die ich gerade in Hinblick auf die Alzheimer Gesellschaft stark machen möchte: Erstens wird betont, dass der Staat »nicht nur Widerpart, sondern vielfach auch Verbündeter und Garant« zivilgesellschaftlicher Arbeit ist.[60] Inwiefern das im Fall der Alzheimer Gesellschaft gilt, zeigt unter anderem das Beispiel ihrer Finanzierung. Neben »Mitgliedsbeiträgen und Spenden« wird diese »in ihrer Informations- und Beratungsarbeit durch das Bundesministerium für Familie, Senioren, Frauen und Jugend unter-

---

57 Gosewinkel 2010, Abs. 8.
58 Ebd., Abs. 18.
59 Ebd., Abs. 7.
60 Ebd., Abs. 19.

stützt«.⁶¹ Zivilgesellschaftliche und staatliche Einrichtungen sind folglich oftmals stärker miteinander verbunden, als das Bild von der Zivilgesellschaft als »Zwischen-Raum« suggeriert. Zweitens »besteht eine Kontroverse in der zivilgesellschaftlichen Forschung darüber, ob die Wirtschaft bzw. der Markt historisch als Teil […] oder Widerpart […] der Zivilgesellschaft aufzufassen ist«.⁶² Auch im Fall des Marktes gilt, dass dieser kaum als »Widerpart« der Alzheimer Gesellschaft betrachtet werden kann. Stattdessen lassen sich hier ebenfalls vielfältige Verbindungslinien ausmachen.

Zum Beispiel weist die Alzheimer Gesellschaft in ihrer Beratungsarbeit auf mögliche Pflegeformen und entsprechende Pflegedienstleistungsanbieter hin. Sie unterstützt damit jedoch nicht nur beim Eintritt in den Betreuungs- und Pflegemarkt – ihre lokalen Verbände schaffen hierfür oftmals selbst Angebote. Zu erwähnen sind in diesem Zusammenhang etwa die sogenannten »Helferinnenkreise«: Sie »betreuen stundenweise Demenzkranke zu Hause und entlasten die pflegenden Angehörigen«.⁶³ Übernommen wird diese Betreuung, die explizit »keine pflegerischen oder hauswirtschaftlichen Tätigkeiten« umfasst von demenzspezifisch geschulten, ehrenamtlichen Mitarbeiter*innen der Alzheimer Gesellschaft.⁶⁴ Für deren Einsatz haben die Dienstleistungsnehmer vielerorts ein erstattungsfähiges Entgelt zu entrichten, wie beispielsweise in München:

> »Die Kosten belaufen sich auf 13,00 EUR pro Betreuungsstunde. Mitglieder der Alzheimer Gesellschaft München zahlen einen ermäßigten Betrag von 11,00 EUR pro Betreuungsstunde. Der Helferkreis der Alzheimer Gesellschaft München ist anerkannt als niedrigschwelliges Angebot nach § 45 c SGB XI. Daher besteht die Möglichkeit einer Kostenerstattung über die Pflegeversicherung nach § 45 a/b SGB XI je nach Voraussetzungen des Versicherten bis zu den jeweiligen Höchstsätzen.«⁶⁵

Neben der Unschärfe der Trennlinie zwischen Zivilgesellschaft und Markt wird hier einmal mehr die Verquickung zwischen Zivilgesellschaft und Staat deutlich: Die Alzheimer Gesellschaft leistet mit ihrer Arbeit einen Bei-

---

61 Deutsche Alzheimer Gesellschaft e.V. (Internet), *Finanzierung*.
62 Gosewinkel 2010, Abs. 19.
63 Deutsche Alzheimer Gesellschaft e.V. (Internet), *Leitfäden für Beratung und Gruppenarbeit. Helferinnen in der häuslichen Betreuung von Demenzkranken*.
64 Alzheimer Gesellschaft München e.V. (Internet), *Begleitung durch den Ehrenamtlichen Helferkreis zu Hause*.
65 Ebd.

trag zu einer staatlich geförderten Versorgungsstruktur, wie sie etwa durch § 45 c SGB XI gestaltet und geregelt wird.[66]

Eine dritte Kritik an der bereichsbezogenen Zivilgesellschaftsdefinition bezieht sich auf die dort behauptete »Trennung von Familie und Zivilgesellschaft«.[67] Gegen diese Behauptung wird die »untrennbare Verwobenheit von ›Öffentlichkeit‹ und ›Privatheit‹« betont, wie sie etwa in vielen Studien aus dem Feld der Gender Studies zur politischen Dimension des Privaten zu Tage tritt.[68] Auch im Fall der Alzheimer Gesellschaft zeichnet sich eine starke Verwobenheit zwischen Zivilgesellschaft und Familie ab. Das macht exemplarisch bereits die Entstehungsgeschichte der ersten deutschen Alzheimer Gesellschaft in München deutlich: »Im Dezember 1986 gründete sich die Alzheimer Gesellschaft München e.V. aus einer Selbsthilfegruppe pflegender Angehöriger.«[69]

Und so, wie die Genese der Alzheimer Gesellschaft auf spezifische Herausforderungen innerhalb des familiären Settings reagiert, richtet sich auch die Arbeit des Vereins besonders auf dieses Setting: »Wir lassen Demenzkranke und ihre Angehörigen nicht allein.«[70] Es wird hier also grundsätzlich nicht nur von einer individuellen, sondern ebenso von einer partnerschaftlichen bzw. familiären Demenzbetroffenheit ausgegangen. Das Beispiel der Alzheimer Gesellschaft belegt so in verschiedener Hinsicht, inwiefern es sich bei der Familie um eine »zivilgesellschaftliche Kerninstitution« handeln kann.[71]

Angesichts der diskutierten Kritikpunkte dient der Zivilgesellschaftsbegriff hier nicht zur Identifikation eines vermeintlich eindeutig begrenzten Sozi-

---

66 Besagter Paragraf des elften Sozialgesetzbuches (kurz: SGB XI) zielt auf die »Förderung der Weiterentwicklung der Versorgungsstrukturen und des Ehrenamts«. Vgl. Richter 2017, S. 242.
67 Gosewinkel 2010, Abs. 19.
68 Budde 2003, S. 72. Vgl. zudem auch Riescher 2002.
69 Alzheimer Gesellschaft München e.V. (Internet), *30 Jahre Alzheimer Gesellschaft München*. Wie auch noch in Kapitel 4 deutlich wird, ist hier aber ganz ausdrücklich anzumerken, dass auch professionelle Akteure – besonders aus dem Bereich der Medizin – bei der Gründung von Alzheimer Gesellschaften eine entscheidende Rolle gespielt haben.
70 Deutsche Alzheimer Gesellschaft e.V. (Internet), *Leitbild der Deutschen Alzheimer Gesellschaft*.
71 Budde 2003, S. 57.

alraums. Vielmehr wird damit ein Problematisierungsbereich gekennzeichnet, der in vielerlei Beziehungen zu anderen sozialen Ebenen steht bzw. in diese Ebenen teilintegriert ist.

Was den zivilgesellschaftlichen Bereich nun hoch bedeutsam für eine Problematisierungsanalyse macht, ist zunächst seine besondere Problembezogenheit: »Ziele und Zwecke zivilgesellschaftlicher Akteure können auf allgemeingesellschaftliche Probleme wie auch auf Anliegen und Bedürfnisse spezieller Gruppen gerichtet und lokaler, regionaler oder internationaler Natur sein.«[72] In der Bundesrepublik Deutschland beziehen sich aktuelle zivilgesellschaftliche Initiativen zum Beispiel auf Probleme wie materielle Armut oder auf körperlich-geistige Verletzlichkeiten und die daraus resultierenden Unterstützungs- und Pflegebedürftigkeiten.[73] Die Behandlung solcher Probleme hatten sich vor allem auch die Sozialstaaten zur Aufgabe gemacht. In Zusammenhang mit Prozessen der staatlichen Individualisierung von Armuts- und Krankheitsrisiken wird die »Selbsthilfe-

---

72 Zimmer 2013, S. 348.
73 Hinsichtlich zivilgesellschaftlicher Aktionen zur Armutsfolgenbekämpfung vgl. etwa Selke 2011. Da an obiger Stelle zum ersten Mal in dieser Studie der Begriff der Pflegebedürftigkeit Verwendung findet, sei kurz darauf hingewiesen, dass in Deutschland zum 1. Januar 2017 ein neuer Pflegebedürftigkeitsbegriff etabliert wurde. Antje Schwinger und Chrysanthi Tsiasioti (2018, S. 173) erläutern dazu: »Pflegebedürftig im Sinne des XI. Sozialgesetzbuches (SGB XI) sind Personen, die dauerhaft gesundheitlich bedingte Beeinträchtigungen der Selbstständigkeit aufweisen und deshalb der Hilfe durch andere bedürfen. Maßgeblich sind dabei Beeinträchtigungen in folgenden sechs Bereichen (siehe § 14 SGB XI): 1. Mobilität: z. B. Beeinträchtigungen bei der Fortbewegung innerhalb des Wohnbereichs, beim Treppensteigen, beim Positionswechsel im Bett; 2. Kognitive und kommunikative Fähigkeiten: z. B. Beeinträchtigungen bei der örtlichen und zeitlichen Orientierung, beim Erinnern an wesentliche Ereignisse oder Beobachtungen, beim Verstehen von Sachverhalten und Informationen; 3. Verhaltensweisen und psychische Problemlagen: z. B. motorisch geprägte Verhaltensauffälligkeiten (Umherwandern), nächtliche Unruhe, physisch aggressives Verhalten gegenüber anderen Personen, verbale Aggressionen, Wahnvorstellungen, Ängste; 4. Selbstversorgung: z. B. Beeinträchtigungen beim Waschen, beim An- und Auskleiden, beim Benutzen einer Toilette sowie beim Essen und Trinken; 5. Bewältigung von und selbstständiger Umgang mit krankheits- oder therapiebedingten Anforderungen und Belastungen: z. B. Beeinträchtigungen bei der eigenständigen Einnahme von Medikamenten, bei Arztbesuchen, in Bezug auf das Einhalten einer Diät; 6. Gestaltung des Alltagslebens und sozialer Kontakte: z. B. Beeinträchtigungen bei der Gestaltung des Tagesablaufs und Anpassung an Veränderungen, beim Sichbeschäftigen.«

fähigkeit der Gesellschaft« jedoch stellenweise auch »als Legitimation für den Rückbau von Sozialleistungen benutzt«.[74] Zur Lösung bzw. Behandlung von materiellen Notlagen, gesundheitlich-funktionalen Beeinträchtigungen etc. ist seit einiger Zeit auch der Ansatz eines Welfare Mix in der Diskussion:

> »Der Ansatz des Welfare Mix geht davon aus, dass Wohlfahrt immer in einem Mix produziert wird. [...] Dabei hängt in einem modernen Staat Wohlfahrt vom gelingenden und gut inszenierten Zusammenspiel bzw. Mix von Staat, Markt, Drittem Sektor und dem informellen Sektor (Haushalte und Familien) ab. Eine so verstandene Wohlfahrtsproduktion ist ein alltägliches Phänomen und dies nicht erst seit heute. [...] Sie ist für eine nachmoderne Gesellschaft im demographischen Wandel bei begrenzter Leistungsfähigkeit des Sozialstaates und sich verändernder Solidarität in Familien und sozialen Netzwerken anzupassen bzw. neu zu formulieren, wird als Voraussetzung für eine nachhaltige Sicherung von Pflege und Betreuung verstanden.«[75]

Die Probleme bzw. Bedürfnisse, denen die Alzheimer Gesellschaft Rechnung trägt, sind – wie aufgeführt – besonders die Probleme und Bedürfnisse von Demenzbetroffenen und ihren Angehörigen. Hoch relevant für meine Analyse ist die Arbeit der Alzheimer Gesellschaft erstens deshalb, da sie umfassende Orientierungen für die Deutung von Demenz und für den Umgang damit gibt: Zum einen mit einer Vielzahl (medialer) Informationsbroschüren, zum anderen im direkten Gespräch in lokalen Beratungsstellen, in Betroffenen- und Angehörigengruppen wie auch im Rahmen des Angebotes des deutschlandweiten »Alzheimer Telefon«.

Äußerst interessant ist die Arbeit der Organisation zweitens, da sie zwar stark auf das medizinische Demenzkonzept rekurriert und diese Forschung unterstützt – vor allem aber werden hier psychosoziale und kulturelle Behandlungsansätze für das Problemfeld Demenz erarbeitet und bereitgestellt. Der Verein will so etwa: »Verständnis und Hilfsbereitschaft in der Bevölkerung für die Alzheimer Krankheit und andere Demenzerkrankungen fördern«, »Gesundheits- und sozialpolitische Initiativen anregen«, »[d]ie Krankheitsbewältigung der Betroffenen und die Selbsthilfefähigkeit der Angehörigen verbessern«, »Entlastung für die Betreuenden schaffen durch

---

74 Klie 2010, S. 572.
75 Ebd.

Aufklärung, emotionale Unterstützung und örtliche Hilfe« und »[n]eue Betreuungs- und Pflegeformen entwickeln und erproben[.]«[76]

Die Konzeption und Anwendung dieser Problembehandlungsformen kann als zivilgesellschaftliche Reaktion auf den Umstand verstanden werden, dass die Medizin – als gesellschaftliche Zentralinstanz der Lösung von Krankheitsproblemen – im Falle der Alzheimer- oder auch der vaskulären Demenz noch keine rundherum effektive oder gar kausale Therapie anbieten kann. Die zivilgesellschaftliche Initiative antwortet also auf die begrenzte Therapierbarkeit demenzieller Beeinträchtigungen und versucht hier anderweitige Hilfsmittel zu schaffen. Zudem antwortet sie auf negative Folgen, wie sie aus bestimmten gesellschaftlichen Umgangsweisen mit Demenz und den davon Betroffenen resultieren:

> »Entscheidend für die Lebenslage der Menschen mit Demenz wird sein, inwieweit es gelingt, mit Hilfe des Engagements vieler Menschen die Selbstständigkeit und Akzeptanz der Betroffenen zu stärken und sie in die Gemeinschaft der Kommune zurückzuholen. Im Sinne einer nachhaltigen Entwicklung ist die Ausbildung und Belebung zivilgesellschaftlicher Kräfte wesentlich, um Eigenkräfte im sozialen Sektor wiederzugewinnen und damit dessen Funktionsfähigkeit zu erhalten. Angst und Vorbehalt gegenüber einer gesellschaftlich weit verbreiteten Erscheinungsform des hohen Alters könnten dann einer Haltung der Zuwendung weichen.«[77]

Sicherlich ist es nicht die zivilgesellschaftliche Initiative der Alzheimer Gesellschaft allein, die soziokulturelle Behandlungsansätze für das Problemfeld Demenz ausbildet und bereitstellt. Die von der Aktion Demenz e.V. angestoßenen Aktivitäten zur Schaffung und Förderung von »Demenzfreundlichen Kommunen«[78] sind hier beispielsweise auch zu erwähnen; ebenso das persönliche Engagement vieler einzelner Bürger*innen, das nicht unter dem Dach eines großen Vereines erfolgt und insofern eine »verborgene soziale Solidaritätsstruktur«[79] darstellt. Gleichfalls bemühen sich verschiedene Akteure aus dem alterswissenschaftlichen, pflegerischen und therapeutischen Feld um nicht-pharmakologische Antworten auf die Herausforderung Demenz.[80] Nicht zuletzt übt die Politik Einflüsse in diese Richtung

---

76 Deutsche Alzheimer Gesellschaft e.V. (Internet), *Über uns*.
77 Wißmann/Gronemeyer 2008, S. 127.
78 Rothe/Kreutzner/Gronemeyer 2015.
79 Klie 2008, S. 135.
80 Vgl. Nationaler Ethikrat 2006, Kitwood 2013 und Romero/Förstl 2012.

aus – etwa mittels des erwähnten § 45 c SGB XI oder durch die Entwicklung von nationalen Demenzstrategien, die nicht allein nur auf eine Förderung der Arbeit an medizinischen Therapien konzentriert sind.[81] Dennoch trägt die Alzheimer Gesellschaft als die in Deutschland stärkste zivilgesellschaftliche Demenzhilfeorganisation auf entscheidende Weise dazu bei, dass diese Behandlungsansätze im ganzen Land verbreitet sind und genutzt werden können.[82] Aus dieser Vielzahl von Gründen heraus wendet sich meine Analyse neben der populärmedialen auch der zivilgesellschaftlichen Demenzproblematisierung zu.

Familiäre Demenzproblematisierung

Wie sich bereits im Zusammenhang mit den Ausführungen zur Alzheimer Gesellschaft angedeutet hat, stellt die Familie eine entscheidende Instanz der Problematisierung von Demenz dar. Ich arbeite diesen Umstand jetzt näher heraus und veranschauliche so, warum der familiäre Bereich den dritten Schwerpunkt meiner Analyse darstellt, den ich durch eine Gesprächsreihe mit Angehörigen Demenzbetroffener erschließe.

In Hinblick auf die besondere Bedeutung der Familie bleibt grundsätzlich festzuhalten, dass demenzielle Beeinträchtigungen und ihre Folgen gerade auch für Angehörige sehr schwierig sein können: »In den meisten Fällen zieht die Demenz eines Betroffenen die ganze Familie in Mitleidenschaft.«[83] Die Familie ist zudem jene soziale Ebene, auf der die für Demenz symptomatischen Veränderungen und Störungen oftmals zuerst wahrgenommen werden. Spitzen sich solche Veränderungen und Störungen im familiären Alltag zu, sind es vor allem Angehörige, die eine medizinisch-diagnostische Abklärung der Situation – eine Problemidentifikation – einleiten.[84]

---

81 Vgl. BMFSFJ/BMG 2018 und BAG/GDK 2016.
82 Vgl. Klie 2014, S. 153f.
83 DGN/DGPPN 2016, S. 103.
84 Vgl. Alzheimer Europe 2018, S. 10f. sowie Hinton/Franz/Friend 2004. Die Anbahnung einer diagnostischen Untersuchung geht allerdings nicht in jedem Fall auf eine Initiative der Angehörigen zurück. Nicht zuletzt können auch Menschen mit Demenz an sich selbst Veränderungen oder Störungen wahrnehmen und davon ausgehend eine diagnostische Abklärung einleiten. Vgl. dazu auch Leung et al. 2011, S. 375f.

Die Familie ist nicht zuletzt deshalb eine ganz entscheidende Größe der gesellschaftlichen Demenzproblematisierung, da Angehörige oftmals die Versorgung von Menschen mit Demenz übernehmen. Die von den häufigsten Demenzformen (Alzheimer Demenz und vaskuläre Demenz) betroffenen Personen sind zunehmend auf Unterstützung angewiesen: »Zwar ist eine Demenzerkrankung nicht sofort mit Pflegebedürftigkeit verbunden. Mit der Demenzdiagnose vervierfacht sich allerdings die Wahrscheinlichkeit, noch im selben Quartal als pflegebedürftig eingestuft zu werden.«[85]

Wie schon in der Einleitung angemerkt, sind die bestehenden Daten zur familiären Versorgung in Deutschland nicht ganz deckungsgleich – sie stellen aber dennoch die zentrale Relevanz der Familie eindeutig heraus. In einer Publikation aus dem Jahr 2004 spricht Jan Wojnar davon, dass die Versorgung bei rund 60% der Demenzbetroffenen im familiären Setting stattfindet.[86] Jens Bruder gibt hier 2011 einen Wert von 75% an.[87] Die aktuellsten Angaben finden sich im Beitrag von Sabine Bartholomeyczik und Margareta Halek zum »Pflege-Report 2017«, der im Auftrag des wissenschaftlichen Instituts der AOK erstellt wurde: »Von den in Deutschland derzeit geschätzten 1,4 Millionen Menschen mit Demenz wird ein großer Teil zu Hause versorgt, etwa 30% mit zusätzlicher professioneller Pflege, ungefähr 30% leben in Altenheimen.«[88]

Häufig fungiert innerhalb der familiären Versorgung eine Person aus dem verwandtschaftlichen Umfeld als »Hauptbetreuer«.[89] Zusätzlich können auch andere Angehörige, freundschaftliche und kommunale Netzwerke sowie zivilgesellschaftliche Helfer*innen und vor allem die zuvor erwähnten professionellen Pflegedienstleister Teilaufgaben in der Versorgungspraxis übernehmen.[90] Pflegende Angehörige sind zudem mehrheitlich weiblich.[91]

---

85 Barmer GEK 2010, S. 2.
86 Wojnar 2004.
87 Bruder 2011.
88 Bartholomeyczik/Halek 2017, S. 53.
89 Haumann 2017, S. 39. Vgl. weiter Jansen 2009, S. 48.
90 Vgl. Haumann 2017, S. 39.
91 Katharina Gröning (2005, S. 69) führt dazu aus: »[V]on den ca. zwei Millionen pflegebedürftigen Menschen in der Bundesrepublik werden ca. 1,5 Millionen, also ca. 75% zu Hause versorgt. Hiervon werden wiederum ca. 75% allein von ihren Angehörigen versorgt, die mehrheitlich Frauen, ca. 80% sind.« Als weibliche Verantwortlichkeit gilt

Hinsichtlich der Bedeutung der familiären Demenzsorge in der Bundesrepublik und in vielen anderen Ländern, wie etwa Großbritannien, gilt zum gegenwärtigen Zeitpunkt deshalb: »Family carers are the most important resource available for people with dementia.«[92]

Allerdings nimmt die Wahrscheinlichkeit einer Heimunterbringung mit der Stärke der demenziellen Beeinträchtigungen zu: »Im Mittel lebt ungefähr 1/5 der Älteren mit leichter Demenz im Heim; dieser Anteil steigt auf mehr als 30% bei mittelschwerer und auf über 70% bei schwerer Demenz.«[93] Hieraus leitet sich jedoch nicht automatisch ab, dass die familiäre Sorgeverantwortung infolge der Institutionalisierung Demenzbetroffener einfach aufgeben wird: »[F]amily involvement with care does not end with residential placement[.]«[94] Im Gegenteil können Angehörige auch in dieser Situation sehr einflussreich bleiben, was unter anderem im Zusammenhang mit dem rechtlichen Mittel der Vorsorgevollmacht deutlich wird.[95]

Die bisherige Darstellung veranschaulicht, inwiefern es oftmals Angehörige sind, die für die Behandlung des Problems Demenz und für die Unterstützung der davon betroffenen Personen die Verantwortung übernehmen.

---

die familiäre Versorgung gleichwohl nicht mehr, wie Peter Runde, Reinhard Giese und Claudia Stierle (2003, S. 8) in einer Studie gezeigt haben: »Heute geben von den befragten Pflegehaushalten noch 14% an, dass Pflege eine Aufgabe der Frauen ist. Vor dem Hintergrund der Emanzipation der Frauen in modernen Gesellschaften ist davon auszugehen, dass sich die Einstellung, dass Pflege keine Frauenaufgabe ist, stabilisieren wird. Für die praktische Pflege bedeutet dies aber keineswegs, dass im besonderen Maße Männer in die Pflege einsteigen.« Gröning (2016, S. 284) weist so auch darauf hin, dass die Versorgung von Familienangehörigen in der gesellschaftlichen Wahrnehmung weiblich konnotiert geblieben ist, denn die signifikante Abnahme der Zahl pflegender Töchter und Schwiegertöchter wird vielfach so interpretiert »als hätten lediglich die Töchter und Schwiegertöchter auf Grund von ›Modernisierungsanforderungen‹ kein Interesse mehr an der Sorge für alte Eltern«. Gröning fährt fort: »Diese Interpretation ist eine Interpretation zu ›Lasten der Frauen‹ [...] und klammert ethische, bindungstheoretische, familiendynamische, und geschlechterdemokratische Dimensionen des demografischen Wandels einfach aus.«
92 Banerjee 2012, S. 113.
93 Bickel 2012, S. 25.
94 Robinson/Reid/Cooke 2010, S. 504.
95 Vgl. BMFSFJ 2017.

Diese Behandlungs- und Unterstützungspraxis lässt sich näher als Care- bzw. Sorge-Praxis bestimmen. In Anlehnung an Tatjana Thelen verstehe ich Sorge grundsätzlich als einen »Prozess, der als Dimension sozialer Sicherung eine gebende und eine nehmende Seite in solchen Praktiken verbindet, die sich auf die Befriedigung sozial anerkannter Bedürfnisse richten«.[96] Im Falle von Demenz wird Sorge zu einer Form der sozialen Sicherung, die auf eine besondere Verletzlichkeit reagiert, deren Merkmal kognitive und behaviorale Beeinträchtigungen sind.

Die institutionelle Demenzpflege stellt aus dieser Definition heraus ebenfalls eine Sorgepraxis dar, die der sozialen Sicherung kognitiv/behavioral verletzlicher Personen dient. Im Gegensatz zur familiären Versorgung ist die professionelle Pflege jedoch an einen professionsspezifischen rechtlichen Rahmen gebunden.[97] Weiter setzt die Tätigkeit als Pflegefachkraft eine berufliche Qualifizierung voraus.[98] Gegen gängige Klischees von herzlichen Familien und kalten Institutionen betont Thelen, dass sowohl in familiären als auch in institutionellen Sorgekontexten »bedeutsame Bindungen«[99] zwischen Sorgegebern und Sorgeempfängern entstehen, dass etwa auch bezahlte Pflege »eine positive Erfahrung auf der Empfängerseite zur Folge haben« kann.[100]

Wie Thelen ebenfalls deutlich macht, unterliegen Sorgebeziehungen dem Einfluss ihrer näheren und weiteren gesellschaftlichen Umgebung (Wertevorstellungen, sozialpolitische Rahmungen, ökonomische Zusammenhän-

---

96   Thelen 2014, S. 41. Eine anderweitige Definition des Sorgebegriffes, in der ebenfalls die Aspekte der sozialen Sicherung und der Relationalität zentral sind, findet sich in einer in Abschnitt 6.5 noch ausführlicher diskutierten Stellungnahme des Deutschen Ethikrates (2018, S. 42): »›Sorge‹ ist ein Beziehungsbegriff. Sorge verbindet das ›Bekümmertsein‹ (›Besorgtsein‹) einer Person über etwas oder jemanden, das oder der in welcher Form auch immer in Bedrängnis oder Gefahr gerät, intuitiv mit der persönlichen Anforderung an den Bekümmerten (›Besorgten‹), Verantwortung zu übernehmen für das Abwenden und Überwinden des Bedrängnisses oder der drohenden Gefahr – eben Sorge zu tragen für den Schutz und die Förderung einer gedeihlichen (*flourishing*) Lebensgestaltung der mit der Sorge adressierten Person.«
97   Hier ist unter anderem das Landesheimrecht wichtig. Vgl. Deinert 2012.
98   Vgl. Henke 2012.
99   Thelen 2014, S. 41.
100 Ebd., S. 39. Zu den erwähnten Klischees vgl. auch ebd., S. 20f.

ge etc.). Zudem werden sie auch von einem bidirektionalen Zusammenspiel der an dieser Beziehung beteiligten Personen bestimmt: »Ausgehend von Care verschwinden […] klare Trennungslinien zwischen scheinbar autonomen Gebern und abhängigen Empfängern.«[101] Diesen Hinweis gilt es gerade in Bezug auf die Demenzthematik zu unterstreichen. Demenzbetroffene sind beispielsweise nicht nur passive Adressaten der Sorge Anderer – sie gestalten Sorgebeziehungen mit und sorgen sich zum Teil sehr intensiv um ihr Gegenüber.[102]

Die Leistungen und Aufgaben familiärer Demenzsorge sind ebenso vielschichtig wie herausforderungsreich:

> »Caring extends beyond hands-on care to include the following: anticipating future support needs, monitoring and supervising, preserving the individual's sense of self, and helping the individual to develop new and valued roles. The challenges of caring are significant. Fifty percent of those within dementia in the community receive 35+ hours of family care per week […]. […] Although for many there is personal satisfaction derived from caring, the experience can also be detrimental, physically, psychologically, and financially.«[103]

Das Zitat streicht unter anderem heraus, dass familiäres Care-Handeln auch eine Unterstützung der Identität von Menschen mit Demenz umfassen kann. Darauf weisen ebenfalls Ingrid Hellström et al. hin: »Carers […] invested considerable effort and ingenuity in sustaining the self-image of their spouse and in ensuring that, as far as possible, they maintained an active role in the relationship.«[104]

Der familiären Behandlung des Problems Demenz wird aus den verschiedenen aufgeführten Gründen auch eine besondere ethische Bedeutung zugeschrieben. Aktuell geschieht dies unter anderem in der Diskussion um eine gemeinschaftliche Demenzsorge, die in einem Mix-Verhältnis, in Kooperation von »Familienangehörigen, professionell tätigen und zivilgesellschaftlich engagierten Menschen« erfolgt.[105] Andreas Kruse betont dazu: »Die Würde eines Menschen muss leben, muss sich verwirklichen können – an-

---

101 Thelen 2014, S. 21.
102 Vgl. Kruse 2017, S. 334f., Dunham/Cannon 2008 und Beard/Knauss/Moyer 2009.
103 Farina et al. 2017, S. 573.
104 Hellström/Nolan/Lundh 2007, S. 390.
105 Kruse 2017, S. 343.

sonsten bleibt die Würde abstrakt. Verwirklichen kann sie sich vor allem in vertrauensvollen, lebendigen sozialen Beziehungen.«[106]

Zusammenfassend kommt der familiären Demenzsorge also eine ebenso quantitativ wie qualitativ herausragende Bedeutung zu. Ihre quantitative Relevanz manifestiert sich in den Pflegestatistiken. Ihre qualitative Relevanz kommt im Kontext von Sorgepraktiken zum Ausdruck, die – angesichts der spezifischen Symptomatiken demenzieller Beeinträchtigungen und der hieraus resultierenden Verletzlichkeiten – unter anderem auch auf den Schutz und die Förderung des Selbst, der Inklusion und der Würde Demenzbetroffener zielen. Auch hier handelt es sich um einen Problematisierungsbereich, der die Grenzen und Möglichkeiten des Lebens mit Demenz auf entscheidende Weise beeinflussen kann.

Wie schon im Zusammenhang mit Thelens Care-Definition erwähnt, verbietet sich eine generelle Idealisierung der familiären Demenzsorge aber. Partnerschaftlich-familiäre Beziehungen können sich zweifelsohne durch ein besonderes, biografisch geprägtes Nähe- und Verantwortungsverhältnis auszeichnen, das sich positiv auf Demenzbetroffene und deren Lebensmöglichkeiten auswirkt und das zugleich Exklusionsrisiken reduziert. Die institutionelle Pflege ist vielerorts aber ebenso auf den Schutz und die Förderung von Selbst, Inklusion und Würde ausgerichtet und setzt dazu etwa das Mittel einer besonders person-zentrierten Vorgehensweise ein.[107] Hinzu kommt: Nicht selten sind familiäre Beziehungen auch von vorangegangenen oder aktuellen Konflikten belastet – Konflikte, die etwa dafür sorgen, dass eine Unterstützung durch Angehörige von vorneherein ausbleibt bzw. von den Beteiligten keineswegs als gelingend erfahren wird.[108]

Mit Foucault ist in diesem Zusammenhang darauf hinzuweisen, dass auch Familienbeziehungen Machtbeziehungen darstellen, in denen die beteiligten Personen teilweise durch Gewaltmittel aufeinander einwirken. In einer Befragung »pflegender Angehöriger demenziell Erkrankter« gaben 68% der Angehörigen an, »während der letzten zwei Wochen einmal oder öfter mindestens eine Form von Gewalt [verbale Beschimpfung/Drohung, körperli-

---

106 Kruse 2017, S. 347.
107 Vgl. Kitwood 2013.
108 Vgl. Karrer 2009, S. 119f.

che Aggression] angewendet zu haben«.[109] Zugleich existiert auch das Phänomen einer von Sorgeempfängern ausgeübten »Gewalt gegen Pflegende« und zwar sowohl im institutionellen als auch im häuslichen Kontext.[110] So beziffern Margaretha Halek und Sabine Bartholomeyczik die »Prävalenz von körperlicher Aggressivität bei Menschen mit Demenz« auf einen Wert zwischen »31 und 42%«.[111]

Nicht selten wandeln sich familiäre Machtbeziehungen in eine temporäre oder dauerhafte Herrschaftsbeziehung, besonders dann, wenn unterstützungs- und pflegebedürftige Angehörige in ihren Handlungsmöglichkeiten im sprichwörtlichen Sinne blockiert und unbeweglich gemacht werden.[112] So resümiert Thomas Klie, dass »elf Prozent aller Pflegebedürftigen, die häuslich versorgt werden, [...] von freiheitsentziehenden Maßnahmen betroffen sind«: »Seien sie eingeschlossen in der eigenen Wohnung, sediert, fixiert oder durch die Verwendung von Seitenteilen und Bettgittern vom eigenständigen Verlassen des Hauses gehindert.«[113] Betrachtet man gezielt die Situation von »Personen mit eingeschränkter Alltagskompetenz, zumeist Menschen mit Demenz«, zeigt sich, dass die Häufigkeit von freiheitsentziehenden Maßnahmen in der Familie noch »deutlich höher [ist], wobei hier die Zahlen schwanken: zwischen 30 und 50 Prozent«.[114]

---

109 Thoma/Zank/Schacke 2004, S. 350.
110 Grond 2007, S. 26f.
111 Halek/Bartholomeyczik 2011, S. 39.
112 Ich spreche hier deshalb von Blockaden und Unbeweglichkeiten, da Foucault diese als Merkmale von Herrschaftssituationen bestimmt hat.
113 Klie 2011, S. 3. Eine Übersicht zur Häufigkeit von freiheitsentziehenden bzw. -einschränkenden Maßnahmen wie auch zu weiteren Formen der Gewaltanwendung im Kontext der professionellen bzw. institutionellen Pflege geben Monique Weissenberger-Leduc und Anja Weiberg (2011, S. 35f.).
114 Klie 2011, S. 3.

Datenerhebungsmethoden und Quellenkorpus

Bevor ich den Quellenkorpus meiner Analyse beschreibe und zeige, mittels welcher Erhebungsmethoden er erstellt wurde, sei auf ein elementares Charakteristikum des Korpus hingewiesen: Die untersuchten Quellen lassen nur indirekte und begrenzte Schlüsse darüber zu, wie das Problem Demenz von den unmittelbar davon betroffenen Personen wahrgenommen und behandelt wird. Meine Studie zieht weder Ego-Dokumente demenziell beeinträchtigter Menschen noch Interviews mit diesen ein.[115] Hinzu kommt: Auch auf Grundlage meiner Feldforschung in der Betreuungsgruppe lassen sich kaum genauere Aussagen darüber treffen, ob und wie genau die Besucher*innen ihre demenziellen Beeinträchtigungen problematisiert haben. Die problembezogenen Perspektiven und Praktiken von Menschen mit Demenz treten in den von mir gesammelten Datenmaterialien deshalb vor allem nur dort auf, wo mediale, zivilgesellschaftliche oder familiäre Beobachter*innen sie thematisieren und so wiederspiegeln.

Zwei Gründe haben mich zu der Entscheidung veranlasst, vornehmlich die Sicht- und Handlungsweisen des Umfeldes von Menschen mit Demenz in den Blick zu nehmen. Erstens forschungspragmatische Überlegungen: Interview- und Feldstudien zu subjektiven Perspektiven und Praktiken von Demenzbetroffenen sind methodisch sehr arbeitsintensiv. Sie setzen unter anderem einen großen Aufwand für die Herstellung des Feldzugangs und für die Datenerhebung voraus. Infolgedessen ist ein Analyseansatz, der neben der individuellen Problematisierung von Demenz noch weitere Bereiche dieser Problematisierung (Medien, Zivilgesellschaft, Familie) in qualitativer Manier zu erfassen versucht, schon in Hinblick auf zeitliche Ressourcen nur sehr schwer zu realisieren.

Der zweite Grund für die Entscheidung, nicht auf die Problematisierung von Demenz durch die Betroffenen selbst zu fokussieren, steht im Zusammenhang mit einer spezifischen Ausrichtung meiner Analyse. Diese deckt sich mit der Ausrichtung, die auch Foucaults Studie »Wahnsinn und Ge-

---

115 Unter interdiskursiven Ego-Dokumenten verstehe ich vor allem publizierte Selbsterzählungen Demenzbetroffener, wie sie zum Beispiel mit dem international stark wahrgenommenen Werk »Alzheimer's from the inside out« von Richard Taylor (2007) vorliegen. Zur weiteren Bedeutung des Begriffes Ego-Dokument vgl. auch Schulze 1996.

sellschaft« bestimmt hat: »Beim Wahnsinn bin ich von dem Problem ausgegangen, das er in einem bestimmten sozialen, politischen und epistemologischen Kontext darstellen konnte: das Problem, das der Wahnsinn für die anderen darstellte.«[116]

Parallel zu Foucault sollen die in meinem Datenkorpus versammelten Quellen vorrangig Auskunft über das Problem geben, das Demenz für die anderen, das heißt für das soziale Umfeld der davon Betroffenen, darstellt. Ich konzentriere mich nicht zuletzt deshalb auf diese anderen, da gerade mit schweren demenziellen Beeinträchtigungen eine besondere Verletzlichkeit einhergeht: Die charakteristische Verletzlichkeit von Menschen mit Demenz versetzt die anderen in die Lage, die Entwicklung demenzbezogener Problemwahrnehmungen wie auch die Umsetzung entsprechender Behandlungsformen dominieren zu können. Die anderen haben damit eine ebenso große wie einflussreiche Deutungs- und Gestaltungsmacht in Bezug auf das Problem Demenz.

Medialer Quellenkorpus

Bei der Bildung des medial-interdiskursiven Quellenkorpus wurden einige Verfahrensweisen adaptiert, die in der sozial- und kulturwissenschaftlichen Diskursanalyse verbreitet sind.[117] So habe ich eine zeitliche Eingrenzung des Untersuchungszeitraums über die Bestimmung von medialen Problematisierungsereignissen vorgenommen. Bei der Quellenauswahl war weiter das Kriterium der Popularität leitend: Das Datensampling konzentrierte sich vor allem auf auflagenstarke und allgemeinverständliche Publikationen zum Thema Demenz. Zudem kam ein Prinzip der minimalen und maximalen Kontrastierung von Problematisierungspositionen zum Einsatz. Dieses Prinzip sollte unter anderem sicherstellen, dass die im Korpus versammelten Texte ein größeres Spektrum vorhandener Perspektiven auf Demenz abdecken.

In Anlehnung an den Begriff des diskursiven Ereignisses verstehe ich unter medialen Problematisierungsereignissen solche Ereignisse, bei denen

---
116 Foucault 2005h, S. 826.
117 Für eine Übersicht zu diesem Theorie- und Methodenfeld vgl. Keller/Hirseland/Viehöver 2001 sowie Kiefl 2014.

Personen oder Gruppen in öffentlich sichtbarer Weise bestimmte Problemerfahrungen und -deutungen oder auch Problembehandlungsweisen zum Thema machen.[118] Die gesellschaftliche Sichtbarkeit einer bestimmten Problemrepräsentation wird besonders durch die Popularität des medialen Kontextes angezeigt, in dem diese Repräsentation erscheint. Die Kontrastierung von Problematisierungspositionen wiederum ermöglicht es, bestehende Deutungs- und Behandlungsansätze zu einem bestimmten Problembereich in ihrer inhaltlichen Organisation (minimale Kontrastierung) und Variation (maximale Kontrastierung) zu berücksichtigen:

> »Das Prinzip minimaler Kontrastierung zielt darauf, einen spezifischen (hier Diskurs-) Typus oder Datenkomplex vollständig zu erfassen, indem nacheinander möglichst ähnliche Texte, Situationen etc. analysiert werden, um das ihnen (möglicherweise) zugrunde liegende gemeinsame Grundmuster zu vervollständigen. Das Prinzip der maximalen Kontrastierung dient zur Erschließung der Breite des vorhandenen Datenmaterials dadurch, dass systematisch möglichst stark voneinander abweichende Fälle untersucht werden.«[119]

Für die zeitliche Eingrenzung des Quellenkorpus waren verschiedene Indikatoren grundlegend, die darauf hindeuteten, dass die Demenzthematik im Verlauf der 1980er und frühen 1990er Jahre sowohl an wissenschaftlicher als auch an gesellschaftlicher Aufmerksamkeit gewonnen hat. Einige Ereignisse und Entwicklungen in den USA haben dabei einen auch für Deutschland relevanten Vorläufercharakter. So gründete sich 1980 die US-amerikanische Alzheimer's Association. 1981 erschien dann in den USA eines der ersten Ratgeberbücher »mit Pflegeanleitungen für Familien, die De-

---

118 Diskursive Ereignisse sind laut Siegfried Jäger (2001, S. 100) Ereignisse, »die politisch, und das heißt in aller Regel auch durch die Medien, besonders herausgestellt werden und als solche Ereignisse die Richtung und die Qualität des Diskursstrangs, zu dem sie gehören, mehr oder minder stark beeinflussen. Im Beispiel: Der Atom-Gau von Harrisbourg war ähnlich folgenschwer wie der von Tschernobyl. Während ersterer aber medial jahrelang unter der Decke gehalten wurde, wurde letzterer zu einem medial-diskursiven Großereignis und beeinflußte als solches die gesamte Weltpolitik. Ob ein Ereignis, etwa ein zu erwartender schwerer Chemieunfall, zu einem diskursiven Ereignis wird oder nicht, das hängt von jeweiligen politischen Dominanzen und Konjunkturen ab.«
119 Keller 2004, S. 222. Die minimale/maximale Kontrastierung ist jedoch kein genuin diskursanalytisches Samplingverfahren, sondern geht auf die Grounded Theory von Anselm Strauss (1998) zurück und wird in Diskursanalysen vielfach eingesetzt.

menzkranke betreuen«.[120] Dieses Werk wurde von Nancy L. Mace und Peter V. Rabins verfasst und trägt den Titel »The 36-Hour Day. A family guide to caring for people who have Alzheimer's disease, related dementias, and memory loss«. 1984 wurde ein – in seiner überarbeiteten Fassung bis heute auch im deutschsprachigen Raum einflussreicher – Kriterienkatalog für die klinische Diagnose der Alzheimer-Demenz im Journal der amerikanischen Akademie für Neurologie publiziert.[121] Nicht zuletzt belegt eine systematische Studie zur Zahl internationaler medizinwissenschaftlicher Publikationen, dass sich die Demenzforschung ab 1990 stark intensiviert hat.[122]

In Deutschland erschien 1986 die Übersetzung des Ratgeberbuches von Mace und Rabins. Im Dezember desselben Jahres gründete sich in München die erste regionale deutsche Alzheimer Gesellschaft – die Gründung des Bundesvereins erfolgte im Jahr 1989. Historisch signifikant ist weiter eine Tagung des Kuratoriums Deutsche Altershilfe, die vom 10. bis zum 14. September 1990 in Wetzlar stattfand und folgenden Titel trug: »Die Alzheimersche Krankheit. Unsere Verantwortung als Familie und Gesellschaft für chronisch verwirrte ältere Menschen.«[123] Zudem wird seit dem 24. September 1994 alljährlich der Welt-Alzheimertag begangen, der auf nationaler wie internationaler Ebene auf das Problem der (Alzheimer-)Demenz und die Lage der davon Betroffenen aufmerksam machen soll. Vor diesem Hintergrund habe ich mich dazu entschlossen, die Sammlung von Quellen für die Analyse der medialen Demenzproblematisierung auf den Zeitraum vom 1. Januar 1980 bis 31. Dezember 2016 einzugrenzen. So wird die historische Genese dieser Problematisierung und ihre Fortentwicklung nachvollziehbar.

Meine Annahme über eine Intensivierung der gesellschaftlichen Auseinandersetzung mit Demenz im angegebenen Zeitraum hat sich im Zusammenhang mit der Erstellung des Korpus von Presseberichten deutlich bestätigt. Systematisch berücksichtigt wurden hierbei Texte aus den drei auflagenstärksten deutschen Zeitungen (Kriterium: Popularität): Bild Zeitung (Auf-

---

120 Mace/Rabins 1986, S. 12. Ich zitiere hier aus der deutschsprachigen Fassung des Ratgebers von Mace und Rabins.
121 Vgl. McKhann et al. 1984.
122 Vgl. Mache et al. 2010.
123 Kuratorium Deutsche Altershilfe 1991.

lage Quartal 4/2016: 1 622 624), Süddeutsche Zeitung (Auflage Quartal 4/2016: 305 059) und Frankfurter Allgemeine Zeitung (Auflage Quartal 4/2016: 214 850).[124] Alle drei Zeitungen verfügen über eigene digitale Recherchearchive, mit denen ich gearbeitet habe.

In die Textsammlung wurden grundsätzlich Artikel aus den Hauptausgaben von BILD, SZ und FAZ aufgenommen, die in ihrem Titel die Stichworte »demenz*«, »alzheimer*« und/oder »dement*« enthielten.[125] Die Beschränkung auf eine Titelsuche ist pragmatischen Gründen geschuldet, denn die Volltextsuche hat im Falle aller drei Zeitungen eine im Rahmen meiner Studie nicht zu bewältigende Fülle an Artikeln versammelt. Die Trunkierungen mittels des Zeichens »*« waren entscheidend, um so auch Begriffsvarianten wie »Alzheimersche-Krankheit«, »Demenzkranke« oder »Demente« erfassen zu können.

Das digitale Archiv der BILD (DIGAS) lässt eine Quellensuche in der Bundeshauptausgabe über einen Zeitraum vom 1. Januar 1980 bis zum 31. Dezember 2016 zu. Gleichwohl müssen hierbei zwei unterschiedliche Basisdatensätze Verwendung finden: Der Datensatz »Bild Bund Reprodigitalisierung« – bei meiner Recherche wurden hier Artikel vom 15. Juni 1981 bis einschließlich 31. Dezember 2002 angezeigt – und der Datensatz »Bild Bund«, der zu meiner Titelsuche Veröffentlichungen vom 28. Juni 1997 bis zum 31. Dezember 2016 aufführte. Ein Unterschied zwischen dem DIGAS-Archiv und den Archiven von SZ und FAZ besteht weiter darin, dass DIGAS zwei unterschiedliche Optionen einer Titelsuche bereitstellt: einerseits die

---

124 Alle Angaben basieren auf den Erhebungen der Informationsgemeinschaft zur Feststellung der Verbreitung von Werbeträgern e.V. (IVW). Vgl. Schröder (Internet), *IVW-Blitz-Analyse*.

125 Zudem habe ich für jede Hauptausgabe der drei Tageszeitungen eine Titelstichwortsuche zu den Begriffen »senil*« und »altersverwirrt*« durchgeführt. Das aus folgendem Grund: Bevor die Begriffe Demenz und Alzheimer wissenschaftlich wie auch gesellschaftlich an Bedeutung gewonnen haben, wurden die Begriffe der Senilität oder auch der Altersverwirrtheit verwendet, um solche Phänomene zu kennzeichnen, die aktuell unter den Labels (Alters-)Demenz bzw. Alzheimer- und vaskuläre Demenz erfasst werden (vgl. dazu auch Ballenger 2006). Bemerkenswerterweise hat diese Titelstichwortsuche nur eine sehr geringe Anzahl von Artikeln für den Zeitraum vom 1. Januar 1980 bis zum 31. Dezember 2016 zu Tage gefördert (BILD: 9, SZ: 9, FAZ: 9). Angesichts dessen kann also nicht davon die Rede sein, dass es ab 1980 zunächst eine mediale Senilitäts- bzw. Altersverwirrtheitsproblematisierung gegeben hätte, die dann unter den Oberbegriffen Demenz oder Alzheimer weitergeführt worden wäre.

Option einer Suche in der »Überschrift«, andererseits die Option einer Suche im »Kopftext«. Ich habe beide Optionen verwendet. Während der Recherche bin ich außerdem auf eine von den Archivbetreiber*innen angelegte Textsammlung »Best Of: Hirnkrankheiten« gestoßen. Hierin werden zahlreiche BILD-Artikel zur Demenzthematik aufgeführt. Auch diese »Best-Of«-Sammlung habe ich durchgesehen und alle relevanten Beiträge in den Korpus aufgenommen, die ich bis dato noch nicht über die Überschrift- und Kopftextsuche identifiziert hatte. Für die BILD ist so eine Auswahl von insgesamt 286 Texten entstanden. Eine tabellarische Darstellung dieses Korpus -- wie auch des Korpus der SZ und der FAZ – findet sich im Anhang.

Das Archiv der SZ (SZ-Library-Net) erfasst Publikationen ab dem 2. Januar 1992. Entsprechend bildet meine Textauswahl aus der SZ einen Zeitraum vom 2. Januar 1992 bis 31. Dezember 2016 ab. Zudem ist anzumerken, dass ein erster Treffer der von mir durchgeführten Titelstichwortsuche in der Hauptausgabe der SZ auf den 7. Mai 1999 datierte. Dies war für mich insofern überraschend, als sowohl in der BILD als auch in der FAZ die gesamten 1990er Jahre über Artikel erschienen waren, die die von mir verwendeten Stichwörter im Titel trugen. Ich habe deshalb über SZ-Library-Net eine weitere Suche für den Zeitraum vor dem 7. Mai 1999 durchgeführt – und zwar ohne die Ergebnisanzeige auf die Hauptausgabe der SZ zu beschränken. So konnte ich eine Vielzahl von weiteren Artikeln zu den von mir verwendeten Titelstichwörtern ermitteln. Ein Teil dieser Artikel muss in der Hauptausgabe der SZ erschienen sein, darauf deuten die entsprechenden Ressort-Angaben hin, die für jeden der Artikel aufgeführt wurden.[126] Ich habe mich deshalb dazu entschlossen, ebenfalls all jene vor dem 7. Mai 1999 erschienenen Artikel in den Korpus aufzunehmen, die nicht einem regio-

---

126 Der Umstand, dass Artikel aus dem Zeitraum vor dem 7. Mai 1999 nicht in der Hauptausgabensuche gelistet wurden, obwohl sie bei näherer Betrachtung Teil der Hauptausgabe zu sein scheinen, lässt sich meiner Vermutung nach durch archivalische Zusammenhänge erklären. Ab dem Artikel vom 7. Mai 1999 wird in den entsprechenden Artikeldatensätzen jeweils differenziert angegeben, auf welcher Seite welcher Ausgabe der betreffende Artikel erschienen ist. Im Fall des Artikels vom 7. Mai 1999 findet sich zum Beispiel die Angabe: »Seite: 18 (München), 18 (Deutschland), 18 (Bayern)«. Bei den von mir erhobenen Artikeln vor diesem Datum wird diese Differenzierung jedoch nicht vorgenommen, weshalb hier wohl auch meine Hauptausgabensuche trefferlos geblieben ist.

nalen Ressort zugeordnet waren (»Ressort Bayern«, »Ressort München«), sondern den gängigen Ressorts der Hauptausgabe der SZ entstammten.[127] Ähnlich wie auch im Fall der BILD konnte ich zudem auf ein Artikeldossier mit dem Titel »Alzheimer« zurückgreifen. Den Großteil der hier aufgeführten Artikel hatte ich bereits durch meine Titelstichwortsuche erfasst – jene Texte, bei denen das noch nicht der Fall war, wurden ebenfalls in den Korpus aufgenommen. Dieser umfasst in summa 380 Artikel.

Das Archiv der FAZ (F.A.Z.-Bibliotheksportal) lässt eine vollständige Suche über den Zeitraum vom 1. Januar 1980 bis zum 31. Dezember 2016 zu. Für diesen Zeitraum habe ich abermals die beschriebene Titelstichwortsuche durchgeführt. Auf diese Weise wurden insgesamt 350 Artikel selektiert und in den Korpus aufgenommen.

Einen unmittelbaren Eindruck von der zunehmenden Dynamik der medialen Demenzproblematisierung vermitteln die Grafiken 1–3. Sie zeigen für den Zeitraum vom 1. Januar 1980 (bzw. 2. Januar 1992) bis 31. Dezember 2016, wie hoch die jährliche Zahl von Artikeln war, die eines oder mehrere der von mir verwendeten Stichworte im Titel führten.

Wenn Begriffe wie Demenz oder Alzheimer in Titeln der Berichterstattung von BILD, SZ und FAZ auftauchen, haben die zugehörigen Meldungen und Artikel durchaus unterschiedliche thematische Schwerpunkte. Viele davon behandeln etwa die konkreten Symptomatiken der häufigsten Demenzformen und sie tun das nicht selten am direkten Beispiel konkreter Betroffener, die porträtiert werden. Hierbei handelt es sich in einigen Fällen um prominente Personen wie die Schauspielerin Rita Hayworth, den Politiker Ronald Reagan, den Rhetorikprofessor Walter Jens oder die Fußballgrößen Rudi Assauer und Paul Breitner. Ein besonderes mediales Augenmerk liegt zudem auf der Frage, welche Schwierigkeiten Angehörige von Demenzbetroffenen sowie Professionelle der Demenz- und Altenpflege erfahren.

Ebenso verbreitet und wichtig sind Darstellungen zu Grundlagen und aktuellen Entwicklungen in der (bio-)medizinischen Demenzforschung, also

---

127 Im Einzelnen handelt es sich hier um Artikel aus den Ressorts »Wissenschaft«, »Feuilleton«, »Panorama«, »Gesellschaft«, »Wirtschaft«, »Medien«, »Die Seite Drei«, »Freizeit«, »Gesundheit«, »Letzte Seite«.

Methoden und Quellen der Problematisierungsanalyse 87

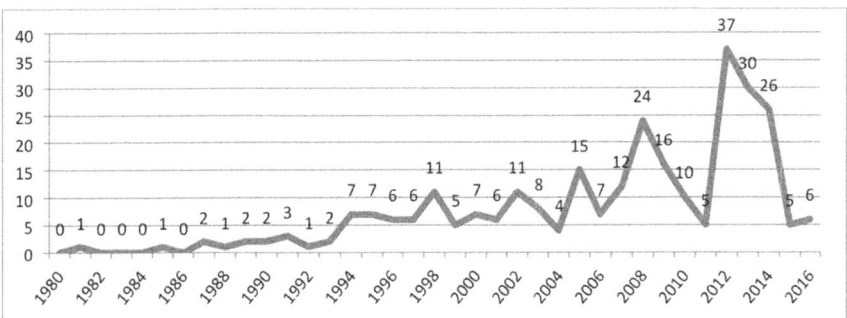

Grafik 1: Anzahl Artikel mit den Titelstichwörtern »demenz*«, »alzheimer*« und/oder »dement*«; Quelle: BILD; Zeitraum: 1. Januar 1980 bis 31. Dezember 2016

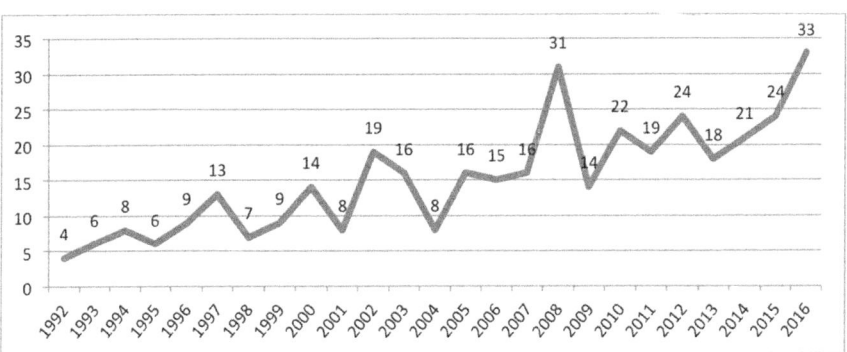

Grafik 2: Anzahl Artikel mit den Titelstichwörtern »demenz*«, »alzheimer*« und/oder »dement*«; Quelle: SZ; Zeitraum: 2. Januar 1992 bis 31. Dezember 2016

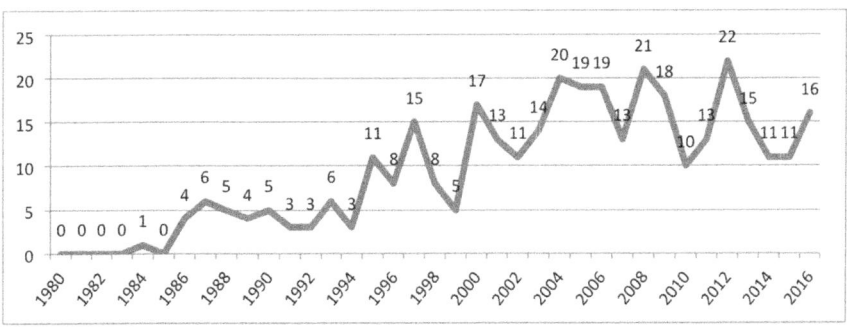

Grafik 3: Anzahl Artikel mit den Titelstichwörtern »demenz*«, »alzheimer*« und/oder »dement*«; Quelle: FAZ; Zeitraum: 1. Januar 1980 bis 31. Dezember 2016

beispielsweise dazu, welche Formen von Demenzerkrankungen unterschieden werden, wie hoch die Zahl der davon Betroffenen ist, was die Ursachen dieser Erkrankungen sind und welche Ansätze bei der Entwicklung von neuen Therapien verfolgt werden. Zudem widmen sich die Texte des Quellenkorpus stark der Frage, wie medizinische Expert*innen eine Demenzerkrankung diagnostizieren und behandeln.

Weiter finden sich unter den Artikeln viele Darstellungen zu nicht-medikalen Problembehandlungsformen. Einige davon thematisieren Mängel und Fehler der pflegerischen und psychosozialen Versorgung von Menschen mit Demenz. Andere zeigen, wie eine Sorge um Demenzbetroffene aussehen kann, die sowohl von diesen selbst als auch von den (Ver-)Sorgenden als gut erlebt wird. In diesem thematischen Zusammenhang kommen auch spezifische Versorgungsmodelle zu Sprache, unter anderem Ansätze familiärer Demenzsorge, bestimmte institutionell-stationäre Pflegemodelle (z. B. person-zentrierte Verfahrensweisen), die Demenz-Wohngemeinschaft oder der Entwurf des sogenannten Demenzdorfs.

Abgebildet und kommentiert wird ebenfalls die politische Auseinandersetzung mit dem Problem Demenz: Welche Hilfen und Unterstützungsmöglichkeiten bietet das sozialstaatliche Pflegesystem? Inwiefern fördert und kontrolliert die Politik die Demenzforschung? Wie hoch sind die volkswirtschaftlichen Kosten von Demenz? Welche Richtungsentscheidungen hat die Politik zu treffen, um die Situation von Menschen mit Demenz und ihren Angehörigen zu verbessern?

Die gesammelten Artikel berichten ferner über Filme, Dokumentationen, Romane, Ratgeber, Sachbücher, Theaterstücke oder Ausstellungen zur Demenzthematik. Erwähnenswert sind nicht zuletzt Texte zu rechtlichen Fragen im Kontext von Demenz (Vorsorgevollmacht und Betreuungsverfügung, Finanzrecht, rechtliche Grundlagen der Demenzforschung), zu pharmawirtschaftlichen Aspekten (Welche Unternehmen bieten mit welchem ökonomischen Erfolg Antidementiva an und welche Unternehmen versuchen derartige Mittel herzustellen) und zu demenzbezogenen technischen Innovationen (Entwicklung von Hilfesystemen oder Architekturen, die Demenzbetroffene unterstützen, Entwicklung von Tracking-Systemen, die auf die sogenannte ›Weglauftendenz‹ von Menschen mit Demenz reagieren und ihre Überwachung sicherstellen sollen). Nicht zuletzt widmen sich die Medien stellenweise auch Gewalttaten im Kontext von Demenz (Fälle in denen Angehörige Demenzbetroffene getötet haben, Misshandlungen von Demenzbetroffenen durch Pflegefachkräfte etc.).

Die aufgeführten thematischen Schwerpunkte werden jedoch nicht immer in exklusiver Weise behandelt. Mehrere dieser Themen finden durchaus in ein und demselben Artikel Beachtung: Wird beispielsweise in einem bestimmten Beitrag diskutiert, wie die Politik bei der Bewältigung des Problems Demenz helfen kann, so spielen dabei zum Teil auch epidemiologische Daten zur Gesamtzahl der Demenzbetroffenen eine Rolle und/oder Inhalte zur (Un-)Möglichkeit einer medizinischen Heilung bzw. zu Formen einer förderlichen psychosozialen Versorgung.

Zuletzt bleibt zum thematischen Kontext der gesammelten Pressetexte noch anzumerken, dass in insgesamt elf dieser Texte die Begriffe Demenz und Alzheimer als Metapher für andere Probleme fungieren – etwa dort, wo von der Existenz einer »Digitalen Demenz«[128] die Rede ist, wo über die »Schulden-Demenz«[129] eines Schlagerstars berichtet wird, oder wo der Umstand Beachtung findet, dass Papst Franziskus der Kurie »Spirituelles Alzheimer«[130] vorgeworfen hat. Ich habe diese Artikel jedoch bewusst im Quellenkorpus belassen und auch in die obige Häufigkeitsauswertung einbezogen. Diese Texte zeigen nämlich an, inwiefern die Begriffe Demenz und Alzheimer gesellschaftlich vertraut und gebräuchlich geworden sind: Sie dienen als unmissverständliche Kennzeichen für negativ bewertete Situationen des Vergessens, für individuelle oder gesellschaftliche Versäumnisse und Fehlentwicklungen.

Eine intensive Demenzproblematisierung lässt sich aber keineswegs nur in der Berichterstattung von Tageszeitungen beobachten, sondern auch in Ratgeberpublikationen, in literarischen Erfahrungsberichten Angehöriger und in Sachbüchern.[131] Aus jeder dieser drei Mediengattungen habe ich zwei Werke ausgewählt und in meine Analyse einbezogen. Wie ich bei der

---
128 FAZ v. 14.09.2012.
129 BILD v. 12.08.2016.
130 SZ v. 23.12.2014.
131 Selbstverständlich ist das Thema Demenz auch in anderen medialen Zusammenhän-

Vorstellung der betreffenden Titel deutlich mache, geht die vorgenommene Auswahl auf verschiedenartige Begründungen zurück. Von besonderer Bedeutung war unter anderem die Absicht, einen maximal kontrastreichen Korpus medialer Problemrepräsentationen zu bilden. So werden in einem Teil der ausgewählten Werke solche Deutungen oder Umgangsformen mit dem Problem Demenz diskutiert, die innerhalb der Berichterstattung von BILD, SZ und FAZ nur eine untergeordnete oder gar keine Rolle spielen.

Ratgeberbücher, die die familiäre Versorgung von Menschen mit Demenz behandeln, gibt es aktuell überaus viele. Aus diesem sprichwörtlich weiten Feld wurden die folgenden Publikationen selektiert:

Erstens das schon erwähnte Werk »Der 36-Stunden-Tag. Die Pflege des verwirrten älteren Menschen, speziell des Alzheimer-Kranken« von Mace und Rabins, das 1986 in Deutschland erstveröffentlicht wurde und aktuell in der sechsten Ausgabe erscheint, was die anhaltende Popularität dieses Ratgebers belegt.[132] Die Auswahl des Werkes von Mace (die als Psychiaterin lange zum Vorstand der Alzheimer's Association gehörte) und Rabins (der eine Professur für Psychiatrie inne hat) ist jedoch nicht allein dem Kriterium der Popularität geschuldet. Was diese Publikation zu einem sehr bedeutsamen Quelltext macht, ist der Aspekt, dass es sich hier um eine historisch besonders frühe Form der Problematisierung der familiären Versorgung von Demenz- bzw. Alzheimerbetroffenen handelt. Aus diesem Grund wird im Rahmen meiner Analyse auch allein die erste deutschsprachige Auflage aus dem Jahr 1986 berücksichtigt. Wichtig ist das Buch außerdem deshalb, da bereits der im Titel erfolgende Verweis auf einen 36-Stunden-Tag einen Aspekt hervorhebt, der sehr relevant für die Demenzproblematisierung ist: Die Versorgung von Demenzbetroffen kann für die Sorgegeber sehr fordernd sein.

Zweitens berücksichtigt meine Auswahl den Ratgeber mit dem Titel »Das Herz wird nicht dement. Rat für Pflegende und Angehörige« von Udo Baer und Gabi Schotte-Lange, die beide eine (sozial-)pädagogische Ausbildung

---

gen sehr relevant – etwa in Fernsehen, Film und Funk sowie auf unterschiedlichen Internetseiten.
132 Mace/Rabins 1986.

haben und im kunsttherapeutischen Bereich arbeiten.[133] Dieser Ratgeber ist erstmals 2013 herausgekommen und liegt mittlerweile in einer neunten Auflage vor. Auf der Seite des Online-Händlers Amazon.de steht das Buch auf Bestseller-Rang drei in der thematischen Kategorie »Alzheimer« (Stand 03/2018). Auch in diesem Fall war für mich nicht nur die große Popularität des Bandes wichtig, sondern vor allem auch die von den Autor*innen entwickelte Perspektive. Baer und Schotte-Lange gehen in ihren Ausführungen nachdrücklich auf kritische Distanz zu etablierten Arten und Weisen der Problematisierung von Demenz – und stellen so bewusst alternative Deutungs- und Behandlungsansätze vor:

> »Wir wollen mit dem Buch [...] Hilfen geben, wie Menschen mit Demenz gewürdigt und in Würde begleitet werden können. Dazu muss das Verständnis der Erkrankung geändert werden: Demenz ist mehr als eine Gedächtnisstörung. Und dazu muss der Blick auf die Innenwelt und besonders auf das Herz der Menschen mit Demenz gelenkt werden.«[134]

Neben Ratgebern zur familiären Demenzsorge liegen gegenwärtig auch zahlreiche Erfahrungsberichte von Angehörigen Demenzbetroffener vor, die teilweise große gesellschaftliche Beachtung erfahren haben. Zwei der öffentlich besonders stark beachteten Werke greife ich auf – in beiderlei Fällen kann von Großereignissen im Verlauf der medialen Problematisierung von Demenz gesprochen werden:

Erstens handelt es sich hier um den Titel »Der alte König in seinem Exil« des österreichischen Schriftstellers Arno Geiger.[135] Geigers Buch ist 2011 veröffentlicht worden und liegt mittlerweile in der 33. Auflage vor. Das Werk und sein Autor waren medial überaus präsent, sowohl im Print- und Onlinebereich als auch in Funk und Fernsehen. Abgesehen vom Aspekt seiner außerordentlichen Popularität ist das Buch für meine Analyse deshalb sehr bedeutsam, da Geiger eine hochgradig literarisch-metaphorische Versinnbildlichung des Phänomens Demenz entwickelt hat, die noch dazu von vielen medial dominanten Demenzmetaphern abweicht. Einen Eindruck der besonderen Sprachbildlichkeit von Geigers Buch vermittelt bereits dessen Titel, in dem der demenzbetroffene Vater als alter König im Exil beschrieben wird.

---

133 Baer/Schotte-Lange 2013.
134 Ebd., S. 7.
135 Geiger 2014.

Zweitens habe ich das Buch »Demenz. Abschied von meinem Vater« des Journalisten Tilman Jens in meinen Quellenkorpus einbezogen.[136] Diese 2009 erschienene Veröffentlichung wurde intensiv in den Feuilletons der deutschsprachigen Zeitungen diskutiert. Das geschah insbesondere auch deshalb, weil es sich bei dem Vater von Tilman Jens um den 2013 verstorbenen Rhetorikprofessor Walter Jens handelt, der unter anderem den Schriftsteller*innen der »Gruppe 47« angehörte. Die Publikation von Tilman Jens schlug jedoch auch jenseits des Feuilletons große Wellen – der Autor selbst berichtete etwa in der BILD von der Demenz des Vaters und sein Buch wurde in dieser Zeitung und an vielen anderen Stellen wahrgenommen und sehr kontrovers diskutiert. Die Publikation von Jens ist überdies deshalb relevant, da hier die Entstehung der Demenz von Walter Jens nicht nur auf hirnorganische Pathologien, sondern auch auf psychische und soziale Zusammenhänge zurückgeführt wird.

Der Aspekt des Ratgebens wie der Aspekt einer partnerschaftlich-familiären Demenzbetroffenheit spielt ebenfalls in vielen Sachbüchern zur Demenzthematik eine Rolle. Zudem geht es einigen Sachbuchautor*innen besonders darum, das Phänomen Demenz mit Bezug auf fachwissenschaftliche, wirtschaftliche und/oder gesellschaftliche Kontexte zu problematisieren. Zwei Publikationen, die eine solche Kontextualisierung vornehmen, sind Teil des Quellenkorpus:

Erstens das von Reimer Gronemeyer verfasste Werk »Das 4. Lebensalter. Demenz ist keine Krankheit«.[137] Gronemeyer, Theologe und emeritierter Professor für Soziologie, stellt im Vorwort seiner 2013 erschienenen Ausführungen Folgendes fest:

> »Es kommt mir so vor, als ob sich in der Demenz die Gesellschaft vollendet, in der wir leben. Der erinnerungslose, radikal individualistische Single, der das heimliche Ideal ist, setzt sich im Menschen mit Demenz durch – aber so war es natürlich nicht gemeint! Der Schlüssel zu einer anderen Gesellschaft, in der wir in wieder erwärmten freundschaftlichen Verhältnissen leben könnten, liegt deshalb bei ihnen, den Dementen.«[138]

---

136 Jens 2010.
137 Gronemeyer 2013.
138 Ebd., S. 14.

An dieser Stelle wird nicht nur ausgeführt, inwiefern Demenz ein Problem darstellt. Gronemeyer diskutiert Demenz und die Unterstützungs- und Hilfsbedürfnisse der Betroffenen als Lösungsschlüssel für Prozesse einer gesellschaftlichen Individualisierung und Ent-Solidarisierung. Das ist eine Herangehens- und Deutungsweise, die von vielen medial verbreiteten Auseinandersetzungen mit Demenz stark abweicht, und sie ist so auch einer der Gründe, warum Gronemeyers Schrift in meiner Analyse Beachtung erfährt.

Zweitens gehört das Werk »Vergiss Alzheimer! Die Wahrheit über eine Krankheit, die keine ist« dem untersuchten Quellenmaterial an.[139] Obwohl der Buchtitel in Teilen stark mit dem Titel von Gronemeyers Ausführungen übereinstimmt, besitzt die von der Wissenschaftsjournalistin Cornelia Stolze verfasste und 2011 veröffentlichte Publikation eine andere inhaltliche Ausrichtung. Stolze kritisiert offensiv die Medikalisierung demenzieller Beeinträchtigungen und wendet sich damit vor allem gegen die auch medial vorherrschende medizinische Deutung der Alzheimer-Demenz. Beachtenswert sind ihre Ausführungen für mich folglich, weil Stolze auf Distanz zu einer vorherrschenden Deutung der (Alzheimer-)Demenz geht und diese Deutung zum Gegenstand einer kritischen Re-Problematisierung macht. Ihre zentrale These lautet dabei:

> »Der ›Morbus Alzheimer‹ ist ein Konstrukt. Ein nützliches Etikett, mit dem sich wirkungsvoll Forschungsmittel mobilisieren, Karrieren beschleunigen, Gesunde zu Kranken erklären und riesige Märkte für Medikamente und diagnostische Verfahren schaffen lassen.«[140]

Zivilgesellschaftlicher Quellenkorpus

Die zivilgesellschaftliche Demenzproblematisierung habe ich am Beispiel der Arbeit eines lokalen Verbands der Alzheimer Gesellschaft in einer mittelgroßen deutschen Stadt untersucht. In diesem Zusammenhang sind fünf qualitative Interviews sowie eine teilnehmende Beobachtung durchgeführt worden. Bei den erhobenen Gesprächen habe ich mich methodisch an dem von Andreas Witzel konturierten Ansatz des problemzentrierten Interviews orientiert. Dieses stellt ein Datenerhebungsverfahren dar, das »auf die Problemsicht der Subjekte zentriert« ist und die »Aufschlüsselung des Sinns«

---
139 Stolze 2013.
140 Ebd., S. 7.

intendiert, den die Befragten ihren problembezogenen »Handlungs- und Deutungsmustern unterlegen«.[141]

Die »Entfaltung der Thematik durch den Befragten« erfolgt dabei vor allem in einem möglichst freien »Erzählfluß«.[142] So bilden sich im Verlauf derartiger Befragungen narrative Problemrepräsentationen heraus. Ein »Leitfaden ist Orientierungsrahmen bzw. Gedächtnisstütze für den Interviewer und dient der Unterstützung und Ausdifferenzierung von Erzählsequenzen des Interviewten«.[143] Der Leitfaden für die von mir durchgeführten Interviews mit Vertreter*innen der zivilgesellschaftlichen Demenzhilfe kann im Anhang eingesehen werden. Alle Interviews habe ich auf einem Audio-Recorder mitgeschnitten und anschließend transkribiert. Die entsprechenden Transkriptionsregeln finden sich ebenfalls im Anhang. Wie viele andere erzählungsgenerierende Methoden auch stellt das problemzentrierte Interview mitunter eine sehr zeitintensive Datenerhebungsform dar.[144] Dies gilt sowohl in Hinblick auf die eigentliche Durchführung der Gespräche als auch für deren Verschriftlichung und Auswertung, denn hier entstehen in der Regel sehr umfangreiche Textdokumente.

Den ersten Kontakt zu meinen zivilgesellschaftlichen Gesprächspartner*innen habe ich hergestellt, als ich mein Forschungsanliegen in einer Vor-

---

141 Witzel 1985, S. 228.
142 Ebd., S. 235.
143 Ebd., S. 236.
144 Erzählungsgenerierende Forschungsansätze sind in der Alters- und Demenzforschung zunehmend bedeutsam geworden. Verwiesen sei etwa auf das Feld der narrativen Gerontologie, das mittlerweile hoch ausdifferenziert ist. An dieser Stelle kann deshalb lediglich eine leitende Grundannahme der narrativen Gerontologie wiedergegeben werden, die Gary Kenyon, Ernst Bohlmeijer und William L. Randall (2011, XIII) formuliert haben: »A basic assumption of narrative gerontology is that the biographical side of human life is as complicated and as critical to fathom as, for instance, the biological side, about which gerontology has acquired an impressive range of knowledge. An appreciation for the biographical or narrative dimensions is equally essential, however, if we want to seek a balanced and more optimistic perspective on what aging is about. And it is essential for honoring the dignity, humanity, and uniqueness of the lives of older persons.« Dieser Verweis auf die elementare Bedeutung des Narrativen für das menschliche Leben (und Altern) wird auch im Kontext narrativ-biographisch orientierter Demenzforschungen stark gemacht. Vgl. dazu Hydén 2013, Beard/Knauss/Moyer 2009 sowie Hayes/Boylstein/Zimmerman 2009.

standssitzung der betreffenden Alzheimer Gesellschaft schildern durfte. Dieser Erstkontakt war für den weiteren Verlauf meiner Forschung in zweierlei Hinsicht elementar: einerseits in Hinblick auf die Gewinnung der Interview*partnerinnen sowohl aus dem zivilgesellschaftlichen als auch aus dem familiären Bereich; andererseits in Hinblick auf die Auswahl jenes Ansatzes zivilgesellschaftlicher Demenzhilfe (Betreuungsgruppe für Menschen mit Demenz), den ich im Rahmen meiner teilnehmenden Beobachtung untersuchte.

Die Verbindung mit dieser lokalen Alzheimer Gesellschaft – vor allem der regelmäßige fachliche Austausch mit deren damaliger Geschäftsstellenleiterin – hat überdies auch dazu geführt, dass ich an drei öffentlichen Veranstaltungen des Ortverbandes beteiligt war. Es handelt sich hier um eine unten noch näher beschriebene Podiumsdiskussion im Jahr 2013. Zudem habe ich auf Einladung der Alzheimer Gesellschaft zwei Vorträge zur Demenzthematik gehalten: den ersten im Jahre 2012, den zweiten 2015 aus Anlass des 15-jährigen Bestehens dieses Ortsverbandes der Alzheimer Gesellschaft. Zusammenfassend hat sich meine Untersuchung also teilweise im Rahmen eines »kollaborativen Arrangements« entwickelt.[145] Auf die grundlegende Bedeutung derartiger Arrangements weist auch Marcus hin: »Kollaboration eröffnet einem erst den Zugang und umreißt daher, was das Feld sein wird.«[146]

Nach meiner Projektvorstellung in der Vorstandssitzung sagten mir vier der Vorstandsmitglieder ihre Unterstützung zu und nahmen später an der Befragung teil.[147] Tabelle 1 führt die grundlegenden Informationen zu diesen Gesprächen auf. Die hier und in den folgenden Tabellen 2 und 3 angegebenen Namen sind anonymisiert und werden so durchgängig im empirischen Hauptteil weiterverwendet, in den beigefügten Klammern ist das Alter der Gesprächspartner*innen aufgeführt.

---

145 Hess/Schwertl/Marcus 2013, S. 310.
146 Ebd., S. 310.
147 Bei der Aufnahme des Interviews mit Frau Lahr ist es zu technischen Störungen gekommen. Ich habe deshalb ergänzend zu dieser Aufnahme noch ein Gedächtnisprotokoll über das Gespräch mit Frau Lahr erstellt. Alle Aussagen von Frau Lahr, die in der weiteren Folge zitiert werden, entsprechen jedoch dem Original-Ton und nicht meiner protokollarischen Rekonstruktion des Interviews. Ich habe hier also ausnahmslos Aussagen von Frau Lahr verwendet, die so auch auf dem Audio-Mitschnitt zu hören sind.

Tabelle 1

Übersicht zu den Gesprächspartner*innen aus dem Bereich der zivilgesellschaftlichen Demenzproblematisierung (Teil I)	
Name:	Anmerkungen:
Frau Lahr (50)	Die Gerontologin Frau Lahr war die hauptamtliche Leiterin der Geschäftsstelle der lokalen Alzheimer Gesellschaft. In dieser Funktion koordinierte sie unter anderem Beratungs- und Betreuungsangebote. Zusätzlich engagierte sie sich stark im Aufbau neuer lokaler Hilfe- und Begegnungsstrukturen (wie zum Beispiel Tanzkaffees und Wandernachmittage für Menschen mit und ohne Demenz). Das Gespräch mit Frau Lahr fand am 6. März 2012 im Büro des Interviewers statt und hatte eine Dauer von einer Stunde.
Frau Kern (60)	Die Sozialpädagogin Frau Kern arbeitete hauptamtlich in der kommunalen Altenhilfeplanung und hatte vor diesem Hintergrund eine beratende Funktion im Vorstand der Alzheimer Gesellschaft. Sie thematisierte im Interview auch Erfahrungen aus der Versorgung ihrer demenzbetroffenen Mutter, die zum damaligen Zeitpunkt bereits verstorben war. Das Gespräch mit Frau Kern fand am 8. März 2012 in deren Büro statt und hatte eine Dauer von einer Stunde und 18 Minuten.
Frau Tanner (44)	Die examinierte Krankenpflegerin und Sozialarbeiterin Frau Tanner arbeitete in der Ausbildung von gerontopsychiatrischen Fachkräften. In ihrer beruflichen Laufbahn hatte sie unter anderem eine Wohngruppe für Demenzbetroffene geleitet. Auf diese Tätigkeit ging auch ihr Engagement im Vorstand der Alzheimer Gesellschaft zurück, denn der Verein war für die Projektierung der betreffenden Demenz-WG verantwortlich gewesen. Das Gespräch mit Frau Tanner fand am 9. März 2012 im Büro des Interviewers statt und hatte eine Dauer von einer Stunde und 17 Minuten.
Herr Jung (80)	Herr Jung gehörte zum Beirat des Vorstandes des Ortsverbandes der Alzheimer Gesellschaft und war habilitierter Facharzt für Psychiatrie und Neurologie im Ruhestand. Auch er ging im Interview auf persönlich-familiäre Erfahrungen ein. Seine Schwiegermutter war zum damaligen Zeitpunkt von Demenz betroffen. Das Gespräch mit Herrn Jung fand am 28. März 2012 im Büro des Interviewers statt und hatte eine Dauer von einer Stunde und 34 Minuten.

Der Austausch mit den Mitarbeiter*innen der Alzheimer Gesellschaft war es auch, der mich auf das von dieser Alzheimer Gesellschaft bereitgestellte Angebot einer Betreuungsgruppe für Menschen mit Demenz aufmerksam machte, das ich dann teilnehmend beobachtete – und zwar am 18. Februar 2013, am 25. Februar 2013, am 11. März 2013, am 18. März 2013, am 25. März 2013, am 8. April 2013, am 22. April 2013, am 29. April 2013 und am 13. Juni 2013. Der Ablauf der jeweils vier Stunden dauernden Gruppentreffen wurde von Ehrenamtlichen der Alzheimer Gesellschaft gestaltet. Wie ich später nochmal ausführlicher darstelle, ist dieses Gruppenangebot mit einer doppelten Zielsetzung verbunden: Zum einen geht es darum, für Demenzbetroffene eine Erlebnis- und Begegnungsmöglichkeit zu gestalten, zum anderen sollen die Angehörigen der Gruppenbesucher*innen durch das Angebot etwas Zeit für sich selbst finden können. Die bei der Pflegekasse unter bestimmten Bedingungen erstattungsfähigen Kosten für den Besuch lagen pro Termin bei 22 Euro für Mitglieder der Alzheimer Gesellschaft bzw. bei 24 Euro für Nicht-Mitglieder.

Auf verschiedene Grundzüge der teilnehmenden Beobachtung bin ich bereits in Kapitel 3 eingegangen. Zusammenfassend sei an dieser Stelle nochmal deren zentrale Intention aufgeführt: »Durch das Miterleben soll eine sinnverstehende Deutung und Interpretation sozialen Handelns erlangt werden, das in einen überindividuellen kulturellen Sinnzusammenhang eingeordnet wird.«[148] Im Rahmen der vorliegenden Studie wurde diese Zielsetzung folgendermaßen aufgegriffen: Mein Miterleben sollte ein problembezogenes soziales Handeln erfassen, das wiederum in einen überindividuellen soziokulturellen Problematisierungszusammenhang einzuordnen ist.

Elementar für eine teilnehmende Beobachtung ist ihre Dokumentation. In der Regel werden drei unterschiedliche Dokumentationsformate unterschieden: Feldnotizen, Feldprotokolle und Feldforschungstagebücher.[149] Feldnotizen sind solche, die im unmittelbaren Verlauf der teilnehmenden Beobachtung verfasst werden. Da die Erstellung derartiger Notizen die Feldsituation stören kann, habe ich nur in ganz wenigen Ausnahmefällen Feldnotizen angefertigt; und zwar vor allem dann, wenn ich bestimmte

---
148 Schmidt-Lauber 2007, S. 220f.
149 Vgl. Cohn 2014, S. 77f.

Aussagen der Besucher*innen im genauen Wortlaut festhalten wollte. Feldprotokolle hingegen werden im Anschluss an einen Feldaufenthalt »weitgehend aus dem Gedächtnis [...] geschrieben«.[150] Um meine Beobachtungen möglichst direkt fixieren zu können, verwendete ich nach jedem meiner neun Besuche in der von mir beforschten Gruppe ein Diktiergerät. Später fertigte ich eine Verschriftlichung der so entstandenen Aufnahmen an. Diese Verschriftlichungen betrachte ich als subjektive Repräsentation einer spezifischen Problembehandlungspraxis. Das dokumentarische Verfahren des Führens eines Feldforschungstagebuches wird in der Fachdiskussion folgendermaßen begründet: »Weil die Forschenden selber Forschungsinstrumente sind, gilt es, sich permanent – via Forschungstagebuch – in den Interaktionen mit dem Feld zu reflektieren und sich dadurch (noch mehr) für das Feld zu sensibilisieren.«[151] Diese Art der Selbstreflexion habe ich zumeist in direkter Verbindung mit der Protokollierung meiner Beobachtungen vorgenommen. Stellenweise notierte ich aber auch noch einige Tage nach den jeweiligen Gruppenbesuchen Überlegungen zu meinen Feldaufenthalten. Auf diese Weise sind insgesamt neun textliche Dokumentationen entstanden – eine für jeden Besuch in der Betreuungsgruppe. Sie umfassen erstens jeweils ein Beobachtungsprotokoll, zweitens sind verschiedene selbstreflexive und weiterführende theoretische Erörterungen Teil der Dokumentationen.

Um die Auswertung meiner teilnehmenden Beobachtung zu vertiefen, habe ich zudem noch ein Interview mit einer ehrenamtlichen Mitarbeiterin der Alzheimer Gesellschaft geführt, die dem Helferinnen-Kreis der von mir besuchten Betreuungsgruppe angehörte.[152] Sie selbst verfügte in dieser Tätigkeit über eine mehrjährige Erfahrung und hatte zum Zeitpunkt unseres Gespräches auch die Leitung der ehedem von mir beforschten Gruppe übernommen. Zusätzlich leitete sie noch eine zweite solche Gruppe in einem anderen Ort des Landkreises, in dem die betreffende Alzheimer Gesellschaft tätig war. Hier die Rahmendaten zu dem Interview:

---

150 Cohn 2014, S. 78.
151 Gajek 2014, S. 55.
152 Ich spreche hier und in der Folge von Helferinnen, da sich bei der Ausrichtung des von mir beforschten Betreuungsgruppenangebotes ausnahmslos Frauen engagierten.

Tabelle 2

Übersicht zu den Gesprächspartner*innen aus dem Bereich der zivilgesellschaftlichen Demenzproblematisierung (Teil II)	
Name:	Anmerkungen:
Frau Wehra (65)	Frau Wehra hatte bis zu ihrer Verrentung als medizinisch-technische Assistentin gearbeitet. In ihrem beruflichen Ruhestand nahm sie eine ehrenamtliche Tätigkeit für die Alzheimer Gesellschaft wahr. Das Gespräch mit Frau Wehra fand am 6. November 2015 in einem öffentlichen Kaffee statt und hatte eine Dauer von einer Stunde und 13 Minuten.

Familiärer Quellenkorpus

Meine Analyse zur familiären Problematisierung von Demenz basiert auf zwölf Schilderungen von Personen, die einen demenzbetroffenen Angehörigen haben bzw. hatten. Als »gatekeeper« für die Kontaktaufnahme fungierte die Alzheimer Gesellschaft.[153] Diese räumte mir unter anderem die Gelegenheit ein, eine von der Organisation angebotene Selbsthilfegruppe für Angehörige von Menschen mit Demenz aufzusuchen, um dort für Interviewpartner*innen zu werben. Die in Tabelle 3 aufgeführten Gespräche vom 22. März 2012 (Frau Peters), vom 27. März 2012 (Frau Nitsch), vom 18. April 2012 (Frau Rahner) und vom 24. April 2012 (Frau Jost) gehen alle auf diesen Besuch in der Angehörigengruppe zurück.

Durch die Vermittlung der Leiterin der Geschäftsstelle der Alzheimer Gesellschaft konnte ich ein weiteres Interview am 22. August 2012 (Frau Kahn) führen. Zudem wurde ich für den 20. März 2013 von Seiten der Alzheimer Gesellschaft als Teilnehmer einer Podiumsdiskussion geladen, an der neben mir auch drei Angehörige von Demenzbetroffenen teilnahmen (Frau Grier, Herr Tenner, Herr Luhr), die hier von ihren Erfahrungen berichteten. Mit deren Einverständnis zeichnete ich diese Diskussion auf, um sie dann zu verschriftlichen und auszuwerten. Eine letzte Interviewreihe führte ich im Oktober und November 2015 durch. Die insgesamt vier Gespräche am

---

153 Vgl. zu diesem Begriff auch Lüders 2007, S. 392.

29. Oktober 2015 (Frau Werner, Herr Werner) und am 6. November 2015 (Frau Tews, Frau Peters) kamen wieder durch Vermittlung der Geschäftsstellenleiterin der Alzheimer Gesellschaft zu Stande.

Der so zusammengestellte Interview-Korpus zum familiären Bereich bildet vielfältige Versorgungssituationen und -konstellationen ab, wie er auch Akteur*innen mit diversen (berufs-)biographischen Merkmalen versammelt (siehe die Spalte »Anmerkungen« in Tabelle 3). Das Geschlechterverhältnis ist klar weiblich dominiert (Verhältnis 9 (w) zu 3 (m)) und entspricht damit der vorherrschenden Tendenz in der Versorgung von Demenzbetroffenen durch Angehörige. Gleichwohl handelt es sich bei dieser geschlechtsbezogenen Zusammensetzung weniger um das Ergebnis einer dezidierten Samplingstrategie. Vielmehr sind es vornehmlich Frauen gewesen, die sich für ein Gespräch mit mir bereit erklärt haben.

Abgesehen von der erwähnten Podiumsdiskussion wurden alle Gespräche auf Grundlage der Methode des problemzentrierten Interviews durchgeführt. Genau wie im Fall der Interviews mit Vertreter*innen der zivilgesellschaftlichen Demenzhilfe kam hier ein Leitfaden zum Einsatz. Dieser ist im Anhang aufgeführt. Ebenfalls wurden auch die Angehörigeninterviews mit einem Audio-Aufnahmegerät festgehalten und transkribiert. Die nachstehende Tabelle 3 fasst die Kerndaten des familiären Quellenkorpus zusammen.

Tabelle 3

Übersicht zu den Gesprächspartner*innen aus dem Bereich der familiären Demenzproblematisierung

Name:	Anmerkungen:
Frau Peters (74)	Zum Zeitpunkt dieses Interviews versorgte die verrentete Apothekerin ihren demenzbetroffenen Ehemann in der gemeinsamen Wohnung des Paars und das mit Unterstützung eines ambulanten Pflegedienstes und anderer Helfer*innen. Das Gespräch mit Frau Peters fand am 22. März 2012 in deren Wohnung statt und hatte eine Dauer von einer Stunde und 44 Minuten.
Frau Nitsch (51)	Die Hausfrau und ausgebildete Technikerin versorgte gemeinsam mit ihrem Bruder ihre demenzbetroffene Mutter. Die Mutter, der Vater und der Bruder von Frau Nitsch lebten gemeinsam im Haus der Eltern. Drei Mal pro Woche besuchte Frau Nitsch senior eine Tagespflegeeinrichtung. Das Gespräch mit Frau Nitsch fand am 27. März 2012 in deren Wohnung statt und hatte eine Dauer von einer Stunde und 49 Minuten.
Frau Rahner (48)	Die Steuerfachangestellte hatte ihre demenzbetroffene Mutter und den schwer lungenkranken Vater lange Zeit im gemeinsamen Haus der Familie versorgt – unter anderem mit Unterstützung einer mit im Haus lebenden migrantischen Pflegehilfskraft. Zum Zeitpunkt des Interviews war der Vater verstorben und Frau Rahner senior lebte in einem Pflegeheim in direkter Nähe der Tochter. Das Gespräch mit Frau Rahner fand am 18. April 2012 in deren Haus statt und hatte eine Dauer von zwei Stunden und 39 Minuten.
Frau Jost (55)	Frau Jost war Hausfrau und versorgte ihre demenzbetroffene Mutter, die allein in ihrem Haus lebte, das in der Nähe der Wohnung von Frau Jost lag. Unterstützung bei ihrer Sorgetätigkeit erhielt Frau Jost durch ihren Ehemann (Polizeibeamter) und ihren Bruder. Des Weiteren übernahm ein ambulanter Pflegedienst täglich die Medikamentenausgabe an Frau Jost senior. Zudem erhielt sie regelmäßig Besuch von Betreuerinnen der Alzheimer Gesellschaft. Das Gespräch mit Frau Jost fand am 24. April 2012 in deren Wohnung statt und hatte eine Dauer von einer Stunde und 58 Minuten.

Frau Kahn (74)	Die Hausfrau war die Hauptsorgeperson ihres demenzbetroffenen Ehemanns (ehemaliger Handwerker und Außendienstmitarbeiter), mit dem sie im gemeinsamen Haus lebte. Zusätzliche Hilfe bekam sie stellenweise von ihrer Tochter. Das Gespräch mit Frau Kahn fand am 22. August 2012 am Rande einer Tanzveranstaltung der Alzheimer Gesellschaft statt und hatte eine Dauer von 40 Minuten.
Herr Luhr (71)	Der pensionierte Arzt versorgte seine demenzbetroffene Ehefrau im Haus des Paares. Zudem hatte die langjährige Haushaltshilfe der Eheleute eine demenzbezogene Fortbildung bei der Alzheimer Gesellschaft absolviert und unterstützte Herrn Luhr bei der Versorgung seiner Frau. Die Aussagen von Herrn Luhr wurden am 20. März 2013 im Rahmen der weiter oben erwähnten Podiumsdiskussion der Alzheimer Gesellschaft gesammelt. Diese Veranstaltung hatte eine Dauer von einer Stunde und 38 Minuten.
Herr Tenner (70)	Herr Tenner war berentet und vorher unter anderem im kommunalen Dienst tätig. Er versorgte seine demenzbetroffene Ehefrau im Haus des Paares – und das vornehmlich allein. Gelegentliche Unterstützungen erhielt er von der gemeinsamen Tochter und weiteren Familienmitgliedern. Die Aussagen von Herrn Tenner wurden ebenfalls in der Podiumsdiskussion am 20. März 2013 aufgenommen.
Frau Grier (81)	Frau Grier versorgte ihren demenzbetroffenen Ehemann (mit dem sie früher eine Schreinerei betrieben hatte) im Haus des Paares und erhielt dabei Unterstützung von einem ambulanten Pflegedienst. Auch die Aussagen von Frau Grier gehen auf die Podiumsdiskussion am 20. März 2013 zurück.
Frau Werner (64)	Die Bilanzbuchhalterin hatte ihre demenzbetroffene Mutter zunächst in deren Haus versorgt und sie später dann im eigenen Haushalt aufgenommen. In dieser Zeit besuchte Frau Werner senior unter der Woche eine Tagespflegeeinrichtung. Später wurde sie vollstationär in einem Pflegeheim untergebracht. Zum Zeitpunkt des Gespräches war Frau Werner senior verstorben. Auch über den Tod ihrer Mutter hinaus blieb Frau Werner dem Thema Demenz verbunden: Sie engagierte sich ehrenamtlich in der Arbeit der Alzheimer Gesellschaft. Das Gespräch mit Frau Werner fand am 29. Oktober 2015 im Haus von Frau und Herrn Werner statt und hatte eine Dauer von einer Stunde und 26 Minuten.

Herr Werner (75)	Der Ehemann von Frau Werner und berentete Ingenieur hatte Frau Werner senior vor allem in jener Zeit mitversorgt, als diese im Haushalt des Ehepaars Werner lebte. Das Gespräch mit Herrn Werner fand ebenfalls am 29. Oktober 2015 im Haus von Frau und Herrn Werner statt und hatte eine Dauer von 53 Minuten.
Frau Tews (60)	Die praktizierende Rechtsanwältin Frau Tews hatte ihren demenzbetroffenen Ehemann zunächst häuslich versorgt – dabei nahm sie unter anderem die Unterstützung ambulanter Pflegefachkräfte in Anspruch und ein Tagespflegeangebot. Schließlich wurde Herr Tews vollstationär in einer Pflegeeinrichtung untergebracht. Zum Zeitpunkt des Gespräches war Herr Tews verstorben. Das Gespräch mit Frau Tews fand am 6. November 2015 in deren Büro statt und hatte eine Dauer von einer Stunde und 44 Minuten.
Frau Peters (77)	Es handelt sich hier um ein Follow-Up-Gespräch zu dem ersten Interview mit Frau Peters am 22. März 2012. Ihr demenzbetroffener Ehemann war zwischenzeitlich in einem Pflegeheim untergebracht worden und hier schließlich auch verstorben. Das Follow-Up-Gespräch mit Frau Peters fand am 6. November 2015 in deren Wohnung statt und hatte eine Dauer von einer Stunde und 37 Minuten.

Datenauswertung:
Auf der Spur von Interpretationen und Behandlungsformen

Das methodische Vorgehen, mit dem ich die drei dargestellten Problematisierungsbereiche erschließe, ist ein an die Multi-Sited Ethnography angelehntes »tracking«.[154] George E. Marcus hat insgesamt sechs unterschiedliche tracking- bzw. Verfolgungsprinzipien differenziert:

>»*Follow the People*«: »[T]he procedure is to follow and stay with the movements of a particular group of initial subjects.«
>
>»*Follow the Thing*«: »This mode [...] involves tracing the circulation through different contexts of a manifestly material object of study[.]«

---

154 Marcus 1995, S. 95.

»*Follow the Metaphor*«: »When the thing traced is within the realm of discourse and modes of thought, then the circulation of signs, symbols, and metaphors guides the design of ethnography.«

»*Follow the Plot, Story, or Allegory*«: »[N]arratives and plots are a rich source of connections, associations, and suggested relationships for shaping multi-sited objects of research.«

»*Follow the Life or Biography*«: »Life histories reveal juxtapositions of social contexts through a succession of narrated individual experiences that may be obscured in the structural study of processes as such.«

»*Follow the Conflict*«: »[F]ollowing the parties to conflicts defines another mode for generating a multi-sited terrain in ethnographic research.«[155]

Anstatt einen oder mehrere dieser Verfolgungsmodi direkt zu übernehmen, setze ich zwei Vorgehensweisen um, die ich in Auseinandersetzung mit dem Problematisierungsbegriff von Foucault entwickelt habe. Methodisch grundlegend ist erstens ein Prinzip, das parallel zu den englischsprachigen Bezeichnungen von Marcus unter dem Titel ›Follow the Interpretations‹ zusammengefasst sei: Ich verfolge demenzbezogene Probleminterpretationen, indem ich untersuche, wie das Problem Demenz auf der medialen, der zivilgesellschaftlichen und der familiären Ebene wahrgenommen und gedeutet wird.

Diese Art der multikontextuellen Analyse von Probleminterpretationen ist durchaus mit einigen der von Marcus aufgeführten Verfolgungsprinzipien verwandt. Erstens besteht eine Nähe zum Prinzip »*Follow the Metaphor*«, denn bei den von mir untersuchten Interpretationen handelt es sich grundsätzlich um Gegenstände, die »within the realm of discourse and modes of thought« situiert sind. Zudem nehmen diese Probleminterpretationen häufig auch metaphorische Formen an, weshalb ein besonderer Schwerpunkt meiner Analyse auf Demenzmetaphern liegt. Ein zweites Prinzip, zu dem mein Vorgehen Verbindungen aufweist, ist das Prinzip »*Follow the Plot, Story, or Allegory*«. Stories bzw. Narrative werden hier insofern verfolgt, da es sich etwa im Fall von medialen Demenzinterpretationen um »Wirklichkeitserzählungen« handelt, die »beanspruchen, auf reale, räumlich und zeitlich konkrete Sachverhalte und Ereignisse zu referieren«.[156] Drittens habe

---

155 Die aufgeführten Zitate stammen sämtlich aus Marcus 1995, S. 106–110.
156 Klein/Martínez 2009, S. 6.

ich mit den durchgeführten Interviews gezielt »narrated individual experiences« erhoben, die wiederum der zentrale Bezugspunkt des Prinzips »Follow the Life or Biography« sind.

Der Ansatz, Interpretationen eines bestimmten Problems über unterschiedliche Bereiche hinweg zu verfolgen, ist unter anderem in der Medikalkulturforschung und in thematisch angrenzenden Forschungsfeldern relevant.[157] So wird hier beispielsweise untersucht, welche Bedeutung medizinische Krankheitsdefinitionen (= Probleminterpretationen) für lebensweltliche Denk- und Handlungsweisen haben. Grundlegend ist dabei der Verweis auf die Existenz und die wissenschaftliche wie die alltagspraktische Bedeutung von Medikalisierungsprozessen: »[T]he medicalization process refers to the defining of a problem or a distress in modern medical terms and/or using a medical intervention to treat it.«[158] Zugleich weist die Medikalkulturforschung auch auf Demedikalisierungsprozesse hin, und zwar indem sie Situationen beschreibt, in denen die Medikalisierung bestimmter Phänomene revidiert wird.[159]

Wie das obige Zitat schon verdeutlicht, ist unter Medikalisierung nicht nur die Entwicklung und Verbreitung von »medizinischen Terminologien und Definitionen« zu verstehen – sie umfasst zudem auch die Bildung und Anwendung von »medizinischen Techniken und (materialen) Praktiken«.[160] Was im Falle von Medikalisierungsprozessen gilt, das gilt aus einer foucaultschen Perspektive für die meisten Arten von Problematisierungsprozessen: Sie schließen sowohl eine verstehensorientierte Interpretation von Schwierigkeiten als auch die Bildung und Anwendung von Behandlungs- und Lösungstechniken mit ein. Die von mir ausgewerteten Quellen machen das ganz deutlich, denn darin wird häufig sowohl thematisiert, was das Problem Demenz genau ausmacht, als auch, wie mögliche Umgangs-/Behandlungsformen aussehen.

Angesichts dessen habe ich eine zweite methodische Leitmaxime formuliert und forschungspraktisch eingesetzt, die so ebenfalls nicht im Rahmen

---
157 Vgl. Inhorn/Wentzell 2012, Wolff 2008/2009 sowie Lux 2003.
158 Ikeda/Roemer 2009, S. 26. Vgl. des Weiteren auch Conrad 2005.
159 Ein Beispiel hierfür ist die schon erwähnte Ent-Pathologisierung der Homosexualität.
160 Wehling et al. 2008, S. 553.

der von Marcus differenzierten Verfolgungsprinzipien vorkommt. Es handelt sich hier um den Grundsatz ›Follow the Treatments‹: Ich verfolge demenzbezogene Problembehandlungen, indem ich untersuche, welche Arten des Umgangs mit Demenz in medialen, zivilgesellschaftlichen und familiären Kontexten erörtert bzw. eingesetzt werden.

Problembehandlungsformen sind genauso in Diskurse und »modes of thought« eingebettet wie Probleminterpretationen. Zudem werden sie sowohl in verallgemeinernden als auch in sehr persönlichen Narrationen dargestellt und weitergegeben. Mit der methodischen Unterscheidung von Probleminterpretationen und -behandlungen soll deshalb nicht der Eindruck erweckt werden, diese beiden zentralen Aspekte eines Problematisierungsprozesses seien klar voneinander abtrennbar. Vielmehr dient das Prinzip ›Follow the Treatments‹ einer Erweiterung und Vertiefung des Prinzips ›Follow the Interpretations‹, da es die praktischen Effekte von Probleminterpretationen deutlich macht. Die Differenzierung der zwei Prinzipien führt so auch auf die Frage nach dem Verhältnis von Deutungs- und Umgangsweisen hin: Inwiefern etablieren bestimmte Probleminterpretationen bestimmte Behandlungsansätze? Wie wirken die Erfolge und Misserfolge bestimmter Behandlungsansätze auf bestimmte Interpretationen von Demenz zurück? Der Gegenstand der beiden von mir eingesetzten tracking-Prinzipien ist bewusst im Plural gesetzt: Aus ebenso theoretisch wie empirisch fundierten Gründen wird hier von Interpretations und Treatments gesprochen – denn mit Foucaults Problematisierungstheorie gehe ich von der Möglichkeit aus, dass ein bestimmter Bereich von Schwierigkeiten auf unterschiedliche Arten und Weisen als Problem interpretiert und behandelt werden kann.

Bezugspunkt der beiden von mir eingesetzten Verfolgungsmodi sind drei unterschiedliche Materialarten: Medientexte, Interviewtranskripte und Feldbeobachtungsprotokolle. Ein erster Datenauswertungsschritt bestand darin, dass ich alle gesammelten Texte, Transkripte und Protokolle mittels eines Leitfragenkatalogs näher erfasst habe. Dieser Katalog wurde auf Basis des in Kapitel 2 ausgearbeiteten theoretischen Rahmens gebildet und bezieht überdies Impulse aus Bacchis WPR-Modell und aus der sozial- und kulturwissenschaftlichen Diskursanalyse mit ein. Der verwendete Leitfragenkatalog erfasst insgesamt drei zentrale thematische Felder, von denen ausgehend verschiedene Teilfragen abzweigen.

Welche Probleminterpretationen macht die Quelle sichtbar?: Was gilt als Merkmal des Problems Demenz? Wie wird das Problem versinnbildlicht (metaphorisiert)? Wie wird es ursächlich erklärt? Welche hypothetischen und manifesten Effekte sind mit der betreffenden Probleminterpretation verbunden?

Welche Behandlungsansätze macht die Quelle sichtbar?: Was genau wird als behandlungsbedürftig betrachtet? Welche Behandlungsansätze werden diskutiert bzw. angewandt? Welche hypothetischen und manifesten Effekte sind mit diesen Behandlungsansätzen verbunden?

Welche Umweltbeziehungen macht die Quelle sichtbar?: Inwiefern legt die einzelne mediale, zivilgesellschaftliche, familiäre Quelle den Einfluss nicht-demenzspezifischer Diskurse offen? Inwiefern bezieht sich die einzelne mediale, zivilgesellschaftliche, familiäre Quelle auf andere Demenzproblematisierungen medialer, zivilgesellschaftlicher, familiärer oder auch wissenschaftlich-spezialdiskursiver Art?

Die Ergebnisse der leitfragengestützten Durchsicht des Quellenkorpus wurden in Lektüreprotokollen fixiert: »Die Erstellung von Lektüreprotokollen zu einer bestimmten Anzahl von Quellen dokumentiert die analytische Zergliederung in systematisierender und für jeden weiteren Forschungsschritt leicht nachvollziehbarer Weise.«[161] Die erstellten Lektüreprotokolle konnten im Forschungsverlauf zunehmend prägnant gehalten werden, da deutliche Sättigungseffekte auftraten. Diese Effekte manifestierten sich in dem Umstand, dass sich verschiedene Problematisierungsformen in typenhafter Weise wiederholen und so charakteristische Muster der Demenzproblematisierung deutlich wurden:

> »Von einer ›Sättigung‹ der Analyse zu sprechen bedeutet [...] also, auf dieser Ebene des Typischen den begründeten Eindruck formulieren zu können, alles Wichtige erfasst zu haben – auch dann, wenn jedermann weiß, dass die Zahl der empirischen Aussageereignisse zwar endlich, aber eben doch Legion ist.«[162]

---

161 Eggmann 2013, S. 66.
162 Keller 2007, Abs. 34.

Ausgehend von den durch die Erstellung der Lektüreprotokolle gewonnenen Einsichten wurden vier Synthesekategorien gebildet. Diese Kategorien fassen die Struktur des untersuchten Problematisierungsfeldes zusammen, indem sie die Formen, den Aufbau und die Effekte der hier vorkommenden Demenzinterpretationen und -behandlungsansätze aufzeigen. Synthesekategorie 1 versammelt Erfahrungen und Deutungen (= ›Follow the Interpretations‹) dazu, inwiefern Demenz für die direkt davon Betroffenen ein Problem darstellt. Synthesekategorie 2 versammelt Erfahrungen und Deutungen (= ›Follow the Interpretations‹) dazu, inwiefern Demenz für das nähere und weitere Umfeld der Betroffenen problematisch ist. Synthesekategorie 3 versammelt Umgangsweisen und Behandlungsansätze (= ›Follow the Treatments‹) zum Problem Demenz, die die Betroffenen selbst praktizieren. Synthesekategorie 4 versammelt Umgangsweisen und Behandlungsansätze (= ›Follow the Treatments‹) zum Problem Demenz, die das Umfeld der Betroffenen praktiziert.

Wie schon angemerkt, klammert der Quellenkorpus meiner Studie problembezogene Sicht- und Handlungsweisen von Demenzbetroffenen tendenziell aus. Erhoben wurden hier gezielt Interpretations und Treatments demenziell unbeeinträchtigter Beobachter*innen. Die Synthesekategorien 1 und 3 bündeln also vornehmlich das, was diese Beobachter*innen zur subjektiven Bedeutung demenzieller Beeinträchtigungen und zu problembezogenen Verhaltensweisen Demenzbetroffener aussagen.

Die Vorstellung und die Diskussion der Untersuchungsergebnisse erfolgt in den Kapiteln 5 und 6. Kapitel 5 fasst die Demenzinterpretationen innerhalb des Untersuchungsfeldes zusammen (Grundlage: Synthesekategorien 1 und 2). Kapitel 6 stellt die im Untersuchungsfeld verbreiteten Behandlungsansätze dar (Grundlage: Synthesekategorien 3 und 4). Beide Kapitel tragen jeweils auch der Intention einer Re-Problematisierung der Interpretations- und Behandlungsformen Rechnung – es wird hier also immer wieder nach den hypothetischen und manifesten Effekten der vorfindlichen Probleminterpretationen und -behandlungen gefragt. Kapitel 7 nimmt eine resümierende Re-Problematisierung der untersuchten Demenzproblematisierung vor.

Methodologische und forschungsethische Selbst-Problematisierung

Genau wie auch Bacchi bin ich der Auffassung, dass das Vorgehen einer Selbst-Problematisierung ein sinnvolles Element von Problematisierungsanalysen sein kann. Im Falle des WPR-Modells von Bacchi steht dieses Vorgehen im direkten Zusammenhang mit der Entwicklung wissenschaftlicher Handlungsempfehlungen für den politischen Umgang mit spezifischen Problemen. Die Formulierung solcher Handlungsempfehlungen ist im politikwissenschaftlichen Feld, dem Bacchi angehört und das sie mit ihrem WPR-Modell adressiert, durchaus verbreitet. Was die von Bacchi angedachte Art der Selbst-Problematisierung sicherstellen soll, ist, dass die von wissenschaftlicher Seite entwickelten Problembehandlungsempfehlungen ein hohes Maß an kritischer Reflexivität aufweisen: »The WPR approach also recognizes research and policy analysis as political practices, requiring that policy workers/analysts apply its questions to their own proposals, in a practice of self-problematization.«[163] Die Selbst-Problematisierung, die ich jetzt vornehme, verfolgt jedoch andere Absichten. Ich möchte dadurch erstens sicherstellen, dass zum Abschluss der Beschreibung der Untersuchungsquellen und -verfahren auch eine explizite methodologische Selbst-Reflexion erfolgt. Zweitens geht es bei dieser Selbst-Problematisierung darum, dass meine analytische Vorgehensweise ethisch reflektiert wird.

Methodologische Selbst-Problematisierung

In methodologischer Hinsicht ist ganz grundlegend Folgendes zu betonen: Das von mir untersuchte Problematisierungsfeld ist nicht einfach gegeben. Vielmehr tritt es erst dadurch in Erscheinung, dass ich einerseits Teilbereiche definiere, die diesem Feld zugehören, und andererseits beschreibe, welche Probleminterpretationen und Problembehandlungsansätze hierauf zirkulieren. Solche methodischen Operationen sind es, über die mein Forschungsfeld herauspräpariert bzw. »designt« wird.[164]

Indem ich deutlich auf diesen Umstand hinweise, möchte ich herausstellen, dass meine Untersuchung nicht nur einen analytischen, sondern eben

---

163 Bacchi/Goodwin 2016, S. 34.
164 Zu diesem ethnographischen Design-Begriff vgl. auch Hess/Schwertl 2013, S. 25.

auch einen konstruktivistischen Charakter aufweist. Dem wissenschaftlichen Gehalt tut dies keinen Abbruch. Es bleibt nämlich festzuhalten, dass konstruktive wie auch imaginative Operationen ein unausweichlicher Bestandteil wissenschaftlichen Arbeitens sind.[165] Erkenntnistheoretisch existiert keine Alternative zu einer Konstruktion von Untersuchungsfeldern: Auch Wissenschaften stellen, wie bereits mehrfach ausgeführt, unweigerlich eine gesellschaftliche Deutungs- und Bezeichnungspraxis dar, die Wirklichkeit bzw. spezifische Wirklichkeitsfelder nicht unvermittelt wahrnehmen kann. Umso bedeutsamer ist es angesichts dessen, dass der jeweils verwendete Modus der Feldkonstruktion genau dargestellt wird, um diesen so für eine Evaluation durch Außenstehende zu öffnen. Und so zeigt das vorliegende Kapitel ausführlich auf, wie das Forschungsfeld meiner Studie gebildet wurde.

Ein zweiter Begriff, der mir Anlass zu einer eingehenderen methodologischen Reflexion gibt, ist der Begriff der Repräsentation. Um die Quellengrundlage der vorliegenden Analyse näher zu bestimmen, habe ich mit Bacchi bereits verschiedentlich von Problemrepräsentationen gesprochen. Das geschah vor allem im Rahmen der Ausführungen zur Bedeutung medialer Repräsentationen des Problems Demenz. Gleichwohl sind die von mir durchgeführten Interviews ebenfalls als Problemrepräsentationen zu verstehen. Die Befragten schildern hier im direkten Gespräch persönliche, alltagsgesättigte Problemerfahrungen, Problemperspektiven und Problembehandlungsweisen.[166] Mit anderen Worten: Das Problem Demenz wird im Rahmen der Interviews so repräsentiert, wie es sich aus subjektiver Warte darstellt.[167] Zu betonen ist nun weiter, dass auch die von mir durchge-

---

165 Im Falle der Wissenschaftlichkeit konstruktivistischer Verfahrensweisen scheint diese Feststellung nicht belegbedürftig. Für die wissenschaftliche Bedeutung von Imagination vgl. etwa Holton 1998, S. 92.
166 Dabei gilt: Mediale Problemrepräsentationen können ebenfalls hochgradig persönlich und alltagsgesättigt sein, wie etwa das Beispiel zahlreicher literarischer Erfahrungsberichte von direkt und indirekt Betroffenen zeigt.
167 Und auch dies, so lässt sich hier mit Jan Kruse, Kay Biesel und Christian Schmieder (2011, S. 23) ergänzen, ist ein konstruktivistischer Prozess: »In qualitativen Interviews wird nicht ›Wirklichkeit‹ abgebildet [...], sondern vergangene und gegenwärtige ›Wirklichkeit‹ wird aus der aktuellen, zeitlichen Perspektive des befragten Subjekts rekonstruierend dargeboten[.]«

führte teilnehmende Beobachtung keine objektive Abbildung, sondern eine Repräsentation aus subjektiver Warte ist.[168] Ich erwähne diesen Umstand vor dem Hintergrund der für die Empirische Kulturwissenschaft zentralen Writing-Culture-Debatte.[169] In deren Folge wird im Fach besonders auf die »Situiertheit des forschenden Blicks« hingewiesen: Teilnehmend-beobachtende Wissenschaftler*innen »übersetzen im Forschungsprozess unmittelbar Erlebtes, Gehörtes, Gesehenes, Empfundenes in eine Argumentation, die sich auf Grundannahmen und Konventionen innerhalb der (Europäischen) Ethnologie genauso bezieht wie auf andere gesellschaftliche Normierungen und (hegemoniale) Annahmen«.[170]

Der Einfluss fachlicher sowie gesellschaftlicher Grundannahmen, Konventionen und Normen lässt sich weder bei der ethnographischen Arbeit noch bei anderweitigen wissenschaftlichen Praktiken ausschließen. Dies ist auch im Kontext der Diskussion von Foucaults Ansatz einer kritischen Ontologie deutlich geworden. Entsprechend bleibt festzuhalten: Es gibt keine vollends objektive Beobachtungsposition, weder in der direkten Situation eines sozialen Feldes noch im Kontext der Erhebung und Auswertung von Interviews und medialen Texten.

Forschungsethische Selbst-Problematisierung

Untersuchungen im Nahbereich von Menschen mit Demenz setzen eine große ethische Sensibilität voraus, gerade wenn hierbei kognitiv stark beeinträchtigte Betroffene eine Rolle spielen.[171] Diese Personen sind vielfach kaum mehr in der Lage, eine informierte Zustimmung zur Teilnahme an einem Forschungsvorhaben zu geben.[172] Überdies kann eine Studienteilnahme für Demenzbetroffene strapaziös sein und etwa Überforderungen oder emotionale Krisen auslösen.

---

168 Vgl. dazu auch Lüders 2007, S. 397.
169 Vgl. Clifford/Marcus 1986.
170 Hess/Schwertl 2013, S. 25.
171 Vgl. Sherrat/Soteriou/Evans 2007 und Pierce 2010.
172 Für eine Übersicht zur Frage des »informed consent« im Kontext von Demenz vgl. Vass et al. 2003 sowie Bravo et al. 2003.

Meine Untersuchung ist insofern ethisch weniger herausforderungsreich, als sie sich nicht auf kognitiv fordernde qualitative Interviews mit Demenzbetroffenen stützt. Auch wurden dafür keine Beobachtungen in der privaträumlichen Intimsphäre von Menschen mit Demenz durchgeführt. Stattdessen habe ich die erwähnte Betreuungsgruppe der Alzheimer Gesellschaft untersucht. Alle meine Feldaufenthalte sind an dem von Ruth Bartlett und Wendy Martin beschriebenen forschungsethischen Prinzip der »nonmaleficence« orientiert gewesen.[173] Dieses fordert, dass Untersuchungen zur Situation von Menschen mit Demenz konsequent abgebrochen werden, sobald der Forschende den Eindruck gewinnt, dass seine Anwesenheit eine Störung oder gar Belastung darstellt.[174]

Zu Beginn meiner teilnehmenden Beobachtung stellte mich die Leiterin dieser Gruppe als wissenschaftlichen Forscher vor und erläuterte mein Anliegen. Von teilnehmender Art war meine Beobachtung insofern, als ich mich an den verschiedenen Gruppenaktivitäten beteiligt habe (gemeinsame Gespräche, Rätselraten, Singen, spielerische motorische Übungen, Spaziergänge, Kaffee trinken und Kuchen essen). Zudem unterstützte ich zusammen mit den ehrenamtlichen Helferinnen den organisatorischen Ablauf des Nachmittags (motorisch eingeschränkten Besucher*innen beim Aufstehen, Setzen und Gehen behilflich sein, Kaffee und Kuchen servieren, Liederbücher verteilen, Stuhlkreise anordnen, den Veranstaltungsraum vorbereiten und aufräumen). Zu keinem Zeitpunkt meiner insgesamt über neun Wochen verteilten Aufenthalte in dieser Gruppe wurde von Seiten der demenzbetroffenen Besucher*innen ein Einwand gegen meine Anwesenheit vorgebracht. Ebenfalls habe ich nie den Eindruck gewonnen, dass durch meine Person auf Seiten der Besucher*innen negative Stimmungslagen ausgelöst worden wären. Im Gegenteil erschien es mir so, dass einige der Teilnehmer*innen positiv auf mich reagierten. Die Leiterin der Gruppe

---

173 Bartlett/Martin 2001.
174 Der in das Prinzip der »nonmaleficence« eingeschlossen Grundsatz, dass die Erkenntnissinteressen des Feldforschers nicht den Interessen der Beforschten übergeordnet werden dürfen, ist sicher eine ethische Maxime, der wohl die Mehrheit aller Feldforschenden in den Sozial- und Kulturwissenschaften folgt – und zwar unabhängig davon, ob in der jeweiligen Forschung Menschen mit Demenz eine Rolle spielen oder nicht.

erzählte mir, dass sie ebenfalls dieser Ansicht sei. Der Abbruch eines Feldforschungsaufenthaltes ist deshalb nicht nötig gewesen.

Während es im Rahmen meiner teilnehmenden Beobachtung zu ganz direkten Begegnungen mit Demenzbetroffenen kam, habe ich in meiner Forschung gewissermaßen auch zahlreiche indirekte Begegnungen mit Betroffenen gemacht. Diese indirekten Begegnungen fanden unter anderem bei den von mir erhobenen Interviews statt – in den Erzählungen von Aktiven der Alzheimer Gesellschaft, in den Erzählungen von Angehörigen: Sie berichteten mir von ihren Klient*innen bzw. ihren Ehepartnern, ihren Eltern – sie berichteten davon, wie das Leben dieser Personen im Angesicht demenzieller Beeinträchtigungen aussah. Es geht dort häufig um Menschen, die sich in einer Situation hochgradiger Verletzlichkeit befinden. Deshalb ist auch hier ein ethischer Schutzmechanismus nötig, den ich unter Rückgriff auf das Prinzip der Anonymisierung realisiert habe. Dieses Prinzip ist nicht nur im Fall der Namen meiner Gesprächspartner*innen zur Anwendung gekommen, sondern selbstverständlich ebenso im Fall der Namen von anderen (demenzbetroffenen) Personen, die im Lauf der betreffenden Gespräche Erwähnung fanden.[175]

---

175 Wie Tobias Gebel et al. (2015, Abs. 23) betonen, gewinnt das Anonymisierungsprinzip aktuell nicht zuletzt auf Grund der Diskussion um die Praxis der »Sekundärnutzung qualitativer Daten in Forschung und Lehre« an Bedeutung.

4 Die wissenschaftliche Demenzproblematisierung

Dieses Kapitel behandelt die spezialdiskursive (= wissenschaftliche) Demenzproblematisierung. Erstens geht es um die grundlegenden Aussagen des medizinischen Diskurses zu den Merkmalen, zu den Ursachen und zur Verbreitung von Demenz. Zweitens stelle ich aktuelle medizinische Ansätze zur diagnostischen, therapeutischen und präventiven Behandlung von Demenz vor. Drittens stehen die Geschichte der medizinischen Demenzproblematisierung und ihre sozialen und kulturellen Rahmungen im Fokus. Viertens werden solche Studien diskutiert, die die Bedeutung soziokultureller und auch psychologischer Faktoren für die lebensweltliche Wahrnehmung und den alltagspraktischen Umgang mit Demenz herausgearbeitet haben. Fünftens diskutiere ich einige aktuelle Tendenzen im Bereich der nicht-medizinwissenschaftlichen Demenzforschung.

Medizin I:
Merkmale, Ursachen und Verbreitung demenzieller Erkrankungen

Die Medizin hat den Demenzbegriff der Gegenwart und die Forschung zu diesem Phänomenbereich auf maßgebliche Weise geprägt.[1] Zusammenfassend kann hier von einer fachlichen Problematisierungsform gesprochen werden, aus der besonders einflussreiche Probleminterpretationen und -behandlungsansätze hervorgegangen sind. Eine für das medizinische Feld leitende Demenzdefinition wird in der ICD-10[2] aufgeführt:

---

1   Als ›die Medizin‹ bezeichne ich hier ein breites fachliches Gebiet, das erstens die allgemeine medizinische Praxis und spezifische Felder dieser Praxis umfasst – etwa die Neurologie, die Psychiatrie oder die Geriatrie. Zweitens subsumiere ich unter dem Oberbegriff der Medizin auch die medizinische Forschung, die unterschiedliche inhaltliche Schwerpunkte setzt und die zugleich in diversen interdisziplinären Kontexten agiert (Epidemiologie, Neurobiologie, Neurochemie, Neuropsychologie, Pharmazie etc.). Wenn in der Folge von der medizinischen Demenzproblematisierung die Rede ist, so sind dabei ausdrücklich diese vielfältigen Praxis- und Forschungszusammenhänge mit eingeschlossen.
2   Ein weiteres Klassifikationssystem, das im Kontext von Demenz bedeutsam ist, stellt das von der Amerikanischen Psychiatrischen Gesellschaft (APA) herausgegebene Diagnostic and Statistical Manual of Mental Disorders (DSM) dar.

© Springer Fachmedien Wiesbaden GmbH, ein Teil von Springer Nature 2019
H. Grebe, *Demenz in Medien, Zivilgesellschaft und Familie*,
https://doi.org/10.1007/978-3-658-28116-8_4

»Demenz (F00-F03) ist ein Syndrom als Folge einer meist chronischen oder fortschreitenden Krankheit des Gehirns mit Störung vieler höherer kortikaler Funktionen, einschließlich Gedächtnis, Denken, Orientierung, Auffassung, Rechnen, Lernfähigkeit, Sprache und Urteilsvermögen. Das Bewusstsein ist nicht getrübt. Die kognitiven Beeinträchtigungen werden gewöhnlich von Veränderungen der emotionalen Kontrolle, des Sozialverhaltens oder der Motivation begleitet, gelegentlich treten diese auch eher auf. Dieses Syndrom kommt bei Alzheimer-Krankheit, bei zerebrovaskulären Störungen und bei anderen Zustandsbildern vor, die primär oder sekundär das Gehirn betreffen.«[3]

Der Begriff Demenz fungiert folglich als ein Oberbegriff für spezifische kognitive und verhaltensbezogene Schwierigkeiten, deren Auftreten auf unterschiedliche Grunderkrankungen zurückgeführt wird.[4] In Hinblick auf die verhaltensbezogenen Schwierigkeiten ist auch von behavioralen und psychologischen Symptomen der Demenz (BPSD) die Rede: »BPSD include agitation, aberrant motor behavior, anxiety, elation, irritability, depression, apathy, disinhibition, delusions, hallucinations, and sleep or appetite changes.«[5]

In Abgrenzung zur manifesten Demenz hat sich zudem das Konzept der leichten kognitiven Beeinträchtigung (LKB, Englisch: mild cognitive impairment) etabliert: »Mild cognitive impairment (MCI) occurs along a continuum with normal cognition at one end of the continuum and dementia at the other.«[6] Die Diagnose einer leichten kognitiven Beeinträchtigung bedeutet aus medizinischer Sicht, dass die betreffende Person zukünftig auch

---

3 Deutsches Institut für Medizinische Dokumentation und Information 2017, F00.
4 Eine im Vergleich zur ICD-10 detailliertere Beschreibung dieser Schwierigkeiten liegt im Jahresreport 2017 der US-amerikanischen Alzheimer's Association (2017, S. 329) vor: »Memory loss that disrupts daily life[;] Challenges in planning or solving problems[;] Difficulty completing familiar tasks at home, at work or at leisure[;] Confusion with time or place[;] Trouble understanding visual images and spatial relationships[;] New problems with words in speaking or writing[;] Misplacing things and losing the ability to retrace steps[;] Decreased or poor judgement[;] Withdrawal from work or social activities[;] Changes in mood and personality[.]«
5 Cerejeira/Lagarto/Mukaetova-Ladinska 2012, S. 1. Anstatt als BPSD werden behavioral-psychische Demenzsymptome stellenweise auch als »neuropsychiatric symptoms of dementia« (NPS) gekennzeichnet. Vgl. Casey 2014.
6 Sanford 2017, S. 325. Vgl. auch Petersen et al. 2014.

von stärkeren demenziellen Beeinträchtigungen betroffen sein könnte.[7] Gleichwohl muss das nicht zwangsläufig der Fall sein: »Die LKB ist entweder als ein Vorläuferstadium einer sich später entwickelnden Demenz anzusehen oder als eine gutartige, sich nicht weiter verschlechternde Altersvergesslichkeit.«[8]

Vom Vorhandensein einer »zumindest leichten Demenz« wird in vielen diagnostischen Kriterienkatalogen dann ausgegangen, wenn die verschiedenen Symptome »zu einer deutlichen Beeinträchtigung der Alltagsbewältigung führen«.[9] Auf Grundlage des Ausmaßes der Beeinträchtigung erfolgt eine Unterscheidung zwischen leichten, mittelgradigen und schweren Demenzstadien: »People with *mild dementia* […] are […] independently viable. People with *moderate dementia* are often already overwhelmed with everyday activities […]. Patients with *heavy dementia* cannot recognize and tend their daily requirements[.]«[10] Ein weiterer Gradmesser können Testverfahren der kognitiven Leistungsfähigkeit sein. Beispielsweise wird der Mini-Mental-Status-Test (MMST) eingesetzt: Die Unterscheidung zwischen ei-

---

7 Die Diagnose MCI wird stellenweise noch weiter ausdifferenziert. Wichtig ist hier vor allem der Diagnosetypus der »Mild cognitive impairment due to Alzheimer's disease«, da das Auftreten einer MCI oftmals als Anzeichen einer Alzheimer-Erkrankung gilt. Vgl. Albert et al. 2011.
8 Zaudig 2011, S. 26.
9 Förstl/Lang 2011, S. 6. Mit Clarissa M. Giebel et al. (2014, S. 1283) ist jedoch darauf hinzuweisen, dass im Verlauf einer Demenzerkrankung nicht alle alltagsbewältigungsbezogenen Fähigkeiten (= activities of daily living (ADL)) in gleichem Maße abnehmen: »ADL performance deteriorated differently for each activity. In particular, toileting, transfer, and feeding remained relatively intact throughout, whereas performance on bathing and dressing deteriorated to a greater extent from mild to severe dementia.«
10 Weichbold 2015, S. 440. Neben der Dreiteilung in leichte, mittelgradige und schwere Demenzstadien existieren auch Modelle, die eine größere Zahl von Stadien einer Demenzerkrankung differenzieren, etwa die auf die Alzheimer-Demenz bezogene Unterteilung von Barry Reisberg et al. (1984, S. 482). Diese Einteilung berücksichtigt unter anderem die Annahme, dass die mit der Alzheimer-Demenz assoziierten neuropathologischen Prozesse bereits vor dem Auftreten erster kognitiver und behavioraler Symptome ablaufen, dass also bereits zu diesem Zeitpunkt von einem ersten Krankheitsstadium gesprochen werden kann: »1. No cognitive decline 2. Very mild cognitive decline 3. Mild cognitive decline 4. Moderate cognitive decline 5. Moderately severe cognitive decline 6. Severe cognitive decline 7. Very severe cognitive decline[.]«

ner leichten, mittelgradigen und schweren Demenz erfolgt »entsprechend Mini-Mental-Status-Testwerten von ≥ 20, ≥10 und <10 Punkten«.[11] Die Differenzierung zwischen primären und sekundären Demenzen gibt an, ob demenzielle Symptomatiken auf eine spezifische Form der Demenzerkrankung (= primäre Demenz) zurückgeführt werden oder ob diese Symptomatiken als Folge anderer Erkrankungen und gesundheitlicher Störungen gelten (= sekundäre Demenz).[12] Der Anteil der primären Demenzen liegt bei rund 90%.[13] Die häufigste primäre Demenz – und damit die häufigste Demenzform überhaupt – stellt nach gegenwärtiger Einschätzung die Alzheimer-Demenz dar:

> »Alzheimer's disease [...] accounts for up to 70% of all dementia cases diagnosed according to current clinical diagnostic criteria, although neuroimaging and autopsy-verified studies have revealed that a large majority of dementia cases are attributed to cerebral mixed vascular and neurodegenerative pathology.«[14]

Wie das Zitat zeigt, lässt sich vielfach nicht eindeutig zwischen der Alzheimer-Demenz und der zweithäufigsten Demenz, der vaskulären Demenz, unterscheiden. »Mischformen« sind entsprechend stark verbreitet.[15] Die Alzheimer-Demenz wird zusammenfassend als »Systemdegeneration« definiert, »die zur Schädigung von Synapsen und Neuriten und schließlich zum Absterben von Neuronen des Großhirns, des Zwischenhirns und, in geringerem Maße, des Hirnstamms führt«.[16] Grundlegend ist dabei die An-

---

11 Schmidtke/Otto 2012, S. 208f.
12 Eine sekundäre Demenz kann zum Beispiel Folge einer depressiven Erkrankung sein (vgl. Bennett/Thomas 2014), sie kann durch schädliche bzw. abhängige Formen des Alkoholkonsums entstehen (vgl. Gupta/Warner 2008) oder etwa aus einer Vitamin-B12-Unterversorgung resultieren (Leischker/Kolb 2015).
13 Sonntag 2014, S. 5.
14 Qui/Fratiglioni 2017, S. 17.
15 Haberl 2011, S. 108. In Zusammenhang mit dem Begriff der »Mischform« muss folgender Hinweis der Deutschen Gesellschaft für Neurologie und der Deutschen Gesellschaft für Psychiatrie und Psychotherapie, Psychosomatik und Nervenheilkunde (2016, S. 17) ergänzt werden: »Üblicherweise ist die Kombination aus Alzheimer-Pathologie und vaskulärer Pathologie damit gemeint. Neue Forschungskriterien fassen unter dem Begriff aber auch die Kombination aus Alzheimer-Pathologie und Lewy-Körperchen-Pathologie[.]«
16 Schmidtke/Otto 2012, S. 203. Klaus Schmidtke und Markus Otto (ebd., S. 210f.) differenzieren diesen neurodegenerativen Prozess kurz nach dem aufgeführten Zitat noch

nahme, dass die Erkrankung nicht erst mit dem Auftreten demenzieller Symptomatiken vorliegt: »Alzheimer's disease encompasses an entire continuum from the initial pathologic changes in the brain before symptoms appear through the dementia caused by the accumulation of brain changes.«[17]

10% aller Alzheimer-Demenzdiagnosen entfallen auf Betroffene in einem Alter von unter 65 Jahren – dieses Lebensalter stellt die Schwelle für die Unterscheidung zwischen einer früh und einer spät einsetzenden Alzheimer-Demenz dar (Early-Onset Alzheimer Disease (EOAD) und Late-Onset Alzheimer Disease (LOAD)).[18] Anders als im Fall der LOAD wird bei der Entstehung der EOAD erblich-genetischen Faktoren eine entscheidende Rolle zugeschrieben: »EOAD is an almost entirely genetically determined disease […]. Between 35 to 60% of EOAD patients have at least one affected first-degree relative[.]«[19]

Das einflussreichste Erklärungsmodell für die als Alzheimer-Demenz gekennzeichneten neurodegenerativen Prozesse ist die sogenannte Amyloid-Hypothese[20]:

> »This hypothesis proposes that excess toxic accumulation of amyloid-β (Aβ) in one or more forms […] – compact plaques, diffuse plaques, soluble oligomers […], fibrils, protofibrils – is the specific cause auf AD. The hallmark neuropathological changes, the

---

weiter aus: »Die Alzheimer-Erkrankung ist primär eine Erkrankung der assoziativen Hirnrindenareale. Ihre Kernsymptome sind *kortikale Werkzeugstörungen*, d.h. Störungen höherer geistiger Fähigkeiten, die verschiedenen Arealen der Hirnrinde zugeordnet werden: *Gedächtnis*: Hippokampus, Gyrus parahippocampalis, benachbarte temporomediale Areale[;] *visuell-räumliches Denken*: Parietallappen beidseits[;] *Sprache*: Umfeld der Wernicke-Area, also des hinteren Drittels der oberen Schläfenhirnwindung links[;] *manuelle Praxis*: Parietallappen links[;] *visuelle Gnosis* (Erkennen von Gesichtern und Gegenständen): Okzipitallappen und basaler temporaler Neokortex beidseits[;] *exekutive Leistungen*: vorwiegend dem präfrontalen Kortex zugeschriebene Leistungen, wie analytisches Denken, mentale Flexibilität, Zuordnung von Aufmerksamkeit, Arbeitsgedächtnis.«

17 Alzheimer's Association 2017, S. 326.
18 Cacace et al. 2016, S 733.
19 Ebd., S 734.
20 Diese Hypothese geht auf die Neurobiologen John A. Hardy und Gerald A. Higgins zurück. Vgl. Hardy/Higgins 1992.

neuronal and synaptic losses, and the cognitive impairment are considered to result from amyloid-related damage.«[21]

Trotz des großen Einflusses der Amyloid-Hypothese bleibt festzuhalten, dass es sich hier um eine Hypothese handelt. Die Ätiologie der Alzheimer-Demenz ist derzeit noch unklar, und so existiert im medizinischen Feld durchaus auch Kritik zu dieser These. Beispielsweise wird der Stellenwert der histopathologischen Kernmerkmale der Alzheimer-Demenz (Amyloid Plaques außerhalb und neurofibrilläre Bündel innerhalb von Neuronen) unterschiedlich bewertet: »[A]myloid plaques and neurofibrillary tangles are not causing AD but are the outcome of brain cells dying.«[22]

Unumstritten ist dagegen die Ursache der vaskulären Demenz, auf die das Auftreten demenzieller Symptomatiken in 15% aller Fälle zurückgeführt wird[23]:

> »Vascular dementia occurs commonly from blood vessel blockage or damage leading to infarcts (strokes) or bleeding in the brain. The location, number and size of the brain injuries determine whether dementia will result and how the individual's thinking and physical functioning will be affected.«[24]

Die Häufigkeit von Demenz korreliert mit dem Lebensalter: »[Sie] nimmt von etwas mehr als 1% in der Altersgruppe der 65–69-Jährigen auf rund 40% unter den über 90-Jährigen zu. Zwei Drittel aller Erkrankten haben bereits das 80. Lebensjahr vollendet; fast 70% der Erkrankten sind Frauen.«[25] Das Alter gilt deshalb als »Hauptrisikofaktor« für das Auftreten einer Demenz.[26] Der größere Anteil von Frauen unter den Demenzbetroffenen wird vor diesem Hintergrund unter anderem auf deren höhere Lebensdauer zurückgeführt.[27]

---

21 Drachman 2014, S. 372.
22 Leszek/Goustin/Kurkinen 2014, S. 341. Vgl. zu dieser Kritik weiter auch Castello/Soriano 2014 und Drachman 2014.
23 O'Brien/Thomas 2015, S. 1698. An anderen Stellen ist davon die Rede, dass es sich bei circa 20% aller Demenzen um eine vaskuläre Demenz handelt. Vgl. dazu etwa Gietl/Savaskan 2014, S. 352.
24 Alzheimer's Association 2017, S. 327.
25 Bickel 2016, S. 1f.
26 Förstl 2011, S. 273.
27 Gleichwohl ist das nicht die einzige Erklärung für den großen Anteil von weiblichen Demenzbetroffenen. Zur Diskussion um die Merkmale und die Ursachen von Gender-

Im Verlauf der Alzheimer- und der vaskulären Demenz wie auch im Verlauf anderer nicht-reversibler Demenzen (z. B. Pick-Demenz/Lewy-Körper-Demenz) nehmen die symptomatischen Beeinträchtigungen zu.[28] Trotz dieses progredienten Entwicklungscharakters existieren individuell unterschiedliche Krankheitsverläufe:

> »Dies soll nicht bedeuten, dass man die Gemeinsamkeit, die durch die Erkrankung entsteht, übersieht. Es heißt aber, dass man keine allgemeingültigen Aussagen für alle demenzkranken Menschen aufstellen kann. [...] Sogar im Tagesverlauf können deutliche Schwankungen festgestellt werden. Beispielsweise wird bei manchen Patienten eine Verstärkung von Unruhe und Bewegungsdrang zu Abend- und Nachtstunden beobachtet (sogenanntes ›sun-downing‹).«[29]

Individuelle Unterschiede zeichnen sich auch in Hinblick auf die Prognose zur Lebenserwartung ab. »Überlebenszeiten von 20 und mehr Jahren« können im Einzelfall durchaus vorkommen.[30] Typischerweise gilt für Demenzerkrankungen jedoch:

> »Im Durchschnitt beläuft sich die Dauer bei einem Krankheitsbeginn im Alter unterhalb von 65 Jahren auf 8 bis 10 Jahre. Sie verringert sich auf weniger als 7 Jahre bei einem Beginn zwischen 65 und 75 und geht auf weniger als 5 Jahre bei einem Beginn zwischen 75 und 85 und auf weniger als 3 Jahre bei einem Beginn oberhalb von 85 Jahren zurück. Eine Alzheimer-Demenz dauert in der Regel geringfügig länger an als eine vaskuläre Demenz.«[31]

Laut Alzheimer's Disease International waren im Jahr 2016 weltweit 47 Millionen Menschen von Demenz betroffen.[32] Einem Zukunftsszenario der Organisation zufolge könnte dieser Wert 2050 bei 131 Millionen Personen liegen.[33] Schätzungen für Deutschland gehen gegenwärtig von 1,55 Millionen

---

Unterschieden in der Prävalenz und der Inzidenz von Demenz vgl. deshalb auch Ruitenberg et al. 2001 sowie Carter et al. 2012.
28 Für die Pick-Demenz vgl. Danek 2011, für die Lewy-Körper-Demenz vgl. Weindl 2011.
29 Pantel 2010, S. 456.
30 Bickel 2016, S. 4.
31 Ebd.
32 Alzheimer's Disease International 2016, S. III.
33 Ebd. Eine Studie, die Alzheimer's Disease International zusammen mit der World Health Organisation bereits 2012 veröffentlicht hatte, ermittelte dagegen für das Jahr 2010 die Zahl von weltweit 35,6 Millionen Betroffenen. Bis zum Jahr 2050 wurde hier noch ein Zuwachs auf 115,4 Millionen vermutet. Vgl. Alzheimer's Disease International/World Health Organisation 2012, S. 2.

Betroffenen aus – und von einer möglichen Verdoppelung dieser Zahl bis zum Jahr 2050.[34] Die Zuverlässigkeit solcher Zukunftsszenarien wird aktuell jedoch unter anderem deshalb relativiert, da verschiedene Studien berichten, dass sich in einigen Ländern eine Abnahme der pro Jahr auftretenden Neuerkrankungen (Inzidenz von Demenz) beobachten lässt.[35]

Die medizinische Epidemiologie gibt zudem Auskunft über die Kosten von Demenz: »The total estimated worldwide cost of dementia is US$ 818 billion, and it will become a trillion dollar disease by 2018.«[36] Diese Kosten verteilen sich im Einzelnen so:

> »In high-income countries, informal care (45%) and formal social care (40%) account for the majority of costs, while the proportionate contribution of direct medical costs (15%) is much lower. In low-income and lower-middle-income countries direct social care costs are small, and informal care costs (i.e. unpaid care provided by the family) predominate.«[37]

Auch für Deutschland liegen entsprechende Daten vor:

> »Die jährlichen Gesamtkosten pro Patient für leichte Demenzen [belaufen] sich auf 15 474 Euro, für mittelschwere Demenzen auf 31 551 Euro, und für schwere Demenzen auf 41 808 Euro. Die Pflegekosten schlugen durchschnittlich mit ungefähr ¾ der Gesamtkosten zu Buche, die Hälfte davon resultierte aus der informellen Pflege durch Familie und Freunde, die andere Hälfte geht auf professionelle Pflege in Pflegeheimen, aber auch professionelle ambulante Pflegedienste zurück.«[38]

---

34 Bickel 2016, S. 5.
35 Vgl. Wu et al. 2017, Matthews et al. 2016 sowie Satizabal et al. 2016. Blossom Stephan et al. (2018) betonen allerdings, dass sich die Befunde von Untersuchungen zur Entwicklung der Inzidenz von Demenz (und auch zur Entwicklung von Prävalenzraten) zum Teil widersprechen.
36 Alzheimer's Disease International 2016, S. III.
37 Alzheimer's Disease International/World Health Organisation 2012, S. 2.
38 Riedel-Heller/König 2011, S. 318.

Medizin II:
Diagnose, Therapie und Prävention demenzieller Erkrankungen

Neben der Beschreibung der kognitiven, behavioralen, organisch-zerebralen, verlaufsbezogenen und epidemiologischen Merkmale von Demenz ist die Diagnosestellung ein entscheidendes medizinisches Aufgaben- und Hoheitsgebiet. Gegenwärtig liegen unterschiedliche Kriteriensätze für die Diagnose demenzieller Erkrankungen vor, darunter die schon erwähnte ICD-10 und das DSM-5, in dem anstatt des Demenzbegriffs jedoch der neue Oberbegriff »neurocognitive disorders« Verwendung findet.[39] In Zusammenhang mit der Alzheimer-Demenz ist zudem ein erstmals 1984 vorgestelltes und 2011 überarbeitetes diagnostisches Rahmenwerk entscheidend, dessen aktuelle Fassung im Auftrag des National Institute on Aging und der Alzheimer's Association erstellt wurde.[40] Hier ist vielfach auch von den NINCDS-ADRDA-Kriterien die Rede, da die erste Fassung dieses Werkes auf eine Initiative des National Institute of Neurological and Communicative Disorders and Stroke (NINCDS) und der Alzheimer's Disease and Related Disorders Association (ADRDA) zurückgeht.[41]

Gleichwohl die genannten Papiere unterschiedliche Akzente setzen, erfolgt eine Demenzdiagnose gemeinhin »in zwei Schritten: erstens durch die Syndromdiagnose und zweitens durch die Differenzialdiagnose der Demenzen«.[42] Die syndromale Diagnostik zielt darauf, das etwaige Vorliegen und mithin die Schwere demenzieller Beeinträchtigungen zu untersuchen. Im Rahmen der Differenzialdiagnostik werden die gegebenenfalls vorhandenen Beeinträchtigungen einer spezifischen Erkrankungsform zugeordnet.

Wie etwa auch aus der »S3-Leitlinie Demenzen« der Deutschen Gesellschaft für Neurologie (DGN) und der Deutschen Gesellschaft für Psychiatrie und Psychotherapie, Psychosomatik und Nervenheilkunde (DGPPN) hervorgeht, kann im Rahmen einer Demenzdiagnose eine Vielzahl von verschiedenen Instrumenten zum Einsatz kommen. Zu diesen Instrumenten zählen Anamnesegespräche, körperliche und psychopathologische Untersuchun-

---
39 Vgl. dazu auch Maier/Barnikol 2014.
40 Vgl. McKhann et al. 1984 und 2011.
41 Bei der ADRDA handelt es sich um die heutige Alzheimer's Association.
42 Förstl 2011, S. 266.

gen, Tests der kognitiven Leistungsfähigkeit (z. B. mittels des erwähnten MMST), neuropsychologische Kontrollen, Labordiagnostiken (inklusive Liquordiagnostiken), zerebrale Bildgebungen (inklusive nuklearmedizinischer Verfahren), Elektroenzephalographien, Sonographien der gehirnversorgenden Gefäße und genetische Analysen.[43]

Die Aufzählung vermittelt einen Eindruck davon, wie komplex die Diagnosestellung im Falle demenzieller Erkrankungen unter Umständen ist. Wie ein lange Zeit und vielfach auch heute noch gängiges Prozedere zur Diagnose einer Alzheimer-Demenz ausgesehen hat bzw. aussieht, sei durch das nachfolgende Zitat etwas näher veranschaulicht. Es behandelt die Frage, wie zwischen dem wahrscheinlichen, möglichen und sicheren Vorhandensein einer Alzheimer-Demenz unterschieden werden kann:

»Eine *wahrscheinliche* Alzheimer-Krankheit setzt voraus, daß eine andere neurodegenerative oder systemische Erkrankung als Ursache der Demenz ausgeschlossen wurde. Es werden Untersuchungsbefunde angegeben, die mit der Diagnose einer wahrscheinlichen Alzheimer-Krankheit verträglich sind und andere, die gegen sie sprechen. Gelingt der Ausschluß anderer Ursachen der Demenz aufgrund von unzureichender Information oder wegen vorliegender Begleiterkrankungen nicht vollständig oder liegt ein untypisches klinisches Bild vor, so kann die Diagnose einer *möglichen* Alzheimer-Krankheit gestellt werden. Zu dieser Kategorie gehören auch Fälle, bei denen zwar die klinischen Kennzeichen der Alzheimer-Krankheit vorliegen, jedoch gleichzeitig Merkmale einer zerebrovaskulären Krankheit wie Schlaganfälle in der Vorgeschichte, lakunäre Infarkte oder ausgedehnte Schädigungen der weißen Substanz. Es handelt sich dabei um die wichtige Gruppe der Patienten mit Mischformen von Alzheimer-Krankheit und vaskulär verursachter Demenz. [...] Die Diagnose einer *sicheren* Alzheimer-Krankheit setzt voraus, daß die klinischen Kriterien für die Annahme einer wahrscheinlichen Alzheimer-Krankheit erfüllt sind und zugleich bei einer Hirnbiopsie oder Autopsie die charakteristischen histopathologischen Merkmale der Alzheimer-Krankheit bestätigt werden.«[44]

---

43 Vgl. DGN/DGPPN 2016, S. 30f.
44 Kurz/Lauter 1999, S. 74f. Weitere Angaben zur Verlässlichkeit von Diagnosen einer Alzheimer-Demenz finden sich bei Anton Gietl und Egemen Savaskan (2014, S. 358): »Die korrekte Vorhersage der Pathologie gelingt selbst in spezialisierten Zentren nicht immer, was hauptsächlich an der ausgeprägten klinischen Variabilität der Krankheitsbilder liegt. Selbst bei der Diagnose einer wahrscheinlichen AD an spezialisierten Zentren in den USA wurde diese in 17% der Fälle pathologisch nicht bestätigt. Wurde ante mortem eine Nicht-Alzheimer-Pathologie vermutet, zeigte sich in über 30% der Fälle post mortem doch eine signifikante AD-Pathologie.«

In dem Zitat findet sich eine vornehmlich klinisch operierende Diagnosepraxis beschrieben, die als solche stark auf der Erhebung von kognitiven und behavioralen Demenzsymptomen sowie auf der Bewertung bestehender Krankheitsbefunde basiert. Wie schon erwähnt, existieren jedoch auch paraklinisch-technikgestützte Methoden, die in den Diagnoseprozess eingebunden werden können:

»The advent of magnetic resonance imaging (MRI) and the discovery of cerebrospinal fluid (CSF) biomarkers and amyloid positron emission tomography (PET) are among the greatest successes in Alzheimer's disease (AD) research, allowing an AD diagnosis in an earlier stage of disease.«[45]

Deutlich wird hier, dass der Einsatz derart technikgestützter Verfahren ganz besonders auch auf eine sehr frühzeitige Alzheimer-Diagnose zielen kann. Die Frühdiagnose soll die Identifizierung einer Demenzerkrankung erlauben, weit bevor symptomatische Krankheitszeichen auftreten. Grundlegend ist dabei die erwähnte Vorstellung, dass eine Alzheimer-Demenz ein zusammenhängendes Kontinuum vom ersten Auftreten bestimmter zerebraler Veränderungen bis hin zu manifesten kognitiven und behavioralen Störungen darstellt. Die Möglichkeit einer Frühdiagnose wird im medizinischen Kontext grundsätzlich befürwortet, gleichwohl auch kritische Kommentare dazu existieren:

»Research evidences early diagnosis as allowing users the chance to come to terms with it when they can still understand its implications. It also provides an opportunity for key decisions to be made and is what the majority of people want. However, early diagnosis also carries risks: loss of status, acquisition of a stigmatising label, loss of employment and, for a minority, depression.«[46]

Als besonders relevant gilt die Frühdiagnose im Kontext von Studien zu den Chancen einer Behandlung, die am organischen Beginn der Alzheimer-Erkrankung einsetzt – und nicht erst dann, wenn schwerwiegende demenzielle Symptome auftreten: »There is a neurobiological imperative to identify

---

45   De Wilde et al. 2017, S. 143f.
46   Milne 2010, S. 65. Einen weiteren Grund für eine Frühdiagnose führen de Wilde et al. (2017, S. 149) an: »Early diagnosis might reduce costs later on in the disease process, as a well-informed patient is less likely to experience crisis situations or premature institutionalization.«

AD before the point of disease where irreversible pathological injury would prevent effective intervention.«[47]

Die Forderung nach einer stärkeren diagnostischen Berücksichtigung möglicher biologischer Erkrankungsmerkmale ist in der Vergangenheit jedoch überwiegend auf den Bereich der Forschung beschränkt geblieben. In der ärztlichen Praxis wird ein routinemäßiger Einsatz von Biomarkern trotz der positiven Haltung gegenüber einer Frühdiagnose noch nicht eingefordert.[48] Und das aus vier Gründen:

> »1) the core clinical criteria provide very good diagnostic accuracy and utility in most patients; (2) more research needs to be done to ensure that criteria that include the use of biomarkers have been appropriately designed, (3) there is limited standardization of biomarkers from one locale to another, and (4) access to biomarkers is limited to varying degrees in community settings.«[49]

Wird eine Demenzdiagnose gestellt, ist diese Diagnosestellung in der Regel nicht der Ausgangspunkt eines medizinischen Heilungsprozesses.[50] Gerade für die beiden am häufigsten diagnostizierten Demenzformen stehen keine kausalen Therapien zur Verfügung. Gleichwohl haben sich zwei therapeutische Ansätze zur Behandlung nicht-reversibler demenzieller Erkrankungen und ihrer Begleiterscheinungen etabliert: erstens pharmakologische und zweitens psychosoziale Interventionen.

Die Pharmakotherapie der Alzheimer-Erkrankung »setzt sich zusammen aus der Behandlung der Symptomatik der Demenz (u. a. kognitive Störun-

---

47 Dubois et al. 2007, S. 741.
48 So empfiehlt auch die »S3-Leitlinie Demenzen« den diagnostischen Bezug auf Biomarker nur unter ganz bestimmten Voraussetzungen. Gleichwohl läuft beispielsweise mit dem Projekt »The Alzheimer's biomarkers in daily practice (ABIDE)« ein Vorhaben, das eine generelle Praxisapplikation von Biomarkern vorbereiten will. Vgl. De Wilde et al. 2017.
49 McKhann et al. 2011, S. 266.
50 Als potenziell reversibel gelten verschiedene sekundäre Demenzen, da diesen Ursachen zugrunde liegen, die zum Teil therapierbar sind. Mit Bezug auf eine Studie von Mark Clarfield (2003) merken Gietl und Savaskan (2014, S. 352) hier an: »Behandelbare Demenzursachen finden sich in ca. 10% der Fälle und kommen häufiger bei jüngeren Patienten vor und solchen, bei denen der Beginn der Symptome nicht lange zurückliegt. Der Anteil der Demenzen, die sich tatsächlich bessern oder zurückbilden, liegt nochmals deutlich darunter.«.

gen, Beeinträchtigung der Alltagstätigkeiten) und, falls notwendig, einer Behandlung von psychischen und Verhaltenssymptomen (z. B. Depression, Wahn, Halluzinationen, Apathie)«.[51] Medikamentöse Antidementiva werden vor allem mit der Absicht einer Verbesserung der kognitiven Symptomatiken gegeben. Die Gruppe der gegenwärtig für die Behandlung der Alzheimer-Demenz zugelassenen Antidementiva setzt sich zusammen aus Cholinesterase-Hemmern (Donepezil, Rivastigmin, Galantamin) sowie einem NMDA-Antagonisten (Memantin). Alle diese Präparate zielen auf den Ausgleich von Defiziten auf der »Ebene der Neurotransmitter«.[52] Gleichwohl weisen sie lediglich eine moderat evidente Wirksamkeit auf: »The effectiveness of these drugs varies from person to person and is limited in duration.«[53]

Im Rahmen der Pharmakotherapie der vaskulären Demenz können medikamentöse Mittel zum Einsatz kommen, wie sie auch bei anderen Gefäßerkrankungen in Gebrauch sind: »Die Behandlung relevanter vaskulärer Risikofaktoren und Grunderkrankungen, die zu weiteren vaskulären Schädigungen führen, ist bei der vaskulären Demenz zu empfehlen.«[54] Zudem wurden verschiedene Studien dazu durchgeführt, inwiefern die für die Behandlung der Alzheimer-Demenz eingesetzten Antidementiva bei der gefäßbedingten Demenz wirksam sind.[55] Diese Studien belegen mehrheitlich einen zwar signifikanten aber dennoch nur sehr geringen positiven Effekt für die kognitive Leistungsfähigkeit: »[T]his small effect has led both regulatory bodies and guideline groups to conclude that cholinesterase inhibitors and memantine should not be used in patients with vascular dementia.«[56] In Deutschland handelt es sich beim Einsatz von Antidementiva in der Therapie der vaskulären Demenz deshalb ausdrücklich auch um einen

---

51 DGN/DGPPN 2016, S. 49.
52 Förstl/Kurz/Hartmann 2011, S. 63.
53 Alzheimer's Association 2017, S. 332. Eine Übersicht zu den bisherigen Rückschlägen und zu den aktuellen Ansätzen der Forschung nach effektiveren Antidementiva findet sich bei Gerd Glaeske und Peter Berlit (2018, S. 655f). Vgl. dazu weiter auch Schneider et al. 2014.
54 DGN/DGPPN 2016, S. 63.
55 Vgl. O'Brien/Thomas 2015, S. 1702f.
56 Ebd., S. 1702.

nicht bestimmungsgemäßen Medikamentengebrauch, um eine sogenannte »Off-label-Behandlung«.[57]

Neben diesen begrenzten Möglichkeiten der Behandlung der kognitiv-alltagsbezogenen Kernsymptomatiken werden verschiedene pharmakologische Mittel zur Behandlung der behavioralen und psychologischen Demenzsymptome (BPSD) eingesetzt. Genauer kann hier von einer Psychopharmakotherapie gesprochen werden.[58] BPSD treten häufig auf und gelten zudem als ein überaus schwerwiegendes Problem für die Betroffenen und ihr Umfeld:

> »It is estimated that BPSD affect up to 90% of all dementia subjects over the course of their illness, and is independently associated with poor outcomes, including distress among patients and caregivers, long-term hospitalization, misuse of medication, and increased health care costs. Although these symptoms can be present individually it is more common that various psychopathological features co-occur simultaneously in the same patient.«[59]

Die psychopharmakologische Behandlung von BPSD wird jedoch kritisch diskutiert. Erstens geht es hier um die Frage, inwiefern derartige therapeutische Mittel überhaupt kausal adäquat sind: »The pathogenesis of BPSD has not been clearly delineated but it is probably the result of a complex interplay of psychological, social, and biological factors.«[60] Nachdrücklich erfolgt so der Hinweis darauf, dass »Umwelteinflüsse und subjektives Erleben des Betroffenen bei der Entstehung und Aufrechterhaltung von psychischen und Verhaltenssymptomen« entscheidend sind – und nicht allein nur neuropathologische Prozesse.[61] BPSD gelten damit besonders auch als Folge solcher Situationen, in denen nicht sensibel genug – oder mithin gar nicht – auf die Bedürfnisse und besonderen Verletzlichkeiten Demenzbetroffener reagiert wird. Vor diesem Hintergrund wird auf die Erfolgsaussichten einer Behandlungsstrategie verwiesen, die auf die möglichen Auslöser von BPSD orientiert ist: »Können körperliche Symptome (z. B. Schmerzen) und Um-

---

57 DGN/DGPPN 2016, S. 64.
58 Vgl. Tible et al. 2017, S. 303.
59 Cerejeira/Lagarto/Mukaetova-Ladinska 2012, S. 1. Vgl. weiter auch Fauth/Gibbons 2014 und Savva et al. 2009.
60 Cerejeira/Lagarto/Mukaetova-Ladinska 2012, S. 1.
61 DGN/DGPPN 2016, S. 67.

weltbedingungen (z. B. Kommunikationsverhalten, Umgebung) als ursächlich identifiziert und geändert werden, können psychische und Verhaltenssymptome abklingen.«[62]

Zu einer kritischen Bewertung der Psychopharmakotherapie von BPSD kommt es zweitens wegen Unsicherheiten und manifesten Risiken in Bezug auf ihre Auswirkungen: »Multi-morbidity and polypharmacy are interacting factors complicating the use of pharmacotherapy. Most drugs are not approved for BPSD and their use is therefore off-label.«[63] Trotz des Umstandes, dass »für die meisten Behandlungsmöglichkeiten nicht ausreichend kontrollierte Studien vorliegen« werden in Behandlungsleitlinien und Behandlungsempfehlungen in der Regel verschiedene psychopharmakologische Mittel zur Therapie von BPSD aufgeführt.[64] Das geschieht besonders auch mit Bezug auf die »klinische Erfahrung« der in den entsprechenden Fachgesellschaften versammelten Expert*innen.[65] Zu den Präparaten einer pharmakologischen Therapie von »psychischen und Verhaltenssymptomen« zählen unter anderem Antidementiva, Antipsychotika, Antidepressiva, Antikonvulsiva, Hypnotika und Benzodiazepine.[66] Neben Informationen über deren jeweilige Anwendungsgebiete führen die Therapiemanuale evidente (soweit diese vorliegen) und erfahrungsbasierte Erkenntnisse zu Wirkungen, Nebenwirkungen und Kontraindikationen der verschiedenen Mittel auf.

Studien zur Häufigkeit der Vergabe von Psychopharmaka an Menschen mit Demenz zeigen, dass es sich hier um eine gängige therapeutische Praxis handelt. In einer entsprechenden Übersichtsdarstellung resümiert Petra A. Thürmann:

> »Die Anwendung von Psychopharmaka bei Pflegebedürftigen, insbesondere Patienten mit Demenz in häuslicher und institutioneller Pflege, liegt in Deutschland in etwa im Bereich eines europäischen Vergleichs. Etwa die Hälfte aller Heimbewohner erhält

---

62 DGN/DGPPN 2016, S. 67.
63 Tible et al. 2017, S. 303.
64 Savaskan et al. 2014, S. 135.
65 Ebd. Vgl. weiter Tible et al. 2017, S. 301.
66 DGN/DGPPN 2016, S. 67. Für eine Übersicht zu den erwähnten Präparaten vgl. ebd., S. 74f. sowie Tible et al. 2017, S. 303f.

mindestens ein Psychopharmakon, der größte Anteil davon sind Neuroleptika zur Behandlung von auffälligem Verhalten bei Demenz.«[67]

In der bisherigen Forschung zur Psychopharmakotherapie der BPSD lag ein besonderer Schwerpunkt auf der Gruppe der Neuroleptika, die auch als Antipsychotika bezeichnet werden. Antipsychotika sind im Kontext von Demenz vor allem deshalb bedeutsam, da sie zur symptomatischen Behandlung von Erregung, Unruhe und aggressivem Verhalten eingesetzt werden. Hierbei handelt es sich um Zustände, die das Umfeld Demenzbetroffener als stark herausfordernd erlebt.[68] Verschiedene Untersuchungen weisen jedoch darauf hin, dass die Anwendung von Antipsychotika ein erhöhtes Mortalitätsrisiko zur Folge hat, dass sie teilweise zerebrovaskuläre Ereignisse auslöst und, dass sie zudem die kognitive Leistungsfähigkeit beeinträchtigen kann.[69] Diese Ergebnisse haben vielerorts die Veröffentlichung von medikalbehördlichen Warnungen zur Folge gehabt: »Antipsychotic prescription is limited and strictly regulated in many countries and BPSD are still an off-label indication for most of these agents.«[70]

Schon das Zitat von Thürmann zeigt, dass dennoch in vielen Ländern wie etwa auch Deutschland weiterhin intensiver Gebrauch von Antipsychotika gemacht wird.[71] Gerd Glaeske und Peter Berlit konstatieren so:

---

67 Thürmann 2017, S. 119.
68 Vgl. Liperoti/Pedone/Corsonello 2008.
69 Vgl. Hui/Wong/Wijesinghe 2016 und Wooltorton 2002/2004.
70 Liperoti/Pedone/Corsonello 2008, S. 121.
71 Vgl. auch Schulze et al. 2013 und Szczepura et al. 2017. Die Analyse von Jana Schulze et al. basiert auf Daten aus Deutschland, die Analyse von Ala Szczepura et al. auf Daten aus England. Erwähnt seien hier zusätzlich zwei Studien mit Bezug auf Schweden (Karlsson et al. 2017) und Frankreich (Gallini 2014), die feststellen, dass sich dort zum Teil ein leicht rückläufiger Einsatz von Antipsychotika beobachten lässt. Eine Untersuchung von Laura Lange et al. (2017, S. 75) für den Pflegereport 2017 der deutschen Krankenkasse DAK-Gesundheit bestätigt indes klar, dass der Einsatz von Präparaten aus der Kategorie der Psychopharmaka infolge einer Demenzdiagnose stark steigt: »Hier hat sich der Anteil der Versicherten, die ein Medikament aus dieser Kategorie verordnet bekommen, von etwa 30% vor der Demenzdiagnose auf etwa 54% nach der Demenzdiagnose nahezu verdoppelt. Für den Großteil des Anstiegs sind antipsychotische und sedierende Arzneimittel verantwortlich, welche häufig als Begleittherapie der Demenz eingesetzt werden. Der Anteil von Patienten mit Verordnung von Antipsychotika stieg mit +26%-Punkten um mehr als das Doppelte an, der Anteil der Patienten mit Verordnung von Hypnotika und Sedativa um +3%-Punkte.«

»Die Warnungen internationaler Arzneimittelbehörden sowie der Hersteller haben bisher nicht das Gesamtverordnungsverhalten der Ärzte verändern können. Dies geht zu Lasten und zum Nachteil der Patienten, möglicherweise aber zum Vorteil der Pflegeeinrichtungen, die mit weniger Pflegepersonal auskommen, wenn die Demenzkranken mit Arzneimitteln beruhigt ›aufbewahrt‹ werden können.«[72]

Die Auseinandersetzung mit den möglichen Ursachen behavioral-psychischer Schwierigkeiten wie auch die Defizite und Risiken der Psychopharmakotherapie haben gleichwohl dazu beigetragen, dass nicht-pharmakologische Ansätze zur Behandlung von BPSD in entsprechenden Leitlinien größere Anerkennung erfahren: »Soweit es die klinische Situation erlaubt, sollten alle verfügbaren und einsetzbaren psychosozialen Interventionen ausgeschöpft werden, bevor eine pharmakologische Intervention in Erwägung gezogen wird[.]«[73] Parallel dazu schreiben Gill Livingston et al. in einer Empfehlung zum therapeutischen Umgang mit BPSD:

»Management of the neuropsychiatric symptoms of dementia including agitation, low mood, or psychosis is usually psychological, social, and environmental, with pharmacological management reserved for individuals with more severe symptoms.«[74]

Nicht-pharmakologische bzw. psychosoziale Interventionen weisen im Kontext von demenziellen Erkrankungen vielfältige Anwendungsbereiche und Zielsetzungen auf:

»Non-pharmacologic therapies are often used with the goal of maintaining or improving cognitive function, the ability to perform activities of daily living or overall quality of life. They also may be used with the goal of reducing behavioral symptoms such as depression, apathy, wandering, sleep disturbances, agitation and aggression. [...] As with current pharmacologic therapies, non-pharmacologic therapies have not been shown to alter the course of Alzheimer's disease.«[75]

Wie sich hier zeigt, kommen nicht-pharmakologische Ansätze sowohl im Fall der Therapie von BPSD als auch bei der Behandlung von kognitiven Beeinträchtigungen zum Einsatz. Sie richten sich zudem auf das soziale Umfeld Demenzbetroffener und gelten damit als »zentraler und notwendiger Bestandteil der Betreuung von Demenzerkrankten und deren An-

---

72 Glaeske/Berlit 2018, S. 646.
73 DGN/DGPPN 2016, S. 67.
74 Livingston et al. 2017, S. 2673.
75 Alzheimer's Association 2017, S. 332.

gehörigen«.[76] An der Zentralität und Notwendigkeit nicht-pharmakologischer Mittel wird auch trotz des Hinweises auf den Umstand festgehalten, dass »die Evidenz für Wirksamkeit von spezifischen Interventionen oft nur begrenzt beurteilbar« ist.[77] Die Frage, inwiefern solche Mittel nachweisbare Effekte entfalten, findet jedoch zunehmend Beachtung.[78] Aktuell liegen so verschiedene Studien vor, die Belege dafür anführen, dass bestimmte nicht-pharmakologische bzw. psychosoziale Interventionen etwa zur Verringerung von BPSD wie Agitationszuständen und Schlafproblemen beitragen können oder ganz grundsätzlich eine Verbesserung der Lebensqualität von Betroffenen wie Angehörigen ermöglichen.[79]

Nicht-pharmakologische, psychosoziale Formen der Behandlung von Demenz sind äußerst vielfältig und auf der konzeptionellen Ebene unterschiedlich stark elaboriert.[80] Sie schließen sowohl therapeutische Verfahren im eigentlichen Wortsinn als auch verschiedene Beschäftigungs- und Aufklärungsangebote ein oder Interventionen, die sich auf eine Umgestaltung der (wohn-)räumlichen Umgebung von Demenzbetroffenen richten. Erwähnung in medizinischen Behandlungsempfehlungen und -leitlinien finden vor allem die folgenden Ansätze: Kognitive Verfahren (Gedächtnistraining, Realitätsorientierung, Reminiszenz- und Selbsterhaltungstherapie), Psychotherapien (Behandlung von Depressionen Demenzbetroffener und Angehöriger etc.), körperliche Aktivierungsprogramme (Sport, Ergotherapie), künstlerische Therapien (Malerei, Musik, Tanz), Sensorische Verfahren (Aroma- und Lichttherapie, Snoezeln, Massagen, Basale Stimulation), Psychoedukation (Aufklärung über Demenz und mögliche Umgangs- bzw. Kommunikationsformen (z. B. Validation)).[81]

---

76 DGN/DGPPN 2016, S. 84.
77 Ebd.
78 Vgl. Ballard et al. 2016 und Moniz-Cook et al. 2011.
79 Vgl. Livingston et al. 2014, De Oliveira et al. 2015, Gibson et al. 2016, Cabrera et al. 2015, Cooper et al. 2012 und Brooks et al. 2017.
80 Vgl. Romero/Förstl 2012.
81 Vgl. etwa DGN/DGPPN 2016, S. 84f., Savaskan et al. 2014 und Romero/Förstl 2012. Eine sehr detaillierte Darstellung von psychosozialen Behandlungsformen findet sich auch in dem »Expertenstandard Beziehungsgestaltung in der Pflege von Menschen mit Demenz«, den das Deutsche Netzwerk für Qualitätsentwicklung in der Pflege (2018,

Da sich gerade die häufigsten Demenzerkrankungen trotz intensivster Forschungsbemühungen nicht aufhalten oder gar heilen lassen, werden im medizinischen Feld sehr nachdrücklich Präventionspotenziale thematisiert. Stellenweise herrscht gar die Annahme vor, dass die Prävention von demenziellen Erkrankungen die prioritäre medizinische Behandlungsaufgabe darstellt. Alina Solomon et al. argumentieren so etwa in Hinblick auf die Alzheimer-Demenz:

> »The field of Alzheimer's disease (AD) research has advanced to where it is no longer necessary to justify the importance of prevention as the main therapeutic goal. After nearly two decades of research aimed at AD prevention, there is an abundance of studies in support of a number of proposed risk and protective factors.«[82]

Die von der Präventionsforschung identifizierten Risikofaktoren lassen sich in drei Bereiche aufgliedern: Kardiovaskuläre Risikofaktoren (Bluthochdruck, hoher Cholesterinspiegel, hoher Body-Mass-Index (BMI), Diabetes); lebensstilbedingte Risikofaktoren (geringer Bildungsstand, geringe körperliche Aktivität, Rauchen, Alkoholkonsum, fettreiche sowie obst- und gemüsearme Ernährungsweise, geringe soziale Anbindung); genetische Risikofaktoren (Träger des APOE e4 Allel).[83] Die aufgeführten Faktoren werden jedoch nicht allein nur mit einem erhöhten Risiko des Auftretens einer Alzheimer-Demenz in Verbindung gebracht – »they can be applied to the most common forms of dementia in the older populations, which are mixed in nature«.[84] Ganz besonders trifft dieser Hinweis im Fall der kardiovaskulären Faktoren zu, denn es sind Pathologien des Herz- und Gefäßsystems, auf die die Medizin die Entstehung einer vaskulären Demenz zurückführt.

Viele der genannten Risikofaktoren sind durch individuelle Verhaltensweisen modifizierbar. Als Voraussetzung einer erfolgreichen Demenzprä-

---

S.106f.) herausgegeben hat. Zur therapeutischen Relevanz von Interventionen im (wohn-)räumlichen Bereich vgl. zudem Livingston et al. 2017, S. 2704f.
82   Solomon et al. 2014, S. 229.
83   Vgl. Imtiaz et al. 2014, S. 662f. Für eine umfassende Übersicht zu möglichen Risikofaktoren vgl. Livingston et al. 2017. Hier wird unter anderem darauf hingewiesen, dass eine depressive Erkrankung oder eine Minderung der Hörfähigkeit mit einem gesteigerten Demenzrisiko verbunden sein kann.
84   Norton et al. 2014, S. 793.

vention werden deshalb »multi-domain-interventions« betrachtet.[85] Unter anderem soll eine diätetisch ausgewogene Ernährungsweise wie auch ein dauerhaftes körperliches Training eine wirksame protektive Maßnahme sein können.[86] Als besonders bedeutsam gilt des Weiteren der Aufbau einer hohen Kognitiven Reserve:

> »The whole combination of variables including education, intelligence, cognitive learning and knowledge that one acquires throughout life is known as cognitive reserve (CR). The wider the spectrum of experiences and learning, the better the coping with brain damage[.]«[87]

Das Konzept der Kognitiven Reserve wird insbesondere zur Erklärung des Phänomens herangezogen, dass eine Person zu Lebzeiten keine Anzeichen demenzieller Beeinträchtigung zeigen kann, obgleich die posthume Autopsie derselben Person das Vorhandensein der histopathologischen Merkmale einer Alzheimer-Demenz belegt.[88] Während also die Gewebeuntersuchung einen pathologischen Befund zu Tage fördert, haben die betreffenden Personen auf symptomatischer Ebene bis zuletzt als gesund gegolten. Diesen Personen scheint es damit zu gelingen – so eine aktuell verbreitete These –, neuronal-zerebrale Defizite auszugleichen und die Plastizitätspoten-

---

85 Imtiaz et al. 2014, S. 668. Nicht unerwähnt sei, dass neben lebensstilbezogenen Präventionsansätzen auch spezifische medikamentöse Verfahren existieren bzw. erprobt werden. So gilt eine frühzeitige pharmakologische Behandlung von kardiovaskulären Erkrankungen auch als Weg zur Vorbeugung von Demenz. Weitere Angaben zu Versuchen einer medikamentösen Demenzprävention finden sich bei David C. Hsu und Gad A. Marshall (2017, S. 433):»Medications with non-AD or non-dementia indications have sometimes been used in AD prevention trials, and they have mainly included non-steroidal anti-inflammatory drugs (NSAIDs) and hormone replacement therapy (HRT) […]. The goals of these studies have been to target underlying AD pathophysiology as suggested in observational studies. Unfortunately, these studies have not demonstrated a benefit for AD prevention, as well as sometimes leading to potential harm for those in the intervention arm.« Zudem existiert ein eigener Bereich der Forschung an präventiv wirkenden Medikamenten für genetisch-familiär bedingte Alzheimer-Formen. Vgl. dazu Garber 2012.
86 Vgl. Barnard et al. 2014, S. 75.
87 Mondini et al. 2016, S. 1.
88 Vgl. Katzman et al. 1988 sowie Snowdown 1997. Zu der Frage, inwiefern das Konzept der Kognitiven Reserve auch auf andere zerebrale Pathologien und Verletzungen übertragen werden kann vgl. Stern 2009.

ziale des Gehirns zu nutzen. Hierbei soll die Kognitive Reserve des Einzelnen zentral sein:

> »The Cognitive Reserve hypothesis suggests that the brain actively attempts to cope with damage by using pre-existing cognitive processes or enlisting compensatory strategies. Thus, people with a high CR can withstand more age-related changes and disease-related pathologies by effectively and flexibly using cognitive paradigms or compensatory brain networks[.]«[89]

Das Ausmaß der individuellen Kognitiven Reserve wird typischerweise an drei Merkmalgruppen festgemacht: Ausbildungsstand (Dauer der Ausbildung, erworbene Bildungstitel, Weiterbildungsmaßnahmen etc.), berufliche Beschäftigung (Höhe des intellektuellen Anforderungsniveaus, Höhe der beruflichen Verantwortlichkeiten etc.), Freizeitbeschäftigungen (intellektuelle, soziale, körperliche Aktivitäten außerhalb des Berufes etc.).[90]

Die Assoziation einer hohen Kognitiven Reserve mit der Fähigkeit zur Kompensation hirnorganischer Pathologien resultiert in entsprechenden Empfehlungen zur Demenzprävention. Die andauernde Weiterbildung, ein geistig fordernder Beruf und bestimmte Arten der intellektuellen und sozialen Freizeitgestaltung sollen dabei helfen, eine Demenz zu verhindern bzw. ihr Auftreten soweit als möglich zu verzögern. Grundsätzlich wird herausgestellt, dass kognitive Reservepotenziale als das Ergebnis eines lebenslangen Entwicklungsprozesses zu betrachten sind. Allerdings existieren gegenwärtig auch spezifische Trainingsprogramme, die darauf zielen, individuelle Reservekapazitäten von Menschen im höheren und hohen Alter zu steigern.[91]

Das Konzept der Kognitiven Reserve hat so in der Diskussion um Maßnahmen einer Demenzprävention eine Schlüsselstellung eingenommen. Daran ändert auch die Beobachtung nichts, dass es eine bestimmte Situation gibt, in der sich eine hohe Kognitive Reserve als nachteilig erweist:

> »A high CR initially allows people to cope better with neuropathology and to delay its clinical manifestation, but [...] the development of pathology will eventually lead to the point after which reserve can no longer withstand the pathology. At this inflection

---

89 Nucci/Mapelli/Mondini 2012, S. 218.
90 Vgl. ebd., S. 220.
91 Vgl. Mondini et al. 2014.

point the progression of the disease is dramatically faster in people with high CR than in people with low CR.«[92]

Präventive Methoden werden aktuell auch deshalb als »priority for combating the high burden of dementia« angesehen, da die medizinische Forschung von einem relativ hohen Präventionspotenzial ausgeht.[93] »[M]ore than a third of dementia cases might theoretically be preventable« – das schreibt die Kommission »Dementia prevention, intervention and, care« des Journals The Lancet, und sie gibt auf dieser Grundlage den Rat aus: »Be ambitious about prevention[.]«[94] Bezieht sich die Aussage der Lancet-Kommission auf Demenzerkrankungen im allgemeinen, nehmen Sam Norton et al. eine ganz ähnliche Einschätzung zur Alzheimer-Demenz vor: »[A]round a third of Alzheimer's diseases cases worldwide might be attributable to potentially modifiable risk factors.«[95]

Beide Zitate enthalten Formulierungen (»might theoretically«, »might be attributable«) die anzeigen, dass es sich bei den angegeben Werten von jeweils rund 30% um hypothetische Einschätzungen handelt. Eine grundlegende Unsicherheit der Präventionsforschung ergibt sich aus dem Umstand, dass gerade im Fall der Alzheimer-Demenz so lange keine vollends ursächlich agierende Präventionsstrategie entwickelt werden kann, wie die genauen Ursachen dieser Demenz-Form ungeklärt bleiben: »Fundamental questions still remain about the definition of the disease itself. The relation between neuropathological changes and cognitive impairment is not well understood.«[96]

---

92 Mondini et al. 2014, S. 6.
93 Kivipelto/Mangialasche/Ngandu 2017, S. 338.
94 Livingston et al. 2017, S. 2674/S. 2673. Für eine Übersicht zur Forschung über Effekte von Präventionsmaßnahmen vgl. auch Hsu/Marshall 2017.
95 Norton et al. 2014, S. 788.
96 Solomon et al. 2014, S. 246.

Historische Entwicklung:
Die (Wieder-)Entdeckung der Alzheimer-Demenz

Die Entstehung, die Gestalt und der Folgenreichtum medizinischer Krankheitskonzepte ist heute Gegenstand vieler sozial- und kulturwissenschaftlicher Analysen.[97] Mit Foucault handelt es sich hier um einen Forschungszweig, der einerseits die Arten und Weisen untersucht, auf die ein bestimmtes Phänomen zu einem medizinischen Problem, zu einer wissenschaftlich beschriebenen Krankheit gemacht wurde bzw. wird, und der andererseits die Effekte dieser Problematisierung in den Blick nimmt. Zwei Annahmen, die unter anderem stark auf der foucaultschen Diskurs- und Machttheorie basieren, sind für diesen Forschungszweig zentral: Erstens wird betont, dass medizinische Krankheitskonzepte das Ergebnis einer Interpretations- und Behandlungspraxis sind, die auch sozialen und kulturellen Rahmungen unterliegt. Zweitens erfolgt der Hinweis darauf, dass sich derartige Konzepte in vielfältiger Weise auf die soziale und kulturelle Sphäre auswirken.

Mittlerweile liegt auch eine Reihe von Analysen zur Geschichte der medizinischen Demenzproblematisierung vor, in deren Mittelpunkt vor allem die Alzheimer-Demenz steht. Diese Analysen sind für die Fundierung meiner Untersuchung ebenso entscheidend wie die zuvor entwickelte Skizze des gegenwärtigen Standes der medizinischen Demenzforschung und -praxis. Ein wichtiges Ergebnis der historischen Analyse besteht zunächst in der Einsicht, dass die medizinische Erstbeschreibung der Alzheimer-Erkrankung nicht auf einer ganz eindeutigen Entdeckung beruht. Grundlegend für diese Erstbeschreibung war die Arbeit des Psychiaters Alois Alzheimer:

> »Alzheimer reported on 4. November 1906 at the Tübingen meeting of the South West German Psychiatrists the case of a 51-year-old woman from Frankfurt who had presented with progressive cognitive impairment, focal symptoms relating to higher cortical functions, hallucinations, delusions, and marked psychosocial incompetence. On post-mortem she exhibited brain athropy, *arteriosclerotic* changes, senile plaques and neurofibrillary tangles. The case was published in 1906 under the title of ›Über einen eigenartigen schweren Erkrankungsproßeß der Hirnrinde‹.«[98]

---

97 Vgl. Pescosolido/Martin/McLeod/Rogers 2011, Niewöhner/Kehr/Vailly 2011 und Lock/Nguyen 2010.
98 Berrios 1990, S. 358.

Alzheimer sah sich durch diese Fallbeobachtung jedoch nicht dazu veranlasst, das Konzept einer eigenständigen Alzheimer-Krankheit zu formulieren. Vielmehr war es Emil Kraepelin, der in der 1910 erschienenen, achten Ausgabe seines Werks »Psychiatrie. Ein Lehrbuch für Studierende und Ärzte« erstmals die nosologische Kategorie der Alzheimer-Demenz vorstellte. Kraepelin, damaliger Leiter der Königlich-Psychiatrischen Universitätsklinik München, bezog sich auf die Arbeit seines Mitarbeiters Alzheimer sowie auf vergleichbare Ergebnisse anderer Forscher.[99] Er kennzeichnete die Alzheimer-Demenz als Erkrankungsform, die typischerweise vor dem 65. Lebensjahr auftritt und unterschied sie von der senilen Demenz.[100] Während das Konzept der Alzheimer-Erkrankung zum damaligen Zeitpunkt eine nosologische Novität darstellte, war das Konzept der senilen Demenz bereits ein anerkannter Bestandteil der medizinischen Krankheitslehre:

> »At the end of the nineteenth century the term ›dementia‹ was used to name any state of psychological dilapidation associated with chronic brain disease [...]. When dementia states occurred in the elderly they were called ›senile dementia‹, and had been so since the beginning of the century.«[101]

Obwohl das von Kraepelin geprägte Erkrankungskonzept zweifellos Novitätencharakter hatte, kam den ihm zu Grunde liegenden Beobachtungen kein rundherum neuer Erkenntniswert zu:

> »The clinical symptoms Alzheimer described were essentially the same as those found in senile dementia which had been described often in literature [...]. Senile plaques had been identified and associated with senile dementia in the previous decade, and the new findings of neurofibrillary tangles were quickly demonstrated to be a feature of senile dementia as well. The only significantly new feature of this case was the young age of the patient.«[102]

Alzheimer selbst, der in einer Publikation aus dem Jahr 1911 einen weiteren Fall vorstellte, der dem 1906 beschriebenen Fall ähnelte, ging es nach

---

99 Wie Konrad Maurer, Stephan Volk und Hector Gerbaldo (1997, S. 1548f.) ausführen, handelte es sich bei diesen Forschern um Geatano Perusini, Francesco Bonfiglio und Oskar Fischer.
100 Patrick Fox (1989) führt Belege dafür an, dass Kraepelin nicht vollends davon überzeugt war, dass die Alzheimer- und die senile Demenz zwei gänzlich verschiedene Pathologien darstellen.
101 Berrios 1990, S. 356f.
102 Ballenger 2006, S. 42f.

gegenwärtiger medizinhistorischer Einschätzung deshalb auch weniger darum, eine neue Krankheitsform zu beschreiben: »[I]t seems that all Alzheimer meant to emphasize in describing these cases [...] was that senile dementia could occur in a younger person.«[103]

Die Frage, warum Kraepelin sich für die konzeptionelle Abgrenzung von Alzheimer- und seniler Demenz entschied, kann auf Basis des gegenwärtigen Forschungsstandes nicht sicher beantwortet werden:

> »A number of speculative theories have been proposed: that [Kraepelin] did so as part of a struggle against the inroads being made by [Sigmund] Freud and psychoanalysis, hoping to create in Alzheimer's disease a second example (general paresis being the first) of a mental illness with a clearly defined pathological substrate; that [Kraepelin] did so in order to garner prestige for his departement, which was in rivalry with that of Arnold Pick [= Erstbeschreiber der Pick-Demenz] in Prague; that [Kraepelin] did so in order to justify the creation of Alzheimer's expensive lab in Munich; finally, that [Kraepelin] did so with full intellectual honesty out of the assumption that differences in age of onset were a sufficient reason to make the distinction and that, in any case, he was reserving final judgement for more decisive evidence.«[104]

Unabhängig davon, was genau Kraepelin Anlass zur Einführung des Alzheimer-Konzepts gegeben hat, kann festgehalten werden, dass dieses Konzept medizinisch zunächst relativ bedeutungslos war: »Eine Vielzahl beteiligter Wissenschaftler und Kliniker widersprach Kraepelins Bestimmung einer neuen Krankheit und es wurden keine systematischen Folgeuntersuchungen zur Konsolidierung seines Befundes unternommen[.]«[105] Die zeitweilige Bedeutungslosigkeit des Alzheimer-Konzepts wird zudem darüber erklärt, »dass Pharmafirmen damals fast ausschließlich an der sogenannten arteriosklerotischen Demenz interessiert waren, da sie davon ausgingen, dass bald pharmazeutische Wirkstoffe zur Bekämpfung dieses Problems gefunden werden würden«.[106]

---

103 Ballenger 2006, S. 43. Wie Fox (1989, S. 62) zeigt, erkannte Alzheimer seine Beobachtungen jedoch eindeutig als Ausdruck eines pathologischen Prozesses.
104 Vgl. Ballenger 2006, S. 43.
105 Lock 2008, S. 59.
106 Ebd. Bei der arteriosklerotischen Demenz handelt es sich um eine Demenzform, die heute unter den Oberbegriff der vaskulären Demenz subsumiert wird. Vaskulär bedingte Demenzen waren damals kein neuer Diskussionsgegenstand mehr. Alexander Kurz (Ders. (Internet), *Die Krankheit Morbus Binswanger*) führt dazu aus: »Otto Binswanger hat 1894 erstmalig ein Krankheitsbild beschrieben, das durch ausgeprägte Ver-

Wie bereits der Verweis auf die pharmakologische Forschung zu arteriosklerotisch bzw. vaskulär bedingten Demenzformen nahelegt, kam es in den Jahren nach Kraepelins konzeptionellen Neuentwurf nicht zu einem generellen Einbruch der medizinischen Demenzproblematisierung. Laut Jesse F. Ballenger hat die US-amerikanische Psychiatrie dieses Thema zwischen 1930 und 1950 sogar besonders intensiv diskutiert. Gleichwohl geschah das aus einer Perspektive heraus, die sich deutlich von der Perspektive von Kraepelin und Alzheimer unterschied:

> »[A]lthough the period brought no new insights into the biological and genetic bases of brain pathology [...] U.S. psychiatrists in this period forged a distinctly new approach to senile dementia that emphasized psychosocial factors over neuropathology in the etiology of dementia.«[107]

Wie Ballenger darstellt, wurde die Versorgung älterer Menschen mit demenziellen Beeinträchtigungen in den Vereinigten Staaten in der ersten Hälfte des 20. Jahrhunderts zunehmend auf die staatlichen Psychiatrien verlagert. Diese Entwicklung hatte zwei unterschiedliche Reaktionen zur Folge:

> »[S]ome psychiatrists redoubled efforts to create alternative policy solutions to the problem of caring for aged patients. [...] [O]ther psychiatrists redoubled efforts to deal with senile dementia within the state hospitals by conceptualizing it as a treatable mental illness.«[108]

Ein Protagonist der Bemühungen um eine Behandlung für die senile Demenz war der US-amerikanische Psychiater David Rothschild. Wie andere vor ihm hatte Rothschild festgestellt, dass eine Autopsie des Gehirns eine Häufung von Amyloid Plaques und neurofibrillären Bündeln belegen kann, obgleich die betreffende Person vorher keine demenziellen Beeinträchtigungen zeigte. Diese Diskrepanz veranlasste Rothschild und weitere Fachvertreter dazu, ein psychodynamisches Erklärungsmodell für die Entstehung der senilen Demenz zu favorisieren – ein Modell, das nicht allein auf den Einfluss hirnorganischer Pathologien konzentriert blieb:

änderungen im Marklager des Gehirns, zahlreiche kleine und tiefliegende Hirninfarkte und enorm erweiterte Hirnkammern bei unversehrter Hirnrinde gekennzeichnet ist. Die Bezeichnung ›Binswangersche Krankheit‹ wurde 1902 von Alois Alzheimer geprägt. Alzheimer erkannte auch die zugrunde liegende Ursache: eine besonders schwere Arteriosklerose von Blutgefäßen, die das Marklager versorgen.«
107 Ballenger 2000, S. 84.
108 Ebd., S. 86f.

»The locus of senile mental deterioration was no longer the aging brain; instead, it was a society that stripped elderly people of the roles that had sustained meaning in their lives through mandatory retirement, social isolation, and the disintegration of traditional family ties. Bereft of any meaningful social role, the demented elderly did not so much lose their minds as lose their places in the world.«[109]

Hieraus wurde wiederum ein spezifischer Behandlungsansatz abgeleitet, den nicht nur Teile der Psychiatrie, sondern auch viele Gerontolog*innen jener Zeit propagierten, da seine Umsetzung auf eine umfassende Verbesserung der Lebensmöglichkeiten älterer Menschen hinauslief. Dieser Ansatz wurde als ein gesellschaftlicher Kampf gegen die aus psychodynamischer Perspektive identifizierten Ursachen der Senilität angelegt und beinhaltete verschiedene Einzelmaßnahmen: »[T]he fight against senility involved improving the material circumstances of old age through increasing public and private pensions, abolishing mandatory retirement, and establishing a network of social and recreational services.«[110] Tatsächlich sollte sich die materielle und soziale Situation vieler älterer Menschen in den USA und auch in Europa gerade in der Zeit nach dem Zweiten Weltkrieg deutlich verbessern. Diese positive Entwicklung ließ das psychodynamische Demenzkonzept jedoch als zunehmend unhaltbar erscheinen, denn der Kampf gegen die Senilität zeigte insofern nicht die gewünschte Wirkung, als das Problem Demenz trotz der gesellschaftlichen Aufwertung des Alters weiterhin auftrat.

Auch wenn die Deutung von Demenz als vornehmlich sozial bedingte Pathologie in dem genannten Zeitraum sehr verbreitet war, hat parallel auch weiterhin jener Ansatz existiert, der Demenz auf körperliche Pathologien zurückführte. Zu dem dominanten Erklärungsmodell sollte dieser Ansatz jedoch erst ab den 1960er und 1970er Jahren werden. Hier kam es nämlich zu einer medizinischen Wiederentdeckung der Alzheimer-Demenz (»rediscovery of Alzheimer disease«).[111] Elementar dafür war die aus verschiedenen neueren Studien abgeleitete Annahme, dass die Alzheimer- und die senile Demenz keine voneinander abgrenzbaren Erkrankungsformen darstellen:

---

109 Ballenger 2000, S. 93.
110 Ebd., S. 96f.
111 Katzman/Bick 2000, S. 104.

»[A]lthough the brains of individuals with dementia showed differences in the number of plaques and tangles, and although individuals presented clinically with a variety of symptoms, the variations in pathological and clinical features were similar in subjects, whether they were older or younger than 65 years onset.«[112]

Kraepelins Alzheimer-Konzept wurde also einerseits wieder aufgenommen, andererseits kam es zu einem fundamentalen Bruch damit: Die Alzheimer-Demenz galt nicht länger als relativ seltene Erkrankung, die durch ein frühes Auftreten vor dem 65. Lebensjahr gekennzeichnet ist – man betrachtete sie nun als Pathologie, die auch jenseits der 65 vorkommt. Diese konzeptionell-interpretatorische Neujustierung stellte einen äußerst folgenreichen Schritt dar, denn auf ihrer Grundlage wurde die Identifikation von Alzheimer als massenhaft verbreitete Erkrankung möglich: »Recognition that the majority of subjects with senile dementia have AD changes AD from a rare to an increasingly common disorder as people live longer.«[113]

Der Neurologe Robert Katzman versuchte die große Häufigkeit von Alzheimer-Erkrankungen auch durch erste epidemiologische Angaben zu veranschaulichen: »He estimated that the number of cases of AD in the United States in 1976 was between 880000 and 1200000 and that there were 60000 to 90000 deaths per year due to this disease[.]«[114] Katzman sah sich aufgrund seiner Schätzungen dazu veranlasst, die Alzheimer-Demenz als einen »major killer« zu kennzeichnen, und versuchte so, auf eine erhöhte medizinische wie gesellschaftliche Aufmerksamkeit für das Problem Alzheimer hinzuwirken:

> »[T]he senile form of Alzheimer disease may rank as the fourth or fifth most common cause of death in the United States. Yet the US vital statistics tables do not list ›Alzheimer disease‹, ›senile dementia‹, or ›senility‹ as a cause of death, even in the extended list of 263 causes of death.«[115]

Einige bestehende Darstellungen der Geschichte des Konzepts der Alzheimer-Demenz konzentrieren sich zumeist darauf zu zeigen, wie sich dieses Konzept auf Grundlage der Erhebung und der Interpretation fachspezifischer Daten (z. B. Analysen von zerebralem Gewebe) entwickelt hat. Dabei

---

112 Katzman/Bick 2000, S. 105.
113 Ebd., S. 110.
114 Ebd.
115 Katzman 1976, S. 217.

wird ausdrücklich auch die Bedeutung von technischen Innovationen thematisiert: »The modern era of AD research was ushered in by the first successful electron microscopic studies of the AD brain[.]«[116] Eine Darstellung der Geschichte der Alzheimer-Demenz bleibt jedoch unvollständig, wenn sie zwar richtungsweisende Meilensteine der Forschung aufzeigt, aber die Bedeutung anderweitiger Faktoren und Zusammenhänge ausblendet.

Patrick Fox zufolge ist die wissenschaftliche wie gesellschaftliche Etablierung des Alzheimer-Konzepts auf fünf unterschiedliche Ursachen zurückzuführen.[117] Grundlegende Bedeutung hatte hierbei erstens eine Veränderung der medizinischen Wahrnehmung von Alzheimer, seniler Demenz und Alter: »›Senility‹ became tied to a specific disease (i. e., Alzheimer's disease) and was disassociated from the commonly held belief that growing old itself caused dementia.«[118] Gefördert und verbreitet wurde diese Wahrnehmung besonders auch von Altersaktivist*innen, da sie die ageistische Gleichsetzung von Alter und Senilität verhinderte: »AD, in this view, was explicitly *not* an extreme form of ›normal‹ aging.«[119] Zweitens arbeiteten Wissenschaftler*innen aus der Demenzforschung auf eine fachliche wie öffentliche Popularisierung des Alzheimer-Konzepts hin, um so erfolgreicher Förderungsmittel für ihre Arbeit akquirieren zu können. Zusammen mit diesen Wissenschaftler*innen war es drittens auch ein besonderes Anliegen des 1974 unter der Leitung von Robert Butler gegründeten National Institute on Aging (NIA), dass die Alzheimer-Forschung als gesellschaftlich besonders relevanter Arbeitsbereich anerkannt und unterstützt wurde: »As the first director of the National Institute of Aging [...] Butler needed to define an area of research specialization if the fledging institute was to compete effectively for funding with other institutes within the National Institutes of Health (NIH).«[120] Viertens führte das Zusammenspiel von Wissenschaftler*innen, Vertreter*innen des NIA und Angehörigen von Demenzbetroffenen im Jahr 1980 zur Gründung der Alzheimer's Disease and Related Disorders Association (ADRDA), die heute den Kurznamen

---

116 Katzman/Bick 2000, S. 105.
117 Vgl. Fox 1989, S. 58f.
118 Ebd., S. 73.
119 Holstein 2000, S. 170.
120 Ballenger 2006, S. 116f.

Alzheimer's Association trägt. Die Gruppe der Angehörigen kämpfte im Rahmen der ADRDA aus verschiedenen Gründen dafür, dass die Alzheimer-Demenz als schwerwiegende Erkrankung wahrgenommen wurde. Es ging (und geht) den engagierten Angehörigen sowohl um eine finanzielle Unterstützung der Heilmittelforschung als auch um eine Förderung der familiären Demenzsorge sowie um eine Ent-Stigmatisierung Demenzbetroffener. Von einer manifesten Grassroots-Bewegung sorgender Angehöriger kann im Fall der ADRDA aber nur bedingt gesprochen werden:

> »From its inception, its national leadership has been dominated by high-profile figures from business, medicine, nonprofit organizations, and government who are able to work comfortably with other elites in the world of biomedical science and government.«[121]

Dieser Umstand hatte auch negative Folgen für die Realisierung bestimmter Ziele der Angehörigen: »The strategy of disease-specific lobbying the association pursued was tailored to win funds for research but counterproductive in the struggle to win support for caregivers.«[122]

Entscheidend für die Transformation des zeitweise bedeutungslosen Konzepts der Alzheimer-Demenz in ein signifikantes »social and health problem« war laut Fox fünftes und letztens eine Interaktion von ADRDA und NIA mit den Medien und mit Vertreter*innen des US-amerikanischen Kongresses.[123] Zur Bedeutung der politischen Lobbyarbeit der ADRDA resümiert Fox:

> »Through its chapters and affiliates ([...] which in 1986 consisted of 125 chapters and affiliates in 44 states that utilized between 25 000 and 35 000 volunteers) ADRDA members were instrumental in contacting senators and representatives advocating support of Alzheimer's disease-related legislation [...]. The development of a ›public culture‹ of Alzheimer's disease resulted from these efforts[.]«[124]

Wenn Fox hier von der Entstehung einer »›public culture‹ of Alzheimer's disease« spricht, bezieht er sich dabei auf eine Studie von Jaber F. Gubrium.[125] Wie Gubrium zeigt, waren vielfältigste mediale Publikationen (Broschüren

---

121 Ballenger 2006, S. 116.
122 Ebd.
123 Fox 1989, S. 97.
124 Ebd., S. 92.
125 Vgl. Gubrium 1986.

der ADRDA, Magazin- und Zeitungsartikel, Fernsehsendungen etc.) auf entscheidende Weise mit daran beteiligt, dass ein breites öffentlich-kulturelles Bewusstsein für die Existenz, die medizinischen Grundlagen und die individuelle wie die familiäre Bedeutung der Alzheimer-Demenz entstehen konnte.

»Bringing the social back in«: Erweiterte Blickwinkel der Forschung zu Demenz

Im Anschluss an die Verbreitung des medizinischen Alzheimer- und Demenzkonzepts ab den 1960er und 1970er Jahren verstärkte sich im wissenschaftlichen Bereich auch eine nicht-medizinische Form der Auseinandersetzung mit der Demenzthematik. Es kam hier gewissermaßen zur Wiederentdeckung eines Interpretations- und Behandlungsansatzes, der nach den individuell-psychischen, den sozialen und den kulturellen Dimensionen von Demenz fragt. Programmatischen Charakter hat in diesem Zusammenhang das 1989 in der Fachzeitschrift »The Gerontologist« erschienene Paper »Bringing the social back in. A critique of the biomedicalization of dementia«. Die Soziologin Karen A. Lyman wies hier auf die blinden Flecken und nachteiligen Effekte des damaligen medizinischen Demenzkonzepts hin und forderte die Sozialgerontologie und benachbarte Fächer dazu auf, eine erweiterte Perspektive zu entwickeln: »[R]eliance upon the biomedical model to explain the experience of dementing illness overlooks the social construction of dementia and the impact of treatment contexts and caregiving relationships on disease progression.«[126]

Im Rahmen dieser paradigmatischen Neuausrichtung wird unter anderem herausgestellt, welche elementare Bedeutung gesellschaftliche Normalitätsvorstellungen und Wertesysteme im Kontext von Demenz haben: »[S]ymptoms of dementia [...] challenge the social order of acceptable and understandable ›normal‹ behaviour.«[127]

---

[126] Lyman 1989, S. 597f.
[127] Innes 2009, S. 3.

Eine ›A-Normalität‹ von Menschen mit Demenz tritt etwa auf Grundlage von Verfahren zur Messung der kognitiven Leistungsfähigkeit hervor.[128] Instrumente wie der Mini-Mental-Status-Test erlauben es, einen statistischen Mittelwert, einen Normalbereich geistiger Potenziale festzulegen. Wer zu weit von diesem Normalbereich abweicht, wer also die Grenzen der statistischen Normalität unter- oder überschreitet, erscheint a-normal. Eine positive Grenzüberschreitung kann als a-normale Hochbegabung durchaus Anerkennung erfahren. Kognitive Unterdurchschnittlichkeit trifft hingegen vielfach auf gesellschaftliche Geringschätzung und wird auch als Ausdruck einer Pathologie gedeutet – vor allem dann, wenn eine Person geistige Potenziale verliert, über die sie einmal verfügt hat. Eine solche Abnahme ist ein entscheidendes Kriterium für die medizinische Differenzierung zwischen Demenz und geistiger Minderbegabung: »Beim Demenzsyndrom handelt es sich […] – im Gegensatz zur Minderbegabung – um eine sekundäre Verschlechterung einer vorher größeren geistigen Leistungsfähigkeit.«[129]

Im Zusammenhang mit der Anerkennung hoher geistiger Leistungsfähigkeit und der Geringschätzung niedriger kognitiver Potenziale deutet sich bereits auch an, dass gesellschaftliche Perspektiven auf Kognition und Intellekt in grundlegender Weise von kulturellen Wertesystemen beeinflusst werden. Die gesellschaftliche Abwertung von Beeinträchtigungen im kognitiv-intellektuellen Bereich stellt indes kein historisch neues Phänomen dar, das erst in Folge des Einsatzes von Instrumenten wie dem Mini-Mental-Status-Test entstanden wäre. So zeigt Leo Zehender in einer Analyse von philosophischen Texten, dass die »Angst vor dem geistigen Verfall im Alter« vielerorts eine sehr alte Angst ist – es handelt sich hier nicht um eine Erscheinung der (Post-)Moderne.[130] Allerdings wird argumentiert, dass sich die Abwertung geistiger Beeinträchtigungen, dass sich die große Angst davor in der Gegenwart zugespitzt habe. Besonders in vielen westlich geprägten Ländern sieht Stephen G. Post einen Hyperkognitivismus vorherrschen,

---

128 Wenn ich hier und in der Folge von Normalität spreche, so beziehe ich mich dabei auf die Normalismustheorie von Jürgen Link (2009).
129 Förstl/Lang 2011, S. 6.
130 Zehender 2005, S. 5.

der »self-control, independence, economic productivity, and cognitive enhancement« verabsolutiert.[131]

Ein gesellschaftlicher Zwang zu einer eingehenden Selbstkontrolle geht besonders auch auf zivilisatorische Verhaltensnormen zurück. Norbert Elias hat herausgearbeitet, dass »Veränderungen des sozialen Habitus der Menschen in der Richtung auf ebenmäßigere, allseitigere und stabilere Selbstkontrollmuster« Kernmerkmale des (europäischen) Zivilisationsprozesses sind.[132] Als sozial störend und herausfordernd gelten bestimmte Verhaltensweisen von Menschen mit Demenz also gerade deshalb, weil sie unkontrolliert sind: »Altersdemenz stellt vieles von dem in Frage, was wir in unserem Leben erlernt haben an ›zivilisierten‹ Formen des Umgangs[.]«[133]

Post geht es nun vor allem darum zu veranschaulichen, dass der hyperkognitivistische Werterahmen auf eine existenzielle Dequalifizierung der Situation Demenzbetroffener hinauslaufen kann:

> »I associate hypercognitive culture with the Enlightment notion of salvation by reason alone and suggest that this imperils people with dementia. Very simplistically, ›I think, therefore, I am,‹ implies that if I do not think, I am not. In essence, the values of rationality and productivity blind us to other ways of thinking about the meaning of our humanity and the nature of human care.«[134]

Nach Einschätzung von Margaret Lock ist bei dem von Post beschriebenen Zusammenhang auch ein Menschenbild einflussreich, »in dem Person und Selbst auf den Gehirnzustand reduziert sind«.[135] Unter Bezug auf neurobiologische Einsichten wird das Subjekt in diesem Menschenbild als ein »zerebrales Subjekt« gedacht – als ein Subjekt, das seinen Standort ausschließlich im hirnorganischen Gewebe haben soll.[136]

Eine äußerst einflussreiche Gegenposition zu jenen Modellen, die Subjektivität, Selbst und Persönlichkeit allein im Geist bzw. im Gehirn verorten, entwickelte der Psychogerontologe Tom Kitwood: »[P]ersonhood should be

---

131 Post 2000, S. 245.
132 Elias 1986, S. 386. Vgl. weiter Elias 1977.
133 Klie 2006, S. 66.
134 Post 2000, S. 247.
135 Lock 2008, S. 63.
136 Ebd., S. 57.

viewed as essentially social: it refers to the human being in relation to others. [...] Thus personhood is not, at first, a property of the individual; rather, it is provided or guaranteed by the presence of others.«[137] Im Umkehrschluss bedeutete das für Kitwood, dass das soziale Umfeld eines Menschen maßgeblich zur Unterstützung und zum Erhalt der Persönlichkeit beitragen kann – besonders auch dann, wenn dieser Mensch von Demenz betroffen ist. Auf Basis der zitierten Annahme entwickelte Kitwood das Verfahren einer person-zentrierten Pflege, das er auch als Verkörperung einer »neuen Kultur« der Demenzpflege betrachtete.[138]

Grundlage jener neuen Pflegekultur sind eine Reihe verschiedener Annahmen und Praktiken. Zentral ist die Überzeugung, dass sich die Lage Demenzbetroffener durch soziale Interventionen mitgestalten lässt: »Zu Demenz führende Erkrankungen sollten primär als Formen der Behinderung gesehen werden. Wie ein Mensch dadurch beeinträchtigt wird, hängt ganz entscheidend von der Qualität der Pflege ab.«[139] Zudem forderte Kitwood ein Vorgehen, das der Individualität des einzelnen Demenzbetroffenen Rechnung trägt: »Es ist wichtig, sich präzise über die Fähigkeiten, Geschmacksrichtungen, Interessen, Wertvorstellungen und Formen der Spiritualität einer Person im Klaren zu sein. Es gibt ebensoviele Manifestationen von Demenz, wie es Menschen mit Demenz gibt.«[140] Weiter ist die von Kitwood beschriebene Demenzpflegekultur durch eine besondere Aufmerksamkeit gegenüber sprachlichen und nicht-sprachlichen Äußerungen geprägt: »Jedes sogenannte Problemverhalten sollte primär als Versuch der Kommunikation im Zusammenhang mit einem Bedürfnis gesehen werden. Es bedarf des Versuchs, die Botschaft zu verstehen und so auf das unbefriedigte Bedürfnis einzugehen.«[141]

---

137 Kitwood/Bredin 1992, S. 275. Kitwood gründete 1992 die Bradford Dementia Group an der Universität von Bradford. Die Arbeitsgruppe, die später im Centre for Applied Dementia Studies aufgehen sollte, stellt eine der ersten akademischen Initiativen zur gezielten Erforschung der psychischen und sozialen Aspekte von Demenz dar.
138 Kitwood 2013, S. 234.
139 Ebd., S. 235.
140 Ebd., S. 235f.
141 Ebd., S. 236.

Das Gegenteil des person-zentrierten Ansatzes waren für Kitwood solche pflegerische Praktiken, »die auf ein Untergraben von Menschen mit Demenz hinarbeiten« und die von Kitwood deshalb als »maligne, bösartige Sozialpsychologie« definiert wurden.[142] Aufgrund eigener Beobachtungen in Pflegeheimen hatte Kitwood insgesamt 17 Formen maligner Sozialpsychologie unterschieden: »*Betrug*«, »*Zur Machtlosigkeit verurteilen*«, »*Infantilisieren*«, »*Einschüchtern*«, »*Etikettieren (labelling)*«, »*Stigmatisieren*«, »*Überholen*«, »*Entwerten*«, »*Verbannen*«, »*Zum Objekt erklären*«, »*Ignorieren*«, »*Zwang*«, »*Vorenthalten*«, »*Anklagen*«, »*Unterbrechen*«, »*Lästern*«, »*Herabwürdigen*«.[143]

Neben Kitwood gehört auch der Psychologe Steven R. Sabat zu den Neu-Begründern eines Ansatzes, in dem reflektiert wird, welche Bedeutung die soziale Umwelt für die Situation von Menschen mit Demenz hat:

»Neuropathology does not destroy Self [...] even in the moderate to severe stages of the disease [...]. Problematic to the person with AD however is, that others often focus

---

142 Kitwood 2013, S. 89.
143 Ebd., S. 91f. »*Betrug*« bedeutet, dass gepflegte Personen getäuscht werden, damit sie sich so verhalten, wie es den Interessen von Pflegefachkräften entspricht. »*Zur Machtlosigkeit verurteilen*« bedeutet, dass einer gepflegten Personen nicht erlaubt wird, vorhandene kognitive oder physische Potenziale auch zu nutzen. »*Infantilisieren*« bedeutet, dass Erwachsene behandelt werden, als seien sie Kleinkinder. »*Einschüchtern*« bedeutet, dass Pflegefachkräfte Drohungen gegenüber einer gepflegten Person aussprechen. »*Etikettieren (labelling)*« bedeutet, dass ein diagnostisches Label wie ›Alzheimer-Kranker‹ zur alles dominierenden Grundlage des pflegerischen Umgangs mit der betreffenden Person wird. »*Stigmatisieren*« bedeutet, dass eine gepflegte Person sozial geächtet wird. »*Überholen*« bedeutet, dass auf eine Weise mit einer gepflegten Person kommuniziert wird, der die betreffende Person nicht mehr folgen kann. »*Entwerten*« bedeutet, dass die Wahrnehmungen und Empfindungen einer gepflegten Person negiert werden. »*Verbannen*« bedeutet, dass eine gepflegte Person sozialräumlich ausgeschlossen wird. »*Zum Objekt erklären*« bedeutet, dass eine gepflegte Person verdinglicht und ihr Subjektstatus missachtet wird. »*Ignorieren*« bedeutet, dass die Anwesenheit einer Person ausgeblendet wird. »*Zwang*« bedeutet, dass eine gepflegte Person zu einer bestimmten Handlungs- oder Verhaltensweise genötigt wird. »*Vorenthalten*« bedeutet, dass einer gepflegten Person bestimmte Informationen oder Bedürfnisbefriedigungen verweigert werden. »*Anklagen*« bedeutet, dass einer gepflegten Person ihre Beeinträchtigungen zum Vorwurf gemacht werden. »*Unterbrechen*« bedeutet, dass Handlungen oder Überlegungen gepflegter Personen gestört werden. »*Lästern*« bedeutet, dass eine gepflegte Person zum Gegenstand von Spott und Hohn wird. »*Herabwürdigen*« bedeutet, dass eine gepflegte Person als unfähig und bedeutungslos bezeichnet wird.

increasingly on defective Self [...] attributes and less on positive attributes. [...] Too often, the social identity of the person with AD becomes increasingly restricted to the ›dysfunctional‹ patient (an identity that is anathema to the person with AD) because others do not cooperate in the construction of other, more valued, social identities.«[144]

Werden Demenzbetroffene auf das Stereotyp des dysfunktional-inkompetenten Patienten reduziert, sind damit nach Einschätzung von Sabat stark nachteilige Auswirkungen verbunden: »[P]eople with AD can become depersonalised, depressed and angry, and can lose their senses of self-worth and agency.«[145] Es sind also nicht allein organische Pathologien, die Beeinträchtigungen und Behinderungen Demenzbetroffener auslösen – die nachteilig-maligne soziale Positionierung (= »malignant positioning«) von Menschen mit Demenz kann ebenso beeinträchtigende und behindernde Auswirkungen haben.[146] Sabat spricht hier deshalb auch vom Phänomen einer »excess disability«: »›Excess‹ disability is dysfunction beyond the level directly resulting from neuropathology and may occur in various cognitive and social skills[.]«[147] Um das Risiko einer sozialen Behinderung und einer sozialen Deprivation von Menschen mit Demenz zu minimieren, kommt es für Sabat besonders auch darauf an, schädliche Stereotype und Positionierungen abzubauen sowie negative Selbststereotypisierungen zu verhindern.

Die empirisch fundierte Dekonstruktion derartiger Stereotype, die von einem »loss-deficit paradigm« ausgehen, stellt eine entscheidende Zielsetzung zahlreicher Studien aus dem Feld der psychosozial und kulturell orientierten Demenzforschung dar.[148] Gegen undifferenziert-reduktionistische Demenzbilder werden hier positive Qualitäten des Lebens mit Demenz herausgearbeitet.[149] Weiter stehen verschiedene Kompetenzen Demenzbe-

---

144 Sabat 2005, S. 1034. Vgl. weiter auch Sabat 1994.
145 Scholl/Sabat 2008, S. 104.
146 Sabat/Napolitano/Fath 2004, S. 177. Sabat greift an dieser Stelle Kitwoods Konzept einer malignen Sozialpsychologie auf und führt es weiter.
147 Scholl/Sabat 2008, S. 122.
148 Wolverson/Clarke/Moniz-Cook 2016, S. 695.
149 Kitwood und Kathleen Bredin (1992, S. 282) differenzieren beispielsweise »12 indicators of relative well-being«: »1. The Assertion of Desire or Will«, »2. The Ability to Experience and Express a Range of Emotions (both ›positive‹ and ›negative‹)«, »3. Initiation of Social Contact«, »4. Affectional Warmth«, »5. Social Sensitivity«, »6. Self-Respect«, »7. Acceptance of Other Dementia Sufferers«, »8. Humour«, »9. Creativity and Self-Expression«, »10. Showing Evident Pleasure«, »11. Helpfulness«, 12. »Relaxation«.

troffener wie zum Beispiel Selbstbestimmungsfähigkeiten (Agency) im Fokus.[150] Anstatt allein Verluste und Defizite zu beschreiben, geht es insgesamt darum, potenzialorientierte Perspektiven »beyond loss« zu eröffnen.[151] Umfangreiche Studien zur Lebensqualität bei Demenz und zu den Kompetenzen Demenzbetroffener hat Andreas Kruse unternommen.[152] Den »Kern des [...] *guten Lebens im Alter*« bilden für Kruse fünf Kategorien.[153] Dazu gehören Selbstständigkeit, Selbstverantwortung, bewusst angenommene Abhängigkeit, Mitverantwortung und Selbstaktualisierung.[154] Die Fähigkeit zu Selbstständigkeit und Selbstverantwortung geht nach Kruses Einschätzung mit dem Auftreten einer Demenz nicht verloren. Vielmehr bildet die Gelegenheit, so selbstständig und selbstverantwortlich wie möglich leben zu können, eine elementare Voraussetzung subjektiven Wohlbefindens Demenzbetroffener:

> »Auch für sie ist die Erfahrung, dass die eigenen Aktionen und Reaktionen von einem selbst ausgehen, also nicht durch andere determiniert sind, bedeutsam. Demenzkranke Menschen weisen eine erhöhte Verletzlichkeit auch in der Beziehung zu anderen Menschen auf, weswegen jede erlebte Form der Fremdbestimmung auch als Eindringen in die eigene Person empfunden wird. Hier zeigt sich, dass Selbstständigkeit und Selbstverantwortung in den verschiedenen Schweregraden der Demenz verschiedenartige Gestalt annehmen können, doch als ein Thema der Person weiterhin bestehen.«[155]

Die Fähigkeit, die eigene Abhängigkeit bewusst anzunehmen, besteht für Kruse darin, dass Menschen mit Demenz (ebenso wie nicht von Demenz betroffene Personen) ihre zunehmende Unterstützungsbedürftigkeit als »ein Merkmal der conditio humana« deuten und akzeptieren.[156] Diese Fähigkeit wird durch »ein individuell angepasstes und gestaltbares System an Hilfen gefördert [...], die dazu beitragen, Einschränkungen und Verluste in Teilen zu kompensieren oder deren Folgen erkennbar zu verringern«.[157] Bedeutsam ist die bewusste Annahme eigener Abhängigkeiten nicht zuletzt

---

150 Zur Frage der Agency von Menschen mit Demenz vgl. Boyle 2014.
151 Hydén/Lindemann/Brockmeier 2014.
152 Vgl. Kruse 2010a.
153 Kruse 2010b, S. 14.
154 Vgl. ebd., S. 13f.
155 Kruse 2012, S. 41.
156 Kruse 2010b, S. 14.
157 Ebd.

deshalb, da diese Abhängigkeit hierbei nicht als ein individuelles Versagen interpretiert wird, sondern als Zuspitzung des Umstandes, dass der Einzelne unweigerlich auf die anderen angewiesen ist.

Wenn Kruse von der Mitverantwortung Demenzbetroffener spricht, so geht es abermals darum, das Vorhandensein einer spezifischen Kompetenz als auch eine wichtige Voraussetzung guten Lebens zu kennzeichnen:

> »Eine Person zu sein, die einen Teil der Gemeinschaft bildet, ist eine für das subjektive Lebensgefühl entscheidende Erfahrung. Mit dieser Aussage soll auch deutlich gemacht werden, dass nicht allein die soziale Integration und die erlebte Zugehörigkeit für das Lebensgefühl demenzkranker Menschen zentral sind, sondern – unter der Voraussetzung entsprechend gegebener Ressourcen – auch die Erfahrung, die empfangene Hilfe erwidern, anderen Menschen etwas geben und damit den sozialen Nahraum mitgestalten zu können.«[158]

Selbstaktualisierung bedeutet für Kruse schließlich »die Verwirklichung von Werten, Fähigkeiten, Neigungen und Bedürfnissen und die in diesem Prozess erlebte Stimmigkeit der Situation [...]«.[159] Die Selbstaktualisierung kann als »Kern der anderen vier Kategorien verstanden werden«, denn in der »Erhaltung von Selbstständigkeit und Selbstverantwortung [...], in der Bezogenheit auf andere, in der Bereitschaft, Hilfe anderer bewusst anzunehmen, gleichzeitig etwas für andere zu tun, spiegeln sich immer Aspekte des Selbst wider, die sich in konkreten Situationen verwirklichen«.[160] Unabhängig davon, ob ein Mensch demenzbetroffen ist oder nicht, kann sich Selbstaktualisierung auf der körperlichen, der kognitiven, der emotionalen, der sozial-kommunikativen, der ästhetischen und der alltagspraktischen Ebene manifestieren.[161] Als Oberbegriff für Prozesse der Realisierung subjektiv bedeutsamer Werte und Bedürfnisse kennzeichnet Selbstaktualisierung zusammenfassend eine zentrale Dimension von Lebensqualität:

---

158 Kruse 2012, S. 43.
159 Kruse 2010b, S. 14. Ich greife den Selbstaktualisierungsbegriff von Kruse in meiner Quellenanalyse an verschiedenen Stellen auf. Mit Foucault gehe ich dabei jedoch davon aus, dass persönliche Werte, Fähigkeiten, Neigungen und Bedürfnisse Phänomene darstellen, die nicht losgelöst von historisch konkreten gesellschaftlichen Macht-Wissen-Formationen existieren und zustande kommen.
160 Kruse 2012, S. 41.
161 Vgl. ebd., S. 42.

»Die Tatsache, dass demenzkranke Menschen Glück und Freude empfinden können – und dies auch bei weit fortgeschrittenem Verlust ihrer kognitiven Leistungskapazität –, macht deutlich, wie wichtig es ist, von dem Potenzial zur Selbstaktualisierung auch bei Demenzerkrankung zu sprechen.«[162]

In der Diskussion um positive Qualitäten des Lebens mit Demenz ist, wie auch schon die Ausführungen von Kruse zeigen, der Hinweis auf nonverbal-körperliche Aspekte zentral. Er erfolgt unter anderem deshalb, weil die »Erfassung des nonverbalen Ausdrucks von Bedürfnissen und Emotionen« eines Menschen die Chance eröffnet, »dass der Wille dieses Menschen möglichst umfassend umgesetzt [...] wird«.[163] Kitwood betonte zudem schon sehr früh, dass nonverbal-körperliche Mittel es auch erlauben, einen tiefgreifenden Kontakt mit Demenzbetroffenen herzustellen. Um diese Mittel zu kennzeichnen, entwickelte er den Begriff der »Timalation«:

»Dieser Begriff bezieht sich auf Formen der Interaktion, bei denen die primäre Zugangsweise sensorisch oder sinnenbezogen ist, ohne dass Begriffe und intellektuelles Verstehen eine Rolle spielen, z. B. bei einer Aromatherapie und Massage. [...] Die Bedeutung dieser Art von Interaktion liegt darin, dass sie Kontakt, Sicherheit und Vergnügen bieten kann, während sie nur sehr wenig erfordert. Sie ist daher bei schwerer kognitiver Beeinträchtigung besonders wertvoll.«[164]

Derartige Ausführungen betonen grundsätzlich, dass der Körper als ein »medium of expression, being, and knowing« zu betrachten ist.[165] Dieses Medium bleibt auch angesichts demenzieller Beeinträchtigungen überaus relevant, was verschiedene Studien feststellen, die sich gezielt dem Themenfeld »embodiment and dementia« widmen.[166] Bedeutsam sind diese Studien auch deshalb, da sie herausarbeiten, inwiefern es sich bei dem Körper um einen Träger von Persönlichkeit handelt: »[A]spects of personhood are sedimented in habits of the body, and they thus persist despite severe cognitive impairment.«[167] Die These, dass die Persönlichkeit allein im Geist/Gehirn sitzt, wird damit ein weiteres Mal widerlegt und ein besonders körpersensibler Umgang mit Demenzbetroffenen begründet:

---

162 Kruse 2010b, S. 16.
163 Ebd., S. 15.
164 Kitwood 2013, S. 160.
165 Kontos 2005, S. 567.
166 Downs 2013, S. 372.
167 Kontos/Martin 2013, S. 290.

»Embodied selfhood has enormous implications for care and services. It means that our interactions should be person-centred in the sense of affirming personhood and sense of self as embodied dimensions of human existence[.]«[168]

In der nachdrücklichen Aufmerksamkeit für den verbalen wie nonverbalen Ausdruck von Menschen mit Demenz kristallisiert sich ein zentrales Charakteristikum der psychosozialen Perspektive auf Demenz heraus. Eine Vorreiterrolle kommt in diesem Zusammenhang dem Pfarrer Malcolm Goldsmith zu, der 1996 einen Band mit dem mittlerweile zur Leitlosung gewordenen Titel »Hearing the voice of people with dementia. Opportunities and Obstacles« veröffentlichte.[169] Auf Grundlage zahlreicher Interviews mit Demenzbetroffenen und Pflegefachkräften zog Goldsmith folgenden Schluss:

»It is possible to be involved in meaningful communication with the majority of people with dementia *but* we must be able to enter into their world, understand their sense of place and time, recognize the problems of distraction and realize that there are many ways in which people express themselves and *it is our responsibility* to learn how to recognize these.«[170]

Das Aufkommen von solchen Studien markiert den Beginn einer akteurszentrierten Demenzforschung, die Perspektiven und Erfahrungen von Menschen mit Demenz in der direkten Begegnung mit diesen einholt.[171] Berücksichtigt werden dabei sowohl verbale als auch schriftliche Selbstzeugnisse.[172] Ebenso erfährt die körperliche Stimme Beachtung – die Grundlage dafür ist vor allem das ethnographische Verfahren der teilnehmenden Beobachtung.[173] In einigen wenigen Studien wird auch ein kollaborativer Ansatz praktiziert; Demenzbetroffene sind dort als Forschende an der wissenschaftlichen Arbeit mit beteiligt.[174]

Analysen zum subjektiven Erleben von Menschen mit Demenz stellen einerseits verschiedene nachteilige Situationen und Zustände heraus. Beispielsweise berichten Demenzbetroffene von folgenden Emotionen: »Anxi-

---

168 Downs 2013, S. 368.
169 Goldsmith 1996.
170 Ebd., S. 165.
171 Vgl. Johnston/Lawton/Pringle 2017, Beard/Knauss/Moyer 2009 und Surr 2006.
172 Vgl. Hydén/Örulv 2009 und Basting 2006.
173 Vgl. Phinney/Chaudhury/O'Connor 2007 und Hubbard et al. 2002.
174 Vgl. Tanner 2012 und Beard/Knauss/Moyer 2009.

ety to what is happening and what will happen«, »Depression«, »Grief at the loss of ability and other valued skills«, »Despair or terror at the destruction of the self and the inability of others to give meaningful help«.[175]

Die Auseinandersetzung mit subjektiven Sicht- und Verhaltensweisen eröffnet zudem auch einige Erkenntnisse dazu, auf welche Arten und Weisen die Betroffenen mit Demenzerkrankungen und deren symptomatischen Folgen umgehen: »[P]eople do not undergo the disease passively and use both emotion-oriented and problem-oriented coping strategies to deal with its challenges.«[176] Subjektive Bewältigungsstrategien umfassen etwa: »DENIAL OR AVOIDANCE« – hier wird eine Demenzdiagnose von einer betroffenen Person nicht akzeptiert bzw. eine Auseinandersetzung damit vermieden; »MINIMIZATION AND NORMALIZATION« – hier bewerten die Betroffenen ihre demenziellen Beeinträchtigungen als relativ unbedeutend oder als Altersnormalität; »CONTINUE LIVING AND FIGHTING BACK« – hier begegnen Betroffene einer Demenz durch die bewusste Aufrechterhaltung von täglichen Routinen, wie auch durch Humor oder durch medikamentöse und nicht-medikamentöse Therapiemittel; »COMPENSATING« – hier setzen Betroffene Gedächtnishilfen ein, um Erinnerungsstörungen auszugleichen, oder sie konzentrieren sich auf solche Tätigkeiten, die auch trotz der eigenen Beeinträchtigungen bewältigbar sind; »COMING TO TERMS WITH DEMENTIA« – hier arrangieren sich die Betroffenen mit ihrer Situation, etwa indem sie sich umfassend über das Thema Demenz informieren, indem sie Stolz auf gegenwärtige und vergangene Leistungen entwickeln oder indem sie Hoffnung und Verzweiflung in einer Balance halten.[177]

Akteurszentrierte Analysen bilden zudem stellenweise auch subjektiv wertgeschätzte Aspekte des Lebens mit Demenz ab. In einer aktuellen Auswertung von bestehenden qualitativen Studien werden drei übergeordnete »key themes in positive accounts of experiences in dementia« identifiziert: 1.) »*Engaging with life in ageing*« (Subthemen = »*Seeking pleasure and enjoyment*«, »*Keeping going*«, »*Love and support*«); 2.) »*Engaging with dementia*« (Sub-

---

175 Bender/Cheston 1997, S. 515f.
176 De Boer et al. 2008, S. 1021. Vgl. dazu weiter Schönborn 2018, S. 88f.
177 De Boer et al. 2008, S. 1030f.

themen = »*Facing it and fighting it*«, »*Humour*«, »*Hope*«); 3.) »*Identity and growth*« (»*Giving Thanks*«, »*Still being me*«, »*Growing an transcending*«).[178] Die erste der drei aufgeführten Kategorien kennzeichnet eine gelingende Selbstaktualisierung (Verwirklichung bzw. Aufrechterhaltung subjektiv bedeutsamer Aktivitäten etc.) und eine soziale Eingebundenheit (Support durch Partner, Familie und andere Personen) als zentrale Merkmale und Voraussetzungen eines guten Lebens mit Demenz. Die zweite Kategorie fasst Aussagen über den positiven Stellenwert von Bewältigungsstrategien zusammen. Hierbei spielt unter anderem auch die bewusste Annahme der eigenen Abhängigkeit und Verletzlichkeit eine wichtige Rolle: »Living positively despite dementia appears to be a conscious decision involving active acceptance of dementia and choosing to ›make the best‹ of what is retained[.]«[179] Die dritte Kategorie zeugt abermals von der Bedeutung einer Selbstaktualisierung: »Across studies, the importance of maintaining a sense of identity in general was highlighted as a strong concern for people with dementia [...]. In tandem, the need to feel of worth and ›believe in yourself‹ was highlighted[.]«[180] Weiter kommt im Zusammenhang mit dieser dritten Kategorie auch die positive Bedeutung subjektiver Mitverantwortung zum Ausdruck: »[T]here is a clear value attached to being able to contribute and therefore help other people from the position of having dementia[.]«[181]

Neben dem Erleben und Handeln von Menschen mit Demenz wird vor allem auch die Lage ihrer Angehörigen intensiv untersucht. Ein Forschungsschwerpunkt liegt dabei auf dem Phänomen der sogenannten Care-Burden, definiert als »multidimensional response to physical, psychological, emotional, social, and financial stressors associated with the caregiving experience«.[182] Wie das Zitat zeigt, findet das Konzept der Care-Burden in ganz allgemeiner Weise im Kontext von Pflege- und Versorgungspraktiken Anwendung und ist keineswegs demenzspezifisch.[183] Gleichwohl weisen zahlreiche Studien darauf

---

178 Wolverson/Clarke/Moniz-Cook 2016, S. 691f.
179 Ebd., S. 693.
180 Ebd., S. 695.
181 Ebd.
182 Kasuya/Polgar-Bailey/Takeuchi 2001, S. 119.
183 Für eine Übersicht zu unterschiedlichen Care-Burden-bezogenen Konzepten und Messinstrumenten vgl. Van Der Lee et al. 2014.

hin, dass rund 80% aller Menschen, die eine demenzbetroffene Person im partnerschaftlichen bzw. familiären Setting versorgen, von Erfahrungen einer Care-Burden betroffen sind.[184] Diese Bürde kann sich in unterschiedlicher Weise manifestieren: »[D]ementia caregiving has health and emotional consequences, including higher perceived stress, depression, social isolation, poor diet and poor overall physical health for the caregivers.«[185] Vor diesem Hintergrund sind Studien zum Phänomen der Care-Burden oftmals stark auf die Entwicklung von psychosozialen Instrumenten ausgerichtet, die derart negative Entwicklungen vorbeugen oder entschärfen sollen.[186]

Die Entstehung und das Ausmaß subjektiver Care-Burden wird erstens auf spezifische Merkmale der versorgten Person (»Patient«) zurückgeführt:

> »[P]atient's behavioral problems or mood disorders are consistently reported as important determinants of caregiver burden, depression and mental health. Especially for burden, most studies show that behavioral problems are more significant than cognitive disorders or lack of self-care.«[187]

Als Determinanten für die Entstehung und das Ausmaß einer subjektiven Care-Burden gelten zweitens spezifische Merkmale des Sorgegebers, etwa dessen gesundheitlicher Zustand. Ist dieser schlecht, wird die Sorgearbeit in einigen Fällen zu einer besonders großen Belastung.[188] Ein guter gesundheitlicher Zustand kann sich hingegen positiv auswirken – genauso wie auch bestimmte psychische Stärken: »Regarding caregiver competences, feeling competent or enjoying higher self-efficacy in general diminish caregiver burden and promote caregiver mental health.«[189]

Abgesehen von physischen sowie psychischen Stress- und Belastungssituationen finden auch Trauer- und Verlustgefühle Angehöriger eine Beachtung

---

184 Vgl. Etters/Goodall/Harrison 2008, S. 423. Einen ähnlich hohen Wert (83,9%) geben Beth A. Springate und Geoffrey Tremont (2014, S. 296) an. In Hinblick auf die Situation in Deutschland haben Jochen René Thyrian et al. (2017, S. 8) folgende Zahlen vorgelegt: »Depending on the dimension of objective burden due to caring, between 71.30 and 92.30% of the caregivers indicated a problem with a caregiving task.«
185 Ebd., S. 4.
186 Vgl. Brodaty/Green/Koschera 2003.
187 Van Der Lee 2014, S. 92.
188 Ebd., S. 86.
189 Ebd., S. 92.

in der Forschung.[190] Solche Gefühle entstehen unter anderem angesichts der Veränderung von Beziehungen und Rollenmustern: »The caregivers [...] indicated a strong sense of yearning for the past, and aspects of their relationship and life with the care recipient that had been lost as a result of the dementia. The caregivers yearned for normalcy in their lives.«[191] Weiter trauern Angehörige teilweise darüber, dass sie durch die Sorgearbeit in ihrer Lebensgestaltung stark eingeschränkt sind (»Restricted Freedom«), dass sie von medizinischen und pflegerischen Institutionen nicht adäquat unterstützt werden (»Systemic Issues«), oder dass sie die Sorgearbeit nicht länger zu Hause bewältigen konnten und eine Heimunterbringung veranlasst haben (»Regret and Guilt«).[192]

Analysen, die positive Gesichtspunkte der Lage von Angehörigen Demenzbetroffener thematisieren, bleiben im direkten Vergleich zu der Ausrichtung auf Care-Burden, Trauer und Verlust eher randständig. Dennoch liefern die betreffenden Studien wichtige Einsichten zu den Wahrnehmungen und Empfindungen sorgender Angehöriger.[193] Ein Forscher*innen-Team um Nicholas Raphael Netto beschreibt beispielsweise drei unterschiedliche Bereiche, an denen Angehörige Gewinne ihrer Sorgearbeit (»caregiver gains«) festmachen – Gewinne, die so auch in vergleichbaren Untersuchungen thematisiert werden.[194] Erstens berichten die von Netto et al. befragten Angehörigen von einem persönlichen Wachstum (»personal growth«): »Several types of personal growth were cited and these include being more patient/understanding, becoming stronger/more resilient, having increased self-awareness and becoming more knowledge.«[195] Zweitens kann es auch zu Entwicklungen kommen, die sich positiv auf Beziehungsgeflechte auswirken (»gains in relationships«): Die Verbindung zwischen Sorgegebern und demenzbetroffenen Sorgenehmern vertieft und intensiviert sich in manchem Fall auf sehr wert-

---

190 Um diesen Forschungsbereich konzeptionell stärker zu konturieren, haben Kesstan Blandin und Renee Pepin (2017) ein »dementia grief model« vorgestellt.
191 Sanders et al. 2008, S. 506. Zum Thema der Trauer- und Verlustempfindungen vgl. weiter auch Blandin/Renee 2017.
192 Sanders et al. 2008, S. 507f.
193 Vgl. Hellström/Nolan/Lundh 2005/2007, Sabat 2010 und Carbonneau/Caron/Desrosiers 2010.
194 Netto/Jenny/Philip 2009, S. 250.
195 Ebd.

geschätzte Weise, ebenso wird stellenweise ein verstärkter familiärer Zusammenhalt gelobt oder auch eine Verbesserung der Fähigkeit, mit älteren Menschen zu interagieren.[196] Drittens sind auch »higher-level gains« möglich:

> »This encompassed gains in spirituality, deepened relations with God, and a more enlightened perspective in life. Although altruism does not belong to the spiritual realm, it is considered a higher-level gain as it emphasizes placing others before oneself and giving freely of oneself, differentiating it from other gains which highlight receiving rather than giving.«[197]

Ihren Ausdruck findet die altruistische Neuausrichtung einiger der von Netto et al. befragten Angehörigen darin, dass sie sich nach dem Tod der von ihnen versorgten Person in Einrichtungen für Menschen mit Demenz engagieren: »All of them felt they had gained something, either through blessings from God or from the people around them, and expressed that ›if you receive, the best way to repay is to pay it forward‹.«[198]

Die Ergebnisse von Netto et al. basieren auf einer qualitativen Befragung, an der zwölf Angehörige teilnahmen. Bestätigung finden diese Ergebnisse in einer Analyse von Doris Yu, Sheung-Tak Cheng und Jungfang Wang. Das Team um Yu hat insgesamt 40 qualitative und quantitative Studien ausgewertet, in denen es um positive Erfahrungen im Kontext der familiären Versorgung von Demenzbetroffenen geht:

> »This review suggests that positive aspects of caregiving form a multi-dimensional construct which covers four key domains: personal accomplishment and gratification, feelings of mutuality in a dyadic relationship, increased family cohesion and functionality, and a sense of personal growth and purpose in life.«[199]

---

196 Vgl. Netto/Jenny/Philip 2009, S. 253f.
197 Ebd., S. 255.
198 Ebd., S. 256.
199 Yu/Cheng/Wang 2018, S. 24. Für eine weitere Übersichtsarbeit zu positiven Aspekten der Sorgearbeit von Angehörigen vgl. Lloyd/Patterson/Muers 2016.

»Dementia studies«: Aktuelle Tendenzen

Die voranstehende Darstellung veranschaulicht einige Entwicklungslinien und Schwerpunkte jenes wissenschaftlichen und praktischen Kontextes, in dem die psychosozialen und kulturellen Aspekte von Demenz Beachtung finden. Dieses Forschungs- und Praxisfeld ist gegenwärtig äußerst facettenreich und es differenziert sich weiter aus: Bestehende Perspektiven werden vertieft oder erweitert und neue Perspektiven kommen hinzu. Beteiligt sind dabei unterschiedliche fachliche Disziplinen, wie (Sozial-)Gerontologie, Pflegewissenschaft, Soziologie, (Sozial-)Psychologie, Ethnologie, Ethik, Politikwissenschaft, Theologie und Religionswissenschaft oder auch technik- und architekturwissenschaftliche Fächer.

Die Auseinandersetzung mit den Formen und den rahmengebenden Strukturen der Deutung von Demenz bleibt ein aktueller Forschungsbereich. Vor allem die medizinische Demenzinterpretation findet nach wie vor besondere Beachtung.[200] Weiter zeichnet sich ein intensiviertes Interesse an Demenzinterpretationen ab, wie sie sich in schriftlichen Erfahrungsberichten von Betroffenen und Angehörigen, in Spielfilmen und Dokumentationen, in Zeitungsberichten und anderen medialen Quellen manifestieren.[201] Zudem thematisieren verschiedene Arbeiten interkulturelle Unterschiede in der Auslegung von Demenz.[202] J. Neil und L. Carson Henderson beschreiben etwa das Beispiel der in Oklahoma lebenden Choktaw-Indianer, die demenzielle Symptomatiken wie Halluzinationen nicht als Ausdruck einer hirnorganischen Erkrankung, sondern als Verbindung zu einer übersinnlichen Welt der Ahnen verstehen.[203]

Gesellschaftliche Rahmenbedingungen finden auch insofern Beachtung, als der Zusammenhang zwischen sozialen Verortungen und subjektiven Perspektiven und Praktiken von Demenzbetroffenen sowie Angehörigen untersucht wird. Im Fokus steht hier der Stellenwert, den Kategorien wie race, class,

---

200 Vgl. Beard 2016, Lock 2013 und Leibing 2006.
201 Vgl. Pilgram-Frühauf 2018, Völk 2017 a/b, Swinnen/Schweda 2015, Stoffers 2016, Wearing 2013 und Van Gorp/Vercruysse 2012.
202 Vgl. Hillman/Latimer 2017, Henderson 2015 und Cohen 1998.
203 Vgl. Henderson/Henderson 2002.

gender, religion, sexual orientation etc. und ihre möglichen Überschneidungen (Intersektionalitäten) für den Umgang mit Demenz haben können.[204] Des Weiteren hat eine Beschäftigung mit den politischen und rechtlichen Rahmen des Lebens mit Demenz eingesetzt: »To date, almost all questions related to dementia practice have been addressed through a personhood lens. […] [W]hat remains at stake are peoples' rights and practices as citizens.«[205] Vor dem Hintergrund dieses Verweises auf die Bedeutung menschlicher Grundrechte bleibt weiter festzuhalten, dass das Thema Demenz auch Gegenstand einer eingehenden ethischen Reflexion ist, die zum Beispiel Aspekte wie die Würde und die Selbstbestimmung Demenzbetroffener behandelt.[206]

Würdeverletzungen, Einschränkungen subjektiver Selbstbestimmung sowie Exklusionsprozesse werden auch in solchen Studien thematisiert, die Praktiken der (gouvernementalen) Disziplinierung und Kontrolle von Demenzbetroffenen in den Blick nehmen, etwa am Beispiel der institutionellen Pflege.[207] Umgekehrt fragen verschiedene Studien ebenso danach, wie sich Demenzbetroffene gegen Disziplinierungs- und Kontrollmaßnahmen zur Wehr setzen und ihre Würde sowie ihre Selbstbestimmung zu schützen versuchen.[208]

Der Entwicklung von Sorgeumfeldern, die Selbstaktualisierungs- und Teilhabemöglichkeiten von Menschen mit Demenz sicherstellen und die so eine möglichst hohe Lebensqualität fördern, haben sich gegenwärtig viele wissenschaftliche und praktische Initiativen verschrieben. Neben einer anhaltenden Diskussion um Merkmale, Effekte und Erweiterungen der person-zentrierten Demenzpflege wird beispielsweise im kirchlich-seel-

---

204 Für Studien zur Beziehung zwischen den genannten Kategorien und Perspektiven sowie Praktiken von Demenzbetroffenen vgl. O'Connor/Phinney/Hulko 2010, Hulko 2009, Bamford/Walker 2012, Snyder 2003 und Westwood/Price 2016. Für Studien zur Beziehung zwischen den genannten Kategorien und Perspektiven sowie Praktiken von Angehörigen vgl. Karrer 2009, Adams et al. 2002, Stuckey 2003 und Janevic/Connel 2001.
205 Bartlett/O'Connor 2007, S. 113. Vgl. weiter Behuniak 2010b sowie Brannelly 2016.
206 Vgl. Coors/Kumlehn 2014, Deutscher Ethikrat 2012/2018, Wetzstein 2005 und Post 1995.
207 Vgl. Newerla 2012b, Brijnath/Manderson 2008, Vandeweerd/Paveza/Fulmer 2006 und Schuhmacher 2018.
208 Vgl. Aquilina/Hughes 2006, Müller-Hergl 2004 und Dunham/Cannon 2008.

sorglichen Bereich an Unterstützungs- und Förderungsangeboten für Demenzbetroffene gearbeitet, unter anderem in der Spiritual Care.[209] Ferner sind in diesem Zusammenhang die zahlreichen zivilgesellschaftlichen und staatlichen Projekte erwähnenswert, die Caring Communities als Lebensorte für Demenzbetroffene diskutieren und aufzubauen versuchen.[210]

Zunehmende Bedeutung kommt überdies technik- und objektbasierten Formen der Versorgung und Unterstützung von Menschen mit Demenz zu.[211] Der Einsatz solcher Mittel kann vielfältigen Zwecken dienen, beispielsweise der Assistenz und dem Schutz – aber auch der Überwachung, der Kontrolle und der Führung.[212] Gerade die letzteren Aspekte geben Anlass dazu, dass die Risiken technikgestützter Sorge- und Unterstützungsformen hinterfragt werden.[213]

Abschließend sei noch auf die anhaltende Relevanz der Auseinandersetzung mit Kommunikations- und Interaktionsprozessen im Kontext von Demenz verwiesen.[214] Unter anderem wird hier im Sinne von Goldsmith gefragt, wie die Stimme von Menschen gehört werden kann. Einigen aktuellen Studien geht es nämlich vor allem um Verständnismöglichkeiten und -wege im Angesicht von Demenz – gerade in solchen Situationen, in denen verbale Ausdrucksmöglichkeiten eingeschränkt oder kaum noch vorhanden sind.[215]

Im Fachbereich der Empirischen Kulturwissenschaft, der Europäischen Ethnologie, der Kulturanthropologie und der Volkskunde hat das Thema Demenz bisher nur geringe Beachtung gefunden. Die wenigen derzeit vorliegenden Untersuchungen liefern Ergebnisse zu Forschungsfeldern wie

---

209 Vgl. Stranz/Sörensdotter 2016, Jenkins 2014, Roy 2013, Fröchtling 2008 und Carr/Hicks-Moore/Montgomery 2011. Für eine Übersicht zum Ansatz der Spiritual Care vgl. auch Peng-Keller 2017a.
210 Vgl. Rothe/Kreutzner/Gronemeyer 2015, Lange 2018, Schönborn 2018, Lin/Lewis 2015 und Wiersma/Denton 2016.
211 Vgl. Lorenz et al. 2017 und Marquardt/Schmieg 2009. Mit objektbasierten Unterstützungsformen sind hier unter anderem architekturale Ansätze gemeint, die beispielsweise eine bessere räumliche Orientierung ermöglichen sollen.
212 Vgl. Rosenberg/Nygård 2012 und Landau et al. 2010.
213 Vgl. Novitzky et al. 2015 und Kenner 2008.
214 Vgl. Meyer 2014 und Radvanszky 2016.
215 Vgl. Steinmetz 2016, Hydén 2013 und Bär 2010.

der familiären, zivilgesellschaftlichen und institutionellen Versorgung von Demenzbetroffenen, zur medizinischen Deutungs- und Diagnosepraxis oder zur literarischen Demenzinterpretation.[216] Das kulturwissenschaftliche Interesse an der Demenzthematik beginnt sich jedoch deutlich zu intensivieren. So wird seit einiger Zeit am Institut für Populäre Kulturen der Universität Zürich unter Leitung von Harm-Peer Zimmermann der im deutschsprachigen Raum einmalige Schwerpunkt einer kulturwissenschaftlichen Demenzforschung etabliert.[217]

Damit sei der kurze Abriss zum aktuellen Stand der Forschung im Bereich psychosozial und kulturell akzentuierter »dementia studies« abgeschlossen.[218] Insgesamt belegen zahlreiche Studien aus diesem Bereich, was im Theoriekapitel über den Konstruktcharakter des Problems Demenz ausgeführt wurde: Bestehende Wahrnehmungen und Interpretationen von Demenz und die Arten und Weisen des Umgangs mit demenziellen Beeinträchtigungen und mit den davon betroffenen Personen sind das Ergebnis eines multidimensionalen Prozesses, »der nicht nur durch wissenschaftliche Präferenzen und apparative Techniken, sondern auch durch spezifische Vorannahmen, soziale Praktiken und gesellschaftliche Trends geprägt ist«.[219] Dies gilt sowohl für die medizinische Demenzproblematisierung als auch für die Demenzproblematisierung in anderen fachlichen Zusammenhängen.

Wie unterschiedlich Ansätze der Interpretation und Behandlung von Demenz sein können, habe ich bereits in der Einleitung meiner Studie kurz angesprochen, als es exemplarisch um Differenzen zwischen dem medizinischen Demenzkonzept und der person-zentrierten Pflege Kitwoods ging. Diese Differenzen sind in der vorangegangenen Darstellung der wissenschaftlichen Demenzproblematisierung ganz detailliert dargestellt worden: Kitwood problematisierte im Rahmen seiner Auseinandersetzung mit Demenz weniger krankhafte zerebrale Entwicklungen, sondern entwertende und behindernde Formen des sozialen Umgangs mit Demenzbetroffenen.

---

216 Vgl. Wolf/Wysling 2016, Gajek 2016, Krasberg 2013, Klausner 2006, Völk 2017a/b und Otto 2013.
217 Vgl. Zimmermann 2018a/b.
218 Innes 2009.
219 Niewöhner 2007, S. 36.

Trotz derartiger Differenzen kann in meinen Augen nicht von einer absoluten Trennung zwischen medizinischen und nicht-medizinischen Problemperspektiven und -praktiken gesprochen werden: Es handelt sich hier keineswegs um zwei gänzlich voneinander separierte Problematisierungsformen – vielmehr lassen sich immer wieder auch grundlegende Verbindungen zwischen diesen Formen ausmachen. Beispielsweise erfolgt selbst dort, wo starke Kritik am medizinischen Demenzkonzept geübt wird, oftmals ein Bezug auf epidemiologische Daten zur Zahl der Demenzbetroffenen. Derartige Zahlen sind für eine nicht-medizinische Demenzforschung unter anderem insofern wichtig, als sie als Beleg für die gesellschaftliche Relevanz einer Analyse zum Thema Demenz fungieren können. Ein solcher Beleg kann eine entscheidende Voraussetzung für die Akquise von Forschungsförderungsmitteln sein – Mittel, an denen etwa geisteswissenschaftlich Forschende nicht weniger interessiert sind als Mediziner*innen.

Weiter bleibt vor dem Hintergrund meiner Darstellung des Forschungsstandes zu betonen, dass sich die nicht-medizinische Demenzforschung auch in Reaktion auf das gesteigerte medizinische Interesse an der Demenzthematik intensiviert hat. Selbst wenn diese Reaktion in einigen nicht-medizinischen Fächern zum Teil von sehr kritischem Charakter war, belegt sie doch die Existenz elementarer struktureller Verbindungen: Eine kritische Bezugnahme ist nichtsdestoweniger eine Bezugnahme. Ganz offensichtlich werden solche interdisziplinären Bezugnahmen und Verbindungen dann, wenn in nicht-medizinischen Kontexten auf Kernbestandteile der medizinischen Demenzinterpretation zurückgegriffen wird. Sehr aufschlussreich ist in diesem Zusammenhang das Hauptwerk Kitwoods. In dessen Einleitung findet sich die folgende Passage, die den Eindruck vermittelt, als würde Kitwood mit seiner Arbeit eine Opposition zur Medizin aufmachen wollen:

>»Das Hauptziel dieses Buches besteht [...] darin, [...] ein Paradigma vorzustellen, in dem die Person an erster Stelle steht. Es bietet ein reicheres Spektrum an Fakten und Belegen, als das medizinische Modell, und löst einige von dessen gravierendsten Ungereimtheiten.«[220]

Gleichwohl sich Kitwood durchaus in verschiedener Hinsicht vom Demenzkonzept der Medizin distanziert, rekurriert er im weiteren Verlauf seiner

---

220 Kitwood 2013, S. 20f.

Ausführungen dennoch beständig darauf – und zwar in eindeutig bejahender Manier. Er spricht etwa verschiedentlich von der Alzheimer-Krankheit und beschreibt zudem in einem eigenen Teilkapitel die biomedizinischen Charakteristika der »Pathologie vom Alzheimer-Typus«.[221]

Die bisherigen Aussagen zum Verhältnis zwischen medizinischer und nicht-medizinischer Demenzforschung mögen den Eindruck vermitteln, es handele sich hier um eine einseitige Beziehung. Dieser Eindruck täuscht: Auch die Medizin bleibt keineswegs von solchen Demenzproblematisierungen unbeeinflusst, die schwerpunktmäßig auf die Rolle psychischer, sozialer und/oder kultureller Faktoren konzentriert sind. Besonders deutlich wird das anhand von medizinischen Leitlinien und Empfehlungen zur Behandlung behavioraler und psychologischer Demenzsymptome (BPSD): Erstens weisen diese Leitlinien und Empfehlungen häufig darauf hin, dass solche Symptome vielfach auf den Einfluss der sozialen Umwelt von Menschen mit Demenz zurückgeführt werden können. Zweitens diskutieren diese Leitlinien und Empfehlungen verschiedene psychosoziale Ansätze der Demenztherapie zum Teil sehr explizit – und dass, obwohl deren »Evidenz für Wirksamkeit [...] oft nur begrenzt beurteilbar« ist.[222] Drittens wird psychosozialen Behandlungsansätzen im Kontext der therapeutischen Behandlung von BPSD gar eine primäre Bedeutung zugesprochen, psychopharmakologische Mittel hingegen gelten nur als Notlösung für BPSD von besonders schwerem Ausmaß.[223]

Die interdisziplinäre Zirkulation von Modellen wie dem der person-zentrierten Demenzpflege veranschaulicht ebenfalls, dass die Medizin Impulse aus anderen fachlichen Bereichen der Demenzforschung aufgreift. Der person-zentrierte Ansatz ist nämlich nicht nur ein maßgebliches Element des pflegewissenschaftlichen, des gerontologischen oder des sozial- und kulturwissenschaftlichen Demenzdiskurses – er wird auch im medizinischen Feld rezipiert und adaptiert, wie etwa Annette Leibing betont: »In the specific case of Alzheimer's biomedicine has been repeatedly critiqued for denying

---

221 Kitwood 2013, S. 53.
222 DGN/DGPPN 2016, S. 84.
223 Gleichwohl zeigen die bereits erwähnten Studien zur großen Häufigkeit der Anwendung von Psychopharmaka bei BPSD, dass die therapeutische Praxis keineswegs immer Leitlinientexten und schriftlichen Empfehlungen entsprechen muss.

personhood [...]. All the same, when looking at the recent history of Alzheimer's, personhood goals also become a matter for doctors[.]«[224] Leibing zeigt weiter, dass der Bezug der Medizin auf nicht-medizinische Kontexte der Demenzproblematisierung keineswegs nur derart affirmativ ausfällt. Es lasse sich genauso beobachten, dass Vertreter*innen der Medizin stellenweise eine ablehnende Haltung gegenüber demenzbezogenen Interpretations- und Behandlungsansätzen einnähmen, die aus anderen fachlichen Zusammenhängen stammen.[225]

Das Verhältnis zwischen der medizinischen und der nicht-medizinischen Demenzproblematisierung ist also zum einen als ein Verhältnis beiderseitiger Verbindung zu verstehen. Zum anderen lassen sich in Bezug auf dieses Verhältnis auch interdisziplinäre Distanzierungsbemühungen beobachten – nicht zuletzt treten hier Konflikte um Deutungs- und Behandlungshoheiten auf. Die Medizin besitzt dabei aktuell insofern eine ganz besondere Deutungs- und Behandlungshoheit, als allein sie eine legitime Demenzdiagnose stellen kann – eine Diagnose, die wiederum ein basaler Ausgangspunkt für den Einsatz spezifischer medikamentöser Therapiemittel ist, den ebenfalls nur die Medizin authorisieren darf. Darüber hinaus kann eine nur durch medizinisches Fachpersonal legitim zu vollziehende Demenzdiagnose eine zentrale Voraussetzung für die Inanspruchnahme versorgungssystemischer Leistungen sein.[226]

---

224 Leibing 2008, S. 189.
225 Vgl. Leibing 2006.
226 Vgl. Schuhmacher 2018, S. 46.

5 Empirischer Teil A: Demenz – Probleminterpretation

5.1 Zur medialen und lebensweltlichen Bedeutung des medizinischen Demenzkonzepts

Dieses Kapitel markiert den Auftakt der Quellenanalyse. Es wertet die Interpretation des Problems Demenz aus und untergliedert sich in vier Abschnitte. Abschnitt 5.1 zeigt, welche Bedeutung das medizinische Demenzkonzept in massenmedialen und lebensweltlichen Kontexten hat. Erstens steht hier die medial-interdiskursive Verbreitung dieses Demenzkonzepts im Fokus. Zweitens werden alltagspraktische Relevanzen des medizinischen Demenzkonzepts herausgearbeitet. Drittens zeige ich, inwiefern Demenz stellenweise auf psychische und soziale Auslöser zurückgeführt wird, die im medizinischen Feld nur hypothetisch oder gar nicht als Erkrankungsursache gelten. Abschließend geht ein vierter Teil auf zwei medial herausragende Kritiken an der Medikalisierung von Demenz ein – Kritiken, die der Öffentlichkeit alternative Perspektiven auf Demenz zu vermitteln suchen.

»Demenz ist eine Gehirnerkrankung«:
Die mediale Popularisierung medizinischer Inhalte

Der historisch am weitesten zurückreichende Artikel aus meiner Sammlung von demenzbezogenen Pressetexten datiert auf den 15. Juni 1981. Dieser Artikel ist in der BILD erschienen. Sein Titel lautet: »Die schreckliche Krankheit der Rita Hayworth«. Bei der »schrecklichen Krankheit« handelt es sich um die Alzheimer-Demenz, die wie folgt charakterisiert wird: »Rita Hayworth leidet an der seltenen ›Alzheimerschen Krankheit‹. Sie überfällt Menschen ab 60 Jahren: Die Großhirnrinde wird nicht mehr genug durchblutet, bekommt nicht genügend Sauerstoff, die Zellen sterben schneller ab.«

An dieser frühen massenmedialen Beschreibung der Alzheimer-Demenz fällt besonders zweierlei auf: Erstens gilt die Erkrankung hier noch als ein seltenes Phänomen, zweitens ist keine Rede von charakteristischen Plaques und Fibrillen. Beides sollte sich in den folgenden Jahren ändern. Das belegt unter anderem ein weiterer BILD-Artikel, der am 22. September 1988 erschienen ist. Anlass des Artikels war erneut die Demenz-Betroffenheit eines prominenten Menschen: »Alzheimer Krankheit – Auch Herbert Wehner hat sie.« Im weiteren Verlauf des Artikels finden sich dann folgende Informationen zur Alzheimer-Demenz:

> »600 000 Bundesbürger leiden an diesem schleichenden Gehirntod, jeder 20. über 65 Jahre und jeder vierte über 85. Dieser Altersschwachsinn steht im Westen schon auf Platz vier der Todesursachen. […] Was im Gehirn des Kranken passiert, ähnelt einem Kabelbrand: Anfangs wirkt er zerstreut, dann wird die Vergesslichkeit zur Tragödie. […] Ursache für den Rückschritt ins Säuglingsalter: Ablagerungen von Eiweißfasern blockieren Befehle des Gehirns an die Nerven-Enden.«

Die beiden Textausschnitte veranschaulichen exemplarisch, inwiefern elementare Bestandteile des medizinischen Demenzkonzepts zunehmend im medialen Interdiskurs aufgegriffen und von diesem popularisiert wurden. Dieser Disseminationsprozess beinhaltete vor allem:

- die Vermittlung von konkreten Problembezeichnungen (»Alzheimer Krankheit«)
- die Vermittlung von Beschreibungen demenzieller Symptome (»Rückschritt ins Säuglingsalter«),
- die Vermittlung von Aussagen zu den Ursachen des Problems (»Ablagerungen von Eiweißfasern blockieren Befehle des Gehirns an die Nerven-Enden«),
- die Vermittlung von Differenzierungen zwischen spezifischen Problemformen (Alzheimer-Demenz, vaskuläre Demenz etc.)
- die Vermittlung von epidemiologischen Aspekten des Problems (»Dieser Altersschwachsinn steht im Westen schon auf Platz vier der Todesursachen«)
- die Vermittlung von Informationen über Problembehandlungsansätze (Diagnose-, Therapie- und Prävention).

Der mediale Bezug auf den medizinischen Spezialdiskurs ist damals wie heute unterschiedlich stark. So werden beispielsweise Ergebnisse von aktuellen Studien aus dem Bereich der medizinischen Demenzforschung in der SZ und der FAZ ausführlicher thematisiert, als das in der BILD geschieht. Generell gilt hier: Die BILD gibt medizinisches Expert*innenwissen vornehmlich in sehr komplexitätsreduzierter Art und Weise wider. Texte aus der FAZ und der SZ gehen hingegen zum Teil deutlich stärker ins Detail. Während beispielsweise das oben aufgeführte Zitat aus der BILD die Amyloid-Hypothese in nur einem Satz zusammenfasst (»Ablagerungen von Eiweißfasern blockieren Befehle des Gehirns an die Nerven-Enden«), wird diese Hypothese in einer Ausgabe der FAZ vom 8. Oktober 1986 so erläutert:

> »Bei allen Kranken findet man charakteristische längliche Eiweißablagerungen im Gehirn, sogenannte amyloide Strukturen. Diese kommen im Innern von Nervenzellen vor, ferner in den engumschriebenen Bezirken degenerierender Nervenzellfortsätze, den sogenannten senilen Plaques. Außerdem sind sie an den Wänden kleiner Blutgefäße nachgewiesen worden. Ihre Gegenwart scheint die Nervenzelltätigkeit zu behindern. Auch wenn sich die äußeren Strukturen der intrazellulären und extrazellulären Proteinablagerungen deutlich voneinander unterscheiden, so dürften sie doch dieselbe Untereinheit enthalten, ein Peptid von rund vierzig Aminosäuren Länge.«

Unabhängig von der konkreten Detailliertheit des Bezuges auf das medizinische Demenzkonzept transportiert die große Mehrheit der von mir untersuchten Medientexte stets die Kernaussage des Konzepts. Sie lautet: Demenz stellt ein pathologisches Phänomen dar; oder wie es in einem SZ-Bericht heißt: »Demenz ist eine Gehirnerkrankung.«[1] In der interdiskursiv-medialen Demenzproblematisierung der 1980er und 1990er Jahre wurde diese Aussage vor allem auch gesellschaftlich gängigen Deutungen von Senilität gegenübergestellt. Wer etwa die 1986 erschienene deutschsprachige Ausgabe des Ratgebers von Mace und Rabins erworben hatte, konnte dort folgenden Hinweis lesen: »Eine fortschreitende Vergeßlichkeit ist *niemals* ein normaler Zug des Alterns.«[2] Am Ende des Buches wiederholen die beiden Autor*innen diese Feststellung noch einmal:

> »Es ist nicht allzu lange her, daß die meisten Menschen annahmen, daß Demenz das natürliche Resultat des Alterns sei. [...] Wir wissen jetzt, daß (1) Demenz nicht die natürliche Folge des Alterns darstellt, (2) diese durch verschiedene identifizierbare Krankheiten hervorgerufen wird, (3) eine Diagnosestellung für die Behandlung zugrundeliegender heilbarer Erkrankungen erforderlich ist, (4) die richtige Diagnosestellung für eine sachgemäße Handhabung der heute noch nicht heilbaren Krankheiten wichtig ist.«[3]

---
1 SZ v. 11.02.2005.
2 Mace/Rabins 1986, S. 22.
3 Ebd., S. 228.

Nicht nur spezielle Demenzratgeber, auch die Presse trug mit dazu bei, dass die für das medizinische Demenzkonzept zentrale Trennung von Alter und Senilität (»›Senility‹ became tied to a specific disease (i. e., Alzheimer's disease)«) an gesellschaftlicher Sichtbarkeit und an gesellschaftlichem Einfluss gewann.[4] Die FAZ meldete beispielsweise am 15. Oktober 1986 in einem Artikel mit der Überschrift »Morbus Alzheimer und Demenz«:

> »Vergeßlichkeit und Verwirrtheit, verbunden mit allgemeinem Rückgang der geistigen Leistungsfähigkeit, werden oft als Folge des Altwerdens angesehen. In Wirklichkeit handelt es sich aber häufig um hirnorganische Erkrankungen. Sie nehmen zwar mit steigendem Lebensalter zu, können aber nicht als Alterserscheinung, etwa in Folge von Arterienverkalkung, gelten.«[5]

»Jetzt hat das Dings doch mal Hand und Fuß«: Lebensweltliche Relevanzen der Medikalisierung von Demenz

Der fundamentale Einfluss des medizinischen Demenzkonzepts zeichnet sich nicht nur in den von mir untersuchten Medientexten ab. Auch in den Gesprächen mit zivilgesellschaftlichen Akteur*innen und Angehörigen werden die unter dem Begriff Demenz subsumierten Erscheinungen als Ausdruck einer Erkrankung interpretiert. Die Gespräche zeigen aber ebenfalls: Eine Auseinandersetzung mit den genauen Merkmalen unterschiedlicher Demenzerkrankungsformen und eine Differenzierung zwischen diesen Formen ist für viele der Befragten, insbesondere für viele Angehörige, unerheblich gewesen.[6] Beispielhaft schildern lässt sich dieser Umstand am Beispiel von Frau Peters. Im Rahmen der Erzählung zur Demenzdiagnose ihres Ehemannes berichtete sie:

> »Dann traf ich mal schließlich eine Arzthelferin von unserem Hausarzt auf der Straße und wir hatten zufällig den gleichen Weg und kamen ins Gespräch und haben über [meinen Mann] gesprochen und dann hat sie mir gesagt: ›Dann gehen sie doch mal nach Musterstadt zu Dr. Müller in die gerontopsychiatrische Sprechstunde, in die Ambulanz.‹ […] Und dann haben wir das gemacht. Und der hat sofort gesagt: ›Demenz.‹ […] Der hat gesagt: ›Es ist wahrscheinlich keine Alzheimer-Demenz, vielleicht damit

---

4 Fox 1989, S. 73.
5 FAZ v. 15.10.1986.
6 Gleichwohl gilt gerade im Fall der zivilgesellschaftlichen Akteur*innen, dass diese mit den zentralen Grundlagen des medizinischen Demenzkonzepts vertraut gewesen sind.

vergesellschaftet, es ist wohl eine gefäßbedingte eher.‹ [...] Na gut, ist aber auch egal, wie das Kind heißt, aber es hieß jedenfalls Demenz. Und da wo andere dann vielleicht einen Riesenschrecken kriegen, da fiel mir ein Riesenstein von der Seele, weil ich dachte: Jetzt [...] hat das Dings doch mal Hand und Fuß. Und irgendeiner schaut da mal drauf und in welcher Richtung man jetzt überhaupt weiter machen muss.«

Das Zitat zeigt: Die ärztliche Feststellung, dass ihr Mann von einer Erkrankung betroffen sei, besaß für Frau Peters große Bedeutung – nicht aber die exakte Ausdifferenzierung der Erkrankung (»[i]st aber auch egal wie das Kind heißt, aber es hieß jedenfalls Demenz«). Wichtig war die Krankheitsdiagnose deshalb, weil sie eine Reihe von Schwierigkeiten, die Frau Peters an ihrem Mann beobachtete (Schwierigkeiten beim Lesen, Rechnen, Erinnern, Orientieren sowie emotionale Schwierigkeiten wie Ängstlichkeit, Misstrauen, Bedrücktheit), auf eine Ursache zurückführte, deren Existenz Frau Peters bis zu diesem Zeitpunkt nur hatte vermuten können: »Und dann habe ich mir immer überlegt: Was ist das nun? Ist das jetzt Depression? Aber dann kam mir irgendwie mehr und mehr in den Sinn: Also das ist eine Demenz – also alles, was recht ist.«

Mit anderen Worten: Die Diagnosestellung bestätigte Frau Peters' Vermutung und gab den Schwierigkeiten ihres Mannes den Namen eines konkreten (Krankheits-)Problems (»Jetzt hat das Dings doch mal Hand und Fuß«). Ausgehend von dieser Probleminterpretation konnte die Frage näher beantwortet werden, »in welcher Richtung man jetzt überhaupt weiter machen muss«, also welche Problembehandlungsmöglichkeiten bestehen.[7]

Für Frau Peters erfüllte die Krankheitsdiagnose also eine wichtige Orientierungsfunktion – vor allem auch in der Hinsicht, dass sie infolge der Diagnose ganz zielgerichtet Zugang zu einem demenzspezifischen Informations- und Hilfesystem suchen konnte. Für Herrn Peters hingegen bedeutete die Diagnosestellung, dass diese ihn als einen Demenzkranken identifizierte bzw. labelte. Mit Foucault ist das Diagnoseverfahren so auch als ein Prozess

---

7   Diesen richtungsweisenden Effekt einer Demenzdiagnose thematisiert ebenfalls ein Artikel der BILD vom 12. Mai 2014. Hier geht es um das Paar Roland und Heike. Beide versorgen Rolands demenzbetroffene Mutter. In Rahmen des Artikels wird unter anderem auch geschildert, wie das Paar auf die Demenzdiagnose der Mutter reagiert hat: »Roland und Heike sind erschüttert, aber auch erleichtert. Eine Diagnose verspricht doch zumindest einen Weg – wenn auch keinen Ausweg.«

zu verstehen, in dessen Verlauf eine spezifische »Identität verfertigt« wurde.[8] Welche Folgen ein solches Labeling, welche Folgen das diagnostische Urteil ›demenzkrank‹ für eine Person haben kann, fassen Gail J. Mitchell, Sherry L. Dupuis und Pia Kontos zusammen:

> »Once diagnosed with dementia, persons and their feelings, actions, and expressions become symptoms within a problematized field of possibility. If persons with dementia express feeling healthy and well, they are judged as being in denial. If they are having trouble remembering details but fill in the gaps to save face, they are said to be confabulating. If they get angry with the way in which health workers are providing care, then they are labeled as aggressive and may end up being restrained and isolated.«[9]

Frau Peters ging in unserem Gespräch nicht näher darauf ein, wie ihr Mann auf seine Demenzdiagnose reagierte. Faranak Aminzadeh et al. stellen indes in einer Analyse zu den emotionalen Auswirkungen einer Demenzdiagnose fest, dass die Betroffenen deutliche »signs of shock and distress« zeigen.[10] Eine jüngere Studie von Brian D. Carpenter et al. schließt hingegen mit der Aussage, dass sich die Reaktion von Personen, die unmittelbar von einer Demenzdiagnose betroffen sind, nicht zwangsläufig von einer Reaktion unterscheiden muss, wie sie auch die Angehörige Frau Peters gezeigt hat:

> »Disclosure of a dementia diagnosis does not prompt a catastrophic emotional reaction in most people, even those who are only mildly impaired, and may provide some relief once an explanation for symptoms is known and a treatment plan is developed.«[11]

Anhand des Beispiels von Frau und Herrn Peters treten insgesamt einige erste wichtige alltagspraktische Effekte der Medikalisierung von Demenz zu Tage. Zunächst zeigt sich hier, inwiefern elementare Inhalte des medizinischen Konzepts in lebensweltlich-alltäglichen Kontexten verbreitet sind. Frau Peters nahm nicht etwa an, dass es sich bei den Schwierigkeiten ihres Mannes um unpathologische, ganz normale Alterserscheinungen handelte. Sie entwickelte vielmehr die Vermutung, dass diese Schwierigkeiten

---

8   Foucault 2005m, S. 71. Vgl. des Weiteren auch Beard/Fox 2008.
9   Mitchell/Dupuis/Kontos 2013, S. 4. Linda Garand et al. (2009, S. 112) betonen so: »Despite their clear benefits, diagnostic labels also serve as cues that activate stigma and stereotypes.«
10 Aminzadeh et al. 2007, S. 284.
11 Carpenter et al. 2008, S. 405. Vgl. in diesem Zusammenhang weiter Werner et al. 2014. Detaillierte Einsichten zum »subjektive[n] Krankheitsempfinden« von Menschen mit Demenz finden sich in einer Analyse von Raphael Schönborn (2018, S. 84f.).

demenzerkrankungsbedingt seien. Sie wendete sich deshalb auch an einen medizinischen Demenzexperten, um diese Vermutung abklären zu lassen. Ihre Vermutung erfuhr schließlich Bestätigung – es kam zu einer medizinischen Demenzdiagnose. Diese Diagnose machte Herrn Peters als Demenzkranken kenntlich. Auf der Grundlage der diagnostischen Problembenennung wurden dann spezifische Ansätze für den Umgang mit dem Krankheitsbild Demenz bzw. für den Umgang mit einem Demenzkranken erörtert und umgesetzt.

Wie ich schon im Forschungsstand dargestellt habe und wie sich auch in der Folge noch zeigt, stößt die Interpretation und Behandlung von Demenz als Krankheit mancherorts auf Kritik. Eine Kritik an Medikalisierungsprozessen wird jedoch nicht nur im Kontext von Demenz formuliert:

> »Most scholars of medicalization seem to have reached the normative conclusion that they do not want to live in a world where increasing swaths of human experience are under the logic of medicine. There are, or should be, experiences that use an older logic, which are under the jurisdiction of another profession or under no jurisdiction at all. We can all fear the medicalization of love.«[12]

Gegen eine solche Medikalisierungskritik, die sich zum Teil auch auf Foucault beruft, gibt es jedoch Einwände. Erik Parens argumentiert etwa, dass es möglich ist, »good and bad forms of medicalization« zu unterscheiden.[13] Er führt zunächst drei Belege für schlechte Medikalisierungsformen an. Als erstes verweist Parens hier auf die Tendenz, dass negativ besetzte Phänomene wie Schüchternheit oder Traurigkeit als Krankheitsprobleme interpretiert werden, deren Auftreten eine entsprechende Behandlung verhindern soll: »[L]iving well requires that we learn to let some sorts of problems be. It requires that we learn to affirm, rather than try to erase, variations in our moods, behaviors, and appearances.«[14] Parens fährt zweitens fort: »A second bad consequence is that, insofar as the institution of medicine focuses on human beings as *objects* […], the medicalization process potentially undermines seeing ourselves as *subjects*[.]«[15] Nachteilig können Medikalisierungsprozesse für Parens drittens aus folgendem Grund sein:

---

12 Evans 2016, S. 259.
13 Parens 2013, S. 28.
14 Ebd., S. 29.
15 Ebd.

»[I]nsofar as medicine focuses on changing individuals' bodies to reduce suffering, its increasing influence steals attention and resources away from changing the social structures and expectations that can produce such suffering in the first place.«[16]

Meine Übersicht zu den Grundlagen und zur Geschichte des psychosozialen Demenzdiskurses zeigt, inwiefern auch die Medikalisierung von Demenz mit Tendenzen verbunden gewesen ist, die Parens als schlecht bzw. nachteilig bewertet. So kam es nach Ansicht der Proponent*innen eines person-zentrierten Ansatzes im medizinischen Kontext zunächst oftmals dazu, dass Menschen mit Demenz als Krankheitsfälle verobjektiviert und gelabelt wurden. Kitwood selbst ging es dagegen darum, die Subjektivität Demenzbetroffener herauszustellen und diese zu schützen. Genauso wurde von Kitwood und anderen darauf hingewiesen, dass die elementare Bedeutung sozialer und kultureller Faktoren im Rahmen des medizinischen Demenzmodells unbeachtet blieb. Diese perspektivische Einschränkung überwanden solche Studien und praktischen Projekte, die einerseits die soziokulturelle Bedingtheit bestimmter Notlagen von Menschen mit Demenz nachwiesen (z. B. »malignant positioning«) und die andererseits die Bedeutung soziokultureller Problemlösungsansätze betonten (person-zentrierte Pflege, Caring Communities etc.).[17]

Die Ausführungen im Forschungsstand weisen aber ebenfalls auf Wechselbeziehungen zwischen der medizinischen und der psychosozial-kulturellen Problemperspektive hin. Diese Wechselbeziehungen manifestieren sich nicht zuletzt in der Hinsicht, dass in medizinischen Zusammenhängen die Subjektivität von Menschen mit Demenz seit einiger Zeit durchaus thematisiert wird. So stellt Kitwood auch in Hinblick auf die Medizin fest:

> »Inzwischen herrscht generelle Übereinstimmung, dass der Begriff ›Demenz‹ auf eine weitgefasste deskriptive Art verwendet werden sollte, um auf eine klinisch identifizierte Erkrankung hinzuweisen; er bezieht sich auf die ganze Person und nicht auf das Gehirn[.]«[18]

---

16 Parens 2013, S. 30.
17 Sabat/Napolitano/Fath 2004, S. 177.
18 Kitwood 2013, S. 50.

Zudem habe ich schon ausgeführt, dass einige psychosoziale Lösungsansätze in aktuellen medizinischen Demenzbehandlungsleitlinien explizit Erwähnung finden – sie gelten hier sogar als Verfahren, die der Anwendung von psychopharmakologischen Mitteln vorzuziehen sind. Vor dem Hintergrund solcher Wechselbeziehungen bleibt festzuhalten, dass bestimmte schlechte bzw. nachteilige Charakteristika spezifischer Medikalisierungsprozesse im weiteren Verlauf solcher Prozesse nicht zwangsläufig erhalten bleiben müssen: Ein Wandel hin zu einer besseren bzw. vorteilhafteren Medikalisierungsform ist möglich. Wie im bisherigen Verlauf meiner Analyse an verschiedenen Punkten deutlich geworden ist und wie sich auch noch im weiteren Verlauf zeigt, bedeutet dies jedoch keineswegs, dass die gegenwärtige Form der Medikalisierung von Demenz nur noch völlig unkritische Auswirkungen hätte.

Als Beispiel für eine gute Form der Medikalisierung bestimmter Phänomene diskutiert Parens selbst unter anderem die Medikalisierung des Alkoholismus. Er geht beispielhaft auf die Situation eines Ehepaares ein, bei dem der Ehemann alkoholsüchtig ist:

> »[I]f the medical model of alcoholism can help someone to remedy the common human problem of excessive drinking, then medicalizing the alcoholic husband's bad behavior might be good. To the extent that construing his bad behavior as a ›medical‹ problem can help him to take responsibility for his life and to start engaging in the sorts of meaningful relationships and activities that human beings seem to need and want, this seems to be a good form of medicalization.«[19]

Eine positive Folge der Medikalisierung von Demenz bestünde zuallererst wohl in der Entwicklung eines pharmakologischen Präparates, das bestehende demenzielle Beeinträchtigungen ganz effektiv abschwächt oder deren Auftreten verhindert. Aktuell steht ein solches Mittel aber nicht zur Verfügung. Allerdings lässt sich anhand meines Untersuchungsmaterials beobachten, dass die Medikalisierung von Demenz auch im lebensweltlichen Alltag der Gegenwart gewisse gute bzw. vorteilhafte Effekte entfaltet. Eine mögliche und sehr bedeutsame positive Wirkung der Medikalisierung von Demenz hat bereits oben im Zusammenhang mit den Aussagen von Frau Peters Erwähnung gefunden: Das medizinische Demenzkonzept stiftet Orientierung in einer Situation tiefgreifender Verunsicherung und

---

19 Parens 2013, S. 35.

Irritation – es erklärt, was mit den Betroffenen los ist, was Ursachen für deren kognitiven und behavioralen Beeinträchtigungen sind. Dieser Aspekt ist gerade wichtig, wenn Demenzbetroffene von sozialen Verhaltensnormierungen abweichen, wenn sie ihre soziale Umwelt gegen sich aufbringen. In Übereinstimmung mit vielen anderen Demenzexpert*innen medizinischer und nicht-medizinischer Provenienz fordern Mace und Rabins in ihrem Ratgeber dazu auf, solcherlei Situationen auf ganz bestimmte Weise zu deuten:

> »Es ist wichtig, sich daran zu erinnern, daß viele abnorme Verhaltensweisen vom Kranken nicht kontrolliert werden können. Z. B. mag er unfähig sein, seinen Ärger zu unterdrücken, oder er muß ständig auf und ab gehen. Derartige Veränderungen sind nicht das Resultat einer schwierigen Persönlichkeit im Alter, sondern einer zerebralen Schädigung, die in der Regel vom Kranken nicht geändert werden kann.«[20]

Wie meine Gespräche mit Angehörigen belegen, orientieren sich diese oftmals an der Forderung, dass »abnorme Verhaltensweisen« als Ausdruck einer »zerebralen Schädigung« zu verstehen sind. Frau Jost tat das beispielsweise angesichts eines Konfliktes, der zwischen ihrer demenzbetroffenen Mutter und einer Betreuerin der Alzheimer Gesellschaft entstanden war. Diese Betreuerin hatte den Auftrag, die Mutter von Frau Jost regelmäßig zu besuchen, und mit ihr Zeit zu verbringen. Der Mutter waren diese Besuche jedoch nicht immer willkommen, wie Frau Jost berichtete: »Sie hat die beschimpft. Auf das Übelste, mit den übelsten Ausdrücken.« Später am Tag meldete sich die Betreuerin bei Frau Jost, um den Vorfall mit ihr zu bereden:

> »Und dann habe ich mit ihr darüber gesprochen und dann sage ich: ›Du, das tut mir so leid, dass meine Mutter so was sagt und, dass die so schlimm wird, aber wir müssen das einfach mit der Krankheit entschuldigen‹, sage ich. Dass das einfach über die Schiene der Krankheit läuft.«

---

20 Mace/Rabins 1986, S. 25. Parallel führt der Deutsche Ethikrat (2012, S. 52) aus: »Ein Mensch mit Demenz verliert im Fortschreiten der Erkrankung die Voraussetzungen, unter denen ihm sein Handeln moralisch zuzurechnen wäre. [...] Er kann ›nichts dafür‹, dass er sich so und nicht anders verhält. Seine moralische Verantwortung ist geschwächt oder entfällt im Endstadium der Erkrankung, wenn ihm die Gründe für sein Handeln nicht bewusst sind. In diesem Verfall der moralischen Fähigkeiten liegt die besondere Tragik der Demenz, die uns zu besonderer Aufmerksamkeit verpflichtet.«

Etwas über »die Schiene der Krankheit« laufen zu lassen bedeutete hier, dass das beleidigende Verhalten von Frau Jost senior mit Bezug auf deren Demenzerkrankung interpretiert und legitimiert wurde. Wie sich im weiteren Verlauf unseres Gespräches herausstellte, hatte Frau Jost diese Art der Interpretation und Legitimation auch immer dann praktiziert, wenn sie selbst von Seiten ihrer Mutter angegangen wurde. So kann das Krankheitskonzept zu einer moralischen Entlastung von Demenzbetroffenen beitragen, denn es lässt Verhaltensweisen, die gemeinhin als ein Ausdruck von Schlechtigkeit, von »badness« gelten, zum Ausdruck von Krankheit, von »illness« werden.[21] Wenn Ratgeberbuchautor*innen wie Mace und Rabins, Mitarbeiter*innen der Alzheimer Gesellschaft und andere Akteure der Demenzhilfe nachdrücklich darauf hinweisen, dass insbesondere Menschen mit fortgeschrittener Demenz krankheitsbedingt nur noch sehr begrenzt eine Verantwortung für ihr Tun besitzen, so geschieht das im Interesse derselben: Sie sollen davor bewahrt werden, dass ihr Umfeld unangepasste oder herausfordernde Verhaltensweisen als böswilligen, gezielten Angriff erlebt, der dann mit aggressiven Übergriffen beantwortet wird. Aus der Annahme, dass Demenz ein pathologisches Phänomen darstellt, werden also besondere »Schutzrechte der Betroffenen und Schutzpflichten der Familien« abgeleitet.[22] Potenziell gute Effekte hat die Medikalisierung von Demenz demnach auch in Fällen, wo verständnislose oder gar aggressive Reaktionen auf Menschen mit Demenz unter Berücksichtigung der Krankhaftigkeit demenzieller Beeinträchtigungen ausbleiben und es stattdessen zu einem rücksichtsvollen Umgang mit den Betroffenen kommt. Derartige Situationen machen abermals deutlich, inwiefern das medizinische Demenzkonzept lebensweltliche Problemperspektiven und -praktiken beeinflussen kann.

---

21 Ich beziehe mich hier auf die von Peter Conrad und Joseph W. Schneider (1992) vorgestellte Studie zur Medikalisierung der Devianz. Dieser Medikalisierungsprozess hatte eine Verschiebung der Wahrnehmung von deviantem Verhalten zufolge, die die beiden Autoren in der titelgebenden Formel »From badness to sickness« zusammengefasst haben. Wie Fabian Karsch (2015, S. 104) in Anlehnung an Conrad und Schneider ausführt, zielte dieser Umdeutungsprozess besonders auch darauf ab, Devianz medizinisch behandel- bzw. heilbar zu machen: »Die Neudefinition von Verhaltensdefiziten als Krankheiten ermöglicht in der Folge eine medizinische Intervention zur Wiederherstellung konformen Verhaltens.«
22 Schuhmacher 2018, S. 45.

Psychodynamische Interpretationen: Perspektiven auf die Ursachen von Demenz abseits des medizinischen Mainstreams

Wenn es im Quellenkorpus um die Ursachen demenzieller Erkrankungen geht, so stehen dabei in der Regel die derzeit maßgeblichen medizinischen Einsichten und Hypothesen klar im Vordergrund. Bei manchen Quellen wird Demenz jedoch auf bestimmte psychische und soziale Auslöser zurückgeführt, denen die Medizin entweder gar keine kausale Bedeutung einräumt oder nur sehr hypothetisch. Um diesen Aspekt zu veranschaulichen, greife ich zunächst auf einen weiteren Auszug aus dem Gespräch mit Frau Jost zurück. In der Erzählung über den Beginn der Demenz ihrer Mutter hatte sie folgende Vermutung geäußert:

»Mein Vater ist 2003 gestorben und das ging alles ziemlich plötzlich und [meine Mutter] hat das nicht wirklich realisiert, bis heute nicht. Und ich glaube, dass das so mit ein Auslöser war. Sie hat immer über das Alleinsein geklagt, ganz viel: ›Ich bin jetzt so allein.‹ […] Das sagen auch Bekannte von mir, die meine Mutter auch gut kennen, die sagen auch, dass sie glauben, dass das irgendwie so mit dem Tod vom Vater zusammenhängt, dass da sich das so langsam entwickelt hat, schleichend.«

Nach Einschätzung von Frau Jost war die Erfahrung von Einsamkeit ursächlich daran beteiligt, dass die demenziellen Beeinträchtigungen ihrer Mutter entstanden sind. Hier zeichnet sich also insofern ein psychodynamischer Erklärungsansatz ab, als Frau Jost die Demenz der Mutter auf eine negative psychosoziale Erfahrung zurückführte.[23] Eine solche subjektive Demenzinterpretation kann durchaus von Meldungen über medizinwissenschaftliche Studien zum Zusammenhang von Einsamkeit und Demenz inspiriert sein.[24] In den betreffenden Studien wird die Annahme einer kausalen Beziehung von Einsamkeit und Demenz aber noch mit sehr großen Vorbehalten vorgebracht: »Further research is needed to investigate whether cognitive deterioration and dementia are a consequence of feelings of loneliness

---

23 Ich habe in Kapitel 4 bereits darauf hingewiesen, dass demenzielle Beeinträchtigungen in der psychiatrischen Medizin zeitweise im Rahmen eines psychodynamischen Modells erklärt worden sind. Als Demenzursache galten in diesem Modell weniger hirnorganische Pathologien, sondern vor allem Rollenverlust- und Exklusionserfahrungen älterer Menschen.
24 Vgl. Wilson et al. 2007.

or whether feelings of loneliness are a behavioural reaction to diminished cognition.«[25]

Eine weitere psychodynamische Demenzinterpretation hat Tilman Jens in seiner Publikation »Demenz. Abschied von meinem Vater« entwickelt. Jens bringt hier die demenziellen Beeinträchtigungen seines Vaters Walter Jens in Verbindung mit den Folgen eines Eintrags im 2003 erschienenen Internationalen Germanistenlexikon. Der besagte Lexikoneintrag stellt fest, dass Walter Jens 1942 in der Mitgliederkartei der NSDAP verzeichnet war.[26] Als diese Nachricht publik wurde, setzte eine massive öffentliche Kritik an der Person von Walter Jens ein – wenngleich Jens angab, nie einen NSDAP-Mitgliedschaftsantrag unterschrieben zu haben.

Tilman Jens beschreibt in seinem Buch zum einen den medialen »Dauerangriff« auf den Vater.[27] Zum anderen thematisiert er dessen Reaktion darauf: »Die Offenlegung der NSDAP-Episode [...], die hochnotpeinlichen Fragen zum jahrzehntelangen Schweigen eines nicht immer leisen Moralisten, entreißen ihm den Boden unter den Füßen.«[28] Nach Einschätzung von Tilman Jens ist die Affäre für seinen Vater zum Auslöser einer »lähmenden Traurigkeit« geworden, der Walter Jens nichts mehr entgegensetzte: »Er kämpft nicht an gegen die lähmende Traurigkeit – sein Gedächtnis verfällt rapide. Immer häufiger fallen ihm Begriffe und Namen nicht ein.«[29] Der Umstand, dass Walter Jens anscheinend keine Bemühungen zeigte, gegen seine Gedächtnisschwierigkeiten anzukämpfen, wird durch den Sohne wie folgt erklärt: »Wer vergessen will, wer sich nicht mehr erinnern mag, die Verbindungen zur Vergangenheit kappt, der braucht keine Gedächtnisstütze.«[30]

Tilman Jens deutet damit an, dass das Auftreten der Demenz seines Vaters eventuell als eine Form der subjektiven Flucht vor persönlichen Fehlern bzw. Versäumnissen und vor der mit diesen Fehlern und Versäumnissen

---

25 Holwerda et al. 2012, S. 141. Die Forschungsergebnisse von Holwerda et al. wurden auch in einem Bericht der SZ v. 12.12.2012 unter dem Titel »Verlassen und Vergessen« aufgegriffen.
26 Vgl. König 2003.
27 Jens 2010, S. 64.
28 Ebd., S. 99.
29 Ebd., S. 101.
30 Ebd., S. 102.

verbundenen Beschämung interpretiert werden kann. Die Möglichkeit des Vergessens erscheint dem Sohn als ein Ausweg, den Walter Jens gewählt hat, weil er sich an Bestimmtes (die »NSDAP-Episode« und die damit verbundenen öffentlichen Vorwürfe) »nicht mehr erinnern mag«. Dementsprechend wird auch schon in der Inhaltsangabe im Bucheinband bezüglich der Situation von Walter Jens gefragt: »Hat eine alte, verdrängte Geschichte die Demenz, den Verlust von Gedächtnis und Sprache, ausgelöst oder zumindest beschleunigt?«[31]

Eine solche Form der psychodynamischen Demenzinterpretation entspricht dem medizinischen Diskurs der Gegenwart keineswegs – anders als im Fall der Einsamkeitsthematik taucht dieser Interpretationsansatz dort noch nicht einmal als fragile Hypothese auf.[32] Gleichwohl bezieht sich Tilman Jens in seinem Buch durchaus auch auf aktuelle medizinische Erklärungen über die kausale Entstehung demenzieller Beeinträchtigungen. Er merkt im Verlauf seiner Ausführungen etwa an, dass sein Vater von einer vaskulären Demenz betroffen ist, die »eine Vielzahl kleiner unbemerkter Schlaganfälle« als Ursache hat – wobei hier »auch noch ein Anteil Alzheimer [hinzu] kommt«, der auf »Protein-Ablagerungen« im Gehirn zurückgeführt wird.[33] Wie sich damit zeigt, umfasst die subjektive Demenzdeutung von Tilman Jens durchaus inkongruente Inhalte – solche Inhalte, die der gegenwärtigen medizinischen Lehrmeinung über die Ursachen von demenziellen Beeinträchtigungen entsprechen, und andere Inhalte, die das nicht tun.

Die Publikation von Jens vermittelt zudem einen Eindruck davon, inwiefern auch Interpretationen, die nicht direkt aus dem gegenwärtigen Kontext der Medikalisierung von Demenz hervorgehen, schlecht bzw. nachteilig sein können. Jens nimmt eine medizinisch unlegitimierte Assoziation des Auftretens von Demenz mit persönlichen Fehlern und Versäumnissen, sozialer Beschämung und Nicht-Mehr-Erinnern-Wollen vor. Dadurch wird

---

31 Jens 2010, S. II.
32 Allerdings kommen Varianten dieser psychodynamischen Demenzinterpretation (Demenz bzw. demenzielle Symptome = Reaktion auf verletzende soziale Erfahrungen) in nicht-medizinischen Kontexten weiterhin vereinzelt vor. Das trifft etwa im Fall des pflegerischen Modells der Validation nach Naomi Feil und Vicky de Klerk-Rubin (2005) zu, auf das ich in Abschnitt 6.4 detaillierter eingehe.
33 Jens 2010, S. 48.

dem demenzbetroffenen Walter Jens implizit eine (Mit-)Verantwortung an seinem Zustand zugewiesen. Auf den Umstand, dass bestimmte Krankheitsdeutungen eine Schuldzuweisung an die Erkrankten beinhalten, hat auch Susan Sontag hingewiesen:

> »Wie man von Tb [Tuberkulose] einst annahm, dass sie von zu viel Leidenschaft herrühre und die Ruhelosen und die Sinnlichen befalle, so glauben heute viele, dass Krebs eine Krankheit unzureichender Leidenschaft sei, die diejenigen befalle, die sexuell unterdrückt, gehemmt, unspontan sind und unfähig, Wut auszudrücken.«[34]

Mir scheint es nicht so zu sein, dass Tilman Jens mit der Veröffentlichung seines Buches bewusst darauf abzielte, Walter Jens eine direkte Mitschuld an seiner Situation zuzusprechen. Ebenso muss festgehalten werden, dass die Demenzinterpretation von Jens in der medialen Öffentlichkeit zwar sehr präsent war, dass sie im Rahmen meines Korpus aber dennoch eine Ausnahme darstellt. Gleichwohl wird hier eine nicht-medizinische Demenzinterpretation (Demenz als Flucht) sichtbar, die potenziell auf ein Victim-Blaming hinauslaufen kann – auf einen solchen Effekt also, der für Demenzbetroffene zweifelsohne »bad« wäre.[35]

Medikalisierungskritiken: »Demenz ist keine Krankheit«

Wie schon erwähnt, umfasst der Quellenkorpus mit den Werken von Cornelia Stolze und Reimer Gronemeyer zwei Publikationen, die die Demenzmedikalisierung offensiv kritisieren. Es kommt in diesen Büchern also zu einer kritischen Re-Problematisierung sowohl der Demenzinterpretation der Medizin als auch der medizinischen Demenzbehandlung. Zunächst soll es um das Buch von Stolze gehen.[36] Die Wissenschaftsjournalistin weist da-

---

34 Sontag 2005, S. 22.
35 Die Möglichkeit, dass auch das medizinische Demenzkonzept auf ein Victim-Blaming hinwirken kann, thematisiere ich später. Zur Bedeutung des Begriffs des Victim-Blaming im Zusammenhang mit Gesundheits- und Krankheitsphänomenen vgl. auch Crawford 1977.
36 Es handelt sich bei diesem Buch nicht um den einzigen Beitrag innerhalb des Quellenkorpus, der von Cornelia Stolze verfasst wurde. Auch zwei Berichte aus der SZ gehen auf ihre Autorenschaft zurück. Hier handelt es sich erstens um einen Artikel vom 27. April 1995, in dem Stolze einige medizinische Verfahren zur Frühdiagnose der Alzheimer-Demenz darstellte. Zweitens berichtete sie in einem Artikel vom 3. April 2007

rin zunächst auf verschiedene Unsicherheiten des medizinischen Konzepts der Alzheimer-Demenz hin:

»Tatsächlich tappen Mediziner und Forscher in Sachen Alzheimer-Krankheit und Demenzen [...] noch ziemlich im Dunkeln. Sie kennen häufig weder die Ursachen der nachlassenden Hirnleistungen noch können sie vorhersagen, wie die Erkrankung bei einem Patient verlaufen wird.«[37]

Stolze thematisiert zudem die Einschränkungen gegenwärtiger Verfahren zur Diagnose einer Alzheimer-Demenz:

»Kein Arzt kann die Krankheit bei seinem Patienten direkt nachweisen. [...] Mediziner können die Diagnose nur indirekt stellen. [...] Wenn [...] der Arzt keine andere Ursache für die Verwirrtheit seines Patienten finden konnte, steht am Ende die vage Antwort: ›Okay, das alles ist es vermutlich nicht. Also muss es wohl Alzheimer sein.‹ Schließlich, so scheint es, muss das Kind ja einen Namen haben.«[38]

Kritisch kommentiert werden nicht zuletzt verschiedene medikamentöse Therapieansätze. In Hinblick auf gängige Mittel zur Verzögerung kognitiver Demenzsymptome heißt es: »[I]ndustrieunabhängige Experten wie die Herausgeber des *arznei-telegramms* halten nicht nur Memantin für nutzlos. Auch für Cholinesterase-Hemmer reichen die Belege nach Ansicht des a-t und zahlreicher anderer Fachleute nicht aus.«[39] In Hinblick auf die psychopharmakologische Behandlung von behavioralen und psychischen Symptomen stellt Stolze fest:

»Bis heute gibt es zum Beispiel kaum Belege dafür, dass Neuroleptika bei Demenzpatienten tatsächlich Halluzinationen und Wahn, Unruhe und Aggressivität oder Angst und Schlafstörungen auf Dauer reduzieren und – wenn ja – in welcher Menge man sie einsetzen kann.«[40]

über den kommerziellen Handel mit Gewebeproben, die unter anderem auch Demenzbetroffenen entnommen wurden.
37 Stolze 2013, S. 27f.
38 Ebd., S. 33. Wie wichtig es tatsächlich sein kann, dass »das Kind« einen Namen bekommt, dass also verunsichernde, schwierige Erfahrungen als ein spezifisches Problem identifiziert werden, zeigt sich auch im Zusammenhang mit der weiter oben am Beispiel von Frau Peters veranschaulichten Orientierungsfunktion einer Demenzdiagnose.
39 Ebd., S. 123.
40 Ebd., S. 67.

Verantwortlich dafür, dass das Konzept der Alzheimer-Demenz, die entsprechende Diagnose und die medikamentösen Alzheimer-Therapien überhaupt existieren, sind laut Stolze die finanziellen Interessen von Mediziner*innen und Pharmaindustrie. Die Alzheimer-Demenz stellt demnach nichts anderes dar als ein »nützliches Etikett, mit dem sich wirkungsvoll Forschungsmittel mobilisieren, Karrieren beschleunigen, Gesunde zu Kranken erklären und riesige Märkte für Medikamente und diagnostische Verfahren schaffen lassen.«[41] Zu dem medizinisch-industriellen Alzheimer-»Kartell« zählt Stolze auch die von »Medikamentenherstellern wie Pfizer, Merz, Janssen-Cilag und Glaxo-SmithKline« finanzierte Alzheimer Gesellschaft: »Mit vagen Behauptungen und unscharfen Angaben bauscht der Verein die Bedrohung durch Alzheimer in der Öffentlichkeit auf. [...] Gleichzeitig stellt die Gesellschaft zahlreiche Medikamente in einem äußerst positiven Licht dar[.]«[42]

Bezüglich der Medikalisierungskritik von Stolze bleibt zunächst festzuhalten, dass hierdurch verschiedene Inhalte in den medialen Interdiskurs getragen werden, die keineswegs neu oder unbekannt sind, die aber vornehmlich in spezialdiskursiven Kontexten zirkulieren: Schon eine eingehendere Auseinandersetzung mit der medizinischen Forschung zur Alzheimer-Demenz belegt, dass deren Ätiologie in Fachkreisen durchaus umstritten ist und dass es hier auch um Diagnose- und Therapieverfahren Kontroversen gibt. Die Beschäftigung mit nicht-medizinischen Analysen zur Medikalisierung der Alzheimer-Demenz vertieft entsprechende Einsichten. Es ist jedoch nicht so, dass nur Stolze allein derartige Einsichten etwas stärker popularisierte. In der demenzbezogenen Berichterstattung von BILD, SZ und FAZ finden sich ebenfalls solche Artikel, die das Konzept der Alzheimer-Demenz kritischer betrachten. Diese kritischeren Darstellungen basieren oftmals auf medizinwissenschaftlichen Studien, die die Geltung bestehender Annahmen über die Alzheimer-Demenz in Zweifel ziehen und zur Diskussion stellen. Hinsichtlich der Ätiologie von Alzheimer wird etwa in der FAZ gefragt: »Ist die Alzheimer-Forschung auf dem Holzweg? Doktert sie am Ende vielleicht seit Jahren an den falschen Ursachen herum, konzentriert sich auf

---

41 Stolze 2013, S. 7.
42 Ebd., S. 173.

die falschen Ziele?«[43] Eine Überschrift zu einem Artikel der SZ kennzeichnet die Alzheimer-Demenz gar als »Die große Unbekannte« – weiter heißt es hier: »Alzheimer ist weder eindeutig zu diagnostizieren noch zu heilen, nicht einmal die Ursache kennt man – dabei ist diese Krankheit die häufigste Form der Demenz.«[44] Überdies werden Dispute um die Zweckmäßigkeit von medikamentösen Therapien zur Behandlung von kognitiven sowie behavioralen und psychischen Demenzsymptomen abgebildet: »Zehn Jahre nach ihrer Einführung bleibt weiter unklar, ob teure Alzheimer-Medikamente den Kranken überhaupt mehr helfen als schaden.«[45]; »Tod unter Therapie. Psychopharmaka verkürzen das Leben von Demenz-Patienten.«[46]

Hinsichtlich der Medikalisierungskritik von Stolze bleibt weiter anzumerken, dass diese einige perspektivische Begrenzungen aufweist. Das wird etwa im Zusammenhang mit Stolzes Wahrnehmung der Medizin deutlich. Innerhalb dieses Feldes existieren ihrer Einschätzung nach nur einige wenige Ausnahmefiguren, die dem »Irrglaube[n] an Alzheimer« distanziert gegenüber stehen.[47] Abgesehen von solchen Ausnahmefiguren scheinen Mediziner*innen, die sich dem Thema der (Alzheimer-)Demenz widmen, allesamt an einem Strang zu ziehen. Die manifeste Bandbreite der demenzbezogenen medizinischen Forschung und Praxis bleibt bei Stolze so unberücksichtigt. Nicht weniger verkürzt ist ihr Ansatz, das Tun und Lassen von Mediziner*innen einzig und allein auf die Motivation einer Geld- und Ruhmsucht zurückzuführen.

Perspektivische Begrenzungen des Deutungsansatzes von Stolze werden ebenfalls am Beispiel ihrer Beschreibung der Alzheimer Gesellschaft greifbar. Nach dem Dafürhalten der Wissenschaftsjournalistin ist diese Organisation kaum mehr als ein bloßes Marketingorgan der Pharmaindustrie. Völ-

---

43 FAZ v. 14.08.2013.
44 SZ v. 15.06.2011.
45 SZ v. 13.10.2006.
46 SZ v. 09.01.2009.
47 Stolze 2013, S. 8. Zu diesen Ausnahmen zählt Stolze beispielsweise den Neurologen Peter J. Whitehouse. Whitehouse selbst hat verschiedene Publikationen verfasst oder mit herausgegeben, in denen das konzeptionelle Konstrukt der Alzheimer-Demenz analysiert und hinterfragt wird. Vgl. Whitehouse/George 2008 sowie Whitehouse/Maurer/Ballenger 2000.

lig unbeachtet bleibt dabei erstens, dass der Verein keineswegs nur durch Spenden von pharmaindustrieller Seite unterstützt wird. Zweitens übergeht Stolze die vielfältigen praktischen Hilfs- und Unterstützungsangebote der Alzheimer Gesellschaft voll und ganz. Diese Angebote sind alles andere als pharmakologischer Natur und sie haben für die Nutzer*innen oftmals eine sehr positive Bedeutung, was im weiteren Fortlauf meiner Untersuchung noch genauer dargestellt wird.

Stolzes Nicht-Beachtung von psychosozialen Hilfs- und Unterstützungsangeboten erklärt sich vor allem durch folgenden Umstand: Unabhängig von ihrer starken Kritik an der gegenwärtigen Form der Demenzmedikalisierung hält sie an einer durch und durch medizinisch orientierten Auseinandersetzung mit Demenz fest. Es geht ihr also keineswegs darum, medizinische Interpretations- und Behandlungsweisen generell abzulehnen und festzustellen, dass Demenz per se kein Gegenstand der Medizin sei. Ganz im Gegenteil führt sie im abschließenden Kapitel ihres Buches verschiedene »Strategien gegen das Vergessen« auf – hierbei handelt es sich um einige Empfehlungen zum Umgang mit Demenz, die ausnahmslos von medizinischem Charakter sind:

> »[B]einträchtigungen im Denken, Fühlen und Handeln sind nicht immer die Folge einer Krankheit, sondern ein Zustand, der zahlreiche Ursachen haben und sich immer wieder ändern kann. Viele dieser Ursachen sind vermeidbar. Und gegen etliche andere lässt sich sehr erfolgreich etwas machen. [...] Oft steckt hinter einer Demenz nämlich eine Erkrankung, die sich – vor allem bei älteren Menschen – auch auf die geistigen Fähigkeiten auswirkt und scheinbar ›klassische Alzheimer-Symptome‹ hervorruft. Die Palette reicht von Durchblutungsstörungen über krankhafte Nervenwasseransammlungen im Gehirn und starken Schwankungen des Blutzuckerspiegels bei Diabetes bis hin zu Depressionen und Entzugserscheinungen bei einer (oft verheimlichten, aber weitverbreiteten) Abhängigkeit von Alkohol oder Medikamenten.«[48]

Diese Darstellung suggeriert, dass das Auftreten von Demenz vermeidbar ist – bzw., dass sich »etliche« Ursachen demenzieller Beeinträchtigungen klar identifizieren und »erfolgreich« behandeln lassen. Die häufige Erfolglosigkeit der Demenzbehandlung liegt für Stolze vor allem darin begründet, dass Mediziner*innen »immer wieder [...] die wahren Ursachen von kör-

---

48 Stolze 2013, S. 208f.

perlichen oder psychischen Störungen bei Senioren übersehen«.[49] Ihr Rat an Demenzbetroffene und deren Umfeld lautet deshalb: »Lassen Sie sich oder Ihren Angehörigen bei Verdacht auf Demenz gründlich untersuchen.«[50]

Einen Rat für all jene Menschen, in deren Fall trotz einer »gründlich« durchgeführten medizinischen Untersuchung keine kausal behandelbare demenzverursachende Erkrankung diagnostiziert werden kann, hat Stolze nicht. Stattdessen nährt sie die »Hoffnung, eine Vielzahl von Demenzen ließen sich beheben, täte man nur das Richtige«, wie Martina Schulte in ihrer Besprechung des Buches von Stolze für die FAZ resümiert.[51]

Neben der Frage einer Behebung von demenziellen Beeinträchtigungen weist Stolze auch auf Ansätze zu deren Prävention hin. Sie führt das Thema der Prävention mit den folgenden Aussagen ein:

> »Vieles deutet darauf hin, dass hinter der Diagnose ›Alzheimer‹ in Wirklichkeit oft eine andere Form von Demenz steckt, die sogenannte vaskuläre Demenz. Ursache dafür sind Mini-Infarkte oder -Schlaganfälle, die das umgebende Gewebe von der Versorgung mit Sauerstoff und Nährstoffen abschneiden. Häufen sie sich jedoch über längere Zeit, können sie die geistigen Fähigkeiten des Betroffenen wie Denken und Gedächtnis immer mehr einschränken. Solche Mini-Schlaganfälle kommen in der Regel nicht aus heiterem Himmel. Sie sind meist die Folge einer jahrelangen Schädigung der Blutgefäße. Und die hat nicht zuletzt mit dem eigenen Lebensstil zu tun.«[52]

Anschließend beschreibt Stolze dann verschiedene Ansätze zur Prävention einer vaskulären Demenz (Ernährungsumstellung, Aufgabe des Rauchens, körperliche Bewegung, Herstellung von sozialen Kontakten etc.). Hierbei lässt sie erstens die Tatsache unberücksichtigt, dass diese Präventionsansätze genau auf jenen Medikalisierungskontext zurückgehen, den sie zuvor in ihrem Buch einer Fundamentalkritik unterzogen hat. Zweitens gibt sie Empfehlungen zu Präventionsmaßnahmen, obwohl auch die Einschätzungen der demenzbezogenen Präventionsforschung nicht allesamt evi-

---

49 Stolze 2013, S. 209.
50 Ebd.
51 FAZ v. 28.12.2011. In Kapitel 4 wurde bereits ausgeführt, dass etwa 10% der Demenzfälle als potenziell reversibel gelten. Allerdings gelingt eine manifeste Reversion demenzieller Beeinträchtigungen nach gegenwärtiger Studienlage nur in einem geringen Anteil dieser Fälle – A. Mark Clarfield (2013, S. 2219) hält dementsprechend fest: »[T]rue reversibility is an extremely uncommon characteristic.«
52 Stolze 2013, S. 212.

dent sind und viele davon einen hypothetisch-vorläufigen Status haben: »[W]arum sollte man nicht einfach versuchen, etwas für den eigenen Körper – und damit vielleicht auch etwas für den Erhalt der geistigen Gesundheit zu tun? Schaden wird es höchstwahrscheinlich nicht.«[53]

Die von Reimer Gronemeyer vorgebrachte Kritik an der Medikalisierung von Demenz scheint sich auf den ersten Blick mit der Darstellung von Stolze zu decken. Beispielsweise thematisiert Gronemeyer ebenfalls die Bedeutung von finanziellen Interessen der Medizin:

> »[D]er Alzheimer-Komplex [ist] zu einer medizinischen Goldgrube geworden, von der man sich nicht verabschieden möchte. Und das, obwohl zugegeben wird, dass es zwar eine Diagnose, aber keine Therapie gibt – und auch in absehbarer Zeit nicht geben wird.«[54]

Die Parallelen zwischen Gronemeyer und Stolze erschöpfen sich aber schnell. Das wird schon deutlich, wenn Gronemeyer betont, dass kritische Perspektiven auf verschiedene Aspekte des Konzepts der (Alzheimer-)Demenz keine seltenen Einzelfälle innerhalb des medizinischen Feldes darstellen.[55] Einer der entscheidenden Unterschiede zu Stolze besteht jedoch darin, dass Gronemeyer darauf abzielt, die »soziale Seite der Demenz« zu erfassen.[56] Kritikwürdig ist die Medikalisierung von Demenz für ihn vor allem aus folgendem Grund: »Hat man die Demenz in die Krankheitsecke geschoben, dann hat man sie als ein gesellschaftlich, sozial und kulturell verankertes Phänomen entschärft.«[57]

Im Rahmen seiner Fokussierung auf die gesellschaftliche, soziale und kulturelle Dimension formuliert Gronemeyer auch eine psychodynamische Deutung zur Entstehung von Demenz, die inhaltlich sehr stark an den schon zuvor erwähnten Deutungsansatz von David Rothschild erinnert (Rollenverlust und gesellschaftliche Exklusion als Demenzursache): »Die Erfahrung der Sinnlosigkeit, die Überlastung durch nicht mehr lösbare persönli-

---

53 Stolze 2013, S. 212.
54 Gronemeyer 2013, S. 42.
55 Vgl. ebd., S. 41.
56 Ebd., S. 45.
57 Ebd., S. 62.

che Probleme, die Vereinsamung, die Angst vor dem Sterben: Kann das die Ursache für die Schrumpfung unseres Gehirns sein?«[58]

Das Zitat zeigt ebenfalls an, dass Gronemeyers Ausführungen mit einer expliziten Gesellschaftskritik verbunden sind. Für ihn weisen Menschen mit Demenz »durch ihre schiere Existenz auf die Defizite einer zunehmend kalten, professionalisierten und vergeldlichten Lebenswelt hin«.[59] Dieser Erkaltungs-, Professionalisierungs- und Vergeldlichungszustand trägt, wie Gronemeyer weiter ausführt, auch entscheidend mit dazu bei, dass bisher noch kein adäquater gesellschaftlicher Umgang mit dem Problem Demenz gefunden wurde. Damit die »Gesellschaft human, verantwortungsvoll und fürsorglich« auf die »Herausforderung« Demenz reagieren kann, bedarf es nach Gronemeyers Einschätzung erstens einer größeren Akzeptanz des Phänomens.[60] Er regt in diesem Zusammenhang eine gewisse Re-Justierung der konzeptionellen Trennung von normalem Altern und pathologischer Demenz an:

> »Nicht die *Bekämpfung* der Demenz steht [...] an oberster Stelle der Agenda, sondern die Bereitschaft, die Demenz als etwas zu begreifen, das zum Altwerden gehören kann. Sie wäre dann übrigens auch zu verstehen als einer der möglichen Wege, in denen sich ein Mensch dem Lebensende nähert.«[61]

---

58 Gronemeyer 2013, S. 61. Gronemeyer bezieht sich jedoch nicht auf Rothschild, eine zentrale Grundlage seiner ätiologischen Hypothese sind vielmehr entsprechende Ausführungen des Pathologen Jürgen R.E. Bohl. Vgl. Bohl 2000.
59 Gronemeyer 2013, S. 258. Eine Assoziation des Phänomens Demenz mit Beobachtungen zum gesellschaftlichen Status Quo lässt sich auch im Fall der literarischen Erzählung von Arno Geiger (2014, S. 58) beobachten: »Alzheimer [ist] ein Sinnbild für den Zustand unserer Gesellschaft. Der Überblick ist verlorengegangen, das verfügbare Wissen nicht mehr überschaubar, pausenlose Neuerungen erzeugen Orientierungsprobleme und Zukunftsängste. Von Alzheimer reden heißt, von der Krankheit des Jahrhunderts reden. Durch Zufall ist das Leben des Vaters symptomatisch für diese Entwicklung. Sein Leben begann in einer Zeit, in der es zahlreiche feste Pfeiler gab (Familie, Religion, Machtstrukturen, Ideologien, Geschlechterrollen, Vaterland), und mündete in die Krankheit, als sich die westliche Gesellschaft bereits in einem *Trümmerfeld solcher Stützen* befand.« Wie Hannah Zeilig (2013, S. 266) zeigt, kommt es auch im englischsprachigen Raum stellenweise dazu, dass Demenz als Sinnbild für die gesellschaftliche Gegenwart, als Metapher für die »conditions of postmodern capitalist life« betrachtet wird.
60 Gronemeyer 2013, S. 254.
61 Ebd., S. 255.

Zweitens fordert Gronemeyer eine stärkere gesellschaftliche Inklusion Demenzbetroffener ein, da die Betroffenen häufig und in verschiedenen Hinsichten soziale Ausschlüsse erfahren.[62] Es kommt für ihn darauf an, »Menschen mit Demenz *gastfreundlich* aufzunehmen«.[63] Er erläutert diese bildliche Vorstellung so:

> »In mancher Hinsicht werden Menschen mit Demenz heute behandelt, als wären sie Aussätzige, in Institutionen abgesondert, in überlasteten Familien isoliert. Wie könnte das aussehen, wenn wir sie an die Tische, an denen wir sitzen, zurückholen würden, um sie zu bewirten – im realen und symbolischen Sinn?«[64]

Damit diese Re-Integrationsbestrebung Erfolg hat, ist Gronemeyer zufolge »nicht mehr und nicht weniger als ein Umbau der Gesellschaft« erforderlich.[65] Entscheidend sind für ihn vor allem:

> »Nachbarschaftlichkeit, Freundschaftlichkeit, Wärme. Das wären die Wegmarken dieser neu zu erfindenden Gesellschaft, die ihre vorrangige Aufgabe nicht in der Diagnose der Demenz, sondern in der Umsorgung der Menschen mit Demenz sehen würde.«[66]

Die aufgeführten Textstellen zeigen: Gronemeyer geht ungleich stärker auf Distanz zu medizinischen Formen des Umgangs mit Demenz als Stolze. Zwar konstatiert Gronemeyer ebenso wie Stolze, dass das Problem Demenz derzeit nicht angemessen interpretiert und behandelt wird – anders als Stolze geht es Gronemeyer aber darum, auf die soziokulturellen Dimensionen von Demenz und auf die Relevanz soziokultureller Lösungsansätze hinzuweisen. Die Medikalisierung von Demenz hat, wie er herausstreicht, mit dazu geführt, dass diese Dimensionen und Relevanzen heute kaum in erforderlichem Ausmaß reflektiert werden und stattdessen vornehmlich die Fragen nach organischen Demenzursachen, nach Diagnosekriterien, nach pharmakologischen Heilmitteln oder nach Präventionsmaßnahmen im gesellschaftlichen Fokus stehen.[67]

---

62 Vgl. Schuhmacher 2018, S. 76f.
63 Gronemeyer 2013, S. 256.
64 Ebd.
65 Ebd., S. 257.
66 Ebd.
67 Gronemeyer engagiert sich als erster Vorsitzender der Aktion Demenz e.V. auch praktisch für die Entwicklung und die Stärkung von Ansätzen eines förderlichen soziokulturellen Umgangs mit Demenz. In diesem Zusammenhang sei nicht unerwähnt, dass

Eine wichtige paradigmatische Grundlage der Ausführungen von Gronemeyer ist ein mittlerweile klassisches Werk der sozialphilosophischen Medikalisierungskritik. Es handelt sich hier um den Titel »Die Nemesis der Medizin« von Ivan Illich. Aus der 4. Auflage (1995) dieser erstmals 1975 erschienenen Publikation zitiert Gronemeyer an folgender Stelle seines Buches:

> »Ivan Illich hat in den 1970er Jahren die These formuliert, die Medizin sei zur größten Bedrohung für die Gesundheit geworden. Das Lechzen nach immer mehr Dienstleistungen und Gütern aus dem Füllhorn der Gesundheitsindustrie untergräbt – so Ivan Illich 1995 – würdiges Leben, Leiden und Sterben. ›Die Gastfreundschaft für den Andersartigen wird durch die therapieorientierte Diagnostik bedroht, die Leidenskunst durch das Versprechen der Schmerzstillung untergraben und die Kunst des Sterbens durch den Kampf gegen den Tod überlagert.‹«[68]

Unbeachtet bleibt im Rahmen dieser Einschätzung von Illich unter anderem eine Annahme, wie sie Parens vertritt: Medikalisierungsprozesse können möglicherweise auch bestimmte positive Auswirkungen haben – positive Auswirkungen nicht nur von gesundheitlicher, sondern ebenfalls von sozialer Art. Wie weiter oben unter Rückgriff auf Parens gezeigt wurde, trägt das Demenzkonzept der Medizin stellenweise etwa dazu bei, dass abweichende Verhaltensweisen von Menschen mit Demenz als krankheitsbedingte Phänomene legitimiert werden. In Situationen, in denen das medizinische Demenzkonzept einen solchen Praxiseffekt hat, in denen es also Verständnis statt Ausgrenzungen und Sanktionen fördert, wirkt es in gewissem Ausmaß mit darauf hin, dass so etwas wie jene »Gastfreundschaft« gegenüber (vermeintlich) »Andersartigen« möglich wird, von der Illich im obigen Zitat spricht.[69]

---

ich selbst seit 2016 wiederholt an Arbeits- und Diskussionskreisen des Vorstandes der Aktion Demenz e.V. teilgenommen habe.

68 Gronemeyer 2013, S. 38.

69 Mit dieser Aussage soll jedoch nicht suggeriert werden, dass es zwingend einer Medikalisierung von Demenz bedarf, damit Demenzbetroffene, die abweichende Verhaltensweisen zeigen, von sozialen Ausgrenzungen und Sanktionen unberührt bleiben. Anderweitige Probleminterpretationsformen können ebenso auf einen solchen Effekt hinwirken. Weiter bleibt hier festzuhalten, dass die medizinische Trennung zwischen normalem Alter und pathologischer Demenz eine gewisse Andersartigkeit bzw. A-Normalität von Menschen mit Demenz herausstellt. Gleichwohl ist die medizinische Demenzinterpretation keineswegs der einzige Kontext, aus dem heraus Demenzbetrof-

Genau wie das Buch von Stolze nicht die einzige Quelle im Korpus ist, die bestimmte Kritikpunkte am medizinischen Demenzkonzept in die Öffentlichkeit trägt, verkörpert auch Gronemeyers Werk keineswegs den einzigen Medientext meiner Datensammlung, in dem die Forderung auftaucht, dass die »soziale Seite« der Demenz stärker berücksichtigt werden sollte.[70] Zwar sticht Gronemeyers Publikation im medialen Interdiskurs insofern heraus, als sie in besonders umfangreicher und zugespitzter Weise für einen Umgang mit dem Demenz plädiert, der den Einfluss soziokultureller Aspekte intensiver würdigt. Allerdings wird dieses Plädoyer auch in anderen Quellen des medialen Korpus vorgebracht, was ich später noch einmal näher darstelle, wenn ich ganz ausführlich unterschiedliche Problembehandlungsansätze thematisiere. An dieser Stelle sei abschließend festgehalten, dass aus der Gegenüberstellung der Werke von Stolze und Gronemeyer eine wichtige Einsicht bezüglich der Interpretation von Demenz hervorgeht: Es können sehr unterschiedliche Rahmungen und Zielsetzungen einflussreich sein, wenn es in Titeln von medialen Publikationen wie auflagenstarken Sachbüchern heißt »Vergiss Alzheimer! Die Wahrheit über eine Krankheit, die keine ist« (Stolze) oder »Das 4. Lebensalter. Demenz ist keine Krankheit« (Gronemeyer).

---

fene in bestimmten Hinsichten als andersartig bzw. abweichend identifiziert werden können (vgl. dazu etwa auch Zehender 2005).
70 Gronemeyer 2013, S. 45.

5.2 Demenz als Problem der Betroffenen

Dieser Abschnitt zeigt, inwiefern Demenz im Korpus als ein Problem für die direkt davon Betroffenen gilt. Interpretationen über die Lage von Menschen mit Demenz haben häufig metaphorischen Charakter. Der vorliegende Abschnitt konzentriert sich deshalb besonders auf Metaphern und beinhaltet erstens einige einführende Anmerkungen zur Relevanz von Metaphern für die Demenzproblematisierung und zum Vorgehen meiner Metaphernanalyse. Zweitens stelle ich dann eine Reihe metaphorischer Deutungskonzepte dar, die die Situation von Menschen mit Demenz als eine schwerwiegende Notlage kennzeichnen, die von verschiedenen Negativaspekten und Defiziten geprägt ist. Drittens beschreibe ich solche metaphorische Interpretationen, die von den zuvor behandelten Deutungskonzepten abweichen, indem sie positive Erfahrungsmöglichkeiten sowie Potenziale Demenzbetroffener herausstellen.

Die metaphorische Dimension der Demenzproblematisierung

Die subjektiven Folgen einer Alzheimer-Demenz wurden in einem FAZ-Artikel vom 21. Februar 1987 so beschrieben: »Die Erkrankung beginnt gewöhnlich mit Orientierungsstörungen und einem Abbau der geistigen Leistungsfähigkeit und endet schließlich im Schwachsinn.« In einem Artikel der SZ vom 18. November 1993 findet sich die nachstehende Darstellung der Lage von Demenzbetroffenen: »Heimgesucht von ständig wechselnden Stimmungen, werden sie unberechenbar, erkennen ihre Angehörigen und sich selbst nicht mehr und sterben schließlich an dem tückischen Untergang ihrer Nervenzellen.« In der BILD vom 7. November 1994 wurde Folgendes zu den Konsequenzen einer Alzheimer-Demenz ausgeführt: »Was ist die Alzheimer-Krankheit? […] Die Stationen: 1. Verlust der Erinnerung. 2. Störungen der Sprache, der Augen, der Orientierung (man verlernt z. B. Schnürsenkel zu binden). 3. totaler Persönlichkeits-Verlust.« In der BILD vom 11. Oktober 2008 findet sich zudem eine der wenigen Situationsbeschreibungen innerhalb des Quellenkorpus, die einem Demenzbetroffenen zugeschrieben wird: »›Es ist so, wie wenn jemand einem das Hirn ausschaltet!‹ Ein Unternehmer spricht über sein Leben mit Alzheimer.«

Auch wenn das zum Teil nicht direkt auffallen mag, weisen alle vier Beschreibungen einen metaphorischen Charakter auf. Hier ist vom »Abbau« kognitiver Potenziale die Rede, von einem »schwach« werdenden Sinn (»Schwachsinn«), von einem »tückischen Untergang« von Nervenzellen, von einem »Verlust« von Gedächtnis und Persönlichkeit und davon, dass Demenz das Gehirn der Betroffenen »ausschaltet«. Kennzeichnend für Metaphern ist grundsätzlich, »*daß wir durch sie eine Sache oder einen Vorgang in Begriffen einer anderen Sache bzw. eines anderen Vorgangs verstehen und erfahren können*«.[71] Genau dazu kommt es in den aufgeführten Zitaten. Beispielsweise werden hier die kognitiven Auswirkungen von Demenz über einen Vergleich mit der Demontage eines materiellen Gebildes erläutert (»Die Krankheit beginnt [...] mit einem Abbau der geistigen Leistungsfähigkeit«).

Metaphern spielen unter anderem deshalb in der Demenzproblematisierung eine große Rolle, da sie als ein Mittel für die Veranschaulichung von Inhalten aus wissenschaftlichen Spezialdiskursen dienen können. Exemplarisch sei das an einem Zitat konkretisiert, das ich bereits im Zusammenhang der Analyse der medialen Popularisierung des medizinischen Demenzkonzepts erwähnt habe: »Was im Gehirn des Kranken passiert, ähnelt einem Kabelbrand: Anfangs wirkt er zerstreut, dann wird die Vergeßlichkeit zur Tragödie.«[72] Hier werden die hirnorganischen Vorgänge, die die Medizin als Merkmale von Demenzerkrankungen erfasst, unter Rückgriff auf das allgemeinverständlichere Phänomen eines Kabelbrandes erläutert. Dementsprechend lautet ein wichtiges journalistisches Prinzip: »Die Übersetzung komplexer Sachverhalte bedingt einen regen Einsatz von Metaphern.«[73]

Die besondere Relevanz von Metaphern rührt jedoch nicht nur daher, dass sie als Instrumente für mediale Übersetzungs- und Vermittlungsprozesse dienen können. Vielmehr stellen metaphorische Operationen ein zentrales Element der Wirklichkeitsinterpretation dar: »Am Anfang und am Ende des Verstehens, Erklärens und Aufklärens stehen Metaphern. Unsere alltäg-

---

71 Lakoff/Johnson 1998, S. 13. Für eine Übersicht zu unterschiedlichen Metaphermodellen vgl. Black 1983.
72 BILD v. 22.09.1988.
73 Journalistikon (Internet), *Sprache und Stil*.

liche wie auch die wissenschaftliche Suche nach Erkenntnis ist unvermeidbar gebunden an Metaphern.«[74]

Inwiefern sich alltägliche Verstehens- und Erklärungsprozesse auf Metaphern stützen, zeigt etwa das oben aufgeführte Pressezitat, in dem ein Demenzbetroffener seine Situation mit dem Bild eines ausgeschalteten Gehirns beschreibt. Metaphern sind jedoch genauso im Kontext des wissenschaftlichen Verstehens und Erklärens elementar.[75] Beispielhaft sei in diesem Zusammenhang auf das folgende Zitat von Kitwood und Bredin hingewiesen: »[T]he self that is shattered in dementia will not naturally coalesce; the Other is needed to hold the fragments together. As subjectivity breaks apart, so intersubjectivity must take over if personhood is to be maintained.«[76] Das Selbst von Demenzbetroffenen wird hier mit einem zerschlagenen (»shattered«) materiellen Gegenstand verglichen, dessen einzelne Teile (»fragments«) das soziale Umfeld (»the Other«) jedoch wieder zusammenfügen (»coalesce«) und aufrechterhalten (»maintain«) können soll. Der person-zentrierte Ansatz von Kitwood gründet damit also auf einer hochgradig bildlichen Vorstellung über die subjektiven Auswirkungen demenzieller Beeinträchtigungen.

---

74 Junge 2011, S. 7.
75 So hat Douwe Draaisma (2001, S. 53) in einem Beitrag für das Journal Nature festgestellt: »Whether we are investigating the mechanisms of memory or genetics, metaphors direct the way we think, name and hypothesize. Once we start thinking along the lines of reading and writing, we will end up with memory traces as ›engrams‹ and cells containing ›genomic libraries‹.« Der Begriff Engramm (engl.: engram) findet in der Gedächtnisforschung Verwendung und wird von Thomas Gruber (2011, S. 109) so definiert: »Die Gedächtnisspur bzw. das Engramm eines Reizes ist die physiologische Spur, die eine Reizeinwirkung als dauerhafte Veränderung im Gehirn hinterlässt.« Die Definition des Engramms als physiologische Spur eines Reizes ist klar metaphorisch. Die metaphorische Dimension des Begriffs tritt noch stärker hervor, wenn dessen wörtliche Bedeutung berücksichtigt wird. Es handelt sich hier um eine Kombination aus den griechischen Wörtern en (hinein) und gramma (Inschrift). Die Aktivierung von sogenannten Engramm-Zellen gilt aktuell auch als ein möglicher Ansatz, um Gedächtnisverluste von Menschen mit einer Alzheimer-Demenz zu behandeln. Vgl. dazu Roy et al. 2016. Zur Bedeutung von Metaphern für die Wissenschaften vgl. weiter Blumenberg 1960 sowie Kay 2001.
76 Kitwood/Bredin 1992, S. 285.

Das Zitat von Kitwood und Bredin belegt überdies, inwiefern Metaphern nicht nur für die Interpretation eines Problems wichtig sein können, sondern auch für die Entwicklung spezifischer Behandlungsansätze. Die person-zentrierte Reaktion auf Demenz wird oben nämlich sinnbildlich als Verfahren gekennzeichnet, bei dem es darum geht, das fragmentierte Selbst Demenzbetroffener von außen zusammenzufügen und zu erhalten. Metaphern können demnach insofern praktische Effekte haben, als sie bestimmte Formen des Umgangs mit einem Problem nahelegen.

In diesem Zusammenhang möchte ich zusätzlich auf einen Artikel der SZ mit folgender Überschrift eingehen: »Die Alzheimerwelle rollt.«[77] Der betreffende Artikel behandelt einen auf die Alzheimer-Demenz bezogenen Aktionsplan der französischen Regierung. Im weiteren Verlauf des Textes wird ausgeführt:

»In Frankreich sind 850 000 Menschen an Alzheimer erkrankt. [...] Für 2024 wird mit annähernd zwei Millionen Alzheimer-Kranken gerechnet. Mit dem Bild von einer ›dreißig Meter hohen Sturmwelle, die niemand kommen sieht‹, veranschaulicht Gesundheitsminister Philippe Douste-Blazy die dramatische Entwicklung[.]«

Es ist ein verbreitetes Kollektivsymbol, das hier zur Erläuterung epidemiologischer Zukunftsszenarien herangezogen wird – das Kollektivsymbol der Sturm- bzw. Flutwelle.[78] Die metaphorische Verbindung des Phänomens der (Alzheimer-)Demenz mit dem Kollektivsymbol der Flutwelle dient nun nicht allein dem Zweck, die zunehmende Verbreitung des Phänomens möglichst anschaulich zu erklären. Vielmehr läuft der Einsatz der Flutwellenmetapher auch darauf hinaus, dass Demenz als eine schwerwiegende Bedrohung gewertet wird. Auf diese Weise können metaphorische

---

77 FAZ v. 16.09.2004.
78 Jürgen Link und Ursula Link-Heer (1994, S. 44) haben den Begriff des Kollektivsymbols wie folgt definiert: »[J]enes elementare Wissen, mit dessen Hilfe die Individuen einer gegebenen Kultur sich in ihrer ›Welt‹ orientieren, [wird] großenteils durch stereotype ›bildliche‹ Vorstellungen geprägt. Die Gesamtheit solcher kulturspezifischer, kollektiv-stereotyper ›Bildlichkeit‹ wird [...] als ›Kollektivsymbolik‹ bezeichnet.« Link und Link-Heer (ebd., S. 45) heben aber hervor, dass Metapher und Symbol nicht gleichzusetzen sind: »Es ist besonders wichtig zu betonen, daß zwar viele Symbole [...] metaphorisch sind, aber keineswegs alle. Die Eisenbahn als Symbol des Fortschritts ist metaphorisch, die Eisenbahn als Symbol der modernen Technik aber ist nicht metaphorisch, sondern synekdochisch (pars pro toto).«

Beschreibungen »bestimmte Handlungen rechtfertigen bzw. unhinterfragbar machen«.[79] Eine herannahende Flutwelle etwa lässt – symbolisch gesprochen – nur eine Reaktion zu: den angestrengten Versuch einer Eindämmung der Flut – wer stattdessen nichts gegen die sich abzeichnende Flut unternimmt, dem droht der Untergang.

Wie die vorangegangenen Ausführungen verdeutlichen, können Metaphern ein entscheidender Zugang für die Analyse von Wirklichkeits- bzw. Probleminterpretationen sein. Im Fall von Interpretation über die Lage von Menschen mit Demenz trifft das insofern ganz besonders zu, als es hierbei häufig zu metaphorischen Lagebeschreibungen kommt. Weiter sind Metaphern auch deshalb beachtenswert, da sie ebenfalls im Kontext der praktischen Problembehandlung einflussreich sein können.

Meine Untersuchung von metaphorischen Demenzinterpretationen stützt sich in methodischer Hinsicht auf zwei Verfahrensweisen aus dem Feld der Metaphernanalyse.[80] Erstens erarbeite ich »Inventare metaphorischer Wendungen« auf deren Grundlage sich unter anderem zeigen lässt, »welche Bildfelder mit bestimmten Metaphern eröffnet werden und welche Assoziationen dadurch hervorgerufen werden können«.[81] Zweitens geht es immer wieder auch um die Klärung der Frage, »wie Sprachbilder in Handlungsmöglichkeiten, Handlungspotenziale und die Gestaltung von Handlungsräumen umschlagen«.[82]

Bei der Erstellung eines Inventars von Demenzmetaphern greife ich Impulse aus der Metapherntheorie von George Lakoff und Mark Johnson auf. Die zentrale These dieser Theorie lautet, dass »[u]nser alltägliches Konzeptsystem, nach dem wir sowohl denken als auch handeln, [...] grundsätzlich metaphorisch« ist.[83] Der Umstand, dass metaphorische Konzepte Denken und Handeln rahmen, schlägt sich für Lakoff und Johnson in der

---

79 Kruse/Biesel/Schmieder 2011, S. 71.
80 Für eine prägnante Übersicht zu den unterschiedlichen Programmatiken innerhalb dieses Feldes vgl. auch Schmitt 2011.
81 Junge 2011, S. 8.
82 Ebd.
83 Lakoff/Johnson 1998, S. 11.

»Struktur unserer Umgangssprache« nieder.[84] Gesellschaftliche Deutungskonzepte zu einem Phänomen wie Liebe zeichnen sich demnach in Formulierungen der folgenden Art ab: »Sie gefällt mir *wahnsinnig*. Sie *macht mich völlig kopflos*. [...] Er ist völlig *verrückt* nach ihr. Es ist einfach eine *irre* Beziehung zu Harry.«[85] Laut Lakoff und Johnson lässt die Zusammenschau derartiger Aussagen die konzeptionelle Metapher »LIEBE IST VERRÜCKTHEIT« greifbar werden.[86] Vorstellungen über Liebe beruhen jedoch nicht nur auf diesem Konzept allein – es lassen sich weitere Konzepte ausmachen wie zum Beispiel »LIEBE IST MAGIE«, »LIEBE IST KRIEG« etc.[87]

Wird ein Phänomen wie Liebe unter Bezug auf ein konkretes metaphorisches Konzept (z. B. »LIEBE IST KRIEG«) beschrieben bzw. interpretiert, so hat das immer auch eine manifeste Einengung der Perspektiven auf dieses Phänomen zufolge:

> »Indem ein metaphorisches Konzept uns erlaubt, daß wir uns auf einen bestimmten Aspekt dieses Konzepts [...] konzentrieren, kann es uns davon abhalten, daß wir uns auf andere Aspekte dieses Konzepts konzentrieren, die mit dieser Metapher nicht konsistent sind.«[88]

Lakoff und Johnson betonen deshalb, dass ein einzelnes metaphorisches Konzept wie etwa »LIEBE IST KRIEG« dem Phänomen der Liebe nur ganz ausgewählte Aspekte zuschreibt und diese Aspekte besonders »beleuchtet« – zum Beispiel den Aspekt der Konflikthaftigkeit mancher Liebesbeziehungen.[89] Anderweitige Aspekte, wie zum Beispiel die solidarische Dimension von Liebe, werden im Rahmen des metaphorischen Konzepts »LIEBE

---

84 Lakoff/Johnson 1998, S. 59. Der Fokus auf die Umgangs- bzw. Alltagssprache stellt ein zentrales Charakteristikum des Ansatzes von Lakoff und Johnson dar und unterscheidet diesen so etwa von der Metaphorologie Hans Blumenbergs (1960), die verstärkt die philosophisch-wissenschaftliche Begriffsbildung thematisiert. Dass dennoch verschiedene Parallelen zwischen dem Ansatz von Lakoff und Johnson und Blumenbergs Metaphorologie bestehen, zeigt Jäkel (2003, S. 128f.).
85 Lakoff/Johnson 1998, S. 62.
86 Ebd.
87 Ebd., S. 63.
88 Ebd., S. 18.
89 Ebd.

IST KRIEG« hingegen »verborgen«.[90] Einerseits erweitern Metaphern also »die Möglichkeiten, über Dinge in der Welt zu sprechen« und diese Dinge zu interpretieren.[91] Auf der anderen Seite reduzieren sie aber auch die »Eigenschaften des Zielgegenstandes [z. B. Liebe] auf die Eigenschaften des bildgebenden Gegenstandes [z. B. Krieg]«.[92]

Dieser Hinweis ist gerade im Kontext von Problematisierungsprozessen wichtig. Die zu einem bestimmten Problem ausgebildeten metaphorischen Konzepte schränken die Problemwahrnehmung zwangsläufig ein, und zwar, indem sie ein ganz bestimmtes Bild von dem Problem zeichnen. Vice versa kann die Entstehung neuer metaphorischer Problembeschreibungen zur Erweiterung bestehender Problemsichten beitragen. In diesem Sinne argumentiert Tom Levold: »Eine veränderte Wahrnehmung von Problemen hat [...] häufig etwas mit einer veränderten metaphorischen Strukturierung des Problemfeldes zu tun.«[93]

Obwohl der Ansatz von Lakoff und Johnson ein wichtiger Bezugspunkt meiner Untersuchung von Demenzmetaphern ist, muss ich mich von einer damit verbundenen Annahme explizit abgrenzen. Lakoff und Johnson nehmen an, dass »alle metaphorischen Konzepte auf einige wenige *basale Kognitionen* zurückzuführen [sind], die auf *unmittelbaren Erfahrungen* in unserer Lebenswelt beruhen«.[94] Ich veranschauliche diese Annahme gleich noch genauer. An dieser Stelle kommt es mir auf den Hinweis an, dass die Vorstellung einer generellen Unmittelbarkeit von Erfahrung im Kontext meiner an Foucaults Problematisierungsbegriff orientierten Studie nicht übernommen wird, dass Lakoff und Johnson einen »naturalistischen Fehlschluss« vollziehen, den ich nicht reproduziere.[95] Wie etwa Rudolf Schmitt mit seinem Modell einer systematischen Metaphernanalyse dies auch tut, nehme ich deshalb lediglich eine partielle Adaption der Überlegungen von Lakoff und Johnson vor. Meine Untersuchung bezieht sich auf den »Begriff des metaphorischen Konzepts, das viele gleichsinnige Metaphern umfasst« und

---

90 Lakoff/Johnson 1998, S. 18.
91 Kruse/Biesel/Schmieder 2011, S. 65.
92 Ebd.
93 Levold 2012, S. 232.
94 Niedermair 2001, S. 152.
95 Ebd.

sie »vergleicht metaphorische Konzepte mit ähnlichen, aber auch gegenteiligen Konzepten«.[96]

Das geschieht aber keineswegs mit dem Anspruch, »alle metaphorischen Redewendungen« innerhalb der von mir gesammelten Texte zu erheben.[97] Während dieser Anspruch in solchen Studien vorherrscht, die auf eine umfassende Analyse metaphorischer Felder zielen, geht es hier darum, einige zentrale interpretative Grundstrukturen der Problematisierung von Demenz zu erfassen.[98] Dabei finden nicht nur solche Ausdrücke Beachtung, deren metaphorischer Gehalt besonders deutlich zu Tage tritt. Auch die »›konventionalisierten‹ bzw. ›lexikalisierten‹« Metaphern werden berücksichtigt.[99] Diese Metaphern sind »durch häufigen Gebrauch stabilisiert und [...] in den usuellen Wortschatz aufgenommen«, weshalb sie kaum mehr als Metaphern erscheinen.[100] Eine lexikalisierte Metapher liegt etwa im Fall der Formulierung »Sie gefällt mir *wahnsinnig*« vor.[101]

Metaphorische Deutungskonzepte I:
Menschen mit Demenz sind abwesend, unten und leer

In den bis hier beispielhaft erwähnten Beschreibungen zur Lage von Demenzbetroffenen wurden metaphorische Verweise auf ganz unterschiedliche Erscheinungen vorgenommen: etwa auf die Dekonstruktion eines Gebildes (Abbau der geistigen Fähigkeiten), auf die Deaktivierung einer Maschine (Gehirn wird ausgeschaltet) oder auf das Phänomen einer Flutwelle (Alzheimerwelle rollt). Eine solche Vielfalt sinnbildlicher Bezugnahmen lässt sich über die von Lakoff und Johnson eingeführte Differenzierung zwischen Strukturmetaphern, Orientierungsmetaphern und Ontologischen Metaphern ordnen. Ich greife diese Differenzierung auf und untergliedere die weitere Darstellung entsprechend der drei Metapherntypen.

---

96 Schmitt 2011, S. 181.
97 Ebd.
98 Vgl. zum Beispiel Schmitt 1995, Baldauf 1997 und Jäkel 2003.
99 Kohl 2007, S. 56.
100 Kurz 2004, S. 19.
101 Lakoff/Jonson 1998, S. 62.

Strukturmetaphern

Strukturmetaphern liegen dort vor, wo »ein Konzept von einem anderen Konzept her metaphorisch strukturiert wird«.[102] Dazu kommt es beispielsweise, wenn das Konzept Liebe durch einen Bezug auf das Konzept Krieg interpretiert wird: »LIEBE IST KRIEG«.[103]

Ein im Quellenkorpus sehr einflussreiches strukturmetaphorisches Konzept lautet ›Demenz ist Verlust‹. Dieses Konzept zeichnet sich etwa schon im Fall jenes weiter oben aufgeführten BILD-Zitates ab, in dem betont wird, dass Demenz einen »Verlust der Erinnerung« und einen totalen »Persönlichkeits-Verlust« bedeutet.[104] Weitere Beispiele für das strukturmetaphorische Konzept ›Demenz ist Verlust‹ finden sich in den folgenden Textstellen:

> »Jemand vergisst sein Leben, und wer keine Erinnerung mehr hat, verliert sich selbst.«[105]; »Das verlorene Ich: Demenzen – Ursachen und Therapie.«[106]; »Alzheimer [...]. Die Opfer verlieren langsam ihr Gedächtnis und damit sich selbst.«[107]; »In Deutschland leiden etwa 1,5 Millionen Menschen an der Demenzerkrankung, die mit Vergesslichkeit beginnt und zu erheblichen Einbußen der Gedächtnisleistung und zu einem Persönlichkeitsverlust führt.«[108]

Die bildliche Grundlage der Zitate sind Situationen, in denen jemandem etwas abhandenkommt, beispielsweise ein Schlüssel. Mit solchen Situationen werden die kognitiven Beeinträchtigungen im Bereich des Kurz- und Langzeitgedächtnisses verglichen: Etwas, das einmal da war (Erinnerungen, Gedächtnis), geht – ähnlich wie ein materieller Gegenstand (z. B. ein Schlüssel) – infolge von Demenz verloren.

Des Weiteren stellen diese Metaphern die Annahme heraus, dass Erinnerungsfähigkeiten bzw. ein intaktes Gedächtnis die Voraussetzung von Selbst, Ich oder Persönlichkeit sind. Derjenige, der »keine Erinnerung hat, verliert sich selbst« – so lautet die auf dieser Annahme basierende Argumentation. Beschreibungen wie die obigen zeichnen Demenz damit als einen Prozess,

---

102 Lakoff/Johnson 1998, S. 22.
103 Ebd., S. 63.
104 BILD v. 07.11.1994.
105 SZ v. 08.10.2015.
106 FAZ v. 25.06.1997.
107 BILD v. 03.08.2001.
108 SZ v. 16.11.2000.

der Defizite von ganz existenzieller Art auslöst, denn die zentrale Aussage lautet hier: Wer von Demenz betroffen ist, dem geht unweigerlich das verloren, was seine Eigenart ausgezeichnet hat, nämlich das Selbst, das Ich bzw. die Persönlichkeit.

Ein weiteres maßgebliches metaphorisches Konzept – das Konzept ›Demenz ist Abschied‹ – kommt in Aussagen dieser Art zum Ausdruck:

»Demenz: Abschied vom Vater«[109]; »Der nach auffälligen Symptomen, nach Messungen der Gehirnströme, mentalen Tests und klinischer Beobachtung erstellte Krankheitsbefund [...] ist die Ankündigung des langen Abschieds vom normalen Leben.«[110]; »Ingeborg Brunkhorst hat Alzheimer. ›Vor sieben Jahren hat sie sich in ein anderes Leben verabschiedet‹, beschreibt Volker Brunkhorst (68) den Zustand seiner Frau.«[111]; »Wenig Trost beim langen Abschied. Das Porträt zweier Ehepaare, die mit der Alzheimer-Krankheit leben müssen.«[112]

Die Grundlage solcher Abschiedsmetaphern sind Ereignisse, die nicht weniger alltäglich sind, wie das Verlieren eines Gegenstandes: Es geht um Vorgänge, in denen sich Menschen von anderen Personen oder Gegenständen trennen. Die zitierten Metaphern kennzeichnen Demenz konkret als einen Prozess, in dem die Betroffenen von ihren Angehörigen (Vater vom Sohn, Ehefrau von Ehemann) bzw. von einem einstmals »normalen Leben« abgeschieden werden.

Die metaphorische Assoziation von Demenz und Abschied kommt meiner Einschätzung nach aus verschiedenen Gründen zustande. Erstens sind kognitive Potenziale für verbal-kommunikative Verbindungen bedeutsam: Die Beeinträchtigung solcher Potenziale erschwert den intersubjektiven Austausch und scheint Menschen so voneinander zu trennen. Das Gefühl einer allmählichen Trennung mag sich bei Personen im Umfeld von Demenzbetroffenen zweitens auch besonders dann einstellen, wenn letztere Teile der gemeinsamen Beziehungsbiographie vergessen. Als Abschied vom »normalen Leben« kann das Auftreten von Demenz drittens erscheinen, weil demenzielle Beeinträchtigungen in der Regel Störungen von all-

---

109 Jens 2010.
110 FAZ v. 21.09.2006.
111 BILD v. 11.09.2007.
112 SZ v. 10.07.1997.

täglichen Verrichtungen und Routinen auslösen und zu einer umfassenden Hilfs- und Unterstützungsbedürftigkeit der Betroffenen führen.

Der bildliche Vergleich von Demenz und Abschied ähnelt einem anderen verbreiteten metaphorischen Konzept. Es handelt sich dabei um das Konzept ›Menschen mit Demenz sind abwesend‹:

> »Demenzkranke leben oft in ihrer eigenen Welt.«[113]; »Mein Freund, der große Rhetor Walter Jens, lebt noch unter uns und mit uns, aber eingeschlossen in seine eigene Welt.«[114]; »Er [der demenzbetroffene Walter Jens] ist nicht mehr mein Mann‹, sagt seine Frau. ›Er ist in einer Welt, zu der ich wenig oder gar keinen Zugang habe.‹«[115]; »Was bekommt so ein Mensch überhaupt noch mit? Diese Frage stellt sich wohl jeder Betroffene; und gerade sie muß offenbleiben, denn aus der Welt der Alzheimer-Demenz ist noch niemand zurückgekehrt. Beim Kleinkind glaubt man nur zu gern, daß es jede Zuwendung spürt; bei einem kindlichen Alten fällt das sehr viel schwerer.«[116]; »Er war einmal der klügste Mann der CDU. Und jetzt ist er in der Nicht-Welt.«[117]

Diesen Feststellungen liegt eine gängige metaphorische Praxis zu Grunde. Verständigungsprobleme werden vielfach als Abwesenheit jener Personen versinnbildlicht, auf die sich ein Verständigungsversuch richtet. Wer nicht zuhört, wer auf Versuche einer verbalen Kontaktaufnahme keine Reaktion zeigt, der gilt beispielsweise als weggetreten. Im Gegenzug wird »Verstehen als Annäherung« gedeutet, was sich etwa in Formulierungen wie »Ich kann Dir folgen« manifestiert.[118] Dass es im Kontext von Demenz zu überaus tiefgreifenden Verständigungsproblemen kommen kann, wird in den obigen Zitaten nachdrücklich herausgestellt, denn sie bringen zum Ausdruck, welches große Ausmaß die kommunikative Abwesenheit von Betroffenen hat: Sie leben scheinbar in einer eigenen bzw. anderen Welt, sind also extrem weit entfernt.

Die aufgeführten Zitate machen dabei zum Teil auch nähere Angaben zu den konkreten Umständen der Abwesenheit von Menschen mit Demenz. Im zweiten Zitat gilt die eigene bzw. andere Welt Demenzbetroffener etwa

---

113 SZ v. 05.09.2014.
114 FAZ v. 21.02.2009.
115 SZ v. 02.04.2008.
116 FAZ v. 12.07.1997.
117 BILD v. 30.10.2013. Es geht hier um den ehemaligen niedersächsischen Ministerpräsidenten Ernst Albrecht und seine Demenzbetroffenheit.
118 Jäkel 1996, S. 161.

als Gefängnis, aus dem es keinen (kommunikativen) Ausweg mehr gibt. Im Fall der Zitate drei und vier wird hingegen betont, dass das Umfeld der Betroffenen kaum einen oder gar keinen (kommunikativen) Zugang zu deren Welt hat, bzw. dass Zuwendungen von außen in der »Welt der Alzheimer-Demenz« wahrscheinlich nicht mehr ankommen. Im Fall des fünften Zitates geht es dagegen weniger um die konkreten Umstände der Abwesenheit von Menschen mit Demenz als um eine Bewertung ihrer vermeintlichen Welt: Diese wird radikal als »Nicht-Welt« negiert.

Wie schon angesprochen, ähneln sich die metaphorischen Konzepte ›Menschen mit Demenz sind abwesend‹ und ›Demenz ist Abschied‹ in verschiedener Hinsicht. Eine erste Parallele zwischen diesen Konzepten besteht darin, dass sie jeweils Trennungen identifizieren – und zwar solche Trennungen, die bei genauerer Betrachtung keine wirklichen Trennungen sind. Abwesenheitsmetaphern behaupten schließlich die Abwesenheit von nach wie vor präsenten Menschen und Abschiedsmetaphern berichten von Abschieden, bei denen die Abschiednehmenden noch längere Zeit vor Ort bleiben. In diesem Zusammenhang zeichnet sich ein Einfluss der bereits im Forschungsstand erwähnten und von Stephen Post kritisieren Annahme ab, dass nicht mehr ist, wer nicht mehr denkt.[119] Menschen mit Demenz gelten vielen Beobachter*innen deshalb als abwesend bzw. abgeschieden, weil sie in kognitiver Hinsicht kaum noch anwesend zu sein scheinen – wenngleich sie physisch durchaus zugegen sind.[120]

Eine zweite Parallele zwischen den beiden metaphorischen Konzepten besteht darin, dass sowohl die Vorstellung einer Existenz in einer anderen Welt (›Menschen mit Demenz sind abwesend‹) als auch die Vorstellung einer endgültigen Scheidung (›Demenz ist Abschied‹) mit kulturellen Todes-

---

119 Vgl. Post 2000, S. 247.
120 Auf die große interdiskursive Verbreitung dieser Interpretationsform haben auch Baldwin Van Gorp und Tom Vercruysse (2012, S. 1274) hingewiesen. Die Datengrundlage ihrer Analyse von demenzbezogenen Deutungsrahmen (»inductive framing analysis«) sind Artikel aus unterschiedlichen belgischen Tageszeitungen sowie verschiedene Filme und populärmediale Buchpublikationen zur Demenzthematik: »The results demonstrate that the most dominant frame postulates that a human being is composed of two distinct parts: a material body and an immaterial mind. If this frame is used, the person with dementia ends up with no identity, which is in opposition to the Western ideals of personal self-fulfilment and individualism.«

vorstellungen verbunden ist. Im antiken Mythos bewegt sich der Tote in eine andere, jenseitige Welt (Hades), und zwar mit Hilfe des Fährmanns Charon, der für die Fahrt über den Fluss Lethe – den Fluss des Vergessens – Verantwortung trägt.[121] Kulturell ebenso verbreitet ist jene bildliche Vorstellung, in der der Tod als »Schnitter« (›Sensenmann‹) auftritt, als scheidende Instanz.[122] Todesassoziationen klingen in den beispielhaft aufgeführten Zitaten jedoch zumeist nur implizit an; am deutlichsten etwa dort, wo die Rede von einem »langen Abschied« Demenzbetroffener ist oder davon, dass sie ein Dasein in einer »Nicht-Welt« fristen. An anderen Stellen im Korpus kommt es jedoch auch ganz explizit zu der Feststellung, dass die Situation von Menschen mit Demenz einen todesähnlichen Zustand darstelle. Exemplarisch belegt dies ein SZ-Artikel, in dessen Überschrift die Alzheimer-Demenz wie folgt charakterisiert wird: »Der schleichende Tod zu Lebzeiten.«[123]

Ein letzter Typus von Strukturmetaphern, der erwähnt werden muss, manifestiert sich in den nachstehenden Zitaten:

»Die Betroffenen fallen auf den Entwicklungsstand eines Kleinkindes zurück.«[124]; »Eine Krankheit, die an ihrem Ende einen erwachsenen Menschen auf das geistige Niveau eines Babys zurückkatapultiert.«[125]; »Heinz [Demenzbetroffener] versank im Habitus des Kleinkindes. [...] Nur mit dem grausamen Unterschied, dass eine Mutter an ihrem Kinde jeden Tag froh beobachten kann, wie es lernt und klüger wird, während Maria [Ehefrau von Heinz] jeden Tag sah, dass die Lebenszeichen dieses Wesens und erst recht dessen Fähigkeit, Zuwendung anzunehmen oder gar zu geben, völlig versiegten.«[126]

Die aufgeführten Zitate basieren auf dem metaphorischen Konzept ›Demenz ist Rückentwicklung‹. Dieses metaphorische Konzept fasst Demenz

---

121 Vgl. Rose 2012, S. 85f.
122 Vgl. das Volkslied »Es ist ein Schnitter – heißt: der Todt« und die hierauf bezogene Publikation von Husenbeth 2007.
123 SZ v. 17.03.2005. Zur internationalen Verbreitung der Vorstellung, dass Demenz einen »Tod zu Lebzeiten« bedeutet, vgl. auch Behuniak 2010a. Wie ich gleich noch deutlich machen werde, handelt es sich im Fall der Beschreibung von Demenz als »schleichende[r] Tod« jedoch nicht um eine Strukturmetapher, sondern um eine Form der ontologischen Metapher.
124 BILD v. 14.01.2003.
125 SZ v. 01.04.2010.
126 SZ v. 11.06.2004.

als Prozess, in dem sich die Betroffenen von einem relativ selbstständigen Erwachsenen zu einem früheren, kleinkindlichen Entwicklungsstand der starken Hilfs- und Unterstützungsbedürftigkeit zurückbewegen. Auch in meinen Angehörigengesprächen ist dieses Konzept wiederholt einflussreich gewesen. Frau Nitsch führte etwa zur Situation ihrer demenzbetroffenen Mutter aus: »Sie wird immer mehr zum Kind und wir [Angehörige] werden immer mehr zu dem Handlungsmenschen gemacht, der entscheiden muss.«

Im Rahmen der Deutung von Demenz als Rückentwicklung zum Kleinkind geht es nicht darum, einen positiven Prozess kenntlich zu machen. Das wäre grundsätzlich durchaus denkbar, denn die Kindheit gilt in manch idealisierter Vorstellung als »Phase der Freiheit von Zwängen« – als Phase, die der »von Restriktionen durchsetzten Erwachsenenwelt« gegenüber steht.[127] Stattdessen dient die Aussage, dass sich Demenzbetroffene dem Entwicklungsstand von Kleinkindern annähern, vor allem dazu, einen Mangelzustand zu veranschaulichen – einen Mangel an »klassischen Attributen des Erwachsenen«.[128] Hierzu zählen Attribute »wie Verantwortung, Selbstbestimmung und Selbstkontrolle, rechtliche, ökonomische und geistige Eigenständigkeit sowie Produktivität«.[129]

Dass eine demenzbedingte Rückentwicklung hochgradig negativ ist, stellt besonders das letzte der drei oben aufgeführten Pressezitate heraus. Hier wird ein Demenzbetroffener als ein »Wesen« von kindlichem Habitus und kindlicher Bedürftigkeit beschrieben – ein »Wesen« von dem zunehmend keine »Lebenszeichen« mehr ausgehen und dem weder der Empfang noch die Gabe von »Zuwendungen« möglich ist. Gerade angesichts des Verweises auf versiegende »Lebenszeichen« zeigt sich, inwiefern auch das Konzept ›Demenz ist Rückentwicklung‹ mit der Vorstellung verknüpft sein kann, dass demenzielle Beeinträchtigungen auf einen Tod im Leben hinauslaufen.

---

127 Bieber-Delfosse 2002, S. 81. Vgl. auch Van Gorp/Vercruysse 2012, S. 1278.
128 Dinkelaker/Kade 2013, S. 16.
129 Ebd.

Orientierungsmetaphern

Der zentrale Unterschied zwischen Struktur- und Orientierungsmetaphern besteht für Lakoff und Johnson darin, dass Letztere einem »Konzept eine räumliche Beziehung« geben. Beispielhaft verweisen sie etwa auf das Konzept »GLÜCKLICHSEIN IST OBEN«, das »zu Ausdrücken wie ›Ich fühle mich heut *oben*auf‹« führt.[130] Das Konzept Glücklichsein wird in diesem Falle nicht durch einen Bezug auf ein anderes Konzept gedeutet, sondern durch einen Bezug auf die horizontale Ebene.[131]

Lakoff und Johnson führen aus, dass Orientierungsmetaphern »eine Grundlage in unserer physischen und kulturellen Erfahrung« haben.[132] Sie gehen in diesem Zusammenhang unter anderem auf das Konzept »KONTROLLE ODER MACHTAUSÜBEN IST OBEN« ein, das Feststellungen wie »Ich habe Kontrolle *über* sie« prägt.[133] Die Grundlage dieses Konzepts ist laut Lakoff und Johnson die kulturell bedingte Erfahrung, dass Mächtige räumlich höher gestellt sind. Konzepte wie »GESUND SEIN UND LEBEN SIND OBEN; KRANKHEIT UND TOD SIND UNTEN« (»Er ist in *Höchstform*«, »Eine Krankheit warf ihn *nieder*«) basieren für sie dagegen auf einer konkreten physischen Erfahrung: »Eine ernsthafte Krankheit zwingt den Menschen, sich hinzulegen. Wenn man tot ist, ist man physisch unten.«[134]

---

130 Lakoff/Johnson 1998, S. 22.
131 Eine Differenzierung zwischen Strukturmetaphern, Orientierungsmetaphern und ontologischen Metaphern ist nicht immer eindeutig möglich. Das zeigt sich unter anderem auch am Beispiel der zuvor diskutierten Aussagen, in denen es heißt, dass Demenzbetroffene »im Habitus eines Kleinkindes versinken« oder dass sie auf einen kindlichen »Entwicklungsstand« zurück »fallen«. Ich habe diese Aussagen deshalb als Strukturmetaphern betrachtet, da hier das Konzept Demenz durch Verweis auf das Konzept der Rückentwicklung gedeutet wird. Gleichwohl knüpfen die beiden aufgeführten Aussagen ebenfalls sehr deutlich an eine Bewegung durch den Raum an: Der demenzbetroffene Mensch bewegt sich hier von oben nach unten – er »versinkt« bzw. »fällt«. Diese Aussagen tragen damit also auch Züge von Orientierungsmetaphern. Genauso besitzt das Konzept der Rückentwicklung selbst eine orientierungsmetaphorische Dimension: Die Vorstellung, dass sich Menschen oder auch Objekte zurückentwickeln können, ist in elementarer Weise auf den Raum bezogen, auf die horizontalen Bewegungen vorwärts und zurück.
132 Lakoff/Johnson 1998, S. 22.
133 Ebd.
134 Ebd.

Orientierungsmetaphern kommen auch bei der Beschreibung der Situation von Demenzbetroffenen zum Einsatz. Besonders geläufig ist in diesem Zusammenhang die Verwendung des metaphorischen Konzepts ›Menschen mit Demenz sind unten‹. Hierzu einige Beispiele:

> »Der Weg der Alzheimerpatienten führt – manchmal schneller, zuweilen langsamer, aber stetig und unaufhaltsam – bergab.«[135]; »Der Weg [des demenzbetroffenen Walter Jens] führt beharrlich nach unten.«[136]; »Nur am Anfang ihres freien Falls merken die Getroffenen noch, wie sie die eigene Biographie verläßt – und damit das, was ihr Leben ausgemacht hat –, wie ihnen auf einem unaufhaltsamen Absturz ins Nichts ihre Identität entgleitet, also ihr Selbst.«[137]; »[E]in erwachsener Mensch kann sich unmöglich zu einem Kind *zurück*entwickeln, da es zum Wesen des Kindes gehört, dass es sich nach *vorne* entwickelt. Kinder erwerben Fähigkeiten, Demenzkranke verlieren Fähigkeiten. Der Umgang mit Kindern schärft den Blick für Fortschritte, der Umgang mit Demenzkranken den Blick für Verlust. Die Wahrheit ist, das Alter gibt nichts zurück, es ist eine Rutschbahn, und eine der größten Sorgen, die einem das Alter machen kann, ist die, dass es gar zu lange dauert.«[138]

Es sind Abwärtsbewegungen, die in den Zitaten dominieren. Dass diese Bewegungen »stetig« oder »beharrlich« sind, wird vor dem Hintergrund des progredienten Verlaufs der häufigsten Demenzformen betont. Die schon erwähnte Wahrnehmung von Demenz als Auslöser eines Verlustes von Identität und Selbst – von dem, was das »Leben ausgemacht hat« – ist hingegen die Grundlage dafür, dass die Situation der Betroffenen als ein »freier Fall«, ein »Absturz« erscheint: Der »Umgang mit Demenzkranken schärft den Blick für Verlust« heißt es oben – und der so geschärfte Blick erkennt im Alter mit Demenz eine »Rutschbahn«, die alles andere als Spaß macht, sondern Anlass zu »größten Sorgen« gibt.[139] Für manchen Beobachter führt

---

135 SZ v. 20.09.1997.
136 Jens 2010, S. 48.
137 FAZ v. 21.09.2006.
138 Geiger 2014, S. 14. Das obige Zitat zeigt deutlich, inwiefern Strukturmetaphern (›Demenz ist Rückentwicklung‹) und Orientierungsmetaphern (›Menschen mit Demenz sind unten‹) miteinander verwoben sein können.
139 Im Zusammenhang mit der oben zitierten und von Arno Geiger vorgebrachten Kritik an der Vorstellung, dass sich Menschen mit Demenz »zu einem Kind *zurück*entwickeln« ist Folgendes festzuhalten: Metaphern, die das Bild einer Rückentwicklung zum Kind zeichnen, sind immer schon mit einer Defizit- und Verlustdiagnose verbunden. Im Kontext des metaphorischen Konzepts ›Demenz ist Rückentwicklung‹ geht es, wie

diese »Rutschbahn«, dieser »Absturz« gar »ins Nichts«. An dieser Stelle deutet sich abermals eine symbolische Assoziation von Demenz und Tod an. Eine solche Assoziation lässt sich immer wieder auch im Fall eines anderen Konzepts aus dem Bereich der Orientierungsmetaphern beobachten. Es handelt sich dabei um das Konzept ›Menschen mit Demenz sind im Dunkeln‹:

> »Es ist die Furcht vor dem Nichts. Dem Zerfall und Erlöschen des Menschen [Demenzbetroffener] zusehen zu müssen, mit dem sie [dessen Ehefrau] 46 Jahre verheiratet ist.«[140]; »Das Gewahrwerden der ersten Symptome ist für die Betroffenen schrecklich: noch bei vollem Bewußtsein erkennen und hilflos mitansehen zu müssen, wie die eigenen geistigen Kräfte zu schwinden beginnen. Da erscheint die mit fortschreitender Krankheit allmählich einsetzende Umnachtung fast wie eine Gnade.«[141]; »Alzheimer – das Stigma schlechthin. Winzige Protein-Ablagerungen, die den Verstand auslöschen[.]«[142]; »Walter Jens – der helle Denker versinkt im Dunkel des Vergessens.«[143]; »›Ich beginne jetzt die Reise in die Abenddämmerung meines Lebens‹, schrieb Ronald Reagan vor sechs Jahren in seinem Abschiedsbrief an seine Landsleute. Der ehemalige US-Präsident war an Alzheimer erkrankt und wusste, dass die Dämmerung sich fortan verschlimmern würde.«[144]

Ich definiere diese Textstellen deshalb als Formen von Orientierungsmetaphern, da die Dichotomie hell/dunkel mit der räumlichen Bewegung der Sonne korrespondiert.[145] Steht sie hoch am Himmel, scheint Licht – geht sie unter, herrscht Dunkelheit. Der Umstand, dass bei der Beschreibung der Lage von Demenzbetroffenen vielfach von Erlöschen, Umnachtung, Dunkel und Dämmerung gesprochen wird, hat eine kulturelle Grundlage – Licht ist ein Kollektivsymbol für Wissen und Geistigkeit: Als Visualisierung von Ideen dienen Glühbirnen, die gesellschaftliche Hinwendung zum Prinzip der Vernunft wird als Aufgabe der »Sonne der Aufklärung« gedeutet, Denker*innen sind hell, wie das auch eines der obigen Zitate unterstreicht.[146] Si-

---

gezeigt, gerade nicht um einen Hinweis darauf, dass sich Menschen mit Demenz noch in bestimmter Weise entwickeln könnten.
140 BILD v. 28.07.2005.
141 FAZ v. 10.08.2000.
142 Jens 2010, S. 48.
143 BILD v. 05.03.2008.
144 SZ v. 13.07.2000.
145 Vgl. Lakoff/Johnson 1998, S. 22f.
146 Im Hof 1995, S. 11.

tuationen, in denen Demenzbetroffene Vergessenes wieder erinnern können, erscheinen entsprechend als »lichte Momente«.[147]

Auch Metaphern, die Demenz als Prozess der Vernebelung der Betroffenen kennzeichnen, stehen in Beziehung zu der Vorstellung, dass Denken mit Licht bzw. mit einer von Licht geschaffenen Klarheit (Aufklärung) gleichzusetzen ist.[148] Die gängige Vernebelungsmetapher kommt etwa in einer Überschrift eines SZ-Artikels zum Einsatz. Hier wird das Auftreten einer Alzheimer-Demenz als »Das Heranrücken der Nebelbänke« gekennzeichnet.[149]

Was die oben aufgereihten Zitate überdies greifbar machen, sind unterschiedliche Perspektiven auf eine demenzbedingte Verdunkelung. Die Beschreibung der Situation von Ronald Reagan als »Reise in die Abenddämmerung des Lebens« verknüpft seine Demenz und deren allmählichen Verlauf (»Reise«), ausgewählte Aspekte seiner Biografie (Schauspieler u. a. in Western-Filmen) und die Lichtsymbolik zu einem relativ harmonischen Sonnenuntergangsszenario.[150] Im Gegensatz dazu steht die Furcht einer Angehörigen »vor dem Nichts«, zu dem der demenzbetroffene Ehepartner zu werden scheint – die Furcht davor, Zeuge des »Erlöschens« eines geliebten Menschen zu sein. Das Bild vom »Erlöschen« eines Menschen stellt dabei nicht zuletzt eine übliche Todesmetaphorik dar.

Das Zitat, in dem die »allmählich einsetzende Umnachtung« als Form einer »Gnade« gedeutet wird, knüpft hingegen scheinbar an einen Diskurs an, der positive Aspekte von Vergessen hervorhebt.[151] Im Rahmen dieses Diskurses

---

147 SZ v. 20.09.1997.
148 Wie Neil Small, Katherine Frogatt und Murna Downs (2007, S. 29) darstellen, ist die Nebelmetapher im Kontext der englischsprachigen Demenzproblematisierung ebenfalls sehr geläufig.
149 SZ v. 22.03.2013.
150 Tatsächlich wird in der ursprünglichen öffentlichen Stellungnahme zur Alzheimer-Demenz von Ronald Reagan auch von einer Reise in den Sonnenuntergang des Lebens gesprochen (»I now begin the journey that will lead me into the sunset of my life«). Vgl. Yager 2006, S. 3.
151 Dieser Diskurs ist Gegenstand der Studie »Lethe« von Harald Weinrich (2005). Weinrich weist in seiner Untersuchung darauf hin, dass Vergessen kulturell nicht generell als negative Fehlleistung gewertet wird.

wird die Praxis einer bewussten und »wünschenswerten [...] Kunst des Vergessens« beschrieben.[152] Eine »Kunst des Vergessens« kann deshalb wünschenswert sein, da sie es etwa ermöglicht, gezielt belastende Erfahrungen aus dem Gedächtnis zu streichen. Im Gegensatz zur »Kunst des Vergessens« lässt das demenzbedingte Vergessen jedoch keine selbstständige Entscheidung darüber zu, was vergessen wird (z. B. negative Erscheinungen wie das Schwinden der »eigenen geistigen Kräfte«) und was nicht. Deshalb enthält das angesprochene Zitat auch die Einschränkung, dass die »Umnachtung« nur »fast« einer Gnade gleichkommt.

Ontologische Metaphern

Nach den aufgeführten Orientierungsmetaphern seien noch zwei verbreitete Formen von ontologischen Metaphern dargestellt. Ontologische Metaphern liegen für Lakoff und Johnson dann vor, »wenn das Bildempfangende als Materie oder generell als etwas ›Seiendes‹ (daher ontologische Metapher, Ontologie = die Lehre vom Sein) gedacht und behandelt werden kann«.[153] Zur Erläuterung weisen Lakoff und Johnson unter anderem auf das Konzept »DIE SEELE IST EIN ZERBRECHLICHES OBJEKT« hin, das sich in Aussagen wie »Meine Psyche ist bald nur noch ein *Scherbenhaufen*« niederschlägt.[154] Die Seele bzw. die Psyche wird hier also durch einen Vergleich mit einem materiellen Gegenstand interpretiert.

Im Kontext der Demenzproblematisierung nehmen ontologische Metaphern häufig die folgende Form an:

> »Am Ende [einer Demenz] bleibt ein unbewohnter Körper, die leere Hülle einer Person.«[155], »Wir [Angehörige eines Demenzbetroffenen] wissen aber alle, daß diese wunderschönen Momente des Verstehens und Austauschens immer seltener werden, daß es still werden wird in ihm [Demenzbetroffener], schweigend leer.«[156]; »Joachim [Demenzbetroffener] zittert im Sessel. Er umklammert die Armlehnen: ›Ich will hier nicht sein. Ich bin so leer. Ich will endlich sterben.‹«[157]; »Während Peter [Ehemann von Han-

---

152 Weinrich 2005, S. 25.
153 Kruse/Biesel/Schmieder 2011, S. 78.
154 Lakoff/Johnson 1998, S. 38.
155 SZ v. 15.03.2005.
156 FAZ v. 30.09.1996.
157 BILD v. 26.07.2005.

nelore] erzählt, starrt Hannelore [Demenzbetroffene] versunken in den Raum. Glasige Augen, leerer Blick.«[158]

›Demenzbetroffene sind leere Mensch-Behälter‹ – so kann das metaphorische Konzept zusammengefasst werden, das den Zitaten zu Grunde liegt. Eine zentrales Element des Konzepts ist das verbreitete Bild vom Gedächtnis als Behälter: »Da das Gedächtnis Speicherfunktion hat, wird es in der Alltagstheorie als ein [...] *Behälter* konzeptionalisiert [...]. Grundsätzlich ist das Sich-Merken ein *Be-halten* von Gegenständen im *Gedächtnis-Behälter*.«[159]

Die Metapher des Gedächtnis-Behälters ist auch in der Demenzproblematisierung verbreitet:

»Bestimmte Symptome sind es, die an Alzheimer denken lassen: [...] Erinnerungsverlust an etwas kürzlich Erlebtes, das trotz Hilfe nicht mehr ins Gedächtnis zurückgerufen werden kann. Solche ›Löcher‹ in der unmittelbaren Vergangenheit deuten auf Defekte bei Aufnahme und Speicherung von Daten hin.«[160]

An anderer Stelle ist davon die Rede, dass die mit der Alzheimer-Demenz assoziierten »Protein-Plaques [...] den Geist durchlöchern«.[161] Die bildliche Hauptaussage in beiden Textausschnitten lautet, dass Demenz Leckstellen in dem Gedächtnis- und Geist-Behälter verursacht, durch die der Inhalt des Behälters entschwindet.[162] Aber nicht nur das Gedächtnis oder

---

158 BILD v. 25.07.2005.
159 Jäkel 2003, S. 180. Alternativ wäre es jedoch auch möglich gewesen, die Zitate als Ausdruck jenes verbreiteten Konzepts zu deuten, in dessen Rahmen das Gedächtnis mit einem Raum gleichgesetzt wird. Weinrich (1964) hat auf dieses kulturell seit Langem etablierte Konzept hingewiesen, das sich vor allem in der Vorstellung manifestiert, das Gedächtnis sei ein Speicher (= Vorratsraum/-haus) von Erinnerungen. Gleichwohl ist ein solcher Speicher nichts anderes als ein räumlicher Behälter, weshalb ich im Text auch vornehmlich auf das Behälter-Konzept rekurriere. Für eine Übersicht zu Gedächtnismetaphern vgl. auch Assmann 1999.
160 SZ v. 17.11.1994. Die Rede von einer »Aufnahme und Speicherung von Daten« ist ein Beispiel für die Bedeutung der Metapher von einem Gedächtnisspeicherraum.
161 SZ v. 07.05.1996.
162 Neben dem dominanten Verweis auf das löchrige Gedächtnis, findet sich in einem Text aus der BILD vom 2. Februar 2012 auch folgende Raum- bzw. Behälter-Metapher: »Als wäre da oben eine Tür zu, zack – einfach geschlossen. Ich war nicht mehr so aufnahmefähig, es ging nichts mehr rein.« Es handelt sich hier um eine Beschreibung, die auf den 2019 verstorbenen Fußballmanager Rudi Assauer zurückgeht. Assauer führte aus,

der Geist, sondern der ganze Mensch lässt sich als Behälter deuten. Genau das geschieht bei jenen Textpassagen, die eine Leere von Demenzbetroffenen hervorheben. Sie skizzieren einen Mensch-Behälter, der einmal eine vollständige Persönlichkeit (ein Selbst, ein Ich) und Fähigkeiten wie die des »Verstehens und Austauschens« enthielt. In einem der betreffenden Zitate wird gar die Annahme zum Ausdruck gebracht, dass sich der Mensch-Behälter infolge von Demenz so stark entleert, dass nur noch ein »unbewohnter Körper« zurückbleibt. An dieser Stelle und auch im Fall der Verknüpfung von Entleerung und Sterbenswunsch (»Ich bin so leer. Ich will endlich sterben«) lassen sich noch einmal Bezüge auf die Vorstellung beobachten, dass Demenz ein todesähnlicher Zustand ist.

Ich gehe damit zu einem weiteren Typus der ontologischen Metapher über. Laut Lakoff und Johnson kann es im Rahmen von ontologischen Metaphern auch zu einer »Personifikation«[163] bestimmter Phänomene kommen:

> »Die Metaphern, die am offensichtlichsten ontologischen Charakter haben, sind vielleicht diejenigen, bei denen das physische Objekt näher spezifiziert wird in Gestalt einer Person. Mit Hilfe dieser Metaphern können wir eine Fülle von Erfahrungen mit nichtpersonifizierten Entitäten begreifen, indem wir diesen Erfahrungen menschliche Motivationen, Merkmale und Tätigkeiten zugrunde legen.«[164]

Zur näheren Veranschaulichung führen Lakoff und Johnson unter anderem eine metaphorische Personifikation der Krebserkrankung an: »Die *Krebskrankheit hat* ihn schließlich *eingeholt*.«[165]

Auch im Fall der Demenzproblematisierung werden häufig metaphorische Personifikationen vorgenommen. Beispielhaft hierfür ist das schon erwähnte Zitat, in dem Demenz als »schleichender Tod zu Lebzeiten« gekennzeichnet wurde.[166] Weitere Metaphern dieser Art fasst die nachstehende Übersicht zusammen:

---

      dass es ihm bedingt durch seine demenziellen Beeinträchtigungen teilweise nicht mehr möglich war, neue Inhalte in seinem Gedächtnis-Raum/-Behälter abzulegen.
163 Lakoff/Johnson 1998, S. 44.
164 Ebd.
165 Ebd.
166 SZ v. 17.03.2005.

»Alzheimer ist eine schleichende Krankheit, bei der Gehirnzellen kontinuierlich absterben, bis zum völligen Kontrollverlust über Körper und Geist.«[167]; »Diana McGowin (57, Juristin) aus England ist krank. Diagnose: Alzheimer, unheilbarer Gedächtnisverlust [...]. Die tückische Geisteskrankheit frißt ihr Gehirn.«[168]; »Schicksal Alzheimer! Seit einem Jahr erlebt Familienministerin Ursula von der Leyen (49) hautnah, wie die Krankheit ihren Vater, Niedersachsens Ex-Ministerpräsident Ernst Albrecht (77), quält, seine Erinnerungen, seine Seele Schritt für Schritt zerstört.«[169]

Die metaphorische Personalisierung von Demenz kann verschiedene Funktionen erfüllen und Folgen haben. Erstens lassen sich dadurch einige der Merkmale von Demenz näher erläutern: Ihr Verlauf gleicht einem Menschen, der sehr langsam und leise geht, der sich auf »schleichende« Weise fortbewegt.[170] Zweitens bestimmen ontologische Metaphern der obigen Art das moralisch-persönliche ›Wesen‹ des Phänomens Demenz näher: Demenz wird hier als »tückisch« identifiziert, sie »frißt« Gehirne, sie »quält« den einzelnen Betroffenen, indem sie »seine Erinnerungen, seine Seele [...] zerstört«.[171] Drittens kennzeichnen solche Beschreibungen die Situation von Menschen mit Demenz als Situation einer Opferwerdung. Viertens kann das über diese Metaphern etablierte Konzept ›Demenz ist ein bösartiger Angreifer/Räuber‹ dazu führen, dass Demenz als ein Gegner erkannt wird, gegen den es anzukämpfen gilt.[172] Kampfmetaphern sind im Kontext der Problematisierung vieler unterschiedlicher Erkrankungsformen einflussreich. Sie können sowohl mit positiven (z. B. Stärkung des Selbstbe-

---

167 FAZ v. 05.10.2004.
168 BILD v. 24.09.1994.
169 BILD v. 28.05.2008.
170 Abgesehen davon, dass demenzielle Beeinträchtigungen sich in der Regel langsam entwickeln, ist auch deshalb vom Schleichen der Demenz die Rede, da das Auftreten solcher Beeinträchtigungen zunächst nicht deutlich wahrgenommen wird: Demenz bleibt zunächst ›leise‹. Ich gehe auf diesen Aspekt auch noch näher in Abschnitt 6.1 ein.
171 Gleiches hat auch Megan-Jane Johnstone (2011) in einer Studie zu Demenzmetaphern in englischsprachigen Medientexten, Fachliteraturen und Informationsbroschüren herausgearbeitet. Johnstone identifiziert insgesamt vier Metapherntypen: Die »Epidemic metaphor«, die »Military metaphor«, die »Predatory thief metaphor« und die »Euthanasia metaphor«. Im Rahmen der »Millitary metaphor« wird Demenz als ein Angreifer beschrieben, im Rahmen der »Predatory thief metaphor« als ein Räuber. Auf die »Epidemic metaphor« und auch auf die »Euthanasia metaphor« gehe ich im weiteren Verlauf der Analyse noch einmal näher ein.
172 Vgl. auch ebd., S. 385.

wusstseins von Kranken) als auch mit negativen Wirkungen (z. B. Abwertung von Kranken, die keinen Kampfgeist zeigen) verbunden sein.[173]

Anders als es sich bei der Repräsentation von anderen Krankheiten beobachten lässt, kommt Demenzbetroffenen in den von mir untersuchten Quellen kaum die Rolle eines Kämpfers zu.[174] Wenn das doch einmal der Fall ist, dann steht besonders die Hoffnungslosigkeit eines Gefechtes gegen Demenz im Vordergrund, da ein Sieg (ein Aufhalten der Symptome bzw. eine Heilung) derzeit unmöglich ist. In einem Artikel über den Maler William Utermohlen heißt es so, er führe einen »Kampf mit Pinsel und Farbe gegen einen übermächtigen Gegner«.[175] Dieser »Gegner« ist die Alzheimer-Demenz. Und in einem Bericht zum Tod von Charlton Heston wird eine Stellungnahme des Schauspielers wiederholt, die er anlässlich seiner Demenzdiagnose veröffentlichte: »Ich bin ein Kämpfer. Aber diesmal ist es ein Kampf, bei dem ich eines Tages kapitulieren muss.«[176]

Metaphorische Deutungskonzepte II: Von zwischenmenschlichen Brücken, Momenten des Aufblühens und dauerhaften Inhalten

Die bisher diskutierten Demenzmetaphern sind nicht alternativlos: Es existieren im Quellenkorpus auch einige metaphorische Problemdeutungen, die ein positiveres Bild von der Lage der Betroffenen zeichnen. Diese Problemdeutungen beschreibe ich jetzt genauer. Dabei ordne ich die Darstellung nochmals, indem ich nacheinander Strukturmetaphern, Orientierungsmetaphern und ontologische Metaphern beschreibe.

Strukturmetaphern

Wie zuvor gezeigt, wird in einigen der untersuchten Probleminterpretationen betont, dass es keinen Zugang mehr zur eigenen/anderen Welt von Menschen mit Demenz gebe, bzw., dass diese in ihrer Welt eingeschlos-

---

173 Vgl. Reisfield/Wilson 2004, Sontag 2012 und Hauser/Schwarz 2015.
174 Inwiefern Menschen mit Demenz durchaus einen erkrankungsbezogenen Kampfgeist (»fighting spirit«) entwickeln können, zeigt eine Studie von Linda Care (2002).
175 BILD v. 03.08.2001.
176 BILD v. 07.04.2008.

sen seien. Solche Interpretationen gehören dem metaphorischen Konzept ›Menschen mit Demenz sind abwesend‹ an. Dieses Konzept spielt auch in den folgenden Aussagen eine Rolle, es wird jedoch in einer entscheidenden Hinsicht erweitert, denn es kommt hier zum nachdrücklichen Verweis auf Durchgangs- und Begegnungsmöglichkeiten:

> »Da mein Vater nicht mehr über die Brücke in meine Welt gelangen kann, muss ich hinüber zu ihm. Dort drüben, innerhalb der Grenzen seiner geistigen Verfassung, jenseits unserer auf Sachlichkeit und Zielstrebigkeit ausgelegten Gesellschaft, ist er noch immer ein beachtlicher Mensch[.]«[177]; »Die Demenz beinhaltet eine Einschränkung des Zugangs zur Welt und birgt in sich sowieso schon die Gefahr des Vereinsamens. […] Umso wichtiger ist es, Menschen nicht in dieser Einsamkeit zu belassen, sondern ihnen Wege daraus anzubieten.«[178]

Das erste Zitat verweist darauf, dass man in die Welt von Menschen mit Demenz hineingelangen kann. Das zweite Zitat beschreibt eine umgekehrte Bewegung: Hier werden Demenzbetroffene aus der »Einsamkeit« in die Welt zurückgeholt. Derartige Aussagen verzichten in der Regel darauf, den Standort von Menschen mit Demenz per se als »Nicht-Welt« abzuwerten.[179] Zitat Nummer eins veranschaulicht das exemplarisch. Mag der Vater von Arno Geiger, um den es hier geht, den gesellschaftlichen Werten von »Sachlichkeit und Zielstrebigkeit« nicht mehr entsprechen können, so gilt er dem Sohn dennoch als »beachtlicher Mensch«. Festzuhalten bleibt zudem, dass sich auf Grundlage von metaphorischen Beschreibungen wie den obigen ein verbindungsorientierter, inkludierender Umgang mit Demenzbetroffenen begründen und einfordern lässt. So heißt es etwa in einem Bericht der SZ: »Die Dementen sind Teil unserer Welt, so wie wir Teil ihrer Welt sind. Wir müssen Brücken bauen, um den Zugang zueinander zu ermöglichen.«[180]

Ich möchte der Auseinandersetzung mit dem Thema der Problembehandlung nicht vorgreifen; dennoch seien kurz einige Mittel zum ›Brückenbau‹ aufgeführt. Beispielsweise wird betont, dass sich durch verschiedene Arten der Reminiszenztherapie (Erinnerungsarbeit) »Türen zur inneren Welt

---

177 Geiger 2014, S. 14.
178 Baer/Schotte-Lange 2013, S. 68.
179 BILD v. 30.10.2013.
180 SZ v. 21.01.2006.

demenzkranker Menschen öffnen« lassen.[181] Zum Bereich der Reminiszenztherapie gehört auch der Ansatz, dass Erinnerungen durch die Rezitation von Märchen ausgelöst werden.[182] Die Leistungsfähigkeit dieses Ansatzes wird in einem SZ-Artikel mit dem Titel »Unvergesslich« wie folgt veranschaulicht: »Als niemand mehr zu der verwirrten Frau durchdringen konnte, gelang es Rumpelstilzchen trotzdem noch.«[183] Anderweitige Instrumente des Brückenbaus hat die Angehörige Frau Nitsch beschrieben. Sie setzte unter anderem non-verbale Kommunikationsformen ein, um eine Verbindung in die Welt ihrer Mutter aufzubauen:

> »Es ist eine Zwischenwelt, wo sie ist, das muss einem erst mal bewusst werden, dass in der Welt, in der wir uns jetzt befinden, diese Gesetze, die hier gelten, die gelten nicht mehr. Wenn sie die ablegen, die Gesetze, wenn sie die wegtun und auch das vorherige Leben wegtun, dann sind sie bei ihr in dieser Zwischenwelt. Und dann gibt es andere Dinge der Kontaktaufnahme wie die Sprache oder das Sehen. […] Das Fühlen gibt es und es gibt Musik, weil sie gerne Musik hatte. Summen, fühlen, warm und kalt und schmecken, das kann sie auch noch.«

Deutlich wird hier: Der Brückenbau von Frau Nitsch stützte sich einerseits auf die Möglichkeiten des Fühlens, Hörens und Schmeckens. Andererseits fußte dieser auf einer Haltungs- und Wahrnehmungsänderung. Frau Nitsch stellte in dem Zitat heraus, dass jene »Gesetze, die hier gelten«, also allgemeine gesellschaftliche Konventionen und Normen, in der »Zwischenwelt« ihrer Mutter keine Bedeutung mehr haben. Das ist eine Feststellung zur eigenen/anderen Welt Demenzbetroffener, die oft im Kontext von Abwesenheitsmetaphern hervorgehoben wird – und zwar unabhängig davon, ob die betreffenden Metaphern Zugangsmöglichkeiten bejahen oder verneinen. Charakteristisch für viele zugangsorientierte Abwesenheitsmetaphern ist nun, dass sie die Option und die positiven Chancen einer Distanzierung von gesellschaftlichen Konventionen und Normen herausstreichen – genau das tat auch Frau Nitsch: »Wenn sie die ablegen, die Gesetze, […] dann sind sie bei ihr in dieser Zwischenwelt.« Demnach kommt es also nicht darauf an, dass Menschen mit Demenz wieder mit der intersubjektiv geltenden Wirklichkeit und ihren Gesetzen vertraut gemacht werden. Als Voraussetzung eines gelingenden Brückenbaus gilt vielmehr, dass das soziale Umfeld

---

181 BILD v. 10.04.2008.
182 Vgl. Herzog et al. 2016.
183 SZ v. 09.10.2013.

die Eigenheiten der subjektiven Wirklichkeit der Betroffenen wahrnimmt und respektiert. Ein solcher Ansatz wird in einem SZ-Artikel mit folgenden Worten charakterisiert:

> »Menschen mit Demenz leben nun einmal in einer anderen Welt. Warum sollen wir sie immer auf unsere Realität stoßen, die ihnen nur ihre eigenen Unzulänglichkeiten vor Augen hält? Stattdessen holen wir sie eben in der Realität ab, in der sie sich befinden.«[184]

Dieses Zitat und inhaltlich vergleichbare Aussagen veranschaulichen abermals, inwiefern praktische Ansätze zum Umgang mit Demenzbetroffenen auf metaphorisch strukturierten Demenzinterpretationen basieren können: Das Zitat thematisiert eine validierende Kommunikations- und Begegnungsform und geht dabei von jener Metapher aus, die Menschen mit Demenz als Einwohner*innen einer eigenen/anderen, aber dennoch zugänglichen Welt beschreibt.[185] In vergleichbarer Weise haben Naomi Feil und Vicky de Klerk-Rubin zu den »Grundprinzipien« des von ihnen entwickelten Konzepts der Validation festgestellt: »In der Methode der Validation verwendet man Einfühlungsvermögen, um in die innere Erlebniswelt der alten, desorientierten Person vorzudringen.«[186]

Orientierungsmetaphern

In dem nachfolgenden Zitat aus der SZ wird ebenfalls darauf hingewiesen, dass es für Außenstehende möglich ist, die Innensicht von Menschen mit Demenz nachzuvollziehen:

> »Sie sind nicht dahindämmernde Wesen, verblödet oder wahnsinnig. Es sind Menschen, deren Möglichkeit, die Welt zu verstehen, sich zwar geändert und verzerrt hat«,

---

184 SZ v. 05.09.2014.
185 Die Möglichkeit und die zentrale Bedeutung kommunikativer Brückenschläge und Weltenwanderungen hat nicht zuletzt auch Goldsmith (1996, S. 165) mit einer Aussage herausgestellt, die schon bei der Darstellung der wissenschaftlichen Demenzproblematisierung aufgeführt wurde, die hier aber zur weiteren Vertiefung der Metaphernanalyse noch einmal wiederholt sei: »It is possible to be involved in meaningful communication with the majority of people with dementia *but* we must be able to enter into their world, understand their sense of place and time, recognize the problems of distraction and realize that there are many ways in which people express themselves and *it is our responsibility* to learn how to recognise these.«
186 Feil/De Klerk-Rubin 2005, S. 15.

sagt Alexander Kurz, Psychiater am Klinikum ›Rechts der Isar‹ der Technischen Universität München und Mitbegründer der Münchener Alzheimer Gesellschaft, ›doch in einer Weise verzerrt, die wir verstehen können‹.«[187]

Im Rahmen des Zitates wird nicht zuletzt auch die gängige bildliche Einschätzung zurückgewiesen, dass Demenzbetroffene in einem Zustand der Dämmerung leben. Es ist also das orientierungsmetaphorische Konzept ›Menschen mit Demenz sind im Dunkeln‹, das hier auf Ablehnung trifft.

Im Quellenkorpus liegen zudem verschiedene Aussagen vor, bei denen es zu signifikanten Abweichungen vom orientierungsmetaphorischen Konzept ›Menschen mit Demenz sind unten‹ kommt. Es handelt sich dabei um Aussagen, die Situationen des Oben-Seins von Betroffenen aufzeigen. Frau Wehra fasste beispielsweise die Wirkung von gemeinsamen Singrunden und Rate- und Bewegungsspielen im Rahmen der von ihr für die Alzheimer Gesellschaft geleiteten Betreuungsgruppe so zusammen: »Das [Singen, Rate- und Bewegungsspiele] ist, glaube ich, wirklich etwas, was die aus ihrer Versenkung so ein bisschen wieder rausholt und was sie ein bisschen wieder aufatmen lässt.« Über die von Gary Glazner begründete »Alzpoetry«, die sich an Demenzbetroffene richtet und die in Deutschland unter dem Titel »Weckworte« durch Lars Ruppel angeboten wird, heißt es in einem SZ-Artikel: »Glazner lässt Reime im Chor sagen. Er geht auf die Patienten zu, nimmt ihre Hand und lässt sie den Rhythmus der Sprachmelodie spüren [...]. Die Wirkung ist ungeheuerlich. Die Aufmerksamkeit springt an, die Kranken wachen auf.«[188] In einem BILD-Artikel, der über eine Tanzveranstaltung für Menschen mit Demenz berichtet, wird folgende Feststellung der Organisatorin dieser Veranstaltung zitiert: »›Die alten Schlager wecken tief verborgene Erinnerungen. Viele wissen nicht, wie sie heißen, aber wenn ›It's now or never‹ von Elvis gespielt wird, singen alle mit. Es ist wie ein Wunder.‹«[189] Herr Jung ging in unserem Gespräch nicht nur auf sein Engagement als Beirat der Alzheimer Gesellschaft ein, sondern erzählte auch, dass er mit seiner demenzbetroffenen Schwiegermutter eine Zeit lang Fotoalben aus deren Vergangenheit angeschaut hatte. Dabei ist sie, wie er es formulierte, »aufgeblüht«: »Hat sie gern gemacht. Ja, ja, ist sie richtig aufge-

---
187 FAZ v. 19.10.1990.
188 SZ v. 21.09.2011.
189 BILD v. 04.04.2003.

blüht.« Von der Möglichkeit eines Aufblühens berichtete auch die damalige Familienministerin Ursula von der Leyen, die in einem BILD-Interview zur Versorgung ihres demenzbetroffenen Vaters befragt wurde:

> »Trotz seiner schweren Krankheit könne ihr Vater aber auch heute noch Glück empfinden, teils sogar intensiver als Gesunde: ›Es sind zum Beispiel Lieblingsorte. Die hat jeder Mensch, aber ein Demenzkranker noch sehr viel stärker. [...] Im Garten, da gibt es viele Dinge, die ihn an meine Mutter erinnern. Da blüht er im wahrsten Sinne des Wortes innerlich auf.‹«[190]

Aus der Versenkung aufstehen, wach werden, aufblühen – all das sind räumliche Bewegungen: Wer aus einer Versenkung aufsteht, vollführt genauso eine Lageveränderung in der Vertikalen wie der Schlafende, der wach wird und sich aus dem Bett erhebt – auch die Pflanze, die aufblüht, wächst nach oben, in Richtung der Sonne. Kurz: Anstatt nach unten geht es bei den bis hier vorgestellten Orientierungsmetaphern aufwärts.

Der metaphorische Verweis auf ein Oben-Sein von Menschen mit Demenz dient insgesamt dazu, gute Situationen und Erfahrungen aufzuzeigen, denn – so halten Lakoff und Johnson fest – »GLÜCKLICHSEIN IST OBEN«.[191] Bezeichnenderweise handelt es sich im Fall von Aufblühen und Aufgewecktheit auch um positiv besetzte Kollektivsymbole für subjektives Wohlbefinden (Aufblühen) wie für geistig-kognitive Agilität (Aufgewecktheit). Die bildliche Vorstellung ›Menschen mit Demenz sind unten‹ wird in den aufgeführten Zusammenhängen jedoch nicht vollständig verworfen. Sie bleibt insofern einflussreich, als das Unten-Sein als ein Grundzustand

---

190 BILD v. 28.05.2008.
191 Lakoff/Johnson 1998, S. 22. Auf die Möglichkeit eines subjektiven Wohlbefindens von Menschen mit Demenz wird jedoch keineswegs nur im Rahmen von Metaphern des Aufstehens, Erwachens und Aufblühens hingewiesen. Unter anderem geschieht das auch im Zusammenhang mit jenen ontologischen Metaphern, um die es auf den folgenden Seiten geht. Eingehendere Beachtung finden positive Situationen und Erfahrungen von Menschen mit Demenz zudem später noch einmal, wenn ich Formen und Ziele bestimmter Problembehandlungsformen darstelle. An dieser Stelle seien lediglich noch Ergebnisse einer Befragung der DAK-Gesundheit (Haumann 2017, S. 21) erwähnt, die darlegen, inwiefern gesellschaftlich der Eindruck verbreitet ist, dass »auch mit Demenz noch ein gutes Leben möglich ist«: »Nur 39% der Bevölkerung haben diesen Eindruck. Von jenen, die schon an der Pflege und Betreuung von Demenzkranken beteiligt waren, würden immerhin etwa die Hälfte (46%) auch mit Demenz noch ein gutes Leben erwarten[.]«

gerade von stark beeinträchtigten Demenzbetroffenen betrachtet wird. Dieser Zustand hat hier jedoch keinen endgültigen Charakter. Vielmehr gilt er als ein Zustand, der sich durch entsprechende Aufrichtungs- und Weckmaßnahmen verändern lässt: denn anders als im Falle des Verweises auf bloß zufällige »lichte Momente« von Betroffenen heben viele der angesprochenen Zitate hervor, dass entsprechende Angebote und Maßnahmen ein Oben-Sein von Menschen mit Demenz – also eine physische bzw. kognitive Aktivierung oder subjektiv positive Situationen und Erfahrungen – ermöglichen.[192]

Ontologische Metaphern

›Demenz entleert den Mensch-Behälter‹ – so lautet ein zentrales Konzept aus dem Bereich der ontologischen Metaphern. Wird das Bild des entleerten Mensch-Behälters über den Quellenkorpus hinweg verfolgt, tritt auch im Fall dieser Demenzinterpretation eine alternative Betrachtungsweise zu Tage. »Da ist noch ganz viel Mensch drin«, stellt etwa der Leiter einer Tagespflegestätte für Demenzbetroffene hinsichtlich der Situation seiner Klient*innen in der SZ fest.[193] In einem anderen SZ-Artikel wird eine ähnliche Feststellung gemacht. Der Artikel trägt den programmatischen Titel »Denn es ist immer etwas da«. Hier trifft die Annahme, dass das Auftreten einer Demenz letztlich zu »einem Wesen ohne Selbst führt«, auf massive Ablehnung.[194] Der Autor des Textes stützt sich zum einen auf Hans Förstl, den Direktor der Klinik für Psychiatrie und Psychotherapie der TU München:

> »Auch wenn bei Menschen mit fortgeschrittener Demenz vieles zerstört ist, veranstalten die restlichen Nervenzellen weiterhin ein ›ganz großes Konzert‹. Und selbst bei kleinerer Besetzung sei, so Förstl, ›das Musikstück noch komplett erhalten‹.«

Ein zweites Argument für die Geltung der Aussage, dass bei Menschen mit Demenz »immer etwas da« ist, leitet der Autor aus einer Auseinandersetzung mit dem Werk von Thomas Fuchs ab:

---

192 SZ v. 20.09.1997.
193 SZ v. 26.10.2013
194 SZ v. 24.08.2012.

»Dem Heidelberger Professor für philosophische Grundlagen der Psychiatrie und Psychotherapie zufolge beruht Identität weniger auf unserem Wissen über uns selbst, als auf den Erfahrungen, die wir im Laufe unseres Lebens in unserem ›Leibgedächtnis‹ verinnerlicht haben. Das damit verbundene Gefühl von Selbstvertrautheit ist durchaus noch vorhanden, wenn sich die bewussten Erinnerungen an das eigene Leben längst verabschiedet haben.«

Menschen mit Demenz sind der obigen Argumentation zufolge aus zweierlei Gründen nicht inhaltsleer. Erstens wird unter Berufung auf den medizinischen Demenzexperten Hans Förstl ausgeführt, dass die hirnorganischen Folgen einer Demenzerkrankung keineswegs derart zerstörerische Auswirkungen haben, wie das oftmals behauptet wird. Zweitens ist hier eine erweiterte Perspektive auf Phänomene wie Identität und Selbst leitend, eine solche Perspektive, die diese Phänomene nicht nur im Geist bzw. im hirnorganischen Gewebe, sondern auch im Körper verortet.[195] Der Körper wird so als entscheidender Speicherort des Mensch-Behälters identifiziert, in dem etwa ein »Gefühl von Selbstvertrautheit« auch dann »noch vorhanden« sein kann, wenn es zu starken kognitiven Beeinträchtigungen kommt.

Udo Baer und Gabi Schotte-Lange beziehen sich ebenfalls auf Thomas Fuchs, wenn sie in ihrem Ratgeber körperliche Speicherungsprozesse beschreiben: »Das Leibgedächtnis ›einverleibt‹ sich Sinneserfahrungen[.]«[196] Diese bildliche Annahme ist für die Leitthese von Baer und Schotte-Lange elementar: »Mag das Gedächtnis des Denkens noch so sehr zurückgehen und zerrüttet werden, das Gedächtnis des Körpers, das Gedächtnis der Sinne, das situative Gedächtnis, kurz das Gedächtnis des Herzens bleibt bestehen[.]«[197]

Der Angehörige Herr Tenner hat ebenfalls sehr bestimmt und zugleich besonders anschaulich darauf hingewiesen, dass von einer Entleerung seiner Frau keine Rede sein könne. Er betrachtete das »Hirn als Apothekerschrank« (Behälter-Metapher) und im Gehirn-Schrank seiner Frau waren für ihn manche Schubladen ausgeräumt – andere jedoch nicht.[198] Deshalb

---

195 Vgl. Fuchs 2010.
196 Baer/Schotte-Lange 2013, S. 13.
197 Ebd., S. 16.
198 Wie Herr Tenner auch berichtete, entwickelte er diese bildliche Vorstellung im Rahmen eines Therapieangebotes für Angehörige, das er während eines gemeinsamen Aufenthaltes mit seiner Ehefrau im Alzheimer Therapiezentrum der Schön Klinik Bad Aiblingen besuchte. Vgl. Schön Klinik (Internet), *Alzheimer Therapiezentrum*.

machte Herr Tenner sich bewusst auf die Suche nach vorhandenen Schubladeninhalten:

> »Und finde ich was, wo noch was drin ist, dann muss ich mich bemühen [...]: Was könnte das denn sein? Da steht ja dann nicht drauf ›Gerne Ball spielen‹ oder ›Gerne singen‹. Aber vielleicht habe ich dann irgendwas entdeckt, was sie gerne tut und wo sie drauf reagiert. Und mit diesen Dingen kann ich arbeiten, kann ich ihr das Leben netter, angenehmer machen. Und weil ich das jetzt noch aus ihr wieder rausgepult habe und sie wieder da dran erinnere, fühlt sie sich auch wohl bei mir.«

Auch Herr Luhr versuchte bewusst, solche Aktivitäten mit seiner demenzbetroffenen Ehefrau zu unternehmen, die für sie positive Bedeutung besaßen und die ihr Wohlbefinden steigerten. Das war etwa bei gemeinsamen Tanzabenden und Konzertbesuchen der Fall. Zu einem solchen Besuch erzählte Herr Luhr: »Da saß sie da und hat mit dirigiert und im nächsten Moment, dann sitzt sie da und ist mit ihren Gedanken schon ganz woanders, da ist keine leere Hülle, also da ist was drin und das sind Empfindungen.« Frau Peters sprach genauso davon, dass in ihrem Mann ganz unzweifelhaft noch etwas »drin« ist – nämlich seine »alten Strukturen«:

> »Und dazu entdeckt man immer noch genügend von den alten Strukturen und gerade, wenn man also sein Leben mit denen verbracht hat, dann schon mal ganz und gar. Da ist ja also noch so viel Typisches, wie der halt war und wie der redet und wie der ist und ob er zornig wird oder ob er sich freut und so was, das vergeht nicht so ganz und gar, aber es wird halt immer brüchiger und bröckeliger[.]«

Die bildliche Vorstellung, dass Demenzbetroffene unzweifelhaft Inhalte (»interiorities«) haben, bestimmt nicht zuletzt die folgende Aussage von Frau Wehra.[199] Sie erläutert hier eine der wesentlichen Zielsetzungen der von ihr geleiteten Betreuungsnachmittage:

> »Ich würde sagen, dass das so ist, dass man immer schauen muss: Was braucht der Mensch? [...] Was hilft ihm? Was ist für ihn angenehm? [...] Und das muss man rauskriegen und dann muss man dem entgegenkommen und das ist für die Betroffenen wirklich hilfreich, das ist das, was hilfreich ist.«

Genau wie das Bild der »leere[n] Hülle« nicht alternativlos ist, existieren auch Abweichungen von der Vorstellung eines unausweichlichen Persönlichkeitsverlustes.[200] Dieser Umstand zeichnet sich unter anderem am Bei-

---

199 Leibing 2008, S. 180.
200 SZ v. 15.03.2005.

spiel von zwei ontologischen Metaphern aus meinen Gesprächen mit Akteur*innen der zivilgesellschaftlichen Demenzhilfe ab. Herr Jung, der bis zu seinem Eintritt in den beruflichen Ruhestand als Facharzt für Psychiatrie und Neurologie tätig war, hat sich wie folgt zur Frage der Persönlichkeit von Menschen mit Demenz positioniert: »Also ich sehe das so, ein Kern bleibt da. […] Die Intelligenz und die Denkfähigkeit, die sind ja nur ein Teil der Persönlichkeit. Wenn man es genau nimmt, sogar der kleinere.« Frau Tanner führte in inhaltlicher Parallelität aus: »Ich glaube, die Person bleibt in ihren Umrissen so erhalten.«

Der Begriff »Kern« bezeichnet gemeinhin das materielle Zentrum eines Objektes. In der Aussage von Herrn Jung ist sinnbildlich von einem »Kern« der Persönlichkeit die Rede, von einem Zentrum, das trotz gewisser Veränderungs- und Verlustprozesse Bestand hat – nicht zuletzt deshalb, weil die Existenz dieses Zentrums für Herrn Jung keineswegs nur von unbeeinträchtigten kognitiven Potenzialen abhängt. Auch für Frau Tanner konnte nicht von einem vollständigen Verlust der Persönlichkeit von Demenzbetroffenen die Rede sein. Sie griff in diesem Zusammenhang das Bild einer materiellen Form auf, die sich zwar in bestimmter Hinsicht verändert hat, die aber dennoch in ihren Grundzügen, ihren »Umrissen« erhalten ist.

Die bis hier thematisierten ontologischen Metaphern stellen damit allesamt Gegenentwürfe zu einschlägigen Entleerungs- und Verlustmetaphern bereit und entwickeln so eine alternative Deutung zur Lage von Menschen mit Demenz. Obwohl diese Metaphern unterschiedliche Bildfelder eröffnen, treffen sie eine übereinstimmende Aussage: Individuelle Merkmale und Bedürfnisse, das Selbst, das Ich, die Persönlichkeit etc. – all das verschwindet infolge von Demenz nicht vollständig aus dem Mensch-Behälter bzw. bleiben Kerne und Umrisse des Selbst, des Ich oder der Persönlichkeit erhalten.[201] Es handelt sich hier also um metaphorische Interpretationsfor-

---

201 Andreas Kruse (2017, S. 338) bekräftigt und konkretisiert diese bildliche Aussage, indem er die Metapher der »Inseln des Selbst« in die wissenschaftliche Demenzproblematisierung eingeführt hat: »Es erscheint mir im begrifflichen wie auch im fachlichen Kontext als zentral, bei einer weit fortgeschrittenen Demenz ausdrücklich von *Inseln des Selbst* zu sprechen. Das Selbst ist als ein kohärentes, dynamisches Gebilde zu verstehen, das sich aus zahlreichen Aspekten (multiplen Selbsten) bildet, die miteinander verbunden sind (Kohärenz) und die sich unter dem Eindruck neuer Eindrücke, Er-

men, in deren Rahmen verbale Äußerungen von Demenzbetroffenen wie auch ihre mimischen Regungen, ihre Körperhaltungen etc. auf eine zwar fragmentierte, aber dennoch vorhandene Instanz zurückgeführt werden, die wahlweise als Selbst, als Ich oder als Persönlichkeit gilt.[202] Die Wahrnehmung, dass »immer etwas da [ist]«, wirkt zudem auch auf die Aufnahme von Versuchen hin, dieses Etwas (Selbst, Ich, Persönlichkeit) und seine Bedürfnisse auszumachen, anzusprechen und ihm so zu seiner Verwirklichung zu verhelfen.[203] Ontologische Metaphern dieser Art können folglich dazu beitragen, dass das soziale Umfeld gezielt versucht, Menschen mit Demenz in ihrer Selbstaktualisierung zu unterstützen. Viele der oben erwähnten Beispiele veranschaulichen das – ich greife noch einmal zwei Beispiele heraus: Herr Tenner beschrieb, wie förderlich es für das Wohlbefinden seiner Frau war, wenn er aus ihrem »Apothekerschrank« (Gehirn) Unter-

---

lebnisse und Erfahrungen kontinuierlich verändern (Dynamik). Bei einer weit fortgeschrittenen Demenz büßt das Selbst mehr und mehr seine Kohärenz sowie seine Dynamik ein: Teile des Selbst gehen verloren, die bestehenden Selbste sind in deutlich geringerem Maße miteinander verbunden, die produktive Anpassung des Selbst im Falle neuer Eindrücke, Erlebnisse und Erfahrungen ist nicht mehr gegeben, wobei sich auch die Möglichkeit, diese zu gewinnen, mit zunehmendem Schweregrad der Demenz immer weiter verringert. Doch heißt dies nicht, dass das Selbst nicht mehr existent wäre: In fachlichen (wissenschaftlichen wie praktischen) Kontexten, in denen eine möglichst differenzierte Annäherung an das Erleben und Verhalten eines demenzkranken Menschen versucht wird [...], wird ausdrücklich hervorgehoben, dass Reste des Selbst auch bei weit fortgeschrittener Demenz deutlich erkennbar sind.«

202 An dieser Stelle sei auf eine Definition des Begriffes des Selbst verwiesen, wie sie sich in der vom Deutschen Ethikrat (2012, S. 48) verfassten Stellungnahme »Demenz und Selbstbestimmung« findet: »In Übereinstimmung mit einer großen Tradition des Denkens kann man das Selbst als dasjenige ansehen, was der Mensch in sich selbst als empfindendes, fühlendes, erkennendes und steuerndes Zentrum begreift.« Explizite Bezugnahmen auf wissenschaftliche Selbst-, Ich- oder Persönlichkeitstheorien bleiben bei meinen Untersuchungsquellen allerdings in der Regel aus. Stellen, an denen etwa thematisiert wird, welche Bedeutung das Leibgedächtnis für die subjektive Identität hat (vgl. Fuchs 2010), besitzen Ausnahmecharakter. Gleiches gilt zum Beispiel auch für Bezüge auf die Persönlichkeitstheorie von Kitwood (2013). Eine Übersicht zu Bedeutungen, die der Begriff des Selbst in der wissenschaftlichen Demenzproblematisierung annimmt, hat Elizabeth Herskovits (1995, S. 159) erstellt: »*The self as an internal personal identity*«; »*The self as an intersubjective public/social project*«; »*The self as an ontological construct*«; »*The self as an ongoing linguistic process and project*«; »*The self as a dynamic interaction between intersubjectivity, subjectivity, and the anatomic brain*«.

203 SZ v. 24.08.2012.

nehmungen »rauspult[e]«, die für sie eine positive Bedeutung hatten. Frau Wehra führte aus, dass das Innere von Demenzbetroffenen Bedürfnisse enthält, die sie als Leiterin einer Betreuungsgruppe für Menschen mit Demenz »rauskriegen« kann und muss, damit die Teilnahme an dieser Gruppe für die Besucher*innen ein positives Erlebnis wird.

5.3 Demenz als Problem von Familie und Gesellschaft

Das Phänomen Demenz gilt in den Quellen meiner Analyse ganz besonders auch als ein Problem des familiären und gesellschaftlichen Umfeldes der Betroffenen. Dieser Problemperspektive widme ich mich jetzt näher. Im ersten Teil des vorliegenden Abschnitts geht es um physische und psychische Schwierigkeiten, die als typische Auswirkungen von Demenz auf die Gruppe der Angehörigen erlebt und beschrieben werden. Im zweiten Teil arbeite ich heraus, inwiefern sich Angehörige an bestimmte Schwierigkeiten ihres Alltags anpassen können, inwiefern sie auch von guten Erfahrungen berichten und inwiefern sie ihr Sorgehandeln mitunter als besonders sinnstiftende Aufgabe wahrnehmen. Drittens und letztens stelle ich solche Interpretationen vor, die Demenz als ein Problem kennzeichnen, das die Gesellschaft in ihrer Gänze betrifft.

Familiäre Demenzsorge I: Physische und psychische Schwierigkeiten

Die unterschiedlichen Perspektiven auf die Lage des Umfeldes von Menschen mit Demenz lassen sich nicht so treffend durch eine Analyse von metaphorischen Deutungskonzepten erfassen und ordnen, wie das bei den Interpretationen über die Lage der direkt Betroffenen der Fall war. Anstatt zentrale metaphorische Konzepte herauszuarbeiten, stelle ich jetzt verschiedene inhaltliche Themenfelder vor, die bei der Problematisierung der Lage des Umfeldes von Menschen mit Demenz wichtig sind. Auf metaphorische Lagebeschreibungen komme ich dabei jedoch auch an vereinzelten Stellen zu sprechen. Die Analyse startet mit einer Übersicht zu physischen und psychischen Schwierigkeiten von Angehörigen, wie sie im Quellenkorpus zum Thema gemacht werden.

»Der 36-Stunden-Tag«

Angehörige, die ein demenzbetroffenes Familienmitglied versorgen, berichten vielfach von hohen physischen Belastungen, die mit ihrer Sorgeaufgabe verbunden sind.[204] Der Ehemann von Frau Tews etwa war im Verlauf seiner demenziellen Beeinträchtigungen zunehmend auch in seiner Bewegungsfähigkeit eingeschränkt und bedurfte so einer intensiven motorischen Unterstützung durch seine Frau. Diese Form der Unterstützung hatte körperlich negative Folgen für Frau Tews – Folgen, von denen sie sich erst nach dem Umzug ihres Ehemannes in ein Heim allmählich erholen konnte:

> »Als er dann in der Pflegeeinrichtung war, bin ich erst mal umgekippt und habe selbst dann lange Zeit physische Probleme gehabt. Allein schon, weil er ja nicht mehr aufstehen konnte, alleine nicht aus dem Bett, nicht aus dem Stuhl – und ich nicht geschult war, rückenschonend das Ganze zu machen.«

Schwere Hebetätigkeiten sind keineswegs die einzige Ursache einer besonderen körperlichen Anstrengung, wie das folgende Zitat aus dem Gespräch mit Frau Kahn belegt. Sie zählte hier die allmorgendlichen Aufgaben auf, die sie im Rahmen der Versorgung ihres demenzbetroffenen Ehemannes übernahm:

> »Ich wecke ihn [...] dann muss ich ihn anziehen: Strümpfe, alles, alles von Kopf bis Fuß. Waschen, Zähne putzen, Gebiss putzen, alles muss ich machen. Kämmen und Pflaster drauf und Blutdruck messen und Zucker messen und vorher mache ich aber das Frühstück und da muss ich alles Brot in Reihen schneiden, dass er das essen kann, ja.«

Der Tag von Frau Kahn, der um 6 Uhr begann, blieb auch über den Morgen hinaus so arbeitsintensiv. Sie war, wie sie in unserem Gespräch mehrmals betonte, »rund um die Uhr« mit der Versorgung ihres Mannes beschäftigt. Vor dem Hintergrund eines derart umfangreichen Engagements sprechen Mace und Rabins im Titel ihres Ratgeberbuches vom »36-Stunden-Tag« der Angehörigen.[205] Auch nachts fand Frau Kahn keine wirkliche Ruhe, etwa weil sie ihren Mann häufig zur Toilette begleitete: »Und dann

---

204 Vgl. auch Gallant/Connell 1998.
205 In Kapitel 3 habe ich bereits eine Studie von Nicolas Farina et al. (2017) angesprochen, die zeigt, dass 50 % der sorgenden Angehörigen 35 Wochenstunden und mehr für die Unterstützung demenzbetroffener Familienmitglieder aufwenden. Baldo Blinkert (2008, S. 91) hat darauf hingewiesen, dass der zeitliche Einsatz der Angehörigen zusammen mit dem Fortschreiten demenzieller Beeinträchtigungen steigt und zwar von

kann man ja nicht auf einen Knopf drücken und kann sagen: So, jetzt schlafe ich gleich weiter.« Verschärft wurde die Situation dadurch, dass solche nächtlichen Unterbrechungen regelmäßig vorkamen, zum Teil sogar in Abständen von zwei Stunden. Im Laufe der Zeit hatte sich dadurch das Schlafverhalten von Frau Kahn verändert: »Und ich wache auf, automatisch auch, wenn der um halb zwei noch nicht da war, dass er auf Toilette muss[, dann frage ich mich]: Warum war er heute noch nicht auf? Und dann dauert es meistens schon nicht lange, dann ist es so.« Frau Peters stellte in unserem Gespräch ebenfalls fest, dass ihr der tägliche Sorgerhythmus in Fleisch und Blut übergegangen war und dass sich dieser Rhythmus auch noch nach dem Tod ihres Mannes bemerkbar machte: »Es hat lange gedauert, bis ich also nicht genau pünktlich aufgestanden, gegessen und so weiter habe.«

Ein massiver Schlafmangel von Angehörigen stellt sich besonders dann ein, wenn Demenzbetroffene einen veränderten Tag-Nacht-Rhythmus zeigen. Die Familie von Frau Nitsch hatte eine solche Phase im Verlauf der Demenz von Frau Nitsch senior erlebt und zwar nachdem deren Behandlung mit den Neuroleptika Pipamperon (zur Behandlung von innerer Unruhe und Schlafstörungen), Risperidon (zur Behandlung von manischen und aggressiven Zuständen) und Tiaprid (zur Behandlung von Tics, Bewegungsstörungen, Agitation) aufgrund einer Überdosierung dieser Mittel vorerst eingestellt worden war:

> »Und dann habe ich das erste Mal pure Demenz erlebt. [...] [Meine Mutter war] von sich selbst getrieben, keine Ruhe, nichts. Nur laufend das: Aufstehen, Setzen, Aufstehen. Und das 24 Stunden am Tag, überhaupt nicht bereit, Ruhe zu finden. Ja, sie döste dann am Tag, war aber nachts munter und dann haben mein Bruder und mein Vater, die im Haus wohnen, zwei Tage und zwei Nächte nicht geschlafen. Die sind fertig am Ende gewesen. Mein Bruder hat nur noch geschrien: ›Sie muss in die Klinik!‹ Dann habe [ich] gesagt: ›Peter, ich verspreche dir, ich fahre in die Klinik, sie kommt dahin.‹ Jetzt hat man an dem Tag kein Bett gehabt, erst am nächsten Tag. Dann bin ich in das Haus meiner Eltern und habe diese eine Nacht dann aufgefangen, damit die beiden halbwegs schlafen konnten.«

Frau Nitsch schilderte hier eine familiäre Krise: Nach zwei Tagen ohne Schlaf geriet ihr Bruder an eine Grenze und forderte schreiend, dass die

---

41 Wochenstunden bei »geringe[r] bis mittlere[r] Pflegebedürftigkeit« auf 64 Wochenstunden bei »starke[r] Pflegebedürftigkeit«.

Mutter in einer Klinik untergebracht werden sollte. Frau Nitsch sprang in dieser Notsituation ein und übernahm die nächtliche Betreuung, bis der Klinikaufenthalt beginnen konnte.

Herausfordernde Verhaltensweisen

Es muss kaum ausdrücklich erwähnt werden, dass solche Erfahrungen für Angehörige nicht nur physisch, sondern auch psychisch überaus strapazierend sein können.[206] Das obige Zitat von Frau Nitsch thematisiert eine wichtige Ursache psychischer Strapazen: Bestimmte Verhaltensweisen von Menschen mit Demenz empfindet deren soziales Umfeld als besonders »herausfordernd«.[207] Eine schwere familiäre Herausforderung stellte in der von Frau Nitsch beschriebenen Situation der Umstand dar, dass sich ihre Mutter tage- und vor allem nächtelang ruhelos durch die Wohnung bewegte.[208] Die umfassendste Beschreibung von herausforderndem Verhalten im Datenkorpus findet sich im Ratgeber von Mace und Rabins.[209] Mace und Rabins thematisieren in diesem Zusammenhang unter anderem auch eine andauernde Ruhelosigkeit von Demenzbetroffenen. Zudem weisen sie etwa die ständige Wiederholung von Fragen und Handlungen, individuelle Willkür oder ungerechtfertigte Beschwerden und Vorwürfe als Beispiele für herausforderndes Verhalten von Menschen mit Demenz aus. Zu letzterem Aspekt merken die beiden Ratgeberautor*innen Folgendes an:

> »Manchmal beschweren sich Demenzkranke bei allen Gelegenheiten und trotz aller Mühen, es ihnen recht zu machen. Der Verwirrte sagt z. B.: ›Du bist grausam zu mir, ich möchte nach Hause gehen‹, ›du hast mir Sachen gestohlen‹ oder ›ich kann dich nicht leiden‹. Wahrscheinlich werden Sie sich, wenn Ihnen ein verwirrter Mensch dieses ins Gesicht sagt, verletzt und verärgert fühlen. […] Schnell kommt es dann zu einem unschönen und unnötigen Streit, dem ein akuter Erregungszustand folgen kann. Möglicherweise kommt es zu Schreien, Weinen und Werfen von Gegenständen. Am Ende rennen Sie erschöpft und aufgeregt heraus.«[210]

---

206 Die Studie mit dem Titel »So pflegt Deutschland« der Krankenkasse DAK-Gesundheit (2015, S. 16) gibt an, dass sich sorgende Angehörige von Demenzbetroffenen zu 78 % psychisch überlastet fühlen – von einer körperlichen Überlastung berichten 59 % der Personen aus dieser Gruppe.
207 Vgl. James 2012.
208 Vgl. auch Onishi et al. 2005.
209 Vgl. Mace/Rabins 1986, S. 41f./113f.
210 Ebd., S. 131.

Herausfordernde Verhaltensweisen und deren Auswirkungen auf Angehörige wurden verschiedentlich auch in den von mir untersuchten Pressetexten diskutiert. In einem Text der BILD lässt sich etwa folgende Beschreibung finden: »Derjenige, der sich aufopferungsvoll kümmert, wird nicht selten von dem Erkrankten, dessen Wesen sich völlig verändert, beschimpft oder sogar angegriffen.«[211]

Beschimpfungen und körperliche Angriffe sind ebenfalls ein Thema in einigen meiner Gespräche mit Angehörigen gewesen. Beispielsweise in dem Gespräch mit Frau Kahn. Obwohl sie ihren Mann nicht als »völlig verändert« wahrnahm, berichtete sie im Interview wiederholt von Situationen, in denen sie ihn als sehr boshaft und ausfallend erlebte:

> »Wir hatten unseren 42. Hochzeitstag. [...] Da hat er mir die ganzen Blumen umgerissen [...]. Ich frag doch immer: ›Wo willst du hin?‹ Ja. Und dann ist er bös und schmeißt einem Sachen an den Kopf. Das ist hart. Dann kommen schon mal ein paar Tränen.«

Während Frau Kahn hier psychisch-emotionale Verletzungserfahrungen thematisierte, berichtete Frau Nitsch von einem körperlichen Angriff durch ihre Mutter. Frau Nitsch senior trug nach einer Operation einen Verband im Gesicht, den sie sich jedoch immer wieder selbstständig entfernte. Alle Versuche der Familie, die Mutter durch verbale Bitten und Aufforderungen daran zu hindern, schlugen fehl. Frau Nitsch und ihr Bruder wendeten deshalb schließlich physischen Zwang an:

> »Sie hat auf dem Sofa gesessen: Mein Bruder, sie in der Mitte und dann ich. Und wir versuchten irgendwie ihre Hände [festzuhalten]: ›Du, lass das.‹ [...] Und dann saß sie da und holt [...] aus, nimmt ihre Faust und schlägt mir ins Gesicht. Auf dem Sofa, obwohl ich gar nichts gemacht habe. Schlägt mir voll ins Gesicht rein und da bin ich so böse geworden und habe gesagt: ›Sag mal, spinnst du?‹ Und eine heillose Schreierei und ich weiß heute, dass ist einfach nur Hilflosigkeit von ihr und von mir gewesen und... grauenhafte Situation.«

Zwei Zusammenhänge waren ursächlich an der Entstehung dieser Situation beteiligt: erstens zeigte Frau Nitsch senior bedingt durch ihre demenziellen Beeinträchtigungen keine Einsicht bezüglich der Zweckhaftigkeit des Wundverbandes. Zweitens gingen ihre Angehörigen davon aus, dass sie sich durch eine Entfernung des Verbandes schädigen könne. Sohn und Tochter

---

211 BILD v. 16.05.2014.

versuchten deshalb schließlich, einen gewaltsamen Schutzversuch (Hände festhalten) umzusetzen, der jedoch einen ebenso gewaltsamen Befreiungsversuch (Faustschlag ins Gesicht) hervorrief.

Angst vor Unfällen und Gefahren

Die Erzählung von Frau Nitsch vermittelt nicht nur einen Eindruck von Erfahrungen mit herausfordernden Verhaltensweisen. Es deutet sich hier auch an, dass Angehörige häufig mit großen Ängsten davor leben, dass sich ein demenzbetroffenes Familienmitglied selbst gefährdet.[212] Solche Ängste stellen eine bedeutsame Form der emotionalen Belastung einiger Angehöriger dar.

Auf das Risiko einer Selbstgefährdung weisen unter anderem auch Mace und Rabins hin: »Ein Demenzkranker kann nicht mehr für seine eigene Sicherheit garantieren. Er kann die Konsequenzen seiner Handlungen im Gegensatz zu uns nicht erkennen, und da er besonders schnell vergißt, treten leicht Unfälle auf.«[213] Zu den potenziellen Unfall- und Gefahrenquellen, die Mace und Rabins und viele andere Quellen des Datenkorpus identifizieren, zählen verschiedene Flüssigkeiten, Apparate und Gegenstände, die sich im Haushalt finden:

> »Behinderte Menschen vergessen, was sie essen und nicht essen dürfen. Sie können z. B. versehentlich Lösungsmittel trinken. […] Verwirrte Menschen versuchen oft, den Herd anzustellen und vergessen ihn später. […] *Dies bedeutet Brandgefahr.*«[214]

Besonders starke Unfall- und Gefährdungsängste von Angehörigen kommen angesichts von Situationen auf, in denen Menschen mit Demenz ihren Wohnort verlassen, ohne dass die Angehörigen etwas über ihren genauen Verbleib wissen. Eine von vielen Schilderungen derartiger Ereignisse findet sich im Interview mit Frau Tews. Sie erinnerte sich im Gesprächsverlauf unter anderem an verschiedene negative Erfahrungen, die sie im Zusammenleben mit ihrem demenzbetroffenen Ehemann gemacht hatte. Dazu zählte für sie vor allem auch ein Tag, an dem Herr Tews, ein emeritierter Hochschulprofessor, nicht aufzufinden war:

---

212 Vgl. auch Thommessen et al. 2002.
213 Mace/Rabins 1986, S. 67.
214 Ebd., S. 70.

»Ich komme ins Weinen, wenn ich mir schreckliche Situationen vorstelle, weil ich mich selbst bemitleide [und mich frage]: Wie hast du das durchgehalten? Schreckliche Sachen, bis dahin, dass wir über den Radiosender einen Ausruf machen wollten schon, weil er weggelaufen war im kalten Winter. Und er war zur Uni gelaufen. Eine Freundin hat die Idee gehabt: ›Er geht auf alten Pfaden, da suche ich ihn.‹ Da hat sie ihn gefunden. Und ich war nur noch fertig und hab irgendwo gehockt und gedacht: Wie soll das weiter gehen? Und mir vorgestellt, wie schrecklich das sein muss, wenn er irgendwo durch die Straßen geht und nicht weiß: Wie weiter? Wo? Was mache ich hier?«[215]

Ereignisse wie dieses sind für Angehörige deshalb so furchterregend, weil ein stark orientierungsloser Demenzbetroffener sich verlaufen kann und so möglicherweise in eine Krise gerät (»Wie weiter? Wo? Was mache ich hier?«). Zudem sind auch körperliche Schädigungen möglich: etwa durch schlechte Witterungsbedingungen (niedrige Außentemperaturen im Winter) oder dadurch, dass eine Flüssigkeits- und Nahrungsaufnahme über längere Zeit ausbleibt.

Gestörte Reziprozität

Große emotionale Belastungen können ferner vor dem Hintergrund von Störungen gegenseitiger Verbindungen zwischen sorgenden Angehörigen und Demenzbetroffenen zu Stande kommen. Einige Angehörige gewinnen beispielsweise den für sie schmerzhaften Eindruck, dass ihnen ein einstmals sehr vertrauter und hoch bedeutsamer Mensch zunehmend unvertraut wird.[216] In einem Leserbrief an die SZ stellt die Partnerin eines Demenzbetroffenen so fest: »Mein dementer Mann ist ein vollkommen An-

---

215 Die Beschreibung von Frau Tews ist nicht zuletzt deshalb sehr aufschlussreich, weil sie zeigt, inwiefern das sogenannte Weglaufen von Menschen mit Demenz durchaus zielgerichtet sein kann. Frau Tews hat diesen Begriff (Weglaufen) deshalb auch im weiteren Verlauf unseres Gespräches nicht mehr verwendet und bewusst von einem »Hinlaufen« gesprochen. In Übereinstimmung damit kommen Katherine Brittain et al. (2017, S. 270) im Rahmen einer Analyse von narrativen Interviews mit Angehörigen von Demenzbetroffenen zu folgendem Schluss: »[T]hese narratives show, there are often pronounced links to specific areas and meaningful places where people with dementia walk to.«
216 Vgl. Blandin/Pepin 2017 sowie Van Gorp/Vercruysse 2012, S. 1278f. Ein solcher Eindruck schlägt sich auch in entsprechenden metaphorischen Demenzkonzepten nieder (›Demenz ist Abschied‹, ›Menschen mit Demenz sind abwesend‹), die Abschnitt 5.2 thematisiert.

derer, ein entsetzlich Fremder, er hat nichts mehr von dem Menschen, den ich gekannt habe, er sieht auch anders aus.«[217] Eine solche Entfremdungserfahrung thematisiert ebenfalls das folgende Zitat, das wieder der SZ entstammt. Hier wird ein Demenzbetroffener beschrieben, der sich von einem liebevollen »Ritter« zu einer massiven Bedrohung für seine Frau entwickelt hat:

> »Bald begriff Maria: Das ist nicht mehr ›mein‹ Heinz. Was ihr Ritter und Herzensmensch gewesen war, das hockte jetzt stier vor dem Fernseher, goss Rotwein in sich hinein, zankte sich mit ihr um alles und jedes – und fiel mit Fäusten über sie her, was nur deswegen meist glimpflich abging, weil ihr ein Schutzengel jeweils einen unverhofften Besucher vorbeischickte, der Heinz zu bändigen oder abzulenken wusste. […] Die letzte große Emotion, zu der Heinz schließlich befähigt schien, war Aggression – und Angst.«[218]

Emotional sehr fordernd sind für einige Angehörige überdies Situationen, in denen sie von ihren demenzbetroffenen Familienmitgliedern nicht oder nicht richtig erkannt werden. Darauf wird unter anderem in einem FAZ-Artikel hingewiesen:

> »Und wie ist es für einen Sohn, seiner eigenen Mutter beim geistigen Verfall zuzusehen? Nachdenklich sagt Dieter Rannio: ›Ein verdammt blödes Gefühl ist das. Ihr ganzes Wesen hat sich so verändert. Gestern saß sie beim Abendessen und redete von ihren Kindern, als wisse sie gar nicht mehr, daß auch ich ihr Sohn bin. Sie nennt mich dann ›der Chef, der mich pflegt‹. Das ist schon traurig.‹«[219]

Das Zitat berichtet von einer Beziehung, die insofern einseitig geworden zu sein scheint, als nur noch der Sohn weiß, welche persönlich-biografische Verbindung zwischen ihm und seiner Mutter besteht. Die Mutter selbst hat die konkreten Dimension der Verbindung vergessen. Das wird von dem Sohn als deprimierende Störung der früheren Reziprozität zwischen Elternteil und Kind erlebt. Die belastende Wahrnehmung, dass sich Beziehungen zwischen Angehörigen und Demenzbetroffenen vereinseitigen, entsteht oft auch dann, wenn letztere Zuwendungen unerwidert lassen, die sie von Angehörigen empfangen. Das hebt etwa der nachstehende Auszug aus einem FAZ-Artikel hervor:

---

217 SZ v. 27.04.2012.
218 SZ v. 11.06.2004.
219 FAZ v. 05.10.2004.

»Die Pflege von Demenzkranken raubt nicht nur körperliche Kraft. Sie ist emotional enorm aufreibend, etwa dann, wenn trotz massiven Einsatzes krankheitsbedingt Dankbarkeit und Anerkennung seitens des Erkrankten ausbleiben. Besonders ist dies in den Spätstadien der Erkrankung [der Fall], wenn die Pflegenden gar nicht mehr erkannt oder sogar verkannt werden.«[220]

Das Zitat macht einerseits deutlich, dass es »emotional enorm aufreibend« sein kann, wenn Sorgebemühungen der Angehörigen durch die demenzbetroffenen Sorgeempfänger ungewürdigt bleiben. Andererseits kristallisiert sich hier beispielhaft heraus, inwiefern es im Fall der familiären Demenzsorge nicht generell möglich ist, von einer »Bedingungslosigkeit verwandtschaftlicher Unterstützung« auszugehen.[221] Auf Basis der Theorie des Gabentausches von Marcel Mauss bleibt vielmehr festzuhalten, dass die Gabe der unbezahlten familiären Demenzsorge zum Teil durchaus mit der Erwartung einer Gegengabe verbunden ist: »Die unmittelbar erwartete Gegengabe besteht zwar nicht in einer gleichwertigen Arbeits- oder materiellen Leistung, allerdings im Zeigen der ›adäquaten‹ Gefühle.«[222]

Hermeneutische Strapazen

Eine weitere Form der Belastung von Angehörigen geht auf Störungen der kommunikativen Ausdrucks- und Aufnahmefähigkeiten von Menschen mit Demenz zurück.[223] Beispielhaft sei dazu ein Zitat aus dem Gespräch mit Frau Rahner erwähnt, deren Mutter verbal stark eingeschränkt war: »Die Sprache geht verloren... schade. Also das ist manchmal was, [...] was mir manchmal schon auch ein bisschen schwer fällt, muss ich sagen. [...] Dann denke ich immer: Was wird sie jetzt von dir gewollt haben?« Wie der Interviewausschnitt zeigt, litt Frau Rahner darunter, dass sie die Absichten und Empfindungen ihrer Mutter nicht einfach im gemeinsamen Gespräch ermitteln konnte. Diese Belastungserfahrung spitzte sich angesichts von Situationen zu, in denen Frau Rahner die Vermutung hatte, dass ihre Mutter unter körperlichen Schmerzen leiden könnte: »Und da habe ich auch im-

---

220 FAZ v. 13.08.2008. Wenn in diesem Zitat durchgängig von »Pflegenden« die Rede ist, sind damit vor allem Angehörige von Menschen mit Demenz gemeint und weniger professionelle Pflegefachkräfte.
221 Thelen 2014, S. 32.
222 Ebd. Vgl. zudem Mauss 1984.
223 Vgl. Engel 2007 sowie Savundranayagam/Hummert/Montgomery 2005.

mer so ein schlechtes Gewissen, wo ich dann denke: Wie soll ich ihr denn helfen? [...] Man kann alles nur wie bei Kindern raten, weil man sie gar nicht fragen kann: ›Tut dir das weh?‹«

Frau Kahn ging in unserem Gespräch ebenfalls auf Schwierigkeiten ein, die im Zusammenhang mit der Verständigung mit ihrem demenzbetroffenen Ehemann entstanden: »Dann will er was erzählen: ›Das Dings da… ‹. Vom ›Dings da‹. Und dann wird er böse, weil ich nicht weiß, was er will. [...] Da muss man schon wie ein Detektiv vorgehen: Was könnte er jetzt meinen?« Frau Kahns Ausführungen machen zweierlei Arten von Belastungen kenntlich, die bei ihr infolge der kommunikativen Beeinträchtigungen ihres Mannes entstanden. Erstens hat sie hier ein Phänomen beschrieben, das keineswegs nur im Umgang mit Demenzbetroffenen auftritt: Wenn sich Menschen nicht verstanden fühlen, kann das bei ihnen Ärger und Wut auslösen. Dieser Ärger, diese Wut verletzt wiederum oftmals das soziale Umfeld – vor allem dann, wenn das Umfeld um Verständigung bemüht ist. Zweitens weist Frau Kahns Erzählung, ähnlich wie auch die Erzählung von Frau Rahner, darauf hin, dass die Bewältigung von Störungen der gegenseitigen Verständigung einen großen kognitiven Einsatz abverlangen kann. Wenn Angehörige solche Störungen überwinden wollen, müssen sie, der metaphorischen Beschreibung von Frau Kahn zufolge, »wie ein Detektiv vorgehen« und eine intensive interpretative Ermittlungsarbeit leisten. Angehörige, die sich um eine Verständigung bemühen, sind angesichts von Kommunikationsstörungen also dazu gezwungen, besondere hermeneutische Strapazen auf sich zu nehmen.[224] Die grundlegende Frage dieser strapaziösen Ermittlungs- bzw. Interpretationsarbeit lautet: »Was könnte er jetzt meinen?«; »Was wird sie von dir gewollt haben?«[225]

---

[224] Das gleiche gilt für professionelle Pflegefachkräfte in stationären Einrichtungen, wo allerdings, wie Christian Müller-Hergl (2014, S. 5) festhält, besondere »sachliche, zeitliche und soziale Bedingungen« existieren können, »unter denen belastende Kommunikation möglich und aushaltbar ist und Routinen für den Umgang mit eigenwilligem Verhalten eingeübt sind«.

[225] Wie schon in Kapitel 4 und Abschnitt 5.2 deutlich wurde und wie der Abschnitt 6.4 ebenfalls noch detailliert zeigt, wird eine solche Ermittlungs- und Interpretationsarbeit von Demenzexpert*innen stark befürwortet bzw. eingefordert.

Scham und Peinlichkeit

Negative Empfindungen von Angehörigen entstehen zudem nicht selten im Kontext von Sorgehandlungen im Intimbereich. Das betonen auch Mace und Rabins: »Ältere Kinder fühlen sich bei der körperlichen Betreuung eines Elternteils oft unangenehm berührt – z. B. beim Baden der Mutter oder beim Wechseln des väterlichen Unterzeugs.«[226] Wie überaus unangenehm solche Handlungen im subjektiven Erleben sein können, illustriert eine Passage aus dem Gespräch mit Frau Nitsch. Frau Nitsch berichtete hier von einer Erfahrung am Morgen nach jener Nacht, die sie zur Entlastung des erschöpften Bruders im Haus ihrer Mutter verbracht hatte:

> »Ich komme da an persönliche Grenzen, wenn ich daran denke. Ich musste das allererste Mal – weil meine Mutter auch eine Inkontinenz-Hose trägt – meine Mutter im Genitalbereich waschen. Das habe ich noch nie gemacht. […] Überlegen sie sich das, sie müssen mit der Hand da dran fassen. […] Das ist… [längere Pause] es gibt gar kein Wort, um das auszudrücken. Es ist ein Durchbrechen einer Barriere oder etwas, was mir eigentlich nicht zusteht. Mir steht das nicht zu, ich bin die Tochter.«

Auf meine Nachfrage, ob diese Situation auch für ihre Mutter verletzend gewesen sei, antwortete Frau Nitsch: »Für meine Mutter nicht, aber für mich. Meine Gefühlswelt wird verletzt, meine. Merken sie, was für ein schlimmer Moment?«

Der Intimbereich ist jedoch keineswegs nur im Fall von Eltern-Kind-Beziehungen stark schambesetzt.[227] Frau Rahner fiel es ebenfalls keineswegs leicht, dass sie im Rahmen ihrer Sorgeaufgaben mit den Ausscheidungen und Ausscheidungsorganen ihres Mannes in Kontakt kam. Eine Schilderung von verschiedenen vergangenen und aktuellen Aufgaben, die sie erfolgreich bewältigen konnte, beendete sie so mit der Feststellung: »Aber manchmal fällt es mir schon schwer. Wenn er groß auf der Toilette ist und er weiß nicht mit dem Papier wohin und man muss ihm – einem Mann – mit dem Waschlappen den Hintern abwaschen, das ist schon….«

Beschämend und zum Teil auch in sinnlicher Hinsicht besonders negativ sind des Weiteren oft solche Situationen, in denen Demenzbetroffene gegen gesellschaftliche Ordnungs- und Hygienevorstellungen verstoßen oder sich

---

226 Mace/Rabins, S. 167. Vgl. auch Parks/Pilisuk 1991.
227 Vgl. Gröning 2014.

in anderer Weise sozial unangepasst verhalten.[228] Auf derartige Situationen wird beispielsweise in einem BILD-Artikel hingewiesen: »Erkrankte benutzen Kraftausdrücke, schreien und schlagen um sich, schmieren Kot an die Wände, verhalten sich anzüglich, fassen sich beispielsweise in der Öffentlichkeit an intime Stellen.«[229] Auch Frau Nitsch erzählte von einer unangepassten Verhaltensweise, die sie lange Zeit als sehr peinlich empfand: Ihre Mutter entkleidete sich häufig vollständig und wollte dann nackt bleiben – sowohl zu Hause als auch in der Tagespflegeeinrichtung, die sie besuchte.

Der Versuch von Angehörigen, Unangepasstheiten und Vernachlässigungen im Bereich der Kleiderordnung oder der Hygiene zu beheben, kann wiederum massive Konflikte auslösen und so für beide Seiten belastend sein.[230] Frau Kern kannte derartige Konflikte aus ihrem fachlichen Hintergrund als Altenhilfekoordinatorin sowie aus ihrer beratenden Tätigkeit im Vorstand der Alzheimer Gesellschaft. Zusätzlich hatte sie dazu auch ganz persönliche Erfahrungen im Umgang mit ihrer demenzbetroffenen Mutter gesammelt:

»Alles war nur noch ein einziger Kampf: [...] Die Körperhygiene war ein Kampf, das Hauswirtschaftliche war ein Kampf. Ich habe gelbe Säcke mit Müll unter meinem Bett versteckt und dann aus dem Haus getragen, wenn meine Mutter irgendwo im Keller war. Ich habe verfaultes Obst aus dem Kühlschrank geholt und weggeschmissen [...] und ich habe [sie] mit Engelszungen zum Friseur geschleppt.«

Stigmatisierung und Exklusion

Angehörige können auch dann nachteilige Erfahrungen machen, wenn die gesellschaftliche Umwelt mit Unverständnis oder Zurückweisung auf Demenzbetroffene reagiert.[231] Frau Tews sprach mehrmals solche Situationen an. Beispielsweise vermieden es Teile des Freundeskreises, ihrem Mann weiterhin zu begegnen: »Also ich habe manches Mal so gedacht, der Freundeskreis wendet sich von uns ab, weil mein Mann keinen Herzinfarkt hatte, sondern dement ist – und weil unser Freundeskreis zu den Intellektuellen dann halt sich zählt und das Angst macht.« Zudem war es für sie sehr ent-

---

228 Vgl. auch Montoro-Rodríguez et al. 2009.
229 BILD v. 16.05.2014.
230 Vgl. Barrik et al. 2011.
231 Vgl. auch Werner/Heinik 2008.

täuschend und ärgerlich, dass es auch im weiteren gesellschaftlichen Umfeld gelegentlich an Akzeptanz gegenüber ihrem Mann und seiner Situation fehlte:

> »[I]ch habe selbst gemerkt, wenn ich mit meinem Mann noch mehr Schritte zunächst wagte, auch mit ihm in die Öffentlichkeit zu gehen, dass Ablehnung da ist. Und sei es, dass ich zunächst nicht gleich auf eine Behindertentoilette ging und stattdessen ihn mit in die Damentoilette nahm[, wo dann andere fragten]: ›Was macht der denn hier!?‹«

Ein Artikel der SZ gibt ähnliche Erfahrungen der Ehefrau eines Demenzbetroffenen wieder:

> »›Manchmal ist es schlimmer, wie die Leute mit einem umgehen, als die Krankheit zu erdulden‹, sagt sie. Sie reden über ›den Irren‹, und sie lachen im Schwimmbad über die dominant wirkende Frau, die ihrem Mann sagt, wie er seine Badehose anziehen muß.«[232]

Aus dem Gespräch mit Frau Nitsch geht hervor, dass missbilligende und ablehnende Reaktionen des gesellschaftlichen Umfeldes ein Thema in der von ihr besuchten Angehörigengruppe waren. Die Teilnehmer*innen tauschten sich hier über Strategien aus, wie man solche Erlebnisse emotional auf Distanz halten kann. Einer anderen Angehörigen, die von einer peinlichen Erfahrung mit ihrer demenzbetroffenen Mutter berichtete, gab Frau Nitsch folgende Empfehlung:

> »Und ich habe gesagt: ›Ich kenne es mit meiner Mutter, die reißt eine Popcorn-Tüte im Laden auf. Und da schaut man mal um sich und da gibt es die, die [sagen]: ›Wie kann man nur! Die Armen!‹ Aber es gibt auch die, die ganz verständnisvoll schauen und die nicken.‹ An die soll sie sich halten. Und das hat sie gemacht.«

Eingeschränkte Selbstaktualisierungsmöglichkeiten

Da die familiäre Demenzsorge ebenso zeitaufwendig wie physisch und psychisch fordernd sein kann, stellen Angehörige anderweitige Aufgaben und Interessen oft hintan. Was infolgedessen auf Seiten der Angehörigen eingeschränkt wird, sind Möglichkeiten der Verwirklichung von subjektiven »Werten, Fähigkeiten, Neigungen und Bedürfnissen« – Möglichkeiten einer Selbstaktualisierung.[233] Starke Einschränkungen von Gelegenheiten, um

---
232 SZ v. 08.08.2006.
233 Kruse 2010b, S. 14.

sich selbst sorgen zu können – in der Presse ist diesbezüglich auch von einer gänzlichen »Aufgabe des eigenen Lebens« die Rede – stellen eine weitere zentrale Ursache für Frustrationen von Angehörigen dar.[234]

Im Gespräch mit Frau Kahn ging es unter anderem um Wanderungen, die von der Alzheimer Gesellschaft angeboten wurden, und an denen auch Frau Kahn und ihr Mann regelmäßig teilnahmen. Herr Kahn genoss diese Wanderungen nach Einschätzung seiner Frau sehr. Ich erkundigte mich, ob es ihr ebenso erging, worauf sie antwortete:

> »Ja, ja sicher. Ich komme ja sonst nirgendwo hin. Ich bin ja nur alle Tage nur mit ihm zusammen und nur die Fragen… ich muss rausfinden, was er will, erzählen will oder was. Man will ja auch mal mit jemandem – sonst verblödet man ja – mit jemandem mal vernünftig sprechen.«

Frau Kahn thematisiert hier abermals hermeneutische Strapazen, die sie im Kontext der Verständigung mit ihrem Mann zu bewältigen hatte. Vor dem Hintergrund der kommunikativen Beeinträchtigungen ihres Mannes hob sie die positive Bedeutung der Gruppenwanderungen hervor. Hier konnte sie eigene Anliegen realisieren, die sie so im alltäglichen Umgang mit ihrem Mann nicht mehr befriedigt fand: »Man will ja auch [...] mit jemandem mal vernünftig sprechen.«

Frau Nitsch hatte mir ebenfalls von eingeschränkten Selbstaktualisierungsmöglichkeiten berichtet – und das in sehr metaphorischer Art und Weise:

> »Ihr Leben [...] wird zurückgeschraubt auf nur noch ganz wenig Prozent. Ihre Neigungen, das was sie haben, sie haben keine Kraft mehr für Freunde, kaum noch Kraft zu lesen. Das sind alles Dinge, die ich gerne gemacht habe. Auch keine Kraft mehr, um schön zu kochen, oder sich gesund zu ernähren. Das bleibt alles weg, das eigene Leben rutscht in den Hintergrund[.]«

Die Erfahrung, dass das »eigene Leben in den Hintergrund« gedrängt wird, kann bei Angehörigen den dringenden Wunsch hervorrufen, etwas mehr Zeit für sich und die eigenen Interessen zu haben. Frau Kahn betonte entsprechend: »Wichtig ist, wenn mein Mann beschäftigt wird und ich habe mal ein paar Stunden Zeit. Ich kann ja quasi gar nichts machen.«

---

234 SZ v. 20.06.2000. Vgl. auch Gallant/Connell 1997.

Das Bedürfnis, Zeit für sich zu haben, war auch bei Frau Werner da – besonders wenn es um den morgendlichen Kaffee und um die zugehörige Zeitungslektüre ging: »[I]ch hatte am Anfang für mich das Gefühl, ich brauche erst diese halbe Stunde für mich allein.« Das Verhalten ihrer Mutter, die eine Zeit lang mit im Haus von Frau Werner lebte und hier von Frau Werner und ihrem Mann versorgt wurde, verunmöglichte dieses Alleinsein jedoch: »Auf Tritt und Schritt ist sie mir auch gefolgt. Ich konnte nicht zur Toilette gehen, ohne dass sie hinter mir her lief.« So war Frau Werner senior in der Regel stets auch während des Morgenrituals (Kaffee und Zeitung) ihrer Tochter präsent. Eines Tages fühlte sich Frau Werner durch die Anwesenheit ihrer Mutter so gestört, dass sie diese dazu aufforderte, in ihr Zimmer im Stockwerk unterhalb der Küche zurückzukehren. Nachdem die Mutter die Küche verlassen hatte, musste Frau Werner Folgendes feststellen: »Und dann hörte ich sie unten leise weinen. Da fühlte sie sich von mir zurückgesetzt, zurückgeschoben, abgelehnt.« Dieses Erlebnis veranlasste Frau Werner letztlich dazu, sich mit der morgendlichen Gegenwart ihrer Mutter abzufinden. Weil Frau Werner ihre Mutter nicht verletzen wollte, bestand sie nicht mehr darauf, eine zeitlang am Morgen für sich alleine zu sein, und ordnete so das eigene Bedürfnis dem Geselligkeitsbedürfnis der Mutter unter.

Selbstvorwürfe und Schuldgefühle

Wenn Angehörige den Eindruck gewinnen, dass sie ein demenzbetroffenes Familienmitglied durch bestimmte Verhaltensweisen gekränkt oder verletzt haben, kommen bei ihnen nicht selten Selbstvorwürfe und auch Schuldgefühle auf.[235] Die oben beschriebene Erfahrung von Frau Werner ist ein Beispiel dafür. Sie bereute es im Nachhinein, die Mutter aus der Küche verwiesen zu haben. Die folgende Aussage von Frau Tews verdeutlicht ebenfalls, inwiefern Angehörige belastende Schuldgefühle entwickeln können, weil sie der Überzeugung sind, sich einem demenzbetroffenen Familienmitglied gegenüber falsch verhalten zu haben: »In den Anfangsphasen mag ich gar nicht daran denken, was ich da aus fehlender Kenntnis, diese Krankheit könnte vorliegen, selbst an Demütigungen [meines Mannes]

---

235 Vgl. auch Gonyea/Paris/Saxe Zerden 2008.

betrieben habe.« Solche »Demütigungen« in den »Anfangsphasen« können etwa darin bestehen, dass Angehörige Demenzbetroffene für ihre kognitiven Beeinträchtigungen tadeln oder ihnen Antriebslosigkeit und mangelhafte Aktivität unterstellen. Dass Letzteres häufig passieren kann, zeigt auch der folgende Auszug aus der Erzählung von Geiger, in der der Autor über die Anfänge der demenziellen Beeinträchtigungen seines Vaters berichtet:

> »Der Vater entband sich selbst von praktisch allem, keine Spur mehr vom früheren Eifer, mit dem er jahrzehntelang seine Vorhaben vorangetrieben hatte. [...] Wir dachten, seine Defizite kämen vom Nichtstun. Dabei war es umgekehrt, das Nichtstun kam von den Defiziten.«[236]

Geiger tat diese Fehldeutung des Verhaltens seines Vaters später Leid: »Wenn wir klüger, aufmerksamer und interessierter gewesen wären, hätten wir nicht nur dem Vater, sondern auch uns selber vieles erspart, und vor allem hätten wir besser auf ihn aufpassen und noch rasch einige Fragen stellen können.«[237]

Wie Mace und Rabins ausführen, kommt es nicht nur dazu, dass sich Angehörige vorwerfen, die Lage eines demenzbetroffenen Familienmitglieds anfangs falsch eingeschätzt zu haben. Vielmehr können sie zum Teil auch die Vorstellung entwickeln, eine Schuld an der Entstehung oder dem Fortschritt der demenziellen Beeinträchtigungen der Betroffenen zu tragen: »Manchmal fragen Familien, ob nicht irgendetwas, was sie getan haben oder nicht getan haben, die Krankheit ausgelöst haben könnte. In einigen Fällen fühlen sich die Pflegenden für Verschlechterungen im Krankheitsverlauf verantwortlich.«[238]

Starke Schuldgefühle entstehen stellenweise auch dann, wenn es bei der Versorgung von Demenzbetroffenen zum Einsatz von Zwangsmaßnahmen kommt. Frau Nitsch etwa willigte verschiedentlich in die Fixierung ihrer Mutter ein. Auf meine Frage, wie sie sich angesichts solcher Praktiken gefühlt habe, entgegnete sie:

---

236 Geiger 2014, S. 22.
237 Ebd., S. 25f.
238 Mace/Rabins 1986, S. 185.

»Absolut wie ein Schwein, ich darf es mal so ausdrücken. Wie ein richtig gemeines, hinterhältiges Schwein habe ich mich gefühlt oder fühle ich mich, wenn das gemacht wurde. Auch jetzt, wo sie in der Klinik im Rollstuhl sitzt mit dem Bauchgurt. Schlecht, richtig schlecht fühle ich mich dabei. Und eigentlich müsste ich [...] alles dafür tun, dass sie da los gebunden wird und laufen kann. [...] Dann werde ich auf die andere Seite gerissen, die mir wieder sagt: ›Sie fällt hin, sie stürzt, sie verletzt sich, sie tut sich sehr weh, also muss es so sein.‹ Es ist nicht ganz eindeutig, es sind zwei Seiten, die ständig eine Rolle spielen.«

Das Zitat ist auch insofern aufschlussreich, als es nochmals zeigt, wie die Angst vor Unfällen und Gefahren dazu beiträgt, dass freiheitseinschränkende Maßnahmen bejaht werden – und das selbst dann, wenn diese Maßnahmen aus subjektiver Warte klar als verfehlt und schuldhaft gelten. Weil Frau Nitsch sich wie ein »hinterhältiges Schwein« fühlte, wenn sie der Fixierung ihrer Mutter zustimmte, versuchte sie die Anwendung solcher Maßnahmen nach Möglichkeit zu begrenzen. Dies macht der folgende Bericht zu einem Klinikaufenthalt ihrer Mutter deutlich. Nach einer Operation an der Hüfte entfernte sich die Mutter von Frau Nitsch fortwährend Wundverbände, Infusionszugänge oder den Blasenkatheder. Das Klinikpersonal regte deshalb eine Fixierung an, der die Familie zustimmte:

»Und jedes Mal, wenn wir als Angehörige da waren, durften wir sie losmachen und haben aufgepasst, dass sie nicht was rausgezogen hat oder [...] am Pflaster gerissen hat. [...] Da gab es so eine Rechnung: Bist du als Angehöriger da, bereitest du deiner Mutter Freiheit – bist du weg, wird sie festgebunden. Das ist eine ganz fatale Rechnung [...]. Ich habe teilweise acht Stunden am Bett gesessen. Vom Vormittag bis zum Abend. Ich bin teilweise mit dem Kopf am Bett eingeschlafen bei meiner Mutter, weil ich wusste [...]: Du bereitest ihr jetzt Freiheit. Aber wissen sie, was das eine Belastung für einen Menschen ist?«

Besagte Rechnung war für Frau Nitsch deshalb so fatal, weil sie sich dadurch gezwungen sah, vornehmlich für ihre Mutter da zu sein und anderweitige Anliegen und Bedürfnisse zu vernachlässigen. Die Bemühungen von Frau Nitsch, eine Fixierung der Mutter und das Aufkommen diesbezüglicher Schuldgefühle zu verhindern, hatten für Frau Nitsch also das ebenfalls sehr belastende Resultat, dass sie sich in ihrer Selbstaktualisierung beschränken musste.

Schuldgefühle und Selbstvorwürfe können bei Angehörigen nicht zuletzt im Zusammenhang mit der Frage auftreten, welche Versorgung von Demenzbetroffenen zulässig bzw. richtig ist: Ein familiäres Setting – oder die Heimunterbringung? Ich veranschauliche das exemplarisch am Beispiel von Frau Jost. Zum Zeitpunkt unseres Gespräches lebte deren Mutter alleine im eigenen Haus und wurde dabei vor allem von ihrer Tochter unterstützt. Frau Jost konnte sich nicht vorstellen, ihre Mutter im eigenen Haushalt aufzunehmen, sollte diese einmal auf noch intensivere Hilfe angewiesen sein. Der Grund dafür war die Beziehungsgeschichte der beiden. Frau Jost hatte ihre Mutter oftmals als lieblos und herrisch erlebt. Eine häusliche Betreuung kam für sie so aus Gründen des Selbstschutzes nicht in Frage: »Da gehe eher ich drauf wie meine Mutter.« Da auch die Geschwister von Frau Jost nicht zu einer Aufnahme der Mutter bereit waren, stand die Option einer Heimunterbringung im Raum. Diese Option lehnte die Mutter jedoch massiv ab.

Infolgedessen erlebte Frau Jost ihre Lage als aufreibende Pattsituation: Einerseits hatte sie ein eindeutiges persönliches Interesse an einer zukünftigen Heimunterbringung ihrer Mutter – andererseits erschien ihr diese Handlungsoption unzulässig, weil sie von Seiten der Mutter abgelehnt wurde. Das Empfinden von Frau Jost war dabei auch von schweren Selbstvorwürfen geprägt. Sie fragte sich: »Was bist du für eine schlechte Tochter? Du kannst nicht mal für deine Mutter da sein. Ich würde es gerne, aber ich kann es nicht. Und das ist dieser ständige Konflikt, in dem man lebt.« Verursacht wurde dieser schuldgefühlbeladene Konflikt von verschiedenen Faktoren, durch die sich Frau Jost zu einer familiär-häuslichen Versorgung ihrer Mutter verpflichtet sah. Zu den betreffenden Faktoren gehörten erstens sorgepraxisbezogene Geschlechternormen (»Was bist du für eine schlechte Tochter?«). Zweitens spielte hier auch ein religiöses Gebot eine wichtige Rolle (»Du sollst Vater und Mutter ehren«), denn Frau Jost war aktives Mitglied einer christlichen Gemeinschaft und sehr gläubig. Drittens hatten die Geschwister Jost ihrem Vater an dessen Sterbebett versprochen, sich um die Mutter zu kümmern. Viertens wollte Frau Jost auch selbst für ihre Mutter da sein – das jedoch nur bis zu einem bestimmten Ausmaß.

Die »Familienkrankheit« Demenz

Die bis hier aufgeführten Schwierigkeiten werden mehrheitlich in allen Bereichen der von mir untersuchten Demenzproblematisierung thematisiert, also sowohl in den Medien als auch in zivilgesellschaftlichen und familiären

Zusammenhängen. Im Bereich der medialen Demenzproblematisierung, genauer: im Bereich der Presseberichterstattung, herrscht dabei oftmals die Tendenz vor, dass die Lage der Angehörigen in Statements der folgenden Art zusammengefasst und bewertet wird:

> »Es kommt [...] darauf an, den Alltag zu überstehen, an den schier übermenschlichen Belastungen nicht zu scheitern.«[239]; »Die Demenzerkrankung eines Partners zu begleiten, erfordert eine beinahe grenzenlose Kraft, Geduld, Hingabe.«[240]; »[V]iele Familien sind mit der Versorgung ihrer Angehörigen überfordert, häufig scheitern und verzweifeln sie an der Aufgabe.«[241]

Die verschiedenen Zitate betonen, dass sich Angehörige von Menschen mit Demenz in einer ganz extremen Situation befinden: Ihre Belastungen gelten als »übermenschlich«, sie scheinen eine »beinahe grenzenlose Kraft, Geduld, Hingabe« zu benötigen und deshalb radikal »überfordert« zu sein. An anderer Stelle im Korpus heißt es so auch: »Vierundzwanzig Stunden mit einem Demenzkranken zusammenzuleben ist [...] für Ehepartner oder Kinder kaum zu ertragen.«[242] Flankiert werden solche Beschreibungen nicht selten von dem Hinweis darauf, dass Angehörige von Menschen mit Demenz bedingt durch ihre Sorgetätigkeit vielfach selbst erkranken:

> »Wenn Pflegen zur krank machenden Bürde wird. Die Alzheimer-Demenz belastet auch die Familienangehörigen schwer – Psychische und körperliche Symptome.«[243]; »[Es kommt] bei den Pflegenden mitunter zu Erkrankungen des Bewegungsapparats, psychosomatischen Störungen, depressiven Verstimmungen oder einer Einnahme von Psychopharmaka, vor allem Beruhigungsmitteln, um den stark belastenden Eindrücken und Erlebnissen besser begegnen zu können.«[244]

Die mediale Darstellung der Lage der Angehörigen als Überlastungs- und Erkrankungszusammenhang läuft darauf hinaus, dass »Demenz als Familienkrankheit« kenntlich gemacht wird.[245] Hierbei spielt nicht nur der exemplarische Bezug auf das Beispiel einzelner überlasteter Familien eine Rol-

---

239 FAZ v. 07.08.1991.
240 FAZ v. 08.08.2006.
241 SZ v. 20.06.2000.
242 FAZ v. 12.10.2006
243 FAZ v. 27.09.1995.
244 FAZ v. 13.08.2008.
245 Gröning 2005, S. 74.

le – fundamental sind in diesem Kontext ebenso entsprechende Ergebnisse wissenschaftlicher Studien zum Phänomen der Care-Burden. Bei der im wissenschaftlichen Spezialdiskurs wie im medialen Interdiskurs verbreitet vorkommenden Aussage, dass Demenz die gesamte Familie krank mache, geht es einerseits darum, die Familie als zentralen Teilbereich des Problems Demenz zu markieren. Andererseits soll so herausgestellt werden, dass auch bezüglich des Teilproblems der überforderten, kranken Familie ein dringender (Be-)Handlungsbedarf besteht. Tatsächlich war der Verweis auf eine gravierende Notlage von Angehörigen in der Vergangenheit durchaus einflussreich bei der Etablierung von Unterstützungsangeboten für die familiäre Alten- und Demenzsorge. So stellt Katharina Gröning fest, dass die »Stress- und Belastungsforschung [...] zu einer Ausdehnung verschiedener punktueller Hilfen geführt [hat], wie teilstationäre Angebote, Tagespflege, Angehörigengruppen, Beratung etc.«[246]

Eine Annahme, die die wissenschaftliche Care-Burden-Diskussion laut Gröning jedoch oftmals ebenfalls transportiert, ist die, »dass Familien mit der Altenfürsorge, insbesondere bei Demenz überfordert oder eben nicht kompetent seien«.[247] Dass diese Annahme auch über den medialen Interdiskurs verbreitet wird, zeigen die oben aufgeführten Zitate: Hier gilt die Lage der Angehörigen als hoch bedrohliche Grenzsituation. Zudem – so lassen sich Grönings Ausführungen vor dem Hintergrund der erwähnten Pressezitate ergänzen – vermittelt die Fokussierung auf überforderte und erkrankende Angehörige häufig den Eindruck, dass das Leben mit einem demenzbetroffenen Familienmitglied vornehmlich aus diversen Negativerfahrungen besteht.

---

246 Gröning 2005, S. 74.
247 Ebd.

Familiäre Demenzsorge II:
Vom Reinwachsen, Rüberkommen und Sinn-Finden

Obwohl vielfältige und schwere Negativerfahrungen vorkommen, wird die Lage der Angehörigen nicht zwangsläufig nur von einem Leiden an überbordenden physischen und psychischen Schwierigkeiten bestimmt. Das zeigen vereinzelte wissenschaftliche Studien, die ich in Kapitel 4 näher vorgestellt habe. Das zeigen zudem verschiedene Quellen aus dem Untersuchungskorpus. Ich analysiere die betreffenden Quellen jetzt genauer. Auf diese Weise soll verdeutlicht werden, inwiefern nicht nur im Fall von Interpretationen zur Lage der Betroffenen, sondern auch im Fall von Interpretationen zur Lage der Angehörigen ein Spektrum unterschiedlicher Perspektiven existiert. Es geht im Folgenden also darum, die Darstellung von physischen und psychischen Schwierigkeiten Angehöriger um eine Übersicht zu ergänzen, die gelingende Momente der familiären Demenzsorge aufzeigt und positive Wahrnehmungs- und Erfahrungsmöglichkeiten von Angehörigen beschreibt.

Anpassung, Bewältigung, Gewöhnung

Um einen Aspekt der Lage von Angehörigen zu veranschaulichen, der vor allem in Presseberichten weniger Beachtung findet, greife ich zunächst auf ein Zitat von Frau Tews zurück. Unser Gespräch fand einige Zeit nach dem Tod ihres Ehemannes statt und in ihrer rückblickenden Erzählung ging sie, wie schon erwähnt, auch auf hoch belastende Ereignisse ein – etwa den winterlichen Tag, an dem Herr Tews das Wohnhaus des Ehepaares verlassen hatte und gesucht werden musste. Dieser Vorfall veranlasste Frau Tews schließlich dazu, ihrem Mann eine Kette umzuhängen, auf der seine Erkrankung, sein Name und seine Adresse notiert war: »[S]o dass er mir wenigstens nicht ganz verloren gehen konnte.« Daraufhin fuhr Frau Tews fort:

»Aber das sind alles so Schritte: Es kommt eine Situation, aus der muss ich heraus den nächsten Schritt vorbereiten, weil das und das sein könnte. Also das meinte ich vorhin so mit Organisation, […] wie man da reinwächst und wie viele Dinge vorwegzunehmen sind als nächsten Schritt, den du geplant haben musst, damit du nicht völlig überrollt wirst. Also es war schon eine anstrengende Sache, das ist gar keine Frage. Aber das ist nicht nachgeblieben. Vielleicht ist es wie bei einer Geburt. Die Mütter erzählen auch nicht mehr, wie schrecklich die Geburt war, die freuen sich über das Kind. Und irgendwie haben wir beide das geschafft, mein Mann und ich, dass diese Zeit lebbar war.«

Das Zitat enthält eine metaphorische Aussage, über die eine Erfahrung veranschaulicht wird, die so auch andere Angehörige von Demenzbetroffenen machen: Es besteht die Möglichkeit, dass man in den Umgang mit demenzbedingten Schwierigkeiten »reinwächst« bzw. dass man auch selbst am Umgang mit diesen Schwierigkeiten persönlich wächst.[248] Dieses Reinwachsen bedeutete im Fall von Frau Tews beispielsweise, dass sie eine organisatorische Lösung herstellte, durch die sie die häusliche Versorgung ihres Ehemannes mit ihren finanziellen und selbstaktualisierungsbezogenen Interessen (Fortsetzung der Berufstätigkeit) vereinbaren konnte. Ihre Lösung bestand darin, dass Herr Tews eine Tagespflegeeinrichtung besuchte, wenn sie selbst ihrer Arbeit nachging. Zudem versuchte Frau Tews sich durch antizipative Maßnahmen dagegen abzusichern, dass sie von bestimmten Ereignissen »völlig überrollt« wurde. Zu diesen Maßnahmen zählte etwa die Notfall-Halskette ihres Mannes. All das und auch der Aufbau weiterer Sicherungs- und Unterstützungsarrangements bedeutete eine große Anstrengung, daran ließ Frau Tews keinen Zweifel. Dennoch stellte sie fest, dass »diese Zeit lebbar war« – ein Umstand, zu dem ihrer Überzeugung nach nicht nur sie selbst, sondern auch ihr Mann als Mitverantwortlicher beigetragen hatte.[249] Im Rahmen ihrer Bilanzerzählung bewertete Frau Tews die zurückliegende Zeit also als eine Phase, die – trotz großer Mühen und Schwierigkeiten – gelungen war (= »wir haben das geschafft«).

Frau Rahner verwendete in unserem Gespräch ebenfalls die Metapher des Reinwachsens. Das geschah im Rahmen eines Berichtes zu demenzbezogenen Schulungen, die sie während jener Zeit besucht hatte, in der sie ihre Mutter zu Hause versorgte:

> »Da habe ich sehr, sehr viel gelernt – bin nach Hause gekommen, habe mit meinem Mann zusammen gesessen und dann haben wir abends noch darüber gesprochen und dann hat er gesagt: ›Meine Güte, was haben wir Fehler gemacht!‹ [...] Und dadurch ist

---

248 Wie in Kapitel 4 ausgeführt wurde, weisen auch Netto et al. (2009, S. 250) auf den Aspekt eines persönlichen Wachstums (= persönliche Entwicklungsprozesse) von Angehörigen hin, wenn sie verschiedene »types of personal growth« differenzieren.
249 Vgl. Kruse 2012, S. 43.

die Familie da irgendwie ein bisschen reingewachsen und wir konnten hinterher mit der ganzen Situation besser umgehen und dann lief auch dieser Ablauf hier besser.«

Ähnlich wie bei Frau Tews wird hier Reinwachsen als Anpassungsprozess (Adaptation) beschrieben, der den Einsatz von Bewältigungsstrategien umfasst.[250] Das in den Schulungsangeboten vermittelte Praxiswissen ist für Frau Rahner und ihre Familie so hilfreich gewesen, dass sie mit den Schwierigkeiten der häuslichen Demenzsorge »besser umgehen« konnte, wodurch sich die gesamte Situation zum Positiven veränderte.[251] Konkret erlernte Frau Rahner etwa verschiedene konfliktvermeidende und komplexitätsreduzierte Kommunikationsweisen kennen, die sie erfolgreich im Alltag einsetzte. Zwar waren damit nicht alle Hindernisse und Notlagen beseitigt – streckenweise konnte die Situation zu Hause aber so besser gehändelt werden.[252]

Neben dem Einsatz hilfreicher Anpassungs- und Bewältigungsmaßnahmen kann es zum Teil auch dazu kommen, dass bestimmte Zusammenhänge und Situationen durch Gewöhnung etwas von ihrem negativen Charakter verlieren und sie sich so normalisieren. Frau Rahner äußerte sich beispielsweise zur schambesetzen Intimpflege wie folgt: »Ich hätte mir das früher nie vorstellen können, meinen Eltern mal den Hintern abzuwischen. [...] Das ging hinterher. Sollte ich sie denn da sitzen lassen? Ich musste da mit denen zur Toilette gehen, ja.« Klar wird, dass Frau Rahner diese Tätigkeit nicht aus freien Stücken übernommen hatte, dass es sich hier vielmehr um eine Notwendigkeit handelte. Dennoch zeigt ihre Aussage auch, dass sich das

---

250 Bedeutsame Anpassungs- und Bewältigungspraktiken von Angehörigen erwähnt auch Andrea Newerla (2012a, S. 27): »Aufgabe der Angehörigen ist oftmals die Renormalisierung des Alltagsgeschehens: Sie sind diejenigen, die versuchen, ihren eigenen Alltag an die veränderten Routinen, Rituale und Rollen anzupassen, um Bruchstellen im Alltag zu kompensieren. Die Wiederherstellung der Alltagsroutine ist deshalb so wichtig, weil sie allen AkteurInnen wieder Sicherheit und Vertrauen – und somit Stabilität – im Handeln geben kann.«
251 Derartige sorgepraxisbezogene Bewältigungsstrategien sind, wie in Kapitel 4 bereits erwähnt, ein wichtiger Teilbereich der Forschung zum Phänomen der Care-Burden. Vgl. Wettstein et al. 2005 sowie Brodaty/Green/Koschera 2003.
252 Entscheidend dafür war allerdings, wie ich später noch genauer zeige und wie auch schon im Fall von Frau Tews deutlich wird, nicht allein nur ein Wissen über den Umgang mit Demenzbetroffenen, sondern auch der Aufbau eines Hilfenetzwerkes.

einstmals Unvorstellbare (Intimpflege der Eltern) im Laufe der Zeit in eine weniger missliche Tätigkeit verwandelte (»Das ging hinterher«). Dass intime Berührungen im Kontext der Demenzsorge nicht zwangsläufig beschämend sein müssen, belegt zudem die folgende Aussage von Frau Peters:

> »Ich finde auch, dass diese körperliche Hilfe, die man so jemanden dann geben muss, bis hin zum Füttern und Wickeln und sonst was, dass ich das nicht als unangenehm empfinde, sondern eher so ein bisschen [als etwas], was von ähnlichen Gefühlen begleitet ist, so wie es auch bei den kleinen Kindern war.«

Frau Peters hatte bei der Versorgung ihres Mannes ähnliche Gefühle wie seinerzeit bei der Versorgung der gemeinsamen Kinder. Dass sie ihren Mann »[f]üttern und [w]ickeln« musste, war ihr deshalb nicht »unangenehm«. Vielmehr brachte sie durch den Vergleich der beiden unterschiedlichen Sorgesituationen eine Wertschätzung für die zwischenmenschliche Nähe zum Ausdruck, die zwischen ihr und ihrem Mann im Zusammenhang mit Praktiken wie dem Anreichen von Essen und der intimen Körperpflege entstand.

Kleine große Freuden

Ein differenzierteres Bild von der Situation der Angehörigen geht nicht zuletzt aus solchen Aussagen hervor, in denen ganz explizit positive Aspekte und Ereignisse beschrieben werden.[253] Frau Grier führte hinsichtlich des Zusammenlebens mit ihrem demenzbetroffenen Ehemann beispielsweise Folgendes aus:

> »Und ich bin eben nur glücklich über […] diese Liebe auch, die er gibt, die ich immer wieder empfange und die er mir immer wieder zuteil werden lässt und diese Dankbarkeit und Freude auch, wenn ich da bin und der Kummer, wenn ich nicht da bin.«

Was Frau Grier glücklich sein ließ, waren einige immaterielle Gaben, die sie von ihrem Mann »immer wieder« empfing. Zum einen zählten dazu die Gaben der Liebe, der Dankbarkeit und der Freude. Zum anderen war hier ebenfalls die Gabe des Kummers eingeschlossen, die für Frau Grier insofern auch eine positive Gabe darstellte, als sie deutlich machte, wie viel sie ihrem Mann bedeutete.

---

253 Vgl. Haumann 2017, S. 35 sowie Motenko 1989.

Um erkennen zu können, dass Menschen mit Demenz in bestimmten Situationen Anzeichen von Zuneigung, Liebe, Freude oder Dankbarkeit zeigen, muss deren Umfeld zum Teil sehr genau auf die verbalen und non-verbalen Äußerungen der Betroffenen achten.[254] Darauf wies etwa Frau Tews hin, als sie über einige Erlebnisse aus der Zeit berichtete, in der die demenziellen Beeinträchtigungen ihres Mannes bereits weit vorgeschritten waren und er in einem Pflegeheim lebte:

> »Du kriegst eine Rückmeldung. Ich habe meine Rückmeldung für mich gehabt. [...] [D]as sagen aber auch manche Pflegerinnen, dass sie selbst auch was als Rückmeldung haben: Dankbarkeit. Also die, die das sehen können. Und wer was abgeben kann, kann was entgegennehmen, das ist es vielleicht letztendlich.«

Nach Überzeugung von Frau Tews verfügte ihr Mann auch dann noch über die Fähigkeit, Dankbarkeit zu geben bzw. rückzumelden, als er sich bereits schon länger nicht mehr verbal ausdrücken konnte. Diese Gabe- und Rückmeldungsfähigkeit trat jedoch nicht direkt zu Tage. Wer die Dankbarkeit von Herrn Tews erkennen wollte, der musste genau »sehen können«. Zudem stellte Frau Tews fest: Die entscheidende Voraussetzung dafür, dass man von ihrem Mann positive Gefühle wie Dankbarkeit »entgegennehmen« konnte, war eine entsprechende Gabe von Seite des Umfeldes (»wer was abgeben kann, kann was entgegennehmen«). An dieser Stelle zeigt sich erneut, wie wertvoll es für Menschen im Umfeld von Demenzbetroffenen sein kann, dass sie eine »Gegengabe« für die von ihnen erbrachten Sorgehandlungen erhalten.[255] Außerdem wird hier deutlich, inwiefern es gelegentlich einer besonderen Aufmerksamkeit bedarf, damit bestimmte Begebenheiten überhaupt als möglicher Ausdruck einer positiven Rückmeldung, einer Gegengabe wie Dankbarkeit erkannt werden können.

Ein sensibles Beobachten war auch für Frau Rahner sehr wichtig geworden. Beispielsweise machten sie solche Situationen glücklich, in denen sie bestimmte Körperhaltungen, Bewegungen und Blicke ihrer Mutter als Ausdruck einer Annäherungsabsicht erkannte: »Manchmal, wenn ich so frontal vor ihr sitze, dann kommt sie auch manchmal, dann schaut sie mich an, dann kommt sie und dann [...] will sie einen Kuss haben. Das finde ich

---
254 Vgl. Sabat 2010.
255 Thelen 2014, S. 32.

ja auch total schön.« Solche Erlebnisse führten zwar nicht dazu, dass Frau Rahner die verbalen Beeinträchtigungen ihrer Mutter weniger stark bedauerte. Gleichwohl konnte sie sich bis zu einem gewissen Grad umorientieren, so dass ihre eine Wertschätzung der verbleibenden Fähigkeiten ihrer Mutter (z. B. Fähigkeit, Gefühle der Freude, Zuneigung und Verbundenheit auszudrücken) möglich wurde: »[H]eute habe ich auch vieles Positives. Weil ich mich einfach über diese kleinen Dinge, die ich jetzt noch verstehen kann, wo halt Kleinigkeiten rüberkommen, da freue ich mich drüber.«

Intakte Verbindungen

Den Umstand, dass vermeintlich kleine körperliche Gesten von Demenzbetroffenen auf Seiten der Angehörigen äußerst positive Erfahrungen auslösen können, belegt auch ein Auszug aus der Erzählung von Geiger:

> »Es trifft mich immer unvorbereitet, wenn mir der Vater mit einer Sanftheit, die mir früher nicht an ihm aufgefallen ist, seine Hand auf die Wange legt, manchmal die Handfläche, sehr oft die Rückseite der Hand. Dann erfasse ich, dass ich nie enger mit ihm zusammensein werde als in diesem Augenblick.«[256]

Beispiele wie dieses vermitteln einen prononcierten Eindruck davon, inwiefern Angehörige von Menschen mit Demenz sich durchaus auf sehr tiefgreifende Weise mit ihrem Gegenüber verbunden fühlen können – inwiefern eine Kontinuität von interpersonaler Innigkeit (»continuity of intimacy«) auch im Angesicht von Demenz möglich ist.[257] Die weiter oben erwähnte Erfahrung, dass Angehörige eine mehr oder minder totale Störung der früheren Verbindung zu einem demenzbetroffenen Familienmitglied erleben (»Mein dementer Mann ist ein vollkommen Anderer, ein entsetzlich Fremder«), tritt keineswegs zwangsläufig auf.[258] Frau Tews kritisierte im Laufe unseres Gesprächs auch ganz explizit solche Aussagen, in denen Ehepartner von Demenzbetroffenen die Überzeugung zum Ausdruck bringen, keinen Mann bzw. keine Frau mehr zu haben:

> »Mein Mann ist, glaube ich, bis zum letzten Atemzug für mich mein Mann geblieben. Ich habe ihn wahrscheinlich sogar noch mehr geliebt im Laufe dieser ganzen schwieri-

---

256 Geiger 2014, S. 183.
257 Gillies 2012, S. 667.
258 SZ v. 27.04.2012.

gen, schweren Zeit, wenn man das irgendwie vergleichen will. [...] Natürlich habe ich ihn als intellektuellen Mann ausgewählt. Ich war Studentin von ihm und das hat unsere Beziehung ausgezeichnet, was wir uns geben konnten. Aber deswegen blieb er der Mensch, den ich liebte. Nun ging das nicht mehr, was vorher uns ausgezeichnet hat in der Beziehung, in den Gesprächen, in dem gemeinsamen Sport und Genuss und Freude und all das [...]. Natürlich: Der Intellekt war nicht mehr da. Aber deswegen war mein Mann sehr wohl da.«

Frau Tews schilderte, dass sich die Beziehung zu ihrem Mann in Folge seiner demenziellen Beeinträchtigungen auf weitreichende Weise verändert hatte. Ein ganz fundamentaler Aspekt dieser Beziehung änderte sich aber nicht: Ihr Mann blieb für sie nach wie vor der Mensch, den sie liebte. Zugleich ging sie fest davon aus, dass auch sie für ihren Mann eine überaus signifikante Person geblieben war – selbst dann noch, als er nicht mehr um die genauen Merkmale der gegenseitigen Beziehung wusste: »Er weiß vielleicht nicht, wer ich bin und in welchem Verhältnis ich zu ihm stehe, aber dass ich eine besondere Person für ihn bin, da bin ich sicher.«[259]

Im Fall von Frau Tews bedurfte es keiner Vermittlung von außen, damit sie zu der Überzeugung kam, dass ihr Mann derjenige Mensch war und blieb, den sie liebte; im Fall von Herrn Tenner schon. Er hatte zunächst den Eindruck, dass seine Frau, bedingt durch ihre demenziellen Beeinträchtigungen, kaum mehr wiederzuerkennen sei: »Dann habe ich immer gesagt [...]: ›Es ist nicht mehr der Mensch [...], wie ich ihn geheiratet habe, geliebt habe und geheiratet habe.‹« Doch Herr Tenner nutzte ein psychologisches Beratungsangebot für Angehörige und wurde hier unter anderem mit einer Perspektive konfrontiert, die seine Entfremdungsgefühle auflöste:

> »Dann hat mich mal ein guter Psychologe aufgeklärt, da hat der gesagt: ›Doch, das würde ich so nicht sagen.‹ Und da sagte der: ›Das ist schon noch der Mensch, den sie geheiratet haben und geliebt haben, nur jetzt mit dieser Krankheit.‹ Und das tut mir wesentlich wohler. Da hat das einen ganz anderen Sinn gekriegt. [...] Darf ich noch was ganz Intensives dazu sagen? Die Liebe zu meiner Frau war nie so intensiv wie heute.«

---

259 Eine ähnliche Wahrnehmung findet sich in einem BILD-Artikel vom 14. Juli 2012. Hierin wird das Beispiel eines Mannes aufgeführt, der sich vom Fortbestand der Liebe zwischen ihm und seiner demenzbetroffenen Ehefrau überzeugt zeigte, auch wenn Letztere sich nicht mehr an die Liebesbeziehung erinnerte: »Jeden Morgen besucht Adolf seine Emine im Heim. Manchmal lächelt sie ihn an, wenn er über ihre Wange streichelt. Es sind diese Momente, in denen er spürt, dass ihre Liebe zwar vergessen ist, aber nicht vergangen.«

Während Herr Tenner die demenziellen Beeinträchtigungen seiner Frau also zunächst als Auslöser eines Distanzierungsprozesses betrachtete, wandelte sich diese Betrachtungsweise später. Verantwortlich dafür war vor allem der Einfluss einer alternativen Deutung, die seine ursprüngliche Situationseinschätzung veränderte (»Das ist schon noch der Mensch, den sie [...] geliebt haben, nur jetzt mit dieser Krankheit«). Statt zu einer radikalen Entfremdung kam es in seinen Augen so schließlich zu einer Verfestigung der emotionalen Beziehung zu seiner Frau: Die Liebe zu ihr war für ihn »nie so intensiv wie heute«.[260]

Sinnstiftende Sorge

Im Rahmen der Anpassung an das Leben mit einem demenzbetroffenen Familienmitglied kann es auch dazu kommen, dass die Sorge um diesen Menschen von Seiten der Angehörigen als sehr sinnstiftende Aufgabe interpretiert und akzeptiert wird.[261] In den von mir gesammelten Quellen zeichnet sich diese Möglichkeit besonders am Beispiel von Frau Peters ab. Zu Beginn unseres ersten Gespräches hatte sie in einem längeren Erzählstrang von den körperlichen und kognitiven Beeinträchtigungen ihres Mannes berichtet. Diese Beeinträchtigungen verhinderten es nicht nur, dass das Paar gemeinsame Spaziergänge und Ausflüge machen konnte. Es wurde für Herrn Peters zudem auch immer schwieriger, sich längere Zeit allein in der Wohnung des Paares aufzuhalten. Frau Peters schloss den betreffenden Erzählstrang mit folgenden Worten ab: »Das heißt, ich habe dann doch relativ viel Hausarrest.«

Der metaphorische Vergleich ihrer Situation mit einem Hausarrest war für Frau Peters auch deswegen naheliegend, weil sie gerne unterwegs war und sie sich in ihrem Wohnort verschiedenen Unternehmungen und Engagements widmete. Vor diesem Hintergrund mag die Annahme naheliegend sein, dass Frau Peters sehr unter der Einschränkung ihrer Selbstaktualisierungsmöglichkeiten litt. In der Tat stellten sich bei ihr solche Empfindungen zunächst ein:

---

260 Vgl. dazu auch McGovern 2010.
261 Vgl. Yu/Cheng/Jungfang 2018, S. 6.

»[A]nfangs, war das natürlich auch... da ist man auch irgendwie schrecklich zornig und denkt: Was soll das jetzt, du wolltest doch dies und das. Und das geht alles, das geht jetzt nicht. Deine Jahre rennen davon und was ist? Du sitzt hier und wartest und wartest und wartest.«

Deutlich wird oben: Die Enttäuschung und der Zorn angesichts ihres »Hausarrests« verschärfte sich drastisch, weil Frau Peters bewusst wurde, dass ihr aufgrund ihres Alters wahrscheinlich selbst nicht mehr viel Zeit blieb, um die eigenen Interessen und Anliegen zu verwirklichen.[262] Sie fuhr darauf hin jedoch so fort:

»Also da braucht man irgendwie auch erst mal eine Weile, bis man das geschluckt hat und dann feststellt [...], was man also hier alles entdecken und lernen kann. Und wenn ich dann eben Griechenland nicht gesehen habe, dann... das geht ja auch so unter [Lachen]. Ja also die Welt braucht mich nicht unbedingt, damit ich sie anschaue, aber hier braucht mich einer. Und das ist [...] eigentlich doch so mit eins der wertvollsten Gefühle, wenn man merkt, dass jemand einen braucht. Ja, wenn man irgendwas macht, was so fürchterlich egal ist, ja dann, ich weiß nicht, ich glaube dann kriegt man auch so keine ganz große Motivation.«[263]

Frau Peters konnte den Konflikt zwischen ihren Selbstaktualisierungsbedürfnissen und den Anforderungen der Versorgung ihres Mannes nach und nach entschärfen. Das gelang unter anderem, indem sie die Sorge für ihren Ehemann als sinnstiftende Aufgabe in die eigene Selbstaktualisierung integrierte.[264] Das bedeutet: Die Mitverantwortung für ihren Mann wurde von Frau Peters zunehmend als Situation wahrgenommen, in der sich eine für sie hoch bedeutsame Erfahrung verwirklichte – die Erfahrung, von einem anderen Menschen gebraucht zu werden.[265]

Ein mitverantwortliches Engagement von Angehörigen kann auch über die akute familiäre Demenzbetroffenheit hinausgehen. Frau Werner war in der

---

262 Zum Zeitpunkt meines ersten Gespräches mit Frau Peters war sie 74 Jahre alt.
263 Mit ihrer scherzhaft gemeinten Feststellung, dass Griechenland auch ohne einen Besuch von ihr untergehe, spielte Frau Peters auf die damalige griechische Staatsschuldenkrise an.
264 Mit Gayle J. Acton und Kathy B. Wright (2000, S. 143) kann davon gesprochen werden, dass es hier einer Angehörigen gelingt, »self-transcendence« (= »the ability to look beyond the self and present difficulties, to extend concern to others, and to find personal meaning and wholeness in the context of life-changing events«) und »self-realization« (= Selbstaktualisierung) zu vereinen.
265 Zur Bedeutung dieser Erfahrung vgl. auch Generali Deutschland AG 2017, S. 25f.

Zeit nach dem Tod ihrer Mutter in Rente gegangen, hatte eine Schulung zur Pflegebegleiterin absolviert und bot für die Alzheimer Gesellschaft Angehörigengesprächsgruppen an.[266] Zudem war sie in ihrem Ort zu einer gefragten Ansprechpartnerin für Angehörige von Menschen mit Demenz geworden. Ich erkundigte mich nach dem Grund für ihre anhaltende Beschäftigung mit der Demenzthematik. Frau Werner verwies hier einerseits auf einen verrentungsbedingten Gewinn an freier Zeit hin und führte andererseits Folgendes aus:

> »Vielleicht habe ich mich da etwas tiefer rein gekniet und habe nicht nur meine, in Anführungszeichen, arme Mutter, die Alzheimer hat, gesehen, sondern habe über den Tellerrand hinaus geschaut und habe halt viel gelesen und habe mich damit beschäftigt, dass ich denke, ich habe jetzt mich so viel damit beschäftigt, dass ich das nutzen kann, um anderen das noch weiterzugeben.«

Was Frau Werner motivierte, war das Anliegen, ihre persönlichen Erfahrungen und ihre durch Lektüre und Schulungen erworbenen Kenntnisse Angehörigen zu vermitteln und diesen so eine Hilfe, ein Beistand zu sein. Situationen, in denen sie als hilfreicher Beistand wahrgenommen wurde, erlebte sie als sehr positiv. Ein Beistand zu sein, konnte für Frau Werner dabei auch heißen, nicht nur Rat zu geben, sondern durch Zuhören eine Entlastung des Gegenübers zu ermöglichen.[267] Sie veranschaulichte das etwa am Beispiel einer Frau, die ihre demenzbetroffene Mutter versorgte, und die wegen der dabei auftretenden Konflikte regelmäßig im Hause Werner anrief:

> »Und manchmal ruft die mich einfach [an], ist nur so außer sich und schimpft und lässt Dampf ab und das ist ok. Das ist ok. Und [...] sie sagt danach: ›Jetzt habe ich dich wieder vollgelabert.‹ Ich sage: ›Das macht nichts.‹ Man muss natürlich schauen, es darf mich jetzt ja nicht irgendwo zu tief belasten, das ist klar. Und es wird automatisch dann auch, wenn man die Leute begleitet, [...] so eine Art Freundschaft wird auch teilweise daraus.«

---

266 Wie in Kapitel 4 geschildert, finden sich sowohl bei Netto et al. (2009) als auch bei Sabat (2010) ebenfalls Hinweise darauf, dass Angehörige nach dem Tod eines von ihnen versorgten Familienmitglieds ein derartiges Engagement im Bereich der Demenzhilfe aufnehmen können.
267 Vgl. dazu auch Goesmann 2016, S. 144f.

Das Ende des Zitates zeigt, inwiefern das Engagement von Frau Werner Grenzen haben konnte (es durfte nicht »zu tief belasten«). Überdies zeichnet sich hier ein weiterer positiver Effekt ihrer Aktivitäten ab – durch diese konnten Freundschaften entstehen.

Kostspielige »Epidemie«: Demenz als gesamtgesellschaftliches Problem

Ein wichtiges Thema der Demenzproblematisierung wurde bis hierhin noch nicht angesprochen: Angehörige von Menschen mit Demenz können sich auch großen finanziellen Belastungen ausgesetzt sehen.[268] Auf diesen Aspekt wies unter anderem Herr Jung hin. Er ging dabei auf Erfahrungen aus seiner Tätigkeit als Beirat der Alzheimer Gesellschaft ein – zudem bezog er sich auch auf Erfahrungen aus der eigenen Familie. Seine demenzbetroffene Schwiegermutter lebte in einem Pflegeheim. Herr Jung betonte, dass sie relativ wohlhabend sei – nach Zahlung der Wohn- und Pflegekosten blieb am Monatsende jedoch nichts von ihrer Pension übrig: »Gerade geht es so plus minus null [aus].« Herr Jung fuhr darauf hin fort: »Und bei Angehörigen, die zahlen müssen, weil eben die Mutter das nicht hat, da wird das hart, das ist brutal.«

Eine sehr umfassende Beispielrechnung zu den monatlichen Ausgaben, die bei der familiären Versorgung eines Demenzbetroffenen anfallen, findet sich in einem Artikel der BILD. Darin wird die Situation eines Ehepaares geschildert. Die Hauptsorgeverantwortung trägt hier der Ehemann, seine demenzbetroffene Frau lebt zu Hause, besucht aber regelmäßig eine Tagespflegeeinrichtung:

> »1432 Euro bekommt er von der Pflegeversicherung. Davon gehen mindestens 800 Euro für die Tagespflege ab, zuzüglich 252 Euro Fahrtkosten und Verpflegung. Dazu kommen noch rund 500 Euro für eine ambulante Pflegerin vom Roten Kreuz, die ihr morgens beim Waschen und Anziehen hilft. Am Ende legt er pro Monat meist um die 300 Euro für die Betreuung seiner Frau aus eigener Tasche drauf. ›Das ist für einen

---

268 Hier handelt es sich allerdings nicht um ein rein demenzspezifisches Phänomen: »[z]ur Bewältigung von Pflegebedürftigkeit«, so resümieren Volker Hielscher, Sabine Kirchen-Peters und Lukas Nock (2017, S. 68) in einer Studie zu »Zeitaufwand und Kosten« der »Pflege in den eigenen vier Wänden«, werden »in erheblichem Maße private Zufinanzierungen geleistet«.

Rentner schon verdammt viel Geld‹, sagt Volker Brunkhorst. Dazu kommen zusätzliche Anschaffungen wie der Treppenlift, den er jetzt einbauen lassen muss. Kostenpunkt 12 370 Euro, die Pflegekasse zahlt höchstens 2 300 Euro dazu.«[269]

Darstellungen wie diese heben hervor, dass eine Demenz hohe finanzielle Aufwendungen für die Familien der Betroffenen nach sich ziehen kann. Die Presse beschreibt Demenz zudem häufig auch als ein gesamtgesellschaftliches Finanzproblem. Das geschieht beispielsweise in folgendem Auszug aus einem FAZ-Artikel:

> »Belastend ist die Krankheit vor allem für die Betroffenen und deren Familien – aber auch für die Volkswirtschaft: Einhundert Milliarden Euro soll die Versorgung der Demenzkranken im Jahr 2050 kosten. Und das ist noch eine konservative Annahme; andere Schätzungen kommen auf mehr als das Doppelte.«[270]

Es sind immense Geldbeträge, von denen hier die Rede ist. Nicht selten werden deshalb auch manifeste Finanz- und Wirtschaftskrisen vorausgesagt, wenn es um die volkswirtschaftlichen Kosten von Demenz geht. Das nachstehende Zitat aus einem Artikel der SZ stellt etwa einen gesundheitssystemischen Zusammenbruch in Aussicht: »Die Zahl der Dementen steigt. Wenn man bis zum Jahr 2045 hochrechnet, wird alles Geld im Gesundheitssystem allein von den Alzheimer-Patienten verschlungen werden.«[271] Von einem systemischen Zusammenbruch handelt auch das nächste Zitat. Es entstammt einem FAZ-Interview mit dem Biochemiker Christian Haass.[272] Haass wird darin unter anderem so zitiert:

> »Ich habe kürzlich mit Hillary Clinton über das Thema gesprochen, als mir das Versicherungsunternehmen MetLife einen Wissenschaftspreis verlieh. Sie erzählte mir beim Cocktail, daß noch zehn Jahre bleiben, um das Land auf die kollektive Alterung vorzubereiten und die Demenzkrankheit zu besiegen, sonst wird die amerikanische Volkswirtschaft daran zugrunde gehen.‹«[273]

Die beiden vorangestellten Zitate sind auf die nationale Ebene bezogen – auf das deutsche Gesundheitssystem, auf die US-amerikanische Volkwirt-

---

269 BILD v. 11.09.2007.
270 FAZ v. 24.01.2005.
271 SZ v. 15.02.2003.
272 Haass leitet aktuell das Labor für Neurodegenerative Erkrankungen am Biomedizinischen Centrum der Ludwig-Maximilians-Universität München.
273 FAZ v. 12.10.2006.

schaft. Im nächsten Zitat aus einem SZ-Artikel geht es um die internationalen Ausgaben, die sich im Zusammenhang mit Demenz anhäufen:

»Die Kosten der Demenzkrankheit werden zu einer immer größeren Belastung: Einer neuen Studie zufolge schlagen Alzheimer und ähnliche Leiden dieses Jahr weltweit wahrscheinlich mit mehr als 604 Milliarden Dollar (462 Milliarden Euro) zu Buche. Das entspricht etwa einem Prozent der globalen Wirtschaftsleistung. Etwa 35 Millionen Menschen weltweit litten an Demenz, heißt es in der Untersuchung der Organisation Alzheimer Disease International. Die Wissenschaftler warnen im Weltalzheimer-Bericht vor einer Epidemie, die sich mit der Alterung der Weltbevölkerung weiter ausbreiten werde.«[274]

Ich greife diesen Textauszug zum einen auf, weil er exemplarisch veranschaulicht, dass Demenz in der Presseberichterstattung auch als ein finanzielles Problem der Weltgesellschaft identifiziert wird. Zum anderen wird hier deutlich, dass es wissenschaftliche Studien zu den volkswirtschaftlichen Kosten von Demenz sind, auf die sich die Massenmedien beziehen, wenn sie Demenz als (welt-)gesellschaftliches Problem kennzeichnen. Ich führe das obige Zitat überdies deshalb an, weil es eine Warnung vor einer Demenz-Epidemie enthält.

Demenz wird immer wieder als zukünftige bzw. aktuelle Epidemie beschrieben – unter anderem geschieht das in Teilen des medizinischen Diskurses wie auch in einigen Pressetexten meines Quellenkorpus.[275] Im Kontext der Demenzproblematisierung wird der Epidemie-Begriff dazu verwendet, das Phänomen Demenz näher zu charakterisieren.[276]

Wer ein pathologisches Phänomen als Epidemie kennzeichnet, kann dadurch erstens deutlich machen, dass dieses Phänomen massenhaft vorkommt. Dementsprechend wird in einem FAZ-Artikel ausgeführt: »[Die Alzheimer-Demenz] ist eine Alterserscheinung, die sich gerade in Ländern mit hoher Lebenserwartung rasant ausbreitet. Keine andere Krankheit

---

274 SZ v. 22.09.2010.
275 Für die Verwendung des Epidemie-Begriffes im Diskurs der Medizin vgl. Beck et al. 1982 sowie Larson/Yaffe/Langa 2013.
276 Vgl. Johnstone 2011, S. 382f.

birgt in den Industrienationen gegenwärtig ein höheres Epidemierisiko.«[277]

Zweitens dient die Verwendung des Epidemie-Begriffes dazu, herauszustreichen, dass jenes Phänomen, das als Epidemie bezeichnet wird, für den Einzelnen wie für die Gesellschaft äußerst bedrohlich ist: »Because of being experienced as a ›collective calamity‹ […], epidemics and the term epidemic have come to be strongly associated with, if not to stand as, a synonym of death.«[278] Inwiefern demenzielle Beeinträchtigungen mit dem Tod assoziiert werden, zeigt meine Analyse von metaphorischen Interpretationen über die Lage der Betroffenen. Zudem ist bis hier deutlich geworden, dass Demenz auch als Bedrohung für die Gesundheit der Angehörigen sowie für die volkswirtschaftliche ›Gesundheit‹ gilt.

Drittens und letztens legt der Epidemie-Begriff nahe, dass auf das als Epidemie beschriebene Phänomen entschlossen reagiert werden muss: Gerade weil Epidemien massive gesellschaftliche Bedrohungen darstellen, sind entsprechende Gegenmaßnahmen dringend erforderlich.[279] Dieser Zusam-

---

277 FAZ v. 06.05.2005. Die Annahme, dass mit der steigenden Lebenserwartung auch die Zahl der Demenzbetroffenen zunimmt und so ein »höheres Epidemierisiko« entsteht, wird in den von mir gesammelten Pressetexten stellenweise auch explizit relativiert. Dies geschieht auf Grundlage jener in Kapitel 4 erwähnten Studien, die eine abnehmende Inzidenz von Demenzerkrankungen anzeigen. So findet sich etwa in einem SZ-Artikel vom 20. April 2016 folgende Feststellung: »›Der dramatische Anstieg [von Demenzerkrankungen], der für viele Industrienationen vorhergesagt worden ist, wird wohl deutlich kleiner ausfallen‹, sagt Monique Breteler vom Deutschen Zentrum für Neurodegenerative Erkrankungen in Bonn. Eine Epidemie zumindest ist nicht in Sicht.« Dennoch wird in besagtem Artikel kein Zweifel daran gelassen, dass Demenz weiterhin ein Massenphänomen ist und bleibt: »Dass das individuelle Demenzrisiko sinkt, heißt allerdings noch nicht, dass auch die Zahl der Demenzerkrankungen in der Gesamtbevölkerung sinkt. Das steigende Durchschnittsalter frisst den Vorteil gewissermaßen wieder auf.«
278 Johnstone 2013, S. 382.
279 Wie Susan Sontag (2012, S. 142) am Beispiel der gesellschaftlichen Auseinandersetzung mit HIV/AIDS herausgearbeitet hat, werden einzelne Nationen (oder auch die ganze Welt) immer wieder zu einem kollektiven Kampf bzw. Krieg gegen bestimmte Epidemien aufgerufen: »Das Überleben der Nation, der zivilisierten Gesellschaft, der Welt selbst steht angeblich auf dem Spiel – Behauptungen, die vertrautes Versatzstück eines Plädoyers für Repression sind. (Ein Notstand erfordert ›drastische Maßnahmen‹ usw.).«

menhang tritt deutlich am Beispiel des nachstehenden FAZ-Zitates zu Tage. Es geht darin um die historisch schon weiter zurückliegende Forderung, dass der Demenz-Epidemie mit der Schaffung einer Pflegeversicherung begegnet werden müsse:

> »Vor den Folgen der Alzheimer-Krankheit als einer der ›großen Epidemien der Zukunft‹ hat am Montag die Bundesvorsitzende der Deutschen Alzheimer Gesellschaft, Eleonore von Rotenhan, gewarnt. ›Rund 800 000 Menschen leiden in der Bundesrepublik an der Alzheimer-Krankheit oder einer ähnlichen Hirnleistungsschwäche und müssen rund um die Uhr versorgt werden‹, sagte die Bundesvorsitzende in München. Die Einführung einer Pflegeversicherung sei schon aus diesem Grund dringend notwendig.«[280]

Zusammenfassend handelt es sich im Fall der Charakterisierung von Demenz als epidemische Erscheinung um eine alarmistische Interpretationsform: Hier wird Demenz als Ursache einer kollektiven gesundheitlichen Gefährdung bestimmt und zugleich auf eine Abwendung der Gefährdung hingedrängt. Warnungen vor demenzbedingten Finanz- und Wirtschaftskrisen entsprechen ebenfalls dem Typus einer alarmistischen Probleminterpretation.[281]

Als weiteres Beispiel für eine alarmistische Demenzinterpretation kann die Diskussion um einen Pflegenotstand angeführt werden.[282] Der Hinweis auf einen drohenden Pflegenotstand findet sich etwa in folgendem Zitat aus einem BILD-Artikel: »Die rasante Zunahme der Alzheimer-Kranken kann in den nächsten Jahren zu einem ungeahnten Pflegenotstand führen[.]«[283] Wenn das Thema des Pflegenotstands in den von mir behandelten Pressetexten zur Sprache kommt, sind dabei in der Regel zwei inhaltliche Aspekte bestimmend. Einerseits geht es um verschiedene Schwierigkeiten im Kontext der familiären Demenzsorge (Verweis auf überforderte, unterstützungsbedürftige Betroffene und Angehörige, Verweis auf eine drohende

---

280 FAZ v. 18.05.1993.
281 Im Anschluss an Ann Robertson (1990) lassen sich derart alarmistische Demenzinterpretationen zum Teil auch als apokalyptische Demographie (»apocalyptic demography«) verstehen. Zum Phänomen einer apokalyptischen bzw. alarmistischen Demographie vgl. auch Katz 1992.
282 Von eindeutig alarmistischer Art ist nicht zuletzt auch die in Abschnitt 5.2 erwähnte Metapher der Demenz-Welle/Flut.
283 BILD v. 21.09.1998.

Auflösung von familiären Versorgungsstrukturen etc.). Andererseits geht es um verschiedene Schwierigkeiten im Kontext der institutionellen Pflege (Verweis auf Überforderung, Unterbezahlung und zu geringe Zahl von Pflegefachkräften, Verweis darauf, dass einige Betroffene und Angehörige bedarfsgerechte Pflegeleistungen nicht finanzieren können etc.).

Auch im Fall der Pflegenotstandsdiskussion gilt, dass diese nicht nur darauf zielt, vor einer Gefährdung im Bereich der Versorgung von Menschen mit Demenz zu warnen. Zugleich werden hier in der Regel auch Maßnahmen zur Lösung dieses Notstandes beschrieben bzw. eingefordert. Ein zentraler Adressat der entsprechenden Forderungen ist die staatliche Politik – sie sollte bzw. soll den Pflegenotstand etwa durch das Instrument der Pflegeversicherung bearbeiten. Das veranschaulicht das oben erwähnte Zitat, in dem die Alzheimer-Krankheit von der damaligen Vorsitzenden der deutschen Alzheimer Gesellschaft als eine der »großen Epidemien der Zukunft« beschrieben wurde – das zeigt sich ebenfalls am Beispiel des folgenden BILD-Zitates, das eine Reform der deutschen Pflegeversicherung im Jahr 2012 kommentiert:

> »Diese Reform war überfällig! Seit Jahrzehnten warnen Experten vor einem drohenden Pflegenotstand. Und genau so lange wurden die Augen davor verschlossen. Jetzt endlich werden die drängendsten Probleme angepackt. Demenzkranke, deren Zahl rasend schnell zunimmt, erhalten Hilfe. Die Rolle der Angehörigen wird gestärkt.«[284]

Foucault hat herausgearbeitet, dass es besonders auch der Staat ist, der in Verbindung mit der Medizin konkrete Maßnahmen gegen Bedrohungen der gesellschaftlichen Gesundheit koordiniert und umsetzt.[285] Diese Praxis basierte für Foucault seit Mitte des 20. Jahrhunderts vor allem auf dem

---

284 BILD v. 29.03.2012. Konkret geht es hier um das Pflege-Neuausrichtungsgesetz (PNG), das unter anderem auf eine Verbesserung der Leistungen für Menschen mit Demenz zielte. Das Gesetz wurde am 29.06.2012 vom Deutschen Bundestag beschlossen und trat am 30.12.2012 sowie am 01.01.2013 in Kraft.

285 Vgl. Foucault 1977, S. 251f. Zur Verwobenheit von medizinischem und staatlichem Gesundheits- und Krankheitshandeln führte Foucault (ebd., S. 185) unter anderem Folgendes aus: »Die medizinische Überwachung der Krankheiten und der Ansteckungen geht Hand in Hand mit anderen Kontrollen: mit der militärischen Kontrolle der Deserteure, mit der fiskalischen Kontrolle der Waren, mit der administrativen Kontrolle der Heilmittel, der Verpflegung, der Abwesenheiten, der Heilungen, der Todesfälle, der Verstellungen.«

»Konzept eines Staates, der dem Individuum in seiner guten Gesundheit dient«.[286] Im Zusammenhang mit zwei der zuvor angesprochenen Pressezitate deutet sich jedoch bereits an, dass der Staat im medialen Interdiskurs verschiedentlich für Versäumnisse im Bereich der Wahrnehmung und Behandlung des Problems Demenz kritisiert wurde. Im ersten Zitat aus dem Jahr 1993 monierte die Vorsitzende der Alzheimer Gesellschaft das Fehlen einer Pflegeversicherung. Diese betrachtete sie als »dringend notwendig[es]« Hilfsmittel gegen die Demenz-Epidemie. Das zweite Zitat zeigt, dass die 1995 eingeführte Pflegeversicherung schnell als reformbedürftig galt, gerade auch deshalb, weil sie Demenzbetroffenen und ihren Angehörigen nach Ansicht von (Pflege-)Expert*innen keine ausreichende Unterstützung bot.[287]

Diese Zitate bilden so ab, inwiefern das Problem Demenz nach und nach ein Gegenstand (bio-)politisch-staatlichen Handelns wurde. Gleiches veranschaulicht auch ein FAZ-Artikel aus dem Jahr 2007. Sein Gegenstand ist die Ankündigung der damaligen Bundesforschungsministerin Annette Schavan, dass der Bund ein »Nationales Zentrum zur Bekämpfung von Demenzen« (das spätere DZNE (Deutsches Zentrum für Neurodegenerative Erkrankungen)) gründen wolle. Aus diesem Anlass wurde Folgendes über den staatlichen Umgang mit Demenz festgehalten:

> »Dass die Jahrhundert-Herausforderung Demenz so lange zwischen den Verantwortungsbereichen von Bund, Ländern, Hochschulen und Wissenschaftsorganisationen hindurchfallen und zu wenig Beachtung finden konnte, alarmiert die Ministerin. Ein Irrtum also, dass im Föderalismus allein das freie Spiel der Kräfte das beste Ergebnis garantiert, wenn jeder Akteur unabgesprochen seine Forschungsfelder beackert – oder eben nicht. Und Bund-Länder-Gremien, die der nötigen Forschungskoordination dienen könnten, haben darin bisher versagt und damit Verrat an den Alten von heute und morgen geübt. Schavan ist deshalb davon überzeugt, dass ein strengeres Regime nötig ist, um neuerlichen Ausfällen vorzubeugen. Das Nationale Zentrum soll also nicht nur selbst forschen, sondern künftig möglichst die gesamte Demenzforschung im Land koordinieren. [...] Der Kampf gegen die Altersplage dürfte bald nicht mehr an einer schlechten, undurchdachten und zögerlichen Forschungspolitik scheitern.«[288]

---

286 Foucault 2003a, S. 56.
287 Zu dieser Kritik an der Pflegeversicherung vgl. auch Igl/Naegele/Hamdorf 2007.
288 FAZ v. 26.09.2007.

Antworten auf die Frage, wie genau der Kampf gegen die »Altersplage« Demenz, geführt werden kann, fallen zum Teil sehr unterschiedlich aus. Dementsprechend propagieren auch demenzbezogene Notstandsmeldungen und Gefährdungsszenarien nicht immer einheitliche Problembehandlungsformen. Ich wende mich diesem Aspekt später ausführlicher zu, möchte ihn aber ganz kurz exemplarisch konkretisieren. Ich habe in den zurückliegenden Absätzen drei Pressetextzitate ausführlicher diskutiert. In den ersten beiden dieser Zitate wurde vor allem die Schaffung bzw. die Reform der Pflegeversicherung als entscheidende Maßnahme gegen die Demenz-Epidemie und den Pflegenotstand betrachtet. Im Rahmen des dritten Textes zur geplanten Gründung des DZNE wurde hingegen vor allem die medizinisch-naturwissenschaftliche Forschung (und eine stärkere staatliche Koordinierung und Finanzierung derselben) als Ausweg aus dem kollektiven Demenz-Notstand favorisiert. So heißt es in dem betreffenden FAZ-Artikel:

»Allein findige Biologen, Mediziner und Chemiker können verhindern, dass sich Demenzen wie die Alzheimer-Krankheit endgültig zur nationalen, ja globalen Katastrophe entwickeln.«[289]

Wenngleich mediale Notstandsmeldungen und Gefährdungsszenarien zum Teil unterschiedliche Gegenmaßnahmen vorschlagen, ändert das nichts an ihrer fundamentalen Gemeinsamkeit: Sie zielen in der Regel darauf ab, dass das Problem Demenz erkannt, behandelt und bestenfalls sogar gelöst wird – und zwar im Interesse der Betroffenen, im Interesse der Angehörigen wie auch im Interesse der gesamten Gesellschaft. Und so kann der bis hier beschriebene Alarmismus potenziell verschiedene förderliche Effekt haben – wenn er zum Beispiel ein größeres soziales Problembewusstsein schafft, wenn er auf unterschiedlichen Ebenen Handlungsbereitschaft erzeugt, oder wenn er dazu beiträgt, dass Initiativen zur Problembehandlung entstehen bzw. an Unterstützung gewinnen.

Dennoch besteht auch die Möglichkeit, dass diese alarmistischen Probleminterpretationen (unbeabsichtigterweise) darauf hinwirken, dass anderweitige, nachteiligere Folgen entstehen. So vermag etwa der Verweis auf eine Demenz-Epidemie bereits bestehende gesellschaftliche Ängste vor demenziellen Beeinträchtigungen weiter zu steigern:

---

289 FAZ v. 26.09.2007.

»[T]he epidemic metaphor has [...] had the unintended consequence of further stigmatizing the disease by subliminally cultivating a public terror of contagion, which in turn has contributed in judgement clouding ways to public paranoia and anguish about getting the disease.«[290]

Genauso werden Demenzbetroffene im Kontext der Warnung vor volkswirtschaftlichen Krisen als gesellschaftliche Lasten identifiziert und so stark abgewertet.[291] Ähnliches geschieht auch im Zusammenhang mit der Beschreibung von überforderten und erkrankenden Angehörigen: Solche Beschreibungen kennzeichnen die Versorgung eines Demenzbetroffenen – und damit gewissermaßen auch die Betroffenen selbst – als kaum erträgliche familiäre Last.[292]

Alarmistische Interpretationen, die Demenz als ein gesamtgesellschaftliches Problem identifizieren, sind im medialen Interdiskurs sehr weit verbreitet. Allerdings existieren auch im Fall dieser Art der Demenzinterpretation alternative Deutungsweisen. Ich beziehe mich hier auf vereinzelt vorkommende Statements innerhalb des medialen Quellenkorpus, in denen argumentiert wird, dass das Phänomen Demenz auch gute Auswirkungen auf die Gesellschaft haben kann. In diesem Zusammenhang sei zuerst auf ein SZ-Interview mit der Unternehmerin Sofie Rosentreter verwiesen, die Filme für Menschen mit Demenz produziert:

»[SZ:] Demenz ist ein großes Thema und wird in Zukunft noch wichtiger. Was kommt auf die Gesellschaft zu? [SR:] [...] ›Ich glaube, dass die Krankheit unsere Gesellschaft zum Positiven verändern wird. Dass sie uns lehren wird, uns zu kümmern.‹«[293]

In dem Zitat wird Demenz mit der Person eines Lehrers verglichen.[294] Das Phänomen Demenz erteilt nach Einschätzung von Rosentreter insofern eine gesellschaftlich förderliche ›Lektion‹, als es den Menschen beibringt, sich umeinander »zu kümmern«. Gronemeyer argumentiert im Rahmen

---

290 Johnstone 2011, S. 390.
291 Vgl. Innes 2009, S. 20. Vgl. zudem Gronemeyer 2013, S. 255.
292 Für eine Studie die zeigt, inwiefern Menschen mit Demenz eine solche Wahrnehmung in ihr Selbstbild integrieren, inwiefern sie sich als Last für ihre Familien betrachten vgl. Tolhurst/Weicht 2018.
293 SZ v. 11.07.2014.
294 Damit liegt hier also eine ontologische Metapher vor. Diese Art der metaphorischen Beschreibung weicht deutlich von jener gängigen Form der ontologischen Metapher ab, in der Demenz als bösartiger Angreifer/Räuber personifiziert wird.

seiner Medikalisierungskritik ganz ähnlich. Er weist nämlich auf die besondere »Bedeutung der Menschen mit Demenz für die Gesellschaft« hin: »Sie ermöglichen den Nicht-Betroffenen, sich als gastfreundlich, helfend und sich kümmernd zu erleben.«[295]

Die Vorstellung, dass Krankheiten bzw. kranke Menschen etwas Wichtiges bzw. Wertvolles lehren können, hat eine lange Geschichte. Das zeigt zum Beispiel Andreas Kruse, wenn er Dionysios von Halikernassos (* ca. 54 v. Chr., † 7 n. Chr.) zitiert: »Meine Leiden, so schwer sie sind, sind auch Lehren für den anderen.« Kruse erläutert, dass in diesem Zitat »die potenzielle Vorbildfunktion von Menschen, die in Grenzsituationen stehen, umschrieben« wird.[296] Die Vorstellung, dass auch Menschen mit Demenz eine Vorbildfunktion ausüben können, die Vorstellung, dass auch sie Wertvolles zu vermitteln haben, wird nicht zuletzt von Geiger formuliert:

> »Für meinen Vater ist seine Alzheimererkrankung bestimmt kein Gewinn, aber für seine Kinder und Enkel ist noch manches Lehrstück dabei. Die Aufgabe von Eltern besteht ja auch darin, den Kindern etwas beizubringen. [...] [W]enn es einmal so ist, dass der Vater seinen Kindern sonst nichts mehr beibringen kann, dann zumindest noch, was es heißt alt und krank zu sein.«[297]

In den Feststellungen von Rosentreter, Gronemeyer und Geiger differenziert sich das Spektrum von Demenzinterpretationen weiter aus: Diese Feststellungen führen an, dass sich im Umgang mit Demenz und im Umgang mit den davon Betroffenen auch gewisse Gewinne für Angehörige bzw. für die gesamte Gesellschaft einstellen können. Das heißt jedoch nicht, dass Demenz dadurch generell begrüßt werden würde, dass es zu einer Idealisierung von Demenz käme – das Phänomen gilt auch hier grundsätzlich als ein gravierendes individuelles und gesellschaftliches Problem.

Der Titel eines FAZ-Artikels vom 21. Mai 2016 legt die Vermutung nahe, dass darin ebenfalls die Vorstellung einflussreich ist, dass Menschen mit Demenz bestimmte Lektionen zu vermitteln haben: »Lernen von Dementen.« Konkret geht es hier jedoch weniger um ein »Lernen von Dementen« als vielmehr um ein Forschen an Dementen:

---

295 Gronemeyer 2013, S. 258.
296 Kruse 2009, S. 92.
297 Geiger 2014, S. 136.

»Bundesgesundheitsminister Hermann Gröhe (CDU) hat die von seinem Ministerium geplanten gesetzlichen Änderungen für klinische Studien gegen Kritik verteidigt. Die Regelungen sehen vor, dass Demenzkranke und andere Personen, die nicht voll einwilligungsfähig sind, unter bestimmten Voraussetzungen an medizinischen Studien teilnehmen können.«

Die besagten gesetzlichen Änderungen sind mittlerweile beschlossen worden. Sie erlauben, dass Menschen mit Demenz in Deutschland in gruppennützige Arzneimittelstudien einbezogen werden dürfen: »Voraussetzung ist, dass die Probanden zu einer Zeit, als sie noch im Vollbesitz ihrer geistigen Kräfte waren, nach ärztlicher Aufklärung eine entsprechende Verfügung verfasst haben.«[298] Gruppennützige Arzneimittelstudien sind solche Studien, die für die Studienteilnehmer*innen selbst wahrscheinlich keine positiven Effekte mehr haben – möglicherweise aber für jene Personengruppe, die von derselben Erkrankung betroffen ist. Die Entscheidung des Bundestages ist im Vorfeld sehr kontrovers diskutiert worden. Letztlich hat sich aber die folgende Auffassung durchgesetzt:

> »Wir müssen Demenzkranke am medizinischen Fortschritt teilhaben lassen und ihnen die Chance auf Heilung oder zumindest Linderung geben. Wir müssen für bessere Diagnose- und Behandlungsmöglichkeiten forschen, gerade auch für Patientengruppen, die in ihrer Selbstbestimmungsfähigkeit eingeschränkt sind, weil sie schwerstkrank sind.«[299]

Ich greife die Gesetzesänderung zu gruppennützigen Studien an Demenzbetroffenen und die Diskussion darum deshalb auf, da Menschen mit Demenz in diesem Kontext ebenfalls eine positive gesellschaftliche Bedeutung zugewiesen wird. Die Medizin kann durch die Forschung an Betroffenen, die sich als Studienteilnehmer*innen zur Verfügung gestellt haben, möglicherweise neue Erkenntnisse gewinnen – so die Argumentation: Verlaufen die betreffenden Studien erfolgreich, wäre es schließlich auch die gesamte Gesellschaft, die vom Engagement der demenzbetroffenen Probanden profitieren könne. Diesem Engagement wird hier gewissermaßen der Rang eines Dienstes am Gemeinwohl eingeräumt – die Probanden der Forschung übernehmen einen elementaren Part im bio-politischen Kampf gegen die Demenzepidemie.

---

298 Korzilius 2016, S. 2078.
299 FAZ v. 09.11.2016.

5.4 Probleminterpretation – Zusammenfassung

Ziel von Teil A meiner Analyse war es herauszuarbeiten, wie das Phänomen Demenz auf der medialen, der zivilgesellschaftlichen und der familiären Ebene interpretiert wird. Abschnitt 5.1 untersuchte dabei zunächst, welche Bedeutung dem medizinischen Demenzkonzept in den von mir erhobenen Quellen zukommt. Wie sich zeigt, besitzt der medizinische Diskurs insofern einen prägenden Einfluss auf die Untersuchungsquellen, als demenzielle Beeinträchtigungen hier ganz klar als Symptome organischer Erkrankungen betrachtet werden. Diese Problemdeutung kann verschiedene alltagspraktische Effekte haben. Ich habe unter anderem dargestellt, dass vor dem Hintergrund des Krankheitsmodells betont wird, dass abweichende bzw. herausfordernde Verhaltensweisen von Demenzbetroffenen nicht als Ausdruck von Bösartigkeit zu verstehen sind, sondern als Folge einer Pathologie. Dadurch kommt es im lebensweltlichen Alltag potenziell zu einer moralischen Entlastung von Betroffenen, die solche Verhaltensweisen zeigen.

Obwohl das medizinische Demenzkonzept Perspektiven auf Demenz in grundlegender Weise rahmt, wird an vereinzelten Stellen im Korpus insofern von diesem Konzept abgewichen, als hier keine organischen, sondern psychosoziale Ursachen für demenzielle Beeinträchtigungen benannt werden. Der literarische Erfahrungsbericht von Tilman Jens macht etwa eine psychosozial argumentierende Interpretation greifbar, in der Demenz als Form der Flucht vor persönlichen Fehlern und beschämenden Situationen gedeutet wird. Eine solche Demenzinterpretation schreibt Menschen mit Demenz implizit eine Mitverantwortung an ihrer Situation zu und kann so auf ein Victim-Blaming hinauslaufen.

Trotz seiner weitreichenden Dominanz ist das gegenwärtige Demenzkonzept der Medizin in den Quellen des Korpus auch Gegenstand von Kritik. Das gilt nicht nur im Fall der beiden Sachbücher von Cornelia Stolze und Reimer Gronemeyer, die ich gezielt ausgewählt habe, weil diese Bücher bereits in ihren jeweiligen Titeln herausstellen, dass Demenz keine Krankheit sei. In der Presseberichterstattung finden sich ebenso hin und wieder kritische Stellungnahmen zur medizinischen Demenzproblematisierung. Dort wird zum Beispiel darauf hingewiesen, dass keine gesicherten Kenntnisse zu den Ursachen und zur Entstehung der Alzheimer-Demenz vorliegen. Diese kritischen Hinweise, die in der Regel auf das medizinische Feld selbst zurückgehen, ändern jedoch nichts daran, dass in den Quellen meiner Analyse an der Vorstellung festgehalten wird, dass Demenz ein pathologisches Phänomen darstellt. Außerdem hat sich gezeigt, dass die Kritiken, die Stolze und Gronemeyer hinsichtlich der Medikalisierung von Demenz vorbringen, ganz unterschiedliche Grundlagen haben und unterschiedliche Zielsetzungen verfolgen. Stolze stellt fest, dass die gegenwärtige Form der medizinischen Demenzproblematisierung irreführend und unangemessen ist. Anschließend benennt sie dann vermeintlich alternative Ansätze der Problemdeutung und der Therapie von Demenz, die aber in derselben medizinischen Demenzproblematisierung wurzeln, die sie zuvor abgelehnt hat. Gronemeyer hingegen will Bedeutungen und Potenziale einer Probleminterpretation und Problembehandlung aufzeigen, die stärker die Relevanz der soziokulturellen Dimension des Phänomens Demenz berücksichtigt.

In Abschnitt 5.2 ging es darum zu klären, wie die Lage von Demenzbetroffenen im Quellenkorpus interpretiert wird. Da die betreffenden Interpretationen häufig einen stark metaphorischen Charakter aufweisen, habe ich diesen Untersuchungsschritt als Metaphernanalyse angelegt. Die Metaphernanalyse zeigt, dass es erstens eine Reihe von Interpretationen gibt, die herausstellen, dass die Situation von Menschen mit Demenz überaus negativ und defizitlastig ist. Auf die Frage, inwiefern Demenz ein Problem darstellt, antworten diese Deutungskonzepte Folgendes: Demenz bedeutet Verlust, Abschied, Abwesenheit, Rückentwicklung, Menschen mit Demenz sind unten, Menschen mit Demenz sind im Dunkeln, Demenz entleert den Mensch-Behälter, Demenz greift die Betroffenen auf überaus bösartige Weise an und macht sie zu wehrlosen Krankheitsopfern. Zweitens hat die Metaphernanalyse deutlich gemacht, dass im Korpus auch solche Interpretationen existieren, die auf positive Zustände und Potenziale hinweisen. Menschen mit Demenz gelten hier etwa nicht als unerreichbar – stattdessen werden Verbindungen und Verbindungsmöglichkeiten zwischen Betroffenen und Nicht-Betroffenen betont. Zudem weisen diese Interpretationen sinnbildlich darauf hin, dass Menschen mit Demenz auch oben sein können, dass ihr Leben also durchaus gute Züge tragen kann. Nicht zuletzt stellen die besagten Interpretationen heraus, dass die Betroffenen ihr Selbst, ihr

Ich oder ihre Persönlichkeit keineswegs vollständig verlieren, dass all dies in Kernen oder Umrissen bestehen bleiben.

Im direkten Vergleich kommen Darstellungen, die zeigen, dass das Leben mit Demenz auch gewisse positive Aspekte umfassen kann und die Betroffenen nach wie vor über bestimmte Fähigkeiten und Potenziale verfügen, innerhalb des gesamten Korpus deutlich weniger vor. Verweise auf Negatives und Defizite sind dagegen bestimmend. Dennoch bleibt festzuhalten, dass in medialen, zivilgesellschaftlichen und familiären Kontexten ein breiteres Spektrum an Perspektiven auf die Lage von Menschen mit Demenz existiert.

Zu den Ergebnissen der Metaphernanalyse sei außerdem noch festgehalten, dass die im Korpus gesammelten Quellen die Lage der Betroffenen nicht durchgängig auf Basis eines Entweder-oder-Prinzips thematisieren. Zum einen existieren zwar viele Quellen, in denen vornehmlich negative Einschätzungen zur Lage von Menschen mit Demenz geäußert werden – vor allem in der Presseberichterstattung sind derart einseitige Problemrepräsentationen verbreitet. Zum anderen liegen im Korpus aber auch einige Quellen vor, die sowohl negative als auch positive Dimensionen der Lage der Betroffenen ausweisen – wodurch das Leben mit Demenz als ein durchaus mannigfaltiges Leben gekennzeichnet wird. Diese stärker differenzierenden Darstellungen finden sich im medialen Kontext sowie gerade im zivilgesellschaftlichen und familiären Bereich der Demenzproblematisierung. Einseitig positive Schilderungen tauchen im Korpus hingegen gar nicht auf: In keiner Quelle wird behauptet, dass Demenz für die direkt davon Betroffenen rundherum unproblematisch sei. Wenngleich ich also die metaphorischen Interpretationen zur Lage von Demenzbetroffenen im Rahmen einer dichotomen Ordnung erfasst habe (Negatives vs. Positives, Defizite vs. Potenziale), sind Perspektiven auf die Situation von Menschen mit Demenz keineswegs stets dichotom strukturiert. Vielmehr bewegen sich diese Perspektiven oftmals in einem Kontinuum zwischen schlecht und gut, zwischen Verlieren und Haben.

Eine weitere Anmerkung, die zur Metaphernanalyse gemacht werden muss, ist die, dass die Interpretation der Lage von Menschen mit Demenz nicht ausschließlich nur in metaphorischer Form erfolgt. Zwar lassen sich in vielen Beschreibungen, die auf den ersten Blick nicht-metaphorisch zu sein scheinen, immer wieder lexikalisierte Metaphern ausmachen, dennoch existieren auch solche Stellen, die ohne bildlichen Verweis auskommen.

Eine abschließende Anmerkung zu meiner Untersuchung metaphorischer Demenzinterpretationen bezieht sich auf die praktischen Auswirkungen von Metaphern. Die Analyse hat verschiedentlich enge Verbindungen zwischen sprachbildlichen Probleminterpretationen und konkreten Problembehandlungsansätzen belegt. Diese Einsicht darf jedoch nicht überbewertet werden. Wer beispielsweise annimmt, dass Demenzbetroffene ihr Selbst, ihr Ich oder ihre Persönlichkeit voll und ganz verlieren, wer annimmt, dass es keinen Zugang zur Innenwelt der Betroffenen gibt, wer sie in einem Sturz ins Nichts wähnt oder als entleert ansieht, der muss nicht zwangsläufig einen Umgang mit Menschen mit Demenz betreiben, der auf deren Stigmatisierung, Entwertung, Vernachlässigung oder Ausgrenzung hinausläuft. Im Umkehrschluss gilt, dass auch Bilder von kommunikativen Zugängen und Brücken, von Momenten des Aufblühens oder von nach wie vor bestehenden Inhalten, Kernen und Umrissen des Selbst, des Ichs, der Persönlichkeit keineswegs zwingend in einer Praxis resultieren, in der Demenzbetroffene die Anerkennung ihrer sozialen Umwelt finden, in der sie sozial integriert werden oder in der ihre Selbstaktualisierung Unterstützung erfährt. Das Problem Demenz ist zwar zweifelsohne ein Interpretations- und Behandlungskonstrukt, das auf entscheidende Weise von Metaphern mit hergestellt bzw. co-produziert wird – trotzdem darf nicht davon ausgegangen werden, dass metaphorische Probleminterpretationen, dass sprachliche Demenzbilder den praktischen Umgang mit Demenz rundherum determinieren würden.

In Abschnitt 5.3 habe ich dann dargestellt, inwiefern Demenz als ein Problem wahrgenommen wird, das nicht nur die Betroffenen selbst, sondern auch ihr näheres und weiteres soziales Umfeld betrifft. Zunächst stand die Lage des näheren Umfeldes – genauer: die Lage der Angehörigen – im Zentrum der Analyse. Ich bin hier auf verschiedene physische und psychische Schwierigkeiten von Angehörigen eingegangen, die in den ausgewerteten Quellen Erwähnung finden. Körperlich anstrengend ist das Phänomen Demenz bzw. die Versorgung der Betroffenen für Angehörige insofern, als die Betroffenen gerade bei fortgeschrittenen demenziellen Beeinträchtigungen teilweise eine intensive Rund-um-die-Uhr-Versorgung benötigen. Psychisch belastend für Angehörige sind hingegen oftmals solche Verhaltensweisen von Demenzbetroffenen, die die Angehörigen als herausfordernd erleben – das ist etwa bei massiven Unruhezuständen von Menschen mit Demenz häufig der Fall. Eine psychische Belastung kann für Angehörige ebenso die Angst vor Unfällen und Gefahren sein. Diese Angst gründet auf dem Umstand, dass Demenzbetroffene zum Teil das Risikopotenzial der eigenen Handlungen nicht mehr abschätzen können. Des Weiteren ist es für viele Angehörige emotional schmerzhaft, wenn sie von einem demenzbetroffenen Partner oder Elternteil nicht mehr richtig erkannt werden und sie so den Eindruck gewinnen, dass die einstmals reziproke Beziehung zu ihrem Partner bzw. Elternteil nicht mehr besteht. Angehörige erleben zudem solche Situationen als strapaziös, in denen es bei Demenzbetroffenen zu stärkeren Störungen ihrer Ausdrucks- und Verstehensfähigkeiten kommt und ein gegenseitiger kommunikativer Austausch nicht mehr ohne weiteres möglich ist. Belastenden Charakter haben für Angehörige überdies solche Erlebnisse und Aufgaben, die als beschämend und peinlich empfunden werden. Scham- und Peinlichkeitsgefühle treten beispielsweise bei vielen Angehörigen während der Intimpflege auf – oder wenn sich Demenzbetroffene unangepasst verhalten, sie sich etwa nackt zeigen. Reagiert die soziale Umwelt mit Ablehnung auf kognitive Beeinträchtigungen und behaviorale Abweichungen von Menschen mit Demenz, kann das bei Angehörigen ebenfalls psychische Frustrationen auslösen. Nicht weniger frustrierend ist es für Angehörige ferner, dass sich angesichts der vielfältigen und zeitaufwendigen Sorgeaufgaben unter Umständen kaum Zeit für eine Selbstaktualisierung, für die Verwirklichung eigener Interessen und Bedürfnisse findet. Stellenweise leiden Angehörige auch unter Selbstvorwürfen und Schuldgefühlen, die sich zum Beispiel einstellen, weil die Angehörigen den Eindruck gewinnen, dass sie ihrem demenzbetroffenen Gegenüber nicht mit ausreichender Rücksicht begegnet sind.

Vor dem Hintergrund der vielfältigen Belastungen und Schwierigkeiten, die Angehörige bei der Versorgung eines demenzbetroffenen Familienmitgliedes erleben können, wird gerade in den untersuchten Presseartikeln häufig betont, dass Demenz auch insofern ein Problem darstellt, als die Demenzsorge die Angehörigen physisch wie psychisch auf radikale Weise überfordert. Unter Bezug auf entsprechende Studien aus dem Feld der Care-Burden-Forschung betont der mediale Interdiskurs in diesem Zusammenhang, dass Demenz bzw. die Demenzsorge die Angehörigen selbst (stress-)krank werden lässt.

Es sind jedoch nicht ausnahmslos nur negativ-defizitäre Aspekte, die benannt werden, wenn es im Quellenkorpus um die Lage der Angehörigen geht. So erscheint die Praxis der familiären Demenzsorge den Angehörigen keineswegs immer als eine fortwährende Überforderungs- und Krisensituation. Vielmehr gelingt es ihnen zum Teil, sich zeitweise an die Schwierigkeiten des Sorgealltags anzupassen und sie durch verschiedene Maßnahmen zu bewältigen bzw. abzuschwächen. Zu diesen Maßnahmen zählt etwa die Inanspruchnahme von externen Hilfsangeboten oder der Erwerb eines Sorgepraxiswissens.

Zudem berichten Angehörige davon, dass sie neben belastenden Erfahrungen auch Positives erleben, beispielsweise dann, wenn die Betroffenen gegenüber den Angehörigen Zeichen von Liebe, Freude oder Dankbarkeit zum Ausdruck bringen. Des Weiteren finden sich im Korpus einige Quellen, in denen Angehörige von der für sie erfüllenden Wahrnehmung berichten, dass die Beziehung zu einem demenzbetroffenen Familienmitglied selbst im Angesicht fortgeschrittener demenzieller Beeinträchtigungen intakt geblieben ist. Nicht zuletzt hat sich in der Analyse herausgestellt, dass die Versorgung eines demenzbetroffenen Familienmitgliedes von Angehörigen gelegentlich als besonders sinnstiftende Aufgabe betrachtet und wertgeschätzt wird.

Im Zusammenhang mit meiner Analyse von Perspektiven auf die Lage der Angehörigen sind noch zwei Einsichten zu erwähnen, wie sie in ähnlicher Weise schon aus der Analyse von Interpretationen über die Lage der Betroffenen hervorgegangen sind. Erstens ist der Verweis auf unterschiedliche Schwierigkeiten der Angehörigen im Quellenkorpus dominant – Verweise auf gelingende Situationen oder positive Zustände und Erfahrungen sind dagegen randständiger. Zweitens gilt, dass die im Korpus gesammelten Quellen ebenfalls nicht durchweg einem dichotomen Entweder-oder-Prinzip folgen, wenn diese die Lage der Angehörigen thematisieren. Einerseits finden sich darin zwar viele Darstellungen, die fast ausnahmslos Schwierigkeiten von Angehörigen hervorheben – abermals ist das gerade in der Presse der Fall. Andererseits existieren im medialen, im zivilgesellschaftlichen und im familiären Bereich jedoch auch Berichte, die ebenso auf Schwierigkeiten wie auf Gutes verweisen. Einseitig positive Beschreibungen der Lage der Angehörigen treten im Korpus hingegen nicht auf.

Im weiteren Verlauf von Abschnitt 5.3 ging es dann um solche Aussagen, in deren Rahmen Demenz als gesamtgesellschaftliches Problem interpretiert wird. Ausgangspunkt war hier der im Korpus häufig vorkommende Hinweis darauf, dass die Versorgung von Menschen mit Demenz nicht nur eine besondere monetäre Belastung für die Familien der Betroffenen, sondern auch für die gesellschaftlichen Sozial- und Pflegesysteme darstellt. Im medialen Kontext werden dabei finanziell-ökonomische Bedrohungsszenarien gezeichnet, die zum Teil dramatischer kaum sein könnten: Die steigende Prävalenz von Demenzerkrankungen, so meldet die Tagespresse unter Bezug auf entsprechende epidemiologische Studien wiederholt, laufe auf nationale wie globale Finanzkrisen hinaus.

Im Kontext derartiger Meldungen wird verschiedentlich auch darauf hingewiesen, dass sich Demenz in Zukunft zu einer Epidemie zu entwickeln drohe bzw. bereits jetzt als Epidemie zu betrachten sei. Wenn im medial-interdiskursiven (wie auch im medizinwissenschaftlichen) Feld von einer Demenz-Epidemie die Rede ist, geschieht das, weil der Epidemie-Begriff das kollektive Gefährdungspotenzial des Phänomens Demenz auf besonders nachdrückliche Weise herausstellt.

Warnungen vor einer demenzbedingten Finanzkrise, vor einer Demenz-Epidemie oder auch vor einem Pflegenotstand, der infolge der steigenden Zahl von Demenzbetroffenen eintrete (bzw. schon eingetreten sei), habe ich zusammenfassend als Formen einer alarmistischen Probleminterpretation bezeichnet. Genau wie im Fall des nicht weniger alarmistischen Verweises auf überforderte, krank werdende Angehörige, geht es bei diesen Interpretationen darum, zeitnahe und konsequente Problemintervention einzufordern. Adressat von Forderungen nach demenzbezogenen Problem-interventionen ist besonders der Staat. Er wird in der von mir untersuchten Presseberichterstattung verschiedentlich dazu aufgerufen, das Problem Demenz bzw. konkrete Teilbereiche dieses Problems durch entsprechende

Regierungsmaßnahmen (Schaffung bzw. Reform der Pflegeversicherung, stärkere Finanzierung und Koordinierung der medizinisch-pharmakologischen Forschung) zu behandeln. Obwohl derart alarmistische Interpretationen dazu beitragen wollen, dass das Problem Demenz gelöst bzw. entschärft wird, können diese durchaus nachteilige Effekte haben. So ist es zum Beispiel möglich, dass sie kollektive Ängste vor Demenz weiter verschärfen. Zudem wirken solche Interpretationen potenziell darauf hin, dass die Betroffenen als eine schwerwiegende Last ihres sozialen Umfeldes erscheinen.

Wie am Ende von Abschnitt 5.3 dargestellt, kommt es in vereinzelten Quellen des interdiskursiven Korpus auch dazu, dass positive gesellschaftliche Folgen der Demenzproblematik benannt werden. Demenz gilt an den betreffenden Stellen als ein Phänomen, das zu einer solidarischeren Gesellschaft beitragen kann, weil das gehäufte Auftreten und die Symptome von Demenz Menschen scheinbar dazu zwingen, sich stärker umeinander zu kümmern. Bei dieser Vorstellung geht es jedoch nicht um eine Idealisierung von Demenz – stattdessen soll der Verweis auf mögliche Solidarisierungseffekte unter anderem auch zur Relativierung der öffentlich vorherrschenden Bedrohungsszenarien beitragen.

6 Empirischer Teil B: Demenz – Problembehandlung

6.1 Bewältigungsstrategien von Demenzbetroffenen und der Diagnoseprozess

In diesem Kapitel erfolgt die detaillierte Analyse von Ansätzen zur Behandlung des Problems Demenz. Das Kapitel setzt sich aus insgesamt sieben Abschnitten zusammen. In Abschnitt 6.1 geht es erstens um Problembehandlungsansätze der Betroffenen selbst – unter anderem um solche Praktiken, durch die die Betroffenen ihre demenziellen Beeinträchtigungen zu verbergen versuchen. Im zweiten Teil des Abschnitts zeige ich dann, inwiefern der mediale Interdiskurs zu einer diagnostischen Aufdeckung von demenziellen Beeinträchtigungen anregt. Im dritten Teil wird dargestellt, welche Rolle die Angehörigen im Kontext der Aufdeckung von Demenz spielen: Deren erste Problembehandlungsschritte bestehen darin, dass sie einen Demenzverdacht entwickeln und schließlich eine diagnostische Abklärung ihres Verdachtes veranlassen.

Verbergen, kompensieren, akzeptieren:
Die direkt Betroffenen und ihr Umgang mit dem Problem Demenz

Wie gehen Menschen mit Demenz um, die ganz direkt davon betroffen sind? Verschiedene Quellen des Korpus gehen auf diese Frage ein. Gleichwohl fällt die Auseinandersetzung mit den problembezogenen Verhaltensweisen der Betroffenen oftmals nur sehr knapp aus. Die ausführlichste Darstellung von Problembehandlungsansätzen Demenzbetroffener findet sich im Ratgeber von Udo Baer und Gabi Schotte-Lange. Die beiden Autor*innen unterscheiden insgesamt fünf Umgangs- bzw. Bewältigungsstrategien, mit denen die Betroffenen auf demenzielle Beeinträchtigungen und deren Folgen reagieren. Ich stelle diese Strategien in der Folge im Einzelnen vor.

Die erste Bewältigungsstrategie wird als Strategie des Verbergens bezeichnet.[1] Sie ist laut Baer und Schotte-Lange am verbreitetsten und besteht da-

---

[1] Vgl. Baer/Schotte-Lange 2013, S. 53f.

rin, dass Demenzbetroffene ihre kognitiven Beeinträchtigungen anderen gegenüber geheimzuhalten versuchen. Baer und Schotte-Lange führen die Strategie des Verbergens auf den Umstand zurück, dass sich Menschen mit Demenz für ihre kognitiven Beeinträchtigungen schämen. Beschämend sei für sie vor allem das Vergessen von wichtigen Daten und Ereignissen. Eine besondere Bedeutung hat die Strategie des Verbergens nach Baer und Schotte-Lange gerade zu Beginn einer Demenz, da hier das Umfeld der Betroffenen zumeist noch keine genaue Kenntnis von deren Beeinträchtigungen besitzt. Dementsprechend etikettieren Baer und Schotte-Lange diese Anfangsphase auch als »Zeit der schamhaften Ausreden und des ›So-tun-als-ob‹«.[2]

Die zweite Bewältigungsstrategie wird als Strategie der Flucht bezeichnet.[3] Baer und Schotte-Lange untergliedern diese Strategie in zwei verschiedene Formen. Zum einen sprechen sie von einer Realitätsflucht der Betroffenen. Zu einer solchen Flucht kommt es für Baer und Schotte-Lange dann, wenn Menschen mit Demenz ihre demenzbezogenen Ängste unterdrücken und sich selbst nicht eingestehen, dass sie unter demenziellen Beeinträchtigungen leiden. Zum anderen sprechen Baer und Schotte-Lange von einer körperlichen Flucht der Betroffenen. Zu einer solchen Flucht kommt es ihrer Einschätzung nach dann, wenn sich Demenzbetroffene aus Situationen entfernen, in denen sie sich kognitiv überfordert und hilflos fühlen.

Die dritte Bewältigungsstrategie wird als Strategie des Erstarrens bezeichnet. Baer und Schotte-Lange beschreiben diese wie folgt: »[Das Erstarren] zeigt sich an dem leeren Blick, der Appetitlosigkeit und Regungslosigkeit. Im Gesicht [von Menschen mit Demenz] steht oft ein Schrecken ›geschrieben‹, als stünde die Person unter Schock.«[4] In diesem Zitat und auch in den darauf folgenden Ausführungen bleibt unklar, inwiefern genau das Erstarren eine Bewältigungsstrategie darstellt. Möglicherweise hat das Erstarren für Baer und Schotte-Lange insofern Bewältigungscharakter, als es für sie eine weitere Form der Flucht darstellt: Diese Form der Flucht könnte darin bestehen, dass sich Demenzbetroffene ganz in sich selbst zurückziehen und

---

2   Baer/Schotte-Lange 2013, S. 17f.
3   Vgl. ebd., S. 56f.
4   Ebd., S. 58f.

so erstarren, wenn sie erschreckende Erfahrungen (kognitive Überforderung und Hilflosigkeit) machen.

Die vierte Bewältigungsstrategie wird als Strategie der »Vorwärts-Verteidigung« bezeichnet.[5] Sie läuft nach Baer und Schotte-Lange vor allem darauf hinaus, dass Menschen mit Demenz sich abwehrend und aggressiv gegenüber ihrem Umfeld verhalten, wenn sie sich von ihm überfordert fühlen oder es nicht richtig verstehen. Ihren Ausdruck findet die Vorwärts-Verteidigung laut Baer und Schotte-Lange damit gerade auch in Verhaltensweisen, die als besonders herausfordernd gelten – in Beschimpfungen und Beschuldigungen, in Verweigerungen und körperlichen Angriffen: »Manche Menschen erleben die Welt als feindlich und bekämpfen sie vorsorglich, um sich zu schützen. So geht es auch manchen an Demenz erkrankten Personen.«[6]

Die fünfte Strategie wird nicht mit einer eigenen Bezeichnung versehen.[7] Für Baer und Schotte-Lange besteht diese Strategie einerseits darin, dass Menschen mit Demenz vorhandene Interessen und Kompetenzen weiterhin verwirklichen. Anderseits manifestiert sich diese fünfte Strategie nach Baer und Schotte-Lange auch dort, wo sich Demenzbetroffene um die Aufrechterhaltung von zwischenmenschlichen Beziehungen kümmern. Anzumerken ist dabei jedoch: Die beiden Autor*innen verstehen die fünfte Bewältigungsstrategie weniger als eine Strategie, die Demenzbetroffene von sich selbst aus aktiv praktizieren. Vielmehr empfehlen sie Angehörigen und anderen Personen, Demenzbetroffene »in die fünfte Strategie zu begleiten und sie zu dieser Strategie anzuregen«.[8]

Neben einer Darstellung dieser fünf Bewältigungsstrategien kommt es Baer und Schotte-Lange auch auf eine Bewertung derselben an. Sie ziehen hier folgendes Resümee: »Die ersten vier [Bewältigungsstrategien] führen zu sozialem Rückzug und in die Einsamkeit, während die fünfte Möglichkeiten

---

5   Baer/Schotte-Lange 2013, S. 59f.
6   Ebd., S. 59.
7   Vgl. ebd., S. 61f.
8   Ebd., S. 61.

der Unterstützung und Begegnung eröffnet.«[9] Die ersten vier von Baer und Schotte-Lange beschriebenen Bewältigungsstrategien (Verbergen, Flucht, Erstarren, Vorwärts-Verteidigung) werden auch in der Forschung zum subjektiven Umgang mit Stresserfahrungen kritisch bewertet. Dies zeigt sich beispielsweise im Zusammenhang mit einer prominenten Definition des Coping-Begriffes, die Susan Folkman formuliert hat:

> »Coping refers to the thoughts and actions people use to manage distress (emotion-focused coping), manage the problem causing the distress (problem-focused coping), and sustain positive well-being (meaning-focused coping). Emotion-focused coping includes strategies such as distancing, humor, and seeking social support that are generally considered adaptive, and strategies such as escape-avoidance, day dreaming, and blaming others that are generally considered maladaptive. Problem-focused coping includes strategies such as information gathering, seeking advice, drawing on previous experience, negotiating, and problem solving. Meaning-focused coping includes strategies such as focusing on deeply held values, beliefs, and goals; reframing or reappraising situations in positive ways; and amplifying positive moments over the course of a day[.]«[10]

Auf Grundlage dieser Definition können die Strategien des Verbergens, der Flucht und des Erstarrens (»escape-avoidance«) sowie der Vorwärts-Verteidigung (»blaming others«) als emotionsfokussierte Formen der Bewältigung von subjektivem Stress verstanden werden (»emotion-focused coping«). Solche emotionsfokussierten Coping-Formen gelten in dem obigem Zitat als »maladaptive«: Sie werden als Hindernis für eine erfolgreiche, positive Anpassung an stressende Erfahrungen (wie etwa die Erfahrung des Auftretens von demenziellen Beeinträchtigungen) wahrgenommen.

Wie ich in Kapitel 4 ausgeführt habe, liegen gegenwärtig verschiedene wissenschaftliche Studien vor, die untersuchen, wie Bewältigungs- bzw. Coping-Strategien von Demenzbetroffenen aussehen. Unter anderem bin ich auf eine entsprechende Analyse von Marike E. de Boer et al. eingegangen.[11]

---

9   Baer/Schotte-Lange 2013, S. 53. Baer und Schotte-Lange betrachten die ersten vier Bewältigungsstrategien (Verbergen, Flucht, Erstarren, Vorwärts-Verteidigung) nicht zuletzt deshalb als negativ, da sie annehmen, dass der mit ihnen verbundene Rückzug belastende Gefühle von Demenzbetroffenen (Scham, Hilflosigkeit, Angst) nicht mindert, sondern in der Regel verstärkt.
10 Folkman 2013, S. 1914.
11 De Boer et al. (2008, S. 1030f.) unterscheiden insgesamt fünf Coping-Strategien von Menschen mit Demenz – diese seien der besseren Nachvollziehbarkeit halber noch

In dieser Analyse wird auch die Coping-Strategie »DENIAL OR AVOIDANCE« beschrieben:

> »Some people are not able to accept the diagnosis of dementia and sometimes deny the symptoms [...]. Others show signs of dissociation, like avoiding the term ›Alzheimer's disease‹, not wanting to know anything about the nature of the illness [...], hiding it from others [...]. To protect themselves some people choose not to think or talk about it[.]«[12]

Setzt man diese Ausführungen in Bezug zu den fünf Bewältigungsstrategien von Baer und Schotte-Lange, so lassen sich die Strategien des Verbergens und der Flucht unter dem Prinzip »DENIAL OR AVOIDANCE« zusammenfassen.

Geht es im Quellenkorpus um den subjektiven Umgang mit Demenz, dann stehen solche Praktiken im Vordergrund, die dem Prinzip »DENIAL OR AVOIDANCE« entsprechen – vor allem wird die Praxis des Verbergens thematisiert. Dazu kommt es beispielsweise auch im Rahmen eines BILD-Artikels, der auf die Demenzerkrankung von Rudi Assauer eingeht. In dem Artikel werden unter anderem auch Auszüge aus der Biografie des ehemaligen Fußballmanagers veröffentlicht (Titel: »Wie ausgewechselt: Verblassende Erinnerungen an mein Leben«). Ein Teil der abgedruckten Auszüge ist auch die folgende Beschreibung Assauers zum Beginn seiner Demenz:

> »Bestimmte Dinge, ob Namen, ob Termine – sie sind ums Verrecken nicht mehr da. Wie gelöscht. Man fühlt sich ohnmächtig. [...] Man will es nicht wahrhaben. Und dann verstecken. Um alles in der Welt versucht man, dem Gegenüber zu zeigen: War nur ein Aussetzer, ist doch alles in Ordnung. Ich habe einfach noch mal nachgefragt oder so getan, als hätte ich es akustisch nicht verstanden. Zeit gewinnen im Gespräch war das A und O. Immer mit der Angst, dein Gesprächspartner merkt was. Auch wenn es eine Krankheit ist, für die man nichts kann – es ist einem oberpeinlich.«

Nachfragen, akustische Störungen vorschützen, Zeit schinden im Gespräch – all dies, so veranschaulicht die Erzählung Assauers, kann Teil der Strategie des Verbergens von demenziellen Beeinträchtigungen sein. Baer und Schotte-Lange haben vergleichbare Vorgehensweisen aufgeführt: »Da

---

einmal aufgeführt: »DENIAL OR AVOIDANCE«; »MINIMIZATION AND NORMALIZATION«; »CONTINUE LIVING AND FIGHTING BACK«; »COMPENSATING«; »COMING TO TERMS WITH DEMENTIA«.
12 De Boer et al. 2008, S. 1030.

werden Ausreden, Lügen aus der Not heraus gesucht (›Ich habe mich ja nur versprochen.‹, ›Ich meinte nicht Dienstag, sondern Donnerstag.‹, ›Ich bin hier fremd in der Stadt.‹) oder ›alles‹ wird auf das Alter geschoben (›Ja, ja, wir werden alt!‹).«[13]

Auch Frau Tanner ging in unserem Gespräch auf Bewältigungsstrategien ein, die dem Prinzip »DENIAL OR AVOIDANCE« folgen. Sie hatte in ihrer zivilgesellschaftlichen und beruflichen Arbeit mit Demenzbetroffenen häufig beobachtet, dass einige davon ihre kognitiven Beeinträchtigungen zu verbergen versuchten und dass sie zum Teil vor bloßstellenden Situationen flohen. Frau Tanner sprach diesbezüglich auch von einer Fassadenarbeit[14]:

> »Das kostet unheimlich viel Kraft. [...] Ich glaube, dass in der frühen Zeit die Menschen ganz viel Energie in diese Fassade bringen müssen. Ja. Vielleicht könnte man die besser einsetzen für sich selber und vielleicht wirklich dafür, sein Lebensumfeld dementenfreundlicher zu gestalten oder für seine Zukunft schon was Gutes zu planen.«

Die Aussagen von Frau Tanner wie auch die von Rudi Assauer führen vor Augen, wie angestrengt einige Betroffene versuchen, eigene demenzielle Beeinträchtigungen zu verbergen, denn kognitive Fehlleistungen können – wie es bei Assauer heißt – »oberpeinlich« sein. So werden – das betonen Baer und Schotte-Lange ebenfalls – »aus der Not heraus« alternative Erklärungen für kognitive Ausfälle angeführt, Erklärungen die laut Assauer anzeigen sollen: »War nur ein Aussetzer, ist doch alles in Ordnung.« Nicht zuletzt weil eine solche Fassadenarbeit sehr kräftezehrend sein kann, gilt sie in der Diskussion über Coping-Strategien als maladaptive Form des Umgangs mit subjektiv belastenden Situationen und Entwicklungen. Zweifellos wäre es für jene Personen, die demenzielle Beeinträchtigungen unter großen Mühen kaschieren, entlastender, wenn sie keine Energien in die Arbeit an dem Eindruck investierten, dass mit ihnen nach wie vor noch »alles in Ordnung« ist. Dennoch ist in diesem Zusammenhang auch Folgendes zu berücksichtigen: Versuchen Menschen mit Demenz durch die Strategie eines Verbergens, ihre Beeinträchtigungen nicht öffentlich werden zu lassen, dann ist das vor allem dort nicht nur als maladaptive Problembehandlungsform zu

---

13 Baer/Schotte-Lange 2013, S. 53f.
14 Der Begriff Fassadenarbeit wurde von Erving Goffman (1986, S.10f.) geprägt und stellt eine metaphorische Beschreibung von sozialen Praktiken der Selbstdarstellung/Imagepflege dar.

verstehen, wo die Veröffentlichung solcher Beeinträchtigungen eine soziale Stigmatisierung und Exklusion nach sich zieht.[15] Es kann also gute Gründe für den Versuch geben, demenzielle Beeinträchtigungen zu verbergen und vor Situationen zu fliehen, in denen diese Beeinträchtigungen aufgedeckt werden könnten.[16] Mit Foucault ließen sich die Maßnahmen von »DENIAL OR AVOIDANCE« so auch als Ausdruck einer auf einen Selbstschutz zielenden Praxis der »Klandestinität« deuten.[17]

Eine weitere Bewältigungsform, um die es innerhalb meines Quellenkorpus häufiger geht, ist die der Kompensation. De Boer et al. konkretisieren dieses Prinzip (»COMPENSATING«) so:

> »Within their changing world people try to diminish the effects of the changes by compensating in several ways for the losses they experience [...]. Making use of memory aids like keeping lists, a diary or a calendar are some of the ways to compensate [...]. Others try to keep an active mind by exercising their brain [...] or use strategies to keep communication going [...]. Within the process of compensating it is not uncommon for people with dementia to downgrade their expectations [...], for example by no longer attempting to perform certain tasks, focusing on things that one can do[.]«[18]

---

15 Für eine umfassende Übersicht zu den manifesten und multi-dimensionalen Exklusionsrisiken von Menschen mit Demenz vgl. Schuhmacher 2018.
16 Vgl. dazu auch MacQuarrie 2005.
17 Foucault (2006a, S. 288) hat die Klandestinität als Mittel einer Revolte gegen bestimmte gouvernementale Ordnungen verstanden. Seiner Einschätzung nach bedienten sich vor allem Geheimgesellschaften wie die Freimaurer diesem Mittel. In den Augen von Foucault zeichnete ein ganz bestimmter Aspekt die verschiedenen Geheimgesellschaften der Vergangenheit aus: »Nämlich ein Aspekt der Suche nach einem anderen Verhalten, nach einem Anders-geführt-werden, durch andere Menschen, auf andere Ziele hin als das, was von der offiziellen, sichtbaren und erkennbaren Gouvernementalität der Gesellschaft vorgesehen ist. Und die Klandestinität ist zweifellos eine der notwendigen Dimensionen dieser politischen Aktion, doch gleichzeitig beinhaltet, genauer: bietet sie diese Möglichkeit in einer Alternative zur gouvernementalen Verhaltensführung in der Form einer anderen Verhaltensführung an, mit unbekannten Oberhäuptern, besonderen Gehorsamsformen und so weiter.«
18 De Boer et al. 2008, S. 1032. Wie das Zitat zeigt, umfasst das Prinzip »COMPENSATING« für de Boer et al. nicht nur ein Kompensations-, sondern auch ein Selektionshandeln. Hier zeichnen sich also inhaltliche Parallelen zum SOK-Modell (selektive Optimierung und Kompensation von physischen und kognitiven Beeinträchtigungen) von Paul und Margret Baltes (1989) ab.

Nach der Definition von Folkman handelt es sich bei solchen Kompensationspraktiken um problemfokussierte Bewältigungsformen (»problemfocused coping«). Diese Praktiken zielen nämlich darauf, konkrete kognitive Probleme bzw. Schwierigkeiten, die sich infolge von Demenz einstellen, auszugleichen. Kompensationspraktiken von Menschen mit Demenz thematisiert unter anderem dieser Auszug aus einem FAZ-Artikel:

> »[Demenzbetroffene] verdrängen ihre aufsteigende Ratlosigkeit und ihre Panik anfangs erfolgreich und errichten sich Geländer, an denen sie sich unauffällig festklammern können: große Zettel in der Brusttasche, am Telefon, im Badezimmer, am Kleiderschrank, in der Küche.«[19]

Hier wird das Bild einer Wohnung voller gelber Post-It-Zettel evoziert. Dieses Bild ist in den Medien gewissermaßen zu einer Leitchiffre für den Versuch der Betroffenen geworden, ein Leben mit Demenz mit Hilfe von kompensatorischen Maßnahmen zu bewältigen. Um den Einsatz von Gedächtnisstützen geht es ebenfalls im folgenden SZ-Zitat:

> »Helga Rohra hat gelernt, mit ihrer Behinderung zu leben. Wenn sie einkaufen geht, schreibt sie sich keinen üblichen Einkaufszettel. ›Ich schneide mir Bilder von den Sachen, die ich brauche, aus Prospekten aus‹, sagt sie. Die klebt sie dann auf ein Blatt Papier, das ist ihr Einkaufszettel. Jeden Morgen liest sie die Zeitung, mit ihrem Sohn macht sie regelmäßig Gedächtnisübungen. Sie setzt sich mit ihrer Behinderung auseinander, möchte in ihr ›Gehirn hineinsehen‹.«[20]

Ich greife das Zitat erstens auf, weil es hier einmal mehr um den Einsatz von kompensatorischen Erinnerungshilfen geht. Zweitens zeigt sich an dieser Stelle, inwiefern einzelne Demenzbetroffene die Maßnahme eines Gedächtnistrainings einsetzen, um ihre kognitive Leistungsfähigkeit zu erhalten. Drittens findet das Zitat deshalb Erwähnung, weil es darin um die Person von Helga Rohra geht. Die ehemalige Übersetzerin Rohra war Vorstandsmitglied der Alzheimer Gesellschaft München. Sie hat zudem zwei Bücher zu ihrer Demenzerkrankung (Lewy-Körper-Demenz) veröffentlicht und tritt bei vielen Veranstaltungen zur Demenzthematik auf.[21] Nicht zuletzt steht sie für mediale Anfragen zu dieser Thematik zur Verfügung, wie das obige Zitat exemplarisch belegt.

---

19 FAZ v. 21.09.2006.
20 SZ v. 01.04.2010.
21 Vgl. Rohra 2011/2016.

All diese Tätigkeiten können meines Erachtens nach ebenfalls als Form eines problemfokussierten Umgangs mit Demenz verstanden werden: Rohra klärt die Öffentlichkeit über die Potenziale und Bedürfnisse von Menschen mit Demenz auf und zielt so darauf ab, ein respekt- und verständnisvolles Verhalten gegenüber Demenzbetroffenen zu fördern. Problemfokussiert ist ihr Tun also, insofern sie der Gefahr vorzubeugen versucht, dass Menschen mit Demenz bevormundet, missachtet oder ausgegrenzt werden. Die Aufklärungsarbeit Rohras zielt damit nicht auf die Bewältigung primärer Merkmale des Problems Demenz, wie sie etwa in kognitiven Beeinträchtigungen bestehen. Vielmehr kämpft Rohra gegen negative Formen des gesellschaftlichen Umgangs mit Demenzbetroffenen (Paternalismus/Exklusion). Es geht damit also um die Behandlung von Schwierigkeiten von Menschen mit Demenz, die sozialer Natur sind. Nach meinem Dafürhalten stellt ein Demenz-Aktivismus, wie ihn Rohra und andere Betroffene betreiben, ebenfalls eine spezifische Bewältigungsform dar: Diese Form soll dem Selbstschutz wie auch dem Schutz von anderen Menschen mit Demenz dienen.[22]

Weitere Arten und Weisen des subjektiven Umgangs mit Demenz werden in einem Bericht über den früheren Unternehmer Christian Zimmermann deutlich. Zimmermann hat – ähnlich wie Rohra – in verschiedenen Zusammenhängen über seine Demenzbetroffenheit berichtet, unter anderem auch im Rahmen eines Buches.[23] In der BILD ist Folgendes über seinen Umgang mit Demenz zu erfahren:

> »»Es hat lange gedauert, bis ich die Krankheit akzeptieren konnte.‹ Bis er Freunden gestand, dass ihn sein Gedächtnis im Stich lässt. ›Gemerkt hat es zuerst meine Frau.‹ Auslöser war ein Streit: Seine Frau hatte ihm ungenaues Arbeiten in ihrem kleinen Münchner Familienbetrieb vorgeworfen. Er stritt alles ab, wollte es einfach nicht wahr-

---

22 Rohra arbeitet damit auch an einer Zielsetzung, die in dem etwas weiter oben aufgeführten Zitat von Frau Tanner angesprochen wurde: Es geht Rohra gewissermaßen darum, die Gesellschaft »dementenfreundlicher« zu machen. Neben Rohra und dem nachfolgend erwähnten Christian Zimmermann zählen im internationalen Bereich vor allem Christine Bryden (2005/2016) und Richard Taylor (2007) zu den öffentlich sichtbarsten Betroffenen, die als Advokaten in eigener Sache über das Leben mit Demenz aufklären. Ruth Bartlett (2014, S. 623) differenziert drei spezifische Zielsetzungen dieser engagierten Aufklärungsarbeit, dieses Demenz-Aktivismus: »[P]rotecting-self against decline«; »(re)gaining respect«; »creating connections with other people with dementia«.
23 Vgl. Zimmermann/Wißmann 2011.

haben. ›Ich war immer der Meinung, Alzheimer, das bekommen nur die anderen.‹ Vor zwei Jahren die schreckliche Diagnose. […] Heute sagt er: ›Es gibt auch ein Leben nach der Diagnose Alzheimer.‹ Sein Motto: Nur stöhnen und darauf warten, bis wirksame Medikamente auf dem Markt sind, das wäre doch Vergeudung. ›Das ist meine Zeit, und ich mach es mir schön, so lange wie möglich. Ich brauche durch diese Krankheit vor nichts auf der Welt mehr Angst zu haben!‹«[24]

Zimmermann beschreibt hier einen sukzessiven Wandel weg von Verhaltensweisen im Sinne des Prinzips »DENIAL OR AVOIDANCE« hin zu einem »meaning-focused coping« sensu Folkman. Diesem Coping-Stil entsprechend deutet Zimmermann seine Situation auf eine wertschätzende Weise um (»reframing or reappraising situations in positive ways«) und konzentriert sich auf die verbleibenden guten Lebensmöglichkeiten (»amplifying positive moments over the course of a day«). Mit de Boer et al. kann hier auch von einer Coping-Form die Rede sein, die Parallelen zum Prinzip »CONTINUE LIVING AND FIGHTING BACK« aufweist:

> »Despite the impact of the disease, most people diagnosed with dementia, try to continue their lives in the best possible way […]. They do so, among other things, by sticking to daily routines […] and staying engaged in all sorts of activities […] in order to maintain control over their lives […]. Some people with dementia state this means a constant struggle or fight with the disease and its symptoms[.]«[25]

Beschreibungen eines Coping-Stils, wie ihn Zimmermann praktiziert, haben im Quellenkorpus jedoch absoluten Ausnahmecharakter: Betroffene, die sich mit ihrer Situation arrangieren und die ihr Leben positiv zu gestalten versuchen, sind hier kaum sichtbar. Es bleibt so nochmals ausdrücklich zu betonen, dass in den von mir erhobenen Materialien besonders Umgangs- und Bewältigungsformen der hilfsmittelgestützten Kompensation von demenziellen Beeinträchtigungen im Vordergrund stehen – sowie vor allem Formen des Verbergens, des Abstreitens, des Vermeidens und des Zurückziehens.[26]

---

24 BILD v. 11.10.2008.
25 De Boer et al. 2008, S. 1031f.
26 Wichtig ist mir zum Abschluss des Abschnitts zur Frage des subjektiven Umgangs mit Demenz noch dieser Hinweis: Ähnlich wie das im Fall der Praxis des Verbergens gilt, lassen sich auch im Fall eines sozialen Rückzugs von Menschen mit Demenz (Baer und Schotte-Lange sprechen hier von der Bewältigungsstrategie der »Flucht«) Perspektiven entwickeln, aus denen heraus ein solches Verhalten nicht allein als maladaptive Problembewältigungsform verstanden werden kann. Eine solche Perspektive eröffnen etwa

»Alzheimer oder zu viel Stress? Machen Sie den Test!«: Printmediale Anleitungen zu einer Demenzdiagnose

Das Gegenteil von Verbergen ist Aufdecken. Im Rahmen der printmedialen Demenzproblematisierung ist sehr viel von einem Aufdecken die Rede: Hier werden immer wieder Möglichkeiten einer diagnostischen Aufdeckung von demenziellen Beeinträchtigungen bzw. Erkrankungen thematisiert. Das folgende SZ-Zitat zählt so beispielsweise verschiedene »Warnsignale« auf, die auf das Vorhandensein einer Alzheimer-Demenz hindeuten:

»1) Immer wieder wird dieselbe Frage gestellt, 2) Immer wieder wird oft wortwörtlich dieselbe Geschichte erzählt, 3) Alltagsaktivitäten wie Kochen oder Karten spielen sind vergessen, 4) Wie man Rechnungen bezahlt oder Geld überweist, wird vergessen, 5) Man weiß auch in gewohnter Umgebung nicht mehr, wo man ist und verlegt Gegenstände, 6) Die Körperpflege lässt nach, was geleugnet wird, 7) Plötzlich ist man stark vom Partner abhängig.«[27]

Die BILD geht im Rahmen ihrer demenzbezogenen Berichterstattung noch einen Schritt über die bloße Benennung von Warnsignalen hinaus. So erschien dort ein Artikel mit folgender Überschrift: »Alzheimer oder zu viel Stress? Machen Sie den Test!« Hier wurde also ein Testverfahren für all jene Leser*innen publiziert, die sich fragten, ob sie möglicherweise selbst von Demenz betroffen seien. Die Anleitung zu diesem Test liest sich so:

»Prüfen Sie, ob die folgenden Aussagen auf Sie zutreffen. Vergeben Sie Punkte: 0 = nie, 1 = einmal in den letzten drei Monaten, 2 = einmal im Monat, 3 = einmal pro Woche, 4 = einmal am Tag, 5 = mehrmals am Tag. 1. Ich vergesse, wo ich etwas hingelegt habe. 2. Ich erkenne Plätze nicht, an denen ich früher war. 3. Ich finde es schwierig, den Inhalt eines Fernsehfilms zu verstehen.«[28]

Christine Bruker, Thomas Klie und Florian Wernicke (2017, S. 121), wenn sie die Ergebnisse einer qualitativen Befragung von acht Angehörigen demenzbetroffener Personen mit Überlegungen von Peter Sloterdijk (1996) verbinden: »[Sloterdijk] formulierte einst ein Recht auf Weltferne für Hochbetagte und Menschen mit Demenz. Dieses Recht lösen einige der in den Fallvignetten repräsentierten Personen mit Demenz ein. Das bei-sich-Sein, das Leben in inneren Welten, sich selbst abgrenzen und nichts zu tun haben wollen mit den Vorstellungen der Alltagsgestaltung anderer – auch das sind Aspekte des Personseins und Ausdruck individueller Würde, der [sic!] in den Fallvignetten zum Ausdruck kommt [sic!].«

27 SZ v. 13.10.2007.
28 BILD v. 15.01.2003.

Es folgen im Anschluss noch 17 weitere Aussagen. Abschließend heißt es dann:

»Eine hohe Punktzahl (über 50) kann ein Warnzeichen für einen Abbau Ihres Gedächtnisses sein. Wichtig: Sind die Auffälligkeiten in den letzten Monaten neu aufgetaucht oder haben sie zugenommen, sollten Sie den Test nach drei Monaten wiederholen. Wenn Sie dann eine Zunahme der Punktzahl feststellen, sollten Sie einen Arzt aufsuchen.«

Mit diesem Test wurde der BILD-Leserschaft ein Mittel zu einer systematischen Selbstdiagnose an die Hand gegeben.[29] Das Verfahren sollte es dem medizinischen Laien ermöglichen, einen Demenzverdacht methodisch zu erhärten – oder zu entschärfen. Die Darstellung suggeriert jedoch nicht, dass sich allein mit dem abgedruckten Test eine gültige Diagnose einer Demenzerkrankung stellen ließe. Ganz im Gegenteil enthält der Beitrag gleich mehrfach den Hinweis, dass das nur im Rahmen eines Arztbesuches geschehen könne: »Prof. Gabriela Stoppe (44) von der Uniklinik Göttingen: ›Der Test kann Verdachtsfälle herausfiltern – aber nicht die Alzheimer-Krankheit feststellen. Letzte Gewissheit gibt nur eine Untersuchung beim Arzt.‹« Dementsprechend wird auch eindringlich betont, dass ein Arztbesuch unerlässlich ist, wenn der Test das Ergebnis einer »hohe[n] Punktzahl (über 50)« zeigt. Die Forderung nach einer medizinisch-diagnostischen Abklärung von typischen Warnsignalen wird im folgenden Auszug aus einem BILD-Artikel auch direkt an Angehörige gerichtet: »Bei dem kleinsten Verdacht sollten Angehörige die Kranken zu Arztuntersuchungen drängen.«[30]

Symptombeschreibungen, Selbstdiagnoseverfahren und Aufforderungen à la ›Gehen sie bei einem konkreten Verdacht zum Arzt!‹ stellen einen Gesamtzusammenhang dar, der die Allgemeinheit zu einem Demenzmonitoring anleitet. Dieses Demenzmonitoring wird zunächst selbstverantwortlich in alltäglichen Kontexten durchgeführt. Es besteht darin, dass der Einzel-

---

29 Dieser Beitrag stellt nicht die einzige Handreichung zu einer Selbstdiagnose dar, die die BILD veröffentlichte. So wurde etwa in der Überschrift eines Artikels vom 27. Juli 2005 gefragt: »Alzheimer – Wie gefährdet sind sie?« Die Antwort hierauf sollten sich die Leser*innen mit Hilfe des im Artikel abgedruckten Fragenkataloges einmal mehr selbst geben und anlässlich des Bekanntwerdens der Demenzdiagnose von Rudi Assauer verlautete es in einem Artikel vom 4. Februar 2012 erneut: »Machen Sie den Alzheimer-Test.«

30 BILD v. 28.07.2005.

ne irritierende Beobachtungen an sich oder an Familienmitgliedern näher beleuchtet und fragt, inwiefern diese demenzspezifische Warnsignale darstellen könnten. Erhärten sich dann bestimmte Verdachtsmomente, soll das Demenzmonitoring in die Hände von medizinischen Expert*innen übergeben werden. Indem der mediale Interdiskurs Anleitungen zu einem derartigen Monitoring in die Öffentlichkeit trägt, hilft er lebensweltliche Beobachtungs- und Verhaltensweisen im Sinne der Medizin einzuregulieren: Die Rezipient*innen werden dazu angeregt bzw. aufgefordert, einen »ärztlichen Blick« zu verinnerlichen und sich selbst oder Angehörige einer professionellen Diagnose zuzuführen, falls dieser Blick demenzspezifische Warnsignale erkennt.[31]

In der medialen Demenzproblematisierung kommen überdies auch frühdiagnostische Verfahren zur Sprache – beispielsweise in Berichten, die Neuentwicklungen auf diesem Gebiet diskutieren. Die Titel entsprechender Meldungen lauten etwa: »Bluttest zeigt Alzheimer 10 Jahre früher an.«[32]; »Früh erkannt. Vorboten der Alzheimer-Krankheit.«[33]; »Rotlicht unter dem Haupt. Wie die Alzheimer-Krankheit im Frühstadium entdeckt werden soll.«[34] Wie in Kapitel 4 erwähnt, dienen frühdiagnostische Verfahren dazu, festzustellen, ob jemand demenzkrank ist, weit bevor sich entsprechende Krankheitssymptome abzeichnen. Diese Verfahren stellen damit eine Form der antizipatorischen Medikalisierung dar:

> »Any moment in which the process of medicalization – framing or defining a condition in medical terms – are mobilized in advance of the presence of a condition; any moment in which the prediction or prognosis of a putative condition is defined on an examination of future, as yet unseen risks, then anticipatory medicalization may be observed. Anticipatory medicalization is about medicalizing a putative risk that may or may not appear in the future.«[35]

Aktuell werden verschiedene bildgebungs- und biomarkergestützte Formen einer Demenzfrühdiagnose angeboten. Wie diese Angebote stellenweise beworben werden, zeigt das folgende SZ-Zitat: »Testen Sie ihr Risiko für Alz-

---

31 Foucault 1981.
32 BILD v. 07.07.2010.
33 SZ v. 11.07.2006.
34 FAZ v. 16.08.2005.
35 Conrad/Waggoner 2017, S. 99f.

heimer! Beginnen Sie den Kampf gegen Demenz früh genug! So schreit es einem von Werbezetteln und Broschüren entgegen, wenn man in eine radiologische Großkampfpraxis gerät.«[36]

Wie ebenfalls schon in Kapitel 4 beschrieben, gibt es derzeit jedoch noch keine generelle medizinwissenschaftliche Empfehlung zu einer Demenzfrühdiagnose: Zwar findet diese im medizinischen Spezialdiskurs viele Befürworter*innen, zugleich stehen bis dato aber keine Mittel einer niederschwelligen, kostengünstigen und verlässlichen Frühdiagnose zur Verfügung. Parallel dazu wird die Nutzung von Frühdiagnoseverfahren auch im medialen Kontext nicht auf breiter Ebene empfohlen bzw. eingefordert – zumindest nicht in den Quellen meiner Analyse. Vielmehr lässt sich an verschiedenen Stellen beobachten, dass auch Mängel und mögliche Negativfolgen von Frühdiagnosen explizit ausgewiesen werden. So findet sich in einem Bericht der SZ diese Passage:

> »Befürworter der Früherkennung argumentieren, Menschen mit einer positiven Prognose bliebe genügend Zeit zu entscheiden, wie und von wem sie später versorgt werden wollen. Doch bieten die Tests nicht die erhoffte Sicherheit. […] Dabei ist die begrenzte Aussagekraft nicht das einzige Problem der Tests. Angenommen, ein 40-Jähriger mit Kindern und Zukunftsplänen erfährt, dass er in 20 Jahren wahrscheinlich an Alzheimer erkranken wird – wer hilft ihm dann, mit seiner Angst zurechtzukommen? Ärzte sind auch in diesem Fall hilflos, denn kein Medikament kann verhindern, dass die Krankheit ausbricht. ›Man strebt zwar die Früherkennung an, denkt aber nicht darüber nach, welchen Platz Personen mit einer positiven Diagnose in unserer Gesellschaft erhalten sollen‹, sagt Psychiater Kurz.«[37]

---

36 SZ v. 20.09.2014.
37 SZ v. 21.07.2011. Bei dem im obigen Textausschnitt zitierten Arzt handelt es sich um den medizinischen Demenzexperten Alexander Kurz, dessen Person bereits in der vorangegangenen Metaphernanalyse Erwähnung gefunden hat. Ähnlich wie Kurz äußerte sich der ebenfalls schon erwähnte Demenzexperte Hans Förstl in einem weiteren SZ-Bericht vom 10. Juni 2008 (Titel »Verlängertes Leiden. Zu frühe Alzheimer-Diagnosen schaden den Kranken häufig«): »Zweifellos birgt die frühe Entdeckung der Krankheit Chancen. So können die Betroffenen ihr späteres Leben noch selbst organisieren; Medikamente können die Symptome zumindest verbessern und körperliche und geistige Aktivität das Fortschreiten der Krankheit bremsen. ›Erkenne die Signale – Früherkennung ist wichtig‹, wirbt die amerikanische Alzheimer-Gesellschaft daher. Früherkennung kann allerdings auch schmerzhaft sein. ›Viele Kranke haben noch Jahre eines unabhängigen Lebens vor sich‹, sagt Hans Förstl von der TU München. ›Gehirn und

Unabsehbar ist derzeit aber, inwiefern auch dann noch eine kritische Zurückhaltung gegenüber der Anwendung von frühdiagnostischen Verfahren einflussreich bleibt, wenn ein kosteneffektives und hochgradig verlässliches Früherkennungsinstrument zur Verfügung steht. Infolgedessen wäre es nicht zuletzt auch denkbar, dass der ärztliche Blick, der nach kognitiven und behavioralen Manifestationen von Demenz sucht, an Bedeutung verliert und von einem antizipatorischem Demenzmonitoring ersetzt wird.

Vom Verdacht zum Befund:
Anfänge der familiären Problembehandlung

Der Prozess der familiären Problembehandlung setzt in der Regel damit ein, dass Angehörige an einem Familienmitglied kognitive und/oder behaviorale Schwierigkeiten beobachten und sich schließlich um eine medizindiagnostische Abklärung der Situation bemühen.[38] Zwischen der ersten Beobachtung solcher Schwierigkeiten und der Veranlassung einer medizinischen Ursachensuche vergeht zumeist ein längerer Zeitraum.[39] In ihren Erzählungen über diese Phase haben die von mir befragten Angehörigen vor allem solche Momente angesprochen, in denen sich die demenziellen Beeinträchtigungen ihrer Familienmitglieder erstmals besonders deutlich herauskristallisierten. Frau Nitsch bezeichnete etwa eine Situation explizit als »Schlüsselerlebnis«, in der ihre Mutter Fleischwurst in einem Heringssalat verarbeitete:

> »Und dann sage ich zu ihr: ›Was machst du denn da?‹ ›Ja, ich schneide Fleischwurst in den Heringssalat.‹ ›Nein‹, habe ich gesagt, ›das gehört aber nicht rein‹. ›Doch! Die ma-

---

Geist setzen sich offenbar gegen die Demenz zur Wehr.‹ Mit der Diagnose ist das unbeschwerte Leben allerdings meist vorbei.«

38 Gleichwohl Demenzbetroffene durchaus selbst in Bezug auf eine diagnostische Untersuchung ihrer Situation aktiv werden, geht die Initiative dazu speziell von Angehörigen und stellenweise auch von Pflegefachkräften aus, wie ich das bereits bei der einführenden Beschreibung des Bereiches der familiären Demenzproblematisierung erwähnt habe. Vgl. Alzheimer Europe 2018, S. 10f. sowie Hinton/Franz/Friend 2004.

39 Laut Linda Boise, David L. Morgan und Jeffrey Kaye (1999) liegen durchschnittlich 30 Monate zwischen solchen Situationen, in denen Angehörige erste symptomatische Schwierigkeiten bemerken, und einer Diagnosestellung. Alzheimer Europe (2018, S. 11) gibt hier einen Durchschnitt von 2,1 Jahren an. Vgl. zudem Wackerbarth/Johnson 2002.

che ich immer schon rein‹, hat sie gesagt. Eine Fleischwurst war es. Und dann habe ich gesagt: ›Mama, das kann aber nicht sein, das stimmt aber nicht.‹ Doch, sie wüsste ganz genau, dass Fleischwurst in den Heringssalat kommt. So. Und das war so das Schlüsselerlebnis.«

Frau Nitsch beobachtete eine kulinarische Fehlleistung ihrer Mutter – und wies sie auf deren Fehler hin. Die Mutter reagierte auf den korrigierenden Hinweis der Tochter gewissermaßen mit einer Form der Vorwärts-Verteidigung: Fleischwurst sei bei ihr »schon immer« eine Zutat des Heringssalates gewesen. Weitere Erlebnisse dieser Art ließen bei Frau Nitsch den Verdacht entstehen, dass ihre Mutter möglicherweise demenzielle Beeinträchtigungen zeigte. Diesen Verdacht trug sie auch den übrigen Familienmitgliedern vor:

»Ich äußerte das bei meinem Vater und meinem Bruder und erntete also ganz böse Worte, Anfeindungen. Was ich mir einbilden würde, wie ich darauf kommen würde, das wäre Quatsch, das wäre ja unmöglich und wenn sie mal was verwechselt, das wäre ja nicht so schlimm, so dass ich einen Riesenschreck gekriegt habe und mich zurückgezogen habe. Aber für mich war sicher: Sie hat Demenz. So, und dann ging es weiter, dann vergingen Wochen, Monate, und eines Tages sagte mein Bruder zu mir, also ihm kommt das alles sehr seltsam vor. Und dann habe ich gesagt: ›Das kommt mir schon seit einiger Zeit seltsam vor.‹ Der Vater wollte es gar nicht wahrhaben und so weiter. Und dann wurde ein Termin bei einem Arzt in Musterstadt ausgemacht, der Demenzerkrankte behandelt.«

Der Verdacht von Frau Nitsch wurde von Vater und Bruder zunächst abgelehnt. Beide konnten ihn nicht bestätigen – oder wollten ihn nicht wahrhaben.[40] Hier zeigt sich: Innerhalb von Familien kann Uneinigkeit darüber herrschen, ob ein Mitglied der Familie tatsächlich kognitive und/oder behaviorale Schwierigkeiten aufweist, die einer näheren (ärztlichen) Beachtung bedürfen. Nach einiger Zeit erschien die Situation jedoch auch dem Bruder von Frau Nitsch »sehr seltsam« zu sein. Deshalb wirkte das Geschwisterpaar schließlich auf eine medizinische Abklärung der Lage hin. Für Schwester und Bruder war also im Verlauf der Entwicklung irgendwann ein Kipppunkt eingetreten. Das Verhalten der Mutter konnte nicht länger als normal gedeutet werden – vielmehr galt es für die Geschwister, jetzt nach mögli-

---

40 Wie Jaber Gubrium (1987, S. 8) gezeigt hat, kommt es durchaus vor, dass Angehörige die Existenz von demenziellen Beeinträchtigungen eines Familienmitgliedes zunächst ausblenden/abstreiten (»denial that anything is ›really inexorably‹ wrong with a loved one«).

chen pathologischen Ursachen desselben zu fragen. Die Entwicklung auf diesen Kipppunkt hin haben Barbara Chenoweth und Beth Spencer in einer Studie zu Erfahrungen von Angehörigen Demenzbetroffener auch mit folgenden Worten beschrieben: »Symptoms that seemed to be isolated incidents of unexplained, even bizarre behavior eventually created a picture that could no longer be ignored.«[41]

Frau Werner berichtete in unserem Gespräch gleichfalls davon, dass sie im Zusammensein mit ihrer Mutter bestimmte Beobachtungen gemacht hatte, die letztendlich nicht mehr ignoriert werden konnten. Auch sie kam in diesem Zusammenhang auf ein wichtiges Schlüsselerlebnis zu sprechen. An einem 1. Mai hatte Frau Werner zusammen mit ihrem Ehemann und ihrer Mutter einen Ausflug unternommen. Während der Autofahrt an diesem Tag ereignete sich dies:

> »Und da kommen wir durch Musterstadt und da ist ja so ein altes Schlösschen und auch ein Golfplatz und da wollte sie [die Mutter von Frau Nitsch] uns erzählen, dass da jetzt ein Golfplatz ist. Und sie hatte vorher auch schon immer mal so [Schwierigkeiten], dass sie mal ein falsches Wort nahm und das hat sie überspielt und gelacht, da haben wir uns auch nichts bei gedacht. Da sagte sie: ›Hier ist jetzt, hier ist jetzt auch so ein….‹ Und dann hörte sie auf. Und ich sage: ›Mutti, was meinst du denn?‹ ›Ja, ja, wo man so was machen kann.‹ Ich sage: ›Mutti, ich weiß gar nicht, was du meinst.‹ Und da wurde sie sehr ärgerlich und sagte noch: ›Mit einem Ball.‹ ›Ach‹, sage ich, ›du meintest den Golfplatz‹. ›Ja‹, sagte sie. Und dann war sie still. Der ganze Ausflug war… sie war still, sie sagte eigentlich den ganzen Tag nichts mehr. Es ist ihr aufgefallen und uns natürlich auch mehr, weil das jetzt anders war als im Gespräch allgemein.«

Das Zitat lässt verschiedene Aspekte hervortreten. Deutlich wird hier erneut, wie sich auf Seiten der Angehörigen die Wahrnehmung einstellt, dass etwas nicht stimmt. Frau Nitsch senior zeigte »immer mal so« leichte Sprach- und Gedächtnisstörungen. Zunächst hatte sich die Familie dabei aber »nichts […] gedacht«. Dann kamen jedoch bestimmte Situationen vor, in denen die Existenz solcher Störungen unweigerlich zu Tage trat, und in denen die Familie diese Störungen ernst zu nehmen begann.

Das Zitat führt des Weiteren noch einmal vor, auf welche Weise Demenzbetroffene mit symptomatischen Sprach- und Erinnerungsstörungen umgehen können: Laut Frau Nitsch hatte ihre Mutter ihre Beeinträchtigungen

---

41 Chenoweth/Spencer 1986, S. 269.

im Bereich der Sprache und des Erinnerns zum Teil »überspielt« und darüber »gelacht«. Stellenweise zog sich die Mutter aber auch kommunikativ ganz zurück (»sie sagte eigentlich den ganzen Tag nichts mehr«). Es ist also das Prinzip »DENIAL OR AVOIDANCE«, das sich exemplarisch im Verhalten der Mutter von Frau Werner manifestiert.

Der Erfahrungsbericht von Frau Werner ist überdies insofern aufschlussreich, als Frau Werner ausgehend von dem oben beschriebenen Schlüsselerlebnis gezielt dazu überging, die kognitiven Fähigkeiten ihrer Mutter zu testen. Dabei kam jedoch nicht ein solcher Test zum Einsatz, wie er regelmäßig in der BILD zur Verfügung gestellt wird. Frau Werner wählte einen anderen Versuchsaufbau:

> »Und da habe ich dann angefangen, wenn ich bei ihr war, sie zu beobachten. Und zum Beispiel war ich dann zum Kaffee da und dann habe ich gesagt: ›Mach du den Kaffee, deine Maschine kenne ich nicht, ich decke schon den Tisch.‹ Und dann hat sie alles herbei geholt: Pulver, Wasser, Maschine – und dann hat sie die Kanne hin und her [getragen] und das Wasser und wusste nicht mehr, wo kommt das Wasser hin und wo kommt das Pulver hin. Und dann hat sie zu mir gesagt: ›Ich muss mal schnell auf das Klo, mach du mal fertig.‹ ›Aha‹, habe ich gedacht.«

Frau Werner bat ihre Mutter darum, eine alltägliche Tätigkeit auszuführen – die Mutter scheiterte jedoch daran und versuchte, sich durch eine Vermeidungsstrategie der Situation zu entziehen (»Ich muss mal schnell auf das Klo«). Die Testsituation führte so zu einem weiteren Schlüssel- bzw. »Aha«-Erlebnis von Frau Werner. Auf Grundlage dieser Erlebnisse entschloss sie sich, ihren lebensweltlichen Demenzverdacht von Expertenseite überprüfen zu lassen: »Dann hatte ich einen Termin mit ihr beim Arzt in Musterstadt und da wurde dann festgestellt, dass es Alzheimer ist. [...] Da wollte ich mit ihr darüber sprechen, aber sie wollte das alles gar nicht wissen.« Das Zitat zeigt nicht zuletzt auch, dass Frau Werner hier abermals ein Verhalten an ihrer Mutter beobachtete, das dem Prinzip »DENIAL OR AVOIDANCE« entsprach: Die Mutter verweigerte den direkten Austausch über ihre Alzheimer-Diagnose.

Welche Rolle Angehörige im Kontext einer diagnostischen Behandlung von Demenz spielen können, veranschaulicht nicht zuletzt das Beispiel von Frau Peters. Wie schon in Abschnitt 5.1 erwähnt, waren ihr an ihrem Mann eine Reihe von kognitiven und behavioralen Schwierigkeiten aufgefallen (z. B.

Gedächtnis- und Orientierungsstörungen sowie Ängstlichkeit und Bedrücktheit). Nach einiger Zeit schrieb sie ihre gesammelten Beobachtungen auf und besuchte mit diesen Notizen den Neurologen ihres Mannes:

»Und dann habe ich mir noch so eine lange Liste gemacht und bin mal heimlich still und leise zu dem Psychiater gegangen, den er besuchte, da den Neurologen, und das waren Zeiten [...], da konnte ich das nicht so ohne Weiteres machen. Ich habe das also mit sehr schlechtem Gewissen gemacht, habe gedacht: Oh Gott, jetzt gehst Du da hin – verpetzt gewissermaßen deinen Mann. Habe dem das aber alles vorgetragen, habe gesagt: ›Also wenn [mein Mann] das nächste Mal kommt, dann achten sie doch bitte mal auf diese Punkte und klären sie das mal ab.‹«

Im Rahmen des hier beschriebenen Vorgespräches versuchte Frau Peters den ärztlichen Blick des Neurologen auf bestimmte Aspekte hin auszurichten (»achten sie doch bitte mal auf diese Punkte«). Sie wollte so sicherstellen, dass sich der medizinische Experte den Schwierigkeiten ihres Mannes bei dessen nächstem Praxisbesuch aufmerksam widmete. Dieser Besuch verlief dann wie folgt:

»Dann habe ich [meinen Mann] also hin gebracht, dann das nächste Mal. Dann musste ich also schon mit raufgehen und da warten. Und jetzt war er schon so weit, dass ich mit reingehen sollte und dabei sein. Und da habe ich das mit angehört, wie dieser Doktor [fragte]: ›Ja, Herr Peters wie geht es ihnen denn?‹ Und dann kam was ganz Merkwürdiges raus, dass er vor Respektspersonen immer noch jetzt gut da stehen wollte. [...] ›Gut, Herr Doktor.‹ ›Ja, was haben sie denn für Beschwerden?‹ ›Ach, eigentlich keine.‹ ›Brauchen sie denn ein Medikament?‹ ›Ja, das und das.‹ ›Ach so, ja das können sie auch weiter nehmen, das verordne ich ihnen. Sonst noch was? Und tschüss.‹ Und dann stand ich da. Ich denke: ›Was machst du nur? Ja, so geht das nicht weiter mit dem.‹«

Der Termin beim Neurologen von Herrn Peters markierte zunächst einen fundamentalen Wandel: Hatte Frau Peters ihren Mann bei dessen Arztbesuchen bis dato nur ins Wartezimmer begleitet, wohnte sie von da an der ärztlichen Visite immer ganz direkt bei. Das ist eine Entwicklung, zu der es in Angehörigen-Demenzbetroffenen-Beziehungen typischerweise kommt. Aufgrund ihrer unmittelbaren Anwesenheit in der Arzt-Patienten-Begegnung konnte Frau Peters genau beobachten, wie sich ihr Mann verhielt. Ihrer Einschätzung nach betrieb er hier Fassadenarbeit: Er schämte sich scheinbar, die eigenen Beeinträchtigungen gegenüber der Respektsperson des Arztes zu benennen und verbarg diese deshalb. Der Demenzverdacht von Frau Peters wurde so von dem Neurologen nicht weiter verfolgt: Dieser verzichtete darauf die Fassade von Herrn Peters »anzukratzen«, obwohl seine Frau im Vorgespräch ausdrücklich auf die Existenz verschiedener Schwierigkeiten hingewiesen hatte.[42]

Genau wie andere Angehörige das in vergleichbaren Situationen zum Teil ebenfalls tun, stellte Frau Peters ihre Bemühungen um eine Ursachenklärung daraufhin nicht ein.[43] Im Gegenteil: Wie ich ebenfalls schon in Abschnitt 5.1 erwähnt habe, wendete sie sich an eine gerontopsychiatrische Sprechstunde, in deren Rahmen dann bei ihrem Mann eine Demenzerkrankung diagnostiziert wurde. Ursache dieser Hartnäckigkeit, Ursache für das Einholen einer zweiten ärztlichen Meinung war nicht etwa Rechthaberei von Frau Peters, war nicht die Absicht, eine Diagnose zu erzwingen, die ihrem laienhaften Demenzverdacht entsprach. Ursächlich für ihr Vorgehen war vielmehr der Umstand, dass sie eine fortlaufende Zunahme der Schwierigkeiten ihres Mannes erlebte. Sie fühlte sich hierdurch stark unter (Be-)Handlungsdruck gesetzt. So konnte es für sie nicht weitergehen: Womit genau hatten ihr Mann und sie es zu tun? Was ließ sich bezüglich dieses Etwas unternehmen? Durch den Besuch der gerontopsychiatrischen Sprechstunde und durch die hier gestellte Demenzdiagnose löste sich diese belastende Orientierungslosigkeit auf.

---

42 Medizinische Demenzexpert*innen sind sich in der Regel durchaus bewusst, dass ihre Patient*innen Fassadenarbeit betreiben können, dass sie also unter Umständen etwaige demenzielle Beeinträchtigungen verbergen. Darauf wies auch Hans Förstl in einem Interview für die SZ vom 3. November 2006 hin. Er stellte hier überdies fest, dass es für die ärztliche Seite gegebenenfalls auch darauf ankommt, die Fassade des Patienten im diagnostischen Gespräch rücksichtsvoll »anzukratzen«: »Vielen Patienten gelingt es ganz gut, die Fassade aufrechtzuerhalten. Deshalb muss der Arzt auf jeden Fall einen Test machen. Dabei muss man allerdings sehr sensibel vorgehen. Denn das kann sehr demaskierend und kränkend sein. Viele Menschen mit Alzheimer haben wenig Krankheitseinsicht. Im Gespräch machen sie oft einen guten Eindruck. Da ist es wichtig, die Fassade vorsichtig anzukratzen und dahinter zu blicken.‹«

43 Wie Ladson Hinton, Carol Franz und Jeffrey Friend (2004, S. 138f.) zeigen, kann es unterschiedliche »pathways to a diagnosis of dementia« geben: »Smooth Pathways to Diagnosis«, Fragmented Pathways to Diagnosis«; »Crisis Events Pathways to Diagnosis«; »Dead-End Pathways to Diagnosis«. Dieter Karrer (2009, S. 43) hat zudem soziale Unterschiede bei der Beobachtung und Abklärung von möglichen Demenzsymptomen ausgemacht: Je höher die Bildung, desto aufmerksamer verhalten sich Menschen »gegenüber Symptomen, die auf eine Demenz hindeuten könnten«.

Anhand der Aussagen von Frau Peters wird außerdem deutlich, dass sie selbst eine sehr kritische Haltung gegenüber ihrer Aktivität im Kontext der diagnostischen Untersuchung hatte. Im Vorgespräch zu dem ersten, fehlgeschlagenen Abklärungsversuch beschrieb sie dem Neurologen eine ganze Liste von Schwierigkeiten ihres Mannes. Sie thematisierte hier also offensiv seine kognitiven Beeinträchtigungen und seine behavioral-psychischen Nöte – ohne, dass er davon wusste und sein Einverständnis gegeben hatte. So entstand für Frau Peters der Eindruck, dass sie ihren Mann bloßstellte und dass sie ihm gegenüber einen Vertrauensbruch verübte: »Oh Gott, jetzt gehst du da hin – verpetzt gewissermaßen deinen Mann.« Für Frau Peters war ihr diagnosebezogenes Handeln folglich von einem Zwiespalt geprägt: Einerseits wollte sie dringend die Ursachen der Situation ihres Mannes geklärt wissen – vor allem auch deshalb, damit so mögliche Hilfsmittel und Behandlungswege erschlossen werden konnten. Andererseits erschien es ihr unzulässig, seine Schwierigkeiten und damit seine hohe geistige und emotionale Verletzlichkeit gegenüber anderen Personen wie etwa dem Neurologen offenzulegen. Letzteres war ihrer Einschätzung nach jedoch nötig, um die Absicht einer Ursachenklärung verwirklichen zu können. Frau Peters ordnete diese Absicht dann auch den moralischen Bedenken unter, die sie wegen ihres Vorgehens hatte.

Zwiespältige und belastende Erfahrungen stellen sich bei Angehörigen zum Teil auch dann ein, wenn sie beobachten, wie ihre Ehepartner oder Elternteile auf die diagnostischen Verfahren zur medizinischen Abklärung eines Demenzverdachts reagieren. Frau Jost schilderte solche Reaktionen ihrer Mutter sehr ausführlich:

> »Im MRT hatten sie sie dann liegen, da kam sie dann raus, da war sie völlig durch den Wind und da hat sie gesagt: ›Das mache ich nie wieder. Nie, nie, nie.‹ […] Da hat sie sich so gegen gewehrt, das fand sie ganz furchtbar und ganz schrecklich. Und auch bei den Testungen […], die sie gemacht hat. Die machen ja dann solche... muss sie malen und Erinnerung und was dann alles getestet wird. Und ich saß dann im Hintergrund und ich hab gesagt: ›Ich sage nichts dazu, ich möchte es nur einfach beobachten.‹ Und dann, wenn sie was nicht wusste, immer der Blick zu mir: ›Nun hilf mir doch, nun hilf mir doch.‹ Immer so der Blick zu mir, wie ein Kind: ›Du musst mir doch jetzt helfen.‹ Und ich habe gesagt: ›Nein, Mutti, ich sage dazu jetzt nichts. Das musst du jetzt ganz alleine machen. Das muss jetzt getestet werden.‹ Und da war sie dann teilweise so hilflos, hat man dann gemerkt, ja.«

Sowohl das hirnorganische Demenzscreening mittels einer MRT-Untersuchung als auch das Verfahren zum Test der kognitiven Leistungsfähigkeit wirkte sich negativ auf das Befinden von Frau Jost senior aus. Die Tochter hatte das nicht übersehen, vielmehr nahm sie die schlechten Erfahrungen der Mutter ganz deutlich wahr: Ihre Verstörung, ihre Hilflosigkeit. Obwohl für Frau Jost außer Frage stand, dass die Diagnoseprozedur ihre Mutter in eine Notlage versetzte, kam es nicht zu einem Abbruch der Untersuchungen. Stattdessen wurden diese fortgesetzt, damit das Interesse an einer Ursachenklärung verwirklicht werden konnte: »Das muss jetzt getestet werden.«

6.2 Medikamentöse und präventive Demenztherapien

Dieser Abschnitt widmet sich der medikamentösen und präventiven Behandlung von Demenz. Erstens stelle ich dar, welche Bedeutungen Antidementiva und psychopharmakologischen Präparaten im Quellenmaterial zugewiesen werden. Im zweiten Teil geht es dann um den Ansatz einer Demenzprävention. Der dritte Teil zeigt, inwiefern ausgehend von den Einschränkungen medikamentöser und präventiver Verfahren betont wird, dass das Behandlungsmittel der psychosozialen (Für-)Sorge entscheidend für den Umgang mit Demenz ist.

(Un-)Wirksame Pillen: Kausale und symptomatische Therapiemittel

Hoffnungen und Enttäuschungen im Kampf gegen Demenz

Ein wichtiger Gegenstand der medialen Demenzproblematisierung ist die medizinisch-pharmazeutische Forschung an neuen Präparaten für eine kausale bzw. effektivere symptomatische Behandlung von Demenz. Überaus hoffnungsvoll tönte in diesem Zusammenhang ein Artikel der BILD vom 5. Oktober 1994. In dessen Titel wurde festgestellt: »Aids, Alzheimer, Parkinson: In 25 Jahren alles besiegt.« Eine Heilbarkeit der Alzheimer-Demenz stellte der BILD-Artikel dabei gar schon für 2005 in Aussicht: »Neue Medikamente verlängern die Lebenserwartung. Genetisch konstruierte Impfstoffe gegen Grippe, HIV und Hepatitis B werden heute bereits entwickelt. Parkinsons Krankheit dürfte 2002, Alzheimer 2005 heilbar sein.«[44]

Hoffnungsstimmung verbreitete auch die SZ, als sie am 24. November 1997 über eine Veranstaltung im Geburtshaus von Alois Alzheimer berichtete. Dieses Haus steht im fränkischen Marktbreit und wurde in ein Museum und Tagungszentrum umgewandelt, das der Arbeit Alzheimers gewidmet ist:

> »Amerikanische Wissenschaftler berichteten in Marktbreit, daß es noch ein Jahrzehnt dauern könne, bis ein Mittel entwickelt werde, das die Ursache der Krankheit bekämpft.

---

44 Mit Peter Wehling et al. (2008, S. 556f.) kann davon die Rede sein, dass hier eine »Perfektionierung und Transformation der menschlichen Natur« in Aussicht gestellt wurde, die vor allem mit »gentechnischen Mitteln« gelingen sollte.

Forscher konzentrieren sich heute besonders darauf, den Ausbruch der Krankheit zu verzögern. Mit einigen Medikamenten ist es schon möglich, die Erinnerungsfähigkeit zumindest eine Zeitlang wieder zu steigern. Schon in den nächsten Jahren sei mit Mitteln zu rechnen, die den Verlauf ›bremsen‹ könnten, hieß es bei der Veranstaltung im Alzheimer-Haus. Ein medikamentöser ›Aufschub‹ von nur fünf Jahren würde jedenfalls genügen, um zu verhindern, daß bei der Hälfte derer, die Alzheimer-Symptome zeigen, die Krankheit wirklich ausbricht. Sie würden dann an altersbedingten Beschwerden sterben.«

Eine Heilung der Alzheimer-Demenz wie auch eine ganz effektive Verzögerung ihrer Symptomatiken – all dies schien Mitte/Ende der 1990er Jahre in nicht allzu weit entfernter bzw. sehr naher Zukunft möglich zu sein. Auch in den darauffolgenden Jahren blieben Meldungen über bevorstehende Durchbrüche in der medikamentösen Demenztherapie nicht aus. Das belegt zum Beispiel ein Artikel der SZ vom 21. September 2006, der unter folgendem Titel erschien: »Kampf gegen das fortschreitende Vergessen. Forscher sind optimistisch, die Alzheimerkrankheit künftig mit neuen Wirkstoffen aufhalten zu können.« Optimistische, zum Teil geradezu euphorische Meldungen reißen bis in die jüngere Vergangenheit nicht ab. So meldete die BILD beispielsweise am 13. Juli 2012: »Forschungs-Sensation: Endlich Hoffnung bei Alzheimer!« Gleichwohl hier von einer Sensation die Rede ist, fällt die in diesem Artikel vorgebrachte Einschätzung zur Verfügbarkeit einer effektiven Demenztherapie deutlich verhaltener aus als noch in den Jahren zuvor:

»Forscher aus Island haben eine Gen-Mutation entdeckt, die vor Alzheimer schützt! [...] Alzheimer entsteht, weil Eiweißablagerungen unser Gehirn verstopfen. [...] Die Gen-Mutation verhindert genau das. Prof. Frank Jessen, Uniklinikum Bonn: ›Die Studie aus Island beweist, dass eine Hemmung dieses Enzyms vor Alzheimer schützt. [...] Ein Medikament, das vor Alzheimer schützt oder die Krankheit heilt, wird es in naher Zukunft nicht geben. Aber die Hoffnung ist da, dass wir auf dem richtigen Weg sind.‹«

Im Zusammenhang mit medizinischen Therapiemitteln und im Zusammenhang mit der Forschung daran werden vielfach Kampfmetaphern verwendet.[45] So enthält auch die Mehrheit der oben aufgeführten Zitate eine Kampfmetapher. In dem ersten Zitat, das ich erwähnt habe, heißt es, dass

---

45 Wie Sontag gezeigt hat, ist diese metaphorische Praxis auch im Kontext der Problematisierung von Krebs und HIV/AIDS sehr einflussreich gewesen. Vgl. Sontag 2005, S. 57f./142f.

Alzheimer von der Forschung bald »besiegt« wird. Im darauffolgenden Zitat geht es um ein medikamentöses Mittel, das die »Ursache der Krankheit bekämpft«. Im anschließend eingebrachten Zitat ist dann von einem medizinischen »Kampf gegen das fortschreitende Vergessen« die Rede. Der mediale Interdiskurs weist auch darauf hin, dass es bisher vor allem verlorene Schlachten sind, die den medizinisch-pharmakologischen Demenzkampf prägen. Sehr nachdrücklich wird dieser Hinweis in einem SZ-Artikel vorgebracht. Der Artikel verkündet bereits in seinem Titel »Das Scheitern der Alzheimer-Forschung«. Im weiteren Verlauf des Artikels erfolgt dann eine genauere Darstellung dieses Scheiterns:

> »Die Alzheimer-Krankheit narrt die Forscher, seit sie diese zu heilen versuchen. Mit jedem neuen Wirkstofftest beginnt das gleiche Spiel [...]. Zunächst erscheint eine Substanz erfolgversprechend; manchmal bessern sich bei den Betroffenen tatsächlich einige Laborwerte. Und doch steht am Ende stets die Kapitulation der Mediziner: Wir haben keine wirksamen Medikamente gegen Alzheimer. Es gibt keine effektive Therapie und erst recht keine Chance auf Heilung. Die Misserfolge und Rückschläge lassen Forscher zunehmend an der molekularen Alzheimerforschung zweifeln, die seit 25 Jahren als der einzige Schlüssel zum Erfolg gilt. ›Die bemerkenswerteste Eigenschaft der klinischen Medikamentenstudien ist ihr wiederholtes Scheitern darin, irgendeine wirksame Therapie zu finden‹, spottet Peter Whitehouse von der Case Western Reserve University in Cleveland, Autor des Buches ›Mythos Alzheimer‹. Auch Konrad Beyreuther, der 1986 eines der mit Alzheimer assoziierten Gene entdeckte, sagt: ›Es gibt keine einzige klinische Studie, die Erfolg gebracht hat. Dabei dachten wir anfangs, wenn wir den molekularen Schurken finden, haben wir die Krankheit im Griff.‹«[46]

Auf Hoffnung folgt Enttäuschung – das ist das Prinzip, das hier als ein grundlegendes Kennzeichen der therapeutischen Forschung ausgewiesen wird: Obwohl bestimmte Präparate immer wieder einen manifesten Erfolg, einen Sieg im Kampf gegen Demenz versprechen, scheinen die medizinisch-pharmazeutischen Akteure schließlich doch immer kapitulieren zu müssen.[47]

---

46 SZ v. 21.07.2011.
47 Es ist kein Zufall, dass in diesem Zusammenhang Peter J. Whitehouse zitiert wird. Der Neurologe hält effektivere medikamentöse Therapien oder gar eine Heilung der Alzheimer-Demenz derzeit für sehr unrealistisch. Vgl. Whitehouse 2007 sowie Whitehouse/George 2008.

»Fraglicher Nutzen«: Die medikamentöse Behandlung in der Kritik

Einer der zeitlich aktuellsten Artikel innerhalb des Korpus von Pressetexten stellt ebenfalls eine Kapitulationsmeldung dar. Der Titel dieses am 24. November 2016 in der FAZ erschienenen Artikels lautet »Hoffnung auf Alzheimer-Mittel zerstiebt«:

> »Eine große Hoffnung für Alzheimer-Patienten hat sich aller Voraussicht nach zerschlagen. Das experimentelle Präparat Solanezumab, das in der Entwicklung schon weit fortgeschritten war, wirkt nicht wie gewünscht. Der Pharmakonzern Eli Lilly, der an dem Medikament arbeitet, muss damit einen schweren kommerziellen Rückschlag verkraften. Der Aktienkurs sackte um zeitweise 14 Prozent ab. [...] Ärzte und Patienten warten dringend auf eine erste dauerhaft wirksame Arznei gegen Alzheimer. Bisherige Präparate können die Krankheit höchstens ein wenig verlangsamen: wie das beim Präparat Axura des Frankfurter Merz-Konzerns der Fall ist – wenn überhaupt, denn die Wirkung ist generell umstritten.«

Dieses Zitat veranschaulicht exemplarisch das Involvement der Pharmaindustrie im Kampf gegen Demenz. Für die Pharmaindustrie stellt ein Misserfolg in der Medikamentenentwicklung vor allem auch einen »kommerziellen Rückschlag« dar: Aktienkurse brechen ein, Forschungsinvestitionen zahlen sich nicht aus. Einen besonderen Anreiz zu unternehmerischen Investitionen im Bereich der Demenztherapie gibt nicht zuletzt der Umstand, dass sich die derzeit verfügbaren Antidementiva für einige pharmazeutische Firmen zu »Kassenschlagern« entwickelt haben. Darauf weist nicht nur Cornelia Stolze im Rahmen ihrer Medikalisierungskritik hin, sondern auch die Presse. Die FAZ berichtete etwa Folgendes zu einem medikamentösen »Blockbuster« von Merz-Pharma:

> »Der Pharmamittelständler Merz KGaA entwickelt sich immer mehr zu einem Frankfurter Vorzeigeunternehmen. Aus eigener Kraft hat die nicht börsennotierte Gesellschaft ein Medikament zur Behandlung der Alzheimer-Demenz entwickelt, das sich anschickt, zu einem Produkt mit mehr als 1 Milliarde Euro Umsatz im Jahr zu werden. So etwas wird in der Pharmabranche anerkennend ›Blockbuster‹ genannt. Und große Pharmaunternehmen sind in ihren Forschungs- und Entwicklungsabteilungen mit hohen dreistelligen Millionenbudgets je Medikament auf der Suche nach ebensolchen Kassenschlagern – oft genug ohne Erfolg. Im vergangenen Jahr haben Merz und seine Partner, die Pharmaunternehmen Forest und Lundbeck, mit dem Präparat Memantin, das in Deutschland unter dem Namen Axura vertrieben wird, aber schon einen Umsatz von rund 600 Millionen Dollar erzielt. Ein Ende des Wachstums ist nicht in Sicht.«[48]

---

48 FAZ v. 16.03.2006.

In diesem Zitat wird der wirtschaftliche Erfolg von Antidementiva herausgestellt. In dem davor aufgeführten Zitat wird jedoch auch darauf hingewiesen, dass der therapeutische Erfolg von Antidementiva oftmals nur sehr schwach ist oder sich ein solcher zum Teil gar nicht einstellt. Wie in Abschnitt 5.1 bereits kurz erwähnt, finden sich im medialen Korpus mehrere Quellen, in denen eine kritische Perspektive auf gegenwärtige medikamentöse Behandlungsansätze ausgeprägt ist. Das gilt sowohl für die Gruppe der Antidementiva, die den Bereich der kognitiven Beeinträchtigungen adressieren sollen, als auch für psychopharmakologische Mittel, die zur Behandlung von Schwierigkeiten im behavioral-psychischen Bereich eingesetzt werden.

Präparate der ersteren Art thematisiert beispielsweise ein FAZ-Artikel mit dem Titel »Fraglicher Nutzen von Alzheimer-Medikamenten«.[49] Hier werden die Ergebnisse einer Studie widergegeben, die Cholinesterase-Hemmern eine mangelhafte Effektivität bescheinigt. Die wissenschaftliche Kritik an Antidementiva wie Cholinesterase-Hemmern findet ebenfalls in der Berichterstattung der SZ Beachtung – etwa in einem Artikel mit der Überschrift »Schwache Hilfe gegen Demenz. Donepezil kann schwer Alzheimerkranken den Alltag nur wenig erleichtern«.[50]

Die Presseberichterstattung greift zudem verschiedentlich auch solche Studien auf, die vor dem Einsatz von psychopharmakologischen Mitteln bei Demenz warnen. Die SZ teilte etwa mit: »Britische Ärzte um Clive Ballard vom King's College London zeigen im Fachblatt Lancet Neurology (online), dass Psychopharmaka die Sterblichkeit der Patienten erhöhen.«[51] In einem anderen SZ-Artikel wurden die Ergebnisse einer Untersuchung vorgestellt, die eine mangelhafte Wirksamkeit psychopharmakologischer Präparate aufzeigt und die zudem das häufige Auftreten unerwünschter Effekte wie »Verwirrung, Schlaflosigkeit« etc. hervorhebt: »Auch Psychopharmaka helfen gegen Alzheimer kaum und haben starke Nebenwirkungen.«[52] Überdies wird die Vergabe von Psychopharmaka vor dem Hintergrund entsprechen-

---

49 FAZ v. 10.08.2005.
50 SZ v. 24.03.2006.
51 SZ v. 09.01.2009.
52 SZ v. 13.10.2006.

der Studien mit dem Anliegen einer medikamentösen ›Ruhigstellung‹ von Menschen mit Demenz in Verbindung gebracht. Exemplarisch zeigt das das folgende BILD-Zitat:

> »Fast 240 000 Demenzkranke in Deutschland werden laut Berechnungen der Universität Bremen mit Psychopharmaka ruhiggestellt – um Geld und Personal zu sparen. ›Die Medikamente werden nicht verschrieben, um die Leiden der Patienten zu lindern‹, sagte der Wissenschaftler Gerd Glaeske der Welt am Sonntag. Stattdessen würden Heimbetreiber ihre Gewinne vergrößern.«[53]

»Beachtliche Vorteile«: Die Befürwortung der Arzneimittelbehandlung

Einerseits bildet der mediale Interdiskurs also kritische Einwände zu gegenwärtigen Mitteln der medikamentösen Demenztherapie ab. Andererseits finden sich im Quellenkorpus aber auch sehr viele affirmative Aussagen zu diesen Therapiemitteln. So berichtete die FAZ etwa von einer Studie, die belegt, dass Antidementiva zu einer »Linderung« von kognitiven Beeinträchtigungen beitragen und so »Mehr Selbständigkeit für Alzheimer-Patienten« ermöglichen.[54] Dass Antidementiva alles andere als ineffektiv sind, stellt ebenso der folgende Auszug aus einem FAZ-Artikel heraus, dessen Basis abermals die Ergebnisse einer wissenschaftlichen Untersuchung sind:

> »Auch bei schon fortgeschrittener Alzheimerscher Krankheit kann eine Arzneimittelbehandlung noch beachtliche Vorteile bringen. Mit dem Medikament Memantin läßt sich der geistige und körperliche Verfall offenbar deutlich verlangsamen.«[55]

Ein Artikel, der ganz direkt pharmaindustrielle Aktivitäten zur gesellschaftlichen Popularisierung von Antidementiva aufzeigt, erschien am 25. Mai 2000 in der FAZ (Titel: »Volksleiden Alzheimer«). Gegenstand des Artikels ist eine Informationsveranstaltung zum Thema der Alzheimer-Demenz, die die Pharma-Unternehmen Eisai und Pfizer für Pressevertreter*innen aus-

---

53 BILD v. 26.03.2012.
54 FAZ v. 22.01.2003. Die Formulierung »Mehr Selbstständigkeit bewahren« wurde auch von dem Unternehmen Merz-Pharma verwendet, um die Präparategruppe der Antidementiva (Cholinesterasehemmer und den NMDA-Antagonist Memantin) zu bewerben. Das belegt etwa ein Internet-Artikel mit dem Titel »Alzheimer-Therapie heute und in Zukunft« (vgl. Merz-Pharma (Internet), *Alzheimer-Therapie heute und in Zukunft*) vom Oktober 2007 auf einer von Merz-Pharma betriebenen Internetseite (www.alzheimerinfo.de).
55 FAZ v. 03.05.2003.

richteten. Ziel der Veranstaltung war es, »gegen die Ahnungslosigkeit und die verbreiteten Vorurteile in der Bevölkerung anzugehen«. Vor allem sollte die Bevölkerung über die seinerzeit noch relativ neuen Cholinesterase-Hemmer aufgeklärt werden: »Moderne Medikamente, sogenannte Cholinesterase-Hemmstoffe, etwa mit dem Wirkstoff Donepezil könnten im leichten und noch im mittleren Stadium den weiteren Verfall lange Zeit aufhalten.« Gleichwohl wurde auf dieser Informationsveranstaltung nicht nur Positives vermeldet. Die anwesenden Referent*innen kritisierten, dass Demenzbetroffenen Cholinesterase-Hemmer oftmals verwehrt würden, weil diese zu hochpreisig für das Arznei-Budget vieler Praxen seien (»1 000 Mark für eine Großpackung Pillen«). Angesichts dieses Umstandes kam es jedoch nicht dazu, dass die Referent*innen die Bitte um eine Preissenkung an die Pharmaindustrie herantrugen. Stattdessen wurde implizit eine mangelnde Bereitschaft gesundheitssystemischer Institutionen kritisiert, Behandlungen mit Cholinesterase-Hemmern in angemessener Weise zu finanzieren. Diese Kritik wie auch die Botschaft, dass Cholinesterase-Hemmer den demenzbedingten »Verfall lange Zeit aufhalten« trug der erwähnte SZ-Artikel in die Öffentlichkeit.[56]

Ganz exemplarisch zeichnet sich hier einmal mehr ab, inwiefern im Kontext der Medikalisierung von Demenz neben der Medizin auch andere Akteursgruppen aktiv sind: »The pharmaceutical and biotechnology industries are becoming major players in medicalization.«[57] Wie Conrad in diesem Zusammenhang betont, richtet sich die Marketing-Arbeit der Pharmaindustrie seit einiger Zeit gezielt auch an die breite Öffentlichkeit:

»Drug companies now spend nearly as much on direct-to-consumer (DTC) advertising as in advertising to physicians in medical journals, especially for ›blockbuster drugs

---

56 Aus diesem Einzelbeispiel leitet sich aber nicht ab, dass die Presse der Pharmaindustrie undistanziert gegenüber stünde. Das zeigt bereits einer der weiter oben erwähnten Artikel (SZ v. 24.03.2006), in dem auch auf eine Verquickung von medizinischen und pharmaindustriellen Akteuren hingewiesen wurde. Das zeigt zudem ein SZ-Artikel vom 25. Juli 2015. Darin werden Teile der Pharmaindustrie und der Medizin dafür gerügt, dass sie stellenweise »Heillose Gerüchte« (so der Titel des Artikels) über die vermeintliche Wirksamkeit neuer Antidementiva streuten – konkret geht es hier um das Präparat Solanezumab des Herstellers Eli Lilly.
57 Conrad 2005, S. 6. Vgl. zudem Karsch 2015.

that are prescribed for common complaints such as allergy, heart burn, arthritis, ›erectile dysfunction‹, depression and anxiety‹[.]«[58]

Um zu veranschaulichen, inwiefern auch psychopharmakologische Behandlungsansätze im medialen Interdiskurs befürwortet und empfohlen werden, seien zwei Beispiele erwähnt. In einer der vielen BILD-Serien zur Demenzthematik finden sich etwa diese Ausführungen über die medikamentöse Behandlung:

»Um bis zu ein Jahr können Medikamente den Abbau der Gehirn-Leistung verzögern, schreibt Fachautorin Sabine Kieslich (42) im Ratgeber ›Demenz‹ [...]. Quälender als das Vergessen sind für die Kranken oft Begleitsymptome wie Niedergeschlagenheit, Ängstlichkeit, Aggressivität, Unruhe, Schlaflosigkeit und Wahnvorstellungen. Sabine Kieslich dazu: ›Zur Milderung dieser Symptome verordnen Ärzte Antidepressiva und Neuroleptika. Neuroleptika vermindern die Signalübertragung des Botenstoffs Dopamin im Gehirn und wirken dadurch entspannend und beruhigend.‹«[59]

Zu einer weiteren Aufreihung von positiven Effekten psychopharmakologischer Mittel kommt es in folgendem SZ-Zitat: »Die Möglichkeiten der Therapie sind noch bescheiden. Keine Behandlung kann Alzheimer stoppen oder heilen. Allerdings können Psychopharmaka Symptome wie Schlaflosigkeit, Unruhe, Angstattacken und Depressionen deutlich lindern.«[60] Förderliche Wirkungen von Psychopharmaka haben auch Mace und Rabins in ihrem Ratgeber ausgewiesen, gleichwohl blenden sie dabei mögliche Nebenwirkungen nicht aus:

»Die Arzneimittelnahme hat mehrere Seiten. Sie gewährleistet das Einschlafen des Patienten, dämpft die Aufgeregtheit oder beeinflusst andere Umstände in günstiger Weise. Auf der anderen Seite sind Demenzkranke [...] gegen zu hohe Dosen und Medikamentenwechselwirkungen überempfindlich.«[61]

Insgesamt wird im medialen Interdiskurs also an vielen Stellen auf eine medikamentöse Therapierbarkeit von Demenz hingewiesen: Medikament X, so die basale Aussage der betreffenden Darstellungen, kann – zumindest etwas – bei der demenzbedingten Schwierigkeit Y helfen. Auf diese Wei-

---

58 Conrad 2005, S. 5f.
59 BILD v. 10.04.2008.
60 SZ v. 13.10.2007.
61 Mace/Rabins 1986, S. 103. Antidementiva finden im Ratgeber von Mace und Rabins keine Erwähnung, da diese zum damaligen Zeitpunkt noch keine gebräuchlichen Therapiemittel waren bzw. noch nicht zur Verfügung standen.

se findet nicht nur eine grundlegende Informationsvermittlung zu bestehenden Behandlungsoptionen statt. Es wird so auch eine gewisse Nachfrage nach diesen Mitteln geschaffen – eine Nachfrage, die nicht zuletzt von pharmawirtschaftlichem Interesse ist. Überdies ist es möglich, dass solche Darstellungen zur Herausbildung spezifischer Erwartungshaltungen beitragen: Sie lassen den Gang zum Arzt nicht nur aus Gründen der Diagnosestellung sinnvoll erscheinen – sie bestärken auch die Hoffnung, dass im Rahmen eines solchen Besuches medikamentöse Hilfen verordnet werden. Folglich lassen sich affirmative Darstellungen von medikamentösen Behandlungsansätzen auch als Push-Faktoren verstehen: Diese Darstellungen wirken potenziell mit darauf hin, dass sich Menschen an die Medizin wenden, wenn sie den Eindruck gewinnen, dass sie selbst oder Angehörige von Demenz betroffen sein könnten.

Die medikamentöse Behandlung in der Perspektive der Befragten

Medikamentöse Therapiemittel sind auch vereinzelt in den von mir erhobenen Gesprächen ein Thema gewesen. Antidementiva haben dabei jedoch keine nennenswerte Rolle gespielt. Wenn es um medikamentöse Behandlungsformen ging, standen stattdessen Psychopharmaka im Fokus.

Ich habe schon in Abschnitt 5.3 angemerkt, dass die Mutter von Frau Nitsch die Neuroleptika Pipamperon, Risperidon und Tiaprid einnahm.[62] Diese Präparate mussten jedoch wegen einer Überdosierung zeitweise abgesetzt werden. In der Wahrnehmung von Frau Nitsch hatte das zur Folge, dass sie selbst und ihre Familie das »erste Mal pure Demenz« erleben musste: »[Meine Mutter war] von sich selbst getrieben, keine Ruhe, nichts. Nur laufend das: Aufstehen, Setzen, Aufstehen. Und das 24 Stunden am Tag, überhaupt nicht bereit, Ruhe zu finden.« Wie ebenfalls schon angemerkt, führten diese Verhaltensweisen zu einer familiären Krise, in deren Folge es schließlich zu einer temporären Klinikunterbringung der Mutter kam.

---

62 Zur Erinnerung: Pipamperon wird zur Behandlung von innerer Unruhe und Schlafstörungen, Risperidon zur Behandlung von manischen und aggressiven Zuständen und Tiaprid zur Behandlung von Tics, Bewegungsstörungen und Agitation eingesetzt.

Ich greife dieses Beispiel hier deshalb noch einmal auf, weil es zeigt, inwiefern die erwähnten Neuroleptika von Frau Nitsch wertgeschätzt wurden: Nach ihrem Dafürhalten verhinderten diese das Auftreten einer »pure[n] Demenz« – sie schwächten den großen Unruhezustand der Mutter ab, was nicht nur in deren Interesse geschehen sollte, sondern auch im Interesse der Familie, für die dieser Zustand äußerst anstregend war.

Frau Rahner berichtete ebenfalls von einer Phase, in der ihre Mutter sich auf eine Art und Weise verhielt, die die Familie als sehr herausfordernd erlebte. Eine Zeit lang beschimpfte und beschuldigte die Mutter ihren Schwiegersohn (den Ehemann von Frau Rahner) auf das Schwerste. Zudem verließ sie in Erregungszuständen regelmäßig das Haus der Familie, ohne dass dann Genaueres über ihren Verbleib bekannt war, was die Familie sehr verängstigte und größere Suchaktionen zur Folge hatte. Frau Rahner wendete sich deshalb schließlich an einen psychiatrischen Facharzt, der der Mutter das Mittel Zyprexa verschrieb.[63] Im Verlauf unseres Gespräches kamen wir auf die These von einem Persönlichkeitsverlust Demenzbetroffener zu sprechen. In diesem Zusammenhang ging Frau Rahner nochmals auf jene belastende Phase ein, die letztendlich zur Anwendung des Mittels Zyprexa geführt hatte:

> »Also die Persönlichkeit hat sich geändert in dem Moment, wo sie so extrem schlimm war. Also, wo sie da so meinen Mann beschuldigt hat und so. Denn sie war ja immer von ihrer Persönlichkeit her ein sehr positiver Mensch und liebevoll. Liebevoll, positiv. Und da war sie genau das Gegenteil, ja. Das war ganz, ganz schlimm. Bis zu diesem Zeitpunkt, wo sie dann eingestellt war, da war das wieder also in Ordnung so, dass man zumindest mit ihr leben konnte, gut leben konnte.«

Bevor die psychopharmakologische Behandlung ihrer Mutter erfolgte, erschien diese der Tochter als stark veränderte Person, die sich »extrem schlimm« verhielt. Als die Mutter dann medikamentös »eingestellt war«, änderte sich die Situation für Frau Rahner zum Besseren: Ihrer Erfahrung nach half das Neuroleptikum dabei, dass sich das Verhalten der Mutter seiner ursprünglichen, liebevollen Form annäherte – was entscheidend dafür

---

63 Das Neuroleptikum Olanzapin (Zyprexa) findet unter anderem Anwendung bei der Behandlung von Schizophrenie, bipolaren Störungen sowie wahnhaften, manischen und aggressiven Phasen.

war, dass die Familie wieder mit der Mutter »leben konnte, gut leben konnte«.

Die demenzbetroffene Schwiegermutter von Herrn Jung erhielt ebenfalls ein Neuroleptikum. Darauf hatte der pensionierte Psychiater gemeinsam mit dem Hausarzt der Schwiegermutter hingewirkt:

> »Manchmal aggressive Durchbrüche kommen gelegentlich, die waren eine Zeit lang sehr schlimm. Da habe ich dann in Zusammenarbeit mit dem Hausarzt medikamentös etwas gemacht, also nichts Dämpfendes, sondern – ich weiß nicht, ob sie das mal gehört haben – das Risperdal.«[64]

Grundsätzlich war Herr Jung davon überzeugt, dass derartige Mittel durchaus sinnvolle Optionen für die Behandlung bestimmter behavioral-psychischer Schwierigkeiten von Menschen mit Demenz seien. Als Arzt und Beirat der Alzheimer-Gesellschaft ging er jedoch zugleich auch auf Risiken des Einsatzes von Psychopharmaka ein: »[Psychopharmakologische] Medikamente können wirklich für den geplagten Dementen sehr hilfreich sein, aber die Grenze zur Ruhigstellung […] ist durchlässig.«

Die Beispiele von Frau Nitsch, von Frau Rahner und von Herrn Jung lassen ganz exemplarisch deutlich werden, mit welchen Motiven der Einsatz von Psychopharmaka verbunden sein kann: Es geht einerseits darum, aufgebrachten, verstörten Demenzbetroffenen zu helfen – andererseits geht es mitunter auch darum, das familiäre Umfeld von Unruhezuständen oder von Aggressionen der Betroffenen zu entlasten. In Zusammenhang mit diesen Beispielen deutet sich ebenfalls an, dass die Gabe von Psychopharmaka im Kontext der familiären Demenzsorge nicht leichtfertig geschehen muss. Herr Jung etwa wies kritisch auf die Praxis einer medikamentösen Ruhigstellung von Menschen mit Demenz hin. Ebenso macht seine Erzählung und die Erzählungen von Frau Nitsch und Frau Rahner nachvollziehbar, dass der psychopharmakologischen Behandlung teilweise eine ausgedehnte Phase von Schwierigkeiten und Konflikten vorausgeht, in deren Verlauf sich Angehörige schließlich nicht mehr anders zu helfen wissen, als eine solche Behandlungsform in Betracht zu ziehen.

---

64 Bei Risperdal handelt es sich um das schon im Zusammenhang mit der Mutter von Frau Nitsch erwähnte Neuroleptikum Risperidon.

»Currywurst gegen Alzheimer«: Der Ansatz der Prävention

Seit Längerem schon betont die Medizin, dass es trotz aller Rückschläge bei der Suche nach einem effektiven medikamentösen Heil- bzw. Gegenmittel einen wichtigen »Grund zur Hoffnung« gibt: »Man kann Demenz aktiv verzögern.«[65] Präventive Maßnahmen, die das Auftreten einer Demenz verzögern bzw. ganz verhindern sollen, sind ein wichtiger Bezugspunkt der printmedialen Demenzproblematisierung. Schon relativ früh wurden in den von mir gesammelten Quellen Möglichkeiten einer Demenzprävention diskutiert. Das zeigt etwa ein FAZ-Artikel vom 25. April 1988, der der »Alzheimersche[n] Krankheit« gewidmet ist. Die Darstellung hebt unter anderem hervor, dass »rege geistige Tätigkeit bis in das hohe Alter hinein« dazu beitragen kann, »die intellektuellen Fähigkeiten lange zu erhalten«.

Im Laufe der Jahre sollten die Empfehlungen zu Präventionsmaßnahmen deutlich umfangreicher werden. In der SZ vom 7. Mai 1996 findet sich beispielsweise dieser Maßnahmenkatalog:

> »Wichtig ist regelmäßige Bewegung – sie sorgt für bessere Durchblutung des Denkapparates – sowie vitaminreiche und fettarme Kost. Die Deutsche Seniorenliga rät darüber hinaus zu Gehirn-Jogging. Schachspielen, Lesen und Diskutieren halte die kleinen grauen Zellen auf Trab. Bedeutsam sei auch die seelische Situation. Wärme und Geborgenheit beeinflussen den Verlauf von Demenzen positiv.«

Noch komplexer als die vorstehende Übersicht ist die folgende Reihung von Handlungsempfehlungen aus einem Bericht der SZ vom 13. Oktober 2007:

> »Sieben Punkte können helfen, der Alzheimer-Demenz zu entrinnen oder sie hinauszuzögern, je früher sie berücksichtigt werden, desto größer die Chance auf mehr Lebensqualität im Alter: 1) Zeit mit Freunden und der Familie zu verbringen, erhöht die geistige Leistungsfähigkeit, 2) Bewegung steigert die Gehirnfunktion, 3) Viel Fisch und Gemüse in der Nahrung scheinen das Risiko für Alzheimer zu senken, 4) Stress und Stresshormone wie Kortisol schädigen das Gehirn, Entspannung schont es, 5) Erholsamer Schlaf tut dem Gehirn gut, 6) Diabetes, Depression und Bluthochdruck mindern die geistige Leistungskraft und sollten gut behandelt werden, 7) Gehirn-Jogging, regel-

---

65 Es handelt sich bei diesem Zitat um den Titel eines FAZ-Artikels vom 25. Januar 2006: »Geistig länger fit durch Sport. Ein Grund zur Hoffnung: Man kann Demenz aktiv verzögern.« Gegenstand des Artikels sind die Ergebnisse einer medizinwissenschaftlichen Studie, in der festgestellt wurde, dass sportliche Aktivitäten das Risiko einer Demenzerkrankung deutlich senken.

mäßige Lektüre, Kartenspiele oder Musizieren bauen dem Abbau vor. Fernsehkonsum ist hingegen nicht zu empfehlen.«

Derartige Meldungen stützen sich zumeist auf entsprechende wissenschaftliche Untersuchungen. Eine in der Präventionsdebatte mittlerweile klassische Studie wurde ebenfalls im medialen Interdiskurs aufgegriffen. Es handelt sich hier um die »Nun Study« von David Snowdown.[66] Zu dieser meldete die BILD:

> »Wer viel denkt, leidet seltener unter Alzheimer als geistig weniger aktive Menschen. Das Gehirn einer 86jährigen Nonne war beispielsweise übersät mit typischen Alzheimer-Symptomen (Protein-Ablagerungen), trotzdem blieb die Ordensschwester bis zu ihrem Tode geistig fit.«[67]

Genauso wie im Fall der Auseinandersetzung mit medikamentösen Demenztherapien, bilden die Medien auch kritische Stimmen zur präventiven Demenzbehandlung ab. Um eine Krux vieler ernährungsbezogener Präventionsempfehlungen ging es in einem SZ-Artikel mit dem Titel »Currywurst gegen Alzheimer.« Hier wurde festgestellt, dass die Grundlage derartiger präventiver Empfehlungen »oft nicht mehr als blanke Theorie [ist]«. Viele vermutete Zusammenhänge zwischen Ernährung und Gesundheit/Krankheit (»Curcumin aus Curry sorge dafür, dass Hirnzellen schützende Eiweiße bilden«) seien schlichtweg unbelegt: »Das liegt nicht nur daran, dass der menschliche Körper derart komplex ist, dass Biochemiker seine Abläufe bis heute nur im Ansatz verstehen. Zudem stehen ihm Krankheiten wie Krebs und Alzheimer an Komplexität in nichts nach.«[68]

Abgesehen von diesem eher generellen Einwand werden des Weiteren solche Untersuchungen thematisiert, deren Ergebnisse bestehende Annahmen zur Effektivität bestimmter Demenzpräventionsmaßnahmen relativieren bzw. widerlegen. Exemplarisch seien dazu die folgenden Überschriften zweier SZ-Artikel angeführt:

> »Die Spätfolgen des Hirnjoggings. Bei geistig regen Menschen setzt die Demenz später aber heftiger ein.«[69]; »Fit und dement. Neue Studien sind ernüchternd: Weder Nah-

---

66 Snowdown 1997.
67 BILD v. 08.04.1998.
68 SZ v. 06.07.2005.
69 SZ v. 02.09.2010.

rungsergänzungsmittel noch körperliches Training scheinen geistige Regsamkeit zu bewahren.«[70]

Derlei kritische Einwände ändern jedoch nichts daran, dass in Bezug auf die Möglichkeit einer Prävention von Demenz ein Tenor vorherrscht, wie er zahlreichen aktuellen medizinischen Studien entspricht und wie er auch in diesem SZ-Zitat zum Ausdruck kommt: »Vielen Formen der Demenz kann vorgebeugt werden – man muss sie nicht tatenlos hinnehmen.«[71] Die Feststellung, dass das Risiko einer Demenzerkrankung nicht tatenlos hingenommen werden muss, findet sich genauso in diesem SZ-Zitat:

> »Bei der momentanen Lebenserwartung muss jeder dritte ältere Mensch, der das 65. Lebensjahr vollendet, damit rechnen, im weiteren Altersverlauf eine Demenz zu entwickeln. Allerdings zeigt die medizinische Forschung, dass man einer Erkrankung wie der Alzheimer-Demenz ›nicht schicksalhaft ausgeliefert‹ ist, erklärte [Horst] Bickel. Die Initiative der Patienten ist gefragt.«[72]

Schicksalhafte Phänomene sind per definitionem dem direkten Einfluss des Einzelnen entzogen. Die Aussage, dass bestimmte Phänomene alles andere als schicksalhaft sind, hebt hingegen deren Gestaltbarkeit hervor. Im Kontext der Krankheitsprävention tritt der Hinweis darauf, dass bestimmte Erkrankungen kein Schicksal sind, oft in Verbindung mit dem Appell zu einer eigenverantwortlichen Krankheitsprävention auf: »Die Initiative der Patienten ist gefragt«, so wird in obigem Zitat in Hinblick auf Demenzerkrankungen betont, gerade weil sich das Demenzerkrankungsrisiko nach gegenwärtiger Studienlage beeinflussen und verringern lässt. Eine von vielen weiteren Stellen im Korpus, an denen die Vorstellung einer Schicksalhaftigkeit von Demenz nachdrücklich zurückgewiesen wird, liegt mit dem folgenden BILD-Zitat vor:

> »Etwa 1,2 Millionen Menschen in Deutschland leiden an der Krankheit des völligen Vergessens. Alarmierend: Die Zahl wächst ständig! Dabei hat besonders bei Demenzerkrankungen die richtige Prävention eine entscheidende Bedeutung. ›Demenz ist nicht nur Schicksal, sondern wird stark durch unsere Lebensweise beeinflusst‹, so

---

70 SZ v. 26.08.2015.
71 SZ v. 06.07.2010.
72 SZ v. 28.06.2004. Ich habe bisher schon verschiedentlich Ergebnisse einiger Analysen von Horst Bickel (2012/2016) aufgegriffen. Bickel leitet die Arbeitsgruppe »Psychiatrische Epidemiologie« am Klinikum rechts der Isar der Technischen Universität München.

Prof. Dr. Johannes Schröder (49), Gerontopsychiater und Experte für Altersforschung an der Universitätsklinik Heidelberg.«[73]

Eine eigenverantwortliche Demenzprävention, das klingt schon im voranstehenden Zitat an, besteht nicht nur aus einigen sporadischen Initiativen und Unternehmungen, sondern hängt von der ganzen »Lebensweise« ab: »Prävention wirkt nur dann, wenn sie zur Gewohnheit, zum Lebensstil wird [...]. In dieser Hinsicht verlangt Prävention kontinuierliche Selbstregulation und Selbstdisziplin[.]«[74] Das wird in der SZ auch in Hinblick auf die Demenzprävention betont: »Schon von früher Jugend an ist es wichtig, auf ungesunde Verhaltensweisen wie überhöhten Alkohol-, Nikotin- oder Schlaftablettenkonsum zu verzichten, da sie zu einer Schädigung des Gehirns beitragen können.«[75]

Die praktische Umsetzung solcher selbstregulativen Maßnahmen zur Verminderung des persönlichen Krankheitsrisikos stellt eine weitere Form der antizipatorischen Medikalisierung von Demenz dar. Hier wird nicht eine akute Demenzerkrankung behandelt, sondern die Möglichkeit einer zukünftigen Erkrankung. Peter Conrad und Miranda Waggoner verbinden unterschiedliche positive und negative Effekte mit den verschiedenen Formen einer antizipatorischen Medikalisierung (Präventionsmaßnahmen, Frühdiagnosen etc.). Zu den positiven Effekten zählen sie: »[I]ncreased patient awareness of healthy behaviours, patient empowerment, and early clinical detection of potential problems.«[76] Zu den negativen Effekten zählen sie:

»[M]edicalization of life, wider medical surveillance, the merging of risk and disease [...], potential overdiagnosis, potential overtreatment, unnecessary treatment, uncertain prognoses, the expansion of medical jurisdiction, heightened patient anxiety, and conceivable costs related to medical treatment screening.«[77]

Dieser Beschreibung von Negativeffekten ist noch ein weiterer Punkt hinzufügen, dem gerade im Zusammenhang mit der Krankheitsprävention eine große Bedeutung zukommt: Wenn bestimmte Krankheiten nicht

---

73 BILD v. 21.11.2007.
74 Dietscher/Pelikan 2016, S. 422.
75 SZ v. 28.06.2004.
76 Conrad/Waggoner 2017, S. 100.
77 Ebd.

als Schicksal gelten, sondern als vorbeugbar bzw. vermeidbar, kann man den davon Betroffenen potenziell eine (Mit-)Verantwortung für ihren Zustand zuschreiben.[78] Gleichwohl ist festzuhalten, dass es in den von mir untersuchten Quellen in der Regel nicht zu einem solchen Victim-Blaming kommt. Lediglich im Falle eines Artikels der SZ zeichnet sich diese Tendenz ab. Die Überschrift des Artikels lautet wie folgt: »Hobbys fürs Hirn. Alzheimerkranke waren weniger aktiv.«[79] Wieder ist es eine wissenschaftliche Studie zur Demenzprävention, die hier als Grundlage dient. Die Ergebnisse der Studie wurden in der Artikelüberschrift in eine Feststellung übertragen, die Demenzbetroffenen eine direkte Schuld an ihrem Zustand unterstellt: Sie waren geistig angeblich »weniger aktiv« und erkrankten deshalb auch.

Das mit dem Präventionsgedanken verbundene Risiko eines Victim-Blaming findet vereinzelt auch in der medialen Demenzproblematisierung Erwähnung – etwa im nachfolgend zitierten Artikel, der auf ein öffentliches Forum der SZ zum Thema »Demenz – Forschung und Versorgung« eingeht:

> »Mehrfach wurde am Abend des Gesundheitsforums die Frage gestellt: Kann man einer Demenz irgendwie vorbeugen – etwa mit gesunder Ernährung, Sport, geistiger Aktivität? Das Fazit der Experten war zwiespältig. Zwar empfehlen alle, sich fit zu halten – mit gesunder Ernährung, Sport, geistiger Aktivität. Je gesünder man sich halte, desto gesünder werde man in der Regel im Alter sein. ›Wir müssen aber auch das Schicksalhafte der Alzheimer-Krankheit akzeptieren‹, sagte Hans-Jürgen Möller. Wenn die Veranlagung zu stark sei, lasse sich die Krankheit auch durch Aktivität nicht aufhalten. ›Jeder hat Reserven, die er mobilisieren kann‹, sagte dagegen Förstl; er plädiere dafür, nicht von ›Fatalismus‹ zu sprechen, sondern von der ›Fatalität‹ der Erkrankung. Eines aber dürfe nicht passieren, sagte Florian Holsboer, Direktor des Max-Planck-Instituts für Psychiatrie: ›Ich warne davor, demjenigen, der an Alzheimer erkrankt, dafür die Schuld zuzuweisen, weil er etwa nicht genügend selbst dagegen unternommen habe.‹«[80]

---

78 Vgl. Gerber/Von Stünzner 1999, S. 32. Da Demenz häufig als schwerwiegende kollektive Bedrohung gilt, wäre es denkbar, dass es dazu kommt, dass die individuelle Demenzprävention auch als eine Verantwortung des Einzelnen gegenüber der Gesellschaft gekennzeichnet wird. Eindeutige Aussagen in diese Richtung finden sich aber in meinem Quellenkorpus nicht.
79 SZ v. 27.03.2001.
80 SZ v. 29.02.2008. Hans-Jürgen Möller war bis zu seiner Emeritierung im Jahr 2012 Professor für Psychiatrie an der Ludwig-Maximilians-Universität München und Direktor der Psychiatrischen Klinik dieser Universität.

Gronemeyer warnt in seinem Buch ebenfalls davor, dass die Präventionsdiskussion möglicherweise mit der nachteiligen Wirkung eines Victim-Blaming verbunden sein kann:

> »Viel wird im Zusammenhang mit Demenz von Prävention geredet. Bevor es dazu kommen kann, dass die Demenz und irgendwann vielleicht auch die Demenzkranken feindlich angeschaut werden, ist es wichtig, vor allem einer Weise der Prävention Gewicht zu verleihen: der Gastfreundlichkeit gegenüber den Menschen mit Demenz.«[81]

Erwähnenswert ist dieses Zitat auch deshalb, da Gronemeyer den Ansatz der Prävention auf sehr eigene Weise wendet. Er bringt ein Präventionsmittel ins Spiel (»Gastfreundlichkeit«), das einer sozialen Exklusion von Menschen mit Demenz vorbeugen soll.[82]

»Der wichtigste Faktor in der Behandlung der Demenz«: Die Maßnahme der sozialen Versorgung

Im Rahmen des oben erwähnten SZ-Forums »Demenz – Forschung und Versorgung« ging es nicht nur um die Möglichkeit einer Demenzprävention. Ein wichtiger thematischer Gegenstand des Forums war auch die Suche nach neuen medikamentösen Demenztherapien. Im Verlauf des Artikels zu dieser Veranstaltung wurde dann jedoch das folgende Resümee zu den medizinischen Bemühungen um wirksamere bzw. heilende Antidementiva gezogen: »Allen Hoffnungen auf die Forschung zum Trotz: Der wichtigste Faktor in der Behandlung der Demenz sei die Pflege, sagte [Hans] Förstl. ›Das wird im Fall der Demenz auch so bleiben.‹«[83] Eine inhaltlich vergleichbare Feststellung findet sich in einem Artikel der FAZ:

---

81 Gronemeyer 2013, S. 257.
82 Zum Aspekt der Prävention sei abschließend noch Folgendes angemerkt: Anders als im Fall der medikamentösen Demenzbehandlung ist es auf Grundlage meines Quellenmaterials nicht möglich gewesen, die Spur der präventiven Demenzbehandlung in meine Gespräche mit zivilgesellschaftlichen Akteur*innen und Angehörigen hinein zu verfolgen. Verantwortlich dafür ist der Umstand, dass beiderlei Gruppen von Gesprächspartner*innen in ihren Erzählungen vor allem auf die akute Situation der Demenzbetroffenheit eingegangen sind und nicht auf Praktiken und Möglichkeiten zur Prävention dieser Situation.
83 SZ v. 29.02.2008.

»[F]ortschritt ist die Entwicklung einer Therapie durch genaue Kenntnis der genetischen Ursache einer Erkrankung. Bei Alzheimer gibt es diesen Fortschritt noch nicht, denn die Ursachenforschung hat außer möglicherweise interessanten Ansätzen, die in eine nicht ganz falsche Richtung führen könnten, eigentlich keine Erkenntnisse zu bieten. So vorsichtig geschwollen muß man sich ausdrücken, um keine falschen Hoffnungen zu wecken. [...] Wichtigstes Medikament gegen Alzheimer ist menschliche Nähe. Bei der kranken Frau der Mann. Beim kranken Mann die Frau. Bei den Eltern manchmal der Sohn, aber in den meisten Fällen die Tochter.«[84]

Die beiden Zitate bringen folgende Argumentation vor: Da noch keine besonders effektive medikamentöse Therapie existiert und Präventionsmaßnahmen den derzeit Betroffenen nicht mehr helfen, ist ein ganz bestimmtes Mittel der Problembehandlung entscheidend – das Mittel der sozialen Versorgung und Unterstützung von Menschen mit Demenz. In beiden Zitaten wird also die Praxis der Sorge ganz explizit als demenzspezifische Behandlungsform definiert. Zudem kommt es hier zu einer hierarchischen Ordnung der bestehenden Behandlungsformen: Die Sorge gilt jeweils als das »wichtigste Medikament«, als der »wichtigste Faktor in der Behandlung der Demenz«.[85]

Der mediale Interdiskurs weist in der Regel deutlich darauf hin, dass Sorgepraktiken für den Umgang mit Demenz entscheidend sind. Dennoch: Dass diese Praktiken hier explizit als wichtigste Behandlungsform gekennzeichnet werden, kommt nur in Ausnahmefällen vor. Stellenweise zeichnen sich im medialen Quellenkorpus jedoch auch Forderungen nach einer stärkeren gesundheitssystemischen und gesellschaftlichen Priorisierung der Demenzsorge ab. Beispielhaft sei in diesem Zusammenhang erstens ein SZ-Artikel angeführt, der verschiedene Reaktionen zum personellen Aufbau und zur inhaltlichen Ausrichtung des Deutschen Zentrums für Neurodegenerative Erkrankungen (DZNE) zusammenfasst. Kritisiert wurde unter anderem, dass sich dieses Institut personell sowie inhaltlich besonders auf die medizinische Grundlagenforschung konzentrieren sollte:

---

84 FAZ v. 21.09.2006.
85 Die Rede, davon, dass »menschliche Nähe« das »wichtigste Medikament« gegen Demenz ist, hat klar metaphorischen Charakter: »[M]enschliche Nähe« wird hier mit dem materiellen Gegenstand eines medizinisch-pharmazeutischen Heilpräparates verglichen (ontologische Metapher).

Medikamentöse und präventive Demenztherapien 315

»»Natürlich ist Grundlagenforschung wichtig. Aber vorläufig leistet diese Arbeit nichts für Patienten‹, sagt Michael Kochen, Vorsitzender der Deutschen Gesellschaft für Allgemeinmedizin. ›Bedürfnissen der Kranken und ihren Angehörigen entspricht das nicht‹, sagt Hendrik van den Bussche, Chef der Allgemeinmedizin am Uniklinikum Hamburg. So hätte die Gründungskommission mit Ausnahme von [Olivia] Dibelius keine Ahnung von Versorgungsproblemen der Patienten – ›sie sehen ja auch keine, sondern sind ständig im Labor‹, sagt van den Bussche.«[86]

Kochen und van den Bussche stellten hier die Relevanz der Grundlagenforschung nicht in Abrede. Gleichwohl weisen beide der Versorgungspraxis eine vorrangige Bedeutung zu und monieren, dass diese Praxis kein größerer Schwerpunkt der Arbeit des DZNE sei.

Kritik an einer vorrangigen Konzentration auf die medizinische Grundlagen- und Therapieforschung kommt ebenfalls in diesem SZ-Zitat zum Ausdruck:

»»Wenn Gesundheitsexperten Prognosen austauschen und feststellen, dass Demenz die Geißel des 21. Jahrhunderts ist, so helfen sie damit nicht den heute und zukünftig Betroffenen‹, sagt Eugen Brysch von der Deutschen Stiftung Patientenschutz. ›Seit Jahren gibt es wissenschaftliche Standards für die Versorgung von Demenzkranken. Was fehlt, ist ihre praktische Umsetzung, denn die verlangt einen Systemwechsel bei der Gesundheitsversorgung von Menschen mit eingeschränkter Alltagskompetenz. Immer noch werden Ärzte darauf trainiert, Krankheiten zu heilen. Es wird aber auch in absehbarer Zukunft keine Pille gegen Demenz geben.‹«[87]

Brysch lehnt hier ein gesundheitssystemisches Behandlungsregime ab, das schwerpunktmäßig auf eine medikamentöse Therapie fokussiert, anstatt parallel dazu auch den Ansatz der Versorgung ganz intensiv zu fördern.[88] Dieser Ruf nach einer grundlegenden Umorientierung im Bereich der Behandlung von Demenz ist nicht zuletzt auch ein wesentlicher Bestandteil des Buches von Gronemeyer. Er formuliert darin unter anderem die nach-

---

86 SZ v. 12.03.2008. Olivia Dibelius ist Professorin für Pflegewissenschaft an der Evangelischen Hochschule Berlin. Zur Gründungskommission des DZNE gehörten neben Dibelius der Neurologe Johannes Dichgans, der Krebsforscher Otmar Wiestler, der Psychiater Peter Falkai und der Neurobiologe Konrad Beyreuther.
87 SZ v. 16.12.2013.
88 Ganz in diesem Sinne merkt Anthea Innes (2009, S. 25) in ihrer Übersichtsdarstellung des Feldes der psychosozial und kulturell orientierten »dementia studies« an: »By placing too much emphasis on the need for future treatments (medical) and future cure (also medical), there is a regrettable shift away from responding to the care needs of those who have dementia in the here and now.«

folgende Feststellung: »Entweder wird die Demenz als eine soziale Aufgabe wahrgenommen, bei der die medizinische Expertise eine helfende Rolle spielen darf, oder wir stehen vor einem ökonomischen, kulturellen und humanitären Bankrott.«[89]

6.3 Die Praxis der Demenzsorge: Organisation und Aufteilung

Von jetzt an steht die psychosoziale Versorgung von Menschen mit Demenz im Fokus. Gegenstand dieses Abschnitts ist die Frage, wie die Demenzsorge von Angehörigen organisiert und aufgeteilt wird: Auf welche Hilfen anderer Personen und Einrichtungen greifen sie dabei zurück? Im ersten Teil arbeite ich heraus, was in den Quellen zur Relevanz von externen Unterstützungen für die familiäre Demenzsorge ausgesagt wird. Zweitens stelle ich unterschiedliche Helfer*innen vor, auf die sich Angehörige bei der Bewältigung ihre Sorgetätigkeit stützen. Drittens geht es um die Verlagerung der Sorge aus der Familie in vollstationäre Pflegeeinrichtungen.

»… weil ihr das allein nicht stemmen könnt«: Sorgende Angehörige und die Notwendigkeit einer externen Unterstützung

Demenzexpert*innen warnen Angehörige oftmals nachdrücklich davor, sich ganz alleine um ein demenzbetroffenes Familienmitglied zu kümmern:

> »Ingrid Fuhrmann, die viele Jahre lang die Deutsche Alzheimer-Gesellschaft Berlin leitete und selber eine demenzkranke Mutter hat, appelliert an betroffene Familien, sich nach fachkundigem Rat und Hilfeangeboten von außen umzusehen. Es drohe die Gefahr, an der Konfrontation mit einem dementen nahen Angehörigen zu zerbrechen.«[90]

Dieses SZ-Zitat zeigt nicht nur exemplarisch, dass vor Alleingängen sorgender Angehöriger gewarnt wird – deutlich wird hier ebenfalls, warum das geschieht. Der Einbezug von externen Hilfen soll verhindern, dass sich Angehörige bei der Sorge für Partner, Elternteile oder sonstige Familienmitglieder verausgaben, dass sie daran »zerbrechen«. Der bereits in Abschnitt 5.3 ausführlich diskutierte Verweis auf eine Überforderung von

---

89 Gronemeyer 2013, S. 22.
90 SZ v. 20.06.2000.

Angehörigen kann folglich auch mit der Absicht vorgebracht werden, die individuelle Bereitschaft zur Nutzung von sorgepraxisbezogenen Unterstützungs- und Hilfsangeboten zu erhöhen. Das belegt ebenfalls ein Auszug aus dem Ratgeber von Mace und Rabins. Genau wie das im vorangestellten Zitat geschieht, betonen Mace und Rabins den Angehörigen gegenüber, dass die Versorgung eines demenzbetroffenen Familienmitglieds mit einem spezifischen Risiko verbunden ist: »Es ist durchaus möglich, unter dieser Last zusammenzubrechen.«[91] Nachdem Mace und Rabins den Angehörigen die Möglichkeit eines Zusammenbruchs vor Augen geführt haben, stellen sie im unmittelbaren Anschluss dar, wie sich ein solcher Zusammenbruch verhindern lässt: »Es ist wichtig, daß andere Menschen da sind, Ihnen zu helfen, mit Ihnen zu sprechen und sich ihrer Probleme anzunehmen.«[92]

Angehörigen wird in diesem Zusammenhang vor allem empfohlen, die Selbstsorge bzw. die Aktualisierung eigener Bedürfnisse und Interessen nicht gänzlich der Sorge um ein demenzbetroffenes Familienmitglied unterzuordnen. Wer sich ab und zu um sich selbst kümmert, so argumentieren Mace und Rabins und viele andere Expert*innen, der tut nicht nur etwas für sich, sondern auch für die versorgte Person (Win-win-Situation):

> »[D]enken Sie daran, daß Ihr erfülltes und sinnvolles Dasein auch für das Wohlergehen des behinderten Angehörigen bedeutsam ist. Ruhepausen und das Zusammensein mit Freunden können viel dazu beitragen, Ihrer Aufgabe besser gerecht zu werden.«[93]

Dass der Rückgriff auf die Unterstützung und die Hilfe anderer durchaus im Interesse von Angehörigen sein kann, belegt die große Mehrheit meiner Interviews. Frau Jost hatte sich beispielsweise hilfesuchend an die lokale Alzheimer Gesellschaft und einen örtlichen Pflegestützpunkt gewandt. In letzterer Einrichtung ließ sie sich beraten, da sie für ihre demenzbetroffene Mutter Leistungen aus der Pflegeversicherung beantragen wollte:

> »Was ich halt auch ganz wichtig finde, was ich so in letzter Zeit gemerkt habe für mich, dass ich mir von überall her Hilfe und Informationen hole. Und das finde ich klasse, dass einem einmal die Alzheimer Gesellschaft [hilft] oder auch dieser Pflegestützpunkt. Da war ich auch schon wiederholt gewesen. Da ist mein Mann dann auch schon mitgegangen und auch mein Bruder. Und die haben uns da auch ganz klasse zur Seite gestan-

---

91 Mace/Rabins 1986, S. 201.
92 Ebd.
93 Ebd., S. 187.

den, dass wir gewisse Dinge durchdrücken konnten, auch mit der Pflegestufe, dass wir das geschafft haben, [eine] Pflegestufe für sie zu bekommen. Und das finde ich toll, wenn man dann so was gesagt bekommt und man kann das in Anspruch nehmen und man hat das Gefühl, da gibt es Menschen, die noch mehr Ahnung davon haben, und die stehen hinter Dir, die helfen Dir. Und das sage ich auch allen anderen, die irgendwo Probleme haben mit ihren Eltern. Ich sage: ›Wendet euch dahin, holt euch Hilfe, weil ihr das alleine nicht stemmen könnt.‹ Und das finde ich ganz wichtig, dass man sich Hilfe herbei holt, wo es nur geht, wo es der Staat einem auch irgendwo bietet. Da steht die Alzheimer Gesellschaft an Nummer Eins für mich.«

Frau Jost brachte hier eine Empfehlung vor, die genau so auch von Ratgeber*innen wie Mace und Rabins an Angehörige herangetragen wird: »Holt euch Hilfe[.]« Besonders hilfreich waren für Frau Jost zum einen die Mitarbeiter*innen des Pflegestützpunktes in ihrem Wohnort, da diese sie eingehend bei der komplexen Klärung und Beantragung von pflegeversicherungsbezogenen Ansprüchen unterstützten. Zum anderen würdigte Frau Jost ganz ausdrücklich die Hilfen, die sie von Seiten der lokalen Alzheimer Gesellschaft erhielt. Die Alzheimer Gesellschaft stand für sie gar auf dem ersten Rang jener Hilfsorganisationen, die im Falle von Pflegebedürftigkeit und Demenz beraten und unterstützen. Diese Bewertung kam vor allem deshalb zu Stande, da Frau Jost verschiedene Angebote der Alzheimer Gesellschaft nutzte und damit gute Erfahrungen machte. Zu den betreffenden Angeboten gehörten erstens Sprechstunden, die Frau Lahr als Geschäftsstellenleiterin des betreffenden Ortsverbandes ausrichtete. Zweitens besuchte Frau Jost eine Angehörigen-Selbsthilfegruppe der Alzheimer Gesellschaft. Drittens hatte sie Betreuerinnen des Vereines engagiert, die sich an bestimmten Wochentagen stundenweise mit ihrer Mutter beschäftigten.

Ein weiteres Beispiel, das zeigt, inwiefern Angehörige die Nutzung externer Hilfen wertschätzen und befürworten, ist ein Zitat aus meinem zweiten Gespräch mit Frau Peters. Dieses Gespräch fand einige Zeit nach dem Tod ihres Mannes statt, den sie zunächst zu Hause versorgt hatte und der dann später von ihr in einem Pflegeheim untergebracht worden war. Frau Peters zog rückblickend dieses Resümee zu den Erfahrungen, die sie bei der Sorge um ihren Ehemann gemacht hatte:

»Die Leute könnten vertrauender sein und denken: Wenn so was [Demenz] passiert, dann werden wir damit zurecht kommen und das bewältigen können. Und uns Hilfe holen können auch und Hilfe annehmen können. Und ich meine, gerade die Hilfe, die man annimmt, die muss auch bezahlt werden, das ist ein Geschäft, da braucht man sich gar nicht zu genieren. Und die Hilfe, die einem angetragen wird, von Freunden und Verwandten, ja, die muss man mal bitteschön annehmen können. Es ist nämlich in unserer Gesellschaft leider viel schwieriger Hilfe anzunehmen, als Hilfe zu geben.«

In den Ausführungen von Frau Peters spiegelt sich ein Zusammenhang wider, der im Kontext der familiären Demenzsorge durchaus sehr bedeutsam sein kann: Manchen Angehörigen erscheint es unzulässig, die Unterstützung von anderen nachzufragen und einzubeziehen. Darauf wird auch im medialen Interdiskurs verschiedentlich hingewiesen – etwa in einem SZ-Interview mit Thomas Klie:

> »[SZ:] Warum holen sich die Pflegenden keine Entlastung? [TK:] Nun, es sind häufig Frauen und Menschen aus Verhältnissen, die es nicht gewohnt sind, Hilfe zuzulassen, die es sich sowohl objektiv wie subjektiv nicht leisten können. Pflegende Männer tun sich leichter, Hilfe anzunehmen. Das Eindringen fremder Menschen in den eigenen Haushalt, das muss man erst mal lernen. Das ist auch eine kulturelle Frage.«[94]

Im Zusammenhang mit Studien zur personalen Aufteilung der familiären Demenzsorge deutet sich ebenfalls an, dass verfügbare Hilfestrukturen und Unterstützungsangebote keineswegs selbstverständlich in Anspruch genommen werden: Wie schon erwähnt, greifen rund 70% der Angehörigen bei der häuslichen Versorgung eines demenzbetroffen Familienmitglieds nicht auf die Unterstützung professioneller Pflegedienste zurück.[95] Eine repräsentative Befragung des Zentrums für Qualität in der Pflege zeigt zudem, dass die Deutschen mitunter kaum ausreichend darüber informiert sind, an welche Stellen sie sich wenden können, wenn sie Fragen zum Bereich der Pflegebedürftigkeit haben:

> »Nur 25 Prozent der Befragten gaben an, eine auf das Thema Pflege spezialisierte wohnortnahe Beratungsstelle zu kennen – nur acht Prozent kannten einen konkreten Pflegestützpunkt. Dabei wurden diese eigens dafür eingerichtet, eine wohnortnahe Beratung zu gewährleisten.«[96]

---

94 SZ v. 29.01.2011. Für eine Studie zu den von Klie erwähnten Geschlechterunterschieden bei der Einbindung externer Hilfen vgl. Witucki Brown et al. 2007.
95 Bartholomeyczik/Halek 2017, S. 53.
96 Zentrum für Qualität in der Pflege 2015, S. 1. Die aufgeführten Befunde decken sich mit Beobachtungen aus einer Studie von Christine Bruker, Thomas Klie und Florian Wernicke (2017, S. 126), in der es um die häusliche Demenzsorge in acht ausgewählten Familien aus unterschiedlichen Regionen Deutschlands ging: »Die regionale Pflegeinfrastruktur, bestehend u. a. aus Pflegeheimen, alternativen Wohnangeboten, Tages-

Die von mir befragten Angehörigen hingegen haben allesamt Kontakt zu einer zentralen Einrichtung des Demenzhilfesystems aufgenommen, denn sie standen ausnahmslos in Verbindung zu einem Verband der Alzheimer Gesellschaft. Viele von ihnen griffen zusätzlich noch auf weitere formelle wie informelle Beratungs- und Unterstützungsangebote zurück, was auch die folgende Darstellung detailliert veranschaulicht. Dieses besondere Charakteristikum des Befragtensamples muss im weiteren Verlauf meiner Ausführungen stets mitbedacht werden – nicht jeder Angehörige setzt so auf die Beratung und den praktischen Beistand anderer, wie es sich bei meinen Gesprächspartner*innen beobachten lässt.[97]

Helfer*innen der familiären Demenzsorge

Ich beschreibe im Folgenden näher, welche Personen und Personengruppen im Quellenkorpus besonders häufig als Helfer*innen der familiären Demenzsorge gekennzeichnet werden.[98] Dabei stelle ich jeweils auch dar, inwiefern genau diese Helfer*innen eine Unterstützung für sorgende Angehörige sind.

---

pflegen, Pflegediensten und Betreuungsangeboten wird mit Ausnahme von den in wenigen Vignetten relevanten Pflegediensten kaum sichtbar. Private und gesellschaftliche Deutungen und Bilder von Demenz dominieren häusliche Pflegekulturen. Professionelle Angebote, die auf Entlastung, auf Aktivierung und Beratung hin ausgerichtet sind, erreichen diese Haushalte jedoch kaum. Das ist ein ernüchternder Hinweis für all jene, die lokale Infrastrukturen der Pflege verantworten.« Und wie Antje Schwinger, Chrysanthi Tsiasioti und Jürgen Klauber (2016, S. 199) weiter zeigen, führt die Kenntnis von über die Pflegeversicherung bereitgestellten Unterstützungsleistungen keineswegs dazu, dass pflegende Angehörige diese auch mehrheitlich in Anspruch nehmen.

97 Eine Übersichtsstudie zu Unterschieden in der Nachfrage und der Nutzung von Hilfsangeboten haben Werner et al. 2014 vorgelegt.

98 Zur familiären Organisation der Versorgung von Demenzbetroffenen vgl. auch Frewer-Graumann 2014. Angemerkt sei weiter, dass es in der Folge ausschließlich um verschiedene Personengruppen geht, die die familiäre Demenzsorge unterstützen. Technische Artefakte und Hilfsmittel aus dem Feld des Ambient Assisted Living spielen in den von mir erhobenen Interviews wie auch in den Quellentexten keine zentrale Rolle. Das darf aber nicht darüber hinwegtäuschen, dass solche Hilfsmittel durchaus einflussreich bei der Versorgung von Menschen mit Demenz sein können (vgl. Lorenz et al. 2017, Blackman et al. 2015 sowie Novitzky et al. 2015). Es ist zudem wahrscheinlich, dass diese Mittel in Zukunft weiter an Bedeutung gewinnen. Beispielsweise widmet sich derzeit die Kommission zum achten Altersbericht der deutschen Bundesregierung unter der

Die Praxis der Demenzsorge: Organisation und Aufteilung 321

Familiäre, freundschaftliche und nachbarschaftliche Helfer*innen

Frau Rahner versorgte ihre demenzbetroffene Mutter und ihren schwer lungenkranken Vater eine Zeit lang im gemeinsamen Haus der Familie. Mutter und Vater lebten in einer eigenen Wohnung direkt unterhalb der Wohnung von Frau Rahner. Neben ihr selbst kümmerten sich anfangs vor allem verschiedene Familienglieder um die Eltern, etwa die Cousine von Frau Rahner – oder ihre Tochter:

> »Also selbst meine Tochter, die ist hier unten zum Einsatz gekommen, dass ich dann gesagt habe: ›Lara, ich muss jetzt mal heute Mittag das und das erledigen. Du musst jetzt mal, es ist keiner da. Kannst du unten?‹ Dann habe ich [meine Eltern] zum Kaffee oder so hier hin gesetzt, oder wie auch immer, und dann hat meine Tochter da gesessen und hat irgendwie gemalt oder irgendwas. Und dann manchmal rief sie auch an und sagte dann: ›Mama, du musst jetzt heimkommen, die Oma, die muss jetzt mal aufs Klo.‹«

Frau Jost erwähnte ebenfalls, dass einige Familienmitglieder bestimmte Aufgaben in der Versorgung ihrer Mutter übernahmen. Gleichwohl empfand sie das Engagement besonders ihrer beiden Geschwister zunächst als überaus mangelhaft bzw. nicht-existent. Das sprach sie schließlich bei einer Familienfeier an:

> »Und da waren meine Geschwister erst mal ein bisschen baff: ›Warum hast du nicht schon mal eher was gesagt?‹ Und: ›Du musst uns sagen, was wir bei der Mutti machen sollen.‹ Sage ich: ›Warum soll ich euch das sagen? Das könntet ihr euch doch mal selber aussuchen. Oder ihr kommt auch mal selber schauen: Wo ist Handlungsbedarf? Das muss ich euch doch nicht sagen.‹ Ja gut, das war eigentlich aber gut, dass ich das gesagt habe, denn meine Geschwister haben darüber nachgedacht und ich muss wirklich sagen, gerade mein Bruder der unterstützt mich jetzt voll. Wenn irgendwas ist, ist er immer sofort für mich da dann auch er und er sagt auch: ›Wenn du mit der Mutti Probleme hast, ruf mich an. Sag mir das. Lass mich das wissen, dass ich dann sofort mit der Mutti reden kann.‹ Weil ich weiß, wenn er hingeht und mit ihr redet, das wirkt viel besser. Und das ist mir eine unheimliche Hilfe, dass ich weiß, ich habe meine Geschwister im Rücken. Dass die mir helfen und mein Mann vor allen Dingen, mein Mann ist mir eine ganz große Hilfe.«

Das Zitat belegt einerseits, wie wichtig es sein kann, die (Mit-)Hilfe anderer Familienmitglieder »im Rücken« zu haben. Andererseits zeigt sich hier einmal mehr, dass es große Ungleichheiten bei der familiären Verteilung von

---

Überschrift »Ältere Menschen und Digitalisierung« der Frage, welche Möglichkeiten der Einsatz von digitalen Technologien im Kontext der Altenhilfe eröffnet.

Sorgeaufgaben gibt, die nicht zuletzt auf spezifische Geschlechterrollen zurückgehen.[99] So wohnte die Schwester von Frau Jost in einer weiter entfernten Stadt und konnte deshalb im Alltag der Versorgung der Mutter keine Aufgaben übernehmen. Der Bruder von Frau Jost lebte zwar vor Ort, er arbeitete aber in einer Vollzeitbeschäftigung. Frau Jost hingegen ging keiner Erwerbstätigkeit nach, sondern war Hausfrau, weshalb ihr – wie selbstverständlich – die maßgebliche Verantwortung für die Versorgung der Mutter zufiel.

Ein weiteres Beispiel, das eine Form innerfamiliärer Unterstützung aufzeigt, ist das folgende Zitat aus einem FAZ-Artikel. Der betreffende Artikel beschreibt den Alltag einer Frau (Resi), die ihren demenzbetroffenen Mann (Georg) im Haus des Ehepaares versorgt:

> »Ihre zwei Töchter Cornelia und Daniela haben sich über die Krankheit erkundigt und [Resi] ermutigt, an sich selbst zu denken. Hin und wieder wird Opa Georg zum Mittagessen bei den Enkeln und ihrer Tochter eingeladen, sodass Resi mehr Zeit für sich hat.«[100]

Neben der Familie können ebenfalls Freunde eine wichtige Hilfe für Angehörige von Demenzbetroffenen sein.[101] Frau Tews wurde beispielsweise von Freunden in jener bereits in Abschnitt 5.3 erwähnten Notsituation unterstützt, in der sie ihren Mann nicht zu Hause vorfand und keine Kenntnis von seinem aktuellen Aufenthaltsort hatte. Es war eine Freundin des Ehepaars, die Herrn Tews an seiner ehemaligen Arbeitsstelle vermutete und ihn dort auch fand und wieder nach Hause brachte. Sehr hilfreich war für Frau Tews zudem der regelmäßige Austausch mit einer nahestehenden Freundin sowie mit ihrer Schwester. Diese Unterhaltungen boten ihr die Möglichkeit, sich von den Schwierigkeiten und Herausforderungen ihres Sorgealltags etwas frei zu machen: »Gespräche führen können, jammern können, diese Nächte und die Ereignisse und so. […] Ich habe zwei Ohren abgeknabbert, heißt es so komisch, meiner Schwester und meiner Freundin. Die waren immer da.«

---

99 Vgl. Thelen 2014, S. 25f.
100 FAZ v. 12.11.2008.
101 Vgl. Haumann 2017, S. 38.

In den Quellen meiner Analyse geht es überdies oft auch um Hilfen von nachbarschaftlicher Seite. Frau Kahn erzählte zum Beispiel Folgendes:

> »[Mein Mann] ist vor ein paar Wochen mal ein Stück gegangen, da wusste ich es aber, und er hat mir versprochen, er geht nur bis zum Kindergarten, das ist nicht weit, da kann ich fast hinschauen. Da hat schon jemand gerufen: ›Du sollst heimkommen. Du sollst heimkommen.‹ Die haben gedacht, er ist wieder abgehauen.«

Der hier erwähnte Nachbar wusste um die demenziellen Beeinträchtigungen von Herrn Kahn. Er versuchte in der beschriebenen Situation insofern zu helfen, als seine Rufe verhindern sollten, dass sich Herr Kahn zu weit von seinem Haus entfernte und sich dann womöglich verlief.

Frau Rahner hatte ganz Ähnliches berichtet. Sie wurde oft von ihren Nachbarn verständigt, wenn diese ihre Mutter ohne Begleitung im Wohnort der Familie sahen: »[Meine Mutter] ist ja hier auch immer weggelaufen, so dass mich Nachbarn auch immer angerufen haben.« In den Quellen wird des Weiteren darauf hingewiesen, dass es häufig Nachbarn sind, die Angehörigen bei der Suche nach vermissten Familienmitgliedern zur Hand gehen. So berichtete die Frau eines demenzbetroffenen Mannes in einem Artikel der BILD: »Wenn ich einen Moment nicht aufpasste, war er einfach verschwunden. Und die Nachbarn mussten ihn mit mir suchen.«[102]

Von einer anderen Form der nachbarschaftlichen Hilfe erzählte Frau Werner. Ihre Mutter lebte zu Beginn ihrer Demenz noch einige Zeit im eigenen Haus, das in weiterer Entfernung zum Wohnort der Tochter lag. Frau Werner traf mit einer Nachbarin der Mutter deshalb eine Vereinbarung. Die Nachbarin, mit der Frau Werner früher befreundet war, besuchte die Mutter regelmäßig, schaute im Haushalt nach dem Rechten – und wurde dafür auch entlohnt. Dieses Vorgehen ermöglichte es, dass Frau Werner senior noch einige Zeit in ihrem Haus leben konnte:

> »Wir hatten das große Glück, dass eine Nachbarsfrau in meinem Alter, eine Freundin von früher, die auch zu Hause war, keine Stelle hatte. Die hat dann gesagt, dass sie sich um meine Mutter kümmert. Wir haben dann auch einen Preis vereinbart, ist klar, kann man ja auch. Sie hat es aufgeschrieben, die Kinder haben ein bisschen auch im Garten dann mal Rasen gemäht und so. Damit ging es dann und meine Mutter konnte ja noch sehr, sehr viel allein.«

---

102 BILD v. 11.04.2008.

Um die Potenziale von nachbarschaftlichen Hilfsgeflechten geht es überdies in solchen Quellen des Korpus, die den Ansatz einer »Demenzfreundlichen Kommune« diskutieren.[103] Das ist zum Beispiel im Sachbuch von Gronemeyer der Fall oder in dem weiter oben erwähnten SZ-Interview mit Thomas Klie. Klie äußert sich darin wie folgt zur Bedeutung einer nachbarschaftlich-kommunalen Versorgungsstruktur:

> »Es ist wichtig und es passiert bereits, dass die Nachbarschaft, der Bäcker, die Kirchengemeinde, der Klempner um die Ecke sich Menschen mit Demenz gegenüber öffnen. […] In einer Gemeinde in Süddeutschland lebt eine Frau, noch dazu eine Zugezogene, die immer wieder vergisst, wie ihr Fernseher funktioniert. Die geht immer wieder auf die Straße und fragt jeden, der des Weges kommt, ob er ihr wohl die Fernbedienung einstellen könne. Die Frau kennt man, und jeder hilft ihr, stellt die Fernbedienung ein oder bringt sie wieder nach Hause, wenn sie sich verlaufen hat.«[104]

Helfer*innen aus dem Dienstleistungs- und Pflegesektor

Eine wesentliche Unterstützung der familiären Demenzsorge können entsprechende Angebote von Institutionen der Alten- und Krankenpflege sein. In einigen Quellen des Korpus wird beispielsweise erwähnt, dass ambulant tätige Pflegefachkräfte Aufgaben wie die Körperpflege oder die Gabe von Medikamenten übernehmen. Genauso werden Angebote wie das der Verhinderungspflege genutzt. Dieses Angebot ermöglicht es Angehörigen, kurzzeitig von der Sorgeverantwortung zurückzutreten und etwa Urlaubsreisen zu unternehmen. Nicht zuletzt spielt auch die Tagespflege für die familiäre Demenzsorge in einigen Fällen eine wichtige Rolle.

Frau Tews griff im Verlauf der Demenz ihres Mannes auf verschiedene der genannten Pflegedienstleistungen zurück. Das war für sie zum einen deshalb notwendig, da sie weiterhin ihre Berufstätigkeit ausübte. Zum anderen verfügte das Paar über keine familiäre Unterstützung. Die Eheleute waren kinderlos geblieben und anderweitige Verwandte lebten nicht in der Nähe:

> »Ohne Verwandte, ohne Entlastung durch Kinder, Eltern, Schwestern, sonst wie war das schon eine schwierige Ausgangslage. Und ich habe dann aber eben organisiert, dass mein Mann eine Altenpflegerin 1,5 Tage zu Hause [hatte] und drei Tage in der Woche nachher dann, als er nicht mehr alleine zu Hause sein konnte, in der Tagespflege war.«

---

103 Rothe/Kreutzner/Gronemeyer 2015.
104 SZ v. 29.01.2011.

Frau Werner nutzte ebenfalls ein Tagespflegeangebot, um ihre Berufstätigkeit mit der Sorge für ihre Mutter vereinbaren zu können. Nachdem die Mutter nicht mehr alleine in ihrem Haus leben konnte, entschlossen sich die Eheleute Werner dazu, sie bei sich zu Hause aufzunehmen. Das war jedoch für Frau Werner einzig unter der Voraussetzung möglich, dass sie ihre Arbeit nicht aufgeben musste, weshalb sie auch auf die Option der Tagespflege zurückgriff: »Hier gibt es eine Tagesbetreuung im Altenheim. Weil ich auch arbeite, habe ich gesagt: ›Wenn, dann geht es nur so.‹ Was [meine Mutter] natürlich auch nicht wollte, wenn man sie fragte.« Die anfängliche Ablehnung der Mutter sollte jedoch schwinden – im Laufe der Zeit arrangierten sich beide Frauen relativ gut mit der Nutzung des Tagespflegeangebotes:

> »Ich konnte das von meiner Arbeit her auch – Gott sei Dank – so regeln, dass ich sie um acht Uhr dahin bringen konnte und etwas später angefangen habe zu arbeiten und dann um vier Uhr auf dem Rückweg habe ich sie wieder mitgenommen. Das war wirklich schön und das hat ihr auch sehr viel Spaß gemacht, das war so eine Mischung aus Leuten, die von außen kamen und auch aus Leuten aus dem Heim, es wurde gesungen, gelesen, gefrühstückt erst, wenn die kamen, und mal spazieren gegangen. Und da ging sie sehr gerne hin.«

Die ambulante Pflege, die Verhinderungspflege oder auch die Tagespflege stellen allesamt reguläre Pflegedienstleistungen dar. Frau Rahner machte hingegen auch von einer irregulären Dienstleistung Gebrauch. Sie beschäftigte zeitweise ausländische Betreuerinnen, die in der Wohnung der Eltern lebten und diese dort versorgten.[105] Dieses Modell ist trotz seiner Irregularität mittlerweile ein fester Bestandteil des deutschen Pflegesektors geworden.[106] Und so führt Christine von Reibnitz in einer Darstellung über »Ambulante Versorgungskonzepte und Unterstützungsangebote« auch die »Beschäftigung ausländischer Haushaltshilfen« als eine wichtige Unterstützungsform auf.[107] Der Einbezug der ausländischen Betreuerinnen erfolgte, weil die Familie die Versorgung der demenzbetroffenen Mutter und des lungenkranken Vaters schließlich nicht mehr alleine bewältigen konnte:

> »Und dann war das halt so, dass mein Vater ja tagsüber halt wirklich, ich will mal sagen durch seine COPD, tagsüber wach war und meine Mutter dann nachts auch wach war, hinterher auch noch. Die hat im Grunde diese Zeiten dann auch noch vertauscht. Und

---

105 Vgl. Egger de Campo 2015.
106 Vgl. Ignatzi 2014.
107 Von Reibnitz 2014, S. 73.

dann waren wir hier Tag und Nacht im Einsatz, das war fast schier unmöglich und dann habe ich ja Polinnen auch eingestellt.«[108]

Um zu unterstreichen, wie belastend die häusliche Versorgung ihrer Eltern war, wies Frau Rahner darauf hin, dass auch die ausländischen Betreuerinnen dabei an ihre Grenzen kamen, gleichwohl diese schon Erfahrungen im Bereich der Pflege hatten:

>»Die waren dann rund um die Uhr hier und dadurch, dass die das schon sicherlich mehrfach gemacht haben, hatten die da einfach auch schon ein bisschen so den Rhythmus drin. Also wobei die eine, die zum Schluss da war, eine ganz herzliche Liebe war das, die hat dann auch gesagt: ›Also wenn ich wiederkommen soll, ich komme nicht mehr alleine. Das ist zu anstrengend.‹ Also das ist auch für die zu anstrengend gewesen, weil die ja auch Tag und Nacht dann im Einsatz sein mussten und das war schier unmöglich, das war ganz, ganz schwierig. Die konnten eigentlich gar nicht schlafen, weil die nur auch nachts rumgelaufen sind.«[109]

Der Einsatz von ausländischen Betreuerinnen kommt ebenfalls verschiedentlich in der medialen Demenzproblematisierung zur Sprache. Ein BILD-Artikel widmete sich dem Thema etwa unter folgender Überschrift: »Die Pflegerin aus Polen: Ohne Ivona müssten wir ins Heim«.[110] In dieser Schilderung wird die Beschäftigung von ausländischen Betreuerinnen als ebenso sinnvolle wie kostengünstige Alternative zu einer Heimunterbringung von Demenzbetroffenen beschrieben. Die Betreuerin Ivona kümmert sich um die demenzbetroffene Christel und erhält dafür rund 800 Euro – Herbert, der Ehemann von Christel, war mit der Arbeit von Ivona überaus zufrieden, weil sie großes Engagement zeigte und den Alltag positiv beeinflusste:

>»Für Herbert Carstensen ist Ivona inzwischen fast wie eine Tochter: ›Sie hat eine so fröhliche Art, bringt ordentlich Stimmung in den Laden hier. Sonst ist es ja doch ziemlich still.‹ Dann schaut er zärtlich zu seiner Frau, die seit zwei Jahren an Alzheimer leidet: ›Christel mag sie auch. Das sehe ich an ihrem Blick.‹ Hat er nie überlegt, seine Frau in ein Heim zu geben? ›Niemals! Wir waren immer zusammen. Und das bleiben wir auch.‹ Gemeinsam mit seinen Kindern Susanne und Dirk kam er so auf die Idee, eine polnische Pflegekraft zu engagieren, zusätzlich zu einem ambulanten Pflegedienst.«

---

108 Die Abkürzung COPD steht für den englischen Begriff Chronic Obstructive Pulmonary Disease (Chronisch obstruktive Lungenerkrankung).
109 Das Zitat veranschaulicht nicht zuletzt auch, inwiefern es im Kontext der migrantischen Sorgearbeit zu massiven Überforderungen kommen kann.
110 BILD v. 13.09.2007.

Herr Luhr griff bei der Versorgung seiner Frau ebenfalls auf Unterstützung von außen zurück. Zu der Zeit, als beide Eheleute noch in ihren ärztlichen Berufen tätig waren, beschäftigte das Paar eine Hilfe für die Erledigung der Hausarbeit. Die Eheleute setzten sich dann später beruflich zur Ruhe und schließlich traten die demenziellen Beeinträchtigungen von Frau Luhr auf. Angesichts dieser Situation sollte sich das Aufgabenfeld der Haushaltshilfe, die auch weiterhin für das Paar tätig war, grundlegend ändern: Sie übernahm nun auch für einige Stunden in der Woche die Betreuung von Frau Luhr. Herr Luhr führte dazu aus:

> »Wir hatten durch unsere Praxistätigkeit eine Haushaltshilfe, die zwei Tage, Vormittage, in der Woche kam. Die hat dann hier bei der Alzheimer Gesellschaft so einen Fortbildungskurs gemacht und das war dann ganz gut, weil das eine vertraute Person war.«

Wie aus der Aussage von Herrn Luhr hervorgeht, bestand ein wesentlicher Vorteil dieser Betreuungslösung darin, dass sich seine Frau und die Haushälterin schon seit Längerem kannten. Dieses Bekanntheitsverhältnis führte mit dazu, dass Frau Luhr die Anwesenheit und die Betreuungsleistungen der Haushälterin annahm und nicht mit Ablehnung darauf reagierte.

*Zivilgesellschaftliche Helfer*innen*

Neben den zuvor erwähnten Helfer*innengruppen gilt die Alzheimer Gesellschaft in den Untersuchungsquellen als eine sehr wichtige Unterstützungsinstanz der familiären Demenzsorge. In einem BILD-Artikel mit dem Titel »Schicksal Demenz: So betreuen Angehörige Patienten richtig« wird allen Hilfe suchenden Angehörigen so beispielsweise empfohlen, sich direkt an diese Organisation zu wenden:

> »Welche Hilfsangebote gibt es? Nehmen Sie Kontakt zu einer Selbsthilfegruppe auf. Ansprechpartner vermittelt die Alzheimer Gesellschaft (www.deutsche-alzheimer.de). Sie vermittelt auch Tages- oder Nachtpflegeeinrichtungen. Wenn der Pflegende selbst krank wird oder einen Erholungsurlaub benötigt, ist Kurzzeitpflege in einem Pflegeheim möglich.«[111]

Wie ich schon verschiedentlich festgestellt habe, geht die Arbeit der Alzheimer Gesellschaft über die Einzelberatung von Betroffenen und Angehöri-

---

111 BILD v. 11.04.2008.

gen hinaus. Der älteste Lokalverband, die Alzheimer Gesellschaft München, stellt beispielsweise diese Unterstützungs- und Hilfsangebote bereit:

> »Für die Begleitung von Menschen mit Demenz zu Hause stehen geschulte freiwillig engagierte Helferinnen und Helfer bereit. Sie entlasten die Angehörigen für ein paar Stunden und beschäftigen sich mit den Betroffenen je nach deren Fähigkeiten [...]. In Aktivierungs- und Betreuungsgruppen finden Menschen mit Demenz für einige Zeit die Gemeinschaft mit anderen. Für die Angehörigen bedeuten diese Stunden ein wenig Freiraum.«[112]

Solche Angebote gehörten ebenfalls zum Portfolio jener örtlichen Alzheimer Gesellschaft, die im Fokus meiner Untersuchung stand. Frau Jost etwa hatte, wie ebenfalls schon erwähnt, von dem Begleitungsangebot Gebrauch gemacht: Ihre Mutter bekam regelmäßig Besuch von ehrenamtlichen Mitarbeiterinnen der Organisation, die mit ihr Spaziergänge oder Kaffeebesuche unternahmen. Frau Jost senior spielte zudem gerne Gesellschaftsspiele, unter anderem mit ihren Betreuerinnen, wie die Tochter berichtete: »Auch mit den Mädels von der Alzheimer Gesellschaft, da wird immer gespielt. Und meistens das, was sie gut kann: ›Ich habe die wieder besiegt, die anderen.‹ Das wird mir dann immer erzählt: ›Ich habe wieder gewonnen!‹«

Der Mutter von Frau Jost waren die Besuche der Betreuerinnen jedoch nicht immer willkommen. So verwehrte sie ihnen stellenweise den Zutritt zur ihrem Haus oder beschimpfte sie manchmal.[113] Hochwillkommen waren der Mutter von Frau Jost hingegen stets Besuche von einer ganz bestimmten Betreuerin, die sie aus ihrer Kirchengemeinde kannte:

> »Sie freut sich auch inzwischen, gerade wenn die eine kommt, die eine von der Alzheimer Gesellschaft. Muss ich dazu sagen: Die gehört auch zu unserer Kirchengemeinde. Das ist jetzt noch ein zusätzlicher Pluspunkt, die akzeptiert sie dann, weil sie die schon so kennt, von privat her. Die akzeptiert sie dann halt noch mehr. Und wenn die kommt, die kommt jetzt zwei Tage [in der Woche], das habe ich jetzt mit ihr vereinbart, [...] da freut sie sich dann auch drauf: ›Ach, ich bin so dankbar, dass du zu mir kommst‹, hat sie gerade ihr gestern Abend gesagt. Und das ist schön.«

---

112 Alzheimer Gesellschaft München e.V. (Internet), *Angebote für Menschen mit Demenz.*
113 Den Umstand, dass Frau Jost senior die Betreuerinnen der Alzheimer Gesellschaft stellenweise beschimpfte, habe ich auch schon näher im Zusammenhang mit der Beschreibung von lebensweltlichen Relevanzen der Medikalisierung von Demenz in Abschnitt 5.1 diskutiert.

An dieser Stelle zeichnet sich erneut ab, dass zum Teil vor allem solche Helfer*innen von Demenzbetroffenen angenommen und gewertschätzt werden, zu denen bereits in der Vergangenheit ein persönliches und positiv besetztes Bekanntheitsverhältnis bestand.

Wie ich später erfuhr, besuchte die Mutter von Frau Jost schließlich auch eine der nachmittäglichen Betreuungsgruppen der Alzheimer Gesellschaft. In dem oben aufgeführten Zitat von der Homepage der Alzheimer Gesellschaft München wird dieses Angebot ganz explizit mit einer doppelten Zielsetzung verbunden: Einerseits soll es ermöglichen, dass Demenzbetroffene hier »einige Zeit die Gemeinschaft mit anderen« erleben können. Andererseits soll das Angebot dazu dienen, den Angehörigen »ein wenig Freiraum« zu verschaffen. Aus meiner teilnehmenden Beobachtung in einer solchen Betreuungsgruppe kannte ich Frau Wehra. Frau Wehra war zum Zeitpunkt meiner Feldforschung Mitarbeiterin in der von mir besuchten Gruppe. Später hatte sie die Leitung dieser Gruppe übernommen und stand zudem noch einer zweiten Gruppe vor, die von der Alzheimer Gesellschaft in einem anderen Ort ausgerichtet wurde. In unserem Gespräch, das einige Zeit nach meiner teilnehmenden Beobachtung stattfand, stellte sie ebenfalls fest, dass es sich hier sowohl um ein Angebot im Sinne der Betroffenen als auch um ein Angebot im Sinne der Angehörigen handle:

> »Unterschiedliche Interessen kommen [da] zusammen. Und unabhängig davon, dass ich diese Gruppe mache, finde ich das wirklich ein tolles Angebot. Weil es wirklich für die Angehörigen hilfreich ist. [...] Das ist so, wie man das Kind in den Kindergarten [bringt]. Dann hat man erst mal Zeit für sich selbst. Da gehen manche ins Fitnesscenter oder irgend so was. [...] Und es ist gleichermaßen für die Betroffenen hilfreich. Also wir versuchen ja auch zu fördern, also dieses Motologische, also Bewegung oder [...] ich frag dann immer: ›Kennen sie diese Fernsehsendung ›Dings vom Dach‹?‹ Und dann gebe ich ihnen was Verpacktes zum Fühlen.«[114]

---

114 Bei ihren Ausführungen zu der Frage, wer vom Angebot der Betreuungsgruppe profitieren kann, sprach Frau Wehra zuerst die Vorteile der Angehörigen an und ging erst dann auf die Vorteile der demenzbetroffenen Besucher*innen ein. Dies könnte so interpretiert werden, dass es sich hier in den Augen von Frau Wehra um eine Veranstaltung handelt, von der primär die Gruppe der Angehörigen profitiert bzw. profitieren soll. Eine solche Interpretation stützt der weitere Verlauf unseres Gesprächs aber nicht. Frau Wehra betonte darin nämlich, dass es für sie als Gruppenleiterin vor allem zentral sei, dass das Angebot der Betreuungsgruppe Anklang bei den Teilnehmer*innen findet – dass der Betreuungsnachmittag ein Angebot im Sinne dieser Personen darstellt:

Ein weiteres Angebot, das in meinem Quellen oft als wichtige Hilfe für Angehörige bewertet wurde, war das Angebot der Angehörigen-Selbsthilfegruppe. Die positive Bedeutung von Selbsthilfegruppen heben unter anderem auch Mace und Rabins in ihrem Ratgeber hervor:

> »Familien berichten uns immer wieder, wie wichtig es ist, andere Familien zu kennen, die mit gleichen Problemen befasst sind. […] Die Gruppen bieten freundschaftliche Unterstützung sowie Informationen über die Krankheit, mögliche Hilfen sowie fachkundige Ärzte in Ihrer Gegend. Weiterhin geben sie ihren Mitgliedern die Gelegenheit, Ideen zur möglichst wirkungsvollen Pflege untereinander auszutauschen.«[115]

In Deutschland werden Angehörigengruppen häufig von der Alzheimer Gesellschaft angeboten. Die Gruppenleitung und Gesprächsmoderation übernehmen Mitarbeiter*innen der Organisation. Im Rahmen meiner Angehörigengespräche wurde das Angebot der Selbsthilfegruppe mehrfach und mit großer Wertschätzung erwähnt. Herr Tenner äußerte sich etwa so dazu:

> »Ich habe das Glück gehabt, in dieser Situation, wo ich das Pech hatte, dass meine Frau die Diagnose gestellt kriegte, dass sie an Demenz erkrankt ist, dass [mir] zu diesem Zeitpunkt […] die Alzheimer Gesellschaft näher gekommen ist mit den Selbsthilfegruppen. […] Da werden nämlich zum Beispiel Themen besprochen wie: Wie kriege ich meine Frau ins Auto? […] Oder: Wie kriege ich die Frau in die Dusche?«

Für Frau Tews besaß der Besuch der Selbsthilfegruppe einen ebenso hohen Stellenwert:

> »Also diese Angehörigengruppe war sicherlich ganz wichtig. Da bin ich ganz zu Beginn geschockt worden, weil dann gleich die Frage der Inkontinenzmittel da kam und man so genau wusste: Oh Gott, das alles wird auf dich zukommen. Das hat erst einmal einen Schrecken nach sich gezogen und nachher hat man gesehen, jeder macht das alles noch mal wieder so von vorn durch, als sei man das erste Mal dabei. Also das war bestimmt ganz wichtig.«

Beide Zitate veranschaulichen noch einmal einen wesentlichen Aspekt, warum das Angebot der Selbsthilfegruppe so viel Zuspruch erfährt: Den Angehörigen ist es hier möglich, ein konkretes Sorgepraxiswissen zu erwerben, das sich im Alltag anderer Angehöriger bewährt hat. Wie etwa lässt sich die Körperpflege bewältigen? Wie kann mit Inkontinenz umgegangen

---

»[D]as Wichtigste ist tatsächlich, dass der Betroffene gute Stunden verbracht hat. Das ist wirklich das Wichtigste, da habe ich das größte Augenmerk drauf, egal, was gemacht wird.«
115 Mace/Rabins 1986, S. 208.

werden? Es handelt sich hier, wie auch Mace und Rabins feststellen, um einen Kontext, in dem Angehörige durch gegenseitigen Austausch voneinander lernen und sich so helfen. Eine weitere mögliche und wichtige Quelle für sorgepraxisbezogene Handlungsempfehlungen sind die demenzspezifisch qualifizierten Leitungspersonen solcher Angehörigenselbsthilfegruppen. Das Zitat von Frau Tews macht überdies deutlich, dass die Teilnahme an einer solchen Gruppe für Angehörige gelegentlich verängstigend sein kann: Angehörige gewinnen hier gerade bei ihren ersten Besuchen einen Eindruck davon, welche Schwierigkeiten möglicherweise noch auf sie zukommen.

»Wichtig ist halt einfach, dass man den Kontakt behält«: Die Heimunterbringung

In den Quellen meiner Studie wird immer wieder betont, dass auch die Heimunterbringung eine sinnvolle und legitime Hilfe für Angehörige sein kann.[116] Angesichts bestimmter Situationen gilt der Wechsel von der familiär-häuslichen zur institutionell-stationären Versorgung geradezu als dringend erforderlich – und zwar sowohl im Interesse der Angehörigen als auch im Interesse der Demenzbetroffenen. Auf die Frage »Wann empfiehlt sich ein Pflegeheim?« antwortete ein BILD-Artikel so beispielsweise:

> »Ob ein Demenzkranker in einem Heim besser aufgehoben ist als zu Hause, hängt von der persönlichen Gesamtsituation ab. Es gibt aber Faktoren, die eine institutionelle Betreuung notwendig machen: Sie oder der Demenzkranke werden aggressiv. Wenn es von der einen oder anderen Seite zu Übergriffen kommt, ist Abstand geboten. Sie haben zu wenig Entlastung: Hilfe anderer Angehöriger, Rückzugsmöglichkeiten oder eine Tagesklinik gibt es nicht. Sie sind erschöpft, haben Selbstzweifel und leiden unter Schlaflosigkeit. Manche Patienten blühen nach der Aufnahme in ein Heim regelrecht auf. Sie genießen es, dass sich verschiedene Menschen um sie kümmern, die eine unterschiedliche Herangehensweise haben.«[117]

Um etwas näher zu veranschaulichen, unter welchen Bedingungen die Entscheidung für eine Heimunterbringung erfolgen kann, seien zwei Zitate aus

---

116 Diese Tendenz ist keineswegs nur demenzsorgespezifisch, wie Peter Runde, Reinhard Giese und Claudia Stierle (2003, S. 9) gezeigt haben.
117 BILD v. 16.10.2013.

den Gesprächen mit Frau Werner und Frau Peters herangezogen. Nachdem Frau Werner ihre Mutter bei sich zu Hause aufgenommen hatte, gelang die häusliche Versorgung einige Zeit gut. Mitentscheidend dafür war, wie dargestellt, der Umstand, dass die Mutter von Frau Werner eine Tagespflegeeinrichtung besuchte. Die Situation änderte sich jedoch:

> »Und dann [...] wurde es schwieriger. Der Tag-Nacht-Rhythmus, der ging verloren. Sie fühlte sich dann in der Tagesbetreuung nicht mehr wohl und dann, ja, klappte das auch nicht mehr mit den Toilettengängen und all diese Dinge. Und dann haben wir uns halt auch entschlossen, einen Heimplatz für sie zu suchen. Weil ich immer gesagt habe: ›Ich kann meine Arbeit nicht aufgeben.‹ Das hätte ich dann gemusst.«

Wie Frau Werner berichtete, traten im Verlauf der Entwicklung größere Schwierigkeiten auf, die auch für sie persönlich sehr belastend waren. Unter anderem schlief ihre Mutter nachts nicht mehr richtig und wurde inkontinent.[118] Zudem lehnte sie den Besuch der Tagespflegeeinrichtung zunehmend ab. Angesichts dessen hätte Frau Werner die häusliche Versorgung ihrer Mutter nur durch die Aufgabe ihrer Berufstätigkeit fortsetzen können – doch dieser Schritt kam für sie nicht in Frage.

Frau Peters hingegen war bereits schon länger im beruflichen Ruhestand, als die Demenz ihres Mannes auftrat und sie seine Versorgung übernahm. In meinem zweiten Gespräch mit Frau Peters erkundigte ich mich danach, weshalb bei ihr der Entschluss zur Heimunterbringung ihres Mannes gefallen war – sie antwortete dieses:

> »Ich hatte mir selber zwei Limits gesetzt. Entweder er wird so dement, dass er es nicht mehr merkt, ob er hier oder da ist. Dann würde ich mir die Erleichterung gönnen, ihn außer Haus zu geben. So schlimm war es noch nicht. Aber er war schon fast sprachlos geworden. Er war auf dem Weg dahin, dass er sich gar nicht mehr orientieren konnte. Und das andere war, dass ich eben eventuell nicht mehr körperlich in der Lage wäre. Und da hatte ich ihn während meines Urlaubs ins Pflegeheim gegeben für die Kurzzeitpflege und hatte mir in der Zeit einen schönen Hexenschuss so mit richtig kräftigen Rückenschmerzen eingehandelt und hab mir gedacht: Oh, wenn dir das zu Hause passiert, dann hast du aber irgendwie ein Problem. Also ich merkte, ich war auch nicht mehr so ganz weit von dem gesetzten Limit. Und da habe ich mal [im Pflegeheim] gefragt: ›Ja, wie ist das mit Wartezeiten und wann muss man sich anmelden?‹ Und da

---

118 Wie Bernadette Meier und Christoph Held (2013, S. 65) ausführen ist »Inkontinenz [...] neben aggressivem Verhalten der häufigste Grund für eine Heimeinweisung der Betroffenen, bedeutet sie doch einen erheblich größeren Pflegeaufwand und eine belastende Situation für die Betroffenen, die Angehörigen und die Pflegenden«.

haben die gesagt: ›Er kann hier bleiben. Wir haben gerade ein Zimmer frei.‹ Und so ging das dann etwas Hals über Kopf.«

Das Zitat zeigt, dass Frau Peters auf Grundlage eines spezifischen Kalküls vorging. Die Heimunterbringung ihres Mannes sollte zum einen dann erfolgen, wenn seine demenziellen Beeinträchtigungen ein bestimmtes Ausmaß hätten. Andererseits wollte Frau Peters die Heimunterbringung ihres Mannes einleiten, wenn sie selbst an einen Grenzpunkt käme – wenn sie der häuslichen Versorgung körperlich nicht mehr gewachsen wäre. Keiner dieser beiden Grenz- bzw. Kipppunkte wurde tatsächlich erreicht. Frau Peters gewann jedoch den Eindruck, dass sie bald an ihr eigenes körperliches »Limit« gelangen könnte. Deshalb nutzte sie die Gelegenheit, als ihr auf ihre Nachfrage ein Heimplatz für ihren Mann angeboten wurde.

Gleichwohl die Angehörigen infolge der Heimunterbringung viele Sorgeaufgaben an Pflegefachkräfte abgeben, läuft eine solche Veränderung keineswegs darauf hinaus, dass sich die zuvor bestehende (Sorge-)Beziehung auflöst und Sorgehandlungen ganz aufgegeben werden.[119] Grundsätzlich betonen Mace und Rabins in diesem Zusammenhang Folgendes:

> »Plötzlich in einem Pflegeheim zu leben, beinhaltet eine große Umstellung. Diese benötigt Zeit und Energie, sowohl für die Angestellten des Pflegeheims, für dessen Bewohner als auch für die Familie. Es kann eine sehr schmerzliche Entwicklung sein. Bedenken Sie aber, daß der Umzug in ein Pflegeheim nicht das Ende einer engen Familienbindung bedeuten muß. Obgleich Ihr Verwandter nun in eine neue Umgebung gezogen ist, die seinen Bedürfnissen besser dient, kann er weiterhin Teil der Familie sein.«[120]

Hier und in den sich anschließenden Zeilen führen Mace und Rabins aus, dass es wichtig ist, dass familiäre Bindungen auch im Falle einer Heimunterbringung weiter gepflegt werden, dass sich Angehörige nach wie vor um ihre Familienmitglieder kümmern. Angehörige verhalten sich durchaus so, wie viele meiner Quellen belegen. Ein Beispiel dafür ist das Engagement von Frau Tews, das in der nachstehenden Erzählung von ihr sehr greifbar wird:

> »Ich bin zu einem Vortrag von dem Professor Klausner mal gegangen, der über Demenz ja überall dann auch mal referiert, der eine ganz erschreckende Äußerung dann

---

119 Vgl. auch Robinson/Reid/Cooke 2010.
120 Mace/Rabins 1986, S. 215.

machte. Wenn die Personen in eine Pflegeeinrichtung verbracht werden […] leben die – das war eine Ewigkeit – ich glaube 14 Monate weniger lang als diejenigen, die bis zum Tod zu Hause gepflegt werden. Also da saß ich – hatte […] meinen Mann gerade in einem Heim [untergebracht] und hörte das. Und dann kam aber der Nachsatz: Es sei denn, durch Zuwendung wird was ausgeglichen. Und das ist, ganz offen gestanden, auch eine These von mir, dass mein Mann nicht so lange gelebt hätte, wenn ich nicht in der Weise bei ihm [gewesen wäre, wie ich das] war. Ich bin mit Ausnahme des Wochenendes jeden Morgen zu ihm und habe ihm das Frühstück angereicht. Bin immer nach dem Feierabend […] mit ihm draußen gewesen, habe ihn immer nach draußen gebracht. Die erste Zeit konnten wir […] gehen, später auch mit dem Rollstuhl.«

Die Entscheidung für die Heimunterbringung ihres Mannes war Frau Tews alles andere als leicht gefallen. Vielen anderen Angehörigen geht es ebenso – selbst wenn Demenz- und Pflegeexpert*innen öffentlich Chancen und Vorteile dieser Option hervorheben.[121] Rückblickend empfand Frau Tews diesen Schritt und die Anpassung an die neue Umgebung als eine der belastendsten Erfahrungen, die sie im gesamten Verlauf der Demenz ihres Mannes gemacht hatte:

»Das Schlimmste war wirklich der Weg: ›Ich kann dich zu Hause nicht mehr selbst betreuen, ich gehe jetzt selbst an meine Grenzen. Und das geht nicht mehr.‹ Der Professor Klausner meinte, dass wir das alle zu spät machen, weil diejenigen [Demenzbetroffene] diesen Bruch dann so schwer erleben. Mein Mann hat sich[, als er im Heim war,] im Bett liegend abgewandt zur Wand, da konnte er sich noch selbst bewegen, hat zur Wand geschaut und wurde krank. Also die haben das Bett dann irgendwann umgedreht. Ich glaube, dass er das dann wieder gemacht hat. Also der hat mir so deutlich kundgetan: ›Ich weiß, dass hier jetzt was ist, was ich nicht will.‹«

In den Augen von Frau Tews fühlte sich ihr Mann angesichts der veränderten Situation ganz offensichtlich sehr unwohl und lehnte diese ab. Sie versuchte seine Stimmung dadurch zu verbessern, dass sie so oft als möglich bei ihm war und sich nach wie vor sehr intensiv um ihn sorgte. Gemeinsames Tanzen, Spaziergänge, Videovorführungen und noch mehr unternahm Frau Tews, um das Leben ihres Mannes und ihr eigenes Leben auch im Heim noch so gut wie möglich zu gestalten. Das vorangestellte Zitat verdeutlicht des Weiteren, inwiefern die Heimunterbringung für Frau Tews eine entscheidende Unterstützung bedeutete. Ähnlich wie Frau Peters

---

121 Das wurde ebenfalls schon im Zusammenhang meiner Darstellung von Selbstvorwürfen und Schuldgefühlen deutlich, die Frau Jost in Bezug auf eine mögliche Heimunterbringung ihrer Mutter entwickelt hatte (siehe Abschnitt 5.3).

sprach sie davon, dass sie im Rahmen der häuslichen Versorgung ihres Mannes eine absolute Grenze, ein Limit erreicht hatte: »[D]as geht nicht mehr.« Welche förderlichen Auswirkungen eine Entlastung von den alltäglichen Aufgaben der häuslichen Sorge haben kann, belegt unter anderem das Gespräch mit Frau Werner:

> »Und das Gute, also für mich jetzt, das Positive an so einem Heim für die Angehörigen, finde ich: Hier zu Hause war es zum Schluss richtig stressig. Weil nachts musste ich aufstehen. Manchmal saß [meine Mutter] hier morgens im Nachthemd im Sessel und schlief, ganz kalt, weil ich sie nicht gehört hatte, weil sie leise war. Oder andere Dinge sind passiert nachts. Und wenn ich jetzt ins Heim kam, zwei-, dreimal die Woche, dann kam ich ins Heim, um meine Mutter zu besuchen. Da hatte ich die Stunde oder zwei Zeit. Da haben wir zusammen gelacht, wir haben zusammen Bücher angeschaut, wir haben am Anfang Memory gespielt, wir sind zu Fuß in die Eisdiele gegangen, haben ein Eis gegessen, sind wieder zurückgegangen – oder sonst irgendwie spazieren gegangen oder mal in ein Geschäft gegangen, wo sie auch immer schaute gerne.«

Kurz darauf zog Frau Werner ein Fazit zur Möglichkeit der Heimunterbringung, das sich im Kern auch mit den zuvor zitierten Ausführungen von Mace und Rabins deckt: »Aber wichtig ist halt einfach, dass man den Kontakt behält, ist meine Meinung. Nur einfach abgeben und dann sich nicht mehr kümmern, fände ich jetzt nicht so gut.« Hier zeichnet sich ein Kodex zur Heimunterbringung ab, der an die Stelle der einstmaligen moralischen Verpflichtung zu einer häuslichen Versorgung von pflegebedürftigen Familienmitgliedern zu treten scheint: Die Maßnahme der Heimunterbringung gilt grundsätzlich als zulässig – ein Abbruch der familiären (Sorge-)Beziehung hingegen nicht.

Dennoch steht die Versorgungsform des Alten- und Pflegeheims im Korpus wiederholt auch in der Kritik. Medial werden etwa verschiedene Ereignisse thematisiert, in denen Demenzbetroffene durch eine Vernachlässigung von Seiten der stationären Pflegefachkräfte zu Schaden gekommen sind. Einen solchen Vorfall griff etwa die BILD auf: »Es ist der Albtraum: Ein an Demenz erkrankter Rentner wird im Pflegeheim mit Medikamenten ruhiggestellt – und dann von einer Ratte angefressen!«[122] Um Missstände in Pflegeheimen geht es zudem besonders im Kontext der Diskussion um einen Pflegenotstand. Hierbei wird argumentiert, dass für solche Missstände zual-

---
122 BILD v. 07.10.2013.

lererst strukturelle Schwächen des Pflegesystems verantwortlich seien, und weniger die Mitarbeiter*innen von Pflegeeinrichtungen selbst.

Auch die von mir befragten Angehörigen berichteten nicht nur von guten Erfahrungen mit der Heimversorgung. Frau Tews etwa erlebte einen größeren Konflikt mit zwei Pflegefachkräften, die für ihren Mann verantwortlich waren. Anlass dieses Konfliktes war der Umstand, dass sie den Eindruck gewonnen hatte, dass ihr Mann vom Personal des Heimes nicht ausreichend bei der Verwirklichung von Tätigkeiten unterstützt wurde, die ihm noch möglich waren:

> »Schlag auf Schlag ging ganz vieles, was zu Hause noch ging, nicht mehr. Und also war ich da unbeliebt auch, die Leitung musste irgendwann ein Gespräch führen, damit wir uns miteinander zurechtraufen. [...] Und die Leitung hat es dann letztendlich dann auch mit uns geschafft, so dass ich mit der einen [Pflegerin] ein richtig freundschaftliches Verhältnis im Laufe der Jahre entwickelt habe.«

Obwohl sich der Konflikt entschärfte, blieb bei Frau Tews der Eindruck bestehen, dass vor allem sie selbst es war, die Initiativen zur Förderung ihres Mannes zeigte und weniger das Personal dieses Hauses.

Von einem weiteren äußerst negativen Erlebnis im Zusammenhang mit der Heimversorgung erzählte Frau Rahner. Nachdem sie ihre Eltern in einer Pflegeeinrichtung untergebracht hatte, besuchte sie die beiden zumeist täglich dort. Bei einem der Besuche von Frau Rahner reagierte ihr Vater nicht auf ihre Ansprache, ihre Mutter saß ihm gegenüber und war hochgradig verwirrt: »Und dann kamen Pfleger und die haben meinen Vater dann auf das Bett gelegt und dann haben wir einen Notdienst gerufen und der Notarzt, der gekommen ist, der hat dann auch gesagt: ›Dehydriert.‹« Der Vater von Frau Rahner wurde anschließend in ein Krankenhaus eingeliefert, wo er wenige Tage später verstarb. Für seinen Tod machte Frau Rahner Versäumnisse im Pflegeheim der Eltern verantwortlich: »Es wäre hier zu Hause nicht passiert. Also davon wäre ich jetzt einfach mal ausgegangen.« Um ihre Mutter zu schützen, entschied sie sich für einen Wechsel des Heimes: »Dann habe ich gesagt: ›Jetzt müssen wir bei meiner Mutter sehen, dass wir die aus diesem Altenheim sofort rausbekommen.‹« Frau Rahner fand einen Platz in einem Pflegeheim, das in ihrem Wohnort lag, und in dem sie ihre Mutter zum Zeitpunkt unseres Gespräches ebenfalls täglich besuchte.

Die Praxis der Demenzsorge: Organisation und Aufteilung

In der medialen Demenzproblematisierung findet auch eine Versorgungsform Beachtung, die als Alternative zum Pflegeheim entwickelt wurde – die sogenannte Demenz-WG:

»Die Unterbringung in der Demenz-WG gilt als ›ambulante Versorgung‹ – im Gegensatz zu einem Altenheim. Der Unterschied zur ›stationären Versorgung‹ besteht vor allem darin, dass in einem Altenheim der Anteil der examinierten Pflegekräfte höher ist und dass die baulichen und hygienischen Vorschriften strenger sind. Bewohner dürften dort zum Beispiel nicht beim Kochen helfen – aber gerade dieses familienähnliche Zusammenleben prägt den Charakter der Demenz-WG.«[123]

Darstellungen solcher alternativer Wohn- und Versorgungsformen fallen in den von mir erhobenen Materialien zumeist sehr positiv aus. Der Ansatz der Wohngemeinschaft gilt unter anderem deshalb als attraktive Variante der Demenzsorge, weil er sehr familienähnlich zu sein scheint, wie das etwa im obigen Zitat angeführt wird. Auf besonders positive Erfahrungen, die Angehörige ebenso wie Betroffene mit der Demenz-WG machen, weist ebenso dieses SZ-Zitat hin:

»Irene Lehrhuber ist eine der Angehörigen. Ihre Mutter kam vor zwei Jahren in die WG. Für die Tochter wäre es nie in Frage gekommen, die Mutter ›in ein Doppelzimmer zu stecken‹. Sie empfindet die [...] Wohngemeinschaft ›immer noch als Glücksgriff‹. Seit ihre Mutter hier lebt, sei sie ›sanft wie ein Lamm – früher konnte ich ihr nie etwas recht machen‹. Die Mitarbeit in der Gemeinschaft bezeichnet sie als ›angenehm‹, zudem habe sie viel über die Krankheit der Mutter gelernt. ›Man bekommt hier erklärt, wie man mit der Mutter umgehen muss.‹«[124]

Frau Tanner hatte im Auftrag der Alzheimer Gesellschaft zeitweise eine solche Wohngemeinschaft geleitet – ihr Engagement im Vorstand der Organisation entstand nicht zuletzt infolge dieser Leitungstätigkeit. Im Verlaufe unseres Gespräches ging sie unter anderem auf Erfahrungen ein, die sie als Pflegefachkraft in Heimen gemacht hatte – genauso griff sie auf Erfahrungen aus dem Kontext der Demenz-WG zurück. Für sie war die Heimversorgung dem Ansatz der Wohngemeinschaft dabei keineswegs unterlegen. Vielmehr war es ihr wichtig, darauf hinzuweisen, dass beiderlei Versorgungsformen erfolgreich arbeiten können:

---

123 FAZ v. 10.07.2012.
124 SZ v. 31.08.2005.

»Meine eigene Beobachtung ist, dass sich in den letzten 20 Jahren unheimlich viel in der Pflege verändert hat. Und dadurch, dass die Menschen noch sehr lange aktiviert werden, also man versucht, sie noch sehr lange dazu zu bewegen, selbstständig zu bleiben, [...] dadurch ist diese Phase der tatsächlichen schweren Pflegebedürftigkeit ganz kurz oder sie tritt gar nicht mehr auf. Also in der Wohngruppe sind unsere Leute aus dem prallen Leben verstorben. Und ich glaube, dass das vor längerer Zeit normal war, dass Menschen irgendwann im Bett lagen, so in einer Embryonal-Haltung und dann nur noch, ja, nur noch da waren. Das gibt es heute nicht mehr oft. Das wird aber auch kaum transportiert, dass die Pflege bei aller Erschwernis, die sie hat, einfach auch sehr gute Dinge leistet.«

Eine weitere Alternative im Bereich der vollstationären Versorgung von Menschen mit Demenz firmiert unter dem Titel Demenzdorf. Es handelt sich dabei um Pflegeeinrichtungen, die in der Regel ein größeres Areal umfassen und den Eindruck vermitteln, dass es sich hier um ein Stadtviertel bzw. ein Dorf handelt, in dem es neben Wohnräumen auch einen Supermarkt, einen Friseursalon, eine Arztpraxis oder eine Gaststätte gibt. Derartige Demenzdörfer werden in der Presseberichterstattung wiederholt thematisiert. So porträtierte die FAZ etwa das niederländische Pflegeheim »De Bleerinck«:

»›Es beruhigt, wenn man vorfindet, was man kennt‹, beschreibt Piet Schievink, der zur Heimleitung gehört, den pragmatischen Ansatz der Einrichtung, die weitgehend ohne Medikamente auskommt. Man wolle den Bewohnern im Alter zwischen 48 und weit über 90 Jahren helfen, ein Leben zu führen wie jeder andere Niederländer auch. Die wichtigste Aufgabe der 270 Mitarbeiter vergleicht Schievink deshalb mit der eines Theaterregisseurs. ›Wir müssen das Stück so gestalten, daß die Bewohner wieder ihre Rolle finden.‹ Deshalb inszenieren die Betreuer den Alltag so, daß sich jeder Einwohner darin wiederfinden kann – in welches Lebensalter auch immer ihn seine Krankheit zurückversetzt hat.«[125]

Medienberichte zum Modell des Demenzdorfes beschreiben dessen Konzept sowie auch Erfahrungen von demenzbetroffenen Bewohner*innen, von deren Angehörigen oder von Mitarbeiter*innen solcher Einrichtungen. Darüber hinaus werden zum Teil Stimmen von Kritiker*innen dieses Ansatzes abgebildet.[126] Zum Abschluss meiner Auseinandersetzung mit dem Thema der Heimunterbringung sei ein SZ-Zitat angeführt, dass diese Kritik exemplarisch wiedergibt:

---

125 FAZ v. 11.03.1998.
126 Zur Kontroverse um das Versorgungsmodell des Demenzdorfs vgl. auch Plemper 2018, S. 187f.

»Die Idee kommt aus den Niederlanden, dem Demenzdorf ›De Hogeweyk‹ nahe Amsterdam. Aus der ganzen Welt reisen Träger sozialer Einrichtungen dorthin, um sich inspirieren zu lassen. Doch Supermärkte, in denen Demente zufällig genau das finden, was sie brauchen, und in denen sie im Zweifel auch mit drei Keksen bezahlen können, lösen andernorts Befremden aus. ›Hier wird eine Scheinwelt aufgebaut‹, sagt Reimer Gronemeyer, das Konzept basiere auf einer Lüge. Michael Schmieder drückt es noch drastischer aus: ›Die Leute werden von vorne bis hinten verarscht.‹ Der Leiter des Vorzeige-Pflegeheims Sonnweid in der Schweiz ist einer der größten Kritiker des Demenzdorf-Konzepts. Er selbst kenne Einrichtungen, in denen Menschen in nachgeahmten Zugabteilen sitzen und auf eine Leinwand starren, auf der blühende Landschaften vorbeiziehen. Eine unwürdige Lösung, die sich niemand für das eigene Alter wünsche.«[127]

6.4 Ethische und kommunikative Grundprinzipien der Demenzsorge

Dieser Abschnitt thematisiert drei verschiedene Prinzipien, die die Versorgung von Menschen mit Demenz prägen bzw. prägen sollen. Der erste Teil des Abschnitts geht auf das Prinzip eines respektvollen, würdigenden Umgangs mit Demenzbetroffenen ein. Der zweite Teil widmet sich dem Prinzip einer besonderen kommunikativ-hermeneutischen Sensibilität für die Auffassungsfähigkeiten und Ausdrucksweisen von Menschen mit Demenz. Der dritte Teil beschäftigt sich mit dem Prinzip einer selbstkontrollierten, gelassenen Reaktion auf abweichende und herausfordernde Verhaltensweisen von Demenzbetroffenen.

»… dass er Lücken haben darf, Schwächen haben darf und dass er trotzdem wertgeschätzt wird«: Das Prinzip der Anerkennung

Der Angehörigenratgeber von Baer und Schotte-Lange enthält auch ein Kapitel mit dem Titel »Was Menschen mit Demenz brauchen«. Die beiden Autor*innen beschreiben darin verschiedene Handlungsleitsätze für den Umgang mit Demenzbetroffenen, wobei sie dem folgenden Leitsatz eine ganz besondere Bedeutung beimessen:

> »Menschen mit Demenz sind in besonderer Weise feinfühlig dafür, ob ihnen mit Achtung, Würde und Wertschätzung begegnet wird oder nicht. Die Würde der demenz-

---

127 SZ v. 05.09.2014.

kranken Menschen konkret zu achten, konkret zu unterstützen und immer wieder zu stärken, ist ein roter Faden, der sich durch jede Begegnung und Begleitung dieser Menschen ziehen muss.«[128]

Die Feststellung, dass Demenzbetroffenen mit »Achtung, Würde und Wertschätzung« zu begegnen ist, stellt eine Maxime dar, die in den unterschiedlichen Quellen meiner Analyse häufiger hervorgehoben wird – gerade auch in den beiden Ratgeberbüchern und in meinen Gesprächen mit den Aktiven der Alzheimer Gesellschaft. Frau Kern zählte zu meinen Gesprächspartner*innen aus dem Kontext der Alzheimer Gesellschaft. Für sie war ein solcher Umgang mit Demenzbetroffenen anzustreben, bei dem der einzelne Betroffene, dass »Gefühl hat, dass er ernst genommen wird, [...] dass er Lücken haben darf, Schwächen haben darf und dass er trotzdem wertgeschätzt wird, geliebt wird«.

Zusammenfassend zielen diese und vergleichbare Aussagen auf die Etablierung einer anerkennenden Haltung gegenüber Menschen mit Demenz, wie sie auch in verschiedenen Publikationen zur Demenzthematik diskutiert wird, die ich bei der Darstellung der wissenschaftlichen Demenzproblematisierung erwähnt habe. Anerkennung ist ein Akt, so kann mit Axel Honneth festgehalten werden, der sich in deutlicher Weise vom Akt des Erkennens unterscheidet:

> »Während wir mit dem Erkennen einer Person deren graduell steigerbare Identifikation als Individuum meinen, können wir mit Anerkennung den expressiven Akt bezeichnen, durch den jener Erkenntnis die positive Bedeutung einer Befürwortung verliehen wird.«[129]

Einen Menschen anzuerkennen, bedeutet für Honneth folglich, an diesem Menschen »eine Werteigenschaft wahrzunehmen, die uns intrinsisch motiviert, uns nicht länger egozentrisch, sondern gemäß den Absichten, Wünschen oder Bedürfnissen jenes anderen zu verhalten«.[130]

In Kommentaren zum Anerkennungsbegriff von Honneth wird darauf hingewiesen, dass gesellschaftliche Anerkennungslogiken auch exklusiven

---

128 Baer/Schotte-Lange, S. 80.
129 Honneth 2003, S. 15.
130 Honneth 2010, S. 118.

Charakter haben können. Wie Markus Dederich argumentiert, besteht »die Gefahr, die Gewährung von Anerkennung an Bedingungen zu knüpfen«:

> »Das wäre dann der Fall, wenn ein Gemeinwesen nur Individuen mit spezifischen, als positiv oder nützlich bewerteten Eigenschaften oder Merkmalen anerkennt. [...] Wo beispielsweise Bildung, Schönheit, Jugend, Gesundheit, kommunikative Kompetenz, wirtschaftlicher Erfolg usw. Kriterien für Anerkennung sind, werden Anzeichen von Bildungsferne, Hässlichkeit, altersbedingtem Abbau, Gebrechlichkeit, sozialkommunikativen Defiziten, Misserfolg usw. zu einem Risiko, nicht anerkannt zu werden.«[131]

Wenn in den Quellen meiner Analyse ein anerkennender Umgang mit Demenzbetroffenen eingefordert wird, dann ist dabei zumeist jedoch ausdrücklich eine solche Form der Anerkennung intendiert, die nicht an das Erbringen bestimmter Leistungen oder das Vorhandensein bestimmter Leistungsfähigkeiten geknüpft ist. Es geht hier vielmehr, wie Frau Lahr das als Leiterin der Geschäftsstelle einer Alzheimer Gesellschaft formulierte, um ein »Annehmen des Menschen, so wie er ist« – es geht um eine Anerkennung Demenzbetroffener auch und gerade in ihren Beeinträchtigungen und Defiziten. Im Rahmen dieser Haltung können vergangene und aktuelle Leistungen und Erfolge von Menschen mit Demenz durchaus mitgewürdigt werden. Die persönlichen Errungenschaften der Betroffenen gelten jedoch nicht als Voraussetzung ihrer Anerkennung – sie gelten nicht als Bedingung einer Umgangsweise, bei der es für das sorgende Umfeld darauf ankommt, sich gemäß den »Absichten, Wünschen oder Bedürfnissen« von Menschen mit Demenz »zu verhalten«.[132]

Was Ratgeber*innen wie Mace und Rabins oder Baer und Schotte-Lange sowie auch Akteur*innen der zivilgesellschaftlichen Demenzhilfe dazu veranlasst, auf eine Anerkennung und Wertschätzung von Demenzbetroffenen hinzudrängen, ist der Umstand, dass Menschen mit Demenz aufgrund ihrer spezifischen Beeinträchtigungen einem erhöhten Risiko der Nichtanerkennung ausgesetzt sind. Demenzbetroffene werden, wie sich auch im Zusammenhang mit den Ausführungen von Dederich andeutet, verschiedenen gesellschaftlichen »Kriterien für Anerkennung« teilweise nicht mehr gerecht, Kriterien wie etwa »Jugend, Gesundheit, kommunikative Kompetenz, wirt-

---

131 Dederich 2013, S. 219.
132 Honneth 2010, S. 118.

schaftlicher Erfolg«.[133] Ein Zustand der Nichtanerkennung ist in der Regel äußerst nachteilig. So stellt beispielsweise Charles Taylor dazu fest: »Nichtanerkennung oder Verkennung kann Leiden verursachen, kann eine Form von Unterdrückung sein, kann den anderen in ein falsches deformierendes Dasein einschließen.«[134]

Auf eine Nichtanerkennung laufen beispielsweise infantilisierende Kommunikationspraktiken hinaus: Hierbei werden zumeist hilfs- und unterstützungsbedürftige Erwachsene auf eine Art und Weise angesprochen, wie das bei Kleinstkindern üblich ist (Babysprache).[135] Diese Praxis ist mit einer Entmündigung der so angesprochenen Personen verbunden: Ihnen wird dabei ihr Erwachsenenstatus kommunikativ aberkannt. Frau Peters ging in beiden unserer Gespräche auf das Thema einer kommunikativen Nichtanerkennung ein. Im Verlauf des ersten Gespräches berichtete sie Folgendes vom kommunikativen Umgang mit ihrem Mann: »[I]ch versuche schon einfach immer wieder mit ihm so zu reden, wie man mit einem vernünftigen Menschen halt redet und nicht: ›Hei tei tei.‹ Also das [...] merkt er sehr wohl, das kann er nicht ab.«

Das Zitat macht einerseits nachvollziehbar, inwiefern Frau Peters um eine anerkennende Gesprächsweise mit ihrem Mann bemüht war. Sie versuchte so mit ihm zu reden, wie man es mit »einem vernünftigen Menschen« tut. Andererseits wird an dieser Stelle greifbar, was ein zentraler Anlass für diesen Handlungs- bzw. Kommunikationsstil war. Frau Peters hatte ganz unverkennbar den Eindruck, dass ihr Mann eine infantilisierende Ansprache bemerkte und ablehnte. Indem sie sich bewusst von einer solchen Form der Ansprache distanzierte, versuchte sie zu verhindern, dass sie selbst eine Nichtanerkennung des Respektbedürfnisses ihres Mannes betrieb.

In unserem zweiten Gespräch ging Frau Peters abermals auf ein Vorgehen ein, das verhindern sollte, dass sie ihrem Mann auf respektlose, nichtanerkennende Weise begegnete. In jener Zeit, in der ihr Mann in einem Pflegeheim versorgt wurde, besuchte sie ihn regelmäßig – vor allem zu ganz bestimmten Zeiten im Tagesablauf ihres Mannes: »Ich bin ganz gerne ge-

---

133 Dederich 2013, S. 219.
134 Taylor 1994, S. 14.
135 Vgl. Sachweh 2010.

kommen, wenn Mahlzeiten waren, dann konnte ich ihm die anreichen.« Hierbei machte Frau Peters einige bedeutsame Erfahrungen:

> »Ich habe dann schon auch noch so eine ganze Menge Sachen gelernt: Wie wichtig das ist, dass eben so ein Lätzchen Mundtuch heißt. Und dass jemanden füttern, Essen anreichen heißt. Ich habe immer gedacht: Das sind irgendwie Spitzfindigkeiten, Schönfärberei, was soll das? Die müssen einen Schlabberlatz tragen und die werden gefüttert. Ja, aber irgendwann einmal, als ich meinem Mann das Essen geben wollte, sagte er auf einmal: ›Ich will nicht gefüttert werden.‹ Manchmal brachte der noch so Sätze raus. Und dann habe ich ganz schnell gesagt: ›Ich will dir doch nur helfen.‹ Das hat er sich gefallen lassen. Ach, habe ich gedacht, das stimmt mit diesem Vokabular.«

Herr Peters, das zeigt das Zitat, hat sich gegen einen abwertenden Sprachgebrauch seiner Frau zur Wehr gesetzt. Wenn der Diminutiv »Lätzchen« und das Verb »füttern« im Zusammenhang mit der Nahrungsaufnahme von Erwachsenen gebraucht wird, hat das genauso einen infantilisierenden Charakter wie die Verwendung einer Babysprache (»Hei tei tei«). In den Augen von Frau Peters stellte die Verwendung von anerkennenderen Bezeichnungen (»Mundtuch«, »Essen anreichen«) zunächst eine überempfindliche »Schönfärberei« dar. Angesichts der Rückmeldung ihres Mannes änderte sie jedoch ihre Betrachtungs- und Ausdrucksweise und benutzte Termini, die signalisierten, dass sie ihren Mann als erwachsene Person achtete.

Ein weiteres Beispiel, das aufzeigt, inwiefern das Umfeld von Menschen mit Demenz ganz bewusst versuchen kann, mit diesen anerkennend umzugehen, geht auf meine teilnehmende Beobachtung zum Angebot des Betreuungsnachmittages zurück. Im Verlauf dieser Nachmittage wurde in der Gruppe unter anderem viel gesungen, zudem rezitierte die damalige Leiterin der Gruppe, Frau Muhr, gemeinsam mit den Gästen immer wieder verschiedene Gedichte.[136] Vor allem kamen dabei volkstümliche Musikstücke und Verse zum Einsatz, denn diese Werke besaßen unter den Besucher*innen einen hohen Bekanntheitsgrad und fanden bei ihnen meiner Beobachtung nach großen Anklang.

Einer der Besucher, Herr Born, war der Gattung des Volkstümlichen jedoch nicht zugetan. Um auch für ihn ein literarisches Angebot zu schaffen, um

---

136 Frau Muhr übergab die Leitung dieser Gruppe später an Frau Wehra.

auch seinen Bedürfnissen gerecht zu werden, hatte sich die Gruppenleiterin bei der Ehefrau von Herrn Born nach seinen musischen Vorlieben erkundigt. Diese waren eher hochkulturell ausgerichtet. Frau Born nannte ein Goethe-Gedicht, das ihrem Mann in der Vergangenheit viel bedeutet hatte. Dieses Gedicht trug Frau Muhr in einem der nachmittäglichen Treffen vor. Herr Born nahm das mit Freude zur Kenntnis und sprach mit der Gruppenleiterin die erste Strophe gemeinsam – jedenfalls soweit er diese erinnern konnte. Von da an band Frau Muhr immer wieder solche Beiträge in das Programm ein, die den Vorlieben von Herrn Born entsprachen. Durch diese Gesten sollte also seiner Person gegenüber eine deutliche Anerkennung zum Ausdruck gebracht werden.

Um ein letztes Beispiel zu konkreten Maßnahmen und Bemühungen um eine Anerkennung von Demenzbetroffenen anzuführen, greife ich auf mein Gespräch mit Frau Werner zurück. Sie berichtete mir auch von verschiedenen Erlebnissen, die sie machte, nachdem sie ihre Mutter in einem Heim untergebracht hatte. Frau Werner senior war in ihrem Leben modisch immer sehr interessiert gewesen und legte Wert auf ihr äußeres Erscheinungsbild. Die Kombination eines bunten Rockes mit einem bunten Oberteil, da war sich Frau Werner sicher, hätte ihre Mutter abgelehnt. Gleichwohl kam es verschiedentlich dazu, dass die Pflegefachkräfte des Heimes, in dem Frau Werner senior versorgt wurde, sie genauso anzogen. Ihre Tochter konnte das zumeist akzeptieren und bat die Pflegefachkräfte hier nur selten um eine andere Vorgehens- bzw. Kleidungsweise, die den Vorlieben der Mutter eher entsprach. Ein ganz bestimmtes modisches Bedürfnis ihrer Mutter wollte sie jedoch auf jeden Fall und ausnahmslos verwirklicht wissen:

> »Das einzige war, dass ich immer auch drauf geachtet habe, dass sie nur Röcke anzieht, weil sie mochte keine Hosen. […] Und dann hatten die [Pflegefachkräfte] mich mal gebeten, ob ich nicht Hosen kaufen kann, weil das natürlich einfacher ist zum Anziehen. Da habe ich gesagt: ›Das kann ich nicht. Das ist eine Sache, das kann ich nicht.‹«

Das Heimpersonal hatte deshalb ein Interesse daran, dass die Mutter von Frau Werner Hosen trug, weil dieses Kleidungsstück Pflegeroutinen erleichtert, während der Rock (und eine dazugehörige Strumpfhose) diese Routinen erschwert. Für Frau Werner erschien es aber keinesfalls zulässig, dem Interesse der Pflegefachkräfte nachzukommen – und zwar weil der Rock ein

Kleidungsstück war, das ihre Mutter seit je her bevorzugt hatte: Im Tragen eines Rocks manifestierte sich eine persönliche Wahl der Mutter, die ihre Tochter auch weiterhin respektiert wissen wollte.[137]

Im weiteren Fortgang unseres Gesprächs erwähnte Frau Werner zudem noch einen anderen Vorfall im Zusammenhang mit dem äußeren Erscheinungsbild der Mutter:

»Friseur ist ja auch dann da [im Pflegeheim], das war immer in Ordnung, ein bisschen kürzer, ok. Und zum Schluss hatten sie meiner Mutter so eine Stoppelfrisur [geschnitten]. Ich habe gesagt: ›Was ist denn hier passiert?‹ Die sah aus wie von einer Ziege abgefressen. Und da bin ich bis zum Friseur und der Friseur sagt dann: ›Ja, da kommt ja immer eine Schwester und wenn ich frage: ›Wie soll es denn geschnitten werden‹, dann sagen die ja oft: ›Pflegeleicht, ganz kurz.‹‹ Ich habe also nicht wissen wollen, wer es war, aber ich habe der Stationsschwester klipp und klar gesagt, dass so was hier nicht noch mal vorkommt. Dass also meine Mutter irgendwo ein Mensch ist, der ein Recht darauf hat, eine ordentliche Frisur zu haben.«

Frau Werner war angesichts dieses Ereignisses sehr erzürnt. In Zukunft, so stellte sie der Stationsleiterin gegenüber fest, dürfe ein solcher Umgang mit ihrer Mutter auf keinen Fall mehr vorkommen. Dabei zeigte Frau Werner durchaus Verständnis für die Situation von Pflegefachkräften, die aufgrund von pflegesystemischen Zwängen zu einer zeitsparenden, effizienten Versorgungspraxis gedrängt werden. Dennoch hatte ihr Verständnis unüberschreitbare Grenzen:

»[Pflegefachkräfte] müssen ja auch ihren Tagesablauf irgendwo hinkriegen, da muss man ja Zugeständnisse auch machen. Aber bestimmte Dinge, die Person angehen, [...] da muss die Achtung irgendwo, die muss da bleiben. Denn der Mensch ist ja... die Würde. Die Würde. Die Würde.«

Die dreimalige Wiederholung des Begriffes Würde zeigt deutlich an, wo das Verständnis für das Handeln der Pfleger*innen ihrer Mutter aufhörte – bei Praktiken, in deren Rahmen Frau Werner die Person und die Würde ihrer Mutter nicht anerkannt, sondern verletzt sah. Der Widerstand, den Frau

---

137 Dass Kleidung auch im Falle von Menschen mit Demenz als ein wichtiges Medium der Persönlichkeit zu verstehen ist, hat Julia Twigg (2010, S. 229) hervorgehoben: »[D]ress [...] is both expressive of the self and its choices, and acts back on that self, reinforcing identities, underwriting them at the level of bodily dispositions and appearance. It thus provides an important means for the maintenance – or erosion – of personhood in conditions of frailty and dementia.«

Werner gegen solche Praktiken leistete, illustriert exemplarisch, inwiefern Angehörige stellvertretend für Menschen mit Demenz einen »Kampf um Anerkennung« führen können.[138]

»Zugänge zu anscheinend unerreichbaren Menschen«: Das Prinzip der kommunikativ-hermeneutischen Sensibilität

Wer einen anderen Menschen versorgt und diesen bei der Verwirklichung seiner Bedürfnisse unterstützten will, der muss dessen Bedürfnisse in Erfahrung bringen. Intersubjektive Kommunikationsprozesse werden durch demenzielle Beeinträchtigungen jedoch in der Regel zunehmend erschwert. Demenzbetroffenen ist es zum Teil nicht mehr möglich, persönliche Anliegen sprachlich mitzuteilen oder Anfragen von Seiten ihres Umfeldes aufzunehmen. Mace und Rabins fassen diesen Aspekt so zusammen: »Es kann Schwierigkeiten geben, den behinderten Menschen zu verstehen bzw. sich mit ihm zu verständigen: Hierbei spielen zwei Probleme eine Rolle: sich anderen mitzuteilen und das Mitgeteilte zu verstehen.«[139]

Angesichts solcher Schwierigkeiten wird in den von mir untersuchten Quellen an verschiedenen Stellen die Bedeutung einer besonderen kommunikativ-hermeneutischen Sensibilität gegenüber von Menschen mit Demenz hervorgehoben. Angehörige und sonstige Helfer*innen werden erstens dazu angehalten, sich besonders verständlich gegenüber Demenzbetroffenen zu äußern – und zwar durch den Einsatz von verbalen und non-verbalen Mitteln. Zweitens sollen Angehörige sowie Helfer*innen besonders genau auf die verbalen und non-verbalen Äußerungen von Menschen mit Demenz achten und diese Äußerungen sorgfältig und empathisch interpretieren.

Vom anderen verstanden werden

Im Zusammenhang mit ersterem Aspekt weisen Mace und Rabins darauf hin, dass es unterschiedliche Ansätze gibt, die dabei helfen, dass Menschen mit Demenz Anfragen und Gesprächen leichter folgen können:

---

138 Honneth 2007.
139 Mace/Rabins 1986, S. 45.

»Vergewissern Sie sich, daß [der Demenzbetroffene] Sie hören kann. Die Hörfähigkeit verschlechtert sich im Laufe des Lebens, und viele ältere Menschen haben einen Hördefekt.«; »Versuchen Sie, mit tieferer Stimme zu sprechen. Eine hohe Tonlage ist ein nichtverbales Zeichen für Aggressivität. Eine tiefe Stimme ist auch leichter für den Hörbehinderten zu verstehen.«; »Versuchen Sie, ablenkende Geräusche oder Aktivitäten auszuschalten.«; »Benutzen Sie kurze Worte und einfache Sätze.«; »Stellen Sie nur *eine* Frage auf einmal.«; »Bitten Sie ihren Angehörigen nicht, mehrere Dinge auf einmal durchzuführen.«; »Sprechen Sie langsam, und warten Sie auf eine Reaktion.«[140]

Im voranstehenden Zitat geht es um Vorgehensweisen die Demenzbetroffenen ein besseres Verständnis von verbalen Kommunikationen ermöglichen sollen. Im folgenden Textauszug heben Mace und Rabins hervor, dass dem Umfeld von Demenzbetroffenen zudem verschiedene non-verbale Mittel zur Verfügung stehen, um Botschaften an diese zu übermitteln und mit ihnen Kontakte herzustellen: »Selbst wenn ein Mensch stark verwirrt ist und sich nicht mitteilen kann, wird er oder sie immer noch Zuneigung benötigen und sich daran erfreuen. Handhalten, Umarmen oder einfach Zusammensitzen sind wichtige Formen des Austausches.«[141]

Den anderen verstehen

Neben den aufgeführten Ratschlägen zu einer gelingenden kommunikativen Ansprache von Demenzbetroffenen führen Ratgeber*innen wie Mace und Rabins oder Baer und Schotte-Lange unterschiedliche Vorgehensweisen auf, die dem Umfeld von Betroffenen helfen sollen, die Betroffenen besser zu verstehen. Als eine wichtige Stütze für ein Verstehen von Menschen mit Demenz werden Kenntnisse zu biografischen Erlebnissen und Merkmalen betrachtet, die für die Betroffenen selbst einen besonderen Wert besessen haben. Baer und Schotte-Lange führen dazu etwa aus: »Das Wissen um solche bedeutsamen Elemente in den jeweiligen Biografien von an Demenz erkrankten Menschen erweitert für die Begleitenden den Blick auf die vielfältigen Chancen möglicher Wege der Kontaktaufnahme.«[142]

---

140 Mace/Rabins 1986, S. 48f.
141 Ebd., S. 50.
142 Baer/Schotte-Lange, S. 94.

Abgesehen von dem Verweis auf die Bedeutung biografischer Kenntnisse wird betont, dass es für ein Verstehen von Menschen mit Demenz besonders auf die Berücksichtigung des sprachlichen und vor allem auch des nicht-sprachlichen Ausdrucks ankommt. Auf die Möglichkeit und Wichtigkeit eines non-verbalen Verstehens gehen Mace und Rabins beispielsweise an dieser Stelle ein:

>»Sie können auch ohne die übliche Form der Unterhaltung herausfinden, was der Kranke möchte. Menschen verständigen sich nicht nur durch das, was sie sagen, sondern auch durch ihre Gestik, durch Bewegungen ihres Gesichtes, ihrer Augen, ihrer Hände und ihres Körpers.«[143]

Das körperliche Verhalten von Menschen mit Demenz, deren Gestik und Mimik, wird hier als Mittel einer nicht-sprachlichen Kommunikation gekennzeichnet, als »expression of need, agency and will«.[144] In Fällen, wo die Interpretation von non-verbalen und verbalen Äußerungen Demenzbetroffener ins Stocken gerät oder fehlschlägt, empfehlen Baer und Schotte-Lange folgendes Vorgehen:

>»Es ist manchmal sehr schwer herauszufinden, welche Bedürfnisse hinter den uns gezeigten Reaktionen stehen. Uns bleibt meistens nichts anderes, als verschiedene Angebote auszuprobieren. Eine große Chance liegt nun für Begleitende darin, in solchen Situationen auf die eigenen Resonanzen zu hören. Damit meinen wir, dass Sie in sich nachspüren, welche Gefühle, Stimmungen oder körperliche Regungen in Ihnen aufkommen, während Sie das Geschehen wahrnehmen.«[145]

Der Resonanzbegriff geht ursprünglich auf die Akustik zurück. Seit Längerem dient er auch als »Grundmetapher für Kommunikation aller Art«.[146] Wenn Baer und Schotte-Lange von Resonanz sprechen, beziehen sie sich vor allem auf entsprechende Überlegungen von Thomas Fuchs. Fuchs unterscheidet zwischen leiblicher und zwischenleiblicher Resonanz. Von einer leiblichen Resonanz spricht Fuchs dort, wo sich bestimmte Empfindungen einer Person in deren Mimik und Gestik niederschlagen: »Gefühl und leiblicher Ausdruck sind unauslöslich miteinander verkoppelt; der Leib ist gewissermaßen der ›Resonanzkörper‹ der Gefühle.«[147] Zwischenleib-

---

143 Mace/Rabins 1986, S. 49.
144 Downs 2013, S. 271.
145 Baer/Schotte-Lange 2013, S. 89.
146 Peng-Keller 2017b, S. 9.
147 Fuchs 2003, S. 337.

liche Resonanzen kommen für Fuchs dagegen im Rahmen eines Prozesses der folgenden Art zustande: Person A hat eine bestimmte Empfindung (z. B. Angst), die sich in einer leiblichen Resonanz ausdrückt (z. B. gesenkter Blick). Diese leibliche Resonanz wird nun von einer anderen Person B wahrgenommen und löst in ihr eine bestimmte Empfindung aus (z. B. Anteilnahme). Die betreffende Empfindung zieht dann wiederum eine leibliche Resonanz von Person B nach sich (z. B. offene, einladende Körperhaltung gegenüber Person A). Fuchs fasst diesen Prozess und seinen weiteren Verlauf so zusammen:

> »Die Resonanz von Gefühl und Ausdruck bei [Person] A übersetzt sich in die Resonanz von Eindruck und einer komplementären Gefühlsregung bei [Person] B. Beides zusammen ergibt die *zwischenleibliche Resonanz*: B spürt A förmlich am eigenen Leib. – Dabei bleibt es freilich nicht, denn der Eindruck von B und seine Reaktion wird nun wieder zum Ausdruck für [Person] A und so fort, in einem Wechselspiel, das in Sekundenbruchteilen abläuft und ständig das leibliche Befinden beider modifiziert.«[148]

Leibliche und zwischenleibliche Resonanzen sensu Fuchs sind es auch, die Baer und Schotte-Lange für ein besseres, besonders empathisches Verstehen von Menschen mit Demenz nutzbar machen wollen. Solche Resonanzen geben nach Einschätzung der beiden Ratgeberautor*innen »oft wertvolle Hinweise auf mögliche Bedürfnisse hinter dem gezeigten Verhalten«, Hinweise auf »unsagbare Gefühle, auf Sehnsüchte und Wünsche der Betroffenen«.[149] Dementsprechend halten Baer und Schotte-Lange fest: »Nicht immer gelingt es, über die eigenen Resonanzen Zugänge zu anscheinend unerreichbaren Menschen zu finden. Doch manchmal doch – und deshalb ist es immer einen Versuch wert.«[150]

Einen Zugang zu Menschen mit Demenz soll zudem das Verfahren der Validation eröffnen. Dieses Verfahren wird an vereinzelten Stellen innerhalb des Quellenkorpus thematisiert. Es ist unter anderem Gegenstand eines FAZ-Artikels, der die Arbeit in einem Pflegeheim porträtiert, in dem vornehmlich Menschen mit Demenz leben:

> »Die Bewohner sind ganz normale Menschen, die auch so behandelt werden möchten. Die Würde zu schützen, hat oberste Priorität, ganz egal, in welchen Träumen die Pati-

---

148 Fuchs 2003, S. 337.
149 Baer/Schotte-Lange 2013, S. 90.
150 Ebd., S. 92.

enten manchmal leben‹, erklärt [Heimleiter Gerwin Pootemans]. Ergotherapeutin Sonja Stolzenberg arbeitet seit zwei Jahren in dem Pflegeheim. Sie weiß, wie vorsichtig man mit den Gefühlen der Bewohner umgehen muss. ›Heute hat sie einen guten Tag, sie ist ruhig und lässt mit sich reden.‹ Leider sei dies nicht immer so, denn: Rosemarie Fischer leidet an Demenz. Sie lebt phasenweise in einer Welt, die schon 20 Jahre zurückliegt. In diesen Momenten erinnert sie sich an glückliche Ehejahre und sieht diese als noch gegenwärtig an. Doch ihr Mann starb bereits vor neun Jahren an den Folgen eines Schlaganfalls. Es liegt an den Betreuern und Therapeuten, der zierlichen Frau dann ein Gefühl der Sicherheit zu vermitteln, um sie nicht mit ›der Realität zu überrumpeln‹. Man nennt dies validieren – individuell auf die Patienten eingehen. ›Ich nehme ihre Realität als die meine an, gehe darauf ein und passe mein Verhalten dieser Lebenssituation an‹, sagt Sonja Stolzenberg, die sich intensiv um die 95 Jahre alte Frau kümmert.«[151]

Gegenwärtig existieren unterschiedliche Ansätze einer Validation.[152] Gemeinsam ist diesen Ansätzen mehrheitlich eine Ausrichtung, die sich auch in dem obigen Zitat abzeichnet: Es geht hier nicht darum, dass Demenzbetroffene wieder an die intersubjektiv geltende Wirklichkeit angepasst werden, darum, dass sie man sie aus den »Träumen«, in denen sie »manchmal leben« weckt – oder darum, sie mit »der Realität zu überrumpeln«. Ziel ist vielmehr, dass sich das Umfeld Demenzbetroffener an deren abweichenden Wirklichkeitswahrnehmungen annähert – und zwar in der Hinsicht, dass das Umfeld diese Wahrnehmungen nicht als bloßen Irrsinn abtut und bekämpft. Stattdessen sollen Pflegefachkräfte, Angehörige und sonstige Sorgepersonen verzerrte Realitätsperspektiven von Demenzbetroffenen verstehen lernen, akzeptieren, und wie Naomi Feil und Vicky de Klerk-Rubin es

---

151 FAZ v. 13.02.2007.
152 Besonders einflussreich ist die Validation nach Naomi Feil und Vicky de Klerk-Rubin (2005) sowie die Integrative Validation nach Nicole Richard (2016). Im Gegensatz zu Richard betrachten Feil und de Klerk-Rubin (2005, S. 18), die die Urheberinnen des validativen Ansatzes sind, das Auftreten von abweichenden Wirklichkeitswahrnehmungen Demenzbetroffener nicht als Folge einer hirnorganischen Pathologie, sondern vielmehr als Form der psychischen Bewältigung von negativen Erfahrungen: »*Wenn Klienten Dinge sehen oder hören, die wir nicht wahrnehmen, akzeptieren wir diese als Teil ihrer eigenen, persönlichen Realität.* Wenn die gegenwärtige Realität zu schmerzlich wird, überleben manche Klienten, indem sie Erinnerungen aus der Vergangenheit heraufbeschwören und sich darin zurückziehen. [...] *Wir sehen dieses Verfahren als eine kluge Reaktion bzw. eine Bewältigungsstrategie*[.]« Wie schon in Abschnitt 5.1 ausgeführt, liegt hier eine psychodynamische Interpretation der Genese von demenziellen Beeinträchtigungen vor.

formulieren, »in den Schuhen des anderen [mit]gehen«.[153] Dieses Mitgehen bedeutet für Feil und de Klerk-Rubin vor allem, dass mit »Einfühlungsvermögen« auf Demenzbetroffene, ihre Wahrnehmungen und ihre verbal und non-verbal zum Ausdruck gebrachten Emotionen reagiert wird.[154] Das, so Feil und de Klerk-Rubin weiter, »baut Vertrauen auf, vermindert Ängste und gibt den Klienten ihre Würde zurück«.[155] Validierende Verfahren – zumindest solche, die in der Tradition von Feil und de Klerk-Rubin stehen – verbieten es dabei ausdrücklich, dass das Umfeld der Betroffenen deren unzutreffendes Wirklichkeitsbild voll und ganz bestätigt und in ihm gewissermaßen mitspielt.[156] Ein solches Mitspielen könnte etwa so aussehen, dass einem Demenzbetroffenen, der die unmittelbare Ankunft seines längst schon verstorbenen Vaters erwartet, bestätigt wird, dass der Vater tatsächlich bald da sei.[157] In einer derartigen Situation kommt es nicht zu einem würdigenden Verstehen im Sinne der Validation, sondern zu einer Täuschung. Feil und de Klerk-Rubin betonen dazu: »*Wir lügen unsere Klienten nie an, da wir davon ausgehen, dass sie auf irgendeiner Ebene wissen, was die Wahrheit ist.*«[158]

---

153 Feil/De Klerk-Rubin 2005, S. 15.
154 Ebd., S. 18.
155 Ebd.
156 Für eine Übersicht zu Konzepten der Validation, in denen bestimmte Formen der Täuschung für zulässig erklärt werden, vgl. Zeisberg 2016.
157 Ich beziehe mich hier auf eine Beobachtung, die Andrea Newerla im Rahmen einer ethnographischen Studie zur institutionell-vollstationären Demenzpflege gemacht hat. Wie Newerla (2012b, S. 235) herausarbeitet, vermitteln Pflegefachkräfte Menschen mit Demenz zum Teil durchaus ganz gezielt den Eindruck, dass deren Fehlannahmen real sind. So beschreibt Newerla etwa eine Situation, in der ein demenzbetroffener Bewohner der von ihr beforschten Pflegeeinrichtung das Essen verweigerte, weil er dieses zusammen mit seinem verstorbenen Vater einnehmen wollte. Ein pflegerischer Mitarbeiter der Einrichtung teilte dem Bewohner darauf hin mit, sein Vater habe angerufen, er würde sich verspäten, der Sohn könne deshalb schon mit dem Essen beginnen – was der Bewohner dann auch tat. Newerla spricht hier zusammenfassend von Praktiken der Täuschung, die die Interaktion mit Demenzbetroffenen »erleichtern und somit die Pflegekräfte der Realisierung ihrer Pflegeziele näher bringen« sollen.
158 Feil/De Klerk-Rubin 2005, S. 18.

Verstandenwerden und Verstehen – Beispiele aus der Praxis

Insgesamt weist jener verständnisorientierte Umgang mit Demenzbetroffenen, der in den bis hier aufgeführten Zitaten beschrieben und propagiert wird, zahlreiche Parallelen zu Intentionen und Vorgehensweisen ethnographischer Forscher*innen auf. Diese versuchen, die »Innenperspektive« ihres Gegenübers zu erschließen, sie »versuchen eine Beziehung zu den Beforschten aufzubauen, Nähe herzustellen, vor allem aber deren Welt zu verstehen und für Außenstehende nachvollziehbar zu machen«.[159] Dabei tragen Ansätze aus dem Feld der »sensory ethnography« auch ganz gezielt der Bedeutung der non-verbalen Ebene Rechnung: »[S]ensory ethnography is an engaged and committed ethnography that does not just observe, it engages the senses – taste, touch, smell, sight, hearing – and the emotions, both in its practice and in its purview.«[160]

Wie in Abschnitt 5.3 aufgeführt wurde, ist es auch für Angehörige oft sehr wichtig, die Innenperspektive bzw. die Innenwelt ihres demenzbetroffenen Familienmitglieds zu erschließen und anzusprechen. Frau Nitsch hatte davon berichtet, dass trotz aller kommunikativen Einschränkungen ihrer Mutter noch verschiedene Brücken zu deren »Zwischenwelt« existierten und begehbar waren: »Das Fühlen gibt es und es gibt Musik, weil sie gerne Musik hatte. Summen, fühlen, warm und kalt und schmecken, das kann sie auch noch.« Des Weiteren habe ich in Zusammenhang mit der Schilderung von hermeneutischen Strapazen Angehöriger darauf hingewiesen, dass Frau Kahn und andere Personen, »wie ein Detektiv vorgehen«, um ihre demenzbetroffenen Familienmitglieder verstehen zu können.

Frau Lahr waren in ihrer Arbeit als Leiterin der Geschäftsstelle einer lokalen Alzheimer Gesellschaft ebenfalls immer wieder Angehörige begegnet, bei denen sie ein »Ringen um die gute Begegnung und [ein] Verstehen von dem anderen« beobachtet hatte. Ich führe jetzt noch einige weitere Beispiele an, die veranschaulichen, wie Angehörige und ebenso Akteur*innen aus dem Bereich der Demenzhilfe um ein Verstehen bzw. ein Verstandenwerden ringen. Ich komme dabei zuerst auf den Aspekt des Verstandenwerdens zu sprechen.

---

159 Gajek 2013, S. 28.
160 O'Reilly 2012, S. 100.

Weiter oben habe ich dargestellt, wie Angehörige und sonstige Personen laut Mace und Rabins kommunizieren sollten, damit sie von Demenzbetroffenen gut verstanden werden können. Mace und Rabins empfehlen unter anderem die Verwendung einer deutlich hörbaren, unkomplexen Sprechweise sowie die Vermeidung von Ablenkungen und mehrteiligen Fragen. Diese Maßnahmen waren auch elementare kommunikative Prinzipien des von mir beforschten Betreuungsnachmittags. Die Helferinnen äußerten sich im Rahmen dieser Treffen zumeist auf sehr disziplinierte Weise. Sie redeten nicht durcheinander und versuchten, sich einfach und klar auszudrücken. Auf Anweisung der Gruppenleiterin Frau Muhr verlief zudem etwa auch die Ausgabe von Kaffee und Kuchen in einer Art und Weise, die für die demenzbetroffenen Teilnehmer*innen besonders nachvollziehbar sein sollte. Wenn ich den Teilnehmer*innen Kuchen anbot, bewegte ich mich in deren Blickfeld, nahm nach Möglichkeit Augenkontakt auf, und unterstrich meine Frage, ob ein Stück Kuchen willkommen sei, in dem ich dieses deutlich sichtbar auf dem Tablett vor mir hielt.

Um Nachvollziehbarkeit ging es ebenfalls bei einer bestimmten Verhaltensweise, die Frau Tanner im Umgang mit Menschen mit Demenz praktizierte, denen sie im Rahmen ihres Engagements für die Alzheimer Gesellschaft und in ihrem beruflichen Kontext begegnete. Sie berichtete mir davon, dass sie sich in solchen Situationen bewusst verlangsamte.[161] So wollte sie es Demenzbetroffenen ermöglichen, dass diese die Absichten und Handlungen von Frau Tanner leichter erfassen konnten:

> »[M]an erreicht die Menschen nicht, wenn man in seinem Tempo versucht, etwas zu klären. Und ich finde den Ausspruch einer Kollegin von mir wunderbar. Die sagt immer: ›Bevor ich zu einem Menschen mit Demenz gehe, muss ich bremsen. Und vor unserem Wohnbereich‹, sagt die, ›haben wir alle lauter Bremsspuren‹. Ja, es ist auch so: Man versucht ganz schnell etwas zu machen und erreicht damit eigentlich gar nichts.«

Stellenweise sind die verbal-kommunikativen Fähigkeiten von Demenzbetroffenen so stark beeinträchtigt, dass diese auch langsam vorgetragene und sehr einfache Fragen nicht mehr richtig verstehen. In solchen Situationen wird häufig ein Vorgehen empfohlen, wie es in dem nachfolgenden BILD-Zitat beschrieben wird:

---

161 Vgl. zu dieser Praxis auch Kumbruck 2010, S. 264.

»Betroffene fühlen sich schnell überfordert. Besonders, wenn sie Fragen gestellt bekommen, die sie nicht beantworten können. Machen Sie Ankündigungen, wie ›Jetzt gehen wir in die Cafeteria, es gibt Nudeln‹ statt ›Was möchtest du denn heute essen?‹ Stellen Sie den Erkrankten nicht vor eine Wahl, die er nicht treffen kann. Er wird es schon sagen oder sich bemerkbar machen, wenn er etwas nicht möchte.«[162]

Wie Frau Werner mir erzählte, war ihr diese Empfehlung zunächst nicht vertraut. Schließlich erlangte sie jedoch davon Kenntnis und wandte sie dann auch im Umgang mit ihrer Mutter an:

»Ich habe zum Beispiel dann am Anfang gesagt: ›Wollen wir denn mal spazieren gehen?‹ Dann hat sie gesagt: ›Nein.‹ Weil sie nichts damit anfangen konnte. Dann habe ich nachher einfach ihren Mantel genommen und habe gesagt: ›Komm, wir gehen spazieren.‹ Und dann hat sie gestrahlt und wir gingen spazieren, weil sie gerne spazieren ging. Diese Dinge muss man halt erst lernen.«

Frau Werner wusste, dass ihre Mutter Spaziergänge mochte. Erkundigte sie sich jedoch bei ihr, ob sie zu einem Spaziergang Lust habe, verneinte die Mutter das. Das geschah weil die Mutter, wie Frau Werner annahm, nichts mehr mit dieser Frage »anfangen konnte«. Die Tochter ging so dazu über, die Spaziergänge nur noch anzukündigen und in die Tat umzusetzen. Die Bestätigung, dass das auch im Sinne ihrer Mutter war, leitete Frau Werner aus deren körperlicher Resonanz auf den Spaziergang ab: »Und dann hat sie gestrahlt[.]«

Damit habe ich einige Vorgehensweisen beschrieben, die helfen sollen, dass Menschen mit Demenz ihr Umfeld besser verstehen können. Am Beispiel von Frau Tews zeige ich nun noch einmal näher auf, wie die Äußerungen Demenzbetroffener von deren Umfeld interpretiert werden und inwiefern die Sorge um einen Betroffenen eine besondere hermeneutische Herausforderung darstellen kann. Im Verlauf der Demenz ihres Mannes blieben Frau Tews zunehmend weniger Möglichkeiten, um einen Eindruck von seinen Empfindungen und Bedürfnissen zu erlangen:

»Ich konnte irgendwann nur noch im Gesicht meines Mannes ablesen, wie es ihm geht. Er hat drei Jahre, glaube ich, [nicht gesprochen]. Ich habe es mir nicht notiert, ich habe es auch nicht registriert, ab wann er gar nicht mehr gesprochen hat. Also im Heim hörte es endgültig auf, wo er ›Ja‹ oder ›Nein‹ sagte. Da war es vorbei.«

---

162 BILD v. 15.10.2013.

Obwohl ihr Mann keine sprachlichen Ausdrucksfähigkeiten mehr besaß, ging Frau Tews nicht davon aus, dass ihr nun jedweder Zugang zu seinem Innenleben versperrt war. Das Verbale fiel weg – und so achtete Frau Tews sehr genau auf die Mimik ihres Mannes und versuchte darin, seine Befindlichkeiten, seine Bedürfnis- und Willensäußerungen auszumachen. Sie betrachtete zudem auch bestimmte körperliche Bewegungen und Körperhaltungen ihres Mannes als wichtige Informationsquellen. Wie schon erwähnt, deutete sie etwa den Umstand, dass Herr Tews sich zu Beginn der Heimunterbringung vornehmlich in Richtung der Wand seines Zimmers drehte, als ein Verhalten, mit dem er seine Ablehnung der neuen Situation und sein diesbezügliches Unwohlsein zum Ausdruck brachte. Nach Einschätzung von Frau Tews schlugen sich also negative Empfindungen ihres Mannes in einer bestimmten körperlichen Haltung nieder – bzw. in einer leiblichen Resonanz. Diese leibliche Resonanz ihres Mannes führte auf Seiten von Frau Tews zur Entstehung einer »komplementären Gefühlsregung«.[163] Aus der Wahrnehmung heraus, dass ihr Mann große Unzufriedenheit über die Heimunterbringung signalisierte, entwickelte Frau Tews eine empathische Komplementärreaktion: Sie litt selbst stark daran, dass Herr Tews in einem Pflegeheim leben musste. Es trat hier also eine zwischenleibliche Resonanz auf, die nicht zuletzt dazu führte, dass Frau Tews umso engagierter versuchte, für ihren Mann da zu sein und ihn aufzuheitern.

Der Umstand, dass ihr Mann mit seinem Körper sprach, manifestierte sich für Frau Tews zudem während gemeinsamer Ballspiele. Diese unternahm das Ehepaar im Heim des Mannes. Frau Tews führte sie vor allem deshalb durch, da Herr Tews immer ein leidenschaftlicher Sportler war:

> »[I]ch habe mit ihm zunächst auf dem Flur immer mal mit einem Fußball gespielt und als das nicht mehr ging, hat er im Rollstuhl gesessen und – er war sportlich sehr agil – dann hat er sogar noch mit dem linken Fuß manchmal den Ball gekickt. Und als das nicht mehr ging, haben wir uns den Ball zugeworfen, so diese Flummibälle, Pilatesbälle. Ich hab ganz viele Videoaufnahmen irgendwie auch gemacht, weil ich das selbst so schön fand, wenn er selbst dann darüber auch in Interaktion mit meinen Freunden trat. Also da hat er die Augen aufgerissen, manchmal den Ball vielleicht noch auf die Nase bekommen, das habe ich in Kauf genommen, und man hat gemerkt, er gibt ihn wieder weg. Das waren so die letzten eigenständigen Willensaktionen noch von ihm irgendwie.«

---

163 Fuchs 2003, S. 337.

In dieser Erzählung von Frau Tews zeichnet sich meiner Einschätzung nach ein weiteres Mal ein Verstehensprozess ab, der stark auf zwischenleiblichen Resonanzen basiert. Frau Tews erlebte die aktive Teilnahme ihres Mannes an den gemeinsamen Spielen und seine weit geöffneten Augen als physischen Ausdruck seines Willens zur Interaktion wie auch als Ausdruck seines Wohlbefindens. Dieser Ausdruck gab ihr das Gefühl, dass derartige Unternehmungen im Interesse ihres Mannes waren, weshalb sie ihm Ballspiele und ähnliches auch immer wieder anbot. Frau Tews selbst erlebte das Geschehen dabei als so positiv, dass sie begann, dieses auf Video festzuhalten.

Ich greife jetzt noch ein letztes Beispiel auf, das verdeutlichen soll, inwiefern in der Praxis Bezug auf das Verfahren der Validation genommen wird. Eine ganz explizite Erwähnung fand dieses Verfahren in dem Gespräch mit Frau Kern. Als Beirätin der Alzheimer Gesellschaft und hauptberufliche Altenhilfekoordinatorin war ihr die Validation vertraut. Im Rahmen ihrer beruflichen Tätigkeit hatte sie sogar verschiedene Fortbildungen dazu organisiert und selbst an diesen Fortbildungen teilgenommen. Auf die hier erworbenen Kenntnisse griff sie auch im Umgang mit ihrer demenzbetroffenen Mutter zurück:

> »[W]as ich wirklich ganz, ganz hilfreich fand und im Nachhinein wirklich als ein großes Glück [betrachte], [ist], dass ich wusste, durch Validationskurse, […] wie kommuniziere ich mit Demenzkranken. Das war nicht am Anfang der Erkrankung meiner Mutter, aber im Verlauf. Und die letzten Jahre war es wirklich so, dass ich durch Validation, durch Empathie eine gute Beziehung zu meiner Mutter hatte und auch zu meiner Tante. Meine Tante war auch schwer demenzkrank. […] [I]ch habe es hinbekommen mit meiner Tante oder auch mit meiner Mutter mich hinzusetzen und einfach Sinnentleertes zu quatschen. Wir haben einfach krauses Zeug geredet. Sie hat krauses Zeug geredet, was ich nicht verstanden habe, ich habe auch krauses Zeug geredet, oder auch nicht. Es war uns beiden eigentlich egal, ob wir uns verstehen, wir haben uns auf der non-verbalen Ebene irgendwie verstanden. Es war eine entspannte Atmosphäre, aber nur deswegen, weil ich einfach loslassen konnte. Ich konnte einfach sagen: Ich muss jetzt nicht über irgendwas […], was in der Welt passiert, reden und darauf warten, dass da jetzt irgendwas Kluges zurück kommt. Sondern mir war es dann irgendwann wichtig, dass man einfach entspannt sitzt und nicht mit irgendwelchen Erwartungen oder mit irgendeiner Wut oder Enttäuschung da sitzt, sondern sagt: Genieß die Stunden, die du mit ihr hast. Und wenn wir durch den Schönwald gelaufen sind und dann habe ich gesagt: ›Schau mal, ist das nicht ein toller Pilz?‹ Und sie fragte: ›Wo sitzt er denn?‹ Dann konnte ich mich da gut drauf einlassen. Da habe ich nicht gesagt: ›Wieso er? Das ist ein Pilz, der steht da!‹, sondern ich konnte es einfach so lassen. Ich habe gesagt: ›Schau mal, da sitzt er.‹ Also ich habe mich […] auf ihre Wahrnehmungsebene einlassen können und das war eigentlich sehr, sehr schön und ich habe im Nachhinein ein gutes Gefühl.«

Für Frau Kern war der Umstand, dass sie sich bis zu einem gewissen Grad an die »Wahrnehmungsebene« der Mutter angepasst hatte, ursächlich mit für die gute Beziehung zu dieser verantwortlich. Um die positive Wirkung einer derart verständnisvoll-validierenden Umgangsweise zu veranschaulichen, griff Frau Kern unter anderem auf das Erlebnis während des Waldspaziergangs zurück: Anstatt ihre Mutter zu korrigieren und sie darauf hinzuweisen, dass Pilze der allgemeinen Auffassung nach nicht sitzen, sondern stehen, würdigte sie ihren Beitrag zu der gemeinsamen Konversation. Wichtig war hier und in anderen Gesprächen zwischen Tochter und Mutter weniger eine Orientierung an der intersubjektiven Wirklichkeit – wichtig war vor allem der zwischenmenschliche Austausch und die damit verbundene Begegnung an sich. Indem sie auf den Versuch verzichtete, ihre Mutter an der gesellschaftlichen Wirklichkeit auszurichten, wurde es in den Augen von Frau Kern möglich, dass »eine entspannte Atmosphäre« zwischen Mutter und Tochter aufkam, die auch die Tochter genießen konnte.

Ein »gerüttelt Maß an Geduld und Frustrationstoleranz«: Das Prinzip der Selbstkontrolle

Unter dem Titel »Satt und sauber reicht nicht« thematisierte ein FAZ-Artikel vom 21. November 2006 die Ergebnisse einer Tagung zu Schwierigkeiten im Bereich der Versorgung von Demenzbetroffenen. Aus dem Artikel geht hervor, dass die Referent*innen dieser Tagung, zu denen unter anderem Klaus Dörner gehörte, auch über die Chancen einer stärkeren Einbindung von bürgerschaftlich Engagierten diskutierten.[164] Dabei wurde betont, dass ehrenamtliche Helfer*innen in diesem Feld besondere Qualitäten mitbringen müssten:

> »Die Bereitschaft, einige Zeit mit alten Menschen zu verbringen, gibt es wohl. Aber gerade Menschen mit Demenz verlangen oft ein gerüttelt Maß an Geduld und Frustra-

---

164 Der Psychiater Klaus Dörner hat sich in seiner Arbeit stark für die Enthospitalisierung psychisch Kranker eingesetzt. In diesem Zusammenhang thematisiert er neue Versorgungsmodelle auch für die Alten- und Demenzhilfe. Dörner (2012, S. 42) plädiert hier für ein Versorgungs- bzw. Hilfesystem, das von einem »Bürger-Profi-Mix« gestaltet wird und das auf dem Grundsatz beruht: »[S]o viel Bürger wie möglich und so viel Profi wie nötig.«

tionstoleranz. Da gilt es auszuhalten, daß man nach dem zehnten Besuch als Fremder tituliert und fortgeschickt wird.«[165]

Wer sich in der Versorgung von Menschen mit Demenz engagiert, so hält dieses Zitat fest, der sollte äußerst beherrscht agieren – der sollte eine besondere Geduld zeigen und spezifische Frustrationen aushalten können. Etwa die Frustration, dass man von seinem demenzbetroffenen Gegenüber wiederholt nicht erkannt und abgewiesen wird. Eine solche Selbstbeherrschung bzw. -kontrolle gilt in meinem Quellenkorpus nicht nur als entscheidende Aufgabe von bürgerschaftlichen Engagierten. Vor allem auch Angehörige werden dazu aufgerufen, sich im Umgang mit Demenzbetroffenen selbst zu beherrschen und zu kontrollieren. So thematisieren etwa Mace und Rabins das Prinzip einer Selbstbeherrschung/-kontrolle sehr eingehend und weisen ihm eine elementare Bedeutung zu:

> »Wird der Kranke aufgeregt oder renitent, bewahren Sie Ruhe und befreien Sie ihn gelassen aus dieser Situation. […] Versuchen Sie nicht, dem Verwirrten Ihre eigenen Frustrationen oder Ihren Ärger mitzuteilen. Da er Ihre Reaktion nicht verstehen kann, regt ihn dies nur noch weiter auf. Sprechen Sie ruhig, tun Sie eine Sache nach der anderen. Bewegen Sie sich langsam und gemessen. Denken Sie immer daran, dass der Kranke *nicht* widerspenstig ist oder etwas absichtlich tut. Versuchen Sie, sich nicht zu rechtfertigen oder mit einem aufgeregten Kranken zu diskutieren. Dies wird die Verwirrtheit bzw. überschießende Reaktionen nur noch verstärken.«[166]

Ähnlich wie in dem zuvor erwähnten FAZ-Zitat wird von Mace und Rabins Folgendes betont: Frustrationen, die auf Seiten der Sorgenden entstehen, weil Demenzbetroffene »aufgeregt oder renitent« agieren, weil sie »überschießende Reaktionen« zeigen, sind unbedingt zu tolerieren. Es gelte Ruhe und Gelassenheit zu bewahren – und Verständnis dafür aufzubringen, dass das Verhalten der Betroffenen nicht auf Boshaftigkeit basiert, sondern krankheitsbedingt ist.

Mit Arlie Russel Hochschild lässt sich die Selbstkontrolle, zu der hier aufgefordert wird, auch als Emotionsarbeit verstehen.[167] Praktiken einer Emoti-

---

165 FAZ v. 21.11.2006.
166 Mace/Rabins 1986, S. 44.
167 Hochschild (1990, S. 309) hat die Praxis der Emotionsarbeit am Beispiel von Flugbegleiter*innen beschrieben. Deren Tätigkeit umfasst auch eine Kontrolle der eigenen Empfindungen: Nach außen hin sollen Flugbegleiter*innen eine durchweg positive Gestimmtheit signalisieren, damit bei den Fluggästen der Eindruck entsteht, dass sie »an

onsarbeit, das haben verschiedene Studien festgestellt, sind unter anderem ein wesentlicher Bestandteil des Handelns von Pflegefachkräften in der institutionellen Alten- und Demenzsorge.[168] Meine Quellen belegen, dass dieses Prinzip auch für die familiäre Demenzsorge verbindlich gemacht wird. Kernbestandteil einer Emotionsarbeit im Sinne von Hochschild ist »das Zeigen und Unterdrücken von Gefühlen«.[169] Im Fall der Versorgung von Menschen mit Demenz bedeutet das, dass Pflegefachkräfte oder eben auch Angehörige gezielt solche Gefühle zeigen sollen, die Demenzbetroffene entspannen, bestärken und ihnen Sicherheit signalisieren. Unterdrückt werden sollen hingegen negative Empfindungen (Frustrationen, Ärger, Aggressionen), da diese die Betroffenen verwirren, verunsichern, verängstigen oder verletzen können. Dabei ist es für Expert*innen wie Mace und Rabins nicht nur wichtig, dass Angehörige (bzw. Pflegefachkräfte) darauf verzichten, negative Gefühle »mitzuteilen«.[170] Es geht zugleich darum zu verhindern, dass Sorgende solche negativen Gefühle an Demenzbetroffenen körperlich ausagieren.

Inwiefern die Haltung einer Kontrolle von Emotionen und emotionsgeladenen Handlungen im Alltag von Angehörigen eine Rolle spielt, zeigt ein Auszug aus meinem Gespräch mit Frau Kahn, den ich zum Teil schon in Abschnitt 5.3 zitiert habe:

> »[Mein Mann] hat voriges Jahr, da hat er Sachen gemacht... wir haben im Wintergarten Teppichboden, da hatte er gießen wollen. Da hat er mit den Gießkannen im Wintergarten gegossen. Jetzt schimpfen sie mal... mit einem demenzkranken Menschen dürfen sie nicht schimpfen. [...] Der ist mir im Wintergarten in die Blumen, [...] hat mir die ganzen Blumen umgerissen, Blumen kaputt gemacht. Es passieren immer Sa-

---

einem angenehmen und sicheren Ort umsorgt« werden. Im Rahmen der emotionalen Umsetzung solcher beruflicher Verhaltens- bzw. Empfindungsreglements können für Hochschild (1990, S. 54f.) zwei unterschiedliche Typen der Emotionsarbeit zum Einsatz kommen. Erstens der Typus des Oberflächenhandelns: »Beim Oberflächenhandeln empfinde ich den Ausdruck auf meinem Gesicht als ›aufgesetzt‹. Er ist kein ›Teil von mir‹.« Das Oberflächenhandeln läuft also darauf hinaus, dass bestimmte Gefühle wie eine Maske getragen und zur Schau gestellt werden. Beim zweiten Typus der Emotionsarbeit, dem Tiefenhandeln, kommt es hingegen dazu, dass der Emotionsarbeitende seine Gefühle tatsächlich verändert und das empfindet, was in einer bestimmten Situation empfunden werden soll.

168 Vgl. Newerla 2012b, S. 205f., Kumbruck 2010 sowie Giesenbauer/Glaser 2006.
169 Hochschild 1990, S. 309.
170 Mace/Rabins 1986, S. 46.

chen, immer Sachen. Schwierig war der Prozess – das ist jetzt so ein bisschen überwunden – am Anfang, wo er gemerkt hat, er kann das nicht mehr, da wurde er böse. [...] [E]r drückt irgendwo gegen oder er schmeißt was hin. Er ist aggressiv. Das war sehr, sehr schwer auch für mich und er sagt auch dann manches, das ist manchmal sehr beleidigend. [...] Wir hatten unseren 42. Hochzeitstag, da hat er mir die ganzen Blumen umgerissen und [...] ich frage doch immer: ›Wo willst du hin? Ich geh doch mit dir.‹ [...] Und dann ist er böse und schmeißt einem Sachen an den Kopf, das ist hart. Dann kommen schon mal ein paar Tränen.«

Hier wird deutlich, dass Frau Kahn das Gebot einer emotionalen Selbstkontrolle vertraut war und sie dieses umzusetzen versuchte. So betonte sie, dass es unzulässig sei, mit einem Demenzbetroffen zu »schimpfen« – dass sie also ihre persönliche Verärgerung über bestimmte Verhaltensweisen ihres Mannes diesem gegenüber nicht zum Ausdruck bringen dürfe. Das Beispiel verdeutlicht weiter: Obwohl Frau Kahn das Prinzip einer demenzsorgespezifischen Emotionsarbeit grundsätzlich befolgte, gelang es ihr keineswegs immer, rundherum ruhig und gelassen zu bleiben. Im Gegenteil litt sie sehr unter dem, was sie stellenweise mit ihrem Mann erlebte.

Deutlich wird hier ganz exemplarisch, wie groß die Dissonanzen zwischen dem tatsächlichen Empfinden von Angehörigen (Verletztheit, Frustration, Wut) und den emotionalen Reaktionen sein können, die Demenzexpert*innen als richtig und wichtig erklären (Zuneigung, Gelassenheit, Ruhe). Pflegefachkräfte können zur Verarbeitung solcher emotionaler Dissonanzen auf den Austausch mit Kolleg*innen oder auch auf Supervisionsangebote zurückgreifen.[171] Angehörigen werden anderweitige Mittel und Wege zur Verarbeitung von emotionalen Dissonanzen empfohlen. Bei Mace und Rabins heißt es so etwa:

> »Viele Familien finden, daß ein Zusammentreffen und Diskutieren gegenseitiger Erfahrungen Frustrationen und Ärger abbauen. In manchen Fällen können andere Ventile benutzt werden: Mit jemandem sprechen, Schränke auswischen, Holz hacken – es gibt viele Wege, Ihre Frustration abzureagieren. Weitere Möglichkeiten zur Entspannung sind ein anstrengendes Trimm-Dich-Programm, ein langer Spaziergang oder einige Minuten Unterhaltung.«[172]

In diesem Zitat wird unter anderem dem Besuch einer Selbsthilfegruppe eine emotionale Entlastungs- bzw. Ventilfunktion zugeschrieben: Hier kön-

---

171 Vgl. Kumbruck 2010, S. 276f.
172 Mace/Rabins 1986, S. 183.

nen Angehörige »abbauen«, was sie im Umgang mit ihren demenzbetroffenen Familienmitgliedern nicht ausleben sollen – ihre Frustrationen, ihren Ärger. Auch Frau Tanner wusste als Pflegeexpertin darum, dass eine Emotionsarbeit unter Umständen alles andere als leicht fällt. Sie empfahl Angehörigen deshalb ebenfalls, das Angebot einer Selbsthilfegruppe zu nutzen:

> »Das hilft, glaube ich, wirklich sehr gut. So als Ort, wo man auch ungeschützt mal sagen kann: ›Das hat mich so was von geärgert.‹ Oder: ›Ich war kurz davor, dem [demenzbetroffenes Familienmitglied] eine zu donnern.‹ [...] Das sagt man so ungeschützt nicht, deswegen finde ich so eine Gruppe total klasse.«

Einerseits trägt eine besondere emotionale Selbstkontrolle also potenziell mit dazu bei, dass Demenzbetroffene vor psychischen und physischen Verletzungen durch ihr Umfeld geschützt werden. Zugleich kann sie darauf hinwirken, dass die Betroffenen auch dann Anerkennung, Wertschätzung und positive Resonanzen erfahren, wenn sie Verhaltensweisen zeigen, die das Umfeld als »aufgeregt«, »renitent«, »widerspenstig« oder »überschießend« erlebt.[173] Gerade weil Gewalt gegen Menschen mit Demenz sowohl in der familiären als auch in der institutionellen Versorgung vorkommt, stellt eine anhaltende emotionale Selbstkontrolle fraglos ein hoch bedeutsames Prinzip dar.[174] Andererseits fällt die Umsetzung dieses Prinzips nicht immer leicht: Es ist möglich, dass die Aufgabe einer emotionalen Selbstkontrolle für einige Sorgende zu einer Belastung ganz eigener Art wird. Zudem gerät im Rahmen des Prinzips der emotionalen Selbstkontrolle tendenziell der Schutz der Sorgenden außer Acht bzw. wird die Schutzbedürftigkeit der Sorgenden der Schutzbedürftigkeit von Demenzbetroffenen untergeordnet. Ein Schutz der Angehörigen ist jedoch insofern wichtig, da sie stellenweise auch selbst verbale Beleidigungen und Würdeverletzungen oder gar körperliche Angriffe erfahren, die von Seiten demenzbetroffener Familienmitglieder ausgehen.[175]

Es kann im Kontext der Ausübung einer emotionalen Selbstkontrolle folglich zu Situationen kommen, in denen Sorgende eine gewisse Selbstlosigkeit

---

173 Mace/Rabins 1986, S. 44.
174 Vgl. Weissenberger-Leduc/Weiberg 2011, S. 35f. sowie Thoma/Zank/Schacke 2004.
175 Anders als Pflegefachkräfte haben Angehörige in der Regel keine umfassende berufliche Ausbildung absolviert, in der auch Möglichkeiten eines Umgangs mit Gewalterfahrungen erlernt werden. Zur Frage der Gewaltausübung gegen Pflegende vgl. auch Grond 2007, S. 26f. sowie Halek/Bartholomeyczik 2011, S. 36f.

praktizieren. Die in Sorgeidealen und Sorgepraktiken nicht selten einflussreiche Maxime der Selbstlosigkeit steht ethisch aber insofern in der Kritik, als sie ein nachteiliges Gefälle in die Beziehung zwischen Sorgegeber und Sorgeempfänger einführt:

> »The conception of selflessness holds the idea of forsaking one's own interests for those of others either by overriding them or by providing care to the point of self-sacrifice. From a philosophical perspective, selflessness is problematic. Why should the caredfor's interest consistently weigh more than the carer's interests? [...] Most ethical theories hold that the interests of all individuals should equally be taken into consideration. Excluding an agent's interests per se, or a priori weighting agents' interests differently would amount to unjustified differential treatment.«[176]

Um zu veranschaulichen, inwiefern das Prinzip eines ruhigen und gelassenen Aushaltens des Verhaltens von Demenzbetroffenen in Konflikt mit einem Selbstschutzbedürfnis von Angehörigen stehen kann, greife ich auf Aussagen von Frau Grier und Frau Peters zurück. Frau Grier stellte fest, dass sie grundsätzlich versuchte, Verhaltensweisen und Stimmungen ihres Mannes, die sie verärgerten oder kränkten, zu »ertragen«. Gleichwohl war sie nicht zu einer generellen Toleranz aller Frustrationen bereit, die sie im Umgang mit ihm erfuhr:

> »[I]ch muss sagen, ich lasse [meinem Mann] heute auch weitestgehend den Willen, wenn es so eine Phase ist, dass er schlechte Laune hat. Er hat Anspruch auf schlechte Laune. Nur, wir müssen sie ertragen. Wie weit wir sie ertragen können, das ist die andere Frage. Oder dann sage ich aber auch schon mal: ›Also mein lieber Freund, jetzt ist Schluss mit lustig, jetzt wird wieder normal hier miteinander umgegangen.‹«

Frau Peters berichtete ebenfalls davon, dass sie nicht jedwedes Verhalten von Herrn Peters akzeptieren konnte:

> »[Ich habe] mich nicht vor lauter Sensibilität da von ihm dann grundlos beschimpfen lassen, wenn der plötzlich seine Attacken kriegte und auf einmal plötzlich [...] loslegte. Ja, dann habe ich ihm auch schon mal gesagt: ›Halt, was soll denn das? [...] So nicht!‹«

---

176 Pettersen 2012, S. 369. Dementsprechend unterstreicht der Deutsche Ethikrat (2012, S. 61): »Selbst Ehepartner, die einander Liebe und wechselseitige Unterstützung in Gesundheit und Krankheit versprochen haben, dürfen während ihrer Betreuungs- und Pflegetätigkeit eingeforderte Dienste für einen Menschen mit Demenz ablehnen, wenn sie sich über die Grenzen ihrer Belastbarkeit hinaus gefordert sehen oder sie für die Erfüllung seines Wunsches eigene Interessen zu sehr in den Hintergrund stellen müssten.«

Eine besondere Sensibilität im Umgang mit ihrem Mann, das merkte Frau Peters kurz vor dieser Aussage an, pflegte sie unter anderem in der Hinsicht, dass sie etwa auf verletzende, nichtanerkennende Begrifflichkeiten (»Lätzchen«, »füttern«) verzichtete. Des Weiteren rief sie sich immer wieder bewusst in Erinnerung, dass ihr Mann sehr wehrlos war und sie ihm entsprechend rücksichtsvoll zu begegnen hatte. Im Gegenzug forderte sie jedoch auch für ihre eigene Person eine Rücksichtnahme ein. Im Umgang mit ihrem Mann rundherum selbstlos zu agieren, das stellte für sie keine Option dar. Und so ertrug sie die »Attacken« von Herrn Peters nicht stets in stoischer Manier, sondern verteidigte sich manches Mal explizit dagegen: »So nicht!«

Eine tolerante, selbstkontrollierte Haltung wird Sorgenden auch im Umgang mit solchen Verhaltensweisen von Demenzbetroffenen empfohlen, die gegen gesellschaftliche Konventionen wie etwa Tischsitten, Kleider- und Hygieneordnungen verstoßen. Mace und Rabins betonen in diesem Zusammenhang beispielsweise: »Akzeptieren Sie Veränderungen. Besteht der Kranke darauf, mit Hut zu schlafen, bedenken Sie, daß dies nicht schädlich ist, und tolerieren Sie es.«[177] Auch Frau Grier hatte die Erfahrung gemacht, dass ihr Mann stellenweise nachts vollbekleidet ins Bett ging – oder es gelegentlich bevorzugte, auch tagsüber Schlafanzug und Bademantel zu tragen. Frau Grier empfand das als sehr unpassend und wollte das ändern, was Konflikte zwischen den Eheleuten ausgelöst hatte. Schließlich jedoch gelang es ihr, hier eine tolerantere Haltung einzunehmen, wodurch die einstmaligen Auseinandersetzungen entschärft wurden: »[I]ch bin heute so leger geworden, dass ich sage: ›Dann lassen wir das.‹ Und wenn er sich nicht anziehen lässt, na ja, dann lässt er es eben. Er will dann also den Bademantel anziehen oder so was.«[178]

Ungleich frustrierender als das Tragen einer nicht-tageszeitangemessenen Kleidung ist es für viele Angehörige, wenn Demenzbetroffene überhaupt keine Kleidung tragen wollen, sondern es vorziehen, nackt zu sein. Angesichts solcher Situationen wird von Expert*innen ebenfalls zu einer toleran-

---

177 Mace/Rabins 1986, S. 38.
178 Anzumerken ist hierbei, dass ein derart legerer Umgang mit unkonventionellen Kleidungsweisen im privaträumlichen Bereich in der Regel leichter fällt als in der Öffentlichkeit.

ten, gelassenen Umgangsweise geraten, was auch der folgende Auszug aus meinem Gespräch mit Frau Rahner greifbar macht:

> »Dann hat sich meine Mutter hier [in unserem Haus] pudelnackt ausgezogen und ist hier nackt rum gelaufen. Ja, wo ich heute weiß: ›Ah ja, ist nichts Schlimmes.‹ Da sagt man vielleicht einfach mal: ›Es ist doch so kalt, wir ziehen den Pullover wieder an.‹ Oder so: ›Hinterher erkältest du dich.‹ [...] Mein Vater konnte [...] mit dieser Situation schlechter umgehen, wie wir. Und dann hat er immer gesagt: ›Bist du denn verrückt geworden, jetzt zieh dich an. Du rennst hier nackig da rum.‹ Auch wenn die Geschwister kamen oder so. Dann hat sie immer ihren Pullover auch ausgezogen. Also sie hat sich auch ständig immer nackt ausgezogen [...]. Und die eine Polin, die hatte schon wohl mehr bei anderen gearbeitet, also bei anderen älteren Menschen gearbeitet. Und die sagte dann immer: ›Puh, sollen sie halt nackt hier ein bisschen rum laufen und irgendwann ziehe ich sie wieder an.‹ Ja, die war so ein bisschen lockerer in dieser Richtung [und sagte]: ›Was soll ich da Stress machen?‹«

Frau Rahner hatte im Rahmen der von ihr besuchten Informationsangebote (Angehörigen-Selbsthilfegruppe, Weiterbildungskurs zur Demenzsorge) gelernt, dass man abweichenden bzw. schambesetzen, peinlichen Verhaltensweisen von Demenzbetroffenen gelassen begegnen sollte. Die Nacktheit der Mutter bewertete Frau Rahner auf dieser Grundlage nicht mehr als besondere Schwierigkeit. Es gelang ihr also, Scham- und Peinlichkeitsempfindungen bezüglich der Nacktheit der Mutter etwas zu verringern: »Ah ja, ist nichts Schlimmes.« Zugleich hatte Frau Rahner auch Vorgehensweisen kennengelernt, die unbekleidete Demenzbetroffene auf nicht-konfrontative Weise dazu bewegen sollen, Kleidung zu tragen: »Es ist doch so kalt, wir ziehen den Pullover wieder an.«

Der Vater von Frau Rahner konnte das abweichende Verhalten seiner Frau hingegen keineswegs tolerieren. Er forderte, dass sie sich ankleiden müsse. Ungleich gelassener bzw. »lockerer« war dagegen eine der ausländischen Betreuerinnen, die Frau Rahner beschäftige, als ihre beiden Eltern noch zu Hause versorgt wurden. Diese Betreuerin machte wegen dem Verhalten der Mutter keinen »Stress«. Sie ließ zu, dass sich Frau Rahner senior zeitweise nackt durch die Wohnung bewegte und kleidete sie dann »irgendwann [...] wieder an«. An dieser Stelle zeigt sich noch einmal ganz exemplarisch, inwiefern eine selbstkontrollierte, bedachte Anpassung an Verstöße gegen gesellschaftliche Konventionen zu einer Entspannung und Konfliktvermeidung beitragen kann.

6.5 Sorgepraktiken zur Behandlung von körperlichen, kognitiven und emotionalen Schwierigkeiten Demenzbetroffener

Gegenstand dieses Abschnitts sind drei zentrale Aufgaben- bzw. Handlungsfelder der Demenzsorge. Im ersten Teil des Abschnitts gehe ich auf die grundlegenden Versorgungsaufgaben der Ernährung und der Körperpflege ein. Thema des zweiten Teils sind solche Sorgehandlungen, die Demenzbetroffene in physischer und/oder kognitiver Hinsicht anregen und fördern sollen. Im dritten Teil stelle ich Praktiken vor, mit denen um ein emotionales Wohlbefinden von Menschen mit Demenz Sorge getragen wird.

Grundversorgung: Ernährung und Hygiene

Zum Einstieg greife ich einen BILD-Artikel auf, der den Titel trägt: »So pflege ich meinen Angehörigen richtig«.[179] In diesem Artikel werden die folgenden fünf Fragen gestellt und beantwortet: »Wie wasche ich einen Demenzkranken?«; »Wie bringe ich einen Patienten zum Ankleiden?«; »Was muss ich bei den Mahlzeiten beachten?«; »Wie helfe ich bei Inkontinenz?«; »Wie spreche ich Demenzkranke an?«

Bei letzterer Frage geht es um Möglichkeiten einer Kommunikation mit Demenzbetroffenen. Die ersten vier Fragen thematisieren hingegen grundlegende Handlungsfelder im Bereich der körperlichen Versorgung: Das Handlungsfeld der Hygiene (Waschen, Kleidung, Inkontinenz) sowie das Feld der Ernährung.[180] Ich wende mich diesen beiden Handlungsfeldern der Demenzsorge nun eingehender zu. Zunächst widme ich mich dabei Aussagen, Praktiken und Erfahrungen zum Feld der Ernährung, wie sie sich im Quellenkorpus abzeichnen.

---

179 BILD v. 16.10.2013.
180 Kleidung ist insofern ein wichtiger Gegenstand hygienebezogenen Sorgehandelns, als sie regelmäßig von Verschmutzungen gesäubert wird. Selbstverständlich besitzt Kleidung aber nicht nur im Rahmen von Hygienemaßnahmen eine große Bedeutung. Ihre besondere sorgepraktische Relevanz rührt nicht zuletzt gerade daher, dass sie den Körper vor Witterungseinflüssen schützt.

Ernährung

Angehörige werden von Expert*innen wie Mace und Rabins nachdrücklich darauf hingewiesen, dass Demenzbetroffene »oft nicht daran denken, ausreichend zu essen und dann nahrungsbedingte Mangelerscheinungen zeigen«.[181] Um körperlichen Mangelerscheinungen vorzubeugen, sind Sorgende angehalten, eine regelmäßige, ausreichende Nahrungs- und Flüssigkeitsaufnahme sicherzustellen. Diese Aufgabe wird, was auch schon im voranstehenden Zitat von Mace und Rabins anklingt, durch die Folgen einer Demenz erschwert. Für den Fall, dass ein Betroffener nichts mehr essen mag und an Gewicht verliert, empfehlen die beiden Ratgeberautor*innen diese Maßnahmen:

> »Kredenzen Sie ihm seine Lieblingsmahlzeiten. Wenn eine passierte Kost erforderlich ist, richten Sie sie wohlschmeckend an. Legen Sie nur ein Nahrungsbestandteil zur Zeit auf den Teller. Oft ißt ein zerebral behinderter Mensch langsam. Treiben Sie ihn nicht an. Sorgen Sie für eine freundliche, ruhige und nicht ablenkende Umgebung.«[182]

Ähnliche Empfehlungen zur Förderung und Unterstützung der Nahrungsaufnahme von Menschen mit Demenz werden auch in dem zuvor erwähnten Artikel der BILD aufgelistet:

> »Stimulieren Sie den Appetit des Kranken mit Essensgerüchen. Servieren Sie die Komponenten einer Mahlzeit nacheinander. Bei einem zu vollen Teller wissen die Patienten nicht, womit sie anfangen sollen. Essen Sie immer gemeinsam. Gesellschaft animiert die Kranken. Kochen Sie Gerichte aus Kindheit und Jugend.«[183]

Wie bereits ausgeführt, kann es überdies notwendig sein, dass Demenzbetroffenen das Essen angereicht wird. Herr Tenner musste das bei seiner Frau ebenfalls tun, da sie nicht mehr zu einer selbstständigen Nahrungsaufnahme in der Lage war. Eine Zeit lang aß Frau Tenner die Gerichte, die ihr Mann ihr zubereitete und anreichte, scheinbar mit großem Appetit. Sie legte sogar an Körpergewicht zu – und zwar 35 Kilo. Schließlich traten jedoch Schwierigkeiten auf: Hatte Frau Tenner zuvor alle Gerichte gegessen, nahm sie irgendwann nur noch passierte Nahrung oder Suppen an – häufig aß sie auch gar nichts. Herr Tenner besprach dieses Phänomen mit dem Psycholo-

---

181 Mace/Rabins 1986, S. 72.
182 Ebd., S. 77.
183 BILD v. 16.10.2013.

gen, dessen Rat er im Zusammenhang mit der Versorgung seiner Frau einzuholen begonnen hatte:

»Und dann habe ich mich unterhalten mit dem Psychologen. Ich sage: ›Wenn sie ja mal nichts isst, ist das ja auch nicht so schlimm, sie hat ja noch zugesetzt.‹ Da sagt der: ›Ja? Wieso? Wie schwer ist sie denn?‹ ›Ja‹, sage ich, ›die hat in verhältnismäßig kurzer Zeit, ich sage jetzt mal ein Jahr, 35 Kilo zugenommen.‹ Da sagt der: ›Wollen wir es denn mal damit probieren, dass wir sagen, wie hat das die Frau geschafft, das Gewicht immer zu halten?‹ Sage ich: ›Ja, eiserne Disziplin.‹ Sagt er: ›Vielleicht ist es ja so, dass sie gern wieder auf das Gewicht möchte, ihnen aber [...] nichts abschlagen will, weil sie das Essen gemacht haben. Ihnen zuliebe will sie das Essen nehmen, auf der anderen Seite möchte sie das aber gar nicht, weil sie vielleicht wieder das Gewicht abnehmen möchte.‹ Und da habe ich gesagt: ›Das ist doch kein Problem, das probieren wir aus.‹ Das nächste Mal hingesetzt, gegessen: Erster Löffel, zweiter Löffel [...] dann habe ich ihr auf den Kehlkopf geschaut. Wenn der sich bewegt hat, dann war es gut. Und wenn nicht: Aufgehört, Essen weg getan. Brauchte ich mich nicht ärgern, ihr war geholfen. Das nächste Mal, wenn sie Hunger hatte, dann hat sie schon den Teller gegessen. Und so hat sie in der gleichen Zeit, ich kann das an Tagen gar nicht festlegen, wie sie vorher zugenommen hatte, da hatte sie 35 Kilo wieder abgenommen. Und sie isst wieder alles.«

Frau Tenner sprach zum Zeitpunkt dieser Ereignisse schon länger nicht mehr. Ihr Mann hatte also keine Möglichkeit, sie direkt zu fragen, warum sie nur noch bestimmte Speisen aß und stellenweise gar nichts mehr zu sich nehmen wollte. Der psychologische Berater von Herrn Tenner entwickelte eine Hypothese zu den Ursachen dieses Verhaltens: Um den Einsatz ihres Mannes zu würdigen, habe sie seine Gerichte möglicherweise zunächst angenommen – die dadurch ausgelöste Gewichtszunahme könne Frau Tenner jedoch als ungewollte Abweichung von ihrem eigenen Körperideal empfunden haben, weshalb sie eventuell durch einen Nahrungsverzicht versuchte, sich diesem Ideal wieder anzunähern. Herr Tenner überprüfte diese These, indem er sehr genau auf äußere körperliche Anzeichen des Schluckakts (Bewegung des Kehlkopfes) achtete. Diese Anzeichen belegten für ihn, dass seine Frau die ihr angereichten Speisen nicht nur im Mund behielt, sondern die Speisen tatsächlich verzehrte. Blieben solche Anzeichen aus, betrachtete Herr Tenner das als Beleg dafür, dass seine Frau nicht weiter essen wollte und er stellte dann weitere Versuche, ihr Nahrung anzureichen, ein. Das Vorgehen hatte zur Folge, dass Frau Tenner deutlich an Gewicht abnahm und sich die vormaligen Schwierigkeiten beim Essen auflösten: Frau Tenner lehnte die Nahrungsaufnahme nicht mehr ab und sprach auch nicht mehr nur auf passierte oder flüssige Gerichte an, sondern aß »wieder alles«.

Wenngleich Herr Tenner mit seinem Vorgehen einen Erfolg verzeichnete, können selbst die engagiertesten Versuche, Demenzbetroffene zu einer Nahrungsaufnahme zu bewegen, scheitern.[184] Daran lassen auch Mace und Rabins keinen Zweifel:

> »Sind alle Bemühungen nutzlos und fährt der Kranke fort, Nahrung zu verweigern, stehen Sie und Ihr Arzt vor einem ethischen Dilemma. Soll der Kranke durch einen über die Nase in den Magen geführten Katheter ernährt werden? Soll eine Magenfistel angelegt werden? Oder sollten Sie dem Patienten erlauben zu sterben? Nur Sie können diese Entscheidung treffen.«[185]

Mace und Rabins zeigen hier zwei mögliche Umgangsweisen mit solchen Situationen auf, in denen Demenzbetroffene die ihnen angebotenen Nahrungsmittel partout ablehnen. Erstens weisen die beiden Ratgeber*innen auf die Option einer künstlichen Ernährung hin. Zweitens stellen sie fest, dass es auch möglich ist, die Verweigerung der Nahrungsaufnahme zu akzeptieren: Das würde bedeuten, dass Sorgende auf eine künstliche Ernährung verzichten und sie den Betroffenen stattdessen »erlauben zu sterben«.

Die Option einer künstlichen Ernährung von Demenzbetroffenen ist in den zurückliegenden Jahren intensiv diskutiert worden.[186] Diese Diskussion, die sich besonders auf das Verfahren der perkutanen endoskopischen Gastrostomie (PEG-Magensonde) bezieht, wird vereinzelt auch in den interdiskursiven Quellen meines Korpus abgebildet.[187] So schildert etwa ein FAZ-Artikel die Kernaussagen eines Fachzeitschriftenbeitrags zu medizinischen und ethischen Aspekten der PEG-Ernährung von Demenzbetroffenen:

> »Bei Patienten mit fortgeschrittener Demenz ergab ein Vergleich zwischen jenen, die eine Sonde erhielten, und einem ähnlichen Kollektiv, bei denen die Betreuer keine Einwilligung für eine Zwangsernährung gegeben hatten, dass die Maßnahme das Leben nicht verlängert. Auch die Lebensqualität wird offenbar nur bei der Minderzahl der so Behandelten verbessert. Bei zwei Dritteln ändert sich nichts, und bei 17 Prozent verschlechtert sich die Lebensqualität sogar. Die Sonde verhindert auch nicht mit Sicher-

---

184 Eine umfassende Übersicht zu Methoden, die Menschen mit Demenz zu einer Nahrungsaufnahme anregen und sie dabei unterstützen sollen, haben Thomas A. Vilgis, Rolf Caviezel und Ilka Lendner (2015) vorgelegt.
185 Mace/Rabins 1986, S 77.
186 Vgl. Wirth 2018 und Löser 2012.
187 PEG-Sonden werden in Deutschland seit den 1980er-Jahren eingesetzt.

heit, dass Nahrungsbrei in die Lunge gelangt. Das Risiko wird mitunter sogar zunehmen, weil der Verschlussmechanismus der Speiseröhre beeinträchtigt ist und der Mageninhalt daher leichter nach oben gelangen kann. Lungenentzündungen, die auf eingeatmete Nahrungsteilchen zurückgehen, gehören bei jenen Altenheimbewohnern, die über eine solche Sonde ernährt werden, zu den häufigsten Todesursachen. Wenngleich manche der Patienten mit Hilfe der Sonde wieder an Gewicht zunehmen, wird eine Mangelernährung nicht zwingend verhindert. Der Nährstoffhaushalt kann weiter durch Magen-Darm-Störungen oder verstärkten Abbau von Substanzen beeinträchtigt sein. Auch Druckgeschwüre der Haut treten nicht unbedingt seltener auf, wenn die Kranken wieder besser ernährt werden.«[188]

Über die Option des Einsatzes einer PEG-Sonde musste auch Frau Tews entscheiden. Zwar lehnte ihr Mann in der Spätphase seiner Demenz das ihm angereichte Essen nicht per se ab, gleichwohl hatte er größte Schluckstörungen (Dysphagien), wie sie bei Betroffenen in fortgeschrittenen Demenzstadien vorkommen können.[189] Wie kritisch die Situation von Herrn Tews zu diesem Zeitpunkt war, macht die folgende Aussage seiner Frau deutlich: »[D]as auszuhalten, das ist so schwer, das Leiden zu sehen, dass er sich immer wieder verschluckt hat und auch mal blau angelaufen ist und alles das.«

Frau Tews entschied sich schließlich gegen eine Ernährung ihres Mannes mittels einer PEG-Sonde. Zwei Aspekte hatten einen maßgeblichen Einfluss auf das Zustandekommen dieses Entschlusses: Erstens war Frau Tews von ärztlicher Seite über die auch im obigen FAZ-Zitat erwähnten Einwände gegen den Einsatz einer PEG-Sonde bei einer sehr weit fortgeschrittenen Demenz aufgeklärt worden. Zweitens ging sie der Annahme, dass ihr Mann in dieser besonderen Situation eine künstliche Ernährung abgelehnt hätte:

> »[I]ch wusste, wenn ich das mache, […] dann wird ein Zustand der vielleicht dann tatsächlichen Hülle nur noch sein, dann kann gar nichts mehr geschehen, dann ist nichts mehr möglich und er wird aber weiterleben. Und den Zustand – habe ich angenommen – würde er für sich gewollt haben, nicht mehr weiter erleben zu müssen.«

---

188 FAZ v. 27.06.2007. Grundlage dieses Artikels ist das von Matthias Synofzik (2007) verfasste und im Journal »Der Nervenarzt« veröffentlichte Paper mit dem Titel »PEG-Ernährung bei fortgeschrittener Demenz. Eine evidenz-gestützte ethische Analyse«.
189 Vgl. Stobbe 2012.

Hygiene

Vom Aspekt des ernährungsbezogenen Sorgehandelns gehe ich jetzt zur Praxis der hygienischen Versorgung über. Mace und Rabins äußern sich wie folgt dazu:

> »Die persönliche Pflege, die ein Demenzkranker benötigt, hängt vom Ausmaß der zerebralen Behinderung ab. Ein Mensch mit Alzheimerscher Krankheit kann in frühen Stadien noch ohne weiteres für sich selbst sorgen. Später beginnt er sich aber zu vernachlässigen und benötigt dann umfassende Hilfe. Probleme entstehen oft beim Kleiderwechsel oder Baden. Der Betreffende wird vielleicht sagen: ›Ich habe mich schon umgezogen‹ oder er wird den Spieß umdrehen und einen solchen Vorschlag als Zumutung darstellen. [...] Ein Demenzkranker kann depressiv und apathisch werden und den Sauberkeitssinn verlieren. Er kann darüber hinaus die Fähigkeit, einen vergangenen Zeitraum richtig einzuschätzen, verlieren: es *scheint* dem Betreffenden nicht so zu sein, daß schon eine Woche seit dem Kleiderwechsel vergangen ist. Es kann ihn unangenehm berühren, wenn er gesagt bekommt, daß er seine Wäsche wechseln sollte. Wenn jemand zu Ihnen käme und Ihnen sagen würde, daß sie neue Wäsche benötigen, würden Sie ebenfalls ärgerlich werden.«[190]

In dem Zitat wird ausgeführt, warum das Umfeld von Demenzbetroffenen zunehmend für deren Körper- und auch Kleidungspflege Verantwortung tragen muss. Bedingt durch demenzielle Beeinträchtigungen kann es dazu kommen, dass die Betroffenen ihren »Sauberkeitssinn verlieren«. Parallel dazu heißt es in dem zum Eingang dieses Abschnitts erwähnten BILD-Artikel: »Die meisten Demenzkranken sehen keinen Sinn darin, sich zu waschen. Sie merken oft nicht, wenn sie riechen.«[191]

Mace und Rabins stellen zudem heraus, dass der Versuch des Umfeldes, für die Sauberkeit der Betroffenen zu sorgen, oftmals auf Gegenwehr stößt. Für mögliche Ursachen dieser Gegenwehr versuchen Expert*innen wie Mace und Rabins, die Sorgenden ausdrücklich zu sensibilisieren:

> »Das selbstständige Baden und Anziehen beginnt bereits im Kindesalter. Es ist ein wichtiges Zeichen unserer Unabhängigkeit. Darüber hinaus sind Baden und Anziehen ganz persönliche Aktivitäten. Manche Menschen haben noch niemals vor irgendjemand anderem gebadet und sich umgezogen. Die Hände und Augen anderer Men-

---

190 Mace/Rabins 1986, S. 83f.
191 BILD v. 16.10.2013.

schen auf unserem unbekleideten, gealterten und nicht sehr schönen Körper kann ein schmerzlich unangenehmes Erlebnis sein.«[192]

Hier wird betont, dass Hilfen im Bereich der Körperpflege und des Anziehens nicht nur – wie in Abschnitt 5.3 gezeigt – für die Sorgenden, sondern auch für die Versorgten beschämend und peinlich sein können, weil diese Hilfen in die Intimsphäre der Versorgten eindringen. Zudem unterstreichen Hilfen bei der Körper- und Kleidungspflege, dass die Betroffenen nicht mehr selbstständig erledigen können, was gemeinhin als ein »Zeichen unserer Unabhängigkeit« gilt. Wenngleich es damit verschiedene nachvollziehbare Gründe dafür gibt, dass Menschen mit Demenz eine Körper- und Kleidungspflege ablehnen, lassen Mace und Rabins keinen Zweifel daran, dass Angehörige hier aktiv werden müssen:

> »Alles dies entbindet Sie jedoch nicht davon, den betreffenden Menschen sauber zu halten. Beginnen Sie damit, seine Gefühle und das Bedürfnis, seine Intimsphäre und Unabhängigkeit zu erhalten, besser verstehen zu lernen. [...] Versuchen Sie, die Zahl der mit dem Baden und Anziehen verbundenen Entscheidungen so niedrig wie möglich zu halten und seine Unabhängigkeit nicht vollständig zu beseitigen.«[193]

Es ist eine anerkennende und verständnisvolle Vorgehensweise, zu der in diesem Zitat aufgerufen wird. Ein ganz ähnlich lautender Aufruf findet sich etwa auch in dem zuvor zitierten BILD-Artikel mit dem Titel »So pflege ich meinen Angehörigen richtig«: »Angehörige müssen [Demenzbetroffene] zur Körperpflege animieren, ohne sie zu erschrecken oder zu kränken!«[194] Wie genau Angehörige versuchen, Menschen mit Demenz zur Körperpflege zu »animieren«, soll erstens ein Auszug aus dem Gespräch mit Frau Kern zeigen. In diesem Auszug geht es nicht um Frau Kerns Arbeit in der Alten- und Demenzhilfe, sondern um ihre persönliche Sorgeerfahrungen, die sie zu jener Zeit machte, als ihre demenzbetroffene Mutter noch allein im eigenen Haus weit entfernt von der Tochter wohnte:

> »Wenn man hier die ganze Woche gearbeitet hat und dann setzt man sich auf die Autobahn [...] und dann kommt man an und sieht da irgend so einen Geist vor sich, der drei Wochen sich nicht gewaschen hat, ja, da kriegt man schon irgendwie komische Gefühle und dann ging es so richtig Ärmel hochkrempeln – und dann ging es los. [...]

---

192 Mace/Rabins 1986, S. 84.
193 Ebd.
194 BILD v. 16.10.2013.

Ja und dann sage ich jetzt [zu meiner Mutter]: ›Willst du nicht mal baden?‹ ›Nein, ich habe schon gebadet.‹ ›Ja, wann hast du denn gebadet?‹ ›Gestern.‹ ›Mmh, gestern… .‹ Ich sage: ›Jetzt habe ich aber gerade die Badewanne einlaufen lassen.‹ ›Ja, wie? Ich bade doch nicht morgens.‹ Ja, ich sage: ›Die ganze Badewanne ist voll mit warmen Wasser, soll ich das jetzt alles weg tun?‹ ›Nein, das kannst du auch nicht machen.‹ Dann ist sie mir zuliebe rein, nur um das Wasser nicht weg zu tun. Also, dass heißt dann so Tricks, die ich dann so benutzt habe.«

Hier wird zunächst deutlich, welchen großen (Be-)Handlungsdruck Sorgende in Bezug auf die hygienische Situation von demenzbetroffenen Familienmitgliedern empfinden können. Frau Kern sprach davon, dass ihr die Mutter in ihrem ungepflegten Zustand wie ein »Geist« erschien. Diesen »Geist« versuchte Frau Kern durch ihre Sorgepraktiken, wie sie auf meine Rückfrage zum Begriff des Geistes erläuterte, wieder »zu dem [Menschen] zu machen, wie man ihn eigentlich gekannt hat«. Frau Kerns Versuche, den Körper ihrer Mutter und ihre Kleidung zu säubern und zu pflegen und so ihr früheres äußerliches Erscheinungsbild wiederherzustellen, traf jedoch verschiedentlich auf den Widerstand der Mutter.[195] Um ihre Sorgeabsichten trotzdem verwirklichen zu können, bediente sich Frau Kern nun gewisser »Tricks«. So stellte sie etwa der Mutter gegenüber fest, dass es doch Verschwendung sei, wenn das eingelassene Badewasser ungenutzt bliebe. Durch diese ökonomische Argumentation gelang es ihr schließlich doch noch, die Mutter zum Bad zu bewegen.

---

195 Mit Richard Ward, Sarah Campbell und John Keady (2014, S. 70) kann davon gesprochen werden, dass Frau Kern und andere Angehörige (genauso wie Pflegefachkräfte) an Demenzbetroffenen zum Teil eine sehr umfassende »appearance work« durchführen: »[L]aundering and ironing, patterns of personal hygiene and the choice of scents and hair products all carry sensory information regarding social identities and group membership, linking the body to a wider social and moral order[.]« Eine solche »appearance work« läuft für Ward, Campbell und Keady (ebd., S. 71) jedoch keineswegs nur darauf hinaus, dass das äußerliche Erscheinungsbild von Demenzbetroffenen an soziale Körper- und Kleiderordnungen angepasst wird. Vielmehr entsteht im Rahmen dieser Praxis stellenweise auch ein subjektiv wertgeschätzter zwischenmenschlicher Kontakt: »[T]he work invested in appearance can be a way of reaching out to someone[.]« Zudem betonen Ward, Campbell und Keady (ebd., S. 70), dass eine »appearance work« für Menschen mit Demenz auch in identitärer Hinsicht bedeutsam sein kann: »The doing of appearance […] fosters an embodied awareness of self[.]« Für eine weitere Studie zu Praktiken einer »appearance work« im Kontext der familiären Demenzsorge vgl. auch Buse/Twigg 2018.

Ein weiteres Vorgehen, das Sorgende zur Konfliktvermeidung im Kontext der Körperpflege praktizieren, illustriert das nachstehende Zitat aus dem Gespräch mit Frau Rahner. Frau Rahner hatte öfters die Erfahrung gemacht, dass ihre Mutter eine Körper- und Kleidungspflege ablehnte. In den von ihr besuchten Schulungsangeboten wie auch in der Angehörigen-Selbsthilfegruppe lernte sie jedoch, mit dieser Ablehnung auf ganz bestimmte Art und Weise umzugehen:

»Anfangs habe ich dann immer gesagt: [...] ›Nein, du musst das jetzt wieder anziehen und du musst dich jetzt waschen, das ist doch eklig.‹ [...] Dann [...] sage ich: ›Mama, du musst dich doch waschen.‹ [Die Mutter antwortete:] ›Ich hab mich gewaschen.‹ Ich habe dann wirklich gesagt: ›Nein, man riecht das, du hast dich nicht gewaschen.‹ Ja, anfangs, als ich da überhaupt noch nichts mit zu tun hatte. Und dann hinterher war das so, dann habe ich gesagt: ›Ach, du hast dich schon gewaschen, ok. Dann ziehen wir jetzt einfach eine frische Unterwäsche an.‹ [...] So habe ich das dann einfach gesagt und dann [...] irgendwann später, eine Stunde oder anderthalb Stunden später, da habe ich gesagt: ›Mensch, wir haben uns doch gar nicht gewaschen heute Morgen, wir sind aber auch echt unmöglich.‹ Sage ich: ›Komm, machen wir jetzt erst noch mal.‹ Manchmal war es ok, manchmal war es auch nicht ok. Dann habe ich es halt immer noch mal ein bisschen später noch mal probiert. Sie wäre nicht gestorben davon. Dann war sie halt vielleicht mal einen Tag nicht gewaschen. [...] Irgendwann hat es wieder funktioniert oder dann hat es halt abends funktioniert.«

Der Ansatz, abzuwarten, bis sich eine ablehnende Haltung von Demenzbetroffenen gegenüber Maßnahmen einer Körper- und Kleidungspflege ändert, setzt voraus, dass Sorgende hygienische Mängel eine Zeit lang tolerieren.[196] Wie das Zitat von Frau Rahner exemplarisch zeigt, kommt es im Rahmen dieser toleranten Haltung für die Sorgenden auch darauf an, sich bewusst zu machen, dass solche hygienischen Mängel zwar gegen gesellschaftliche Konventionen verstoßen mögen, dass sie aber nicht unbedingt (lebens-)bedrohlich sind.

Eine weitere Möglichkeit, eine »Körperpflege ohne Kampf« zu realisieren, hatte Herr Tenner praktiziert.[197] Durch den Austausch mit anderen Angehörigen in einer Selbsthilfegruppe kannte er solche Kämpfe sehr gut. Im

---

196 Eine derart tolerante Haltung wird auch Pflegefachkräften empfohlen. Vgl. Müller-Hergl 2004, S. 121.
197 »Körperpflege ohne Kampf« – so lautet der Titel einer pflegewissenschaftlichen Publikation von Ann Louise Barrick et al. (2011), in der es um Ansätze zur Vermeidung von Konflikten bei der Körperpflege von Menschen mit Demenz geht.

Umgang mit seiner Frau erlebte er sie aber nicht – und zwar deshalb, weil er bei den regelmäßigen Duschgängen wie folgt vorging: »Was habe ich gemacht? Ich habe mich ausgezogen und bin mit rein gegangen. Ganz einfach: Haben wir uns alle beide gewaschen.« Ein Duschgang erfolgt – gegenwärtigen gesellschaftlichen Gepflogenheiten entsprechend – in der Regel alleine. Herr Tenner überwand diese Gepflogenheit – und das mit dem Effekt, dass sich seine Frau der Körperpflege nicht versperrte. Indem Herr Tenner seine Frau in die Dusche begleitete, blieb er ihr körperlich-sinnlich nahe und bot ihr – so scheint mir – einen unmittelbaren Halt an. Zudem solidarisierte er sich gewissermaßen mit seiner Frau. Nicht nur sie musste sich waschen lassen, er selbst wusch sich ebenfalls. Diese Praxis, so erzählte Herr Tenner weiter, wurde auch von einer Teilnehmerin seiner Angehörigen-Selbsthilfegruppe mit positivem Ergebnis adaptiert: »In der Selbsthilfegruppe eine Frau sagte [...]: ›Da muss ich mir das von einem Mann sagen lassen, das gibt es doch nicht, das ist eigentlich so einfach.‹ Und ein paar Tage später sagt sie: ›Wie erfolgreich, wunderbar.‹«

Die Beispiele von Frau Kern, Frau Rahner und Herrn Tenner dürfen nicht darüber hinwegtäuschen, dass der Versuch von Sorgenden, die »Körperpflege ohne Kampf« zu gestalten, auch scheitern kann. Frau Kern etwa war zwar teilweise mit den von ihr beschriebenen »Tricks« erfolgreich, oft genug kam es jedoch im Kontext der Körperpflege und in der Pflege des äußeren Erscheinungsbildes ihrer Mutter zu Auseinandersetzungen. Diese Auseinandersetzungen fanden nicht selten den Ausgang, dass Frau Kern sich über die Ablehnung der Mutter hinwegsetzte. So antwortete sie auf meine Frage, ob sie manchmal das Gefühl gehabt habe, dass die von ihr durchgeführten Sorgepraktiken gegen den Willen ihrer Mutter verstießen, das Folgende:

> »Ja, auf jeden Fall. Ob das jetzt [der] Friseur war, ob das Baden war, ob das sonst irgendwas war, das war eigentlich alles gegen ihren Willen solche Geschichten. Also außer gemütlich irgendwo spazieren gehen oder Kaffee trinken oder vor der Glotze sitzen. [...] Sie hat sich fremdbestimmt gefühlt, natürlich. [...] Und das war auch irgendwie immer so eine Balance, ja, auf der einen Seite: Es mussten einfach bestimmte Sachen [passieren]. Wenn sie drei Kilo verfaulte Quitten im Sommer da in der Küche sehen und Milliarden von kleinen Obstfliegen, die die Küche schwarz werden lassen, dann muss da was passieren, ja, und dann ist auch was passiert.«

Grundsätzlich versuchte Frau Kern, die Versorgung der Mutter in Einklang mit deren Selbstbestimmung zu verwirklichen. Einige Sorgemaßnahmen mussten nach Überzeugung von Frau Kern allerdings unbedingt umgesetzt werden, auch wenn diese Maßnahmen sich nicht mit den Willensäußerungen der Mutter deckten. Notwendig war das für Frau Kern dann, wenn die Möglichkeit einer Verwahrlosung und Gefährdung ihrer Mutter im Raum stand. Dieses Vorgehen von Frau Kern stimmte mit dem Vorgehen mehrerer der befragten Angehörigen überein: Wie schon in Abschnitt 6.4 dargestellt, bemühten sich die Angehörigen zumeist sehr intensiv um eine Anerkennung und eine Verwirklichung des Willens ihrer demenzbetroffenen Familienmitglieder. Eine konfliktfreie Umsetzung von Sorgeaufgaben war nicht zuletzt aus diesem Grund ein großes Interesse der Angehörigen. Gerade angesichts von Gefährdungsrisiken ordneten die Angehörigen aber stellenweise die Selbstbestimmung der Versorgten den Zielen des Sorgehandelns unter. Parallel dazu heißt es in einer 2012 erschienenen Stellungnahme des Deutschen Ethikrats zum Thema »Demenz und Selbstbestimmung«:

> »[D]ie Pflegenden [können] berechtigte Gründe haben, Wünschen der Pflegebedürftigen zu widersprechen und ihnen unter Umständen nicht zu folgen. Mehr noch: Es ist ihre Pflicht, sich dem an sie gerichteten Verlangen entgegenzustellen, wenn die Wunscherfüllung den Betroffenen erheblich gefährden oder schädigen würde. Niemand kann ethisch verpflichtet sein, die Wünsche eines anderen zu erfüllen, wenn er ihm damit schadet. Wenn der Handelnde für das Wohl und Wehe des anderen verantwortlich ist und dieser die Tragweite seines Verlangens nicht erkennen kann, ist der Verantwortliche sogar verpflichtet, die Wunscherfüllung abzulehnen.«[198]

In einer Stellungnahme aus dem Jahr 2018 hat der Deutsche Ethikrat noch einmal ganz ausführlich Maßnahmen einer über Fürsorgemotive legitimierten Fremdbestimmung diskutiert. Die Stellungnahme setzt sich mit Praktiken eines »wohltätigen Zwangs« im Kontext von »Sozial- und Gesundheitsberufe[n]« auseinander.[199] Es geht hier also gezielt und »ausschließlich um

---
198 Deutscher Ethikrat 2012, S. 60.
199 Deutscher Ethikrat 2018, S. 31f./S. 192. Der Deutsche Ethikrat (ebd., S. 193) verfolgt mit dieser Stellungnahme drei Absichten: »Erstens will er die Öffentlichkeit für das schwierige Problemfeld der professionellen Hilfe durch Zwang im Spannungsfeld zwischen Wohl und Selbstbestimmung sensibilisieren, zweitens Politik, Gesetzgeber und Praxis auf Regelungs- und Umsetzungsdefizite hinweisen und mit Empfehlungen zu ihrer Behebung beitragen sowie drittens die Gesundheits- und Sozialberufe bei der

professionelle Sorgebeziehungen« und nicht um Zusammenhänge wie die familiäre Versorgung von Menschen mit Demenz.[200] Die Herausgeber*innen der Stellungnahme definieren Zwang als »die Überwindung des Willens einer adressierten Person«.[201] Von »wohltätigem Zwang« sprechen sie dort, wo Zwang »mit der Abwehr einer Selbstschädigung des Adressaten begründet wird und somit als Hilfeleistung gemeint ist«[202]: »Besonders hoch ist die Wahrscheinlichkeit, wohltätigem Zwang ausgesetzt zu werden, für Menschen mit kognitiven Einschränkungen oder Demenz.«[203] Da vielfältige interpretatorische Perspektiven auf den Begriff der Wohltätigkeit existieren, enthält die Stellungnahme auch folgenden Passus:

> »[D]ie Frage, wann eine Zwangsmaßnahme zum Wohl des Betroffenen legitim ist, [lässt sich] nicht anhand eines abstrakten und generell bestimmten Wohl-Begriffs beantworten. Es geht vielmehr darum zu bestimmen, wo die Grenze zwischen einer anzuerkennenden Entscheidung des Betroffenen und einem zulässigen Eingriff zu seinem Wohl zu ziehen ist.«[204]

Der Ethikrat betont, dass professionelle Sorgebeziehungen und deren Rahmenbedingungen grundsätzlich so zu gestalten sind, dass eine Anwendung von Zwangsmaßnahmen »möglichst vermieden wird«.[205] »Es ist jedoch anzuerkennen«, so fährt die Stellungnahme fort, »dass es dennoch zu Notsituationen für Sorgeempfänger kommen kann, in denen die Anwendung von Zwang als letztes Mittel zu prüfen ist«.[206] Obwohl sich die Publikation des Ethikrates auf den Bereich der professionellen Pflege fokussiert, findet sich eingangs auch eine Anmerkung zu familiären Versorgungsformen. In dieser Anmerkung wird eine wesentliche Motivation für den Einsatz von »wohltätigem Zwang« benannt:

Neuorientierung ihres Selbstverständnisses und ihrer Praxis als professionelle Sorgende unterstützen.« Für eine Übersicht zur Diskussion um eine »fürsorgliche Einschränkung der Selbstbestimmung« bei Demenz vgl. auch Plemper 2018, S. 222f.
200 Deutscher Ethikrat 2018, S. 192.
201 Ebd., S. 191.
202 Ebd.
203 Ebd., S. 23.
204 Ebd., S. 34f.
205 Ebd., S. 193.
206 Ebd.

»In Situationen, in denen es für die pflegenden und betreuenden Angehörigen oder Pflegefachpersonen um die Entscheidung für oder gegen die Selbstbestimmung des pflegebedürftigen Menschen geht, spielt häufig die Sorge eine Rolle, sich an dem anvertrauten Menschen wegen mangelnder Fürsorge schuldig zu machen.«[207]

Ich beziehe mich hier deshalb so ausführlich auf die mit der Kurzüberschrift »Hilfe durch Zwang?« betitelte Stellungnahme des Deutschen Ethikrates, weil aus ihr auch Impulse für eine Auseinandersetzung mit solchen Situationen hervorgehen, in denen Angehörige die Selbstbestimmung demenzbetroffener Familienmitglieder zugunsten der Verwirklichung von Sorgeaufgaben und -anliegen einschränken bzw. übergehen. Der in dieser Stellungnahme geprägte Begriff des wohltätigen Zwangs soll signalisieren, dass die Intention derart einschränkender Handlungsweisen keiner Böswilligkeit entspringen muss, sondern dass ein solches Tun nicht selten als aufrichtige »Hilfeleistung gemeint ist«, dass es hier um die Bewältigung von »Notsituationen für Sorgeempfänger« geht.[208] Zugleich bleibt vor dem Hintergrund der Stellungnahme zu betonen, dass Angehörige die ethische Dimension ihres Tuns mitunter sehr eingehend reflektieren, dass sie sich zum Teil sehr bewusst sind, dass sie Zwang ausüben, wenn sie in bestimmten Situationen ohne Rücksicht auf Willensäußerungen von demenzbetroffenen Familienangehörigen vorgehen.

Die Stellungnahme des Deutschen Ethikrates ist außerdem deshalb ein wichtiger Bezugspunkt für meine Analyse, als darin unterschiedliche Formen von Zwangsmaßnahmen differenziert werden. Thema sind hier sowohl sehr deutliche Formen von Zwang (»[Fälle], in denen eine Person durch Gewalt direkt und unmittelbar auf den Körper einer anderen Person einwirkt, um deren Entscheidungs- oder Verhaltensmöglichkeiten aufzuheben bzw. zu beschränken«[209]) als auch weniger deutliche, »niederschwellige« Arten der Zwangsausübung:

»Manche Pflegebedürftige sind infolge von Krankheit, sozialer Vereinsamung oder Vernachlässigung anfänglich nur schwer für die Teilnahme an Aktivitäten zu motivieren, die aus Sicht der Pflegekräfte für die Wiederherstellung, den Erhalt oder die Entfaltung individueller Ressourcen geboten erscheinen. In solchen Fällen sollten zunächst

---

207 Deutscher Ethikrat 2018, S. 22.
208 Ebd., S. 191/S. 193.
209 Ebd., S. 29.

alle mit positiven Anreizen und Verstärkungen arbeitenden Motivierungstechniken zur Anwendung kommen. Nachhaltigere Versuche, den Pflegebedürftigen trotz wiederholter Weigerung zu aktivieren, können im Sinne dieser Stellungnahme schon als Zwang verstanden werden.«[210]

Ich habe bis hierhin verschiedene Interviewausschnitte aufgeführt, die veranschaulichen, wie Angehörige demenzbetroffene Familienmitglieder zu einer Akzeptanz von körperpflegebezogenen Sorgehandlungen zu motivieren versuchen, und zwar, ohne dass dabei Konflikte aufkommen. Wenn die Mutter von Frau Kern keine Lust auf ein Bad hatte, das in den Augen der Tochter dringend notwendig war, ließ Frau Kern trotzdem ein Bad ein und appellierte dann an die ökonomische Vernunft der Mutter: Eine bereits vollgelaufene, warme Badewanne nicht zu nutzen, wäre doch Wasserverschwendung, argumentierte Frau Kern – ein Argument, das die Mutter überzeugte und sie zu einem Bad veranlasste. Wenn die Mutter von Frau Rahner sich nicht waschen wollte, akzeptierte die Tochter das zunächst, sie blieb anschließend aber hartnäckig und machte ihrer Mutter im Tagesverlauf immer wieder ein entsprechendes Angebot, das die Mutter dann manches Mal auch annahm. Diese und weitere »Motivierungstechniken« können – das wird vor dem Hintergrund der zitierten Ausführungen des Ethikrates deutlich – unter Umständen Züge niederschwelliger Zwangsmaßnahmen tragen: vor allem dort, wo sie sich von einem lockeren Angebot zu einer ebenso kalkulierten wie beharrlichen Verhaltenssteuerung hin entwickeln.[211]

Differenzen zwischen selbstbestimmten Aktivitäten von Demenzbetroffenen und versorgungsbezogenen Anliegen und Aufgaben ihres Umfeldes, wie sie sich etwa in Kämpfen um die Körperpflege manifestieren, werden im familiären Alltag damit auf unterschiedliche Weise gehandhabt. Das sorgende Umfeld kann dazu übergehen, Handlungen und Verhaltensweisen von Menschen mit Demenz, die in den Augen der Sorgegeber sozial unangepasst und/oder wenig förderlich für die demenzbetroffenen Sorge-

---

210 Deutscher Ethikrat 2018, S. 185f.
211 Mit Foucault handelt es sich bei einigen Formen niederschwelligen Zwangs um eine Form der Machtausübung, deren charakteristisches Kennzeichen darin besteht, dass sie – wie es in der Stellungnahme des Ethikrates (ebd., S. 185) heißt – »mit positiven Anreizen und Verstärkungen« operiert.

empfänger erscheinen, in einer gelassenen Art und Weise zu akzeptieren. Angesichts von Handlungen und Verhaltensweisen, durch die Demenzbetroffene ihre eigene Situation stark verschlechtern und sich selbst gefährden, wenden Angehörige stellenweise auch Sorgepraktiken an, die der Ethikrat mit dem Terminus des wohltätigen Zwangs kennzeichnet. Eine Anwendung von wohltätigem Zwang in der familiären ebenso wie in der institutionellen Demenzsorge kann dabei sowohl in niederschwelliger Form erfolgen als auch in sehr drastisch-massiver Weise.

Es besteht überdies weiter die Möglichkeit, dass Angehörige Konflikte in der häuslichen Sorgepraxis dadurch umgehen, dass sie konfliktträchtige Sorgeaufgaben an Pflegefachkräfte delegieren. Frau Grier hatte genau das getan. Bei der Körperpflege ihres Mannes waren immer wieder Auseinandersetzungen zwischen den Eheleuten entstanden – deshalb entschied sich Frau Grier schließlich dazu, diese Sorgeaufgabe zumindest teilweise an einen ambulanten Pflegedienst abzugeben:

> »Morgens habe ich aufgegeben, ihn zu waschen, weil wir uns auch irgendwo rieben und es erschöpfte mich und ich wurde ungeduldig, ich habe gesagt: ›Also jetzt Schluss aus, jetzt kommt jemand her, der dich wäscht.‹ Nun kommen nette junge Frauen [Lachen].«

Eine eingehende Körperpflege gewinnt vor allem auch dann an Bedeutung, wenn Demenzbetroffene inkontinent werden. Das heben beispielsweise die folgenden Zeilen aus dem Ratgeber von Mace und Rabins hervor:

> »Ein Mensch, der verschmutzte oder nasse Kleidung trägt, kann sehr schnell Hautreizungen und Geschwüre bekommen. […] Die Haut muß nach jedem Kontakt mit Urin und Stuhl gewaschen werden. Puder hält die Haut trocken. Ein Blasenkatheter kommt nur nach Ausschöpfung aller anderen Möglichkeiten in Frage. Die Intimpflege eines Inkontinenten kann von ihm als erniedrigend und unangenehm und für Sie selbst als abstoßend empfunden werden. Aus diesem Grund haben manche Familien Strategien entwickelt, in denen die Zeit der Säuberung gleichzeitig die Zeit einer besonders liebevollen Betreuung ist. Die notwendigen Maßnahmen werden dann als weniger unangenehm empfunden.«[212]

---

212 Mace/Rabins 1986, S. 94.

In diesem Zitat wird einerseits auf konkrete körperlich-gesundheitliche Risiken hingewiesen, die mit Inkontinenz verbunden sind und die ein entsprechendes Körperpflegehandeln notwendig machen. Andererseits halten Mace und Rabins hier fest, dass die intime Körperpflege für die Sorgeempfänger ebenso wie für die Sorgegeber eine besondere Belastung darstellen kann. Zur Verringerung dieser Belastung schlagen die beiden Ratgeberautor*innen vor, dass die Körperpflege im Intimbereich mit großer Rücksichtnahme durchgeführt wird. Weitere grundlegende Ratschläge zum Umgang mit inkontinenten Demenzbetroffenen finden sich in dem BILD-Artikel, den ich zum Einstieg in diesen Abschnitt angesprochen habe:

> »Erkrankte spüren, dass die Blase voll ist, doch ihr Gehirn signalisiert ihnen nicht mehr, dass sie zur Toilette gehen müssen. Achten Sie auf nichtsprachliche Zeichen wie Unruhe und geleiten Sie den Patienten diskret zur Toilette. Der Toilettengang ist für den Kranken eine schwierige Aufgabe. Lassen Sie, wenn er möchte, die Tür einen Spalt offen oder bleiben Sie sogar daneben sitzen.«[213]

Da es Sorgenden aus verschiedenen Gründen nicht immer möglich ist, durchweg auf »nichtsprachliche Zeichen« für Harn- bzw. Stuhldrang zu achten, kommen bei der Versorgung von Menschen mit Demenz auch entsprechende Inkontinenzmittel zum Einsatz. Mace und Rabins erläutern in diesem Zusammenhang:

> »Einmalwindeln für Erwachsene und Überziehhosen aus Plastik sind käuflich zu erwerben. [...] Wegen des unangenehmen Wortes ›Windel‹ werden diese Produkte auch unter anderem Namen verkauft. [...] Manche Familien finden Einmalvorlagen besser, da sie mehr Urin halten können.«[214]

Auf solche Hilfen haben verschiedene der von mir befragten Angehörigen zurückgegriffen. Dazu gehörte etwa Frau Peters:

> »Als mein Mann anfing, inkontinent zu werden, da konnte man mit dem noch reden und da habe ich gesagt: ›Nun tu mir mal einen Gefallen. Ich gebe dir hier mal so eine Einlage, schau dir das mal an. Es gibt so tolle Dinger heute.‹ Dann habe ich ihm das vorgeführt und habe gesagt: ›Schau mal hier, wenn man da Wasser drauf schüttet, das saugt das alles auf und oben fühlt es sich ganz trocken an. Wenn ich dir das in deine Hose rein klebe, dann macht es überhaupt nichts, wenn du die Kurve nicht mehr kriegst bis zur Toilette, dann bist du trotzdem noch trocken und dann können wir hinterher das Ding raus tun und wechseln.‹ Da konnte man ihm das noch so ein biss-

---

213 BILD v. 16.10.2013.
214 Mace/Rabins 1986, S. 94.

chen erklären, warum das Ganze so sein musste und was man da so macht. Ja, das war ganz gut, dass das noch ging.«

Frau Peters war nicht zuletzt deshalb so froh darüber, dass ihr Mann den Einsatz von Inkontinenzeinlagen nachvollziehen und annehmen konnte, da diese zu einer wesentlichen Erleichterung der Sorgepraxis führten: Wenn ihr Mann es einmal nicht rechtzeitig zur Toilette schaffte, verhinderten es die Einlagen, dass Frau Peters anschließend seinen ganzen Unterleib säubern, seine Kleidung wechseln und sein Bett oder seinen Sitzplatz reinigen musste.

Dass Inkontinenzmittel jedoch keineswegs immer angenommen werden, veranschaulicht mein Gespräch mit Frau Kahn. Sie setzte solche Mittel bei der Versorgung ihres Mannes in den Nachtstunden ein, da er sich in dieser Zeit nicht immer rechtzeitig bemerkbar machte, wenn er zur Toilette musste. Herr Kahn hatte sich zunächst gegen diese Praxis gewehrt, wodurch regelmäßig Konflikte zwischen den Eheleuten entstanden: »Ja und abends, nachts zieht er Pampers an. Am Anfang war es ganz schlimm, da hat er mir die hingeschmissen […] und wurde böse.«

»Griechischer Wein« und »Bällchenspielen«: Physische und kognitive Aktivierung

Wie schon in Kapitel 4 dargestellt, existieren gegenwärtig verschiedene nicht-medikamentöse Konzepte für die psychosoziale Versorgung und Unterstützung von Menschen mit Demenz. Diese Konzepte finden in der Demenzproblematisierung der Presse deutlich weniger Beachtung als medikamentöse und präventive Behandlungsformen. Dennoch werden sie in den untersuchten Tageszeitungen verschiedentlich erwähnt und zum Teil auch sehr positiv bewertet. Eine Übersicht zu psychosozialen Therapien und Sorgeangeboten gibt etwa der nachstehende Auszug aus einem Artikel der BILD:

> »Die zweite Säule der Behandlung – neben den Medikamenten – ist die psychologische Therapie. Die wichtigsten Formen: 1. Ergotherapie: Alltagsfähigkeiten wie Einkaufen und Kochen werden gezielt trainiert. Ausflüge, Spiele, Sing- und Tanzabende holen die Kranken aus ihrer Isolation. 2. Gedächtnistraining: Das Gehirn wird mit Konzentrationsübungen, Merkspielen u.ä. trainiert. Besonders am Anfang verlangsamt sich so der

Verlauf der Krankheit oft. 3. Erinnerungstherapie (z. B. mit alten Filmen, Fotos, Musik): Für den Kranken ist es wohltuend, sich gut an lange zurückliegende Ereignisse zu erinnern. Da meist das Kurzzeitgedächtnis gelitten hat, bringt ihm diese Therapie Erfolgserlebnisse. 4. Musik-, Kunst-, und Tanztherapie: ermöglichen es den Patienten, sich trotz ihrer Wortfindungsstörungen auszudrücken. 5. Bewegungstherapie (gemeinsamer Sport): Die körperliche Aktivität mindert die Risiken für Herz-Kreislauf-Erkrankungen und verbessert die Durchblutung von Muskeln und Gehirn.«[215]

Viele der hier aufgeführten Ansätze sollen dem Ziel einer Aktivierung und Förderung von physischen und kognitiven Potenzialen Demenzbetroffener dienen: Es geht etwa darum, deren praktische »Alltagsfähigkeiten« zu erhalten, darum, dass ihr »Gehirn […] trainiert« wird, darum, Krankheitsrisiken durch Bewegung zu senken und die »Durchblutung von Muskeln und Gehirn« zu verbessern. Dass psychosoziale Therapie- bzw. Sorgeangebote eine Aktivierung und Förderung von Menschen mit Demenz intendieren, stellt ebenfalls das folgende FAZ-Zitat heraus:

»Eine medikamentöse Behandlung ersetzt nicht die psychotherapeutische Betreuung, die im wesentlichen folgende Punkte umfaßt: fordern, aber nicht überfordern, Stärken der noch vorhandenen Fähigkeiten, soziale Isolation verhindern, geistig anregen und vor allem Erfolgserlebnisse schaffen.«[216]

Um eine körperliche und geistige Anregung geht es auch im Rahmen von Tanzveranstaltungen, die sich an Demenzbetroffene und ihre Angehörigen richten. Solche Veranstaltungen finden in der Presseberichterstattung verschiedentlich Beachtung – etwa in einem Artikel der BILD, den ich bereits im Zusammenhang mit der Beschreibung von demenzbezogenen Orientierungsmetaphern in Abschnitt 5.2 erwähnt habe:

»Rose (90) tanzt für ihr Leben gern. Sie strahlt, wiegt ihren Körper hin und her, klatscht in die Hände. Ihre kleinen Füße tippeln rhythmisch im Takt. Den Liedtext von ›Hoch auf dem gelben Wagen‹ singt die Dame mit den intensiven blauen Augen sicher mit. Aber auf die Frage, welches Lied davor gespielt wurde, reagiert Rose mit ahnungslosem Blick. Wo sie ist? Wo sie wohnt? Sie weiß es nicht. Wir sind im ›Alzheimer-Tanzcafé‹.«[217]

Der Artikel, aus dem das vorangestellte Zitat stammt, datiert vom 4. April 2003. Rund elf Jahre später erschien in der SZ ein Bericht zu einer vergleich-

---

215 BILD v. 10.04.2008.
216 FAZ v. 19.10.1990.
217 BILD v. 04.04.2003.

baren Veranstaltungsreihe mit dem Titel »Wir tanzen wieder«. Diese Reihe wurde von Mitarbeiter*innen der Landesinitiative Demenz-Service Nordrhein-Westfalen entwickelt. Von dem Besuch einer dieser Veranstaltungen berichtete die SZ Folgendes:

> »In der Wolkenburg, einem festlichen Ballsaal im Zentrum Kölns, herrscht an diesem Novemberabend Hochstimmung. Aus den Boxen kommt ein Schlager, und 120 Besucher singen lauthals mit: ›Korn-blu-men-blau!‹ Die Menschen, die sich zur Veranstaltung ›Wir tanzen wieder‹ getroffen haben, sind 60 bis 90 Jahre alt und mittel- bis hochgradig dement. Sie wissen zwar nicht mehr, was sie mittags gegessen haben und wo rechts und links ist – aber wie die Melodie des Schlagers ›Griechischer Wein‹ geht, das wissen sie noch genau. Manche sitzen singend im Rollstuhl, manche sind körperlich noch so fit, dass sie im Walzertakt übers Parkett wirbeln.«[218]

Ich habe diese beiden Zitate ganz bewusst hintereinander aufgeführt, obwohl sie sich in ihrem Aufbau wie in ihrem Inhalt stark überschneiden. Gerade diese Überschneidungen sind sehr aussagekräftig – nicht zuletzt deshalb, da ein großer zeitlicher Abstand zwischen den Texten liegt. Beide Zitate starten mit der Beschreibung sehr lebhafter Szenerien: Es werden jeweils Menschen beschrieben, die gut gelaunt sind und den Text eines Musikstückes mitsingen. Nach dieser Eingangsbeschreibung wird dann eine Kontrastierung vorgenommen: Die Berichte stellen klar, dass es vor allem Menschen mit Demenz sind, um die es hier geht – Menschen, wie es in den Zitaten heißt, die viele elementare Dinge vergessen haben. Eine solche Kontrastierung zielt meines Erachtens nach darauf, den aktivierenden Effekt, den die Musik auf die demenzbetroffenen Teilnehmer*innen der Veranstaltungen hat, ganz deutlich herauszustellen: Auch wenn diese vieles nicht erinnern können, so heben die beiden Darstellungen hervor, kennen sie den Text bzw. die Melodie der abgespielten Lieder noch genau und stimmen darin ein – überdies zeigen beide Textausschnitte, dass die Musik ebenfalls zu einer besonderen körperlichen Aktivierung vieler Teilnehmer*innen beiträgt.

Ein weiteres Sorgeangebot, bei dem es darum geht, »Menschen mit Demenz durch Kunst und Kreativität [zu] aktivieren«, ist das ebenfalls schon in der Metaphernanalyse erwähnte Programm der »Alzpoetry«.[219] Dieses wird

---

218 SZ v. 07.11.2015.
219 »Menschen mit Demenz durch Kunst und Kreativität aktivieren« ist der Titel einer von Ingrid Kollak (2016) herausgegebenen Publikation für »Pflege- und Betreuungs-

in einem Artikel der SZ mit ähnlich großer Faszination beschrieben, wie sie bei den obigen Berichten zu Tanzveranstaltungen für Demenzbetroffene zum Ausdruck kommt. Das Vorgehen des Begründers der »Alzpoetry«, Gary Glazner, und die Effekte dieses Vorgehens fasst das folgende SZ-Zitat so zusammen:

> »Er geht auf die Patienten zu, nimmt ihre Hand und lässt sie den Rhythmus der Sprachmelodie spüren – nicht herablassend, sondern per sanftem Händedruck vermittelt er etwas von der Kraft, die in der Sprache und diesen Gedichten steckt. Die Wirkung ist ungeheuerlich. Die Aufmerksamkeit springt an, die Kranken wachen auf. [...] Am Ende seiner Vorstellung lässt Gary Glazner die Patienten selbst Verse schmieden – indem sie bestimmte Vorgaben vollenden, ein Thema bestimmen oder auch ganz persönlich von ihrem ersten Kuss erzählen. ›Wir führen die Gedichte zusammen mit ihnen auf. Sie verschmelzen mit den Worten. Der Akt des Schaffens bedeutet ihnen viel.‹ Für einen kurzen Moment kehrt die Lebensfreude zurück. Und dann kommt wieder das Vergessen.«[220]

Abermals ist es ein Kontrast, der hier gezeichnet wird – ein Kontrast zwischen Schlafen und Wachsein. Die »Alzpoetry« gilt in dem Zitat als ein Verfahren, das Menschen mit Demenz aus einem krankheitsbedingten, schlafähnlichen Zustand aufweckt. Diese Wirkung – diesen Aktivierungseffekt – bewertet der Autor des Artikels im positiven Sinne als »ungeheuerlich«. Manifest wird der Aktivierungseffekt im Fall der »Alzpoetry« vor allem auf der sprachlichen Ebene. Die Teilnehmer*innen beginnen zu reden – sie sprechen die Gedichte mit. Eine demenzbedingte Sprachlosigkeit bzw. Stummheit wird damit also kurzeitig revidiert. Dieser Umstand scheint mir auch auf entscheidende Weise mitverantwortlich für die positive Bewertung derart künstlerischer und kreativer Sorgeangebote zu sein. Der Aspekt der Kreativität findet ebenfalls in dem obigen Artikel Erwähnung. Im Rahmen der »Alzpoetry« werden Demenzbetroffene selbst lyrisch produktiv: Sie spinnen die vorgetragenen Gedichte weiter und nehmen so direkt am »Akt des Schaffens« teil – zumindest, bis die Veranstaltung endet, denn dann »kommt wieder das Vergessen« und damit auch die Stummheit, dann wandelt sich das Wachsein scheinbar wieder in ein Schlafen.

---

personen«. Darin werden unterschiedliche künstlerische und kreative Angebote für Demenzbetroffene vorgestellt: »Märchenerzählung« (S. 3f.); »Malen und Museumsbesuch« (S. 57f.); »Musik und Tanz« (S. 69f.); »Schreiben« (S. 115f.); »Theater« (S. 139f.); »Yoga« (S. 165f.).
220 SZ v. 21.09.2011.

Aktivierende Effekte von Kunstwerken spiegelt des Weiteren der folgende Auszug aus einem SZ-Artikel wieder. Dieser berichtet über die auch schon in der Metaphernanalyse erwähnten Sorgeangebote für Menschen mit Demenz, bei denen bekannte Volksmärchen vorgetragen werden:

> »Schwer Demenzkranke sind oft kaum noch ansprechbar. Auf Geschichten reagieren sie aber. ›Schneewittchen‹ mochten die Dementen mit am liebsten. Fragte die böse Stiefmutter ihren Spiegel nach der Schönsten im Land, fieberten die alten Menschen mit. Und als schließlich der Prinz Schneewittchen fragte, ›willst du meine Frau werden?‹, hielt es eine Dame auf der rechten Seite des Publikums nicht mehr auf ihrem Stuhl. Sie sprang auf und rief aus vollem Herzen: ›Ja!‹«[221]

Dieses Zitat stellt eine belebende Wirkung von Märchen heraus. Die demenzbetroffenen Zuhörer*innen »fieberten« bei den rezitierten Geschichten mit und kommentierten etwa »Schneewittchen« zum Teil auf sehr ausdruckstarke Weise bzw. »aus vollem Herzen«. Dabei wird in dem Textauszug einmal mehr kontrastiert: Sind Demenzbetroffene oft »kaum noch ansprechbar«, so heißt es zum Eingang des Zitates, »reagieren sie aber« doch auf Erzählungen.

Künstlerisch-kreative Aktivierungsformen spielen im Ratgeber von Mace und Rabins keine Rolle. Gleichwohl wird hier einer körperlichen Aktivierung von Menschen mit Demenz ein positiver Wert beigemessen – und das aus folgenden Gründen:

> »Einige Ärzte haben beobachtet, daß Demenzkranke, die regelmäßig ein körperliches Training absolvieren, ruhiger werden und ein weniger agitiertes Verhaltensmuster zeigen. Andere haben beobachtet, daß die motorische Koordination länger erhalten bleibt. Übungen sind eine gute Möglichkeit, geistig behinderte Menschen aktiv zu erhalten, da es für sie einfacher ist, Körperfunktionen zu beherrschen, als logisch zu denken und Dinge zu erinnern. Die größte Bedeutung liegt wahrscheinlich in der Tatsache, daß ausreichende körperliche Übungen einem verwirrten Menschen helfen, nachts besser zu schlafen und seine Verdauung zu regulieren.«[222]

Die Absicht, Demenzbetroffene körperlich und geistig zu fördern und anzuregen, hat auch in der Sorgearbeit der von mir befragten Angehörigen eine Rolle gespielt. Das ist schon an verschiedenen Stellen in meinem bisherigen Ausführungen angeklungen – am deutlichsten im Fall des Beispiels

---

221 SZ v. 04.09.2015.
222 Mace/Rabins 1986, S. 79.

von Frau Tews. Sie unternahm Ballspiele mit ihrem Mann, sie tanzte mit ihm, sie zeigte ihm Konzerte auf Video, sie ging täglich mit ihm spazieren und dergleichen mehr. Frau Jost erzählte mir zudem davon, dass sie durch ganz spezifische Trainingsmaßnahmen versuchte, die kognitiven Fähigkeiten ihrer Mutter zu erhalten und zu stärken:

> »[I]ch setze mich auch schon mal mit ihr hin, wenn ich bei ihr bin und ich habe dann so Heftchen gekauft, so Gedächtnistraining für Kinder, oder ich habe ihr Spiele gekauft, Kinderspiele, wo man so ein bisschen Gedächtnistraining macht. Und dann sage ich: ›Komm, jetzt setz dich mal zu mir, wir wollen mal was machen.‹ Und ich dürfte das nie unter dem Motto laufen lassen: ›Komm, wir wollen mal jetzt ein bisschen Gedächtnistraining machen oder so.‹ Man muss sie da ganz geschickt heran führen und dann sage ich: ›Komm, lass uns das mal zusammen machen.‹ Und dann macht sie das auch, dann sitzt sie neben mir und dann: ›Ah, können wir nicht noch eins machen?‹ […] Ja, dann macht ihr das auch Freude.«

Spielerische Formen des Gedächtnistrainings waren ebenfalls ein Bestandteil des Programms der von mir beforschten Betreuungsgruppe. Im Folgenden stelle ich ausführlicher dar, inwiefern genau es hier sowohl zu einer kognitiven wie auch zu einer physischen Aktivierung der Teilnehmer*innen gekommen ist.

Nach dem Eintreffen und der Begrüßung der Besucher*innen nahm die Gruppe an einem großen Tisch Platz. Die Sitzordnung war so angelegt, dass alle Anwesenden Augenkontakt zueinander aufnehmen konnten. Die Gruppe sang dann stets ein bestimmtes Lied, das den offiziellen Auftakt des Treffens markierte. Die musikalische Begleitung dazu kam von einer Audio-CD. Anschließend führte die Gruppenleiterin Frau Muhr zum ersten Programmteil des Nachmittages über. Zum einen bestand dieser Programmteil aus einem gemeinsamen Gespräch, in dem es um unterschiedlichste Themen ging, etwa um aktuelle lokale Ereignisse, um die Wetterlage, um familiäre Angelegenheiten und um sonstige vergangene und gegenwärtige Erlebnisse (z. B. Urlaubsreisen) der Besucher*innen und Helferinnen. Zum anderen wurden hier regelmäßig Wissens- und Ratespiele durchgeführt – und das auf betont ungezwungene und anerkennende Weise. Gaben die Besucher*innen zum Beispiel eine Antwort auf eine der Wissens- und Ratefragen, die nicht die gesuchte Antwort war, so wurde diese Antwort grundsätzlich als eine Antwortmöglichkeit gewürdigt. Neben den gemeinsamen Gesprächen und Spielen sang die Gruppe im Verlauf des ersten Programmteils immer wieder auch verschiedene Lieder. Wiederholt habe ich dabei den Eindruck gewonnen, dass sich viele der Besucher*innen sehr gerne in die Gesangs- und Spielrunden ebenso wie in die Gruppengespräche einbrachten. In meinen Eintragungen zum ersten der von mir besuchten Gruppentreffen notierte ich mir so etwa, dass Frau Röder, eine der Besucher*innen, nach der Vervollständigung eines Reimes freudig feststellte: »Ich wusste gar nicht, dass ich das noch kann.«

In den Ablauf des ersten Programmteils waren bereits auch einige körperliche Betätigungen der Besucher*innen integriert. Die Texte der Lieder, die in der Gruppe gesungen wurden, waren in Großdruck gesetzt und in Sammelmappen eingeheftet. Die Verteilung dieser Mappen erfolgte nach einem bestimmten Prinzip. Die Helferinnen legten sie den Besucher*innen nicht einfach vor, sondern die Besucher*innen gaben sich die Mappen gegenseitig weiter. Frau Muhr hatte dieses Verfahren eingeführt, weil es auf eine körperlich-motorische Anregung bzw. Übung hinauslief. Aus denselben Gründen waren die Helferinnen dazu angehalten, bei der Ausgabe von Kuchen und Essbesteck den Besucher*innen nicht alle Handgriffe abzunehmen. Wenn ich zum Beispiel Kuchengabeln verteilte, dann lagen diese auf einem Tablett. Dieses Tablett reichte ich den Besucher*innen an und bat sie, sich selbstständig eine Gabel zu nehmen. Das gleiche Verfahren kam bei der Ausgabe des Kuchens zum Einsatz.

Eine noch intensivere körperliche Anregung der Besucher*innen erfolgte dann im zweiten Programmteil. An dessen Anfang stand ein kurzer Spaziergang durch die Außenanlagen des Gebäudes, in dem das Gruppentreffen stattfand. Besucher*innen, die kein Interesse an einem Spaziergang hatten, blieben im Gruppenraum zurück. Hier wurde in der Zwischenzeit von einigen Helferinnen ein Stuhlkreis aufgebaut, in dem sich alle Besucher*innen nach dem Spaziergang wieder zusammenfanden. Dann begann eine Reihe von Bewegungsspielen. Zur Begleitung von Musik gab Frau Muhr beispielsweise einige Sitztanzbewegungen vor, die die Gruppe dann reproduzierte. Hierbei wurde auf dieselbe ungezwungene und anerkennende Weise vorgegangen wie zuvor auch bei den Wissens- und Ratespielen. Wenn Besucher*innen Bewegungen anders umsetzten, als Frau Muhr es vorgeführt hatte, dann korrigierte sie diese Abweichung nicht, sondern würdigte den alternativen Bewegungsablauf in der Regel ausdrücklich und übernahm ihn stellenweise selbst. Ein solches Vorgehen schätzte auch Frau Wehra sehr und praktizierte es in den von ihr geleiteten Gruppen:

>»[D]as habe ich auch viel bei Frau Muhr gelernt, so in den motorischen Bewegungen, das sie dann [...] gesagt hat, wenn einer nicht mit kam, dann hat sie da gesagt: ›Ja, der Herr Bald, der macht das jetzt gerade so, so können wir das auch machen.‹ [...] Also das mache ich ganz viel und ganz gerne, weil ich mir denke, das baut die richtig auf. Weil dann kriegen die nicht gesagt: ›Nein, muss du jetzt das rechte Bein nehmen.‹ Oder so, sondern: ›Ah, das ist auch eine Idee.‹ Das ist was ganz Wertvolles.«

Neben den Sitztanzrunden wurden im zweiten Teil des Nachmittags Ball- und Geschicklichkeitsspiele durchgeführt. Deutliche Anzeichen einer verbalen oder non-verbalen Ablehnung dieser Betätigungen habe ich auf Seiten der Besucher*innen nicht beobachtet. Ich achtete unter anderem deshalb auf derartige Anzeichen, weil solche Betätigungen zum Teil als eine infantilisierende Praxis wahrgenommen und kritisiert werden.[223] Auch Frau Peters erzählte mir in unserem ersten Gespräch davon, dass ihr Mann ganz ausdrücklich nicht an Ballspielen und vergleichbaren Bewegungsangeboten teilnehmen wollte. Erfahrungen damit hatte das Paar unter anderem bei einem probeweisen Besuch eines Betreuungsnachmittags der Alzheimer Gesellschaft gemacht:

>»[E]r kann mit all diesen Angeboten nichts anfangen. [...] [D]as war ihm alles von Anfang nur Mist, Kinderkram, albern, ja. Oder dann haben die da gesessen im Kreis, ich war mal mit bei [...] einem Nachmittag von der Alzheimer Gesellschaft auch. Und dann, es war auch ein schöner Sonnennachmittag, [...] stellten sie die Stühle raus und dann saßen die da alle. Och und dann haben die sich so einen Ball oder einen Luftballon oder was auch immer zugeworfen und auch mit Namensnennung, also ein bisschen zum Kennenlernen und so, wie man das bei Kindern macht, aber durchaus noch bei einem Elternabend [...] oder [...] als Koordinationsübung in der Gymnastikgruppe, ohne weiteres, mit Erwachsenen. ›Ja, Bällchenspielen.‹ [Frau Peter gab hier in einem kritisch-verächtlichen Tonfall den Kommentar ihres Mannes zum Betreuungsnachmittag wieder.] Ja, ich habe mich da köstlich amüsiert, ich fand das lustig. [...] Ja, wollte er nicht wieder hin da, an so einen blöden Ort.«

Ähnlich wie Frau Peters, die sich bei den Bewegungsangeboten amüsierte, hatte ich auch im Fall des von mir beforschten Betreuungsnachmittages den Eindruck gewonnen, dass viele der Besucher*innen gerne an diesen Angeboten teilnahmen. Am augenscheinlichsten wurde das bei Frau Bühl. Wäh-

---

223 Vgl. Drescher 2012, S. 368.

rend Frau Bühl im ersten Programmteil auf mich manchmal teilnahmslos wirkte, stand sie bei den unterschiedlichen Ballspielen häufig auf und bewegte sich sehr enthusiastisch durch die Mitte des Stuhlkreises. Genauso erhob sie sich während der Sitztanzrunden wiederholt und begann dann, sich zur Musik zu bewegen. Nachdem die Gruppe einige solcher körperlichen Betätigungen durchgeführt hatte, leitete Frau Muhr das Ende der Treffen ein. Zum Abschluss sangen die Anwesenden im Stuhlkreis gemeinsam ein Lied, daraufhin verließen die Besucher*innen den Veranstaltungsort.

»… wenn jemand, den man gerne hat, so richtig also verzweifelt ist und weint«: Emotionale Fürsorge

Gleichwohl es bei dem Programm der von mir beforschten Betreuungsgruppe um eine gezielte Aktivierung von physischen und kognitiven Fähigkeiten der Besucher*innen ging, diente diese Aktivierung nicht nur einem bloßen körperlich-geistigen Training. Frau Muhr, die als Leiterin für das Programm der Gruppentreffen verantwortlich zeichnete, war hauptberuflich im Feld der Psychomotorik tätig.[224] Aus dem Ansatz der Psychomotorik heraus sollten die verschiedenen Gruppenaktivitäten vor allem auch zu einem Wohlbefinden der Besucher*innen beitragen und ihnen positive Selbsterfahrungen ermöglichen. Die zuvor erwähnten Tanzveranstaltungen oder die »Alzpoetry« intendieren ebenfalls keineswegs nur eine aktivierende Förderung und Erhaltung von körperlichen sowie geistigen Potenzialen von Menschen mit Demenz. Es geht hier ganz ausdrücklich um die Schaffung guter Empfindungen und Erlebnisse auf Seiten der Betroffenen. Dementsprechend wird beispielsweise zu Beginn des SZ-Artikels über das Angebot »Wir tanzen wieder« festgehalten:

> »Demenz ist eine unheilbare Krankheit. Doch es gibt etwas, das den Betroffenen unbändige Freude macht: Musik und Bewegung. […] Eine Heilung ist trotz intensiver Forschung bislang nicht möglich. Musik kann auf Demenzkranke allerdings wie ein Transformator wirken, sie verändert nicht die Gesamtsituation, aber die Grundstimmung. Dass Bewegung hilft, die Demenz etwas hinauszuzögern, wie eine Untersu-

---

224 Für eine allgemeine Übersicht zum Feld der Psychomotorik vgl. Kuhlenkamp 2017 – für einen demenzspezifischen Ansatz der Psychomotorik vgl. Eisenburger 2012.

chung der Deutschen Sporthochschule in Köln herausfand, ist dabei ein willkommener Nebeneffekt.«[225]

Exemplarisch zeigt sich hier: Tanzveranstaltungen werden gerade auch deshalb als eine Demenzsorgemaßnahme geschätzt und umgesetzt, weil sie als eine effektive Möglichkeit zur Veränderung der »Grundstimmung« von Betroffenen erscheinen. Etwaige den Demenzverlauf »hinauszögern[de]« Wirkungen von Musik und Tanz gelten dabei in obigem Zitat ausdrücklich als »Nebeneffekt«. Ein solcher Nebeneffekt wird zwar durchaus willkommen geheißen – entscheidend ist jedoch vielmehr der Effekt, dass Tanzveranstaltungen Demenzbetroffenen »unbändige Freude« machen können. Diesem Effekt von demenzbezogenen Sorgeangeboten maß auch Frau Lahr in ihrer Tätigkeit als Geschäftsstellenleiterin einer lokalen Alzheimer Gesellschaft eine zentrale Bedeutung zu:

> »Für die Betroffenen finde ich es ganz wichtig, dass wir die Ebenen [ansprechen], auf denen sie einfach noch richtig Spaß haben am Leben, Freude haben, [...] dass man da eben einfach Situationen herstellt, wo sie einfach gut integriert sind und sich wohlfühlen können und auch – unter Umständen – eine Menge beitragen können.«

Die Demenzsorgepraxis sollte in den Augen von Frau Lahr – und damit stimmt sie mit anderen wissenschaftlichen Expert*innen und Aktiven der Demenzhilfe überein – vor allem auch sicherstellen, dass die Betroffenen sozial integriert werden und sich wohl fühlen.[226] Soziale Integration und subjektives Wohlbefinden sind dabei insofern miteinander verbunden, als die Integration des Einzelnen in ein zwischenmenschliches Beziehungsgefüge in der Regel eine wichtige Voraussetzung dafür ist, dass sich der Einzelne überhaupt wohl fühlen kann.[227] Der Aspekt der Integration ist für Sorgeangebote wie Tanzveranstaltungen und Betreuungsgruppen sehr wichtig. In beiderlei Fällen sollen Menschen mit Demenz Teil einer größeren Gemeinschaft sein können. So heißt es etwa in dem SZ-Artikel zur Veranstaltungsreihe »Wir tanzen wieder«: »Es geht um Vernetzung: Hier begegnen sich demente Senioren, Betreuer und Verwandte; Menschen unterschiedli-

---

225 SZ v. 07.11.2015.
226 Vgl. Innes/Kelly/McAbe 2012, Rothe/Kreutzner/Gronemeyer 2015, Kruse 2012 und Person/Hanssen 2015.
227 Vgl. Huxhold/Mahne/Naumann 2010.

cher Generationen und mit unterschiedlichen Rollen kommen unkompliziert miteinander in Kontakt.«[228]

Welche positive Bedeutung die Begegnung mit anderen Personen für Demenzbetroffene konkret haben kann, zeigt ein Auszug aus dem Gespräch mit Frau Jost. Wie schon erwähnt, hatte sie Betreuerinnen der Alzheimer Gesellschaft engagiert, die ihre Mutter wöchentlich für einige Stunden besuchten und etwas mit ihr unternahmen. Diese gemeinsamen Unternehmungen betrachtete Frau Jost als eine wichtige Ablenkung und Aufheiterung für ihre Mutter:

»Sie tut mir [...] leid in ihrer Demenz, weil wenn sie so alleine ist, kruscht sie halt den ganzen Tag. Die ist nur am Suchen [...] den ganzen Tag. Und deswegen ist das gut, wenn dann gewisse Menschen zu ihr kommen, wie zum Beispiel die beiden von der Alzheimer [Gesellschaft], die sie rausreißen aus ihrem Wirrwarr da. Die holen sie da raus und die holen sie ins Leben und die machen das mit ihr. Die beschäftigen sich mit ihr und das, denke ich, sind schöne Stunden für sie. Ja. Das ist wichtig. Das ist mir auch ein Bedürfnis und meinen Geschwistern auch, ihr das Leben noch so angenehm wie möglich zu gestalten.«[229]

Diese Aussage von Frau Jost verdeutlicht nicht zuletzt, dass gerade auch das Sorgehandeln von Angehörigen auf die Sicherstellung bzw. die Steigerung eines Wohlbefindens von Demenzbetroffenen ausgerichtet sein kann: Angehörige leisten nicht nur eine Grundversorgung in den Bereichen von Ernährung und Hygiene oder eine physische und kognitive Anregung – sie betreiben überdies eine emotionale Sorge, indem sie versuchen, das Leben ihrer demenzbetroffenen Familienmitglieder »so angenehm wie möglich zu gestalten«.

Unabhängig davon, ob sie von Angehörigen, Pflegefachkräften oder zivilgesellschaftlich Engagierten umgesetzt wird, kommt es für Baer und Schotte-Lange im Kontext einer Sorge um die emotionalen Befindlichkeiten von Demenzbetroffenen besonders darauf an, ein Gefühl von »Vertrautheit zu fördern und zu unterstützen«.[230] Baer und Schotte-Lange messen dem

---

228 SZ v. 07.11.2015.
229 Hier muss jedoch auch an den schon zuvor von mir erwähnten Umstand erinnert werden, dass die Mutter von Frau Jost den Besuch der Betreuerinnen der Alzheimer Gesellschaft zum Teil ablehnte.
230 Baer/Schotte-Lange 2013, S. 100.

Gefühl der Vertrautheit deshalb eine besondere Bedeutung zu, weil eine Demenz ihrer Einschätzung nach häufig von einem »Verlust von Vertrautheit« begleitet wird.[231] Demenzielle Beeinträchtigungen, so führen Baer und Schotte-Lange aus, erschweren zum einen Orientierungs- und Verstehensprozesse auf Seiten der Betroffenen – viele alltägliche Phänomene können diesen so unvertraut und verwirrend erscheinen. Zum anderen halten Baer und Schotte-Lange fest, dass Menschen mit Demenz auch dann Vertrautes verlieren, wenn sie etwa von ihrer Wohnung in ein Pflegeheim umziehen müssen oder ihre Partner*innen, Angehörige und Freunde sterben. Zur Herstellung von Gefühlen der Vertrautheit schlagen Baer und Schotte-Lange unterschiedliche Ansätze vor, etwa den Folgenden:

> »Nicht zu unterschätzen für an Demenz erkrankte Menschen sind ›heimelige‹ Alltagsbewegungen und -handlungen wie das Silber putzen, weil es eine alte Frau vielleicht an die Zeiten erinnert, die sie mit ihrer Schwester plaudernd verbracht hat. Oder es ist die Flasche Malzbier, die sie sich früher gegönnt hat, wenn ihr alles zu viel wurde, und die ihr jetzt das vertraut-ersehnte Gefühl vermittelt, ein Recht darauf zu haben, zur Ruhe zu kommen.«[232]

Entscheidend ist für Baer und Schotte-Lange, dass nur solche Maßnahmen einer Vertrauensstiftung und -förderung umgesetzt werden, die den aktuellen Fähigkeiten Demenzbetroffener entsprechen:

> »Solche Angebote, die ihren Wert darin haben, Vertrautheit und Sicherheit zu schaffen, konfrontieren nicht mit Grenzen und Defiziten. Sie geben Raum, die vorhandenen Ressourcen zu nutzen und auszuleben. Sie sind nicht an beschämendem Mangel orientiert, sondern erlauben in einem atmosphärisch sicheren und unterstützenden Rahmen das ›So-Sein‹ eines Menschen. So, wie es ist, hat es seine Richtigkeit, so darf es sein.«[233]

Wenn hier von »vorhandenen Ressourcen« von Menschen mit Demenz die Rede ist, sind damit ausdrücklich nicht nur solche Fähigkeiten gemeint wie die Fähigkeit, Silberbesteck putzen zu können. Vertrautheit und Sicherheit kann für Baer und Schotte-Lange etwa auch durch einfache sinnliche Eindrücke geschaffen werden, zum Beispiel durch den »Herbstblumenstrauß, der die Erinnerung an glückliche Momente gemeinsamer Spaziergänge mit den Eltern herauf beschwört«.[234] Wichtig sind in solchen Situationen also

---

231 Baer/Schotte-Lange 2013, S. 100.
232 Ebd., S. 103.
233 Ebd., S. 102.
234 Ebd., S. 103.

ganz grundlegende »Ressourcen« – die Fähigkeit zu sehen oder auch zu riechen, zu schmecken oder zu fühlen. Ganz in diesem Sinne hat Frau Lahr in dem weiter oben aufgeführten Zitat festgestellt, dass es bei der Demenzsorge darauf ankommt, dass hier solche »Ebenen« angesprochen werden, auf denen Menschen mit Demenz »einfach noch richtig Spaß haben am Leben«. Frau Lahr konkretisierte diesen Ansatz am fiktiven Beispiel eines ehemaligen Schreiners, der bedingt durch seine kognitiven Beeinträchtigungen keine umfassenden handwerklichen Tätigkeiten mehr bewältigen kann, der aber möglicherweise Freude und eine selbstwertfördernde Bestätigung durch die Mithilfe bei solchen Tätigkeiten erfährt.

Eine ganz entscheidende Bedeutung gewinnen Praktiken einer Sorge um die emotionalen Befindlichkeiten von Demenzbetroffenen dann, wenn sich diese in großen gefühlsmäßigen Belastungssituationen befinden, wenn sie tiefe Unsicherheit, Trauer, Angst oder Verzweiflung zu empfinden scheinen. Dass es in solchen Situationen auf eine eingehende emotionale Fürsorge ankommt, hebt unter anderem das folgende BILD-Zitat hervor. Dieses Zitat antwortet auf die unmittelbar davor aufgeworfene Frage »Wie gehe ich am besten mit Demenzkranken um?«:

> »Am wichtigsten ist die Nähe zu Menschen. Die Krankheit macht die Betroffenen sehr oft hilflos. Sie bekommen Angst, Panik, wissen nicht, was sie tun sollen. Gespräche und körperliche Berührungen sind deshalb unglaublich wichtig. Sie beruhigen den Patienten.«[235]

Von einer emotionalen Notlage und deren Bewältigung berichtete mir auch Herr Werner. Der Umstand, dass die Mutter von Frau Werner zeitweise im Haus des Ehepaars Werners lebte, führte dazu, dass Herr Werner täglich Kontakt zu seiner Schwiegermutter hatte und er sich in deren Versorgung mit engagierte. Während dieser Zeit traten schließlich wiederholt Situationen ein, in denen Herr Werner seine Schwiegermutter in einer äußerst negativen Stimmung erlebte:

> »[I]ch hab dann immer hier mit ihr, sagen wir mal, mit ihr geredet. […] Und das war die Phase, wo sie selber scheinbar, so kam mir das vor, selber mitgekriegt hat, dass das [ihre Demenz] eben immer schlimmer wird und sie war dann richtig verzweifelt und weinte eben. Das war fast unerträglich. Also wenn jemand, den man gerne hat, so richtig also verzweifelt ist und weint, das hat mich also doch sehr mitgenommen und ich habe dann rausgefunden, das Beste, was man dann [machen kann, ist] singen. […] Ich

---

235 BILD v. 15.10.2013.

selber singe gern, ich wusste, meine Schwiegermutter singt gerne. [...] [D]as war eigentlich immer so die Lösung – mit ihr zusammen zu singen. Auch kirchliche Lieder, sie konnte die alle auswendig noch. Und das hat sie dann eben wieder auf andere Gedanken gebracht und das funktionierte sehr gut.«

Herr Werner nahm großen Anteil an der Verzweiflung seiner Schwiegermutter und begann so, nach einem Mittel zu suchen, durch das er sie trösten konnte. Er fand dieses Mittel im gemeinsamen Gesang: »[D]as hat sie dann eben auf andere Gedanken gebracht[.]«

Eine ähnliche Vorgehensweise des Umgangs mit emotionalen Notlagen von Demenzbetroffenen konnte ich während meiner Feldforschung in der Betreuungsgruppe beobachten. Im Zusammenhang mit meinen Ausführungen zu Praktiken der physischen und kognitiven Aktivierung von Demenzbetroffenen habe ich bereits Frau Bühl erwähnt. Sie gehörte zu den Besucher*innen dieser Gruppe und nahm besonders gerne an den dort durchgeführten Bewegungsspielen teil. Frau Bühl hatte Schwierigkeiten in den Bereichen der verbalen Kommunikation und der Orientierung. Überdies war sie bei verschiedenen Aktivitäten (Essen, Trinken etc.) auf Unterstützung bzw. Anleitung angewiesen. Während meiner Besuche in der Gruppe befand sich Frau Bühl stellenweise in einer schlechten emotionalen Verfassung: Sie begann zu weinen und schien traurig und verzweifelt zu sein. Die Gruppenleiterin Frau Muhr, die zumeist direkt neben Frau Bühl saß, reagierte auf diese Situationen, indem sie ihren Arm um Frau Bühl legte und diese vorsichtig streichelte, sie leicht hin und her wiegte und ihr leise eine Melodie vorsummte. Lief in solchen Situationen gerade Musik, weil die Gruppe gemeinsam ein Lied sang, so stand Frau Muhr mit Frau Bühl zum Teil auch auf und ging mit ihr in dezente Tanzbewegungen über. Diese Handlungen von Frau Muhr hatten zumeist den Effekt, dass sich die Stimmung von Frau Bühl sichtlich aufhellte. Sie folgte den (Tanz-)Bewegungen von Frau Muhr, sie stimmte in ihr Summen ein oder fing an, die Melodie des Musikstückes zu summen, das gerade lief, sie hörte auf zu weinen und lächelte auch hin und wieder.

Die Beispiele von Herrn Werner und Frau Muhr zeigen noch einmal sehr deutlich, inwiefern das Umfeld von Demenzbetroffenen auch eine emotionale Fürsorge leistet. Zudem veranschaulichen die Beispiele, welche Rolle Resonanzen im Rahmen einer solchen emotionalen Fürsorge spielen können. Leibliche Resonanzen im Sinne des Konzepts von Fuchs sind meiner Einschätzung nach im Falle beider Beispiele insofern wichtig gewesen, als sie am Anfang der Sorgehandlungen von Herrn Werner und Frau Muhr standen. Die Schwiegermutter von Herrn Werner schien sich genauso wie Frau Bühl in einer emotionalen Belastungssituation befunden zu haben, die sich besonders in der leiblichen Resonanz des Weinens niederschlug. Diese leibliche Resonanz zog eine zwischenleibliche Resonanz nach sich: Herr Werner und Frau Muhr »spürt[en] […] förmlich am eigenen Leib«, in welcher Notlage sich ihr Gegenüber befand.[236] Das hatte wiederum zur Folge, dass Herr Werner und Frau Muhr versuchten, die emotionale Situation von Frau Werner senior und von Frau Bühl zu verbessern. Dies gelang ihnen durch die Praxis des Singens bzw. des Summens, durch die Herstellung von Körperkontakt, durch Wiege- und Tanzbewegungen.

Singen und Summen, Körperkontakt sowie Wiege- und Tanzbewegungen sind gängige Mittel, die von Menschen eingesetzt werden, um andere Menschen (mit und ohne Demenz) zu beruhigen, um ihre Ängste abzubauen und um ihnen Trost zu spenden. Der Umstand, dass Herr Werner und Frau Muhr durch den Einsatz dieser Mittel die Stimmung ihres Gegenübers erfolgreich verbessern konnten, lässt sich meines Erachtens nach auch durch einen Rückgriff auf die Resonanztheorie von Hartmut Rosa erklären. Rosa unterscheidet im Rahmen dieser Theorie zwischen gelingenden und nicht-gelingenden Weltbeziehungen: »Gelingende Weltbeziehungen sind solche, in denen die Welt den handelnden Subjekten als ein antwortendes, atmendes, tragendes, in manchen Momenten sogar wohlwollendes, entgegenkommendes oder ›gütiges‹ ›Resonanzsystem‹ erscheint.«[237] Eine nicht-gelingende Weltbeziehung ist hingegen eine solche, in der Entfremdungszustände vorherrschen, in der die Welt dem Einzelnen »als stumm, kalt und indifferent – oder sogar als feindlich – erscheint«.[238] Auf Grundlage dieser Unterscheidung formuliert Rosa die These, »dass menschliches Leben (zumindest momenthaft) dort gelingt, wo Subjekte konstitutive Resonanzerfahrungen machen, dass es dagegen misslingt, wo Resonanzsphä-

---

236 Fuchs 2003, S. 337.
237 Rosa 2012, S. 9.
238 Ebd., S. 8

ren systematisch durch ›stumme‹, das heißt rein kausale oder instrumentelle Beziehungsmuster verdrängt werden«.[239]

Resonanzerfahrungen können Menschen für Rosa erstens in der Begegnung mit anderen Menschen machen. Eine zwischenmenschliche Resonanzerfahrung entsteht dabei »erst und nur da, wo ›A‹ und ›B‹ sich berühren, wo sie in eine Beziehung des wechselseitigen Antwortens eintreten«. Resonanzerfahrungen sind laut Rosa überdies auch »außerhalb der Sphäre sozialer Interaktion« möglich, zum Beispiel angesichts von Beobachtungen der Natur – oder beim Musikhören: »Wer etwa von Musik zutiefst ergriffen, berührt und erschüttert wird, wer auf diese Weise einen Moment des ›Einklangs‹, der ›Tiefenresonanz‹ zwischen sich und einer [...] akustischen Welt ›da draußen‹ erfährt, macht eine Resonanzerfahrung[.]«[240]

Zur Entstehung von Resonanzerfahrungen ist es meines Erachtens nach auch in der Begegnung zwischen Herrn Werner und seiner Stiefmutter sowie in der Begegnung zwischen Frau Muhr und Frau Bühl gekommen. Angesichts der Trauer und Verzweiflung seiner Schwiegermutter begann Herr Werner, ihr Lieder vorzusingen, die sie aus ihrer Vergangenheit kannte. Die Schwiegermutter wurde von dem Gesang und den zugehörigen Liedern derart »ergriffen« und »berührt«, dass sie mit darin einstimmte. Schwiegermutter und Schwiegersohn nahmen also durch das Medium von Gesang und Musik eine Beziehung zueinander auf, in der sie sich wechselseitig antworteten – es entstand eine Resonanzbeziehung, die von Frau Werner senior anscheinend auch insofern als gelingend bzw. bestärkend erlebt wurde, als sie nicht mehr weinen musste.[241]

---

239 Rosa 2012, S. 11. Wie die aufgeführten Zitate deutlich machen, verwendet Rosa den Resonanzbegriff nicht nur als Metapher für verbale sowie non-verbale Wahrnehmungs-, Kommunikations- und Handlungsprozesse, sondern er beschreibt damit vor allem auch solche Zusammenhänge, die subjektiv als gut erlebt werden. So stellt Rosa (ebd., S. 7) zu Beginn der für seine Resonanztheorie zunächst zentralen Publikation »Weltbeziehungen im Zeitalter der Beschleunigung« fest, dass es ihm um eine »*Soziologie* des guten Lebens« geht.
240 Ebd., S. 9.
241 Subjektiv gute, resonante Weltbeziehungen können sich für Rosa (ebd., S. 112) gerade beim Singen und Musikhören einstellen. Gesang und Musik verbindet er deshalb auch mit dem möglichen Effekt einer (momentanen) Abschwächung bzw. Auflösung von Entfremdungserfahrungen: »Nichts anderes scheint eine vergleichbare psychisch wirk-

Musik und Gesang bzw. Summen waren auch ein wesentliches Mittel der emotionalen Fürsorgepraxis von Frau Muhr. Ebenso wesentlich war hier das Mittel des Körperkontaktes und der Bewegung. Durch den Einsatz dieser Mittel gelang es Frau Muhr ebenfalls, eine Beziehung zu Frau Bühl herzustellen, in der beide Frauen wechselseitig aufeinander antworteten – und das vor allem auf der non-verbalen Ebene: Frau Bühl ließ die Berührung durch Frau Muhr zu, sie nahm ihre Wiege- und Tanzbewegungen auf und begann gemeinsam mit Frau Muhr oder mit dem Gesang der Gruppe zu summen. Frau Muhr wurde so gewissermaßen ein »wohlwollendes, entgegenkommendes [...] ›Resonanzsystem‹« für Frau Bühl, wovon meiner Einschätzung gerade auch der Umstand zeugt, dass sich die vormals schlechte Stimmung von Frau Bühl in der Begegnung mit Frau Muhr deutlich verbesserte.[242]

Auf Basis dieser interpretativen Adaption von Rosas Resonanztheorie lässt sich jedoch nicht schließen, dass Maßnahmen einer emotionalen Fürsorge immer dann den gewünschten Zweck erfüllen, wenn sie auf die oben beschriebenen Arten und Weisen Resonanzerfahrungen und -beziehungen herzustellen versuchen. Rosa selbst betont ausdrücklich, dass sich Resonanz »nicht und niemals erzwingen [lässt] [...] weshalb sie in ihrem Auftreten, ihrer Intensität und ihrer Dauer nicht kontrollierbar ist«.[243] Diese Feststellung muss im Kontext der Demenzsorge nachdrücklich unterstrichen werden: Wer einen Demenzbetroffenen berührt, um ihn so zu trösten, kann durchaus auch Ängste des Betroffenen verstärken und infolgedessen von dem Betroffenen zurückgewiesen werden. Genauso müssen etwa künstlerisch-kreative Angebote wie zum Beispiel Tanzveranstaltungen nicht zwangsläufig auf eine Resonanzerfahrung hinauslaufen, in der der einzelne Teilnehmer in positiver Weise »ergriffen, berührt [oder gar] erschüttert wird«: Bei dem einen mag das Stück »Griechischer Wein« tatsächlich eine »Tiefenresonanz« auslösen und die emotionale Stimmung deutlich heben, bei dem anderen mag sich eine solche Wirkung nur einstellen, wenn ein Klavierkonzert von Mozart erklingt – bei dem nächsten mag jedwedes Mu-

---

     same Qualität zur alltäglichen Vermittlung und ›Heilung‹ subjektiver Weltverhältnisse zu besitzen.«
242 Rosa 2012, S. 9.
243 Rosa 2017, S. 315.

sikstück ohne Resonanzeffekt bleiben.[244] Folglich lassen sich Gefühle der Trauer, der Angst oder der Verzweiflung nicht einfach immer weghören, wegsingen, wegstreicheln, wegwiegen, wegtanzen, wegwandern, wegdichten, wegmalen etc. – kurz: Bemühungen um eine Verbesserung der emotionalen Befindlichkeit von Menschen mit Demenz können durchaus erfolglos bleiben. Das zeigt auch das folgende Zitat von Frau Rahner, in dem sie bedauerte, dass sie stellenweise bei dem Versuch scheiterte, die Stimmung ihrer Mutter in eine positive »Richtung [...] zu steuern«:

> »Ich kriege [meine Mutter] manchmal, wenn sie so ein bisschen schlechter drauf ist, kriege ich sie auch nicht immer zur Ruhe gebracht. Also dann fällt es mir auch schwer, dann bin ich manchmal wirklich auch froh, dass ich sagen kann, wenn ich [vom Pflegeheim] nach Hause gehe: ›Boah, das war total anstrengend jetzt wieder.‹ Weil ich sie dann einfach nicht in irgendeine Richtung bringen kann. Also dann schaffe ich es einfach nicht, sie irgendwie da mal so reinzusteuern. Ja, das finde ich so schade. Aber das gibt es halt auch, aber wenig.«

---

244 Rosa 2012, S. 9. Ich erwähne hier ausdrücklich Mozart, da Frau Peters mir davon berichtet hatte, dass einige Klavierkonzerte von Mozart zu den musikalischen Lieblingsstücken ihres Mannes gehörten und er von diesen Stücken immer wieder aufs Neue berührt wurde: »Da liegt so eine Platte mit zwei Mozart-Klavierkonzerten [...] und die hat er schon x-mal rauf und runter gehört und dann irgendwann habe ich sie mal ganz unten auf den Stapel gelegt. Ich denke: Die muss mal ein bisschen ausruhen. Kommt jetzt mal was anderes nach oben. Aber jemand hatte sie wieder hervorgekramt. ›Ach, was ist denn das für eine Musik‹, sagt [mein Mann]. Ich sage: ›Das ist Mozart, das ist ein Klavierkonzert.‹ ›Ach, das ist toll, das habe ich noch nie gehört, das ist toll, das ist ja wunderbar.‹«

6.6 Suizid als ultima ratio der Behandlung des Problems Demenz

Mit diesem Abschnitt findet die Analyse von demenzbezogenen Problembehandlungsansätzen ihren Abschluss. Ich gehe in der Folge auf solche Quellen des Untersuchungskorpus ein, in denen ein Suizid als Option für die Behandlung des Problems Demenz thematisiert wird. Zunächst stelle ich dar, inwiefern diese Option in Betracht gezogen bzw. befürwortet wird. Anschließend geht es dann um Zweifel und Kritiken an dieser Option.

»... dann möchte ich das mir von Gott geschenkte Leben zurück geben«: Die Option des (un-)assistierten Suizids

Wenn die Themen Demenz und Suizid in den Quellen meiner Analyse Erwähnung finden, so werden dabei zwei Namen immer wieder genannt: Walter Jens und Gunter Sachs. Walter Jens hatte zusammen mit Hans Küng 1995 eine Publikation mit dem Titel »Menschenwürdig sterben. Ein Plädoyer für Selbstverantwortung« vorgelegt. In dieser Publikation machten sich die beiden Autoren für eine Legalisierung einer ärztlichen Beihilfe zum Suizid stark.[245] Walter Jens betrachtete auch eine Demenzerkrankung als zulässigen Grund für einen ärztlich begleiteten Suizid. Das hebt Tilman Jens gleich zu Beginn seines Buches »Demenz. Abschied von meinem Vater« hervor:

> »Eine angestaubte Video-Kassette, mit rotem Kuli beschriftet. *Sterbehilfe: Papi. 13. August 2001. Fernseh-Aufnahmen.* Wir saßen am Neckar in einem Stocherkahn, der Hölderlin-Turm: vis-a-vis, und unterhielten uns über die letzten Dinge. Ob ein Mensch, zumal Christ, der unheilbar krank sei, von Schmerzen gepeinigt, nicht mehr er selbst, sich wirklich ergeben in sein Schicksal fügen müsse, bis ihn Gott endlich erlöse – oder ob es nicht doch ein Recht auf ein selbstbestimmtes Ende in Würde gäbe, ein Recht auf Euthanasie im ursprünglichen Sinne des Worts, ein Recht auf einen schönen, gnädigen Tod. [...] Es ist düster und kalt, als ich mir das Band mit unserem Gespräch Jahre später noch einmal ansehe. Meine letzte Frage damals hatte ich lange vergessen, [...] was [...] wäre, wenn Du Alzheimer hättest? Darf das ein Sohn fragen? Ich durfte. Und mein Vater war in seinem Element. *Wenn die Autonomie des Menschen nicht mehr im Zentrum steht [...] dann möchte ich das mir von Gott geschenkte Leben zurück geben.*«[246]

---

245 Jens/Küng 1995.
246 Jens 2010, S. 9f.

Der Unternehmer, Fotograf und Kunstmäzen Gunter Sachs vertrat die gleiche Ansicht wie Walter Jens – das geht aus einem Abschiedsbrief hervor, den Sachs hinterließ, als er sich am 7. Mai 2011 das Leben nahm. Über diese Tat und deren Hintergründe berichteten zahlreiche Medien – darunter auch die SZ:

> »Als Gunter Sachs sich am vergangenen Wochenende das Leben nahm, schrieb er in seinem Abschiedsbrief, er habe ›durch die Lektüre einschlägiger Publikationen‹ erkannt, ›an der ausweglosen Krankheit A. zu erkranken‹ und immer schon habe ihm diese Bedrohung als ›einziges Kriterium‹ gegolten, ›meinem Leben ein Ende zu setzen‹. Die Chiffrierung der Krankheit war hier keine Verschlüsselung, sondern im Verein mit den aufgezählten Symptomen – Verschlechterung des Gedächtnisses, Verzögerungen in der Wortfindung – eine Art Ausrufezeichen.«[247]

Im Handeln von Gunter Sachs wie auch in den Aussagen von Walter Jens zeichnet sich eine Form des Umgangs mit Demenz ab, die darin besteht, dass das weitere Fortschreiten einer Demenz in radikaler Weise verhindert wird: Da es keinen effektiven medizinisch-pharmakologischen Ausweg gibt, wird hier ein Suizid als möglicher Ausweg erkannt. Dem Tun von Sachs und der Argumentation von Jens lagen dabei deckungsgleiche Motive zu Grunde. So schrieb Sachs in seinem Abschiedsbrief: »Der Verlust der geistigen Kontrolle über mein Leben wäre ein würdeloser Zustand, dem ich mich entschlossen habe, entschieden entgegenzutreten.«[248] Parallel dazu wurde Walter Jens von seinem Sohn mit der Feststellung zitiert, dass er gerade dann nicht mehr leben wolle, wenn seine Autonomie gefährdet sei.

Wenngleich verschiedene Studien schildern, dass das »Ausmaß an Suizidalität« unter Demenzbetroffenen »auf der Höhe der Allgemeinbevölkerung liegt«, geht der Gedanke, dass ein (assistierter) Suizid eine mögliche Lösung für das Problem Demenz sein könnte, doch um.[249] So stellt eine reprä-

---

247 SZ v. 13.05.2011.
248 FAZ (Internet), *Der Abschiedsbrief von Gunter Sachs*.
249 Wolfersdorf/Etzersdorfer 2011, S. 187. Wie etwa Armin Schmidtke, Roxanne Sell und Cordula Löhr (2008, S. 5) zeigen, werden Suizide überdurchschnittlich häufig von älteren Menschen begangen: »Für die Altersverteilung der Suizidziffern findet sich immer noch das sogenannte ›ungarische Muster‹, d. h. die Suizidgefährdung nimmt mit dem Alter sowohl für Männer als auch für Frauen deutlich zu [...]. Das mittlere Alter der Suizidenten in Deutschland beträgt 2006 für alle Männer 54,7 Jahre, für alle Frauen 59,0 Jahre.« Hans Christof Müller-Busch (2015, S. 359) hält im Zusammenhang

sentative Befragung der Deutschen Krankenversicherung (DKV) aus dem Jahr 2013 fest: »Die Mehrheit von 53 Prozent der Bundesbürger möchte lieber früher sterben, als mit Alzheimer zu leben.«[250] Diesem Umfrageergebnis stehen allerdings Daten einer von der DAK-Gesundheit beauftragten Studie gegenüber. Darin wurden 1437 Personen unter anderem dazu befragt, wie sie mit einer Demenz umgehen würden. Insgesamt 6% der Studienteilnehmer*innen gaben an, dass hier ein Suizid eine denkbare Umgangsweise sei.[251]

Die Vorstellung, dass der Tod dem Leben mit Demenz vorzuziehen ist, wird im Falle meiner Quellen nicht nur im Zusammenhang mit den Personen von Gunter Sachs und Walter Jens greifbar. Sie taucht ebenfalls in einem FAZ-Artikel auf, der über die 2012 erschienene Stellungnahme des Deutschen Ethikrates mit dem Titel »Demenz und Selbstbestimmung« berich-

---

mit diesem Phänomen fest: »Für den Alterssuizid lässt sich in vielen industrialisierten Ländern eine zunehmende soziale Akzeptanz und moralische Toleranz beobachten. Lebensmüdigkeit, Abhängigkeit und Bedrohung der Autonomie, Verlusterlebnisse, aber auch Einschränkungen der kognitiven und motorischen Fähigkeiten und schwere Erkrankungen sind nachvollziehbare und wesentliche Gründe, die Menschen im Alter bewegen, ihr Leben zu beenden.« Die Studienlage zum Suizidrisiko von Demenzbetroffenen ist derzeit noch nicht sehr dicht – Aussagen zu diesem Risiko variieren und haben deshalb eher vorläufigen Charakter. Darauf weisen etwa auch Gianluca Serafina et al. (2016) hin, die in einer systematischen Reviewanalyse feststellen, dass die Alzheimer-Demenz mit einem moderaten Suizidrisiko verbunden ist. Janine Diehl-Schmid et al. (2017, S. 1247) kommen hingegen auf Basis einer systematischen Auswertung bestehender Forschungsliteraturen zu folgendem Schluss: »Dementia as a whole does not appear to be a risk factor for suicide completion.« Eindeutig sind hingegen Zahlen aus den Niederlanden, wo unter bestimmten Bedingungen eine aktive Sterbehilfe auch bei Menschen mit Demenz möglich ist. Wie Inez D. de Beaufort und Suzanne van de Vathorst (2016) zeigen, ist die Zahl der ärztlich assistierten Suizide dort zwischen 2009 (= 12) und 2014 (= 81) deutlich angestiegen. In der Schweiz gibt es dokumentierte Fälle, in denen Demenzbetroffene bei einem Suizid von der Organisation Exit unterstützt wurden (vgl. etwa Schäubli-Meier 2008). Die Vorstellung, dass ein Suizid eine mögliche Lösung für das Problem Demenz ist, ist dabei auch in der Schweiz verbreitet. Einer Umfrage der Schweizer Illustrierten zufolge gaben 47% der Befragten an, dass es für sie beim Auftreten einer demenziellen Erkrankung denkbar wäre, sich für einen Suizid zu entscheiden (vgl. Neue Zürcher Zeitung (Internet), *Keine Nahrung mehr aufzunehmen, ist ein natürlicher Weg des Sterbens*).
250 Deutsche Krankenversicherung 2013, S. 1.
251 Haumann 2017, S. 42f.

tet.²⁵² Diese Stellungnahme, auf die ich mich auch bereits in Abschnitt 6.5 bezogen habe, umfasst ein Sondervotum, das von Volker Gerhardt verfasst wurde:

> »Gerhardt plädiert hier für eine nicht näher bestimmte Form der Sterbehilfe. ›Wenn der Wunsch, selbstbestimmt zu sterben, ehe man zu einem unmündigen Pflegefall wird, ernsthaft geäußert wird, wenn in Erwartung der absehbaren Lebens- und Todesumstände aus dem Wunsch ein gründlich erwogenes und ausdrücklich niedergelegtes Verlangen wird, dann muss es gewissenhaft geprüft und im Sinne des geäußerten Willens auch entschieden werden können.‹ Damit kann die Freigabe der Tötung auf Verlangen ebenso gemeint sein wie die Unterstützung des ärztlich assistierten Suizids.«²⁵³

Im Zentrum des hier zitierten Sondervotums von Gerhardt steht – genau wie auch bei Jens und Sachs – die Antizipation einer demenzbedingten Unmündigkeit. Der Wunsch, einem solchen Zustand durch den eigenen Tod vorzubeugen, ist für Gerhardt verständlich und muss seiner Ansicht nach »gewissenhaft geprüft« werden.²⁵⁴

Die Themen Demenz und Suizid sind ebenfalls Gegenstand einiger Gespräche mit Angehörigen gewesen. Frau Rahner bekundete etwa ganz ausdrücklich, dass sie den Wunsch habe, im Falle einer fortgeschrittenen Demenzerkrankung nicht weiter leben zu wollen. Zuvor hatte ich sie gefragt, was sie über die Möglichkeit denke, selbst einmal von Demenz betroffen zu sein. Sie antwortete mir, dass sie diese Aussicht sehr verängstige: »Angst, ja, das macht einem Angst, wirklich. Wobei man dann überlegt, na ja gut, man weiß es ja dann nicht mehr. […] Aber wenn man das sieht, ja, dass man nichts mehr alleine kann, also das finde ich schon schlimm. Das ist ganz, ganz schlimm.«²⁵⁵

---

252 Deutscher Ethikrat 2012.
253 FAZ v. 27.04.2012.
254 Gerhardt beschließt sein Sondervotum zur Stellungnahme des Deutschen Ethikrates (2012, S. 106) mit folgenden Zeilen: »Selbstbestimmung heißt, dass jeder über sein Leben selbst bestimmen kann. Das schließt logisch wie faktisch die Entscheidung über das eigene Lebensende ein. Und es schließt aus, dass man einen anderen gegen seine Überzeugung verpflichten kann, beim selbst gewollten Lebensabbruch des Moribunden zu helfen. Darin liegt das ethische Dilemma des dementen Menschen und derer, die ihm nahestehen. Was daraus für die Gesellschaft folgt, hätte zumindest erwogen werden müssen, wenn die Demenz unter dem Titel der Selbstbestimmung behandelt wird.«
255 Eine repräsentative Umfrage der DAK-Gesundheit (2017, S. 3) in Deutschland zeigt, dass eine Angst vor Demenz auch gesamtgesellschaftlich relativ stark verbreitet ist:

Frau Rahner räumte ein, dass die Innenperspektive der Betroffenen durchaus anders sein könne (»man weiß es ja dann nicht mehr«) – als Beobachterin fürchtete sie sich jedoch stark vor einer Situation »in der man nichts mehr alleine kann«. Ich fragte nach, ob diese Furcht abnähme, wenn sie sich sicher sein könnte, dass sich ihr familiäres Umfeld bei einer möglichen Demenzerkrankung genauso intensiv um sie sorgen würde, wie Frau Rahner das bei ihrer Mutter tat. Frau Rahner entgegnete darauf: »Nein. Das würde nichts an der Tatsache ändern, ich habe auch meine Patientenverfügung fertig.« Ich erwiderte: »Haben sie die schon gemacht, ja?« Frau Rahner erläuterte dann näher, welchen Inhalts ihre Patientenverfügung war:

> »Ja, die habe ich gemacht, die liegt oben. Also ich muss sie jetzt wieder mal neu schreiben, weil das schon eine Zeit lang her ist, man soll das ja immer wieder neu überarbeiten. [...] Aber da habe ich halt auch schon rein geschrieben, wenn es die Möglichkeit so wie in der Schweiz gibt, hier eine Tablette zu bekommen, möchte ich die haben. [...] Ich habe das in der Patientenverfügung stehen. Und wenn ich so demenzkrank werden sollte, möchte ich, dass mir die jemand verabreicht. Ich setze da auch gerne einen Namen zu ein, aber so habe ich das in meiner Patientenverfügung hinterlegt. [...] Ich möchte es so nicht haben. Also wenn ich dann sehe auch in der Pflege... ich will mal sagen, die tun bestimmt ihr Bestes – wobei manche dabei immer sagen, sie könnten noch was Besseres tun. Aber ich muss ihnen ganz ehrlich sagen, die kriegen nicht immer mit, wenn die zur Toilette müssen und dann wird man da einfach mal hingebracht und dann war man auf der Toilette und eine Stunde später muss man aber, dann kriegt es keiner mit, ja. Und das ist unangenehm ohne Ende und das, da... nein. Also nein, brauche ich nicht. Also dann nehme ich gerne eine Tablette und dann schlafe ich halt ein, ist ok.«

Das Zitat veranschaulicht näher, warum genau Frau Rahner in ihrer Patientenverfügung die Absicht bekundet hat, eine fortgeschrittene Demenz nicht erleben zu wollen. Sie hoffte, so eine Situation verhindern zu können, in der sie abhängig von anderen würde, denn diese Entwicklung war für sie mit dem Risiko einer Vernachlässigung verbunden. Die schlechten Erfahrungen, die sie in dem Pflegeheim machte, in dem sie ihre Eltern zuerst untergebracht hatte und in dem ihr Vater (mit fatalen Folgen) dehydrierte, mögen von wesentlichem Einfluss auf diese Absichtsbekundung gewesen sein. Grundsätzlich ist es jedoch auch hier das Szenario einer radikalen Unmündigkeit, eines völligen Autonomieverlustes, das die (in Deutschland illega-

---

»Wie in den Jahren zuvor, fürchten sich die Befragten am meisten vor Krebs (65%). 40 Prozent haben Angst vor Schlaganfällen, 39 Prozent vor Alzheimer oder Demenz und 37 Prozent vor Unfällen mit schweren Verletzungen.«

le) Option einer letalen »Tablette« denk- und annehmbar werden lässt. Der Suizid gilt aus dieser Perspektive als finale selbstbestimmte Handlung zur Abwendung eines scheinbar vollständigen Verlustes der Selbstbestimmung: »[W]hereas Alzheimer's disease/dementia has emerged as a synonym for losing ownership and control, euthanasia has emerged as its antonym, that is, it has come to symbolize the (re)gaining of ownership and control.«[256]

»Aber schön ist es doch!«: Gegenstimmen zur Möglichkeit des Suizids

Tilman Jens führt in seinem Buch aus, dass sich die Position des Vaters zu einem möglichen Suizid im Verlauf seiner Demenz öfters wandelte.[257] Demnach bekundete Walter Jens stellenweise den Wunsch, jetzt sterben zu wollen – dann aber nahm er auch wieder Abstand von diesem Wunsch. Die Familie Jens war deshalb hochgradig verunsichert, wie mit der Situation umzugehen sei. Sollte der Sohn bzw. die Familie Walter Jens bei der Um-

---

256 Johnstone 2011, S. 386. Sehr beispielhaft kristallisiert sich die oben diskutierte Perspektive auf das Thema Demenz und Suizid auch in folgendem Resümee heraus, das Gabriel Hofer-Ranz (2017, S. 149) am Ende einer philosophischen Auseinandersetzung zieht, die den Titel trägt »Philosophisches Skandalon Demenz. Eine ethische Reflexion selbstbestimmter Umgangsmöglichkeiten mit dem drohenden Autonomieverlust«: »Keine noch so zu begrüßende Maximierung der Lebensqualität Demenzkranker kann darüber hinwegtäuschen, dass bei einer Demenz unwiederbringlich etwas zu Ende geht, was die betroffene Person in ihrem bisherigen Leben auszeichnete. Dass eine Demenz langsam aber unaufhaltsam den Sockel ihrer geistigen Existenz erodiert. Dass eine Demenz ein philosophisches Skandalon darstellt. Dementsprechend ernst zu nehmen sind auch die Ambitionen betroffener Personen, dem durch die Diagnose Demenz vorgezeichneten Autonomieverlust auf autonomem Wege zu begegnen bzw. zuvorzukommen. Wer sich zum Wert eines selbstbestimmten Lebens bekennt, muss auch diese existentiellen Fluchtversuche unter dem wehenden Banner der Autonomie in den Blick nehmen. [...] Die Diagnose Demenz kann eine derart massive Bedrohung persönlicher Integrität und des eigenen Lebensentwurfes darstellen, dass suizidale Absichten nicht automatisch als pathologisch abgestempelt werden dürfen. Im Extremfall wird man diese autonome Entscheidung hinnehmen müssen.«
257 Ärztliche Unterstützung bei einem Suizidversuch sollte, wie Tilman Jens (2010, S. 130) schildert, von Seiten des Hausarztes von Walter Jens kommen: »Dorfmüller, der Name ist geändert, der Hausarzt über Jahre, [...] der ihm schon vor Jahren versprochen hatte, dass er ihm, wenn es Zeit sei und es keine Hoffnung mehr gäbe, mit den nötigen Medikamenten *den kleinen Übertritt erleichtern werde*, damit er [...] ohne Qualen aus dem Leben scheiden könne.«

setzung seines zeitweise geäußerten Wunsches »helfen, beistehen« – oder nicht?[258] Diese Verunsicherung löste sich jedoch auf:

»Zwei Tage nach Neujahr 2007 [...] rafft [mein Vater] sich noch einmal auf. Keine Larmoyanz in der Stimme – zum ersten Mal seit Wochen –, sondern eine beinah schon eisige Klarheit. *Ihr Lieben, es reicht. Mein Leben war lang und erfüllt. Aber jetzt will ich gehen.* Meine Mutter und ich widersprechen ihm nicht. [...] Wir werden also meinen Bruder Christoph in Köln anrufen, und ihn bitten, sich einige Tage frei zu nehmen. Minuten sitzen wir da ohne ein Wort. Dann, auf einmal, lächelt mein Vater und sagt: *Aber schön ist es doch!* Ein tiefer Seufzer. Dann fallen ihm die Augen zu. ... *aber schön ist es doch:* Redet so einer, der zum Sterben entschlossen ist? Meine Mutter, mein Bruder und ich sind uns einig, das Mandat, ihm aktiv beim Sterben zu helfen, ist in dieser Sekunde erloschen. Ein *Zwar-ist-es-schrecklich-aber-schön-ist-es-manchmal-noch-immer* ist keine Grundlage, um einen schwerkranken Mann aus der Welt zu schaffen. Solang er noch einen Hauch jener Freude verspürt, die er einst als das zentrale Lebenselixier beschrieb, und er vor allem keine physischen Schmerzen ertragen muss, kann ich ihm seinen Todeswunsch, den er hat – aber eben auch nicht! – schwerlich erfüllen. Ich darf es nicht tun. Nicht einmal helfen.«[259]

Die Option eines (assistierten) Suizides wurde, das zeigt der voranstehende Textabschnitt, von der Familie Jens vor allem deshalb nicht mehr in Betracht gezogen und endgültig ausgeschlossen, da sie Walter Jens immer wieder auch in freudiger, positiver Stimmung erlebte (*»Aber schön ist es doch!«*) und er zudem schmerzfrei war. Um die Gründe für diese Entscheidung der Familie geht es ebenfalls in einem Interview, das die BILD mit Inge Jens führte. Sie äußerte sich hier wie folgt:

»Manchmal redet [mein Mann] noch ein paar Worte: ›Bitte, bitte, hilf mir.‹ Das kann er noch sagen – angstüllt und natürlich doppeldeutig. Es kann bedeuten, hilf mir zu sterben, es kann aber auch heißen, hilf mir zu leben. Er sagt auch oft: ›Ich will nicht sterben.‹ Neulich hat er gesagt: ›Nicht totmachen, bitte nicht totmachen.‹ Ich bin mir nach vielen qualvollen Überlegungen absolut sicher, dass mich mein Mann jetzt nicht um Sterbenshilfe, sondern um Lebenshilfe bittet.«[260]

In diesem Zitat ist davon die Rede, dass Walter Jens in seiner fortgeschrittenen Demenz Aussagen getätigt hat, die von seinem Umfeld als Akt und Ausdruck einer Selbstbestimmung gedeutet wurden. Seine Feststellung »Nicht totmachen« erschien Inge Jens nach eigener Aussage als ganz ein-

---

258 Jens 2010, S. 130.
259 Ebd., S. 144f.
260 BILD v. 20.07.2009.

deutige Bekundung eines Lebenswillens – und der von ihr wahrgenommenen Willensbekundung kam Inge Jens dann auch nach, indem sie versuchte, ihrem Mann »Lebenshilfe« zu leisten.

Bei den beiden voranstehenden Zitaten handelt es sich nicht um die einzigen Quellen des Korpus, in denen ein (assistierter) Suizid bei Demenz verworfen bzw. kritisch hinterfragt wird. So erschien in der FAZ vom 21. Februar 2009 ein Text, den Hans Küng verfasst hatte. Küng ging hier zunächst auf die Situation des demenzbetroffenen Walter Jens ein und formulierte dann einen mehrteiligen Appell zur »Versachlichung der aktuellen Sterbehilfe-Diskussion«. Küng bezog sich auf die Diskussion um das Dritte Gesetz zur Änderung des Betreuungsrechts, das in Deutschland das Rechtsinstitut der Patientenverfügung regelt und am 1. September 2009 in Kraft trat. Wenige Tage nach der Veröffentlichung des Appells von Küng erschien in der FAZ eine kritische Replik auf die Ausführungen des Theologen. Küngs Appell zielt, so heißt es in dem betreffenden Artikel, auf die »Zulassung tätiger Sterbehilfe«.[261] Was genau aber passiert – so fragt der Artikel weiter – wenn die Praxis der aktiven Sterbehilfe tatsächlich legalisiert wird und eine Person in ihrer Patientenverfügung angegeben hat, bei einer Demenzerkrankung nicht mehr weiter leben zu wollen:

> »Demente können in hohem Maße Freude und Schmerz, Beschwernisse und Wohlfühlen nicht nur in Mimik und Gesten, sondern auch in klarer Sprache ausdrücken. Gleichzeitig kann es sein, dass sie weder die Bedeutung ihrer Aussagen noch den Sinn und die Wirkung ihres Handelns begreifen. Bisweilen ähnelt ihr Bewusstseinsstand dem eines aufgeweckten und beredten Kleinkindes. Wo ist da das Stadium, in dem der Zeitpunkt für eine aktive Sterbehilfe, also für eine Tötung des auf natürliche Weise vielleicht noch lange lebensfähigen Patienten gekommen sein soll? Der nun vorbeugend ins Feld geführte Hinweis auf die Widerrufbarkeit von Patientenverfügungen verspottet die Demenzkranken eher, als dass er ihnen gerecht würde. Sie wissen meist gar nicht, dass sie jemals eine solche unterschrieben haben, erst recht nicht, welche Einzelheiten darin festgelegt wurden, sie erkennen aber auch nicht die Bedeutung des Augenblicks, eine frühere Festlegung aufzuheben oder zu bekräftigen.«[262]

Aus diesen Überlegungen wird dann im Fortgang des Artikels eine staatliche »Pflicht, die Kranken zu schützen« abgeleitet. Gemeint ist damit, dass Menschen mit Demenz aus etwaigen gesetzlichen Regelungen zu einer ak-

---

261 FAZ v. 24.02.2009.
262 Ebd.

tiven Sterbehilfe grundsätzlich ausgeklammert werden sollen. Dieses Plädoyer gegen eine Sterbehilfe bei Demenz stützt sich besonders auf den Aspekt, dass Demenzbetroffene die Folgen ihrer früheren und gegenwärtigen Entscheidungen und Handlungen zum Teil nicht mehr richtig einschätzen können. Zugleich spielt hier ebenfalls der Umstand eine zentrale Rolle, dass ein einstmals bekundeter Todeswunsch sich verändern kann und der Einzelne in solchen Situationen Lebensfreude und Lebenswillen zeigt (»*Aber schön ist es doch!*«; »Nicht totmachen«), die er zuvor als unlebenswert betrachtet hat.[263]

Frau Peters ging sowohl in unserem ersten als auch in unserem zweiten Gespräch auf die Vorstellung ein, dass ein Suizid ein Ausweg aus dem Problem Demenz sein könne. Während des ersten Gesprächs berichtete sie unter anderem davon, dass ihr Mann Freude daran hatte, wenn man ihm Geschichten und Gedichte vorlas – eine Einschränkung gab es hierbei jedoch:

> »Es kann aber auch sein, dass er so was auch mal abwehrt, das ist mir mit Herbstgedichten so passiert, das war ihm zu emotional: ›Ich sah des Sommers letzte Rose stehen, sie war, als ob sie bluten könne, rot […].‹ Wie geht das denn weiter? Jedenfalls reimt es sich dann: ›So weit im Leben, ist zu nah am Tod!‹ Und da merkt man […] erst mal: Er kennt es von früher. Aber er versteht auch […] die Stimmung und er mag das Thema nicht haben. Das ist ja auch immer interessant. Also alle gesunden Leute sagen: ›Also, wenn es mir so ginge, dann will ich nicht mehr leben.‹ Ich sage: ›Doch. Die wollen noch leben so Leute. Ich kenne jedenfalls einen.‹«

Es ist das Gedicht »Sommerbild« von Christian Friedrich Hebbel, das Frau Peters hier zitiert hat und das auf die Abwehr ihres Mannes gestoßen ist. Den Grund für diese Ablehnung vermutete Frau Peters im Todesbezug des Gedichtes: »So weit im Leben, ist zu nah am Tod!« Frau Peters deutete diese abwehrende Haltung ihres Mannes als Ausdruck seines ungebrochenen Lebenswillens: Mit dem Thema Tod wollte er sich in ihren Augen ganz be-

---

263 Auch Gerhardt thematisiert diesen Zusammenhang in seinem Sondervotum zur Stellungnahme des Deutschen Ethikrates (2012, S. 105) – er macht jedoch eine Opposition zu der oben erwähnten Perspektive auf: »Es geht nicht an, dass man die Selbstbestimmung *bei* Demenz zum nachhaltigen Ziel erklärt, die Selbstbestimmung *vor* der Demenz aber mit keinem Wort erwähnt. Wer davon ausgeht, dass es eine personale Kontinuität zwischen dem gesunden und dem kranken Menschen gibt, muss beim Urteil über den Kranken auch das in Rechnung stellen, was er als Gesunder über den Zustand festgelegt hat, in dem er sich in der Demenz befindet.«

wusst nicht auseinandersetzen. Angesichts dessen stellte Frau Peters fest, dass es voreilig und unreflektiert ist, wenn Menschen, die noch nicht von Demenz betroffen sind, aussagen, dass sie den Tod einem Leben mit Demenz vorziehen würden.

In unserem zweiten Gespräch wiederholte Frau Peters diese Feststellung – und bezog sich dabei ausdrücklich auf das Beispiel von Walter Jens. Zur besseren Einbettung der Kommentare von Frau Peters führe ich das folgende BILD-Zitat an. Es stammt aus einem Bericht anlässlich des Todes von Jens und beschreibt die Zeit, in der Jens auf einem Bauernhof in der Nähe von Tübingen versorgt wurde:

> »Das Paradies der Schatten. Der Bauernhof in der Nähe von Tübingen, in Kusterdingen-Mähringen. Der Wachhund Caro bellt. Walter Jens füttert Kaninchen mit Karotten. Die gute Stube. Mit den Stallburschen trinkt er Kaffee und gelben Sprudel. Walter Jens liest eine Fibel für Schulanfänger: ›Das Leben auf dem Bauernhof.‹ Er lernt wieder lesen. [...] Ein großer Deutscher wurde wieder zum Kind. Der Tod kam als Freund.«[264]

Eine besondere Tragik der Situation von Jens wurde im medialen Interdiskurs häufiger daran festgemacht, dass Jens nicht länger wortmächtige Reden schrieb und hielt, sondern Gefallen am Umgang mit Tieren fand und ›einfache‹ Freuden wie etwa ein »Leberkäsweckle« genoss.[265] Frau Peters störte sich sehr an derartigen Kontrastierungen, da hier eine unbeeinträchtigte, positive Vergangenheit einer beeinträchtigten, vermeintlich durch und durch negativen Gegenwart gegenübergestellt wird, was zur Folge hat, dass das Leben mit Demenz als tendenziell unlebenswertes Dasein erscheint. Gegen eine solche Perspektive auf die Situation von Menschen mit Demenz hob sie hervor, dass es weniger eine Rolle spielt, welche Fähigkeiten Betroffene wie Walter Jens nicht mehr besitzen. Wichtiger sei vielmehr anzuerkennen und zu würdigen, dass es für die Betroffenen bestimmte Möglichkeiten gäbe, Wohlbefinden und Erfüllung zu finden:

> »Und da hat eben der große Walter Jens auf einmal was entdeckt, was ihm früher wohl ziemlich egal war und auf einmal empfindet der, wie schön das ist, so was weiches Lebendiges [wie ein Kaninchen] und: ›Ach, wie schön‹. Und das kann er fühlen und tun und muss nicht Rechenschaft geben und es macht nichts, dass er das nicht benennen

---

264 BILD v. 11.06.2013.
265 Das »Leberkäsweckle« wurde unter anderem in einem SZ-Artikel über Jens vom 2. April 2008 erwähnt.

kann und niemand fragt danach und er muss keinen Vortrag darüber halten, er braucht weiter nichts zu machen. [...] Er hat seine Aufgabe hundertprozentig erfüllt. Kaninchen streicheln, so, ist doch gut. Und sich darüber dann aufzuregen. Und das irgendwie auch deutlich zu machen, immer wieder irgendwo im Gespräch, wenn man Leute findet, die dann [sagen]: ›Hach, dann erschieße ich mich schon gleich.‹ [Ich sage:] ›Nein, brauchst du eigentlich gar nicht, kannst vielleicht noch ein bisschen Kaninchen streicheln. Oder vielleicht hörst du plötzlich dir irgendeine Musik an, die du nie gehört hast und schwimmst da drin.‹«

Neben der Person von Walter Jens hat auch Gunter Sachs in einem meiner Angehörigengespräche Erwähnung gefunden und zwar im Gespräch mit Frau Nitsch:

»Wissen sie, was ich mal meinen Sohn gefragt habe am letzten Wochenende? Ich habe ihm gesagt: ›Du hast doch bestimmt gehört, dass der Gunter Sachs, der Millionär, sich umgebracht hat, weil er angeblich Alzheimer hatte.‹ Und da habe ich gesagt: ›Wie würdest denn du das finden, wenn ich wüsste, ich habe Demenz und bringe mich um?‹ Und da sagt er zu mir, der ist 15: ›Ja das geht aber doch nicht. Du gibst mir ja noch nicht mal die Chance, mich um dich zu kümmern, wie gemein ist das denn, Mama?‹ [...] Überlegen sie mal. [...] Ich habe gedacht, ich höre nicht richtig, der ist 15: ›Du gibst mir noch nicht mal die Chance.... .‹ Wunderbar[.]«

Das Zitat zeigt, dass sich Frau Nitsch genau wie auch Frau Rahner bereits mit der Möglichkeit einer ganz persönlich-direkten Demenzbetroffenheit auseinander gesetzt hatte. Die Antwort des Sohnes auf die Frage, was er darüber denke, dass Frau Nitsch einmal ähnlich wie Gunter Sachs handeln könne, erscheint mir einerseits insofern wenig überraschend, als die Aussicht auf einen Verlust der Eltern gerade Kinder und auch Jugendliche in der Regel sehr verängstigt. Andererseits spiegelt die Reaktion des Sohnes doch auch eine Haltung wieder, wie sie in vielen meiner Angehörigengesprächen manifest wurde und wie sie ebenfalls in quantitativer Hinsicht belegt ist: Die Bereitschaft, für demenzbetroffene Familienmitglieder zu sorgen, ist gegenwärtig vorhanden – Angehörige wollen also zum Teil durchaus von der »Chance« Gebrauch machen, sich um Partner, Elternteile und sonstige Verwandte »zu kümmern«.[266] In den Augen dieser Angehörigen wäre ein Suizid der Betroffenen sicher alles andere als eine probate Lösung für das Problem Demenz.

---

266 Während eine Bereitschaft für die Übernahme einer familiären Versorgung von Demenzbetroffenen existiert (vgl. Schäufele et al. 2006), bleibt auch festzuhalten, dass in entsprechenden Entwicklungsszenarien davon ausgegangen wird, dass sich familiäre Pflegepotenziale in Zukunft verringern könnten (vgl. Bertelsmann Stiftung 2012).

6.7 Problembehandlung – Zusammenfassung

In Teil B meiner Analyse ging es darum zu klären, welche Formen der Behandlung des Problems Demenz auf der medialen, der zivilgesellschaftlichen und der familiären Ebene diskutiert bzw. praktiziert werden. Abschnitt 6.1 widmete sich zunächst einer Analyse solcher Quellen, die Aussagen dazu machen, wie Demenzbetroffene selbst mit Demenz umgehen. Wie sich herausgestellt hat, sind es vor allem die folgenden vier Umgangsweisen bzw. Problembewältigungsstrategien von Menschen mit Demenz, die im Korpus Erwähnung finden: Die Strategie des Verbergens von demenziellen Beeinträchtigungen; die Strategie der Flucht vor Situationen, in denen das Vorhandensein demenzieller Beeinträchtigungen deutlich werden könnte; die Strategie der Zurückweisung von Personen, die die Betroffenen auf ihre Beeinträchtigungen ansprechen; die Strategie der Kompensation demenzieller Beeinträchtigungen (z. B. durch schriftliche Gedächtnisstützen). Eine weitere Bewältigungsstrategie, die jedoch nur ganz vereinzelte Quellen greifbar machen, besteht darin, dass sich Betroffene aktiv dafür engagieren, dass Menschen mit Demenz von Seiten ihres sozialen Umfeldes Verständnis und Respekt erfahren (= Demenz-Aktivismus). Genauso selten ist der Hinweis auf eine Umgangs- bzw. Bewältigungsform, in deren Rahmen die Betroffenen so mit Demenz umgehen, dass sie gezielt versuchen, positive Aspekte ihrer Situation wahrzunehmen, wertzuschätzen und zu fördern.

Ausgehend von dem prominenten Verweis auf die Bewältigungsstrategie des Verbergens habe ich dann printmediale Anleitungen zu einer diagnostischen Aufdeckung von Demenz untersucht. Hierbei handelt es sich um solche Pressetexte, in denen Symptombeschreibungen oder auch einfache Testverfahren aufgeführt werden, die medizinischen Laien zu ermitteln helfen sollen, ob sie selbst bzw. Personen in ihrem Umfeld möglicherweise von einer Demenzerkrankung betroffen sind. Die Diagnosethematik spielt in der Presseberichterstattung überdies auch in der Hinsicht eine Rolle, als es darin verschiedentlich um frühdiagnostische Verfahrensweisen geht. Während eine diagnostische Abklärung eines durch bestimmte Beeinträchtigungen und Verhaltensweisen begründeten Demenzverdachts in den Medien dringend empfohlen wird, kommt es im Quellenkorpus aber nicht zu einer entsprechenden Empfehlung in Bezug auf die Nutzung von frühdiagnostischen Angeboten, wie sie die Medizin gegenwärtig bereitstellt.

In der Folge habe ich veranschaulicht, wie Angehörige zu einer diagnostischen Aufdeckung der Demenz eines Familienmitglieds beitragen. Hier wurde deutlich, dass sich ein konkreter Demenzverdacht der Angehörigen in der Regel über einen längeren Zeitraum hinweg entwickelt. Ausgangspunkt eines solchen Verdachtes sind zumeist kognitive Fehlleistungen oder irritierende Tätigkeiten und Verhaltensweisen von Familienmitgliedern. Die Häufung von Situationen, in denen kognitive und behaviorale Schwierigkeiten manifest werden, führt dann letztlich dazu, dass Angehörige aktiv auf eine medizinische Abklärung dieser Schwierigkeiten hinwirken.

In Abschnitt 6.2 bin ich von der Frage der diagnostischen Problembehandlung zur Frage der medikamentösen und präventiven Behandlung von Demenz übergegangen. Zunächst habe ich dargestellt, wie die medizinisch-pharmakologische Forschung an neuen, effektiveren Antidementiva auf der printmedialen Ebene abgebildet wird. Dabei ist deutlich geworden, dass in der Presse immer wieder hoffnungsfrohe Meldungen über einen baldigen Erfolg dieser Forschung umgegangen sind – genauso haben aber auch die Rück- und Fehlschläge der Forschung Erwähnung gefunden.

Danach ging es mir darum zu klären, was die Presseberichterstattung zu jenen medikamentösen Mitteln (Antidementiva und Psychopharmaka) aussagt, die derzeit in der Demenztherapie Anwendung finden. Wie sich gezeigt hat, heben einige der Zeitungsartikel im Korpus hervor, dass es medizinische Kontroversen um diese Mittel gibt, dass ihre Wirksamkeit in Frage steht und dass sie zum Teil schwerwiegende Nebenwirkungen aufweisen können. Zugleich wird in der Presseberichterstattung auf Basis von Studien und Expert*innenaussagen immer wieder festgestellt, dass die aktuell bestehenden Präparate einen Nutzen haben können, dass sich also Demenz gegenwärtig durchaus in gewissem Ausmaß auf medikamentösem Wege behandeln lässt.

Anschließend wurde untersucht, welche Bedeutung die von mir befragten Angehörigen medikamentösen Mitteln beigemessen haben. Sie äußerten sich zum Teil positiv über psychopharmakologische Arzneien zur Behandlung von behavioralen Schwierigkeiten ihrer Familienmitglieder. Zu diesen positiven Bewertungen kam es auch deshalb, weil die Angehörigen die betreffenden Präparate als Mittel betrachteten, die bei der Entschärfung von Auseinandersetzungen zwischen Angehörigen und Demenzbetroffenen helfen. Antidementiva fanden hingegen in den Erzählungen der Angehörigen keine ausdrückliche positive oder negative Erwähnung. Eine weitere medizinisch fundierte Problembehandlungsform, die in den printmedialen Quellen vielfach diskutiert worden ist, ist der Ansatz einer Demenzprävention. So lässt sich der Presseberichterstattung wiederholt die Feststellung entnehmen, dass Demenz kein Schicksal sei und der Einzelne deshalb eigenverantwortlich für eine Minimierung des Risikos einer Demenzerkrankung sorgen könne.

Zum Abschluss von Abschnitt 6.2 bin ich auf einige Medientexte eingegangen, die betonen, dass nicht medikamentöse oder präventive Maßnahmen das derzeit wichtigste Mittel für den Umgang mit Demenz darstellen, sondern Praktiken einer psychosozialen Versorgung der Betroffenen. Im Kontext dieser Feststellung wird zum Teil kritisiert, dass die Demenzsorge im Gegensatz zur medizinischen Therapie- und Präventionsforschung von politischer Seite nicht die ihr angemessene Aufmerksamkeit und Förderung erfährt. Die Geltung der Annahme, dass für die Behandlung des Problems Demenz besonders auch psychosoziale Maßnahmen entscheidend sind, belegen ebenfalls die von mir erhobenen Gespräche mit Aktiven der Zivilgesellschaft und mit Angehörigen. Ausgeschlossen ist damit jedoch keineswegs, dass medikamentöse Behandlungsmittel eine Rolle spielen können, was die Ausführungen zur familiär-lebensweltlichen Bedeutung von Psychopharmaka dokumentieren.

Die Praxis der Demenzsorge stand dann ab Abschnitt 6.3 ganz ausführlich im Fokus der Analyse, wobei es in diesem Abschnitt um die Frage ging, wie Angehörige die Versorgung eines demenzbetroffenen Familienmitgliedes aufteilen und organisieren. Als erstes habe ich aufgezeigt, dass sorgenden Angehörigen in der Presseberichterstattung und der Ratgeberliteratur dringend empfohlen wird, externe Hilfs- und Unterstützungsangebote zu nutzen. Das geschieht deshalb, weil die familiäre Demenzsorge auf ein sehr intensives physisches wie psychisches Engagement hinauslaufen kann. Eine sorgepraxisbedingte Überforderung der Angehörigen markieren die betreffenden Empfehlungen als eine Gefahr, die für die Gruppe der Angehörigen wie für die Gruppe der Demenzbetroffenen gleichermaßen bedrohlich ist. Im direkten Anschluss bin ich auf Statements von Angehörigen eingegangen, die veranschaulicht haben, inwiefern Angehörige externen Hilfen und Unterstützungen eine sehr positive Bedeutung zuschreiben. Obwohl alle der von mir befragten Angehörigen unterschiedliche Support-Angebote in Anspruch nahmen, verdeutlichen einige Quellen meiner Analyse, dass Angehörige zum Teil auch darauf verzichten, in ihrer Versorgungspraxis auf einen Beistand von außen zurückzugreifen – etwa weil sie ungern die Hilfe anderer annehmen oder weil sie bestimmte Hilfs- und Unterstützungsangebote nicht finanzieren können.

Anschließend bin ich zu einer Beschreibung dreier Personengruppen übergegangen, die im Quellenkorpus als zentrale Helfer*innen der familiärhäuslichen Demenzsorge identifiziert werden. Im Einzelnen handelt es sich hier um die Gruppe der verwandtschaftlichen, freundschaftlichen und nachbarschaftlichen Helfer*innen, um die Gruppe der Helfer*innen aus dem Dienstleistungs- und Pflegesektor sowie um die Gruppe der zivilgesellschaftlichen Helfer*innen. Die genannten Helfer*innen unterstützen die Angehörigen auf ganz unterschiedliche Weise, etwa indem sie diesen einzelne Sorgeaufgaben abnehmen, indem sie praktische Ratschläge zur Bewältigung der Demenzsorge geben oder indem sie den Angehörigen die Gelegenheit bieten, sich im gemeinsamen Gespräch von frustrierenden Gefühlen und Erfahrungen aus dem Sorgealltag freizumachen.

Am Ende von Abschnitt 6.3 bin ich darauf eingegangen, wie die Option einer Heimunterbringung von Demenzbetroffenen im Quellenkorpus diskutiert wird. Es hat sich hier herausgestellt, dass diese Option im medialen Bereich ganz ausdrücklich als sinnvolle und moralisch zulässige Möglichkeit gilt. Auf Basis der Angehörigengespräche habe ich zudem einige Gründe aufgezeigt, die Angehörige dazu veranlassen, die Demenzsorge aus der Familie in eine stationäre Pflegeeinrichtung zu verlagern. Zu diesen Gründen kann besonders eine Zunahme der Hilfs- und Unterstützungsbedürftigkeit von Demenzbetroffenen gehören, in deren Folge die Angehörigen an die Grenzen ihrer physischen und psychischen Belastbarkeit kommen. Der Schritt der Heimunterbringung läuft indes nicht zwangsläufig darauf hinaus, dass sich die Sorgebeziehung zwischen Angehörigen und Demenzbetroffenen auflöst. Im Gegenteil sind einige der von mir befragten Angehörigen auch im Pflegeheim sehr präsent gewesen und haben sich intensiv um ihre hier lebenden Familienmitglieder gekümmert. Im Ausgang von Abschnitt 6.3 wurde noch erörtert, dass in verschiedenen Quellen der Analyse ebenfalls Missstände bei der Heimversorgung von Menschen mit Demenz ein Thema waren. Bei diesen Missständen handelte es sich vor allem um Situationen, in denen es zu einer Vernachlässigung und Unterversorgung von Demenzbetroffenen gekommen ist. Überdies bin ich zum Abschluss des Abschnitts noch auf printmediale Darstellungen von Alternativen zum Pflegeheim eingegangen. Zu diesen Alternativen zählt einerseits das Modell der Demenz-WG, das in der Presse großen Zuspruch erfährt. Andererseits findet das Modell des sogenannten Demenzdorfes mediale Beachtung – zu dem jedoch auch sehr kritische Stimmen abgebildet werden.

Abschnitt 6.4 widmete sich einer Analyse von drei maßgeblichen Grundprinzipien der Demenzsorge, die die Quellen greifbar machen. Erstens handelt es sich hier um das Prinzip der Anerkennung. Ein besonders respektvoller, würdigender Umgang mit Demenzbetroffenen wird etwa in den untersuchten Angehörigenratgebern eingefordert. Diese anerkennende Haltung gegenüber von Menschen mit Demenz ist dabei nicht an bestimmte Voraussetzungen oder Fähigkeiten geknüpft. Vielmehr sollen Demenzbetroffene hier in ihrem So-Sein, in ihren Fähigkeiten wie in ihren Beeinträchtigungen als bedeutsame Personen gewürdigt werden. Welche Relevanz das Prinzip der Anerkennung im Kontext der Demenzsorgepraxis besitzt, konnte ich unter anderem mit Bezug auf verschiedene Angehörigeninterviews zeigen. So hatte zum Beispiel eine der Angehörigen davon berichtet, dass sie im Gespräch mit ihrem Mann gezielt auf die Verwendung infantilisierender Ausdrücke verzichtete, um ihm so den nötigen Respekt zukommen zu lassen.

Ein zweites Prinzip der Demenzsorge, das in den Untersuchungsquellen als elementar gilt, habe ich als Prinzip der kommunikativ-hermeneutischen Sensibilität bezeichnet. Dieses Prinzip hält Sorgende einerseits zu einem besonders nachvollziehbaren Kommunikationsstil mit Demenzbetroffenen an. Andererseits werden Sorgende hier zu einer aufmerksamen Interpretation von verbalen und vor allem auch non-verbalen Äußerungen von

Problembehandlung – Zusammenfassung 415

Menschen mit Demenz veranlasst. Die praktische Bedeutung dieses Prinzips habe ich unter anderem am Exempel einiger Beobachtungen aus meiner Feldforschung in der Betreuungsgruppe der Alzheimer Gesellschaft beschrieben. So sprachen die Helferinnen dieser Veranstaltung die Besucher*innen nicht von hinten an, vielmehr wandten sie sich ihnen bei einer Ansprache direkt zu. Des Weiteren wurden Fragen an die Besucher*innen (z. B. Möchten sie eine Tasse Kaffee?) nach Möglichkeit auch visuell unterstützt (z. B. durch ein Vorzeigen der Kaffeekanne). Während diese Vorgehensweisen auf eine leichtere Nachvollziehbarkeit der Kommunikation zielten, übte eine der von mir beispielhaft erwähnten Angehörigen insofern eine besondere hermeneutische Sensibilität im Umgang mit ihrem verbal eingeschränkten Mann aus, als sie seine Befindlichkeiten und Bedürfnisse anhand seiner mimischen und gestischen Regungen zu erfassen suchte.

Das dritte Sorgeprinzip, dem in den Quellen eine große Bedeutung zugewiesen wird, ist das Prinzip der Selbstkontrolle. Hierbei geht es darum, dass Sorgende ihrem demenzbetroffenen Gegenüber positive Emotionen zeigen, selbst wenn sie im Inneren anders empfinden. Gerade im Umgang mit herausfordernden Situationen und Verhaltensweisen sollen sich Sorgende emotional selbst kontrollieren – sollen sie sich in Ruhe und Gelassenheit üben. Zweck dieser Emotionsarbeit ist eine Verhinderung von Situationen, in denen Sorgende die Betroffenen durch das Zeigen und Ausleben von negativen Empfindungen wie zum Beispiel Ärger und Wut verunsichern, verängstigen oder gar verletzen. Als ein Beispiel dafür, wie das Prinzip der Selbstkontrolle im Sorgealltag umgesetzt wird, habe ich auf eine Angehörige hingewiesen, die bewusst versuchte, auf tolerante und entspannte Weise mit dem für sie zunächst beschämenden Umstand umzugehen, dass sich ihre Mutter häufig entkleidete und gerne nackt war. Zudem habe ich auch einige Beispiele erwähnt, in denen eine solche Selbstkontrolle fehlschlägt bzw. ausbleibt. Das war etwa so im Fall einer Angehörigen, die Beschimpfungen von Seiten ihres demenzbetroffenen Mannes nicht immer stoisch aushielt, sondern sich teilweise aktiv dagegen zur Wehr setzte.

Thema von Abschnitt 6.5 waren Tätigkeitsbereiche, die im Quellenkorpus als zentrale Handlungsfelder der Demenzsorge identifiziert werden. Erstens ging es um den Bereich der ernährungsbezogenen und hygienischen Grundversorgung. Expert*innen machen die Sorgenden in Pressetexten und Ratgeberliteraturen besonders darauf aufmerksam, dass Menschen mit Demenz, bedingt durch ihre Beeinträchtigungen, die Nahrungs- und Flüssigkeitsaufnahme wie auch die Körperpflege vernachlässigen können. Im Zusammenhang mit der Versorgungsaufgabe der Ernährung bin ich etwa auf eine Grenzsituation eingegangen, die sich entwickelte, weil der Ehemann einer meiner Gesprächspartnerinnen derart massive Schluckbeschwerden hatte, dass hier eine künstliche Ernährung zur Diskussion stand. Die besagte Angehörige lehnte diesen Schritt in Vertretung ihres kognitiv sehr stark beeinträchtigten Mannes ab, weil ein solches Vorgehen ihrer Überzeugung nach nicht seiner Vorstellung entsprochen hätte. Bei den Praxisbeispielen zur Körperpflege bin ich unter anderem auf Konflikte eingegangen, die zwischen Angehörigen und ihren demenzbetroffenen Familienmitgliedern entstehen können, wenn letztere Körperpflegemaßnahmen ablehnen. In Konflikt geraten hier Sorgeaufgaben und -anliegen der Angehörigen und Selbstbestimmungsbestrebungen von Demenzbetroffenen. Bei derartigen Konflikten kommt es stellenweise dazu, dass Angehörige Zwang einsetzen – Zwang, der auf das Motiv einer Wohltätigkeit zurückgeht.

Im Anschluss habe ich solche Sorgepraktiken und -angebote beschrieben, bei denen es um eine körperliche und um eine geistige Aktivierung von Menschen mit Demenz geht. Eine eingehendere Beschreibung derartiger Praktiken und Angebote entwickelte ich auf Grundlage meiner teilnehmenden Beobachtung in einer Betreuungsgruppe für Demenzbetroffene. In dieser Gruppe wurde zum einen auf eine kognitive Anregung der Besucher*innen gezielt – durch Programmpunkte wie Gruppengespräche, durch Wissens- und Ratespiele, durch gemeinsame Gesangsrunden. Zum anderen umfasste das Programm der Gruppentreffen verschiedene körperlich-motorische Aktivitäten. Dazu zählten kurze Spaziergänge, Sitztanzeinheiten und weitere bewegungsbezogene Tätigkeiten.

Zuletzt bin ich in Abschnitt 6.5 auf die Praxis einer emotionalen Fürsorge eingegangen. Diese Praxis wird im Rahmen solcher Handlungen realisiert, durch die Sorgende versuchen, Menschen mit Demenz positive Erfahrungen zu ermöglichen. So dienen etwa Angebote wie die von mir beforschte Betreuungsgruppe nicht nur dem Zweck, einer physischen und kognitiven Aktivierung – die demenzbetroffenen Besucher*innen sollen hier vor allem auch Spaß und Freude erleben können. Eine besondere Bedeutung gewinnt

Problembehandlung – Zusammenfassung 417

eine emotionale Fürsorge in solchen Situationen, in denen Menschen mit Demenz negative Empfindungen zum Ausdruck bringen, in denen sie zum Beispiel verängstigt oder verzweifelt wirken. In meiner Darstellung konkreter Vorgehensweisen, durch die Sorgende versuchen, hier Stimmungsänderungen herbeizuführen und Trost zu spenden, habe ich etwa einen Angehörigen erwähnt, der seine Schwiegermutter dadurch aufheiterte, dass er gemeinsam mit ihr Lieder sang.

In Abschnitt 6.6 wendete ich mich vom Schwerpunkt der Demenzsorge ab und stellte einen Behandlungsansatz vor, der in Teilen der Quellen als letzter Ausweg aus dem Problem Demenz thematisiert wird – die Rede ist hier von der Möglichkeit eines Suizids. Im ersten Teil des Abschnitts ging es um die Frage, inwiefern und warum diese Möglichkeit als eine Form der Problemlösung gilt. Wie sich zeigte, ist es vor allem die Furcht vor einem Kontroll- und Autonomieverlust, der den Suizid für manche Personen attraktiver erscheinen lässt als ein Leben mit Demenz. Im zweiten Teil des Abschnitts habe ich dann Einwände gegen die Problembehandlungsform des Suizids erläutert. Kern dieser Einwände ist das Argument, dass es durchaus möglich ist, dass man auch ein Leben mit Demenz schätzen kann – und das selbst dann, wenn man zunächst von der Annahme ausging, dass das eigene Leben im Angesicht von Demenz nicht mehr lebenswert sei.

7 Schluss

Mit diesem Kapitel wird die vorliegende Studie beendet. Erstens kennzeichne ich jetzt in resümierender Weise zwei miteinander verflochtene Paradigmen, die für die Interpretation wie für die Behandlung von Demenz in den Bereichen der Medien, der Zivilgesellschaft und der Familie maßgeblich sind: Das Paradigma der Heilung und das Paradigma der Sorge. Zweitens hinterfrage ich auf Grundlage meiner Untersuchungsergebnisse einige aktuelle Einschätzungen zum Status quo der gesellschaftlichen Demenzinterpretation. Drittens nehme ich eine abschließende Re-Problematisierung von Ansätzen der Demenzbehandlung vor, die die von mir ausgewerteten Quellen greifbar gemacht haben.

»Demenz und Gesellschaft«[1]: Heilung und Sorge als Antwort auf demenzielle Beeinträchtigungen und deren Begleiterscheinungen

Leitend für diese Analyse waren drei Annahmen, die auf Basis des Problematisierungsbegriffs von Michel Foucault entwickelt wurden. Erstens bin ich davon ausgegangen, dass das Phänomen Demenz zweifelsohne gegeben ist, dass aber soziokulturelle Rahmen die Interpretation und die Behandlung dieses Phänomens mitbedingen.[2] Vor diesem Hintergrund habe ich untersucht, inwiefern genau das Phänomen Demenz als Problem gilt und wie gegenwärtige Ansätze einer Problembearbeitung aussehen. Dabei standen drei zentrale Bereiche der gesellschaftlichen Demenzproblematisierung im Fokus – der mediale, der zivilgesellschaftliche und der familiäre Bereich. Zweitens bin ich davon ausgegangen, dass es möglich ist, das Phänomen

---

1 Ich greife an dieser Stelle den Titel einer Initiative auf, die in Zusammenhang mit der Demenzbetroffenheit von Rudi Assauer entstanden ist. Der vollständige Name der Initiative lautet »Rudi Assauer Initiative Demenz und Gesellschaft« (Michel 2014, S. 154f.). Die Bezeichnung »Demenz und Gesellschaft« findet deshalb als Überschrift Verwendung, da sie stark an den Titel eines Werkes von Foucault erinnert, auf das bei der Entwicklung der theoretischen Grundlagen für die vorliegende Analyse Bezug genommen wurde. Es handelt sich hier um die Studie »Wahnsinn und Gesellschaft« (Foucault 1973).
2 Foucault 1996a, S. 179.

Demenz, auf diverse Arten als Problem zu interpretieren und zu behandeln.³ Vor diesem Hintergrund wurde methodisch nachverfolgt, inwiefern unterschiedliche Problematisierungsformen in den Bereichen von Medien, Zivilgesellschaft und Familie vorkommen und zirkulieren. Drittens bin ich davon ausgegangen, dass die von mir untersuchte Demenzproblematisierung in dem Sinne produktiv ist, als sie mannigfaltige praktische Effekte entfalten kann.⁴ Vor diesem Hintergrund hat die Analyse erfasst, was hypothetische und manifeste Wirkungen der Demenzproblematisierung in Medien, Zivilgesellschaft und Familie sind.

Nachdem bereits eine überblicksartige Zusammenfassung der Untersuchungsergebnisse in den Abschnitten 5.4 und 6.7 erfolgt ist, möchte ich hier ein generalisierendes Fazit zur vorliegenden Studie ziehen. Wenn Problematisierungsprozesse in der Entwicklung einer »Antwort« auf eine »Gesamtheit von Hemmnissen und Schwierigkeiten« bestehen, dann sind die von mir erfassten Probleminterpretationen und -behandlungen als Teil einer gesellschaftlichen Antwort auf das Vulnerabilitätsphänomen der Demenz zu verstehen.⁵ Die in den Untersuchungsquellen sich abzeichnende Antwort auf diese spezifische Art der Verletzlichkeit wird besonders von zwei Paradigmen der Probleminterpretation und -behandlung bestimmt:

Zum einen handelt es sich dabei um das Paradigma der Heilung. Dieses Paradigma umfasst nosologische und diagnostische Operationen der Medizin, es umfasst weiter die medizinische Suche nach körperlichen Demenzursachen. Nicht zuletzt schließt das Heilungsparadigma die medizinische Entwicklung und Anwendung von kausalen, symptomatischen und präventiven Therapien ein.

Zum anderen wird das Phänomen Demenz auch im Rahmen eines Paradigmas der Sorge beantwortet, für das insbesondere Fächer und Institutionen prägend sind, bei denen die psychosozialen und die kulturellen Dimensionen von Demenz im Fokus stehen. Dementsprechend umfasst das Sorgeparadigma verschiedenste psychosoziale und kulturelle Maßnahmen, die auf eine Absicherung und Unterstützung von Demenzbetroffenen zie-

---

3 Vgl. Foucault 2005f, S. 732.
4 Vgl. ebd., S. 733.
5 Ebd.

len – es umfasst Hilfeleistungen bei der alltäglichen Lebensbewältigung, es umfasst Vorgehensweisen zur Förderung eines Verständnisses zwischen Betroffenen und Nicht-Betroffenen, es umfasst Handlungsziele wie das einer bedingungslosen Anerkennung von Menschen mit Demenz, es umfasst diverse soziokulturelle Praktiken zum Erhalt oder zur Steigerung des emotionalen Wohlbefindens Demenzbetroffener und so weiter. Gegenstand des Sorgeparadigmas ist zudem eine Absicherung und eine Unterstützung des Umfeldes von Menschen mit Demenz, wobei hier ein besonderes Augenmerk auf der Gruppe der Angehörigen liegt. Angehörige, die sich um ein demenzbetroffenes Familienmitglied kümmern, sollen etwa durch Aufklärungs- und Beratungsangebote, durch Hilfen zur Selbsthilfe oder durch den Einsatz von zivilgesellschaftlich Engagierten und professionellen Pflegefachkräften Beistand erfahren.

Wie schon in Abschnitt 6.2 erwähnt, wird stellenweise moniert, dass seit der breiten Etablierung des medizinischen Konzepts der Alzheimer-Demenz ein zu starker Fokus auf dem Paradigma der Heilung gelegen habe, während das Paradigma der Sorge tendenziell vernachlässigt worden sei. In diesem Sinne argumentierte auch Peter J. Whitehouse in einem 2007 erschienenen Editorial der Fachzeitschrift Dementia. In den Augen von Whitehouse ist es zum damaligen Zeitpunkt weniger auf eine Intensivierung der Anstrengungen um eine Heilung der (Alzheimer-)Demenz angekommen – stattdessen forderte Whitehouse, dass in den folgenden Jahren ein stärkerer Fokus auf eine gelingende Sorge um Menschen mit Demenz gelegt werden sollte (»learning to care, not cure«).[6] Elf Jahre später nehmen Irja Haapala, Simon Biggs und Susan Kurrle die Einschätzung vor, dass sich eine solche Aufmerksamkeitsverschiebung vom Heilungs- zum Sorgeansatz langsam beobachten lässt, dass sich ein »shift in emphasis from care to cure« abzeichnet.[7]

Ein eindeutiger »shift […] from care to cure« lässt sich auf Basis meiner Daten jedoch nicht direkt beobachten. In der Demenzproblematisierung der Medien – besonders in Tagespresse – stehen etwa medizinische Ansätze nach wie vor stark im Fokus, gleichzeitig ist hier jedoch immer wieder auch die Frage der Sorge zentral. Größere Ungleichgewichte zeichnen sich allerdings

---

6   Whitehouse 2007, S. 459.
7   Haapala/Biggs/Kurrle 2018, S. 1579.

dann ab, wenn man betrachtet, welche Aufmerksamkeit spezifische Teilfelder des Heilungs- und des Sorgeparadigmas in der Presseberichterstattung erfahren. Es zeigt sich zum Beispiel, dass Informationen zu konkreten Ansätzen und Vorgehensweisen der psychosozialen Sorgepraxis in der Tagespresse weniger häufig vorkommen als Informationen über diagnostische, therapeutische und präventive Maßnahmen der Medizin. An dieser Stelle tritt also kein Relevanzverlust des Paradigmas der Heilung zu Tage – vielmehr erfährt dieses eine deutlich größere Beachtung als beispielsweise das Thema einer person-zentrierten Pflege. Medial besonders sichtbar ist das Sorgeparadigma hingegen in jenen zahlreichen Darstellungen, die Be- und Überlastungssituationen in der familiären Versorgung thematisieren. In Hinblick auf die zivilgesellschaftliche und die familiäre Demenzproblematisierung kann wiederum deshalb nicht von einem »shift […] from care to cure« die Rede sein, weil in beiden Bereichen die Dimension der Sorge eine herausragende Bedeutung hat. Zwar ist das Paradigma der Heilung hier in vielerlei Hinsicht elementar – die lebensweltliche Demenzhilfe basiert jedoch auf einer sehr großen Vielzahl von nicht-medizinischen Versorgungsmaßnahmen.

Mit den aufgeführten Hinweisen soll die These von einer Aufmerksamkeitsverschiebung von der Heilung zur Sorge allerdings nicht zurückgewiesen werden. Vielmehr sind zu dieser These weitere Analysen notwendig – Analysen, die vor allem auch die politische Demenzproblematisierung in den Blick nehmen. Politische Instanzen bestimmen nämlich auf entscheidende Weise mit, welche Ansätze der Probleminterpretation und -behandlung eine finanzielle Förderung erhalten und als gesellschaftlich prioritär gelten. Wenn ich zum Abschluss meiner eigenen Analyse zwischen cure und care, zwischen Heilung und Sorge unterscheide, will ich damit allerdings nicht aussagen, dass es sich hier um zwei eigenständige und ganz gegensätzliche Demenzproblematisierungen handelt. Sowohl die Darstellung der wissenschaftlichen Forschung zum Themenfeld Demenz in Kapitel 4 als auch meine Auswertung von medialen, zivilgesellschaftlichen und familiären Probleminterpretationen und -behandlungen macht deutlich, dass vielfältige strukturelle Verbindungen zwischen dem Heilungsparadigma der Medizin und dem Sorgeparadigma bestehen.

Weiter ist mit Foucault zu betonen, dass das Deuten und Tun der Medizin nicht weniger eine (psycho-)soziale Praxis darstellt, als die Praxis der Sorge. Foucault weist ausdrücklich darauf hin, dass »sämtliche Medizin sozial ist«: »Die Medizin ist immer eine soziale Praxis gewesen. Es gibt keine individuelle Medizin, es gibt keine individualistische, klinische Medizin, es gibt nicht die Medizin als singuläre Beziehung.«[8] Eine strikte Trennung zwischen Heilung und Sorge ist zudem deshalb kaum möglich, da auch für die Medizin eine Absicherungs- bzw. Schutzintention zentral ist – eine Intention also, die das Sorgeparadigma kennzeichnet.[9] Die Medizin muss ebenfalls als gesellschaftliche Sorgeinstanz betrachtet werden – als gesellschaftliche Sorgeinstanz, die noch dazu eine ganz herausragende Bedeutung besitzt. Das unterstreicht Foucault wenn er festhält, dass es sich bei der Medizin um eine maßgebliche biopolitische Einrichtung handelt, die als solche Einrichtung Teil einer Macht ist, »die das Leben zu sichern hat« (= Bio-Macht).[10] Im Verbund mit anderen biopolitischen Einrichtungen soll die Medizin unter anderem die »Fortpflanzung, die Geburten- und Sterblichkeitsrate, das Gesundheitsniveau, die Lebensdauer, die Langlebigkeit mit allen ihren Variationsbedingungen« regulieren.[11]

Laut Foucault sind medizinische Institutionen auch mitverantwortlich dafür, dass heute auf gesellschaftlicher Ebene normale und pathologische Lebensformen identifiziert und voneinander geschieden werden: »Seit dem 18. Jahrhundert hat die Medizin nicht aufgehört, sich mit dem zu beschäftigen, was sie nicht betrifft, das heißt mit dem, was sich nicht auf die verschiedenen Aspekte der Kranken und der Krankheiten bezieht.«[12] Die Identifikation und Trennung von Normalem und Pathologischem betrachtete Foucault als eine entscheidende Voraussetzung für die Herausbildung heutiger »Normalisierungsgesellschaft[en]«: »Eine Normalisierungsgesellschaft ist der historische Effekt einer auf das Leben gerichteten Machttechnologie.«[13] Foucaults Kritik an der Medikalisierung und Pathologisierung

---

8   Foucault 2003a, S. 59.
9   Vgl. Thelen 2014, S. 41.
10 Foucault 1983b, S. 139.
11 Ebd., S. 135.
12 Foucault 2003a, S. 67.
13 Foucault 1983b, S. 139. Die Demenzdiagnosepraxis und gerade der hierbei eingesetzte Mini-Mental-Status-Test zeigt exemplarisch an, welche Rolle die Medizin bei der Bestimmung menschlicher Normalität spielt. Wie schon in Kapitel 4 näher veranschaulicht, wird es auf Grundlage von Instrumenten wie dem Mini-Mental-Status-Test mög-

bestimmter Erscheinungen und Verhaltensweisen kann Problematisierungsanalysen nun den Impuls dazu geben, dass hier speziell medizinische Probleminterpretationen und -behandlungen hinterfragt werden, wenn diese bei einem Problematisierungsprozess einflussreich sind. Ein solcher Impuls hätte im Fall meiner Studie einen besonderen Skeptizismus bezüglich des Paradigmas der Heilung begründen können. Foucaults Ausführungen zum Problematisierungsbetriff regen jedoch zu einem differenzierteren Vorgehen an: Wichtig ist, dass die Antwort, die eine Problematisierung auf ein spezifisches Gebiet von Schwierigkeiten gibt, in ihrem ganzen Facettenreichtum erfasst und re-problematisiert wird. Diesem Anspruch habe ich dadurch Rechnung zu tragen versucht, dass meine Analyse immer wieder die Effekte der erhobenen Probleminterpretationen und -behandlungen hinterfragte – unabhängig davon, ob die betreffenden Interpretationen und Behandlungen im medizinischen Demenzdiskurs verortet sind oder nicht.

Wichtig ist eine möglichst offen-untendenziöse Re-Problematisierung von Probleminterpretationen und -behandlungen vor allem aus folgendem Grund: Foucault betonte, dass bei der Beantwortung von bestimmten Schwierigkeiten neue Schwierigkeiten entstehen können, die ihrerseits Anlass zu (Re-)Problematisierungen geben. Diese Anschauung vertrat auch John Dewey, dessen Überlegungen zu gesellschaftlichen Problematisierungsprozessen am Rande meiner Foucault-Rezeption in Kapitel 2 mitdiskutiert wurden: »[I]n dem Maße, wie besondere Probleme gelöst werden, entstehen jeweils neue Probleme. Es gibt keine endgültige Klärung [...], weil jede Problemlösung die Bedingungen eines bestimmten Grades an neuer Beunruhigung einführt.«[14] Für Foucault bedeutete das, dass auch die kritische – im Modus der Re-Problematisierung verfahrende – Auseinandersetzung mit gesellschaftlichen Problematisierungsprozessen »nie einen Punkt der Sättigung erreicht«, dass sie »nicht zu einem Ende geführt werden kann«.[15]

---

lich, eine quantitative Unterscheidung zwischen kognitiver Unterdurchschnittlichkeit (negative A-Normalität), kognitiver Durchschnittlichkeit (Normalität) und kognitiver Überdurchschnittlichkeit (positive A-Normalität) zu treffen.

14 Dewey 2002, S. 52
15 Lemke 2019, S. 43.

Die folgenden Seiten nutze ich für die Ausarbeitung einiger Schlussfolgerungen zu meiner Studie, die mir im Zusammenhang mit dem Ansatz der Re-Problematisierung bedeutsam erscheinen. Nicht zuletzt geht es mir hierbei auch darum aufzuzeigen, inwiefern eine andauernde Re-Problematisierung der gesellschaftlichen Demenzproblematisierung wichtig ist, inwiefern diese Re-Problematisierung vorerst nicht »zu einem Ende Ende geführt werden kann«.

Re-Problematisierung der Demenzinterpretation:
Kritik der Kritik an gesellschaftlichen Bildern von Demenz

Eine Re-Problematisierung von aktuellen gesellschaftlichen Demenzinterpretationen haben Patricia Mc Parland, Fiona Kelly und Anthea Innes in einem 2017 erschienen Beitrag zum Journal »Sociology of Health & Illness« vorgelegt. Im Folgenden kontrastiere ich die Ausführungen von Mc Parland et al. mit den Ergebnissen meiner Untersuchung zur Demenzinterpretation. Dieses Vorgehen soll einerseits inhaltliche Parallelen beider Analysen aufzeigen – andererseits geht es mir darum, Differenzen zwischen diesen darzustellen und die Kritik, die Mc Parland et al. in Bezug auf aktuelle Deutungen von Demenz vorbringen, in Frage zu stellen.

Die wissenschaftliche, politische und öffentlich-mediale Auseinandersetzung mit dem Phänomen Demenz wird laut Mc Parland et al. von zwei unterschiedlichen Deutungsmustern bestimmt. Die Autorinnen identifizieren einerseits einen »tragedy discourse«, andererseits machen sie einen »living well discourse« aus. Zum »tragedy discourse« wird folgendes erläutert: »Biomedical approaches continue to dominate understandings of dementia, with an explicit focus on loss of function, decline and death; fuelling what has come to be known as a ›tragedy discourse‹.«[16] Der »living well discourse« hingegen beschreibt laut Mc Parland et al. positivere Aspekte des Lebens mit Demenz: »[T]he emphasis has shifted from loss and decline to supporting remaining strengths and recognising enduring personhood.«[17]

---

16 Mc Parland/Kelly/Innes 2017, S. 258.
17 Ebd., S. 259.

Auch wenn der »living well discourse« für Mc Parland et al. in der jüngeren Vergangenheit an Bedeutung gewonnen hat, betonen sie, dass der »tragedy discourse« derzeit immer noch deutlich einflussreicher ist. Zusätzlich stellen die Autorinnen fest, dass der »living well discourse« nur in der wissenschaftlichen und der politischen Diskussion eine Rolle spielt, während er im »public discourse« keine nennenswerte Relevanz besitzt.[18]

Meine eigenen Auswertungen zur gesellschaftlichen Demenzinterpretation decken sich insofern mit Mc Parland et al., dass auch ich eine Wahrnehmung von Demenz als vorherrschend ausmache, bei der Demenz als radikale Verlust- und Defizitsituation gilt – als ein Phänomen gar, das einen Tod im Leben bedeutet. Genauso geht aus meiner Analyse hervor, dass Abweichungen von dieser Wahrnehmung vorkommen können, dass Perspektiven »beyond loss« existieren, die jedoch im direkten Vergleich weniger häufig auftreten als Aussagen zu Verlusten und Defiziten.[19]

Trotz dieser übereinstimmenden Resultate, die weiter durch ähnlich gelagerte Studien gestützen werden, gehe ich nicht mit allen Schlüssen von Mc Parland et al. d'accord.[20] Erstens komme ich zu einer anderen Einschätzung bezüglich des Stellenwerts, den die Medizin für die Demenzinterpretation hat. Nach Aussage von Mc Parland et al. sind es im Besonderen (bio-)medizinische Herangehensweisen (»[b]iomedical approaches«), unter deren Einfluss die Situation von Menschen mit Demenz auf die Aspekte »loss of function, decline and death« reduziert wird. Wie in Kapitel 4 ausgeführt, kommt diese Argumentation seit längerem schon im Rahmen der Kritik an einer Medikalisierung von Demenz vor – und sicherlich fokussiert die Medizin insofern stark auf Funktionsverluste und Abnahmeprozesse, als negative Abweichungen von kognitiv-behavioralen Normalitäten im Zentrum der nosologischen Definition und der klinischen Diagnose von Demenz stehen. Trotz dieses spezifischen Fokus auf Beeinträchtigungen und Verluste kann die Medizin aber kaum in generalisierter Weise dafür verantwortlich gemacht werden, dass Demenz in den Augen vieler Beobachter*innen als äußerst weitreichende und folgenschwere Tragödie erscheint. Für die

---

18 Mc Parland/Kelly/Innes 2017, S. 263.
19 Hydén/Lindemann/Brockmeier 2014.
20 Vgl. Wolverson/Clarke/Moniz-Cook 2016 und Van Gorp/Vercruysse 2012.

Entstehung einer solchen Wahrnehmung ist kein einzelnes akademisches Fach verantwortlich, sondern ein komplexer soziokultureller Deutungshorizont, was sowohl meine Darstellung der wissenschaftlichen Demenzproblematisierung in Kapitel 4 als auch die empirische Analyse in Kapitel 5 ausführlich darlegt. Auf Grundlage meiner Untersuchungsergebnisse ist in diesem Zusammenhang außerdem noch festzuhalten, dass die Pathologisierung von demenziellen Beeinträchtigungen nicht auf eine Verobjektivierung von Menschen mit Demenz hinauslaufen muss, was Kritiken an der Medikalisierung von Demenz mitunter annehmen: Man kann sehr wohl davon ausgehen, dass ein Demenzbetroffener an einer hirnorganischen Erkrankung leidet, die schwerwiegende Beinträchtigungen und Defizite nach sich zieht, und gleichzeitig etwa der Überzeugung sein, dass der Betroffene weiterhin ein Selbst, ein Ich oder eine Persönlichkeit besitzt, das bzw. die gewürdigt werden muss. Belege hierfür finden sich im Quellenkorpus der vorliegenden Studie an verschiedenen Stellen. Überdies sind es wiederholt auch Personen aus dem Feld der medizinischen Demenzproblematisierung, die einer solchen Überzeugung Ausdruck verleihen, etwa im Rahmen von Interviews mit Tageszeitungen.

Ein zweiter Unterschied zu den Befunden von Mc Parland et al. besteht darin, dass ich in meiner Analyse andere Beobachtungen zur Verbreitung von Aussagen gemacht habe, in denen Potenziale und Ressourcen des Lebens mit Demenz Erwähnung finden (»living well discourse«). Solche Aussagen bleiben nicht nur auf den Bereich der wissenschaftlichen oder der politischen Diskussion beschränkt, wie Mc Parland et al. das annehmen, sie kommen ebenfalls im medialen, im zivilgesellschaftlichen und im familiären Kontext vor und sind so durchaus ein Bestandteil aktueller öffentlicher Debatten.[21]

---

21 Selbstverständlich muss hier mitbedacht werden, dass sich Mc Parland et al. besonders auf den britischen und den US-amerikanischen Kontext beziehen. Inwiefern die Lage dort sich anders darstellt, als in dem von mir betrachteten soziokulturellen Kontext, müsste eine komparatistische Studie näher erfassen. Allerdings habe ich etwa aufgrund der Rezeption verschiedener Publikationen von britischen und US-amerikanischen Demenzhilfeorganisationen den Eindruck gewonnen, dass auch in den betreffenden Ländern der »living well discourse« eine gewisse öffentliche Sichtbarkeit entfaltet (vgl. dazu exemplarisch Alzheimer's Disease International 2016 sowie Alzheimer's Association 2017). Der gleiche Eindruck stellt sich angesichts literarischer Erfahrungsberichte

Im Rahmen ihrer Beschreibung des »tragedy discourse« und des »living-well discourse« stellen Mc Parland et al. des Weiteren fest, dass die derzeitige Deutung von Demenz auf einer dichotomen Ordnung beruht. Das Phänomen Demenz werde entweder in überaus düsteren Farben gezeichnet oder in relativ optimistischen Schilderungen erfasst. Gegen eine solche Form der Dichotomisierung wenden sich Mc Parland et al. nachdrücklich:

> »Dementia discourse must acknowledge the limitations associated with this condition, while discovering the remaining pleasures. At the core of both discourses exist some of the truths inherent to experiences of dementia. Unpicking and facing other truths and realities; both the frightening and the joyous, the painful and the liberating, offers the opportunity to produce a future discourse that would more accurately reflect and support the multiple realities of dementia[.]«[22]

Das Prinzip der Dichotomisierung war auch für meine Analyse von medialen, zivilgesellschaftlichen und familiären Demenzinterpretationen sehr wichtig. Bei dieser Analyse wurden nämlich zunächst defizitorientierte und anschließend potenzialorientierte Deutungen beschrieben. Zum Abschluss der Untersuchung dieser Demenzinterpretationen in Abschnitt 5.4 habe ich jedoch ausdrücklich betont, dass mediale, zivilgesellschaftliche und familiäre Perspektiven auf Demenz keineswegs durchgängig dichotom strukturiert sind. Darstellungen, in denen vornehmlich nachteilig-defizitäre Aspekte thematisiert werden, finden sich im Korpus zwar häufig – genauso kommen darin aber Quellen vor, die sowohl Negatives als auch Positives erwähnen. Anders als Mc Parland et al. das annehmen, existieren damit bereits heute schon nicht-dichotome, inhaltlich differenzierte Perspektiven auf Demenz: Sowohl in den Bereichen von Medien, Zivilgesellschaft und Familie als auch in der Forschungsliteratur, so ist hier zu ergänzen, wird mitnichten immer nur auf Grundlage eines entweder-oder-Prinzips über Demenz reflektiert.[23] Insbesondere idealisierende Annäherungen an das Phänomen Demenz,

---

von Menschen mit Demenz ein, die in englischsprachigen Ländern leben (vgl. dazu exemplarisch Bryden 2005/2016 sowie Taylor 2007).
22 Mc Parland/Kelly/Innes 2017, S. 266.
23 Auch an dieser Stelle gilt es selbstverständlich, den spezifischen soziokulturellen Bezug des Papers von Mc Parland et al. zu berücksichtigen. Aus meiner Beschäftigung mit demenzbezogenen Studien aus englischsprachigen Ländern geht allerdings der Eindruck hervor, dass dort ebenfalls nicht stets in dichotomer Form über Demenz nachgedacht wird, dass auch hier perspektivisch differenzierte Demenzbilder verbreitet sind.

Annäherungen die hier ausschließlich Gutes erkennen, finden sich weder in meinem Quellenkorpus noch in den von mir rezipierten wissenschaftlichen Publikationen.[24]

Im Rahmen ihrer Kritik an einer dichotom strukturierten Perspektive auf Demenz erörtern Mc Parland et al. auch spezifische Schwierigkeiten, die in Verbindung mit dem »tragedy discourse« und dem »living-well discourse« entstehen können. Beide Demenzdiskurse werden damit also re-problematisiert. In Hinblick auf den »tragedy discourse« argumentieren Mc Parland et al., dass dieser potenziell zu einer Exklusion von Menschen mit Demenz beiträgt, weil er ihnen zahlreiche Kompetenzen abspricht. In Hinblick auf den »living-well discourse« argumentieren Mc Parland et al., dass dieser Diskurs vor allem auf Demenzbetroffene konzentriert bleibt, die keine größeren demenziellen Beeinträchtigungen erfahren und die ihr Leben relativ unabhängig in einer Art und Weise gestalten, wie das gesellschaftlichen Vorstellungen über ein gutes bzw. normales Leben entspricht. Das könnte nach dem Dafürhalten von Mc Parland et al. einerseits dazu führen, dass fortgeschrittene Demenzstadien und die davon betroffenen Personen umso stärker zu einem kollektiven Sinnbild für »deviance, differentness or ›otherness‹« werden.[25] Zum anderen halten es Mc Parland et al. für möglich, dass Menschen mit Demenz vor dem Hintergrund des »living-well disourse« künftig dazu angehalten bzw. verpflichtet werden, gesellschaftlichen Normalitätsvorstellungen so lange als möglich zu entsprechen und selbstverantwortlich für das eigene well-being zu sorgen:

> »The notion of living well with dementia has been a necessary response to counter the previous tragedy discourse. However, it could be argued that in many ways it is just as discriminatory, placing new social expectations and criteria on those living with dementia.«[26]

Die kritischen Aussagen, die Mc Parland et al. zum »living-well discourse« machen, sensibilisieren grundsätzlich dafür, dass auch solche Demenzinterpretationen nachteilige Effekte zeitigen können, die das Leben mit Demenz nicht nur an schwerwiegenden Defiziten und Verlusten festmachen.

---

24 Damit sei jedoch nicht behauptet, dass derart idealisierende Interpretationen von Demenz nirgends vorzufinden wären.
25 Mc Parland/Kelly/Innes 2017, S. 265.
26 Ebd., S. 266.

Gleichwohl lassen Mc Parland et al. in ihrem kritischen Kommentar zwei wichtige Aspekte außer acht, die im Kontext der Thematisierung von Formen und Möglichkeiten eines guten Lebens mit Demenz (»living-well discourse«) überaus relevant sind. Erstens findet sich der Verweis darauf, dass Menschen mit Demenz weiterhin verschiedene »capabilities« haben und dass ihre Situation auch gute Züge tragen kann, nicht nur dort, wo es um Demenzbetroffene mit leichteren demenziellen Beeinträchtigungen geht – um solche Demenzbetroffene, die noch bestimmte, soziokulturell wertgeschätzte Lebensentwürfe verwirklichen können.[27] Vielmehr ist das Thema des guten Lebens ein Thema, das auch und gerade mit Bezug auf fortgeschrittene Demenzstadien diskutiert wird. Das geht ebenso aus den von mir untersuchten Quellen hervor wie aus vielen wissenschaftlichen Literaturen.

Ein zweiter wichtiger Aspekt, den Mc Parland et al. bei ihrer Kritik am »living-well discourse« außer Acht lassen, ist der Aspekt, dass im Kontext der Frage nach einem guten Leben mit Demenz die Forderung nach einer unbedingten Anerkennung und Würdigung von Menschen mit Demenz oftmals sehr zentral ist. Wie in Abschnitt 6.4 herausgearbeitet, bedeutet unbedingt hier, dass eine Anerkennung und Würdigung von Demenzbetroffenen nicht von spezifischen »Eigenschaften oder Fähigkeiten«, Ressourcen oder Erfolgen abhängig gemacht wird.[28] Die pauschale Feststellung, die Beschäftigung mit der Möglichkeit eines guten Lebens mit Demenz wirke potenziell auf eine verschärfte gesellschaftliche Abwertung von Menschen in fortgeschrittenen Demenzstadien hin, ist deshalb kaum haltbar.

Dennoch werfen Mc Parland et al. mit ihren Ausführungen zum »living-well discourse« eine Frage auf, die mir in künftigen Analysen bzw. Re-Problematisierungen gesellschaftlicher Demenzinterpretationen beachtenswert erscheint: Entsteht möglicherweise ein demenzspezifisches Pendant zum »Leitbild des erfolgreichen Alter(n)s« – und welche konkreten Ausprägungen, Grundlagen und Folgen hätte eine solches Demenzbild?[29]

Abgesehen von dieser konkreten Frage ist eine anhaltende kritische Auseinandersetzung mit Demenzbildern nicht zuletzt deshalb wichtig, da die-

---

27 Vernooij-Daansen/Jeon 2016, S. 701.
28 Kruse 2017, S. 342.
29 Van Dyk/Graefe 2013, S. 114.

se Bilder keine statischen Erscheinungen sind: Unsere Interpretationen des Phänomens Demenz können sich zusammen mit wissenschaftlichen, politischen oder soziokulturellen Entwicklungen wandeln. Der Ansatz einer fortgesetzten Re-Problematisierung gesellschaftlicher Demenzinterpretationen hat derartige Wandlungsprozesse und ihre Auswirkungen zu erfassen und zu hinterfragen.

Re-Problematisierung der Demenzbehandlung: Kontrolle der Sorgegeber – Kontrolle der Sorgeempfänger

Ebenso wie die Demenzinterpretation unterschiedliche Formen annehmen kann, zeichnen sich im Quellenkorpus auch unterschiedliche Behandlungsansätze und -maßnahmen ab. Einige der Problembehandlungsansätze werden im Folgenden noch einmal in der Hinsicht re-problematisiert, als ich zeige, inwiefern sie im Zusammenhang mit einer Kontrolle von nichtdemenzbetroffenen Sorgegebern und einer Kontrolle von demenzbetroffenen Sorgeempfängern stehen können.

Kontrolle der Sorgegeber

Pressetexte, Ratgeberliteraturen, Organisationen wie die Alzheimer Gesellschaft und verschiedene andere Einrichtungen (z. B. Gedächtnisambulanzen) sind entscheidend für die Vermittlung demenzbezogener Wissensinhalte: Was ist Demenz und was kann diesbezüglich getan werden? Es sind vor allem ausgewiesene Expert*innen, die auf diese Fragen Antworten geben – Pflegefachkräfte, Mediziner*innen und sonstige Personen mit einschlägigen Qualifikationen zur Demenzthematik.

Die Praxis der Demenzberatung kann aus gouvernementalitätstheoretischer Perspektive auch als Praxis verstanden werden, die auf eine »Regierung« von demenzbezogenen Vorgehens- und Verhaltensweisen zielt, das heißt auf die gesellschaftliche Etablierung und auf den gesellschaftlichen Vollzug spezifischer Problembehandlungsformen.[30] Harm-Peer Zimmer-

---

30 Vgl. Schnabel 2014.

mann hat diese Dimension des expertengestützten Ratgebens in einer Analyse zu gegenwärtigen Altersratgeberliteraturen so erläutert:

> »Gesamtgesellschaftlich gesehen ist Expertenrat zu einem zentralen Faktor der Krisenbewältigung und Konfliktregulierung geworden, wichtig für die soziokulturelle Integration ebenso wie für die personale Identität. Kritisch ließe sich von der Definitionsmacht der Experten sprechen, von einer Expertenmacht zum Wohle, aber auch zur Regulierung, Kontrolle und Normalisierung menschlichen Lebens, beispielsweise durch Gesundheitsexperten.«[31]

Den Effekt einer »Regulierung, Kontrolle und Normalisierung« von Handeln und Verhalten entfaltet der Rat von Expert*innen dann, wenn er darauf hinwirkt, dass die Ratsuchenden ihr Tun im Sinne des ihnen erteilten Rates selbst regulieren, kontrollieren oder normalisieren, dass Sie sich den Vorgaben der Expert*innen entsprechend selbst führen.[32] Im Kontext des Phänomens Demenz sind insbesondere Angehörige, die um ein demenzbetroffenes Familienmitglied Sorge tragen, eine Zielgruppe von Beratungsangeboten. Orientieren sich Angehörige oder andere Gruppen von Sorgenden nun in ihrem eigenen Umgang mit Demenz(-betroffenen) am Rat von entsprechenden Expert*innen, nehmen sie damit nicht nur sich selbst bzw. das eigene Handeln und Verhalten in Führung – sie werden hier zugleich auch fremdgeführt: Das was die betreffenden Sorgegeber im Umgang mit Demenz(-betroffenen) unternehmen, steht in direkter, ursächlicher Verbindung zu dem, was die Ratgeber*innen empfohlen haben.[33] Im Zusammenhang mit dem Momentum der Fremdführung der Sorgenden ist auch darauf hinzuweisen, dass Beratungsangebote zur familiären Demenzsorge als ein Instrument fungieren können, dass die Durchsetzung von Qualitätsstandards für die familiär-häusliche Versorgung von Menschen mit Demenz mit ermöglicht. Ein solches Instrument der Qualitätssicherung und Standardisierung gilt nicht zuletzt deshalb als bedeutsam, da für das Tätig-

---

31 Zimmermann 2011, S. 385.
32 Vgl. Maasen 2011, S. 17.
33 Vgl. ebd., S. 19. Derartige Verbindungen zwischen Expertenrat und Wahrnehmungs- und Handlungsweisen von Sorgenden sind in den von mir erhobenen Angehörigeninterviews immer wieder zu Tage getreten. Allerdings muss hier stets mitbedacht werden, dass alle der befragten Angehörigen in Verbindung zu einer wesentlichen Rat- und Experteninstanz aus dem Feld der Demenzhilfe standen (Alzheimer Gesellschaft). Angehörige müssen jedoch nicht zwangsläufig mit professionellen Empfehlungen zur Versorgung von Demenzbetroffenen in Berührung kommen.

keitsfeld der familiären Demenzsorge keine spezifischen beruflichen Qualifikationen erworben werden müssen, ebenso kommt es hier nicht zu einem Monitoring, wie es etwa im Bereich der stationären Pflege Heimaufsichten übernehmen.

Angesichts der beschriebenen Relationen zwischen Ratgeben, Selbst- und Fremdführung scheint die Beziehung zwischen Ratgeber und Ratsuchendem eine einseitige Beziehung zu sein: Der Ratgeber besitzt als Experte ein umfangreiches Wissen zu einem bestimmten Problem und gibt dieses an den Ratsuchenden weiter, dessen Wissen zu dem betreffenden Problem unzureichend ist. Gegen eine derartige Vorstellung ist aber anzuführen, dass die Weitergabe demenzbezogener Wissensinhalte auch in umgekehrter Richtung erfolgen kann. Das stellen etwa die Demenzexpert*innen Mace und Rabins in ihrem Ratgeberbuch ausdrücklich fest: »Viele der hier angesprochenen Ideen haben Familienangehörige entwickelt. Sie wurden vorgetragen oder aufgeschrieben, um damit anderen zu helfen – vielleicht werden auch Ihnen hierdurch Wege gewiesen.«[34] Mace und Rabins betonen an dieser Stelle, dass einige der »Ideen«, die sie selbst als Demenzsorgepraktiken empfehlen, ursprünglich auf Angehörige zurückgehen. Damit wird das Sorgepraxiswissen der Angehörigen nicht per se als mangelhaft disqualifiziert, sondern als eine wertvolle Informationsquelle markiert, die für Expert*innen sehr wichtig sein kann.[35] Dementsprechend greifen Demenzratgeber*innen zum

---

34 Mace/Rabins 1986, S. 26.
35 Es sind also nicht allein (pflege-)wissenschaftlich ausgebildete Profis, die konkrete praktische Sorgemaßnahmen und -ansätze erproben und ausarbeiten – Personen ohne eine entsprechende berufliche Qualifikation tun dies ebenfalls (vgl. Mol/Moser/Pols 2010). Davon zeugt unter anderem ein Beispiel, das in Abschnitt 6.5 erwähnt wurde. Herr Tenner hatte einen Weg gefunden, auf dem er die Körperpflege seiner demenzbetroffenen Frau sicherstellen konnte, ohne dass dabei Konflikte zwischen den Eheleuten auftraten: Das Paar ging gemeinsam in die Dusche. Ein weiteres, bisher unerwähnt gebliebenes Beispiel für die sorgepraxisbezogene Kreativität von Angehörigen geht aus meinem Interview mit Frau Rahner hervor. Die Mutter von Frau Rahner lebte zum Zeitpunkt dieses Gespräches in einem Pflegeheim und war bedingt durch ihre fortgeschrittene Demenz in der verbalen Kommunikation sehr stark eingeschränkt. Bei einer Tätigkeit jedoch hatte sie keine größeren sprachlichen Schwierigkeiten, wie Frau Rahner berichtete: »[Singen] kann […] meine Mutter heute noch. Und dann kriegt die auch die Worte klar hin. Singen funktioniert immer.« Diese Beobachtung brachte Frau Rahner auf die Idee, dass die Kommunikation mit ihrer Mutter möglicherweise durch

Teil auch solche »Wissensbestände und Handlungskompetenzen« auf, »wie sie in der Alltagswelt selbst hervorgebracht und gebraucht werden«.[36] Zusätzlich zu diesem Hinweis auf eine mögliche Bi-Direktionalität der Verbindung zwischen Demenzexpert*innen und Personen ohne entsprechende Vorkenntnisse ist noch hervorzuheben, dass der Austausch von Wissensinhalten zum Themenfeld Demenz nicht immer nur in der Begegnung zwischen Expert*innen und Laien erfolgt. Angehörige von Menschen mit Demenz tauschen sich etwa in Selbsthilfegruppen untereinander über ihre Erfahrungen und Praktiken aus. Das wiederum bedeutet, dass in einigen Fällen auch Angehörige andere sorgende Angehörige in ihrem Tun anleiten bzw. kontrollieren.

Kontrolle der Sorgeempfänger

Die Gruppe der Sorgegeber kann zudem in verschiedener Hinsicht eine Kontrolle über die demenzbetroffenen Sorgeempfänger ausüben. Dies geschieht im Rahmen unterschiedlicher Sorgepraktiken, die ich in meiner Analyse von Problembehandlungsansätzen erfasst habe. Beispielhaft sei zunächst die Praxis einer emotionalen Fürsorge erwähnt, welche ein Gegenstand von Abschnitt 6.5 war. Praktiken der emotionalen Fürsorge sollen Menschen mit Demenz trösten oder aufheitern, sie sollen Demenzbetroffene, wie die Demenzratgeber Baer und Schotte-Lange schreiben, aus »krisenhaften Situation abholen«.[37] Die emotionale Fürsorge zielt demnach auf eine Kontrolle der Stimmung von Menschen mit Demenz – sie zielt darauf, Demenzbetroffene, die einen deprimierten Eindruck machen, in bessere Gemütslagen zu versetzen.

---

einen Rückgriff auf die Tätigkeit des Singens besser gelingen könnte: »Und da habe ich gesagt: Vielleicht müssen wir alles mit ihr singen. Aber das funktioniert nicht. Das habe ich probiert – wirklich [Lachen].« Frau Rahner sprach ihre Mutter also eine Zeit lang nicht einfach nur an – das, was sie ihrer Mutter mitteilen wollte, sang sie ihr vor, weil die Mutter beim Singen noch relativ unbeeinträchtigt war. Zwar hatte dieser Versuch nicht den gewünschten Erfolg und Frau Rahner musste im Nachhinein darüber lachen, dennoch zeigt sich hier ein weiteres Mal exemplarisch, inwiefern etwa auch Angehörige Praktiken einer gelingenden Demenzsorge zu entwickeln suchen und sie in diesem Bereich kreativ werden.

36 Zimmermann 2011, S. 385.
37 Baer/Schotte-Lange 2013, S. 110.

Ein weiteres Beispiel das zeigt, inwiefern die von mir diskutierten Behandlungs- bzw. Sorgepraktiken in einer Kontrolle von Menschen mit Demenz resultieren können, ist das von einigen Sorgegebern umgesetzte Prinzip der Selbstkontrolle. Dieses in Abschnitt 6.4 thematisierte Prinzip fordert Sorgende dazu auf, nicht gereizt oder gar aggressiv auf Demenzbetroffene zu reagieren. Stattdessen sollen sich die Sorgegeber in einem ruhigen und verständnisvollen Umgang mit Demenzbetroffenen üben. Auf den ersten Blick geht es dort abermals um eine Kontrolle der Gruppe der Sorgenden. Bei genauerem Hinsehen wird jedoch deutlich, dass das Prinzip der Selbstkontrolle zugleich als eine Methode zur Kontrolle von Menschen mit Demenz wirken kann: Wenn Sorgegeber beispielsweise gezielt Ruhe und Verständnis auszustrahlen versuchen, um Erregungszustände ihres demenzbetroffenen Gegenübers zu verringern, dann wird hier letztendlich eine Kontrolle des Empfindens und Verhaltens der demenzbetroffenen Person beabsichtigt. Sorgegeber können aus verschiedenen Gründen dazu übergehen, ihre eigenen Empfindungen und Verhaltensweisen zu kontrollieren. Es geht bei dieser Selbstkontrolle nicht immer nur darum, dass Erregungszustände von Menschen mit Demenz abgeschwächt werden. Genauso versuchen Sorgende so auch, gegen eigene emotionale Gereiztheiten anzuarbeiten, um auf diesem Weg die Entstehung von gewalttätigen Konflikten zwischen Sorgegebern und Sorgeempfängern zu verhindern.

Praktiken der emotionalen Selbstkontrolle kommen stellenweise auch dort ganz systematisch zur Anwendung, wo Menschen mit Demenz sich Anliegen von Sorgegebern verweigern. Das hat etwa Newerla mit Bezug auf das Feld der stationären Demenzpflege herausgearbeitet: »Eine Emotionsarbeit der Pflegefachkräfte kann Bewohner*innen mit Demenz durch die Vermittlung positiver Gefühle dazu bewegen, die Durchführung pflegerischer Tätigkeiten zuzulassen.«[38] Ähnliches machen Baer und Schotte-Lange mit Bezug auf einen weiteren wichtigen Ansatz aus dem Feld sorgepraktischer Demenzbehandlungsformen deutlich. Es handelt sich dabei um den Ansatz der Validation, dessen Relevanz ebenfalls ausführlich in Abschnitt 6.4 aufgezeigt wurde. Baer und Schotte-Lange stellen fest, dass ein validierendes

---

38 Newerla 2012b, S. 256.

Vorgehen nicht immer nur mit der Absicht einer Wertschätzung von Empfindungen und Bedürfnissen Demenzbetroffener verbunden sein muss:

> »Selbst eine dem Leitbild Würde entsprechende Methode wie die Validation kann sowohl aus einer würdigen Haltung heraus praktiziert werden als auch als punktuell eingesetzte Technik, um Menschen mit Demenz zu beruhigen oder gar ruhig zu halten, damit sie nicht stören – also als Mittel zum Zweck.«[39]

Bei der Behandlung von Schwierigkeiten, die in Folge demenzieller Beeinträchtigungen auftreten, wird zudem dort ein ganz direkter Einfluss auf Aktivitäten und Verhaltensweisen Demenzbetroffener ausgeübt, wo es zum Einsatz von Zwangsmaßnahmen kommt. Die Anwendung von Zwang zielt, wie in Abschnitt 6.5 beschrieben, auf eine ganz unmittelbare Kontrolle von Menschen mit Demenz. Die Zwangsanwendung steht dabei des Öfteren in enger Verbindung mit der Absicht einer Wohltätigkeit, das wurde gleichfalls in Abschnitt 6.5 dargestellt: Aus Angst um das Wohl der demenzbetroffenen Sorgeempfänger setzen die Sorgegeber manche ihrer Versorgungshandlungen gegen den – teilweise sehr massiven – Widerstand der von ihnen versorgten Personen durch.

Re-Problematisierung: Kontrolle der Kontrollausübung

Der Begriff der Kontrolle ist in einigen Zusammenhängen sehr negativ besetzt – gerade wenn es um eine Kontrolle von menschlichem Handeln und Verhalten geht.[40] Ich will aber konkrete Formen des Umgangs mit Demenz(-betroffenen) keineswegs abwerten oder zurückweisen, wenn ich aufzeige, dass diese Umgangsformen auch als Kontrollpraktiken zu verstehen sind. Versuchen Sorgende beispielsweise, die emotionale Lage von verängstigten Demenzbetroffenen in dem Sinne zu kontrollieren, dass sie diesen ein Gefühl der Sicherheit vermitteln, handelt es sich um eine Form der Kontrollausübung, die sehr positive Effekte entfalten und im Interesse der Betroffenen sein kann. Allerdings müssen Kontrollpraktiken nicht ausnahmslos mit einem Anliegen wie dem des Trostspendens verbunden sein – die Kontrollausübung intendiert keineswegs immer, die Situation von Menschen mit Demenz auf förderliche Weise zu beeinflussen. Wie erwähnt, zie-

---

39 Baer/Schotte-Lange 2013, S. 113f.
40 Vgl. Foucault 1977.

len Maßnahmen zur Kontrolle des Verhaltens von Demenzbetroffenen in einigen Fällen etwa auch darauf ab, dass die Routinen in Pflegeinstitutionen leichter verwirklicht werden können: Diese Art der Kontrollausübung soll Menschen mit Demenz ›pflegeleicht‹ machen.

Angesichts dessen tritt nocheinmal deutlich zu Tage, warum auch eine anhaltende Re-Problematisierung von demenzbezogenen Problembehandlungen wichtig ist. Die Problembehandlung kann in ihren Motiven wie in ihren Effekten durchaus ambivalent sein und sie stellt zugleich eine Form der Machtausübung dar, die diverse Kontrollpraktiken einschließt. Dabei ist der Ansatz der Re-Problematisicrung seinerseits selbst eng mit einer Kontrollabsicht verbunden: Er kontrolliert Vorgehensweisen zur Kontrolle eines spezifischen Problems – er kontrolliert Praktiken der Kontrollausübung.

Vor dem beschriebenen Hintergrund kommt es darauf an, dass aktuelle und zukünftige Problembehandlungen in Hinblick auf die Frage re-problematisiert werden, welche Bedeutungen und Auswirkungen diese Problembehandlungen im Leben von Menschen haben, die ganz direkt oder auch indirekt – zum Beispiel als sorgende Angehörige – von Demenz betroffen sind. Auch die aufrechteste Absicht einer Wohltätigkeit entbindet dabei nicht von einer (selbst-)kritischen Auseinandersetzung mit unterschiedlichen Problembehandlungsformen, da auch durch und durch wohlmeinende Behandlungsweisen unintendierte Negativeffekte nach sich ziehen können.

Weiter muss in diesem Zusammenhang betont werden, dass eine kritische Evaluation demenzbezogener Problembehandlungen keineswegs allein der wissenschaftlichen Forschung vorbehalten bleibt. Gerade auf der lebensweltlichen Ebene ist diese Evaluation entscheidend – und sie wird hier auch praktiziert. Davon zeugt etwa der wiederholt in meiner Studie deutlich gewordene Umstand, dass sorgende Angehörige ihr Sorgehandeln ethisch zum Teil eingehender hinterfragen und reflektieren. Für eine wissenschaftliche Re-Problematisierung von Maßnahmen der Problembehandlung bedarf es wiederum eines methodischen Vorgehens, das neben der diskursiven Thematisierung der Problembehandlungspraxis (medizinische Leitlinien, pflegerische Expertenstandards, politische Programme, Ratgeber, etc.) auch die situativ-konkrete Behandlung des Problems Demenz in den Blick nimmt. Das von mir angewandte methodische Verfahren hat sich hierfür als sehr fruchtbar erwiesen.

Anhang

Primärquellen: Monographien

Baer, Udo/Schotte-Lange, Gabi (2013): Das Herz wird nicht dement. Rat für Pflegende und Angehörige. Weinheim/Basel.
Geiger, Arno (2014): Der alte König in seinem Exil. Bonn.
Gronemeyer, Reimer (2013): Das 4. Lebensalter. Demenz ist keine Krankheit. München.
Jens, Tilman (2010): Demenz. Abschied von meinem Vater. München.
Mace, Nancy L./Rabins, Peter V. (1986): Der 36-Stunden-Tag. Die Pflege des verwirrten älteren Menschen, speziell des Alzheimer-Kranken. Bern/Stuttgart/Toronto.
Stolze, Cornelia (2013): Vergiss Alzheimer! Die Wahrheit über eine Krankheit, die keine ist. Freiburg im Breisgau.

Primärquellen: Zeitungsartikel

Bild Zeitung		
	Datum:	Kurztitel:
1	15.06.1981	Die schreckliche Krankheit der Rita Hayworth
2	22.05.1985	Ihr Traumkleid kam aus München
3	14.05.1987	Yasmin Aga Khan: 900 Gäste und 2 Millionen für die Kranken
4	19.11.1987	250 000 Alzheimer-Kranke
5	22.09.1988	Alzheimer-Krankheit
6	14.04.1989	Sugar Ray war wirklich der Größte – jetzt ist er tot
7	26.09.1989	Alzheimersche Krankheit
8	13.07.1990	Alzheimer nach Infarkt
9	27.09.1990	Alzheimer breitet sich weiter aus
10	22.06.1991	Nikotin gegen Alzheimer
11	19.07.1991	Alzheimer-Mäuse
12	16.08.1991	Hormon gegen Alzheimer
13	23.04.1992	Neue Party-Welle: Smart Drinks machen nicht blau, sondern schlau
14	24.02.1993	Bier gegen Alzheimer
15	11.09.1993	Pille gegen Alzheimer

© Springer Fachmedien Wiesbaden GmbH, ein Teil von Springer Nature 2019
H. Grebe, *Demenz in Medien, Zivilgesellschaft und Familie*,
https://doi.org/10.1007/978-3-658-28116-8

16	13.07.1994	Alzheimer-Krankheit durch Amalgam?
17	19.07.1994	Karotin schützt vor Alzheimer
18	31.08.1994	Alzheimer: Neuer Test in 45 Minuten
19	03.09.1994	Alzheimer durch zuviel Zink?
20	24.09.1994	Fluch Alzheimer
21	05.10.1994	Aids, Alzheimer, Parkinson: In 25 Jahren alles besiegt
22	07.11.1994	Was ist die Alzheimer-Krankheit?
23	30.03.1995	Alzheimer-Krankheit durch Aluminium-Dosen
24	12.05.1995	Östrogen hilft bei Alzheimer
25	12.06.1995	Otto live
26	06.07.1995	Killer-Enzym entdeckt: Blutkrebs, Alzheimer – bald heilbar?
27	11.10.1995	Entschlüsselt Finken-Gesang Alzheimer?
28	16.10.1995	Original-Ton Alzheimer: Das Leid von Herbert Wehner
29	21.11.1995	Östrogen hilft gegen Alzheimer Krankheit
30	21.02.1996	Sprache und Alzheimer
31	06.03.1996	Mehr Alzheimer-Tote
32	30.03.1996	Schmerzmittel helfen gegen Alzheimer
33	02.08.1996	Wichtig für Frauen! Mit Östrogen seltener Alzheimer
34	16.09.1996	Alzheimer: Ronald Reagan vor dem Ruin?
35	31.10.1996	Bluttest zeigt Alzheimer
36	11.01.1997	Frank Sinatra – hat er auch noch Alzheimer?
37	07.06.1997	Mehr Alzheimer
38	09.06.1997	Alzheimer-Gen isoliert
39	25.06.1997	Alkohol – ab 40 Gramm gefährlich
40	28.06.1997	Neue Alzheimer-Entdeckung
41	15.10.1997	2. Alzheimer-Gen
42	08.04.1998	Wer viel denkt, leidet seltener an Alzheimer
43	29.04.1998	Sport gegen Alzheimer
44	12.05.1998	1 Million haben Alzheimer
45	13.05.1998	Alzheimer, Migräne, Herzinfarkt, Asthma: Die neuen Medikamente gegen Volkskrankheiten
46	30.07.1998	Neuer Test erkennt Alzheimer schon im Anfangsstadium

47	04.09.1998	Alzheimer Nasentropfen
48	21.09.1998	Alzheimer: Pflegenotstand
49	22.09.1998	Alzheimer durch Kopfbälle?
50	10.10.1998	Alzheimer – was ist das eigentlich?
51	10.10.1998	Tatort-Star: Alzheimer
52	26.10.1998	Zu hoher Blutdruck: Alzheimer droht
53	09.04.1999	Alzheimer-Erreger entdeckt
54	11.05.1999	Die Monster-Mikroben
55	09.07.1999	Neue Hoffnung! Impfstoff gegen Alzheimer erfolgreich getestet
56	23.08.1999	Fortschritt bei Alzheimer
57	29.12.1999	Alzheimer: Modemacher Louis Féraud ist tot
58	27.01.2000	Kräuter gegen »Alzheimer«
59	21.02.2000	Alzheimer durch fehlerhafte Eiweiße?
60	21.07.2000	Alzheimer: Deutsche Forscher reparieren defektes Gen
61	05.08.2000	Mehr Alzheimer-Kranke
62	19.09.2000	Alzheimer – es trifft immer mehr junge Menschen
63	27.10.2000	Alzheimer: Höheres Risiko durch Kopfverletzungen?
64	18.12.2000	Riechtest entlarvt Alzheimer
65	03.08.2001	800 000 haben die Alzheimersche Krankheit
66	03.08.2001	Ein kranker Künstler malt seinen Verfall
67	13.08.2001	800 000 haben die Alzheimersche Krankheit [Dieser Artikel ist bereits auch schon am 03. August 2001 erschienen]
68	13.08.2001	Ärzte besiegen erstmals Alzheimer
69	01.12.2001	Schockdiagnose Alzheimer
70	12.12.2001	Demenz-Krankheit: Warum es keine Heilung gibt
71	11.01.2002	Alzheimer-Test entwickelt
72	23.02.2002	Alzheimer-Impfstoff löst Gehirnentzündung aus
73	27.02.2002	Schauen Sie mal, wie Alzheimer unter dem Mikroskop aussieht
74	25.04.2002	Gericht entmündigt Harald Juhnke
75	03.05.2002	Alzheimer: Ehemann verlor Ehefrau am Flughafen
76	01.07.2002	Alzheimer! Hula-Hoop-Erfinder tot

77	06.07.2002	Was ist bloß in ihn gefahren? Pfitze haut auf den armen Juhnke ein
78	11.07.2002	Warum Musik wirklich heilen kann
79	20.09.2002	Eine Million Deutsche leiden an Alzheimer
80	25.11.2002	Neuer Test im Kampf gegen Alzheimer
81	20.12.2002	Das Mädchen ohne Gedächtnis heißt Kristina
82	14.01.2003	Alzheimer!
83	15.01.2003	Alzheimer oder zu viel Stress? Machen Sie den Test!
84	04.04.2003	Tanzcafé Alzheimer
85	14.05.2003	19 Todesstiche aus Liebe
86	24.05.2003	Gehirntraining schützt vor Alzheimer
87	02.09.2003	Charles Bronson verlor sein schwerstes Duell
88	06.12.2003	Die Tochter des an Alzheimer leidenden Ronald Reagan schildert das Leid der Familie
89	18.12.2003	Alzheimer wie Winterschlaf bei Tieren
90	20.01.2004	Dicke Frauen haben häufiger Alzheimer
91	08.07.2004	Die Geheimnisse und Dämonen des Bill Clinton
92	27.10.2004	Erforscht! Tee schützt vor Alzheimer
93	27.11.2004	Äpfel sind gut gegen Alzheimer
94	08.01.2005	Zahl des Tages
95	21.02.2005	Dicke bekommen eher Alzheimer
96	08.04.2005	Sex und Joggen gut gegen Alzheimer
97	14.04.2005	Erstes Medikament stoppt Alzheimer
98	18.06.2005	Alzheimer-Kranken Ohren abgeschnitten
99	25.07.2005	Alzheimer
100	26.07.2005	Alzheimer: Ich bin so leer. Ich will sterben!
101	26.07.2005	Durchbruch in der Medizin? Kupfer-Pille gegen Alzheimer
102	27.07.2005	Alzheimer: Wie gefährdet sind sie
103	28.07.2005	Alzheimer: Vor 7 Jahren hat er das letzte Wort gesagt
104	29.07.2005	Jopies Frau – der Engel der kranken Seelen
105	13.08.2005	Nasenspray gegen Alzheimer
106	15.09.2005	Walnüsse schützen vor Krebs und Alzheimer
107	22.09.2005	Grüner Tee hilft gegen Alzheimer

108	10.10.2005	Cholesterin fördert Alzheimer
109	31.03.2006	So schützen Sie Ihr Gehirn vor Alzheimer
110	14.07.2006	Alters-Demenz: Armer Wussow jetzt im Pflegeheim
111	25.07.2006	Haut verrät, ob wir Alzheimer haben
112	25.08.2006	Alzheimer-Mäuse geheilt! Sie erinnern sich wieder
113	21.10.2006	Deutschlands traurigste Haltestelle: Hier hält nie ein Bus!
114	28.10.2006	Sie warten auf den Bus, der niemals kommt
115	31.10.2006	Alzheimer: Dieser Künstler malte seinen Verfall
116	11.04.2007	Tötung bei Demenz?
117	18.04.2007	Gehirn von Patienten mit Alzheimer verändert sich früh
118	23.06.2007	Kriegen Hunde Demenz wie Wussow & Juhnke?
119	10.09.2007	Pflege-Report
120	11.09.2007	Der Pflege-Report: Heute Volker Brunkhorst (68) und seine demenzkranke Ingeborg (66)
121	12.09.2007	Der Pflege-Report: Skandalöse Zustände in Altenheimen
122	13.09.2007	Der Pflege-Report: Heute: Die Pflegerin aus Polen
123	21.09.2007	Forschungszentrum für Demenzkranke
124	10.11.2007	Demenzkranken in Krankenwagen vergessen
125	19.11.2007	Richtig vorsorgen
126	21.11.2007	Rechtzeitig vorsorgen, heißt länger leben: So schützen Sie sich vor Alzheimer
127	20.12.2007	Alzheimer-Gerüchte um Wunderheilerin! Hat Uriella den Weltuntergang vergessen?
128	26.01.2008	Aufsetzen, Einschalten, Erinnern: Heilt dieser Helm Alzheimer?
129	18.02.2008	Forscher machen Alzheimer sichtbar
130	05.03.2008	Demenz! Sprach-Professor Walter Jens verliert seine Sprache
131	07.04.2008	Schicksal Demenz
132	07.04.2008	Holywood-Legende Charlton Heston (verstorben 84): Ben Hur starb an Alzheimer
133	08.04.2008	Schicksal Demenz
134	09.04.2008	Schicksal Demenz: Was sind die ersten Warnsignale?
135	10.04.2008	Schicksal Demenz: Wie kann man die Krankheit aufhalten?

136	11.04.2008	Schicksal Demenz: So betreuen Angehörige Patienten richtig
137	28.05.2008	Ministerin von der Leyen: So sorge ich für meinen alzheimerkranken Vater
138	30.05.2008	Mit dem Hausarzt-Tagebuch wurde die Pflege bewilligt
139	03.06.2008	Grüner Tee beugt Parkinson und Alzheimer vor
140	09.07.2008	Demenz! Jede 10. Diagnose ist falsch
141	18.07.2008	Allergiemittel könnte bei Alzheimer helfen
142	25.08.2008	Margaret Thatcher weiß nicht, dass ihr Mann tot ist
143	23.09.2008	Kind leidet schon mit 4 Jahren unter Alzheimer
144	30.09.2008	Neuer Wirkstoff soll Alzheimer stoppen
145	11.10.2008	»Es ist, als wenn jemand dein Hirn ausschaltet!«
146	22.10.2008	Sudoku schützt vor Alzheimer
147	24.10.2008	Was taugt Ginkgo gegen Alzheimer?
148	07.11.2008	Forscher behaupten: Hochspannungs-Leitungen erhöhen Alzheimer-Risiko
149	26.11.2008	Ginkgo hilft bei Alzheimer
150	17.12.2008	Alzheimer! Peter Falk (»Columbo«) vergisst alles!
151	27.12.2008	US-Forscher finden Hauptursache für Alzheimer
152	16.01.2009	Kaffee schützt vor Alzheimer
153	09.02.2009	Abschied von meinem Vater, dem Philosophen Walter Jens
154	10.02.2009	Demenz: Das lange Sterben des großen Walter Jens: Warum sagt der Familie niemand die ganze Wahrheit?
155	13.02.2009	Demenz ist keine Schande!
156	18.03.2009	Mediziner können Alzheimer frühzeitig erkennen
157	27.03.2009	Helfen Algen im Kampf gegen Alzheimer?
158	15.04.2009	Bald Medikament gegen Alzheimer?
159	03.06.2009	Demenz! »Columbo« Peter Falk entmündigt
160	08.06.2009	Ist Alzheimer ansteckend?
161	15.06.2009	Demenz! Königin Silvia spricht über das Schicksal ihrer Mutter
162	06.07.2009	Koffein stoppt Alzheimer
163	20.07.2009	»Nicht totmachen, bitte nicht totmachen!«
164	09.10.2009	Nobelpreisträger hat Alzheimer

165	13.10.2009	Der große Cruyff geht auf Bayern-Trainer los: »Van Gaal hat Alzheimer«
166	03.11.2009	In diesem Haus steht die Zeit still
167	28.11.2009	Das Glück der Vergänglichkeit! Demenz! Sind Hunde vergesslich?
168	07.01.2010	Handystrahlen verhindern Alzheimer
169	19.03.2010	Pflege-Report Deutschland: In dieser Senioren-WG sind sechs dement
170	30.04.2010	»Ich habe meinen Vater nicht auf dem Gewissen«
171	15.05.2010	Alzheimer? Kranke Ruby reitet in ihren Sonnenuntergang!
172	07.07.2010	Bluttest zeigt Alzheimer 10 Jahre früher an
173	13.08.2010	Geheimnis Gehirn: Die häufigsten Krankheiten des Gehirns
174	01.09.2010	Training kann Alzheimer vorbeugen
175	29.11.2010	Spazierengehen bremst Alzheimer
176	01.12.2010	Jeder zweiten Frau droht Alters-Demenz
177	14.12.2010	Alzheimer-Mäuse bekommen neues Gedächtnis
178	10.05.2011	Nach Todes-Drama um Gunter Sachs: Bin ich nur vergesslich oder habe ich schon Alzheimer?
179	21.05.2011	Alzheimer beginnt nicht immer mit Vergessen
180	25.10.2011	GPS-Schuhe für Alzheimer-Patienten
181	07.11.2011	Demenz! Sorgen um Helmut Haller
182	10.11.2011	Erstmals aktive Sterbehilfe für demenzkranke Frau
183	09.01.2012	Neues aus der Demenz-Forschung
184	09.01.2012	Demenz: So können sie vorbeugen
185	31.01.2012	Rudi Assauer: Alzheimer-Drama!
186	01.02.2012	Ist Alzheimer vererbbar?
187	01.02.2012	Alzheimer-Drama: Assauer: »Auf einmal ist alles vorbei!«
188	01.02.2012	In dieser Klinik wird Assauer behandelt
189	02.02.2012	Exklusiv in BILD: Assauers erschütterndes Alzheimer Buch
190	02.02.2012	Alzheimer: So trainieren Sie ihr Gehirn
191	03.02.2012	Das erschütternde Alzheimer-Buch von Rudi Assauer: »Ich bin doch viel zu jung für diese Krankheit«
192	04.02.2012	Nach Assauer-Drama: Machen Sie den Alzheimer-Test

193	06.02.2012	Leidet auch Castro an Alzheimer?
194	07.02.2012	Die Pflege-WG ist eine Alternative zum Heim
195	16.02.2012	Wer schlecht schläft, bekommt eher Alzheimer
196	26.03.2012	Um zu sparen! 240 000 Demenzkranke bekommen Psycho-Pillen
197	29.03.2012	Kommentar: Endlich Hilfe für die Alten!
198	07.04.2012	Demenzkranke (73) mit Rollator auf Autobahn
199	12.04.2012	Zahl der Demenzkranken steigt stark an
200	10.07.2012	Schriftsteller García Márquez an Demenz erkrankt
201	11.07.2012	Die Frau von Heinz Schenk hat Demenz: Wenn die Erinnerung an Liebe stirbt
202	12.07.2012	»Tatort«-Star Maria Furtwängler: Ihr Vater leidet an Alzheimer!
203	13.07.2012	Forschungs-Sensation: Endlich Hoffnung bei Alzheimer!
204	13.07.2012	Auch diese Prominenten sind betroffen
205	14.07.2012	Schicksal Alzheimer
206	06.08.2012	Blutwäsche gegen Alzheimer
207	08.08.2012	Industrie stoppt Studien für Alzheimer-Arznei
208	13.08.2012	Internet-Demenz: Wie dumm macht die moderne Technik?
209	14.08.2012	Alzheimer durch Popcorn
210	25.08.2012	Angst ist Anzeichen für Alzheimer-Risiko
211	28.08.2012	Daniel Bahr: Set-Besuch bei Demenz-Dreh
212	29.08.2012	Alzheimer: Frauen mehr gefährdet
213	17.09.2012	Woher hat die Kneippkur ihren Namen
214	22.09.2012	Pflege-Reform: Demenzkranke erhalten bessere Leistungen
215	09.10.2012	Johanna glaubt, sie lebt auf einem Kreuzfahrtschiff
216	17.10.2012	Forscher entwickeln Nasen-Spray zur Demenz-Erkennung
217	25.10.2012	Bewegung hilft besser gegen Demenz als Rätsel lösen
218	26.10.2012	Hormone können vor Alzheimer schützen
219	19.12.2012	Neue GEZ-Gebühr: Sogar fast Blinde und Demenzkranke sollen zahlen
220	02.01.2013	Alzheimer: Mein Mann merkt nicht, wenn ich um ihn weine
221	03.01.2013	Reisen zum Mars können Alzheimer auslösen

222	12.01.2013	Assauer geschieden!
223	29.01.2013	Mann (85) erschießt demente Ehefrau (84)
224	01.02.2013	Ich filmte meine demente Mutter bis in den Tod
225	05.02.2013	Demenzkranker (80) erstickt Mitbewohner (83)
226	19.02.2013	Karlheinz Böhm hat Alzheimer!
227	02.04.2013	Alzheimer: Jedes Jahr 300 000 Neuerkrankungen
228	04.04.2013	Soll ich schon zur Alzheimer-Untersuchung, wenn ich erst 40 oder 50 bin?
229	05.04.2013	Alzheimer: Die neuen Therapien
230	06.04.2013	Im Live-Chat beantwortete Dr. Peters die Leser-Fragen zur Angst-Krankheit: Herr Doktor, meine Mutter starb mit 79 an Alzheimer – soll ich mit 55 zum Test?
231	03.05.2013	Mörder von Landrat war offenbar dement
232	06.05.2013	Champagner soll Demenz vorbeugen
233	06.06.2013	Eddi Arent: Einsamer Demenz-Tod mit 88
234	10.06.2013	Kritik: Pflegebericht der Regierung ohne Kostenplan
235	11.06.2013	Der Tod kam als Freund
236	28.06.2013	Medikament gegen Alzheimer?
237	12.07.2013	»Ich habe mich oft geschämt«
238	18.07.2013	»Ich habe meinen Mann an der Ampel verloren«
239	09.08.2013	Heiße Schokolade gegen Demenz
240	10.08.2013	Demenz, Inflation, Altersarmut: Die Sorgen der Deutschen
241	07.10.2013	Dement und hilflos: Ratten nagen Rentner im Pflegeheim an!
242	15.10.2013	So gehen Sie richtig mit Alzheimer-Patienten um
243	16.10.2013	Demenz: So pflege ich meinen Angehörigen richtig
244	30.10.2013	»Nach 53 Jahren nennt er mich nicht mehr Röschen«
245	30.10.2013	Post von Wagner: Liebe Ursula von der Leyen
246	06.11.2013	Meine Frau ist 46 und hat Alzheimer
247	29.11.2013	Kaffee schützt vor Demenz
248	30.11.2013	Jeder 2. hat Angst vor Demenz
249	19.12.2013	Neue Wirkstoffe gegen Alzheimer
250	18.02.2014	Rentner soll demente Schwester vergiftet haben

251	11.03.2014	Bluttest sagt Alzheimer voraus
252	18.03.2014	Pflegerin demütigt Demenzkranken mit Frauen-Perücke
253	09.04.2014	Kaffee trinken kann vor Alzheimer schützen
254	10.04.2014	Reform-Plan: Mehr Geld für Demenzpatienten
255	11.04.2014	Symptome, Diagnose, Behandlung: Parkinson: Das müssen sie wissen
256	15.04.2014	Schweiger dreht Alzheimer-Drama
257	15.04.2014	Deutsche haben Angst vor Alzheimer
258	30.04.2014	»Oh du schönen blauen Vogel«
259	30.04.2014	Wenn die Liebe zum Pflegefall wird: Renate erkennt ihren Dieter nach 39 Ehejahren nicht mehr
260	12.05.2014	Diagnose Alzheimer
261	13.05.2014	Heinz (61): »Ich dachte, ich verliere den Verstand«
262	14.05.2014	Alzheimer Experten am BILD-Telefon
263	15.05.2014	Große BILD-Telefon-Aktion: Sieben Demenz-Experten beantworten Leser-Fragen: »Kann ich Alzheimer erben?«
264	16.05.2014	Gerda (76) & Herrmann (82): »Ich pflegte meinen Mann 30 Jahre zu Hause«
265	17.05.2014	Kann meine Familie mich einfach für dement erklären?
266	11.08.2014	Abschieds-Brief an meine Mutter
267	12.08.2014	Ich hatte zu wenig Zeit für Dich. Jetzt bleibt uns keine mehr
268	13.08.2014	Du sollst einschlafen, wo Du Dich zu Hause fühlst
269	14.08.2014	Leb wohl, Mama!
270	11.09.2014	»Wenn Rudi nicht schlafen will droh' ich mit dem Trainer«
271	16.09.2014	Jeder Zweite kennt einen Alzheimer-Erkrankten
272	02.10.2014	Launische Frauen haben höheres Alzheimer-Risiko
273	10.11.2014	Robin Williams hatte Demenz
274	17.11.2014	Psychopharmaka erhöhen Demenz-Risiko
275	06.12.2014	Hollywood-Legende Jack Nicholson: Alzheimer?
276	17.04.2015	Mord aus ewiger Liebe
277	27.05.2015	Omar Sharif hat Alzheimer
278	10.09.2015	Studie: Alzheimer könnte übertragbar sein
279	07.10.2015	Gerd Müller: Alzheimer!

280	08.10.2015	Wie kann ich Alzheimer vorbeugen?
281	20.02.2016	Gaby Dohm (72) über Demenz
282	11.04.2016	Alzheimer! Drei Weltmeister von Wembley krank
283	12.08.2016	Pleite-Rätsel um Ehefrau: Hat der Wendler Schulden-Demenz?
284	01.09.2016	Neue Alzheimer-Therapie reduziert Ablagerung im Hirn
285	17.10.2016	Sicherheitsreport: Die größte Angst der Deutschen heißt Demenz
286	17.11.2016	Demenz-Forschung mit einer Spiele-App

Süddeutsche Zeitung		
	Datum:	Kurztitel:
1	17.06.1992	Wenn das Gehirn sich selbst vernichtet
2	16.07.1992	Aluminium im Wasser soll Alzheimer verursachen
3	03.09.1992	Wenn der Geist aufgibt
4	05.11.1992	Enzym produziert Müll im Kopf
5	11.03.1993	Das große Vergessen bremsen
6	18.03.1993	Informationen über Morbus Alzheimer
7	16.04.1993	Hoechst UK hofft auf Alzheimer-Präparat
8	19.05.1993	Wenn die Brücke zum Gedächtnis bröckelt
9	16.09.1993	Erstes Medikament gegen Alzheimer zugelassen
10	18.11.1993	Alzheimer ist nicht gleich Alzheimer
11	29.01.1994	Das Anti-Alzheimer-Syndrom
12	03.05.1994	Ratlos, aber auf hohem Niveau
13	11.05.1994	Alzheimer-Arznei schlägt auf die Leber
14	02.08.1994	Bei kleinem Kopf Alzheimer-Gefahr größer
15	29.09.1994	Eine Pille gegen Alzheimer gesucht
16	07.11.1994	Reagan schreibt an die Nation
17	17.11.1994	Nicht jeder, der vergeßlich ist, hat Alzheimer
18	01.12.1994	Alzheimer aus den Augen gelesen
19	18.01.1995	Das Milliarden-Puzzle der Pharmaforschung
20	09.02.1995	Alzheimer: Eine Maus weist den Weg

21	09.03.1995	Alzheimer-Forschung jetzt an Tieren möglich
22	27.04.1995	Alzheimer im Frühstadium erkennen
23	13.07.1995	Neues Gen für Alzheimer gefunden
24	02.11.1995	Viele Ältere sind gegen Demenz gefeit
25	14.03.1996	Geistige Aktivität – Schutz vor Alzheimer?
26	21.03.1996	Der Kabelbrand im Gehirn
27	21.03.1996	Alzheimer-Plaques schädigen Gefäßwände
28	07.05.1996	Sabotage im Oberstübchen
29	01.06.1996	Genie und Alzheimer
30	05.06.1996	Was Alzheimer mit Rinderwahnsinn zu tun hat
31	13.06.1996	Falscher Alzheimer
32	25.06.1996	Bekenntnis zu Alzheimer light
33	24.10.1996	Strategien gegen den geistigen Abbau
34	25.03.1997	Rotwein-Trinker leiden seltener an Alzheimer
35	03.04.1997	Baptisten auf Spurensuche
36	03.04.1997	Wie lange Alzheimer-Patienten leben
37	19.04.1997	Viele Autounfälle durch Alzheimer
38	22.05.1997	Vitamin E bessert Leiden von Alzheimer-Kranken
39	26.06.1997	Alzheimer-Akte gefunden
40	28.06.1997	Lustige Episoden auf dem Alzheimerhof
41	10.07.1997	Wenig Trost beim langen Abschied
42	02.08.1997	Alzheimers Wahn
43	14.08.1997	Alzheimer durch Boxen?
44	20.09.1997	Ich habe den Spiegel zugehängt
45	20.09.1997	Ave Maria der Verwirrung
46	27.10.1997	Komisch geht der Mensch zugrunde
47	16.04.1998	Alzheimer früher feststellbar
48	07.05.1998	Gezieltes Training für die Renovierung im Kopf
49	14.05.1998	Alzheimer nach Bluthochdruck
50	07.07.1998	Die Schere im Kopf
51	08.07.1998	US-Forscher: Marihuana schützt vor Alzheimer
52	21.07.1998	Blitz im Reagenzglas

Anhang

53	14.09.1998	»Ich glaube Auguste«
54	07.05.1999	Da modert sie, die tote Mutti
55	13.07.1999	Mäuse erfolgreich gegen Alzheimer geimpft
56	27.07.1999	Aquarien helfen Alzheimer-Kranken
57	08.09.1999	Auf der Brücke des sinkenden Schiffs
58	28.09.1999	Alzheimer durch Unfall
59	05.10.1999	Verklebte Proteine im Gehirn
60	14.10.1999	Wohnungen für Alzheimer-WG gesucht
61	26.10.1999	Möglicher Auslöser für Alzheimer gefunden
62	10.12.1999	Alzheimer – aber ohne mich.
63	25.01.2000	BSE und Alzheimer im Visier
64	12.04.2000	Schlagerliebe und Demenz
65	16.05.2000	Schwacher Lichtstrahl für das bewölkte Gedächtnis
66	16.05.2000	Einsamer Verfall
67	25.05.2000	Volksleiden Alzheimer
68	26.05.2000	Kritik an Versorgung für Demenzkranke
69	20.06.2000	Der Alltag als Therapie
70	08.07.2000	»Ach, Hans, jetzt hörst aber auf!«
71	13.07.2000	Licht im Nebel des Vergessens
72	07.11.2000	Aspirin fürs Hirn
73	16.11.2000	Substanzen gegen die »Gen-Schere«
74	01.12.2000	Kritik am Pflegekonzept für Demenzkranke
75	27.12.2000	Schutz vor Alzheimer
76	30.12.2000	Wach auf, Mädchen
77	09.01.2001	Molekulare Fänger
78	13.01.2001	Roboter gegen Alzheimer
79	17.01.2001	»Pinochet leidet unter leichter Demenz«
80	27.02.2001	Frage des Lebensstils: Umweltfaktoren bei Alzheimer
81	27.03.2001	Hobbys fürs Hirn
82	03.04.2001	Schneeglöckchen gegen Alzheimer
83	17.04.2001	Schutz vor Alzheimer
84	26.06.2001	Vitamine im Gehirn

85	09.01.2002	Hotline für Alzheimer-Patienten
86	16.01.2002	Berlin will bessere Hilfe für Demenzkranke
87	19.01.2002	Regensburger CSU klagt gegen »Liste Alzheimer«
88	26.01.2002	Etwas Alkohol schützt vor Demenz
89	05.02.2002	Löckchen im Gehirn
90	14.02.2002	Puzzlen gegen Alzheimer
91	19.02.2002	Zurück ins Labor: Alzheimerimpfung gestoppt
92	05.03.2002	Gesundes Kind trotz Alzheimer-Gen
93	18.04.2002	Forschung gegen die Demenz
94	21.05.2002	Angriff von hinten
95	04.06.2002	Schraube gelöst
96	05.06.2002	Gut gezielt: Schlüsselmolekül entdeckt
97	28.06.2002	Dröhnung im Verzerrspiegelraum
98	09.07.2002	Lässt sich Alzheimer früher erkennen?
99	24.07.2002	Fortschritt bei Alzheimer-Diagnose
100	08.10.2002	Vom Wurm zum Menschen
101	25.10.2002	Alzheimer formte dieses Bild
102	12.11.2002	Hormone fürs Hirn
103	20.11.2002	Ich ist ein Wanderer
104	08.01.2003	Der Mond ist runtergefallen
105	13.01.2003	Eine Gen-Datei gegen Alzheimer
106	15.02.2003	Schlechtes Image, schwierige Diagnose
107	15.02.2003	»Es gleicht einer Revolution«
108	15.02.2003	Den Patienten in seiner Schönheit sehen
109	15.02.2003	Alzheimer-Demenz
110	15.03.2003	C'est la vie, c'est la mort
111	03.04.2003	»In dunkler Nacht ging Ich aus meinem stillen Haus«
112	05.04.2003	Demente und Depressive massiv unterversorgt
113	23.04.2003	High-Tech gegen Alzheimer
114	29.04.2003	Nanobäckerei: Gußform aus Alzheimer-Eiweiß
115	16.05.2003	78-Jähriger ersticht seine alzheimerkranke Ehefrau
116	17.06.2003	Doppelte Wirkung: Rheumamittel gegen Alzheimer

Anhang 453

117	17.06.2003	Diagnose aus der Schrift
118	25.09.2003	Neue Erkenntnisse über Demenz-Erkrankungen
119	26.09.2003	Genie, Wahnsinn und ein paar Memoiren
120	05.05.2004	Nährstoff für die Nerven
121	11.06.2004	In der Tiefe des Schattens
122	28.06.2004	Antikörper wecken Hoffnung
123	28.06.2004	Tägliches Training für das Gehirn
124	28.06.2004	»Der Demenz nicht schicksalhaft ausgeliefert«
125	29.06.2004	Wirkung vergessen
126	08.07.2004	Ärzte und Medikamente können helfen
127	13.10.2004	Wenn der Landarzt liebt
128	25.01.2005	Plaques aufgelöst: Antikörper gegen Alzheimer
129	29.01.2005	Verstärkte Altersforschung
130	29.01.2005	Aktuelles Lexikon: Demenz
131	11.02.2005	So selbstbestimmt wie möglich
132	15.03.2005	Und alles wird furchtbar einfach
133	17.03.2005	Der schleichende Tod zu Lebzeiten
134	08.04.2005	Gestaltungspreis für Demenz-Einrichtung
135	08.04.2005	Sex und Rätsel beugen Alzheimer vor
136	14.04.2005	Schwache Demenz-Bremse
137	15.04.2005	»Ein Standardkonzept gibt es nicht«
138	15.04.2005	Wegschließen ist keine Lösung
139	06.07.2005	Currywurst gegen Alzheimer
140	11.08.2005	Dick, diabetisch, dement
141	12.08.2005	Impfung gegen Alzheimer
142	31.08.2005	Leben in der Alzheimer-Wohngemeinschaft
143	29.10.2005	Alzheimer-Welle erwartet
144	21.01.2006	Thema Alzheimer stößt auf enormes Interesse
145	09.02.2006	Erbliche Demenz: Alzheimer häufig genetisch bedingt
146	24.03.2006	Schwache Hilfe gegen Demenz
147	08.04.2006	»Wie heißt Ihr Mann?« – »Ich glaube Auguste«
148	08.04.2006	Vorboten des Vergessens

149	04.05.2006	Nasentropfen fürs Gedächtnis
150	11.07.2006	Früh erkannt: Vorboten der Alzheimer-Krankheit
151	12.09.2006	Gewicht und Geist: Abmagern kündigt Demenz an
152	21.09.2006	Kampf gegen das fortschreitende Vergessen
153	22.09.2006	Das Janus-Enzym: Alzheimer-Therapie erschwert
154	13.10.2006	Therapie aus Ratlosigkeit
155	13.10.2006	Im Nebel behandelt
156	03.11.2006	Der vergessene Patient
157	03.11.2006	Der Stoff, der das Hirn verklumpt
158	17.11.2006	Ausstellung zum Thema Demenz
159	01.02.2007	»Mit der Pflege völlig überfordert«
160	23.02.2007	Kollektives Alzheimer
161	03.04.2007	Zellen im Angebot
162	27.04.2007	Geistige Altersvorsorge
163	02.06.2007	Vom Traum, Alzheimer zu besiegen
164	30.06.2007	Karten statt Alzheimer
165	17.07.2007	Nächtliche Unruhe: Schlafstörung Zeichen für Demenz?
166	25.07.2007	Pflege mit Lücken
167	17.08.2007	Wohnkonzepte für Demenzkranke
168	22.09.2007	Licht in die Dämmerung werfen
169	13.10.2007	Die schleichende Vergesslichkeit
170	27.10.2007	Gute Heime – schlechte Heime
171	07.11.2007	Sarkozys Plan »Alzheimer«
172	06.12.2007	Bessere Demenzpflege
173	10.12.2007	Gegen das Vergessen
174	27.12.2007	Zuschuss für Demenzpatienten
175	08.01.2008	Nicht verrückt, nur verreist
176	15.01.2008	Das Allerletzte: Hollywood behandelt nun intensiv Krankheit, Demenz und Tod
177	29.02.2008	Impfung gegen Alzheimer?
178	29.02.2008	Auf dem richtigen Weg zum fernen Ziel
179	29.02.2008	Reserven mobilisieren
180	06.03.2008	Endlich Klarheit: Demenz-Diagnose entlastet Kranke

181	12.03.2008	Demenz-Institut in der Kritik
182	28.03.2008	Gefährliches Bauchfett
183	02.04.2008	Vorgeführt: Inge Jens spricht im Stern über ihren demenzkranken Mann
184	22.04.2008	Alzheimer-Test gesucht
185	26.04.2008	Bessere Leistungen für Millionen Pflegebedürftige
186	10.06.2008	Verlängertes Leiden
187	11.06.2008	115 und kein bisschen Alzheimer
188	09.07.2008	Eine Fremde, die zur Vertrauten wird
189	10.07.2008	Wohnen mit allen Sinnen
190	11.07.2008	Neue tödliche Form von Demenz
191	22.07.2008	Gedächtnisspritze
192	16.08.2008	Langzeitarbeitslose sollen Demenzkranke betreuen
193	18.08.2008	Betreuer für Demenzkranke
194	26.08.2008	Betreuung schwieriger als bei Babys
195	02.09.2008	Bereits Freiwillige im Einsatz
196	02.09.2008	Ein Übel im System
197	04.10.2008	Gegen Krebs und Alzheimer
198	31.10.2008	Liebe ist besser als Alzheimer
199	04.11.2008	Der Preis des Komasaufens
200	10.11.2008	Irrfahrt des Lebens
201	14.11.2008	Die Tränen des Falken
202	19.11.2008	Das kann man vergessen
203	22.11.2008	Hilfe für Demenzkranke
204	24.11.2008	Kaum neue Helfer in Heimen
205	03.12.2008	Hilfen für Demenzkranke
206	09.01.2009	Tod unter Therapie
207	13.01.2009	1,2 Millionen Demente
208	20.01.2009	Zufrieden unter Freunden
209	23.01.2009	Alzheimer: Peter Falk droht Vormundschaft
210	11.02.2009	Die heikle Diagnose
211	20.02.2009	Mehr Demenzforschung
212	16.05.2009	Erbschleicherei auf amerikanisch

213	27.05.2009	Neues Verfahren zur Alzheimer-Diagnose
214	13.06.2009	Diagnose für Alzheimer
215	24.06.2009	Neues Demenzzentrum
216	14.07.2009	Ärzte wollen nach Leistung bezahlt werden
217	26.08.2009	Demenz und Diabetes
218	21.10.2009	19 Mal mehr Alzheimer
219	31.10.2009	Kampf um das Alzheimer-Mittel
220	08.01.2010	Tiere entwickeln unter Strahlung weniger Alzheimer-Symptome
221	22.01.2010	Ärger mit Omas Konto
222	05.02.2010	Verwirrt und verirrt
223	10.02.2010	Griff zur Magensonde
224	15.02.2010	Acht Wochen ohne Essen
225	01.04.2010	»Ich bin dement, na und?«
226	13.04.2010	Diät fürs Gedächtnis
227	05.05.2010	Gemeinsam dement
228	11.05.2010	Falsche Haltestellen
229	31.05.2010	»Biografiearbeit«: Ein Bilderbuch für demente Senioren
230	06.07.2010	Trübe Aussichten: Depression erhöht Demenzrisiko
231	06.07.2010	Bei klarem Verstand bis ins hohe Alter
232	13.07.2010	Dickkopf gegen Demenz
233	27.07.2010	Lernen gegen Demenz
234	28.07.2010	Angeborenes Vergessen?
235	02.09.2010	Die Spätfolgen des Hirnjoggings
236	22.09.2010	Kosten der Demenz steigen
237	28.09.2010	Nestlés Gesundheitspapst
238	13.10.2010	Hilfe für Firmengründer
239	22.10.2010	Neuer Blick auf Alzheimer
240	24.11.2010	Attacke auf das Hirn
241	01.12.2010	Jede zweite Frau wird im Alter dement
242	29.01.2011	Thomas Klie über Demenz
243	11.02.2011	Die Krone des Sohnes
244	03.05.2011	Abnehmen fürs Hirn

Anhang

245	13.05.2011	Die Krankheit A. und ihr Schrecken
246	15.06.2011	Leben mit Alzheimer
247	15.06.2011	Die große Unbekannte
248	15.06.2011	»Ich kann diesen Prozess nicht aufhalten«
249	15.06.2011	Helfer gesucht: Alzheimer ist eine Herausforderung
250	16.07.2011	Krank zu sein bedarf es wenig
251	21.07.2011	Das Scheitern der Alzheimer-Forschung
252	21.07.2011	Zynische Krankheits-Liste
253	04.08.2011	Bedürfnis nach Gewissheit
254	12.09.2011	Die CSU und ihre Konkurrenz-Pflegereform
255	21.09.2011	In einer anderen Welt
256	28.09.2011	Vertrauen ist gut
257	13.10.2011	Kommt die Demenz?
258	04.11.2011	Kap der letzten Hoffnung
259	09.11.2011	Schläge für die Senioren
260	17.11.2011	Die Vergessenen: Eigentlich sollte die Pflegereform demenzkranken Menschen helfen
261	19.01.2012	Bessere Pflege für Demenzkranke
262	02.02.2012	Urangst Alzheimer
263	10.02.2012	Schnelle Besserung: Krebsmittel lindert Alzheimer-ähnliche Symptome in Mäusen
264	28.02.2012	Die Kommunarden: Sechs demente Senioren leben zusammen in einem Appartement
265	05.03.2012	Gefährliche Unwissenheit
266	21.03.2012	Es fehlen die Hände: Personalabbau erschwert die Versorgung von Demenz-Kranken
267	29.03.2012	Empörung über Bahrs Pflegereform
268	29.03.2012	Pflege wird pflegebedürftig
269	25.04.2012	Wer anderen hilft, hilft sich selbst
270	27.04.2012	Satt – sauber – Bett
271	12.05.2012	Schlecht ausgebildet für Demenzbetreuung
272	14.05.2012	Wie überlebt man sein Überleben?
273	11.07.2012	Die Liebe in den Zeiten des Vergessens

274	13.08.2012	Fittes Hirn
275	24.08.2012	Denn es ist immer etwas da
276	06.09.2012	Vergiss es: Ginkgo schützt nicht vor Demenz
277	08.09.2012	Missionar der Medienkritik
278	04.10.2012	Der gar nicht so kleine Unterschied
279	08.11.2012	Betreuer bestiehlt demente Klienten
280	10.11.2012	Lachen bis an die Schmerzgrenzen
281	22.11.2012	»Lukrativster Insiderhandel«
282	26.11.2012	Antikörper gegen Alzheimer
283	12.12.2012	Verlassen und vergessen
284	22.12.2012	»Ich habe immer noch ein schlechtes Gewissen«
285	07.01.2013	Spätestens mit vierzig ist Schluss
286	08.01.2013	Immer der Nase nach
287	06.02.2013	Hätte sie zugestimmt?
288	08.03.2013	»Veränderungen wie bei Alzheimer«
289	22.03.2013	Das Heranrücken der Nebelbänke
290	06.04.2013	Zahl der Dementen steigt
291	17.04.2013	Schlechte Noten für Pflege-Bahr
292	31.05.2013	Kein leises Leben
293	11.06.2013	Pflegestufe für Demenzkranke
294	28.06.2013	Mehr Hilfe für demente Menschen
295	09.07.2013	Mitleid mit den Mammuts
296	30.07.2013	Mit Elan und Alzheimer
297	09.10.2013	Unvergesslich
298	14.10.2013	In Pantoffeln ins Büro
299	26.10.2013	Als Schwiegervater plötzlich ein anderer war
300	07.11.2013	Hirn auf Trab
301	16.12.2013	Wer bietet mehr?
302	27.12.2013	Nicht vergessen
303	24.01.2014	Demente besser pflegen
304	11.03.2014	Marker im Blut
305	20.03.2014	Schneller als die Demenz

306	21.03.2014	Der arme Millionär
307	28.03.2014	Totschlag im Altenheim
308	24.04.2014	Fit fürs Gehirn
309	10.05.2014	Der Delinquent erscheint zum Dienst
310	10.05.2014	Selbständiges Arbeiten beugt Demenz vor
311	12.05.2014	Einmal mit allem!
312	11.07.2014	»Ich machte alle Fehler, die man machen kann«
313	07.08.2014	Von Mangel zu Mangel
314	26.08.2014	»Wissen Sie noch, wie alt Sie sind?«
315	05.09.2014	Eingezäunte Freiheit
316	15.09.2014	Die Rückschritte begleiten
317	20.09.2014	Alzheimer in Sicht
318	02.10.2014	Launen fördern Demenzrisiko
319	14.10.2014	Alzheimer in der Petrischale
320	07.11.2014	Ruhige Gangart
321	08.12.2014	Das indische Pulverfass
322	23.12.2014	Papst geht mit der Kurie ins Gericht
323	24.12.2014	Das Streiflicht
324	04.03.2015	Was bleibt
325	04.04.2015	Es gibt viele Ursachen
326	11.04.2015	Mithelfen trotz Demenz
327	08.05.2015	Pflegereform schafft auch Verlierer
328	28.05.2015	Das Ohr zur Welt
329	21.07.2015	Die Akte Auguste D.
330	21.07.2015	Wie die Mondlandung
331	25.07.2015	Heillose Gerüchte
332	12.08.2015	Aus drei mach fünf
333	25.08.2015	Demenz-Bremse
334	26.08.2015	Fit und dement
335	31.08.2015	Wer ich war
336	04.09.2015	Märchenstunde im Pflegeheim
337	07.09.2015	»Es wäre grausam, dement zu werden«

338	10.09.2015	»Wir sollten vorsichtig sein«
339	12.09.2015	Angst als Geschäftsmodell
340	08.10.2015	Im Schatten stehen, im Zentrum sein
341	09.10.2015	»Ich bitte um Verständnis«
342	04.11.2015	Mehr Lebensqualität dank besserer Zuckerwerte
343	07.11.2015	Darf ich bitten?
344	13.11.2015	Geld für Demenzkranke
345	19.11.2015	Das Sisyphos-Netz
346	15.12.2015	Zehnjähriger Bub rettet demente Seniorin
347	19.12.2015	Wie ausradiert
348	04.01.2016	Im Dunkel der Erinnerung
349	08.02.2016	Bei Demenz zahlen Versicherer oft nicht
350	13.02.2016	Blinde Flecken im Auge
351	24.02.2016	Helfer missbraucht Demenzkranke
352	20.04.2016	Demenzrisiko niedriger als befürchtet
353	20.04.2016	Wach im Alter
354	21.05.2016	Lernen von Dementen
355	03.06.2016	Streit über den Schutz von Demenzkranken
356	04.06.2016	Probanden gesucht
357	07.06.2016	Gröhe verteidigt Tests an Alzheimer-Patienten
358	07.06.2016	Zu Risiken und Nebenwirkungen
359	09.06.2016	Koalition vertagt Streit über Demenz-Forschung
360	23.06.2016	Union will Forschung an Dementen erlauben
361	23.06.2016	Union will Tests an Dementen zulassen
362	29.06.2016	Autonomie und Alzheimer
363	30.06.2016	»Die Tests sind nicht nötig«
364	05.07.2016	Grobe Irreführung zu Medizintests
365	08.07.2016	Und jetzt die Debatte
366	09.07.2016	Ein Problem, drei Lösungen
367	13.07.2016	Zeichnungen, von Geisterhand
368	23.08.2016	Als die Tiere wichtig wurden
369	01.09.2016	Putzen im Kopf

370	07.09.2016	Eisen im Gehirn
371	10.11.2016	Studien an Demenzkranken werden erlaubt
372	10.11.2016	Mehr Lebensqualität für Demenzkranke
373	12.11.2016	Ja zu Tests mit Demenzkranken
374	12.11.2016	Geht gut
375	12.11.2016	Es fehlt an Zeit
376	22.11.2016	Trend rückläufig
377	24.11.2016	Wirkungslos
378	24.11.2016	Alternative zum Heim
379	16.12.2016	Wahn, Delir, Demenz
380	19.12.2016	Alt und gezeichnet

Frankfurter Allgemeine Zeitung		
	Datum:	Kurztitel:
1	16.05.1984	Alzheimersche Krankheit auf Ratten übertragen
2	08.10.1986	Alzheimer Krankheit – eine Infektion?
3	05.10.1986	»Hirnleistungsstörungen«: Morbus Alzheimer und Demenz
4	10.12.1986	Tabletten gegen Gedächtnisschwund?
5	17.12.1986	Gefärbtes Gehirn verrät die Alzheimersche Krankheit
6	21.02.1987	Alzheimersche Krankheit erforscht?
7	25.02.1987	Den Ursachen der Alzheimerschen Krankheit in den Genen auf der Spur
8	10.03.1987	Alzheimer-Gesellschaft in München gegründet
9	25.03.1987	Alzheimersche Krankheit genetisch durchleuchtet
10	04.11.1987	Gen für die Alzheimersche Krankheit noch immer rätselhaft
11	25.11.1987	Leberschäden durch Arznei gegen Alzheimer-Krankheit
12	20.01.1988	Die Alzheimersche Krankheit – mehr Phantom als Wirklichkeit?
13	24.02.1988	Der Forschungsstand bei der Alzheimerschen Krankheit
14	23.03.1988	»Alzheimer Demenz«: Der aktuelle Wissensstand

15	25.04.1988	Die Alzheimersche Krankheit kommt nur beim Menschen vor
16	07.09.1988	Alzheimersches Leiden eine Infektionskrankheit?
17	01.02.1989	Genetisch veränderte Körperzellen zur Heilung von Hirnschäden
18	31.05.1989	Alzheimersche Krankheit durch Aluminium?
19	28.06.1989	»Demenz im Alter«
20	06.12.1989	»Alzheimer Krankheit«
21	28.05.1990	Keine Heilung, aber wirksame Hilfen für Alzheimer-Kranke
22	28.07.1990	Kopftreffer im Boxen können zur Alzheimerschen Krankheit führen
23	05.09.1990	Alzheimer-Krankheit nicht mit Hydergin aufzuhalten
24	26.09.1990	Leben mit der Demenz
25	19.10.1990	Der Verstand allein genügt nicht beim Helfen
26	24.07.1991	Transgene Mäuse für die Alzheimer-Forschung
27	07.08.1991	»Alzheimersche Krankheit«
28	04.09.1991	Substanz P hemmt »Alzheimer« bei Ratten
29	08.01.1992	Dunkle Pfade bei den Psychosen
30	07.10.1992	Alzheimer-Amyloid auch bei Gesunden
31	19.11.1992	Altersdemenz schwer aufzuhalten
32	03.03.1993	Mut zum Helfen
33	24.03.1993	Geistiger Verfall mit vielen Ursachen
34	18.05.1993	Etwa 800 000 Alzheimer-Kranke in Deutschland
35	30.06.1993	Alzheimer-Krankheit bleibt verwirrend
36	25.08.1993	Ein Risikofaktor für Alzheimer-Krankheit
37	10.11.1993	Hilfe bei Gedächtnisschwund
38	21.09.1994	Trisomie und Demenz genetisch verbunden?
39	07.11.1994	Reagan leidet an der Alzheimerschen Krankheit
40	21.12.1994	Alzheimer-Krankheit am Auge erkennbar?
41	16.02.1995	Auf der Alzheimer-Welle
42	23.02.1995	Freie Alzheimer-Information
43	22.03.1995	Anlage für Gedächtnisverlust?

Anhang

44	19.04.1995	Stationen der Alzheimer-Demenz
45	03.05.1995	Gebildete Menschen mit weniger Demenzen
46	17.05.1995	Gefäßleiden lösen Demenz aus
47	30.08.1995	Gendefekt bei geistigem Verfall
48	13.09.1995	Unsicherer Blick in die Pupille
49	27.09.1995	Wenn Pflegen zur krank machenden Bürde wird
50	03.11.1995	Ehepaar Reagan gründet Alzheimer-Forschungsinstitut
51	06.12.1995	Das große Verdummen
52	20.03.1996	Bakterien im Gehirn von Alzheimer-Kranken
53	10.04.1996	Veränderte Haare bei Alzheimer-Kranken
54	05.06.1996	Janusköpfiges Zink bei Alzheimer-Leiden
55	28.08.1996	Rezeptoren fördern Hirnleiden
56	21.09.1996	Mit sich und ihrem Schicksal allein gelassen
57	25.09.1996	Geistig verwirrt
58	30.09.1996	Am rechten Fuß sitzt der linke Schuh
59	30.10.1996	Bluttest für Diagnose von Alzheimer in Aussicht
60	26.02.1997	Alzheimer-Lexikon
61	19.03.1997	Alzheimer-Medikament aus chinesischem Moos?
62	25.03.1997	Bei vier Gläsern Rotwein am Tag seltener Alzheimer
63	24.04.1997	Vitamin E verzögert Alzheimer-Verlauf
64	27.05.1997	Linker Schuh am rechten Fuß
65	25.06.1997	Das verlorene Ich
66	30.06.1997	Teller auf der Tasse
67	12.07.1997	Chronik eines Sterbens
68	30.07.1997	Anregung hilft dem Gedächtnis
69	03.09.1997	Gedächtnisstörung bei Mäusen
70	13.09.1997	Immerhin ist es gelungen, etwas für die Gesundheit der Betreuer zu tun
71	27.10.1997	Aus einer Zwischenzeit
72	05.11.1997	Wirrwarr in der Nervenzelle
73	12.11.1997	Vergeßlichkeit im Alter oft überbewertet
74	24.11.1997	»Sitzt im Bett mit ratlosem Gesichtsausdruck«
75	25.02.1998	Fatale Bruchstücke im Gehirn

76	11.03.1998	Das frühere Leben als neuer Anfang
77	15.04.1998	Alois Alzheimer hat sich nicht geirrt
78	18.04.1998	Niederlande: Chip im Schuh für Alzheimer-Patienten
79	26.06.1998	Genosse Alzheimer
80	15.07.1998	Alzheimer-Krankheit schnell nachzuweisen
81	23.09.1998	Cholesterin begünstigt Hirnleiden
82	14.10.1998	Defekte Entsorgung im Gehirn
83	30.04.1999	Hanswurst mit Hawkin
84	26.05.1999	Metzger nicht öfter von Demenzen befallen
85	14.07.1999	Eine Impfung gegen Alzheimerplaques
86	13.11.1999	Beratung über Allergien und Alzheimer im Internet
87	01.12.1999	Künstliche Ernährung unnötig?
88	03.01.2000	Nichts weiter als ein Fremder
89	19.02.2000	Andrea Fischer will die Qualitätssicherung der Pflege verbessern
90	21.02.2000	Pflege von Demenzkranken
91	27.03.2000	Nichts für Demente
92	05.04.2000	Biochemische Spur zur Alzheimer-Krankheit
93	12.04.2000	Nutzlose Hormontherapie bei Alzheimerkrankheit
94	10.05.2000	Wenn die geistige Leistungsfähigkeit nachlässt
95	07.06.2000	Demenz im Alter
96	19.06.2000	»Pflege für Demenzkranke«
97	21.07.2000	Alzheimer-Forscher reparieren Gen-Defekt beim Wurm
98	09.08.2000	Zuviel Therapie für demente Patienten?
99	09.08.2000	Frühtest für Alzheimer-Leiden?
100	10.08.2000	Gentechnik als Chance für die Alzheimer-Forschung
101	05.10.2000	Krankheiten wie Krebs, Diabetes, Alzheimer
102	25.10.2000	Frühe Boten einer Demenz
103	06.12.2000	Demenz bei jungen Erwachsenen
104	13.12.2000	Antibiotikum gegen Alzheimer-Krankheit?
105	03.01.2001	Wieder Hoffnung auf Alzheimer-Impfung
106	25.04.2001	Gentherapie jetzt auch für Alzheimer-Krankheit
107	13.06.2001	Nerven außer Balance

Anhang 465

108	19.06.2001	Vitaminmangel bei Alzheimer
109	20.06.2001	Demenz durch defektes Eiweiß
110	27.06.2001	Eiweißbündel nicht Grund für Alzheimer-Krankheit?
111	27.06.2001	Whipple-Erreger endlich dingfest gemacht
112	02.10.2001	Alzheimer-Protein beeinflußt Gen
113	31.10.2001	Alzheimer-Risiko von Kopfumfang abhängig
114	08.11.2001	Natur und Wissenschaft
115	17.11.2001	Mehr Geld für die Pflege von Demenzkranken
116	26.11.2001	Verloren in Raum und Zeit
117	13.12.2001	Alzheimers Wahn
118	23.01.2002	Vermischte Demenzen
119	30.01.2002	Entzündung im Gehirn nach Alzheimer-Impfung
120	06.02.2002	Plaques nicht Ursache der Alzheimer-Demenz?
121	25.02.2002	Drohende Demenz
122	23.03.2002	Meine irre Schwester Dementia
123	18.04.2002	Potamkin-Preis: Alzheimer-Forscher Christian Haass geehrt
124	22.04.2002	Bei Alzheimer impfen?
125	16.05.2002	Gelöste Eiweißklumpen
126	16.05.2002	Segeln in die Dunkelheit
127	04.11.2002	Merz setzt große Hoffnungen in neues Alzheimer-Mittel
128	11.12.2002	Duftendes Öl und Licht für Patienten mit Demenz
129	08.01.2003	Wenn das Gedächtnis in tausend Stücke bricht
130	22.01.2003	Mehr Selbständigkeit für Alzheimer-Patienten
131	26.03.2003	Eine Impfung gegen das große Vergessen?
132	09.04.2003	Der stumme Infarkt
133	03.05.2003	Gebremster Verfall: Hoffnung für Alzheimer-Kranke
134	22.05.2003	Lithium gegen Demenz?
135	09.07.2003	Morbus Alzheimer
136	06.08.2003	System mit eingebauter Demenz
137	24.09.2003	Falsche Falten bei Alzheimer?
138	08.10.2003	Hilft ein Krebsmittel bei Alzheimer?

139	23.10.2003	Kinderlose sollen von 2005 an Sonderbeitrag für Pflegeversicherung zahlen
140	14.11.2003	Pillen gegen Gedächtnisschwäche
141	19.11.2003	Synthetischer »Hanf« für Alzheimer-Patienten
142	03.12.2003	Nachwuchs im Gehirn
143	26.01.2004	Per Alzheimer durch die Galaxis
144	10.02.2004	Klarer Kopf durch Bewegung
145	11.02.2004	Gedächtnisstütze im Doppelpack
146	25.02.2004	Facetten der Demenz
147	28.02.2004	Viele Ursachen für Demenz
148	19.05.2004	Alzheimer Reloaded
149	04.06.2004	Demenz in Niederlanden Grund für Sterbehilfe
150	07.07.2004	Alzheimer-Medikamente mit enttäuschendem Effekt
151	14.07.2004	Kein Allheilmittel gegen das große Vergessen
152	17.07.2004	Der rote Faden zur Welt
153	21.07.2004	Gehirn-Gene außer Kontrolle
154	28.07.2004	Erkranken Aids-Patienten frühzeitig an Alzheimer?
155	10.08.2004	Reinemachen im Gehirn
156	25.08.2004	Ehrenrettung für Alzheimer-Medikamente
157	02.09.2004	Essen gegen Alzheimer
158	16.09.2004	Die Alzheimerwelle rollt
159	05.10.2004	»Ich will nie mehr alleine von hier weggehen!«
160	01.12.2004	Hoher Blutdruck schlägt auf das Denkvermögen
161	03.12.2004	Arme Sprache
162	08.12.2004	Ein Antidepressivum gegen Alzheimer-Demenz?
163	24.01.2005	Verblaßte Buchstaben
164	01.02.2005	Ein Mauseloch für den guten Tod: Demenz und Sterbehilfe
165	02.02.2005	Alzheimer-Früherkennung mit Eiweißtest?
166	04.02.2005	Demenz wird oft falsch behandelt
167	24.02.2005	Alzheimer im Anfangsstadium
168	30.03.2005	Früherkennung der Alzheimer-Demenz
169	15.04.2005	Alzheimer – ausweglos?
170	06.05.2005	Gehirnschwund in Zeitlupe

Anhang

171	17.05.2005	Republik der Hirnkranken
172	18.05.2005	Doppelte Last des Übergewichts
173	08.06.2005	Wieder Hoffnung auf Impfung gegen das Vergessen
174	25.07.2005	Alzheimer vergessen machen
175	27.07.2005	Molekulare Lücke im Hirn von Alzheimer-Kranken
176	10.08.2005	Fraglicher Nutzen von Alzheimer-Medikamenten
177	16.08.2005	Rotlicht unter dem Haupt
178	27.09.2005	Hungern härtet Hirnzellen ab
179	31.10.2005	Pharmakonzern Roche sieht in China kein Risiko mehr für seine Patente
180	04.11.2005	Noch sehen alle weg
181	30.11.2005	Immer bessere Bilder vom zunehmenden Gedächtnisschwund
182	04.01.2006	Alzheimer im Sekundentakt
183	25.01.2006	Geistig länger fit durch Sport
184	16.03.2006	Merz Pharma hat den Blockbuster
185	31.05.2006	Demenz durch Herzschwäche?
186	12.06.2006	Kunststücke Demenz
187	21.06.2006	Schutzwall gegen Alzheimer
188	13.07.2006	Unsere Kranken sind wieder das freie Kind
189	20.07.2006	Amerikanischer Senat weitet Stammzellenforschung aus
190	26.07.2006	Demenz bald zu lindern beim Down-Syndrom?
191	03.08.2006	Du versaust uns den Schnitt
192	08.08.2006	Was machen Sie hier? Ich kenne Sie nicht
193	17.08.2006	Evotec-Erfolg in der Alzheimerforschung
194	11.09.2006	Mutter wer?
195	15.09.2006	Evotec beendet Alzheimer-Projekt
196	21.09.2006	Am Ende ist glücklich, wer vergessen kann
197	22.09.2006	Böse Saat im Gehirn
198	12.10.2006	Scheren im Kopf
199	11.11.2006	Funkkontakt für eine bessere Pflege
200	21.11.2006	Satt und sauber reicht nicht
201	12.01.2007	Das kann uns auch passieren

202	13.02.2007	Nicht mit der Realität überrumpeln
203	22.03.2007	Niemand sagt »Patient«
204	30.05.2007	Tau-Eiweiße öffnen die Schleusen zu Alzheimer
205	12.06.2007	Leben in einer anderen Welt
206	20.06.2007	Mehr Hilfe für Demenzkranke
207	20.06.2007	Starke Zunahme der Alzheimer-Erkrankungen
208	27.06.2007	Essen ohne Schlucken
209	08.08.2007	Medizinisches Verfahren bei Alzheimer hilft auch Hirngeschädigten
210	03.09.2007	»Wir brauchen eine Rangliste für Pflegeheime«
211	17.09.2007	Ein Augenleiden weckt Ängste
212	26.09.2007	Gegen den Verrat an den Alten
213	07.11.2007	Alzheimer durch Kupfer begünstigt?
214	02.01.2008	Vorboten einer Demenz
215	08.03.2008	Als Mittelständler auf dem Pharmamarkt erfolgreich
216	16.04.2008	Demenz durch verengte Blutgefäße
217	22.04.2008	Alzheimer ist auch eine Frage der Kommunikation
218	30.04.2008	Alzheimer-Hemmstoff mit größerer Wirkung
219	14.05.2008	Täglicher Nervenkampf
220	17.05.2008	Fettleibigkeit erhöht Risiko von Demenz erheblich
221	04.06.2008	Substanz aus grünem Tee gegen Alzheimer?
222	17.07.2008	Alzheimer-Lösung
223	13.08.2008	Demenzen in der Betriebswirtschaftsfalle
224	18.08.2008	Arbeitslose sollen Demenzkranke pflegen
225	18.08.2008	Opposition und Patientenvertreter lehnen Umschulungspläne der Bundesregierung ab
226	09.09.2008	Die tickende Zeitbombe Demenz
227	23.09.2008	Statistenrolle im Goldfischglas
228	30.09.2008	Bremse für Alzheimer
229	21.10.2008	Musikwürfel für Demenzkranke
230	28.10.2008	Demenzforschung
231	05.11.2008	Ein B-Vitamin gegen Alzheimer-Demenz?
232	12.11.2008	Neue Themen in Sekunden

233	12.11.2008	Zahncreme zur Rasur
234	12.11.2008	»Wenn du nicht da bist, sterbe ich«
235	16.02.2009	Im Kampf gegen Alzheimer
236	20.02.2009	Schavan beruft Nicotera
237	21.02.2009	Mich erschüttert dieser Mann
238	24.02.2009	Die Selbstbestimmung Demenzkranker
239	25.02.2009	Nein zur Sterbehilfe für Demente?
240	03.03.2009	Demenz und Fürsorge
241	16.03.2009	Der Kontakt mit Demenzkranken
242	28.03.2009	Demenz eines Tigers
243	30.03.2009	Mittelständler Merz gegen die Pharma-Weltliga
244	01.04.2009	Riskante Kooperation bei Alzheimer
245	29.04.2009	Unterzuckerung erhöht Risiko einer Demenz
246	10.06.2009	Ansteckende Proteine im Alzheimer-Gehirn
247	04.07.2009	Größeres Demenzrisiko für Alleinlebende
248	13.07.2009	Kampf um den Alzheimer-Markt
249	24.07.2009	Mehr Zusammenarbeit in Alzheimer-Forschung
250	29.07.2009	Mit Insulin gegen Alzheimer
251	07.10.2009	Riskanter Fahrstil mit seltener Demenz
252	20.10.2009	Bei Tempo siebzig mit dem Kopf in die Steinmauer
253	17.03.2010	Kollateralschaden im Kopf
254	25.06.2010	Erkenne dein Vergessen
255	28.07.2010	Gute Bildung schützt vor Demenz
256	25.08.2010	Alzheimer-Pille verschlimmert Demenz
257	21.09.2010	Demenzkranke in Kleinbus vergessen
258	22.09.2010	Demenz durch Hunger in der Schwangerschaft
259	23.09.2010	Dement wegen Dopings?
260	06.10.2010	Cholesterinsenker zum Schutz vor Alzheimer?
261	06.10.2010	Kakao mit Orangensaft
262	01.12.2010	Mit Gentherapie gegen Alzheimer
263	05.01.2011	Wenn fälschlich zur Schlacht geblasen wird
264	01.02.2011	Operation Alzheimer

265	23.02.2011	Immer mehr Menschen werden dement
266	23.02.2011	Zweisprachigkeit kann Alzheimer verzögern
267	19.04.2011	Neue Definition der Pflegebedürftigkeit angestrebt
268	10.08.2011	Musik gegen die Isolation
269	13.09.2011	Bayerns alternative Pflegereform
270	28.09.2011	Wenn Demenz die Hauptrolle spielt
271	12.10.2011	Alzheimer-Erfolg für Roche
272	17.11.2011	Pflegereform soll Demenzkranken helfen
273	17.11.2011	Mehr Geld für Demenzkranke
274	14.12.2011	Wegbereiter einer Demenz
275	28.12.2011	Warum Präzision in der Medizin nicht die Regel sein kann
276	04.01.2012	Mit der Licht-Pumpe gegen die Demenz
277	19.01.2012	Mehr Geld für Pflege von Demenzkranken
278	19.01.2012	700 Millionen Euro extra für Demenzkranke
279	08.02.2012	So fürsorglich wie möglich, so gesichert wie nötig
280	09.02.2012	Demenz als Sabotage
281	29.03.2012	Regierung will Hilfe für Demenzkranke verstärken
282	04.04.2012	Alzheimer-Mittel zeigen Wirkung
283	11.04.2012	Krebs oder Alzheimer
284	18.04.2012	Demenz verstehen
285	27.04.2012	Die Tragödie der Demenz
286	09.05.2012	Gefährliche Komplizen bei Alzheimerdemenz
287	21.05.2012	Genentech nimmt Alzheimer ins Visier
288	31.05.2012	Größere Angst vor Falten als vor Demenz
289	06.06.2012	Löcher in den Hirngefäßen
290	30.06.2012	Demenzkranke erhalten mehr Geld
291	30.06.2012	Mehr Leistungen für Demenzkranke
292	10.07.2012	Was kostet das Leben in einer Demenz-WG?
293	10.07.2012	Dement oder nicht?
294	14.09.2012	Digitale Demenz
295	27.10.2012	Die Vergesslichen nicht vergessen
296	08.11.2012	Zeichen leichter Demenz

297	18.12.2012	Manche der Zielgruppe sind dement und taub
298	07.01.2013	Für Risiken und Nebenwirkungen gehen Sie ins Theater
299	03.04.2013	Das schlimme Sterben der Dementen
300	07.05.2013	Vergiss mein nicht
301	29.05.2013	Wie man der Demenz davonläuft
302	12.06.2013	Mehr Demenz in China als im Rest der Welt
303	25.06.2013	Milliarden gegen die Demenz
304	07.08.2013	Demenzrisiko steigt mit dem Blutzuckergehalt
305	14.08.2013	Diese leeren Gehirne
306	31.08.2013	Hilfe für Athleten mit Hirnschäden
307	04.09.2013	Ohne Aufsicht keine Demenz-WG
308	04.09.2013	Diabetiker können ihr Demenz-Risiko ausrechnen
309	02.10.2013	Verschiedene Sorten von Fehlfaltung
310	30.10.2013	Gegen Alzheimer
311	06.11.2013	Pflanzenfett bremst Alzheimer-Proteine
312	11.12.2013	Was morgen noch alt ist
313	15.01.2014	Schlaf schützt vor Demenz
314	29.01.2014	Wenn der Kopf zum Schlachtfeld wird
315	13.02.2014	Neue Ursache für Alzheimer weist Weg zu Therapien
316	19.02.2014	Die Patientin findet das Altwerden grausam
317	26.02.2014	Antidepressivum beruhigt Demenzkranke
318	09.04.2014	Demenzkranke sollen bessergestellt werden
319	29.07.2014	Morphosys nennt Details zu Alzheimer-Projekt
320	30.07.2014	Perspektivenwechsel in der Demenzmedizin
321	12.11.2014	»Wenn man früher die Idee gehabt hätte, wüssten wir heute mehr über Alzheimer«
322	10.12.2014	Kein Dorf für Demente
323	23.12.2014	Papst Franziskus ermahnt Kurie
324	07.01.2015	Befreites Gehirn
325	04.03.2015	Der Schmetterling sagt dir, wenn es Zeit ist zu gehen
326	30.03.2015	Zwei tanzen gemeinsam ins Vergessen
327	08.04.2015	Hommage an Omma
328	22.04.2015	Wie Depression und Diabetes im Gehirn wüten

329	03.06.2015	Gicht statt Demenz
330	11.08.2015	Wie jemand, der sich verfahren hat und das Lenkrad nicht mehr kennt
331	07.10.2015	Gerd Müller hat Alzheimer
332	14.10.2015	Dicksein begünstigt Demenz
333	06.11.2015	Diabetiker anfälliger für Demenz
334	14.11.2015	Königin Silvia besucht Demenzkranke
335	03.02.2016	Vermeidbare Demenz?
336	20.04.2016	Immunproteine für Demenzkranke?
337	07.05.2016	Demenzkranke stirbt nach Tod ihres Sohnes
338	18.05.2016	Unser Herz kann das Altern beschleunigen
339	09.06.2016	Uneinigkeit zu Studien an Demenzkranken
340	09.06.2016	Einer für alle
341	06.07.2016	Forschung an Demenzkranken
342	16.07.2016	Der erhoffte Nutzen muss den eventuellen Schaden überwiegen
343	09.08.2016	Alzheimer-Mittel patentfrei
344	07.09.2016	Mittel gegen Alzheimer?
345	20.09.2016	Demenz belastet Jugendliche
346	30.09.2016	Hoffnungen auf eine wirksame Therapie gegen Alzheimer
347	09.11.2016	Forschung an Demenzkranken muss möglich sein
348	12.11.2016	Bundestag erleichtert Forschung an Demenzkranken
349	24.11.2016	Hoffnung auf Alzheimer-Mittel zerstiebt
350	23.11.2016	Bildet und bewegt euch

Sekundärliteratur

Acton, Gayle J./Wright, Kathy B. (2000): Self-transcendence and family caregivers of adults with dementia. In: Journal of Holistic Nursing, 18/2, S. 143–158.

Adams, Brad/Aranda, María P./Kemp, Bryan/Takagi, Kellie (2002): Ethnic and gender differences in distress among Anglo American, African American, Japanese American, and Mexican American spousal caregivers of persons with dementia. In: Journal of Clinical Geropsychology, 8/4, S. 279–301.

Albert, Marilyn S./DeKosky, Steven T./Dickson, Dennis/Dubois, Bruno/Feldman, Howard H./Cox, Nick C./Gamst, Anthony/Holtzman, David M./Jagust, William J./Petersen, Ronald C./Snyder, Peter J./Carrillo, Maria C./Thies, Bill/Phelps, Creighton H. (2011): The diagnosis of mild cognitive impairment due to Alzheimer's disease. Recommendations from the National Institute on Aging-Alzheimer's Association workgroups on diagnostic guidelines for Alzheimer's disease. In: Alzheimer's & Dementia, 7/3, S. 270–279.

Alzheimer Europe (2018): European carers' report 2018. Luxembourg.

Alzheimer's Association (2017): Alzheimer's Association Report 2017. Alzheimer's disease facts and figures. In: Alzheimer's & Dementia, 13/4, S. 325–373.

Alzheimer's Disease International (2016): World Alzheimer Report 2016. Improving healthcare for people living with dementia. Coverage, quality, and costs now and in the future. London.

Alzheimer's Disease International/Word Health Organisation (2012): Dementia. A Public Health Priority. Genf.

Aminzadeh, Faranak/Byszewski, Anna/Molnar, Frank J./Eisner, Marg (2007): Emotional impact of dementia diagnosis. Exploring persons with dementia and caregivers' perspectives. In: Aging & Mental Health, 11/3, S. 281–290.

Aquilina, Carmelo/Hughes, Julian C. (2006): The return of the living dead. Agency lost and found? In: Hughes, Julian C./Louw, Stephen/Sabat, Stephen R. (Hg.): Dementia. Mind, meaning, and the person. New York, S. 143–162.

Assmann, Aleida (1999): Erinnerungsräume. Formen und Wandlungen des kulturellen Gedächtnisses. München.

Bacchi, Carol (2012): Why study problematizations? Making politics visible. In: Open Journal of Political Science, 2/1, S. 1–8.

Bacchi, Carol (2015): Problematizations in alcohol policy. WHO's »alcohol problems«. In: Contemporary Drug Problems, 42/2, S. 130–147.

Bacchi, Carol (2016): Problematizations in health policy. Questioning how »problems« are constituted in policies. In: SAGE Open, 6/2, S. 1–16.

Bacchi, Carol/Goodwin, Susan (2016): Poststructural Policy Analysis. A Guide to practice. New York.

Baldauf, Christa (1997): Metapher und Kognition. Grundlagen einer neuen Theorie der Alltagsmetapher. Frankfurt am Main/Berlin/Bern/New York/Paris/Wien.

Ballard, Clive/Orrell, Martin/Sun, Yongzhong/Moniz-Cook, Esme/Stafford, Jane/Whitaker, Rhiannon/Woods, Bob/Corbett, Anne/Banerjee, Sube/Testad, Ingelin/Garrod, Lucy/Khan, Zunera/Woodward-Carlton, Barbara/Wenborn, Jennifer/Fossey, Jane (2016): Impact of antipsychotic review and non-pharmacological intervention on health-related quality of life in people with dementia living in care homes. WHELD – a factorial cluster randomised controlled trial. In: International Journal of Geriatric Psychiatry, 173/3, S. 252–262.

Ballenger, Jesse F. (2000): Beyond the characteristic plaques and tangles. Mid-twentieth century U.S. psychiatry and the fight against senility. In: Whitehouse, Peter J./Maurer, Konrad/Ballenger, Jesse F. (Hg.): Concepts of Alzheimer disease. Biological, clinical, and cultural perspectives. Baltimore, S. 83–103.

Ballenger, Jesse, F. (2006): Self, senility, and Alzheimer's disease in modern America. A history. Baltimore.

Baltes, Paul B./Baltes Margret M. (1989): Optimierung durch Selektion und Kompensation. Ein psychologisches Modell erfolgreichen Alterns. In: Zeitschrift für Pädagogik, 35/1, S. 85–105.

Bamford, Sally-Marie/Walker, Trinley (2012): Women and dementia – not forgotten. In: Maturitas, 73/2, S. 121–126.

Banerjee, Sube (2012): Policy to enable people to live well with dementia. Development of the national dementia strategy for England. In: Innes, Anthea/Kelly, Fiona/McAbe, Louise (Hg.): Key issues in evolving dementia care. International theory-based policy and practice. London/Philadelphia, S. 106–121.

Bär, Marion (2010): Sinn erleben im Angesicht der Alzheimer Demenz. Ein anthropologischer Bezugsrahmen. Marburg.

Bareither, Christoph (2016): Gewalt im Computerspiel. Facetten eines Vergnügens. Bielefeld.

Barmer GEK (2010): Jede zweite Frau und jeder dritte Mann wird dement. Pressemitteilung zum Barmer GEK Pflegereport 2010. Verfügbar über: https://www.barmer.de/blob/37532/6fe1c8946f8e77d76eaa379dfb9a87e5/data/pdf-pressemappe-pflegereport-2010.pdf [zuletzt abgerufen am 25.03.2018].

Barnard, Neal D./Bush, Ashley I./Ceccarelli, Antonia/Cooper, James/De Jager, Celeste A./Erickson, Kirk I./Fraser, Gary/Kesler, Shelli/Levin, Susan M./Lucey, Brendan/Morris, Martha Clare/Squitti, Rosanna (2014): Dietary and lifestyle guidelines for the prevention of Alzheimer's disease. In: Neurobiology of Aging, 35, S. 74–78.

Barnett, Clive (2015): On Problematization. Elaborations on a theme in »late Foucault«. In: nonsite.org, 16, 58 Absätze. Verfügbar über: http://nonsite.org/article/on-problematization [zuletzt abgerufen am 10.03.2017].

Barrick, Ann Louise/Rader, Joanne/Hoeffer, Beverly/Sloane, Philip D./Biddle, Stacey (2011): Körperpflege ohne Kampf. Personenorientierte Pflege von Menschen mit Demenz. Göttingen.

Bartholomeyczik, Sabine/Halek, Margareta (2017): Pflege von Menschen mit Demenz. In: Jacobs, Klaus/Kuhlmey, Adelheid/Greß, Stefan/Klauber, Jürgen/Schwinger, Antje (Hg.): Pflege-Report 2017. Die Versorgung der Pflegebedürftigen. Stuttgart, S. 51–62.

Bartlett, Ruth (2014): The emergent modes of dementia activism. In: Ageing & Society, 34/4, S. 623–644.

Bartlett, Ruth/Martin, Wendy (2001): Ethical issues in dementia care research. In: Wilkinson, Heather (Hg.): The perspectives of people with dementia. Research methods and motivations. London, S. 47–62.

Bartlett, Ruth/O'Connor, Deborah (2007): From personhood to citizenship. Broadening the lens for dementia practice and research. In: Journal of Aging Studies, 21/2, S. 107–118.

Basting, Anne Davis (2006): Creative storytelling and self-expression among people with dementia. In: Leibing, Annette/Cohen, Lawrence (Hg.): Thinking about dementia. Culture, loss, and the anthropology of senility. New Brunswick/New Jersey/London, S. 180–194.

Bauman, Zygmunt (2010): Wir Lebenskünstler. Berlin.

Beard, Renée L. (2016): Living with Alzheimer's. Managing memory loss, identity, and illness. New York/London.

Beard, Renée L./Fox, Patrick J. (2008): Resisting social disenfranchisement. Negotiating collective identities and everyday live with memory loss. In: Social Science & Medicine, 66/7, S. 1509–1520.

Beard, Renée L./Knauss, Jenny/Moyer, Don (2009): Managing disability and enjoying life. How we reframe dementia through personal narratives. In: Journal of Aging Studies, 23/4, S. 227–235.

Beck, John C./Benson, Frank/Scheibel, Arnold/Spar, James E./Rubenstein, Laurence Z. (1982): Dementia in the elderly. The silent epidemic. In: Annals of Internal Medicine, 97/2, S. 231–241.

Beck, Stefan (1997): Umgang mit Technik. Kulturelle Praxen und kulturwissenschaftliche Forschungskonzepte. Berlin: Akademie Verlag.

Beck, Stefan/Niewöhner, Jörg/Sørensen, Estrid (Hg.) (2012): Science and technology studies. Eine sozialanthropologische Einführung. Bielefeld.

Beck, Ulrich/Beck-Gernsheim, Elisabeth (1994): Riskante Freiheiten. Individualisierung in modernen Gesellschaften. Frankfurt am Main.

Behuniak, Susan M. (2010a): The living dead? The construction of people with Alzheimer's disease as zombies. In: Ageing & Society, 31/1, S. 70–92.

Behuniak, Susan M. (2010b): Toward a political model of dementia. Power as compassionate care. In: Journal of Aging Studies, 24/4, S. 231–240.

Bender, Mike P./Cheston, Richard (1997): Inhabitants of a lost kingdom. A model of the subjective experiences of dementia. In: Ageing & Society, 17/5, S. 513–532.

Bennett, Sophia/Thomas, Alan J. (2014): Depression and dementia. Cause, consequence or coincidence? In: Maturitas, 79/2, S. 184–190.

Berrios, German E. (1990): Alzheimer's disease. A conceptual history. In: International Journal of Geriatric Psychiatry, 5/6, S. 355–365.

Bertelsmann Stiftung (Hg.) (2012): Themenreport »Pflege 2030«. Was ist zu erwarten – was ist zu tun? Verfügbar über: https://www.bertelsmann-stiftung.de/fileadmin/files/BSt/Publikationen/GrauePublikationen/GP_Themenreport_Pflege_2030.pdf [zuletzt abgerufen am 27.04.2017].

Bickel, Horst (2012): Epidemiologie und Gesundheitsökonomie. In: Wallesch, Claus-Werner/Förstl, Hans (Hg.): Demenzen. Stuttgart/New York, S. 18–51.

Bickel, Horst (2016): Die Häufigkeit von Demenzerkrankungen. Informationsblatt 1 hgg. v. d. Deutschen Alzheimer Gesellschaft e.V. Verfügbar über: https://www.deutsche-alzheimer.de/fileadmin/alz/pdf/factsheets/infoblatt1_haeufigkeit_demenzerkrankungen_dalzg.pdf [zuletzt abgerufen am 08.02.2018].

Bieber-Delfosse, Gabrielle (2002): Vom Medienkind zum Kinderstar. Einfluss- und Wirkfaktoren auf Vorstellungen und Prozesse des Erwachsenwerdens. Opladen.
Bischoff, Christine/Oehme-Jüngling, Karoline (2014): Fragestellungen entwickeln. In: Bischoff, Christine/Oehme-Jüngling, Karoline/Leimgruber, Walter (Hg.): Methoden der Kulturanthropologie. Bern, S. 32–52.
Black, Max (1983): Die Metapher. In: Haverkamp, Anselm (Hg.): Theorie der Metapher. Darmstadt, S. 55–79.
Blackman, Stephanie/Matlo, Claudine/Bobrovitskiy, Charisse/Waldoch, Ashley/Fang, Mei Lan/Jackson, Piper/Mihailidis, Alex/Nygård, Louise/Astell, Arlene/Sixsmith, Andrew (2015): Ambient assisted living technologies for aging well. A scoping review. In: Journal of Intelligent Systems, 25/1, S. 55–69.
Blandin, Kesstan/Pepin, Renee (2017): Dementia grief. A theoretical model of a unique grief experience. In: Dementia, 16/1, S. 67–78.
Blinkert, Baldo (2008): Begleitforschung zur Einführung eines persönlichen Pflegebudgets mit integriertem Case- Management. Schlussbericht des Freiburger Instituts für angewandte Sozialwissenschaft. Verfügbar über: https://www.ssoar.info/ssoar/handle/document/38917 [Zuletzt abgerufen am 08.02.2018].
Blumenberg, Hans (1960): Paradigmen zu einer Metaphorologie. In: Archiv für Begriffsgeschichte, 4, S. 7–142.
Bohl, Jürgen R. E. (2000): Vom Schwachsinn erlöst. Späte Begegnung mit Dementen. In: Bochnik, Hans-Joachim/Oehl, Wolfram (Hg.): Begegnungen mit psychisch Kranken: Gelingen und Verfehlen ärztlicher Personenorientierung. Sternenfels, S. 273–290.
Boise, Linda/Morgan, David L./Kaye, Jeffrey (1999): Delays in the diagnosis of dementia. Perspectives of family caregivers. In: American Journal of Alzheimer's Disease & Other Dementias, 14/1, S. 20–26.
Bopp, Jörg (1982): Antipsychiatrie. Theorien, Therapien, Politik. Frankfurt am Main.
Boyle, Geraldine (2014): Recognising the agency of people with dementia. In: Disability & Society, 29/7, S. 1130–1144.
Brannelly, Tula (2016): Citizenship and people living with dementia. A case for the ethics of care. In: Dementia, 15/3, S. 304–314.
Bravo, Gina/Pâquet, Mariane/Dubois, Marie-France (2003): Opinions regarding who should consent to research on behalf of an older adult suffering from dementia. In: Dementia, 2/1, S. 49–65.
Brijnath, Bianca/Manderson, Leonore (2008): Discipline in chaos. Foucault, dementia and aging in india. In: Culture, Medicine, and Psychiatry, 32/4, S. 607–626.
Brittain, Katherine/Degnen, Cathrine/Gibson, Grant/Dickinson, Claire/Robinson, Louise (2017): When walking becomes wandering. Representing the fear of the fourth age. In: Sociology of Health & Illness, 39/2, S. 270–284.
Bröckling, Ulrich/Krasmann, Susanne/Lemke, Thomas (2012): Gouvernementalität, Neoliberalismus und Selbsttechnologien. Eine Einleitung. In: Dies. (Hg.): Gouvernementalität der Gegenwart. Studien zur Ökonomisierung des Sozialen. Frankfurt am Main, S. 7–40.
Brodaty, Henry/Green, Alisa/Koschera, Annette (2003): Meta-analysis of psychosocial interventions for caregivers of people with dementia. In: Journal of the American Geriatrics Society, 51/5, S. 657–664.

Brooks, Deborah/Fielding, Elaine/Beattie, Elizabeth/Edwards, Helen/Hines, Sonia (2017): Effectiveness of psychosocial interventions on the psychological health and wellbeing of family carers of people with dementia following residential care placement. A systematic review protocoll. In: JBI Database of Systematic Reviews and Implementation Reports, 15/5, S. 1228–1235.
Bruder, Jens (2011): Alten- und Pflegeheime. In: Förstl, Hans (Hg.): Demenzen in Theorie und Praxis. Berlin/Heidelberg, S. 467–480.
Bruker, Christine/Klie, Thomas/Wernicke, Florian (2017): Qualitative Studie. In: Storm, Andreas (Hg.): Pflegereport 2017. Gutes Leben mit Demenz. Daten, Erfahrungen und Praxis. Hamburg/Freiburg, S. 96–129.
Bryden, Christine (2005): Dancing with dementia. My story of living positively with dementia. London/Philadelphia.
Bryden, Christine (2016): Nothing about us, without us! 20 years of dementia advocacy. London/Philadelphia.
Bublitz, Hannelore (1999a): Das Wuchern der Diskurse. Perspektiven der Diskursanalyse Foucaults. Frankfurt am Main.
Bublitz, Hannelore (1999b): Foucaults Archäologie des kulturellen Unbewußten. Zum Wissensarchiv und Wissensbegehren moderner Gesellschaften. Frankfurt am Main/New York.
Bublitz, Hannelore (2001): Archäologie und Genealogie. In: Kleiner, Marcus S. (Hg.): Michel Foucault. Eine Einführung in sein Denken. Frankfurt am Main/New York, S. 27–39.
Budde, Gunilla-Friederike (2003): Das Öffentliche des Privaten. Die Familie als zivilgesellschaftliche Kerninstitution. In: Bauerkämper, Arnd (Hg.): Die Praxis der Zivilgesellschaft. Akteure, Handeln und Strukturen im internationalen Vergleich. Frankfurt am Main/New York, S. 57–75.
Bundesamt für Gesundheit (BAG)/Schweizerische Konferenz der kantonalen Gesundheitsdirektorinnen und -direktoren (GDK) (Hg.) (2016): Nationale Demenzstrategie 2014–2019. Erreichte Resultate 2014–2016 und Prioritäten 2017–2019. Bern.
Bundesministerium für Familie, Senioren, Frauen und Jugend (BMFSFJ) (Hg.) (2017): Wegweiser Demenz. Vollmacht und Testament. Verfügbar über: http://www.wegweiser-demenz.de/informationen/rechte-und-pflichten/vollmacht-und-testament.html [zuletzt abgerufen am 08.02.2018].
Bundesministerium für Familie, Senioren, Frauen und Jugend (BMFSFJ)/Bundesministerium für Gesundheit (BMG) (Hg.) (2018): Gemeinsam für Menschen mit Demenz. Bericht zur Umsetzung der Agenda der Allianz für Menschen mit Demenz 2014–2018. Berlin.
Bundesministerium für Jugend, Familie und Gesundheit (BMJFG) (Hg.) (1975): Bericht über die Lage der Psychiatrie in der Bundesrepublik Deutschland. Zur psychiatrischen und psychotherapeutischen/psychosomatischen Versorgung der Bevölkerung. Bonn.
Buse, Christina/Twigg, Julia (2018): Keeping up appearances. Family carers and people with dementia negotiating normalcy through dress practice. In: Thomas, Gareth M./Sakellariou, Dikaios (Hg.): Disability, normalcy, and the everyday. London, S. 17–37.
Cabrera, Esther/Sutcliffe, Caroline/Verbeek, Hilde/Saks, Kai/Soto-Martin, Maria/Meyer, Gabriele/Leino-Kilpi, Helena/Karlsson, Staffan/Zabalegui, Adelaida (2015): Non-phar-

macological interventions as a best practice strategy in people with dementia living in nursing homes. A systematic review. In: European Geriatric Medicine, 6/2, S. 134–150.

Cacace, Rita/Sleegers, Kristel/Van Broeckhoven, Christine (2016): Molecular genetics of early-onset Alzheimer's disease revisited. In: Alzheimer's & Dementia, 12/6, S. 733–748.

Candea, Matei (2007): Arbitrary locations. In defence of the bounded field-site. In: Journal of the Royal Anthropological Institute, 13/1, S. 167–184.

Carbonneau, Hélène/Caron, Chantal/Desrosiers, Johanne (2010): Development of a conceptual framework of positive aspects of caregiving in dementia. In: Dementia, 9/3, S. 327–353.

Care, Linda (2002): We'll fight it as long as we can. Coping with the onset of Alzheimer's disease. In: Aging & Mental Health, 6/2, S. 139–148.

Carpenter, Brian D./Xiong, Chengjie/Porensky, Emily K./Lee, Monica M./Brown, Patrick J./Coats, Mary/Johnson, David/Morris, John C. (2008): Reaction to a dementia diagnosis in individuals with Alzheimer's disease and mild cognitive impairment. In: Journal of the American Geriatrics Society, 56/3, S. 405–412.

Carr, Tracy J./Hicks-Moore, Sandee/Montgomery, Phyllis (2011): What's so big about the »little things«. A phenomenological inquiry into the meaning of spiritual care in dementia. In: Dementia, 10/3, S. 399–414.

Carter, Christine L./Resnick, Eileen M./Mallampalli, Monica/Kalbarczyk, Anna (2012): Sex and gender differences in Alzheimer's disease. Recommendations for future research. In: Journal of Women's Health, 21/10, S. 1018–1023.

Casey, David A. (2014): Pharmacotherapy of neuropsychiatric symptoms of dementia. In: Pharmacy and Therapeutics, 40/4, S. 284–287.

Castello, Michael A./Soriano, Salvador (2014): On the origin of Alzheimer's disease. Trials and tribulations of the amyloid hypothesis. In: Ageing Research Reviews, 13, S. 10–12.

Cerejeira, Joaquim/Lagarto, Luísa/Mukaetova-Ladinska, Elizabeta (2012): Behavioral and psychological symptoms of dementia. In: Frontiers in Neurology, 3/73, doi: 10.3389/fneur.2012.00073.

Chenoweth, Barbara/Spencer, Beth (1986): Dementia. The experience of family caregivers. In: The Gerontologist, 26/3, S. 267–272.

Clarfield, Mark A. (2013): The decreasing prevalence of reversible dementias. An updated meta-analysis. In: Archives of Internal Medicine, 163/18, S. 2219–2229.

Clifford, James/Marcus, George E. (Hg.) (1986): Writing Culture. The poetics and politics of ethnography. Berkeley/Los Angeles.

Cohen, Lawrence (1998): No aging in india. Alzheimer's, the bad family, and other modern things. Berkley.

Cohn, Miriam (2014): Teilnehmende Beobachtung. In: Bischoff, Christine/Oehme-Jüngling, Karoline/Leimgruber, Walter (Hg.): Methoden der Kulturanthropologie. Bern, S. 71–85.

Conrad, Peter (2005): The shifting engines of medicalization. In: Journal of Health and Social Behavior, 46/1, S. 3–14.

Conrad, Peter/Schneider, Joseph W. (1992): Deviance and medicalization. From badness to sickness. Philadelphia.

Conrad, Peter/Waggoner, Miranda (2017): Anticipatory medicalization. Predisposition, prediction, and the expansion of medicalized conditions. In: Gadebusch Bondio, Mariacarla/Spöring, Francesco/Gordon, John-Stewart (Hg.): Medical ethics, prediction, and prognosis. Interdisciplinary perspectives. New York, S. 99–100.

Cooper, Claudia/Mukadam, Naaheed/Katona, Cornelius/Lyketsos, Constantine G. (2012): Systematic review of the effectiveness of non-pharmacological interventions to improve quality of life of people with dementia. In: International Psychogeriatrics, 24/6, S. 856–870.

Coors, Michael/Kumlehn, Martina (Hg.) (2014): Lebensqualität im Alter. Gerontologische und ethische Perspektiven auf Alter und Demenz. Stuttgart.

Crawford, Robert (1977): You are dangerous to your health. The ideology and politics of victim blaming. In: International Journal of Health Services, 7/4, S. 663–680.

DAK-Gesundheit (2015): So pflegt Deutschland. Verfügbar über: https://www.dak.de/dak/download/pflegereport-2015-1701160.pdf [Zuletzt abgerufen am 08.02.2018]

DAK-Gesundheit (2017): Angst vor Krankheiten 2017. Verfügbar über: https://www.dak.de/dak/download/forsa-umfrage-1949432.pdf [zuletzt abgerufen am 25.03.2018].

Danek, Adrian (2011): Pick-Komplex. Frontotemporale Lobärdegeneration. In: Förstl, Hans (Hg.): Demenzen in Theorie und Praxis. Berlin/Heidelberg, S. 155–172.

De Beaufort, Inez D./Van de Vathorst, Suzanne (2016): Dementia and assisted suicide and euthanasia. In: Journal of Neurology, 263/7, S. 1463–1467.

De Boer, Marike E./Hertogh, Cees M. P. M./Dröes, Rose-Marie/Eefsting, Jan A. (2008): Suffering from dementia – The patient's perspective. A review of the literature. In: International Psychogeriatrics, 19/6, S. 1021–1039.

De Oliveira, Alexandra Martini/Radanovic, Marcia/De Mello, Patrícia Cotting Homem/Buchain, Patrícia Cardoso/Vizzotto, Adriana Dias Barbosa/Celestino, Diego L./Stella, Florindo/Piersol, Catherine V./Forlenza, Orestes V. (2015): Nonpharmacological interventions to reduce behavioral and psychological symptoms of dementia. A systematic review. In: BioMed Research International, doi: 10.1155/2015/218980.

De Wilde, Arno/Van Maurik, Ingrid S./Kunneman, Marleen/Bouwman, Femke/Zwan, Marissa/Willemse, Eline A. J./Biessels, Geert Jan/Minkman, Mirella/Pel, Ruth/Schooneboom, Niki S. M./Smets, Ellen M. A./Wattjes, Mike P./Barkhof, Frederik/Stephens, Andrew/Van Lier, Erik J./Batrla-Utermann, Richard/Scheltens, Philip/Teunissen, Charlotte E./Van Berckel, Bart N. M./Van Der Flier, Wiesje M. (2017): Alzheimer's biomarkers in daily practice (ABIDE) project. Rationale and design. In: Alzheimer's & Dementia, 6, S. 143–151.

Dederich, Markus (2013): Philosophie in der Sonder- und Heilpädagogik. Stuttgart.

Deinert, Horst (2012): Textsammlung Heimrecht. Bundes- und landesrechtliche Vorschriften. Köln.

Deleuze, Gilles (1992): Foucault. Frankfurt am Main.

Deutsche Gesellschaft für Neurologie (DGN)/Deutsche Gesellschaft für Psychiatrie und Psychotherapie, Psychosomatik und Nervenheilkunde (DGPPN) (Hg.) (2016): S3-Leitlinie Demenzen. 2016. Verfügbar über: https://www.dgn.org/leitlinien/3176-leitlinie-diagnose-und-therapie-von-demenzen-2016 [zuletzt abgerufen am 09.10.2017].

Deutscher Ethikrat (Hg.) (2012): Demenz und Selbstbestimmung. Stellungnahme. Verfügbar über: http://www.ethikrat.org/fileadmin/Publikationen/Stellungsnahmen/deutsch/ DER_StnDemenz_Online.pdf [zuletzt abgerufen am 02.11.2017].

Deutscher Ethikrat (Hg.) (2018): Hilfe durch Zwang? Professionelle Sorgebeziehungen im Spannungsfeld von Wohl und Selbstbestimmung. Berlin.

Deutsches Institut für Medizinische Dokumentation und Information (Hg.) (1993): Internationale Klassifikation der Krankheiten, 9. Revision. Systematisches Verzeichnis. Verfügbar über: https://www.dimdi.de/dynamic/de/klassifikationen/icd/icd-10-who/histoire/icd-vorgaenger/icd-9/index.html [zuletzt abgerufen am 09.11.2017].

Deutsches Institut für Medizinische Dokumentation und Information (Hg.) (2017): Internationale statistische Klassifikation der Krankheiten und verwandter Gesundheitsprobleme, 10. Revision. Systematisches Verzeichnis. Verfügbar über: https://www.dimdi.de/dynamic/de/klassifikationen/icd/icd-10-gm/ [zuletzt abgerufen am 09.11.2017].

Deutsche Krankenversicherung (2013): Lieber sterben als mit Alzheimer leben? Verfügbar über: https://www.dkv.com/downloads/130114_Lieber_sterben_als_ mit_Alzheimer_leben_final.pdf [zuletzt abgerufen am 25.03.2018].

Deutsches Netzwerk für Qualitätsentwicklung in der Pflege (Hg.) (2018): Expertenstandard Beziehungsgestaltung in der Pflege von Menschen mit Demenz. Osnabrück.

Dewey, John (2002): Logik. Theorie der Forschung. Frankfurt am Main.

Diaz-Bone, Rainer (2006): Zur Methodologisierung der Foucaultschen Diskursanalyse. In: Historical Social Research, 31/2, S. 243–274.

Diehl-Schmied, Janine/Jox, Ralf J./Gauthier, Serge/Belleville, Sylvie/Racine, Eric/Schüle, Cornelius/Turecki, Gustavo/Richard-Devantoy, Stéphane (2017): Suicide and assisted dying in dementia. What we know and what we need to know. A narrative literature review. In: International Psychogeriatrics, 29/8, S. 1247–1259.

Dietscher, Christina/Pelikan, Jürgen (2016): Soziologie der Krankheitsprävention. In: Richter, Matthias/Hurrelmann, Klaus (Hg.): Soziologie von Krankheit und Gesundheit. Wiesbaden, S. 417–434.

Dinkelaker, Jörg/Kade, Jochen (2013): Stichwort »Der Erwachsene«. In: Zeitschrift für Erwachsenenbildung, 4, S. 16–17.

Dörner, Klaus (1984): Bürger und Irre. Zur Sozialgeschichte und Wissenschaftssoziologie der Psychiatrie. Frankfurt am Main.

Dörner, Klaus (2012): Leben und sterben, wo ich hingehöre. Dritter Sozialraum und neues Hilfesystem. Neumünster.

Downs, Murna (2013): Embodiment. The implications for living well with dementia. In: Dementia, 12/3, S. 368–374.

Draaisma, Douwe (2001): The tracks of thought. In: Nature. International Journal of Science, 414/153, S. 153.

Drachman, David A. (2014): The amyloid hypothesis, time to move on. Amyloid is the downstream result, not cause, of Alzheimer's disease. In: Alzheimer's & Dementia, 10/3, S. 372–380.

Drescher, Hendrik (2012): Kontexte des Lebens. Lebenssituation demenziell erkrankter Menschen im Heim. Wiesbaden.

Dubois, Bruno/Feldman, Howard H./Javoca, Claudia/DeKosky, Steven T./Barberger-Gateau, Pascale/Cummings, Jeffrey/Delacourte, André/Galasko, Douglas/Gauthier, Serge/ Jicha, Gregory/Meguro, Kenichi/O'Brien, John/Pasquier, Florence/Robert, Philippe/Rossor, Martin/Salloway, Steven (2007): Research criteria for the diagnosis of Alzheimer's disease. Revising the NINCDS-ADRDA criteria. In: The Lancet Neurology, 6/8, 734–746.

Dunham, Charlotte Chorn/Cannon, Julie Harms (2008): »They're still in control enough to be in control«. Paradox of power in dementia caregiving. In: Journal of Aging Studies, 22/1, S. 45–53.

Dzudzek, Iris (2016): Kreativpolitik. Über die Machteffekte einer neuen Regierungsform des Städtischen. Bielefeld.

Egger de Campo, Marianne (2015): Globale Dienstbotinnen? Personalbetreuerinnen! In: Aus Politik und Zeitgeschichte, 65/38-39, S. 17–24.

Eggmann, Sabine (2013): Diskursanalyse. Möglichkeiten für eine volkskundlich-ethnologische Kulturwissenschaft. In: Hess, Sabine/Moser, Johannes/Schwertl, Maria (Hg.): Europäisch-ethnologisches Forschen. Neue Methoden und Konzepte. Berlin, S. 55–77.

Eisenburger, Marianne (2012): Menschen mit Demenz verstehen. Bewegung baut Brücken. Hannover.

Elias, Norbert (1977): Über den Prozeß der Zivilisation. Soziogenetische und psychogenetische Untersuchungen. Band 1. Wandlungen des Verhaltens in den weltlichen Oberschichten des Abendlandes. Basel.

Elias, Norbert (1986): Zivilisation. In: Schäfers, Bernhard (Hg.): Grundbegriffe der Soziologie. Opladen, S. 382–387.

Emirbayer, Mustafa/Mische, Ann (1998): What is Agency? In: American Journal of Sociology, 103/4, S. 962–1023.

Engel, Sabine (2007): Belastungserleben bei Angehörigen Demenzkranker aufgrund von Kommunikationsstörungen. Berlin.

Etters, Lynn/Goodall, Debbi/Harrison, Barbara E. (2008): Caregiver burden among dementia patient caregivers. A review of the literature. In: Journal of the American Association of Nurse Practitioners, 20/8, S. 423–428.

Evans, John H. (2016): Bioethics and medicalization. In: Davis, Joseph E./Gonzaléz, Ana Marta (Hg.): To fix or to heal. Patient care, public health, and the limits of biomedicine. New York/London, S. 241–262.

Falzon, Marc-Anthony (2016): Introduction. Multi-sited ethnography. Theory, praxis, and locality in contemporary research. In: Ders. (Hg.): Multi-sited ethnography. Theory, praxis, and locality in contemporary research. Abingdon/New York, S. 1–24.

Farina, Nicolas/Page, Thomas E./Daley, Stephanie/Brown, Anna/Bowling, Ann/Basset, Thurstine/Livingston, Gill/Knapp, Martin/Murray, Joanna/Banerjee, Sube (2017): Factors associated with the quality of life of family carers of people with dementia. A systematic review. In: Alzheimer's & Dementia, 13/5, S. 572–581.

Fauth, Elizabeth B./Gibbons, Ann (2014): Which behavioral and psychological symptoms of dementia are the most problematic? Variability by prevalence, intensity, distress ratings, and associations with caregiver depressive symptoms. In: International Journal of Geriatric Psychiatry, 29/3, S. 263–271.

Feil, Naomi/De Klerk-Rubin, Vicki (2005): Validation. Ein Weg zum Verständnis verwirrter alter Menschen. München/Basel.
Folkman, Susan (2013): Stress. Appraisal and coping. In: Gellman, Marc D./Turner, J. Rick (Hg.): Encyclopedia of Behavioral Medicine. New York, S. 1913–1915.
Förstl, Hans (2011): Rationelle Diagnostik. In: Ders. (Hg.): Demenzen in Theorie und Praxis. Berlin/Heidelberg, S. 265–284.
Förstl, Hans/Kurz, Alexander/Hartmann, Tobias (2011): Alzheimer-Demenz. In: Förstl, Hans (Hg.): Demenzen in Theorie und Praxis. Berlin/Heidelberg, S. 47–72.
Förstl, Hans/Lang, Christoph (2011): Was ist Demenz? In: Förstl, Hans (Hg.): Demenzen in Theorie und Praxis. Berlin/Heidelberg, S. 3–10.
Foucault, Michel (1973): Wahnsinn und Gesellschaft. Eine Geschichte des Wahns im Zeitalter der Vernunft. Frankfurt am Main.
Foucault, Michel (1974): Die Ordnung des Diskurses. Eine Archäologie der Humanwissenschaften. Frankfurt am Main.
Foucault, Michel (1977): Überwachen und Strafen. Die Geburt des Gefängnisses. Frankfurt am Main.
Foucault, Michel (1981): Die Geburt der Klinik. Eine Archäologie des ärztlichen Blicks. Frankfurt am Main.
Foucault, Michel (1983a): Archäologie des Wissens. Frankfurt am Main.
Foucault, Michel (1983b): Der Wille zum Wissen. Sexualität und Wahrheit. Band 1. Frankfurt am Main.
Foucault, Michel (1984): Foucault [Lexikonartikel gemeinsam verfasst von François Ewald und Michel Foucault unter dem Pseudonym Maurice Florence]. In: Huisman, Denis (Hg.): Dictionnaire des philosophes. Paris, S. 942–944. Deutsche Übersetzung nach Lemke, Thomas (1994): Autobiographie. In: Deutsche Zeitschrift für Philosophie, 4/4, S. 699–702.
Foucault, Michel (1986): Die Sorge um sich. Sexualität und Wahrheit. Band 3. Frankfurt am Main.
Foucault, Michel (1991): Die Ordnung des Diskurses. Frankfurt am Main.
Foucault, Michel (1992): Was ist Kritik? Berlin.
Foucault, Michel (1993): About the beginning of the hermeneutics of the self. Two lectures at dartmouth. In: Political Theory, 21/2, S. 198–227. Deutsche Übersetzung nach Bröckling, Ulrich/Krasmann, Susanne/Lemke, Thomas (2012): Gouvernementalität, Neoliberalismus und Selbsttechnologien. Eine Einleitung. In: Dies. (Hg.): Gouvernementalität der Gegenwart. Studien zur Ökonomisierung des Sozialen. Frankfurt am Main, S. 7–40.
Foucault, Michel (1994a): Das Subjekt und die Macht. In: Dreyfus, Hubert L./Rabinow, Paul (Hg.): Michel Foucault. Jenseits von Strukturalismus und Hermeneutik. Weinheim, S. 240–261.
Foucault, Michel (1994b): Zur Genealogie der Ethik. Ein Überblick über laufende Arbeiten. In: Dreyfus, Hubert L./Rabinow, Paul (Hg.): Michel Foucault. Jenseits von Strukturalismus und Hermeneutik. Weinheim, S. 265–292.
Foucault, Michel (1996a): Diskurs und Wahrheit. Die Problematisierung der Parrhesia. Berlin.

Foucault, Michel (1996b): Der Mensch ist ein Erfahrungstier. Gespräch mit Ducio Trombadori. Frankfurt am Main.

Foucault, Michel (2000): So is it important to think? In: Faubion, James D./Rabinow, Paul (Hg.): Power. Essential works of Foucault 1954-1984, Volume 3. London, S. 454-458.

Foucault, Michel (2001a): Der Wahnsinn existiert nur in einer Gesellschaft. In: Defert, Daniel/François, Ewald (Hg.): Michel Foucault. Schriften in vier Bänden. Dits et Ecrits. Band 1. Frankfurt am Main, S. 234-237.

Foucault, Michel (2001b): Fearless speech. Los Angeles.

Foucault, Michel (2003a): Krise der Medizin oder Krise der Antimedizin. In: Defert, Daniel/François, Ewald (Hg.): Michel Foucault. Schriften in vier Bänden. Dits et Ecrits. Band 3. Frankfurt am Main, S. 54-76.

Foucault, Michel (2003b): Gespräch mit Michel Foucault. In: Defert, Daniel/François, Ewald (Hg.): Michel Foucault. Schriften in vier Bänden. Dits et Ecrits. Band 3. Frankfurt am Main, S. 186-213.

Foucault, Michel (2003c): Das Spiel des Michel Foucault. In: Defert, Daniel/François, Ewald (Hg.): Michel Foucault. Schriften in vier Bänden. Dits et Ecrits. Band 3. Frankfurt am Main, S. 391-429.

Foucault, Michel (2003d): Die »Gouvernementalität«. In: Defert, Daniel/François, Ewald (Hg.): Michel Foucault. Schriften in vier Bänden. Dits et Ecrits. Band 3. Frankfurt am Main, S. 796-823.

Foucault, Michel (2005a): Diskussion vom 20. Mai 1978. In: Defert, Daniel/François, Ewald (Hg.): Michel Foucault. Schriften in vier Bänden. Dits et Ecrits. Band 4. Frankfurt am Main, S. 25-43.

Foucault, Michel (2005b): Die Maschen der Macht. In: Defert, Daniel/François, Ewald (Hg.): Michel Foucault. Schriften in vier Bänden. Dits et Ecrits. Band 4. Frankfurt am Main, S. 224-244.

Foucault, Michel (2005c): Gebrauch der Lüste und Techniken des Selbst. In: Defert, Daniel/François, Ewald (Hg.): Michel Foucault. Schriften in vier Bänden. Dits et Ecrits. Band 4. Frankfurt am Main, S. 658-686.

Foucault, Michel (2005d): Was ist Aufklärung? In: Defert, Daniel/François, Ewald (Hg.): Michel Foucault. Schriften in vier Bänden. Dits et Ecrits. Band 4. Frankfurt am Main, S. 687-707.

Foucault, Michel (2005e): Politik und Ethik. Ein Interview. In: Defert, Daniel/François, Ewald (Hg.): Michel Foucault. Schriften in vier Bänden. Dits et Ecrits. Band 4. Frankfurt am Main, S. 715-724.

Foucault, Michel (2005f): Polemik, Politik und Problematisierungen. In: Defert, Daniel/François, Ewald (Hg.): Michel Foucault. Schriften in vier Bänden. Dits et Ecrits. Band 4. Frankfurt am Main, S. 724-734.

Foucault, Michel (2005g): Zur Genealogie der Ethik. Ein Überblick über die laufende Arbeit. In: Defert, Daniel/François, Ewald (Hg.): Michel Foucault. Schriften in vier Bänden. Dits et Ecrits. Band 4. Frankfurt am Main, S. 747-776.

Foucault, Michel (2005h): Die Sorge um die Wahrheit. In: Defert, Daniel/François, Ewald (Hg.): Michel Foucault. Schriften in vier Bänden. Dits et Ecrits. Band 4. Frankfurt am Main, S. 823-836.

Foucault, Michel (2005i): Die Rückkehr der Moral. In: Defert, Daniel/François, Ewald (Hg.): Michel Foucault. Schriften in vier Bänden. Dits et Ecrits. Band 4. Frankfurt am Main, S. 859–873.

Foucault, Michel (2005j): Die Ethik der Sorge um sich als Praxis der Freiheit. In: Defert, Daniel/François, Ewald (Hg.): Michel Foucault. Schriften in vier Bänden. Dits et Ecrits. Band 4. Frankfurt am Main, S. 875–902.

Foucault, Michel (2005k): Eine Ästhetik der Existenz. In: Defert, Daniel/François, Ewald (Hg.): Michel Foucault. Schriften in vier Bänden. Dits et Ecrits. Band 4. Frankfurt am Main, S. 902–909.

Foucault, Michel (2005l): Technologien des Selbst. In: Defert, Daniel/François, Ewald (Hg.): Michel Foucault. Schriften in vier Bänden. Dits et Ecrits. Band 4. Frankfurt am Main, S. 966–999.

Foucault, Michel (2005m): Analytik der Macht. Frankfurt am Main.

Foucault, Michel (2006a): Sicherheit, Territorium, Bevölkerung. Geschichte der Gouvernementalität I. Frankfurt am Main.

Foucault, Michel (2006b): Die Geburt der Biopolitik. Geschichte der Gouvernementalität II. Frankfurt am Main.

Fox, Patrick (1989): From senility to Alzheimer's disease. The rise of the Alzheimer's disease movement. In: The Milbank Quarterly, 67/1, S. 58–102.

Fraser, Nancy (1981): Foucault on modern power. Empirical insights and normative confusions. In: Praxis International, 1/3, S. 272–287.

Frederiksen, Kirsten/Lomborg, Kirsten/Beedholm, Kirsten (2015): Foucault's notion of problematization. A methodological discussion of the application of Foucault's later work to nursing research. In: Nursing Inquiry, 22/3, S. 202–209.

Frewer-Graumann, Susanne (2014): Zwischen Fremdfürsorge und Selbstfürsorge. Familiale Unterstützungsarrangements von Menschen mit Demenz und ihren Angehörigen. Wiesbaden.

Fröchtling, Andrea (2008): »Und dann habe ich auch noch den Kopf verloren…«. Menschen mit Demenz in Theologie, Seelsorge und Gottesdienst wahrnehmen. Leipzig.

Fuchs, Thomas (2003): Non-verbale Kommunikation. Phänomenologische, entwicklungspsychologische und therapeutische Aspekte. In: Zeitschrift für Klinische Psychologie, Psychiatrie und Psychotherapie, 51, S. 333–345.

Fuchs, Thomas (2010): Das Leibgedächtnis der Demenz. In: Kruse, Andreas (Hg.): Lebensqualität bei Demenz? Heidelberg, S. 231–242.

Gajek, Esther (2013): Seniorenprogramme an Museen. Alte Muster – neue Ufer. Münster/New York/München/Berlin.

Gajek, Esther (2014): Lernen vom Feld. In: Bischoff, Christine/Oehme-Jüngling, Karoline/Leimgruber, Walter (Hg.): Methoden der Kulturanthropologie. Bern, S. 53–68.

Gajek, Esther (2016): Zwischen Pflichterfüllung und Liebesdienst. Zur Diversität von Erfahrungen der Angehörigen bei der Pflege von Demenzpatienten. Vortrag im Rahmen des Kongresses »Kulturen der Sorge bei Demenz« am 19.11.2016 an der Universität Zürich. Verfügbar über: https://www.youtube.com/watch?v=ghGysoSUAxY [zuletzt abgerufen am 10.6.2017].

Gallant, Mary P./Connell, Cathleen M. (1997): Predictors of decreased self-care among spouse caregivers of older adults with dementing illnesses. In: Journal of Aging and Health, 9/3, S. 373–395.

Gallant, Mary P./Connell, Cathleen M. (1998): The stress process among dementia spouse caregivers. Are caregivers at risk for negative health behavior change? In: Research on Aging, 20/3, S. 267–297.

Gallini, Adeline/Andrieu, Sandrine/Donohue, Julie M./Oumouhou, Naïma/Lapeyre-Mestre, Maryse/Gardette, Virginie (2014): Trends in use of antipsychotics in elderly patients with dementia. Impact of national safety warnings. In: European Neuropsychopharmacology, 24, S. 95–104.

Garand, Linda/Hingler, Jennifer H./Conner, Kyaien O./Dew, Mary Amanda (2009): Diagnostic labels, stigma, and participation in research related to dementia and mild cognitive impairment. In: Research in Gerontological Nursing, 2/2, S. 112–121.

Garber, Ken (2012): Genentech's Alzheimer's antibody trial to study disease prevention. In: Nature Biotechnology, 30, S. 731–732.

Gebel, Tobias/Grenzer, Matthis/Kreusch, Julia/Liebig, Stefan/Schuster, Heidi/Tscherwinka, Ralf/Watteler, Oliver/Witzel, Andreas (2015): Verboten ist, was nicht ausdrücklich erlaubt ist. Datenschutz in qualitativen Interviews. In: Forum Qualitative Sozialforschung, 16/2, 40 Absätze, Verfügbar über: http://www.qualitative-research.net/index.php/fqs/rt/printerFriendly/2266/3821#g23 [zuletzt abgerufen am 22.11.2017].

Generali Deutschland AG (2017): Generali Altersstudie 2017. Wie ältere Menschen in Deutschland denken und leben. Berlin.

Gerber, Uwe/Von Stünzner, Wilfried (1999): Entstehung, Entwicklung und Aufgaben der Gesundheitswissenschaften. In: Hurrelmann, Klaus (Hg.): Gesundheitswissenschaften. Berlin/Heidelberg/New York, S. 9–64.

Gibson, Rosemary H./Gander, Philippa H./Dowell, Anthony C./Jones, Lina M. (2016): Non-pharmacological interventions for managing dementia-related sleep problems within community dwelling pairs. A mixed-method approach. In: Dementia, 16/8, S. 967–984.

Giebel, Clarissa M./Sutcliffe, Caroline/Stolt, Minna/Karlsson, Staffan/Renom-Guiteras, Anna/Soto, Maria/Verbeek, Hilde/Zabalegui, Adelaida/Challis, David (2014): Deterioration of basic activities of daily living and their impact on quality of life across different cognitive stages of dementia. A European study. In: International Psychogeriatrics, 26/8, S. 1283–1293.

Giesenbauer, Björn/Glaser, Jürgen (2006): Emotionsarbeit und Gefühlsarbeit in der Pflege – Beeinflussung fremder und eigener Gefühle. In: Böhle, Fritz/Glaser, Jürgen (Hg.): Arbeit in der Interaktion – Interaktion in der Arbeit. Arbeitsorganisation und Interaktionsarbeit in der Dienstleistung. Wiesbaden, S. 59–84.

Gietl, Anton/Savaskan, Egemen (2014): Differenzialdiagnose der Demenz. In: PSYCH up2date, 8/6, S. 349–364.

Gillies, Brenda (2012): Continuity and loss. The carer's journey through dementia. In: Dementia, 11/5, S. 657–676.

Glaeske, Gerd/Berlit, Peter (2018): Alzheimerdemenz. In: Glaeske, Gerd/Ludwig, Wolf-Dieter (Hg.): Innovationsreport 2018. Langfassung. Auswertungsergebnisse von Routinedaten der Technikerkrankenkasse aus den Jahren 2015 bis 2017. Bremen, S. 636–661.

Goesmann, Christina (2016): Wertschätzung ehrenamtlicher Arbeit. Quellen der Wertschätzung in der psychosozialen Demenzbetreuung. Bielefeld.

Goffman, Erving (1989): Asyle. Über die soziale Situation psychiatrischer Patienten und anderer Insassen. Frankfurt am Main.

Goffman, Erving (1986): Interaktionsrituale. Über Verhalten in direkter Kommunikation. Frankfurt am Main.

Goldsmith, Malcolm (1996): Hearing the voice of people with dementia. Opportunities and obstacles. London.

Gonyea, Judith G./Paris, Ruth/De Saxe Zerden, Lisa (2008): Adult daughters and aging mothers. The role of guilt in the experience of caregiver burden. In: Aging & Mental Health, 12/5, S. 559–567.

Gosewinkel, Dieter (2010): Zivilgesellschaft. In: EGO – Europäische Geschichte online, 24 Absätze. Verfügbar über: http://ieg-ego.eu/de/threads/transnationale-bewegungen-und-organisationen/zivilgesellschaft/dieter-gosewinkel-zivilgesellschaft?set_language=de [zuletzt abgerufen am 10.11.2017].

Grond, Erich (2007): Gewalt gegen Pflegende. Altenpflegende als Opfer und Täter. Bern.

Gröning, Katharina (2005): Therapeutisierung der familialen Altenfürsorge? Formulierung eines Unbehagens. In: Sozialer Fortschritt. Unabhängige Zeitschrift für Sozialpolitik, 54/3, S. 69–76.

Gröning, Katharina (2014): Entweihung und Scham. Grenzsituationen in der Pflege alter Menschen. Frankfurt am Main.

Gröning, Katharina (2016): Versorgung pflegebedürftiger alter Menschen im Spiegel von Migration und Geschlecht. In: Hornberg, Claudia/Pauli, Andrea/Wrede, Brigitta (Hg.): Medizin – Gesundheit – Geschlecht. Eine gesundheitswissenschaftliche Perspektive. Wiesbaden, S. 283–298.

Gruber, Thomas (2011): Gedächtnis. Wiesbaden.

Gubrium, Jaber F. (1986): Oldtimers and Alzheimer's. The descriptive organisation of senility. Grennwich/London.

Gubrium, Jaber F. (1987): Structuring and destructuring the coarse of illness. The Alzheimer's disease experience. In: Sociology of Health and Illness, 9/1, S. 1–24.

Gupta, Susham/Warner, James (2008): Alcohol-related dementia. A 21st-century silent epidemic? In: The British Journal of Psychiatry, 193/5, S. 351–353.

Haapala, Irja/Biggs, Simon/Kurrle, Susan (2018): Social aspects of dementia and dementia practice. In: International Psychogeriatrics, 30/11, S. 1579–1581.

Haberl, Roman L. (2011): Morbus Binswanger und andere vaskuläre Demenzen. In: Förstl, Hans (Hg.): Demenzen in Theorie und Praxis. Berlin/Heidelberg, S. 94–112.

Habermas, Jürgen (1985): Der philosophische Diskurs der Moderne. Frankfurt am Main.

Halek, Margaretha/Bartholomeyczik, Sabine (2011): Verstehen und Handeln. Forschungsergebnisse zur Pflege von Menschen mit Demenz und herausforderndem Verhalten. Hannover.

Halperin, David M. (1995): Saint Foucault. Towards a gay hagiography. New York.

Hardy, John A./Higgins, Gerald A. (1992): Alzheimer's disease. The amyloid cascade hypothesis. In: Science, 256, S. 184–185.
Haumann, Wilhelm (2017): Leben mit Demenz. Einstellungen und Beobachtungen der deutschen Bevölkerung. In: Storm, Andreas (Hg.): Pflegereport 2017. Gutes Leben mit Demenz: Daten, Erfahrungen und Praxis. Hamburg, S. 18–49.
Hauser, David J./Schwarz, Norbert (2015): The war on prevention. Bellicose cancer metaphors hurt (some) prevention intentions. In: Personality and Social Psychology Bulletin, 41/1, S. 66–77.
Hayes, Jeanne/Boylstein, Craig/Zimmerman, Mary K. (2009): Living and loving with dementia. Negotiating spousal and caregiver identity through narrative. In: Journal of Aging Studies, 23, S. 48–59.
Heimerdinger, Timo (2006): Alltagsanleitungen? Ratgeberliteratur als Quelle für die volkskundliche Forschung. In: Rheinisch-westfälische Zeitschrift für Volkskunde, 51, S. 57–69.
Hellström, Ingrid/Nolan, Mike/Lundh, Ulla (2005): »We do things together«. A case study of »couplehood« in dementia. In: Dementia, 4/1, S. 7–22.
Hellström, Ingrid/Nolan, Mike/Lundh, Ulla (2007): Sustaining »couplehood«. Spouses' strategies for living positively with dementia. In: Dementia, 6/3, S. 383–409.
Henderson, J. Neil (2015): Cultural construction of dementia progression, behavioral aberrations, and situational ethnicity. An orthogonal approach. In: Care Management Journals, 16/2, S. 95–105.
Henderson, J. Neil/Henderson, L. Carson (2002): Cultural construction of disease. A »supernormal« construct of dementia in an american indian tribe. In: Journal of Cross-Cultural Gerontology, 17/3, S. 197–202.
Henke, Friedhelm (2012): Nachweisheft der praktischen Ausbildung für die Gesundheits- und Krankenpflege. Kompetenz- und Themenbereichsorientierung gemäß KrPflAPrV. Stuttgart.
Herskovits, Elizabeth (1995): Struggling over subjectivity. Debates about the »self« and Alzheimer's disease. In: Medical Anthropology Quarterly, 9/2, S. 146–164.
Herzog, Anna/Wöpking, Marie/Dierking, Diane/Fischer, Silke/Kollak, Ingrid (2016): Es war einmal… und geht noch weiter! Was wir aus dem Projekt »Es war einmal… Märchen und Demenz« gelernt haben und weitergeben möchten. In: Kollak, Ingrid (Hg.): Menschen mit Demenz durch Kunst und Kreativität aktivieren. Eine Anleitung für Pflege- und Betreuungspersonen. Berlin/Heidelberg, S. 3–19.
Hess, Sabine/Schwertl, Maria (2013): Vom »Feld« zur »Assemblage«? Perspektiven europäisch-ethnologischer Methodenentwicklung – eine Hinleitung. In: Hess, Sabine/Moser, Johannes/Schwertl, Maria (Hg.): Europäisch-ethnologisches Forschen. Neue Methoden und Konzepte. Berlin, S. 13–37.
Hess, Sabine/Schwertl, Maria/Marcus, George (2013): New Ends for ethnography? Ein E-Mail-Interview zwischen Sabine Hess, Maria Schwertl und George Marcus. In: Hess, Sabine/Moser, Johannes/Schwertl, Maria (Hg.): Europäisch-ethnologisches Forschen. Neue Methoden und Konzepte. Berlin, S. 309–319.
Hess, Sabine/Tsianos, Vassilis (2010): Ethnographische Grenzregimeanalyse. Eine Methodologie der Autonomie der Migration. In: Hess, Sabine/Kasparek, Bernd (Hg.): Grenzregime. Diskurse, Praktiken, Institutionen in Europa. Berlin, S. 242–264.

Hielscher, Volker/Kirchen-Peters, Sabine/Nock, Lukas (2017): Pflege in den eigenen vier Wänden. Zeitaufwand und Kosten. Pflegebedürftige und ihre Angehörigen geben Auskunft. Stuttgart.

Hillman, Alexandra/Latimer, Joanna (2017): Cultural representations of dementia. In: PLOS Medicine, 14/3, doi: 10.1371/journal.pmed.1002274.

Hinton, Ladson/Franz, Carol/Friend, Jeffrey (2004): Pathways to dementia diagnosis. Evidence for cross-ethnic differences. In: Alzheimer Disease & Associated Disorders, 18/3, 134–144.

Hochschild, Arlie Russel (1990): Das gekaufte Herz. Zur Kommerzialisierung der Gefühle. Frankfurt am Main.

Hofer-Ranz, Gabriel (2017): Philosophisches Skandalon Demenz. Eine ethische Reflexion selbstbestimmter Umgangsmöglichkeiten mit dem drohenden Autonomieverlust. Baden-Baden.

Holstein, Martha (2000): Aging, culture, and the framing of Alzheimer disease. In: Whitehouse, Peter J./Maurer, Konrad/Ballenger, Jesse F. (Hg.): Concepts of Alzheimer disease. Biological, clinical, and cultural perspectives. Baltimore, S. 158–180.

Holton, Gerald (1998): Einstein, die Geschichte und andere Leidenschaften. Der Kampf gegen die Wissenschaft am Ende des 20. Jahrhunderts. Braunschweig/Wiesbaden.

Holwerda, Tjalling Jan/Deeg, Dorly J. H./Beekman, Aartjan T. F./Van Tilburg, Theo G./Stek, Max L./Jonker, Cees/Schoevers, Robert A. (2012): Feelings of loneliness, but not social isolation, predict dementia onset. Results from the Amsterdam study of the elderly (AMSTEL). In: Journal of Neurology, Neurosurgery, and Psychiatry, 85/2, S. 135–142.

Honneth, Axel (1985): Kritik der Macht. Reflexionsstufen einer kritischen Gesellschaftstheorie. Frankfurt am Main.

Honneth, Axel (2003): Unsichtbarkeit. Stationen einer Theorie der Intersubjektivität. Frankfurt am Main.

Honneth, Axel (2007): Kampf um Anerkennung. Zur moralischen Grammatik sozialer Konflikte. Frankfurt am Main.

Honneth, Axel (2010): Das Ich im Wir. Studien zur Anerkennungstheorie. Berlin.

Hsu, David C./Marshall, Gad A. (2017): Primary and secondary prevention trials in Alzheimer disease. Looking back, moving forward. In: Current Alzheimer Research, 14/4, S. 426–440.

Hubbard, Gill/Cook, Alisa/Tester, Susan/Downs, Murna (2002): Beyond words. Older people with dementia using and interpreting nonverbal behaviour. In: Journal of Aging Studies, 16/2, S. 155–167.

Hui, Thang Shu/Wong, Agnes/Wijesinghe, Ruki (2016): A review on mortality risks associated with antipsychotic use in behavioral and psychologic symptoms of dementia (BPSD). In: The Mental Health Clinician, 6/5, S. 215–221.

Hulko, Wendy (2009): From »not a bid deal« to »hellish«. Experiences of older people with dementia. In: Journal of Aging Studies, 23/3, S. 131–144.

Husenbeth, Helmut (2007): »Es ist ein Schnitter – heißt: der Todt«. Sterben, Tod und Auferstehung im geistlichen Lied des 17. Jahrhunderts. Trier.

Huxhold, Oliver/Mahne, Katharina/Naumann, Dörte (2010): Soziale Integration. In: Motel-Klingebiel, Andreas/Wurm, Susanne/Tesch-Römer, Clemens (Hg.): Altern im Wandel. Befunde des Deutschen Alterssurveys (DEAS). Stuttgart, S. 215–233.
Hydén, Lars-Christer (2013): Storytelling in dementia. Embodiment as a ressource. In: Dementia, 12/3, S. 359–367.
Hydén, Lars-Christer/Lindemann, Hilde/Brockmeier, Jens (2014): Introduction. Beyond Loss. Dementia, identity, personhood. In: Dies. (Hg.): Beyond Loss. Dementia, identity, personhood. Oxford, S. 1–10.
Hydén, Lars-Christer/Örulv, Linda (2009): Narrative and identity in Alzheimer's disease. A case study. In: Journal of Aging Studies, 23/4, S. 205–214.
Igl, Gerhard/Naegele, Gerhard/Hamdorf, Silke (Hg.) (2007): Reform der Pflegeversicherung – Auswirkungen auf die Pflegebedürftigen und die Pflegepersonen. Münster.
Ignatzi, Helene (2014): Häusliche Altenpflege zwischen Legalität und Illegalität dargestellt am Beispiel polnischer Arbeitskräfte in deutschen Privathaushalten. Berlin.
Ikeda, Mitsuho/Roemer, Michael K. (2009): »Distorted medicalization« of senile dementia. The Japanese case. In: World Cultural Psychiatry Research Review, 4/1, S. 22–27.
Im Hof, Ulrich (1995): Das Europa der Aufklärung. München.
Imtiaz, Bushra/Tolppanen, Anna-Maija/Kivipelto, Miia/Soininen, Hilkka (2014): Future directions in Alzheimer's disease from risk factors to prevention. In: Biochemical Pharmacology, 88/4, S. 661–670.
Inhorn, Marcia C./Wentzell, Emily A. (Hg.) (2012): Medical Anthropology at the intersections. Histories, activisms, and futures. Durham.
Innes, Anthea (2009): Dementia studies. A social science perspective. London/Thousand Oakes/New Delhi/Singapore.
Innes, Anthea/Kelly, Fiona/McAbe, Louise (2012) (Hg.): Key issues in evolving dementia care. International theory-based policy and practice. London/Philadelphia.
Jäkel, Olaf (2003): Wie Metaphern Wissen schaffen. Die kognitive Metapherntheorie und ihre Anwendung in Modell-Analysen der Diskursbereiche Geistestätigkeit, Wirtschaft, Wissenschaft und Religion. Hamburg.
Jäger, Siegfried (2001): Diskurs und Wissen. Theoretische und methodische Aspekte einer kritischen Diskursanalyse. In: Keller, Reiner/Hirseland, Andreas/Schneider, Werner/Viehöver, Willy (Hg.): Handbuch sozialwissenschaftliche Diskursanalyse. Band 1. Theorien und Methoden. Wiesbaden, S. 81–114.
Jäger, Siegfried (2004): Kritische Diskursanalyse. Eine Einführung. Münster.
James, Ian Andrew (2012): Herausforderndes Verhalten bei Menschen mit Demenz. Einschätzen, verstehen, behandeln. Bern.
Janevic, Mary R./Connel, Cathleen M. (2001): Racial, ethnic, and cultural differences in the dementia caregiving experience. Recent findings. In: The Gerontologist, 41/3, S. 334–347.
Jansen, Sabine (2009): Bedürfnisse und Wünsche von Demenzkranken und pflegenden Angehörigen. In: Stoppe, Gabriela/Stiens, Gerthild (Hg.): Niedrigschwellige Betreuung von Demenzkranken. Grundlagen und Unterrichtsmaterialien. Stuttgart, S. 48–52.
Jenkins, Nicholas (2014): Dementia and the inter-embodied self. In: Social Theory & Health, 12/2, S. 125–137.

Jens, Walter/Küng, Hans (1995): Menschenwürdig sterben. Ein Plädoyer für Selbstbestimmung. München.
Joas, Hans (2011): Die Sakralität der Person. Eine neue Genealogie der Menschenrechte. Berlin.
Johnston, Bridget/Lawton, Sally/Pringle, Jan (2017): »This is my story, how I remember it«. In-depth analysis of dignity therapy documents from a study of dignity therapy for people with early stage dementia. In: Dementia, 16/5, S. 543–555.
Johnstone, Megan-Jane (2011): Metaphors, stigma and the »Alzheimerization« of the euthanasia debate. In: Dementia, 12/4, S. 377–393.
Junge, Matthias (2011): Einleitung. In: Ders. (Hg.): Metaphern und Gesellschaft. Die Bedeutung der Orientierung durch Metaphern. Wiesbaden, S. 7–11.
Karl, Ute (2007): Metaphern als Spuren von Diskursen in biographischen Texten. In: Forum Qualitative Sozialforschung, 8/1, 56 Absätze. Verfügbar über: http://nbn-resolving.de/urn:nbn:de:0114-fqs070139 [zuletzt abgerufen am 08.06.2017].
Karlsson, Staffan/Rahm Hallberg, Ingalill/Midlöv, Patrik/Fagerström, Cecilia (2017): Trends in treatment with antipsychotic medication in relation to national directives, in people with dementia – a review of the Swedish context. In: BMC Psychiatry, 17/1, doi: 10.1186/s12888-017-1409-9.
Karrer, Dieter (2009): Der Umgang mit dementen Angehörigen. Über den Einfluss sozialer Unterschiede. Wiesbaden.
Karsch, Fabian (2015): Medizin zwischen Markt und Moral. Zur Kommerzialisierung ärztlicher Handlungsfelder. Bielefeld.
Kasten, Ingrid (1992): »Narrheit« und »Wahnsinn«. Michel Foucaults Rezeption von Sebastian Brants »Narrenschiff«. In: Janota, Johannes (Hg.): Festschrift Walter Haug und Burghart Wachinger. Tübingen, S. 233–254.
Kasuya, Richard T./Polgar-Bailey, Patricia/Takeuchi, Robbyn (2000): Caregiver burden and burnout. A guide for primary care physicians. In: Postgraduate Medicine, 108/7, S. 119–123.
Katz, Stephen (1992): Alarmist demography. Power, knowledge, and the elderly population. In: Journal of Aging Studies, 6/3, S. 203–225.
Katzman, Robert (1976): The prevalence and malignancy of Alzheimer disease. A major killer. In: Archives of Neurology, 33/4, S. 217–218.
Katzman, Robert/Bick, Katherine L. (2000): The rediscovery of Alzheimer disease during the 1960 and 1970s. In: Whitehouse, Peter J./Maurer, Konrad/Ballenger, Jesse F. (Hg.): Concepts of Alzheimer disease. Biological, clinical, and cultural perspectives. Baltimore, S. 105–113.
Katzman, Robert/Terry, Robert/DeTeresa, Richard/ Brown, Theodore/Davies, Peter/Fuld, Paula/Renbing, Xiong/Peck, Arthur (1988): Clinical, pathological, and neurochemical changes in dementia. A subgroup with preserved mental status and numerous neocortical plaques. In: Annals of Neurology, 23/2, S. 138–144.
Kay, Lily E. (2005): Das Buch des Lebens. Wer schrieb den genetischen Code? Frankfurt am Main.
Keller, Reiner (2004): Der Müll der Gesellschaft. Eine wissenssoziologische Diskursanalyse. In: Keller, Reiner/Hirseland, Andreas/Schneider, Werner/Viehöver, Willy (Hg.): Hand-

buch Sozialwissenschaftliche Diskursanalyse. Band 2. Theorien und Methoden. Wiesbaden, S. 197–232.
Keller, Reiner (2007): Diskurse und Dispositive analysieren. Die Wissenssoziologische Diskursanalyse als Beitrag zu einer wissenschaftlichen Profilierung der Diskursforschung. In: Forum Qualitative Sozialforschung, 8/2, 46 Absätze. Verfügbar über: http://www.qualitative-research.net/index.php/fqs/article/view/243 [zuletzt abgerufen am 08.06.2017].
Keller, Reiner/Hirseland, Andreas/Schneider, Werner/Viehöver, Willy (Hg.) (2001): Handbuch sozialwissenschaftliche Diskursanalyse. Band 1. Theorien und Methoden. Wiesbaden.
Kenner, Alison Marie (2008): Securing the elderly body. Dementia, surveillance, and the politics of »aging in place«. In: Surveillance and Society, 5/3, S. 252–269.
Kenyon, Gary/Bohlmeijer, Ernst/Randall, William L. (2011): Preface. In: Dies. (Hg.): Storying later life. Issues, investigations, and interventions in narrative gerontology. New York.
Kiefl, Oliver (2014): Diskursanalyse. In: Bischoff, Christine/Oehme-Jüngling, Karoline/Leimgruber, Walter (Hg.): Methoden der Kulturanthropologie. Bern, S. 431–443.
Kitwood, Tom (2013): Demenz. Der person-zentrierte Ansatz im Umgang mit verwirrten Menschen. Bern.
Kitwood, Tom/Bredin, Kathleen (1992): Towards a theory of dementia care. Personhood and well-being. In: Ageing & Society, 12/3, S. 269–287.
Kivipelto, Miia/Mangialasche, Francesca/Ngandu, Tiia (2017): Can lifestyle changes prevent cognitive impairment? In: The Lancet Neurology, 16/5, S. 338–339.
Klausner, Martina (2006): Die Diagnose von Alzheimer-Demenz als klinische Wissenspraxis. Ethnologische Einblicke in zwei Berliner Gedächtnissprechstunden. Magisterarbeit. Verfügbar über: http://edoc.hu-berlin.de/master/klausner-martina-2007-07-05/PDF/klausner.pdf [zuletzt abgerufen am 24.05.2017].
Klein, Christian/Martínez, Matías (2009): Wirklichkeitserzählungen. Felder, Formen und Funktionen nicht-literarischen Erzählens. In: Dies (Hg.): Wirklichkeitserzählungen. Felder, Formen und Funktionen nicht-literarischen Erzählens. Stuttgart/Weimar, S. 1–13.
Klie, Thomas (2006): Altersdemenz als Herausforderung für die Gesellschaft. In: Nationaler Ethikrat (Hg.): Altersdemenz und Morbus Alzheimer. Medizinische, gesellschaftliche und ethische Herausforderungen. Jahrestagung des Nationalen Ethikrates 2005. Berlin, S. 65–81.
Klie, Thomas (2008): Zivilgesellschaft, Engagement der Bürger und Demenz. Interview mit Prof. Dr. Thomas Klie, Leiter des Zentrums für Zivilgesellschaftliche Entwicklung (ZZE) an der Evangelischen Fachhochschule Freiburg. In: Wißmann, Peter/Gronemeyer, Reimer: Demenz und Zivilgesellschaft – eine Streitschrift. Frankfurt am Main, S. 131–142.
Klie, Thomas (2010): Bürgerschaftliches Engagement in der Pflege. In: Olk, Thomas/Klein, Ansgar/Hartnuß, Birger (Hg.): Engagementpolitik. Die Entwicklung der Zivilgesellschaft als politische Aufgabe. Wiesbaden, S. 571–591.
Klie, Thomas (2011): Eingeschlossen und fixiert in der eigenen Häuslichkeit – Fachliche und rechtliche Dilemmata eines tabuisierten Pflegethemas. Verfügbar über: http://www.

redufix.de/html/img/pool/Schwester_Pfleger_ReduFix_Ambulant_Eingeschlossen_ und_fixiert_in_der_eigenen_Haeuslichkeit.pdf [zuletzt abgerufen am 14.02.2017].

Klie, Thomas (2014): Wen kümmern die Alten? Auf dem Weg in eine sorgende Gesellschaft. München.

Klopotek, Felix/Scheiffele, Peter (Hg.) (2016): Zonen der Selbstoptimierung. Berichte aus der Leistungsgesellschaft. Berlin.

Klöppel, Ulrike (2010a): Foucaults Konzept der Problematisierungsweise und die Analyse diskursiver Transformationen. In: Landwehr, Achim (Hg.): Diskursiver Wandel. Wiesbaden, S. 255–264.

Klöppel, Ulrike (2010b): XXOXY ungelöst. Hermaphroditismus, Sex und Gender in der deutschen Medizin. Eine historische Studie zur Intersexualität. Bielefeld.

Knecht, Michi (2013): Nach *Writing Culture*, mit *Actor-Network*. Ethnografie/Praxeografie in der Wissenschafts-, Medizin- und Technikforschung. In: Hess, Sabine/Moser, Johannes/Schwertl, Maria (Hg.): Europäisch-ethnologisches Forschen. Neue Methoden und Konzepte. Berlin, S. 79–106.

Kohl, Katrin (2007): Metapher. Stuttgart/Weimar.

König, Christoph (Hg.) (2003): Internationales Germanistenlexikon 1800–1950. Band 3. R–Z. Berlin.

Kollak, Ingrid (Hg.) (2016): Menschen mit Demenz durch Kunst und Kreativität aktivieren. Eine Anleitung für Pflege- und Betreuungspersonen. Berlin/Heidelberg.

Kontos, Pia C. (2005): Embodied selfhood in Alzheimer's disease. Rethinking person-centered care. In: Dementia, 4/4, S. 553–570.

Kontos, Pia C./Martin, Wendy (2013): Embodiment and dementia. Exploring critical narratives of selfhood, surveillance, and dementia care. In: Dementia, 12/3, S. 288–302.

Koopman, Colin (2013): Geneaology as critique. Foucault and the problems of modernity. Bloomington/Indianapolis.

Korzilius, Heike (2016): Morbus Alzheimer. Labortest für frühe Diagnose vorgestellt. In: Deutsches Ärzteblatt, 113/46, S. 2078–2079.

Krasberg, Ulrike (2013): »Hab ich vergessen, ich hab nämlich Alzheimer!« Beobachtungen einer Ethnologin in Demenzwohngruppen. Bern.

Kruse, Andreas (2009): Kulturelle Gerontologie. Gesellschaftliche und individuelle Antworten auf Entwicklungspotenziale und Grenzsituationen im Alter. In: Klie, Thomas/Kumlehn, Martina/Kunz, Ralph (Hg.): Praktische Theologie des Alterns. Berlin, S. 75–104.

Kruse, Andreas (Hg.) (2010a): Lebensqualität bei Demenz? Zum gesellschaftlichen und individuellen Umgang mit einer Grenzsituation im Alter. Heidelberg.

Kruse, Andreas (2010b): Menschenbild und Menschenwürde als grundlegende Kategorien der Lebensqualität demenzkranker Menschen. In: Ders. (Hg.): Lebensqualität bei Demenz? Zum gesellschaftlichen und individuellen Umgang mit einer Grenzsituation im Alter. Heidelberg, S. 3–25.

Kruse, Andreas (2012): Die Lebensqualität demenzkranker Menschen erfassen und positiv beeinflussen – eine fachliche und ethische Herausforderung. In: Deutscher Ethikrat (Hg.): Demenz – Ende der Selbstbestimmung? Tagung des Deutschen Ethikrates 2010. Berlin, S. 27–50.

Kruse, Andreas (2017): Lebensphase hohes Alter. Verletzlichkeit und Reife. Berlin.

Kruse, Jan/Biesel, Kay/Schmieder, Christian (2011): Metaphernanalyse. Ein rekonstruktiver Ansatz. Wiesbaden.
Kuhlenkamp, Stefanie (2017): Lehrbuch Psychomotorik. München/Basel.
Kumbruck, Christel (2010): Wertschätzung im Pflegeteam und in direkten Beziehungen mit Patienten. In: Dies./Rumpf, Mechthild/Senghaas-Knobloch, Eva (Hg.): Unsichtbare Pflegearbeit. Fürsorgliche Praxis auf der Suche nach Anerkennung. Berlin, S. 235–282.
Kuratorium Deutsche Altershilfe (1991): Die Alzheimersche Krankheit. Unsere Verantwortung als Familie und Gesellschaft. Fachtagung für Angehörige MitarbeiterInnen und PolitkerInnen. 10. bis 14. September 1990 in Wetzlar. Köln.
Kurz, Alexander/Lauter, Hans (1999): Klinische Aspekte der Alzheimer-Krankheit. In: Helmchen, Hanfried/Henn, Fritz/Lauter, Hans/Sartorius, Norman (Hg.): Psychiatrie der Gegenwart 4. Psychische Störungen bei somatischen Krankheiten. Berlin, S. 71–103.
Kurz, Gerhard (2004): Metapher, Allegorie, Symbol. Göttingen.
Lakoff, George/Johnson, Mark (1998): Leben in Metaphern. Konstruktion und Gebrauch von Sprachbildern. Heidelberg.
Landau, Ruth/Auslander, Gail K./Werner, Shirli/Shoval, Noam/Heinik, Jeremia (2010): Families' and professional caregivers' views of using advanced technology to track people with dementia. In: Qualitative Health Research, 20/3, S. 409–419.
Lange, Laura/Schulte, Timo/Dittmann, Birger/Hildebrandt, Helmut (2017): Regionale Verteilung der Demenz sowie Inanspruchnahme vor und nach Erstdiagnose. In: Storm, Andreas (Hg.): Pflegereport 2017. Gutes Leben mit Demenz. Daten, Erfahrungen und Praxis. Hamburg, S. 50–95.
Lange, Reingard (2018): Soziale Vernetzung als Ressource für Menschen mit Demenz. Gruppeninterviews mit Betroffenen auf der Grundlage der dokumentarischen Methode. Wiesbaden.
Larson, Eric B./Yaffe, Kristine/Langa, Kenneth M. (2013): New insights into the dementia epidemic. In: The New England Journal of Medicine, 369/24, S. 2275–2277.
Latour, Bruno (1996): On actor-network theory. A few clarifications plus more than a few clarifications. In: Soziale Welt, 47/4, S. 369–381.
Lauser, Andrea (2005): Translokale Ethnographie. In: Forum Qualitative Sozialforschung, 6/3, 47 Absätze. Verfügbar über: http://www.qualitative-research.net/index.php/fqs/rt/printerFriendly/26/955 [zuletzt abgerufen am 23.01.2018].
Leibing, Annette (2006): Divided gazes. Alzheimer's disease, the person within, and death in life. In: Dies./Cohen, Lawrence (Hg.): Thinking about dementia. Culture, loss, and the anthropology of senility. New Brunswick/New Jersey/London, S. 240–268.
Leibing, Annette (2008): Entangled matters – Alzheimer's, interiority and the »unflattening« of the world. In: Culture, Medicine and Psychiatry, 32/2, S. 177–193.
Leischker, Andreas H./Kolb, Geralf F. (2015): Vitamin-B_{12}-Mangel im Alter. In: Zeitschrift für Gerontologie und Geriatrie, 48/1, S. 73–90.
Lemke, Thomas (1997): Eine Kritik der politischen Vernunft. Foucaults Analyse der modernen Gouvernementalität. Hamburg.
Lemke, Thomas (2003): Comment on Nancy Fraser. Rereading Foucault in the shadow of globalization. In: Constellations. An International Journal of Critical and Democratic Theory, 10/2, S. 172–179.

Lemke, Thomas (2007): Gouvernementalität und Biopolitik. Wiesbaden.
Lemke, Thomas (2019): »Eine andere Vorgehensweise«. Erfahrung und Kritik bei Foucault. In: Marchart, Oliver/Martinsen, Renate (Hg.): Foucault und das Politische. Transdisziplinäre Impulse für die politische Theorie der Gegenwart. Wiesbaden, S. 23–48.
Leszek, Jerzy W./Goustin, Anton Scott/Kurkinen, Markku (2014): Why »amyloid cascade« is a misguided hypothesis of Alzheimer's dementia etiology. In: Alzheimer's & Dementia, 10, S. 341.
Leung, Karen K./Finlay, Juli/Silvius, James L./Koehn, Sharon/McCleary, Lynn/Cohen, Carole A./Hum, Susan/Garcia, Linda/Dalziel, William/Emerson, Victor F./Pimlott, Nicholas J. G./Persaud, Malini/Kozak, Jean/Drummond, Neil (2011): Pathways to diagnosis. Exploring the experiences of problem recognition and obtaining a dementia diagnoses among Anglo-Canadians. In: Health and Social Care in the Community, 19/4, S. 372–381.
Levold, Tom (2012): Metaphern der Resilienz. In: Welter-Enderlin, Rosmarie/Hildenbrand, Bruno (Hg.): Resilienz – Gedeihen trotz widriger Umstände. Heidelberg, S. 230–254.
Lin, Shih-Yin/Lewis, Frances Marcus (2015): Dementia friendly, dementia capable, and dementia positive. Concepts to prepare for the future. In: The Gerontologist, 55/2, S. 51–68.
Link, Jürgen (1992): Normalismus – Konturen eines Konzepts. In: KultuRRevolution. Zeitschrift für angewandte Diskurstheorie, 27, S. 50–70.
Link, Jürgen (2001): Diskursanalyse unter besonderer Berücksichtigung von Interdiskurs und Kollektivsymbolik. In: Keller, Reiner/Hirseland, Andreas/Schneider, Werner/Viehöver, Willi (Hg.): Handbuch sozialwissenschaftliche Diskursanalyse. Band 1. Theorien und Methoden. Wiesbaden, S. 406–430.
Link, Jürgen (2005): Warum Diskurse nicht von personalen Subjekten »ausgehandelt« werden. Von der Diskurs- zur Interdiskurstheorie. In: Keller, Reiner/Hirseland, Andreas/Schneider, Werner/Viehöver, Willy (Hg.): Die diskursive Konstruktion von Wirklichkeit. Zum Verhältnis von Wissenssoziologie und Diskursforschung. Konstanz, S. 77–100.
Link, Jürgen (2009): Versuch über den Normalismus. Wie Normalität produziert wird. Göttingen.
Link, Jürgen (2012): Subjektivitäten als (inter)diskursive Ereignisse. Mit einem historischen Beispiel (der Kollektivsymbolik von Maschine vs. Organismus) als Symptom diskursiver Positionen. In: Keller, Reiner/Schneider, Werner/Viehöver, Willy (Hg.): Diskurs – Macht – Subjekt. Theorie und Empirie von Subjektivierung in der Diskursforschung. Wiesbaden, S. 53–68.
Link, Jürgen/Link-Heer, Ursula (1994): Kollektivsymbolik und Orientierungswissen. Das Beispiel des »Technisch-Medizinischen Vehikel-Körpers«. In: Der Deutschunterricht, 64/4, S. 44–55.
Link, Jürgen/Link-Heer, Ursula (2002): Nicht möglich! Die Interdiskurs-Theorie macht Karriere! In: KulturRRevolution. Zeitschrift für angewandte Diskurstheorie, 44, S. 9–11.
Liperoti, Rosa/Pedone, Claudio/Corsonello, Andrea (2008): Antipsychotics for the treatment of behavioral and psychological symptoms of dementia (BPSD). In: Current Neuropharmacology, 6/2, S. 117–124.

Livingston, Gill/Kelly, Lynsey/Lewis-Holmes, Elanor/Baio, Gianluca/Morris, Stephen/Patel, Nishma/Omar, Rumana Z./Katona, Cornelius/Cooper, Claudia (2014): A systematic review of the clinical effectiveness and cost-effectiveness of sensory, psychological, and behavioural interventions for managing agitation in older adults with dementia. In: Health Technology Assessment, 18/39, S. 1–226.

Livingston, Gill/Sommerlad, Andrew/Orgeta, Vasiliki/Costafreda, Sergi G./Huntley, Jonathan/Ames, David/Ballard, Clive/Banerjee, Sube/Burns, Alistair/Cohen-Mansfield, Jiska/Cooper, Claudia/Fox, Nick/Gitlin, Laura N./Howard, Robert/Kales, Helen C./Larson, Eric B./Ritchie, Karen/Rockwood, Kenneth/Sampson, Elizabeth L./Samus, Quincy/Schneider, Lon S./Selbæk, Geir/Teri, Linda/Mukadam, Naaheed (2017): Dementia prevention, intervention and, care. In: The Lancet, 390/10113, S. 2673–2764.

Lloyd, Joanna/Patterson, Tom/Muers, Jane (2016): The positive aspects of caregiving in dementia. A critical review of the qualitative literature. In: Dementia, 15/6, S. 1534–1561.

Lock, Margaret (2008): Verführt von »Plaques« und »Tangles«. Die Alzheimer-Krankheit und das zerebrale Subjekt. In: Niewöhner, Jörg/Kehl, Christoph/Beck, Stefan (Hg.): Wie geht die Kultur unter die Haut? Emergente Praxen an der Schnittstelle von Medizin, Lebens- und Sozialwissenschaft. Bielefeld, S. 55–80.

Lock, Margaret (2013): The Alzheimer conundrum. Entanglements of dementia and aging. Princeton.

Lock, Margaret/Nguyen, Vinh-Kim (2010): An anthropology of biomedicine. New York.

Lorenz, Klara/Freddolino, Paul P./Comas-Herrera, Adelina/Knapp, Martin/Damant, Jacqueline (2017): Technology-based tools and services for people with dementia and carers. Mapping technology onto the dementia care pathway. In: Dementia, 18/2, S. 725–741.

Löser, Christian (2012): Das PEG-Dilemma – Plädoyer für ein ethisch verantwortungsbewusstes ärztliches Handeln. In: Aktuelle Ernährungsmedizin, 37/4, S. 217–222.

Lüders, Christian (2007): Beobachten im Feld und Ethnographie. In: Flick, Uwe/Von Kardorff, Ernst/Steinke, Ines (Hg.): Qualitative Forschung. Ein Handbuch. Reinbek bei Hamburg, S. 384–401.

Lux, Thomas (Hg.) (2003): Kulturelle Dimension der Medizin. Ethnomedizin – Medizinethnologie – medical anthropology. Berlin.

Lyman, Karen A. (1989): Bringing the social back in. A critique of the biomedicalization of aging. In: The Gerontologist, 29/5, S. 597–605.

Maase, Kaspar (2001): Das Archiv als Feld? Überlegungen zu einer historischen Ethnographie. In: Eisch, Katharina/Hamm, Marion (Hg.): Die Poesie des Feldes. Beiträge zur ethnographischen Kulturanalyse. Tübingen, S. 255–271.

Maasen, Sabine (2011): Das beratene Selbst. Zur Genealogie der Therapeutisierung in den »langen« Siebzigern. Eine Perspektivierung. In: Dies./Elberfeld, Jens/Eitler, Pascal/Tändler, Maik (Hg.): Das beratene Selbst. Zur Genealogie der Therapeutisierung in den »langen« Siebzigern. Bielefeld, S. 7–34.

Mache, Stefanie/Tropp, Salomé/Vitzthum, Karin/Kusma, Bianca/Scutaru, Christian/Quarcoo, David/Klapp, Burghard F./Groneberg, David A.(2010): Morbus Alzheimer – eine szientometrische Analyse. In: Aktuelle Neurologie, 37/5, S. 206–212.

Macho, Thomas (1999): Zur Ideengeschichte der Beratung. Eine Einführung. In: Prechtl, Gerd (Hg.): Das Buch von Rat und Tat. Ein Lesebuch aus drei Jahrtausenden. München, S. 16–31.

MacQuarrie, Colleen R. (2005): Experiences in early stage Alzheimer's disease. Understanding the paradox of acceptance and denial. In: Aging & Mental Health, 9/5, S. 430–441.

Maier, Wolfgang/Barnikol, Utako Birgit (2014): Neurokognitive Störungen im DSM-5. Durchgreifende Änderungen in der Demenzdiagnostik. In: Der Nervenarzt, 85/5, S. 564–570.

Marcus, George E. (1995): Ethnography in/of the world system. The emergence of multi-sited ethnography. In: Annual Review of Anthropology, 24, S. 95–117.

Marcus, George E. (2011): Multi-sited ethnography. Five or six things I know about it. In: Coleman, Simon/Von Hellermann, Pauline (Hg.): Multi-sited ethnography. Problems and possibilities in the translocation of research methods. New York, S. 16–34.

Marquardt, Gesine/Schmieg, Peter (2009): Dementia-friendly architecture. Environments that faciliate wayfinding in nursing homes. In: American Journal of Alzheimer's disease & other dementias, 24/4, S. 333–340.

Matthews, Fiona E./Stephan, Blossom/Robinson, Louise/Jagger, Carol/Barnes, Linda E./Arthur, Anthony J./Brayne, Carol (2016): A two decade dementia incidence comparison from the cognitive function and ageing studies I and II. In: Nature Communications, 7, doi: 10.1038/ncomms11398.

Maurer, Konrad/Volk, Stephan/Gerbaldo, Hector (1997): Auguste D and Alzheimer's disease. In: The Lancet, 349/1, S. 1546–1549.

Mauss, Marcel (1984): Die Gabe. Form und Funktion des Austausches in archaischen Gesellschaften. Frankfurt am Main.

Mc Parland, Patricia/Kelly, Fiona/Innes, Anthea (2017): Dichotomising dementia. Is there another way? In: Sociology of Health & Illness, 39/2, S. 258–269.

McGovern, Justine (2010): Couple well-being and dementia. In: Journal of Aging, Humanities, and the Arts, 4/3, S. 178–184.

McKhann, Guy M./Drachman, David/Folstein, Marshall/Katzman, Robert/Price, Donald/Stadlan, Emanuel M. (1984): Clinical diagnosis of Alzheimer's disease. Report of the NINCDS-ADRDA work group under the auspices of Department of Health and Human Services task force on Alzheimer's disease. In: Neurology, 34/7, S. 939–944.

McKhann, Guy M./Knopman, David S./Chertkow, Howard/Hyman, Bradley T./Jack, Clifford R./Kawas, Claudia H./Klunk, William E./Koroshetz, Walter J./Manly, Jennifer/Mayeux, Richard/Mohs, Richard C./Morris, John C./Rossor, Martin N./Scheltens, Philip/Carrillo, Maria C./Thies, Bill/Weintraub, Sandra/Phelbs, Creighton H. (2011): The diagnosis of dementia due to Alzheimer's disease. Recommendations from the National Institute on Aging-Alheimer's Association workgroups on diagnostic guidelines for Alzheimer's disease. In: Alzheimer's & Dementia, 7/3, S. 263–269.

Meier, Bernadette/Held, Christoph (2013): Dissoziatives Alltagserleben. Ausscheidung. In: Held, Christoph (Hg.): Was ist »gute« Demenzpflege? Demenz als dissoziatives Erleben – ein Praxishandbuch für Pflegende. Bern, S. 65–72.

Meyer, Christian (2014): Menschen mit Demenz als Interaktionspartner. In: Zeitschrift für Soziologie, 43/2, S. 95–122.

Michel, Bettina (2014): Papa, ich bin für dich da. Wie sie Demenzkranken helfen können. München.
Miller, Peter/Rose, Nikolas (1990): Governing economic life. In: Economy & Society, 19/1, S. 1–31.
Milne, Alisoun (2010): Dementia screening and early diagnosis. The case for and against. In: Health, Risk & Society, 12/1, S. 65–76.
Mitchell, Gail J./Dupuis, Sherry L./Kontos, Pia C. (2013): Dementia Discourse. From imposed suffering to knowing other-wise. In: Journal of Applied Hermeneutics, 2/5, S. 1–19.
Mol, Annemarie/Moser, Ingunn/Pols, Jeannette (Hg.) (2010): Care in practice. On tinkering in clinics, homes and farms. Bielefeld.
Mondini, Sara/Madella, Ileana/Zangrossi, Andrea/Bigolin, Angela/Tomasi, Claudia/Michieletto, Marta/Villani, Daniele/Di Giovanni, Giuseppina/Mapelli, Daniela (2016): Cognitive reserve in dementia. Implications for cognitive training. In: Frontiers in Aging Neuroscience, 8, doi: 10.3389/fnagi.2016.00084.
Moniz-Cook, Esme/Vernooij-Dassen, Myrra/Woods, Bob/Orrel, Martin (2011): Psychosocial interventions in dementia care research. The INTERDEM manifesto. In: Aging & Mental Health, 15/3, S. 283–290.
Montoro-Rodríguez, Julián/Kosloski, Karl/Kercher, Kyle/Montgomery, Rhonda J. V. (2009): The impact of social embarrassment on caregving distress in a multicultural sample of caregivers. In: Journal of Applied Gerontology, 28/2, S. 195–217.
Moore, Sally Falk (1975): Epilogue. Uncertainties in situations, indeterminancies in culture. In: Dies./Myerhoff, Barbara (Hg.): Symbol and politics in communal ideology. Ithaca, S. 210–245.
Mort, Frank/Peters, Roy (2005): Foucault recalled. Interview with Michel Foucault. In: New Formations, 55/1, S. 9–22.
Motenko, Aluma Kopito (1989): The frustrations, gratifications, and well-being of dementia caregivers. In: The Gerontologist, 29/2, S. 166–172.
Müller-Busch, Hans Christof (2015): Palliative Aspekte in der Begleitung am Lebensende. In: Maercker, Andreas (Hg.): Alterspsychotherapie und klinische Gerontopsychologie. Berlin/Heidelberg, S. 347–376.
Müller-Hergl, Christian (2004): Faecal incontinence. In: Innes, Anthea/Archibald, Carole/Murphy, Charlie (Hg.): Dementia and social inclusion. Marginalised groups and marginalised areas of dementia research. London/Philadelphia, S. 113–122.
Müller-Hergl, Christian (2014): Inklusion und Teilhabe. Teil 2. Zugleich notwendig und unerreichbar. Eine Diskussion unterschiedlicher Inklusionsverständnisse mit Bezug auf das Themenfeld Demenz. Verfügbar über: http://dzd.blog.uni-wh.de/wp-content/uploads/2014/12/christian-inklusion-formatiert.pdf [Zuletzt abgerufen am 08.02.2018].
Nachtigall, Andrea (2012): Gendering 9/11. Medien, Macht und Geschlecht im Kontext des »War on Terror«. Bielefeld.
Nanda, Serena/Warms, Richard L. (2011): Cultural Anthropology. Belmont.
Nationaler Ethikrat (Hg.) (2006): Altersdemenz und Morbus Alzheimer. Medizinische, gesellschaftliche und ethische Herausforderungen. Vorträge der Jahrestagung des Nationalen Ethikrates 2005. Berlin.

Netto, Nicholas Raphael/Jenny, Goh Yen Ni/Philip, Yap Lin Kiat (2009): Growing and gaining through caring for a loved one with dementia. In: Dementia, 8/2, S. 245–261.

Newerla, Andrea (2012a): Der Alltag des Anderen. Familiäre Lebenswelten von Menschen mit Demenz und ihren Angehörigen. Verfügbar über: http://geb.uni-giessen.de/geb/volltexte/2012/9037/pdf/NewerlaAlltagAnderen.pdf [zuletzt abgerufen am 08.02.2018].

Newerla, Andrea (2012b): Verwirrte pflegen, verwirrte Pflege? Handlungsprobleme und Handlungsstrategien in der stationären Pflege von Menschen mit Demenz. Eine ethnographische Studie. Berlin.

Niedermair, Klaus (2001): Metaphernanalyse. In: Hug, Theo (Hg.): Wie kommt Wissenschaft zu Wissen? Band 2. Einführung in die Forschungsmethodik und Forschungspraxis. Baltmannsweiler, S. 144–165.

Niewöhner, Jörg (2007): Forschungsschwerpunkt präventives Selbst. Herz-Kreislauferkrankungen im Jahr der Geisteswissenschaften. In: Humboldt-Spektrum, 14/1, S. 34–37.

Niewöhner, Jörg/Kehr, Janina/Vailly, Joëll (Hg.) (2011): Leben in Gesellschaft. Biomedizin – Politik – Sozialwissenschaften. Bielefeld.

Norton, Sam/Matthews, Fiona E./Barnes, Deborah E./Yaffe, Kristine/Brayne, Carol (2014): Potential for primary prevention of Alzheimer's disease. An analysis of population-based data. In: The Lancet Neurology, 13, S. 788–794.

Novitzky, Peter/Smeaton, Alan F./Chen, Cynthia/Irving, Kate/Jacquemard, Tim/O'Brolcháin, Fiachra/O'Mathúna, Dónal/Gordijn, Bert (2015): A review of contemporary work on the ethics of ambient assisted living technologies for people with dementia. In: Science and Engineering Ethics, 21/3, S. 707–765.

Nucci, Massimo/Mapelli, Daniela/Mondini, Sara (2012): Cognitive reserve index questionnaire (CRIq). A new instrument for measuring cognitive reserve. In: Aging – Clinical and Experimental Research, 24/3, S. 218–226.

O'Brien, John T./Thomas, Alan (2015): Vascular dementia. In: The Lancet Neurology, 386/10004, S. 1698–1706.

O'Connor, Deborah/Phinney, Alison/Hulko, Wendy (2010): Dementia at the intersections. A unique case study exploring social location. In: Journal of Aging Studies, 24/1, S. 30–39.

O'Reilly, Karen (2012): Ethnographic methods. London/New York.

Onishi, Joji/Suzuki, Yusuke/Umegaki, Hiroyuki/Nakamura, Akria/Endo, Hidetoshi/Iguchi, Akihisa (2005): Influence of behavioral and psychological symptoms of dementia (BPSD) and environment of care on caregivers' burden. In: Archives of Gerontology and Geriatrics, 41/2, S. 159–168.

Otto, Welf-Gerrit (2013): Zwischen Leisten und Loslassen – Bilder von Multimorbidität, Vulnerabilität und Endlichkeit in Altersratgeberliteraturen der Gegenwart. Marburg, doi: 10.17192/z2013.0241.

Pantel, Johannes (2010): Demenzen. In: Amberger, Stephanie/Roll, Sibylle C. (Hg.): Psychiatriepflege und Psychotherapie. Stuttgart, S. 455–460.

Parens, Erik (2013): On good and bad forms of medicalization. In: Bioethics, 27/1, S. 28–35.

Parks, Susan Hillier/Pilisuk, Marc (1991): Caregiver burden. Gender and the psychological costs of caregiving. In: American Journal of Orthopsychiatry, Mental Health & Social Justice, 61/4, S. 501–509.

Peng-Keller, Simon (2017a): »Spiritual Care« im Werden. Zur Konzeption eines neuen interdisziplinären Forschungs- und Praxisgebiets. In: Spiritual Care. Zeitschrift für Spiritualität in den Gesundheitsberufen, 6/2, S. 175–181.
Peng-Keller, Simon (2017b): Einleitung. Gebet als Resonanzereignis. Konzeptionelle und ethische Annäherungen im Hinblick auf interprofessionelle Spiritual Care. In: Ders. (Hg.): Gebet als Resonanzereignis. Annäherungen im Horizont von Spiritual Care. Göttingen/Bristol, S. 9–28.
Person, Marianne/Hanssen, Ingrid (2015): Joy, happiness, and humor in dementia care. A qualitative study. In: Creative Nursing, 21/1, S. 47–52.
Pescosolido, Bernice A./Martin, Jack K./McLeod, Jane D./Rogers, Anne (Hg.) (2011): Handbook of the sociology of health, illness, and healing. A blueprint for the 21st century. New York.
Petersen, Ronald C./Caracciolo, Barbara/Brayne, Carol/Gaulthier, Serge/Jelic, Vesna/Fratiglioni, Laura (2014): Mild cognitive impairment. A concept in evolution. In: Journal of Internal Medicine, 275/3, S. 214–228.
Pettersen, Tove (2012): Conceptions of care. Altruism, feminism, and mature care. In: Hypatia. A Journal of Feminist Philosophy, 27/2, S. 366–389.
Phinney, Alison/Chaudhury, Habib/O'Connor, Deborah L. (2007): Doing as much as I can do. The meaning of activity for people with dementia. In: Aging & Mental Health, 11/4, S. 384–393.
Pierce, Robin (2010): A changing landscape for advance directives in dementia research. In: Social Science & Medicine, 70/4, S. 623–630.
Pilgram-Frühauf, Franzisca (2018): Sterbende Erinnerungen. Autobiografische Texte von Menschen mit Demenz. In: Peng-Keller, Simon/Mauz, Andreas (Hg.): Sterbenarrative. Hermeneutische Erkundungen des Erzählens am/vom Lebensende. Berlin, S. 159–176.
Plemper, Burkhard (2018): … und nichts vergessen?! Die gesellschaftliche Herausforderung Demenz. Göttingen.
Post, Stephen G. (1995): The moral challenge of Alzheimer disease. Baltimore/London.
Post, Stephen G. (2000): The concept of Alzheimer disease in a hypercognitive society. In: Whitehouse, Peter J./Maurer, Konrad/Ballenger, Jesse F. (Hg.): Concepts of Alzheimer disease. Biological, clinical, and cultural perspectives. Baltimore, S. 245–256.
Qui, Chengxuan/Fratiglioni, Laura (2017): Epidemiology of Alzheimer's disease. In: Waldemar, Gunhild/Burns, Alistair (Hg.): Oxford Neurology Library. Alzheimer's Disease. Oxford, S. 17–26.
Rabinow, Paul (2005): Anthropos today. Reflections on modern equipment. Princeton/Oxford.
Rabinow, Paul (2011): Dewey and Foucault. What's the problem? In: Foucault Studies, 11, S. 11–19.
Rabinow, Paul/Rose, Nikolas (2003): Introduction. Foucault today. In: Dies. (Hg.): Foucault today. The essential Foucault. Selections from the essential works of Foucault, 1954–1984. New York, S. 1–30.
Radvanszky, Andrea (2016): Die Krisenhaftigkeit der Krise. Misslingende demenzielle Interaktionsprozesse. In: Österreichische Zeitschrift für Soziologie 41/1, S. 97–114.
Reckwitz, Andreas (2012): Subjekt. Bielefeld.

Reisberg, Barry/Ferris, Steven H./Anand, Ravi/De Leon, Mony J./Schneck, Michael K./Buttinger, Catharine/Borenstein, Jeffrey (1984): Functional staging of dementia of the Alzheimer type. In: Annals of the New York Academy of Sciences, 435/1, S. 481–483.

Reisfield, Gary M./Wilson, George R. (2004): Use of metaphor in the discourse on cancer. In: Journal of Clinical Oncology, 22/19, S. 4024–4027.

Rhys, Isaac (1992): Der entlaufene Sklave. Zur ethnographischen Methode in der Geschichtsschreibung. Ein handlungstheoretischer Ansatz. In: Habermas, Rebekka/Minkmar, Nils (Hg.): Das Schwein des Häuptlings. Sechs Aufsätze zur Historischen Anthropologie. Berlin, S. 147–185.

Richard, Nicole/Richard, Monika (2016): Integrative Validation nach Richard. Menschen mit Demenz wertschätzend begegnen. Bollendorf.

Richter, Ronald (2017): Die neue soziale Pflegeversicherung PSG I, II und III. Pflegebegriff, Vergütungen, Potenziale. Hannover.

Riedel-Heller, Steffi G./König, Hans-Helmuth (2011): Häufigkeit und Kosten von kognitiven Störungen in Deutschland. In: Psychiatrische Praxis, 38/7, S. 317–319.

Riescher, Gisela (2002): »Das Private ist politisch«. Die politische Theorie und das Öffentliche und das Private. In: Bauer, Ingrid/Neissl, Julia (Hg.): Gender Studies. Denkachsen und Perspektiven der Geschlechterforschung. Innsbruck, S. 53–66.

Robertson, Ann (1990): The politics of Alzheimer's disease. A case study in apocalyptic demography. In: International Journal of Health Services, 20/3, S. 429–442.

Robinson, Carole A./Reid, Colin R./Cooke, Heather A. (2010): A home away from home: The meaning of home according to families of residents with dementia. Dementia 9/4, S. 490–508.

Rohra, Helga (2011): Aus dem Schatten treten. Warum ich mich für unsere Rechte als Demenzbetroffene einsetze. Frankfurt am Main.

Rohra, Helga (2016): Ja zum Leben trotz Demenz! Warum ich kämpfe. Heidelberg.

Rohrmann, Eckhard (2011): Mythen und Realitäten des Anders-Seins. Gesellschaftliche Konstruktionen seit der frühen Neuzeit. Wiesbaden.

Romero, Barbara/Förstl, Hans (2012): Nicht medikamentöse Therapie. In: Wallesch, Claus-Werner/Förstl, Hans (Hg.): Demenzen. Stuttgart, S. 370–381.

Rosa, Hartmut (2012): Weltbeziehungen im Zeitalter der Beschleunigung. Umrisse einer neuen Gesellschaftskritik. Berlin.

Rosa, Hartmut (2017): Für eine affirmative Revolution. Eine Antwort auf meine Kritiker_innen. In: Peters, Christian Helge/Schulz, Peter (Hg.): Ressonanzen und Dissonanzen. Hartmut Rosas kritische Theorie in der Diskussion. Bielefeld.

Rose, Herbert Jennings (2012): Griechische Mythologie. Ein Handbuch. München.

Rosenberg, Lena/Nygård, Louise (2012): Persons with dementia become users of assistive technology. A study of the process. In: Dementia, 11/2, S. 135–154.

Rothe, Verena/Kreutzner, Gabriele/Gronemeyer, Reimer (2015): Im Leben bleiben. Unterwegs zu Demenzfreundlichen Kommunen. Bielefeld.

Roy S., Dheeraj/Arons, Autumn/Mitchell, Teryn I./Pignatelli, Michele/Ryan, Tomás J./Tonegawa, Susumu (2016): Memory retrieval by activating engram cells in mouse models of early Alzheimer's disease. In: Nature. International Journal of Science, 24/531, S. 508–512.

Roy, Lena-Katharina (2013): Demenz in Theologie und Seelsorge. Berlin/Boston.
Ruffing, Reiner (2008): Michel Foucault. Paderborn.
Ruitenberg, Annemieke/Ott, Alewijn/Van Swietjen, John C./Breteler, Monique M. B. (2001): Incidence of dementia. Does gender make a difference? In: Neurobiology of Aging, 22/4, S. 575–580.
Runde, Peter/Giese, Reinhard/Stierle, Claudia (2003): Einstellungen und Verhalten zur häuslichen Pflege und zur Pflegeversicherung unter den Bedingungen gesellschaftlichen Wandels. Analysen und Empfehlungen auf der Basis von repräsentativen Befragungen bei AOK-Leistungsempfängern der Pflegeversicherung. Hamburg.
Ruoff, Michael (2007): Foucault-Lexikon. Paderborn.
Sabat, Steven R. (1994): Excess disability and malignant social psychology. A case study of Alzheimer's disease. In: Journal of Community & Applied Social Psychology, 4/3, S. 157–166.
Sabat, Steven R. (2005): Capacity for decision-making in Alzheimer's disease. Selfhood, positioning and semiotic people. In: Australian & New Zealand Journal of Psychiatry, 39/11–12, S. 1030–1035.
Sabat, Steven R. (2010): Flourishing of the self while caregiving for a person with dementia. In: Dementia, 10/1, S. 81–97.
Sabat, Steven R./Napolitano, Lisa/Fath, Heather (2004): Barriers to the construction of a valued social identity. A case study of Alzheimer's disease. In: American Journal of Alzheimer's Disease and other Dementias, 19/3, S. 177–185.
Sachweh, Svenja (2000): »Schätzle, hinsitze!«. Kommunikation in der Altenpflege. Frankfurt am Main.
Sanders, Sara/Ott, Carol H./Kelber, Sheryl T./Noonan, Patricia (2008): The experience of high levels of grief in caregivers of persons with Alzheimer's disease and related dementia. In: Death Studies, 32/6, S. 495–523.
Sanford, Angela M. (2017): Mild cognitive impairment. In: Clinics in Geriatric Medicine, 33/3, S. 325–337.
Sarasin, Philipp (2014): Fast Forward. Kulturtheorien und Kulturkonzepte im Überblick. In: Forrer, Thomas/Linke, Angelika (Hg.): Wo ist Kultur? Perspektiven der Kulturanalyse. Zürich, S. 15–36.
Satizabal, Claudia L./Beiser, Alexa S./Chouraki, Vincent/Chêne, Geneviève/Dufoil, Carole/Seshadri, Sudha (2016): Incidence of Dementia over three decades in the Framingham heart study. In: The New England Journal of Medicine, 374/6, S. 523–532.
Savaskan, Egemen/Bopp-Kistler, Irene/Buerge, Markus/Fischlin, Regina/Georgescu, Dan/Giardini, Umberto/Hatzinger, Martin/Hemmeter, Ulrich/Justiniano, Isabella/Kressig, Reto W./Monsch, Andreas/Mosimann, Urs P./Mueri, Renè/Munk, Anna/Popp, Julius/Schmid, Ruth/Wollmer, Marc A. (2014): Empfehlungen zur Diagnostik und Therapie der behavioralen und psychologischen Symptome der Demenz (BPSD). In: Praxis. Schweizerische Rundschau für Medizin, 103/3, S. 135–148.
Savundranayagam, Marie Y./Hummert, Mary Lee/Montgomery, Rhonda J. V. (2005): Investigating the effects of communiction problems on caregiver burden. In: The Journals of Gerontology, 60/1, S. 48–55.

Savva, George M./Zaccai, Julia/Matthews, Fiona E./Davidson, Julie E./McKeith, Ian/Brayne, Carol (2009): Prevalence, correlates and course of behavioural and psychological symptoms of dementia in the population. In: The British Journal of Psychiatry, 194/3, S. 212–219.

Schäubli-Meier, Ruth (2008): Ich habe Alzheimer. Wie will ich noch leben – wie sterben? Zürich.

Schäufele, Martina/Köhler, Leonore/Teufel, Sandra/Weyerer, Siegfried (2006): Betreuung von demenziell erkrankten Menschen in Privathaushalten. Potenziale und Grenzen. In: Schneekloth, Ulrich/Wahl, Hans-Werner (Hg.): Selbstständigkeit und Hilfebedarf bei älteren Menschen in Privathaushalten. Pflegearrangements, Demenz, Versorgungsangebote. Stuttgart, S. 103–145.

Scherr, Albert (2012): Soziale Bedingungen von Agency. Soziologische Eingrenzungen einer sozialtheoretisch nicht auflösbaren Paradoxie. In: Bethmann, Stephanie/Helfferich, Cornelia/Hoffman, Heiko/Niermann, Debora (Hg.): Agency. Qualitative Rekonstruktionen und gesellschaftstheoretische Bezüge von Handlungsmächtigkeit. Weinheim und Basel, S. 99–121.

Schmidt-Lauber, Brigitta (2007): Feldforschung. Kulturanalyse durch Teilnehmende Beobachtung. In: Göttsch, Silke/Lehmann, Albrecht (Hg.): Methoden der Volkskunde. Positionen, Quellen und Arbeitsweisen in der Europäischen Ethnologie. Berlin, S. 219–248.

Schmidt-Lauber, Brigitta (2009): Orte von Dauer. Der Feldforschungsbegriff der Europäischen Ethnologie in der Kritik. In: Windmüller, Sonja/Binder, Beate/Hengartner, Thomas (Hg.): Kultur – Forschung. Zum Profil einer volkskundlichen Kulturwissenschaft. Münster, S. 237–259.

Schmidtke, Armin/Sell, Roxanne/Löhr, Cordula (2008): Epidemiologie von Suizidalität im Alter. In: Zeitschrift für Gerontologie und Geriatrie, 41/3, S. 3–13.

Schmidtke, Klaus/Otto, Markus (2012): Alzheimer-Demenz. In: Wallesch, Claus-Werner/Förstl, Hans (Hg.): Demenzen. Stuttgart/New York, S. 203–227.

Schmitt, Rudolf (1995): Kollektive Metaphern des psychosozialen Helfens. In: Report Psychologie, 5/6, S. 389–408.

Schmitt, Rudolf (2011): Methoden der sozialwissenschaftlichen Metaphernforschung. In: Junge, Matthias (Hg.): Metaphern und Gesellschaft. Die Bedeutung der Orientierung durch Metaphern. Wiesbaden, S. 167–184.

Schnabel, Manfred (2014): Die Regierung der Demenz. In: Pflege & Gesellschaft, 19/2, S. 152–167.

Schneider, Lon S./Mangialasche, Francesca/Andreasen, Niels/Feldman, Howard H./Giacobini, Ezio/Jones, Roy W./Mantua, Valentina/Mecocci, Patrizia/Pani, Luca/Winblad, Bengt/Kivipelto, Miia (2014): Clinical trials and late-stage drug devlopment for Alzheimer's disease. An appraisal from 1984 to 2014. Journal of Internal Medicine, 275/3, S. 261–83.

Schneider, Werner (2015): Dispositive… – überall (und nirgendwo)? Anmerkungen zu einer Theorie und methodischen Praxis der Dispositivforschung. In: Othmer, Julius/Weich, Andreas (Hg.): Medien – Bildung – Dispositive. Beiträge zu einer interdisziplinären Medienbildungsforschung. Wiesbaden, S. 21–40.

Scholl, Jane M./Sabat, Steven R. (2008): Stereotypes, stereotype threat and ageing. Implications for the understanding and treatment of people with Alzheimer's disease. In: Ageing & Society, 28/1, S. 103–130.

Schönborn, Raphael (2018): Demenzsensible psychosoziale Intervention. Interviewstudie mit Menschen mit demenziellen Beeinträchtigungen. Wiesbaden.
Schroeter, Klaus R./Zimmermann, Harm-Peer (2012): Doing age on local stage. Ein Beitrag zur Gouvernementalität alternder Körper heute. In: Mitterbauer, Helga/Scherke, Katharina (Hg.): Moderne. Kulturwissenschaftliches Jahrbuch 6 (2010/2011). Themenschwerpunkt: Alter(n). Innsbruck/Wien/Bozen, S. 72-83.
Schuhmacher, Birgit (2018): Inklusion für Menschen mit Demenz. Exklusionsrisiken und Teilhabechancen. Wiesbaden.
Schultebraucks, Meinolf (2006): Behindert Leben. Lebensgeschichten körperbehinderter Menschen als Leitmotiv subjektverbundener Theologie und Pädagogik. Münster.
Schulze, Jana/Van Den Bussche, Hendrik/Glaeske, Gerd/Kaduszkiewicz, Hana/Wiese, Birgitt/Hoffmann, Falk (2013): Impact of safety warnings on antipsychotic prescriptions in dementia. Nothing has changed but the years and the substances. In: European Neuropsychopharmacology, 23/9, S. 1034-1042.
Schulze, Winfried (Hg.) (1996): Ego-Dokumente. Annäherung an den Menschen in der Geschichte. Berlin.
Schwertl, Maria (2010): Wohnen als Verortung. Identifikationsobjekte in deutsch-/türkischen Wohnungen. München.
Schwertl, Maria (2015): Faktor Migration. Projekte, Diskurse, Entwicklungen und Subjektivierungen des Hypes um Migration & Entwicklung. Münster/New York.
Schwinger, Antje/Tsiasioti, Chrysanthi/Klauber, Jürgen (2016): Unterstützungsbedarf in der informellen Pflege – eine Befragung pflegender Angehöriger. In: Jacobs, Klaus/Kuhlmeyer, Adelheid/Greß, Stefan/Klauber, Jürgen/Schwinger, Antje (Hg.): Pflege-Report 2016. Die Pflegenden Im Fokus. Stuttgart, S. 189-216.
Schwinger, Antje/Tsiasioti, Chrysanthi (2018): Pflegebedürftigkeit in Deutschland. In: Jacobs, Klaus/Kuhlmeyer, Adelheid/Greß, Stefan/Klauber, Jürgen/Schwinger, Antje (Hg.): Pflege-Report 2018. Qualität in der Pflege. Heidelberg, S. 173-204.
Selke, Stefan (Hg.) (2012): Tafeln in Deutschland. Aspekte einer sozialen Bewegung zwischen Nahrungsmittelumverteilung und Armutsintervention. Wiesbaden.
Sennett, Richard (1998): Der flexible Mensch. Die Kultur des neuen Kapitalismus. Berlin.
Serafini, Gianluca/Calcagno, Pietro/Lester, David/Girardi, Paolo/Amore, Mario/Pompili, Maurizio (2016): Suicide risk in Alzheimer's disease. A systematic review. In: Current Alzheimer Research, 13/10, S. 1083-1099.
Sherrat, Chris/Soteriou, Tony/Evans, Simon (2007): Ethical issues in social research involving people with dementia. In: Dementia, 6/4, S. 463-470.
Simons, Maarten (2004): Lernen, Leben und Investieren. Anmerkungen zur Biopolitik. In: Ricken, Norbert/Rieger-Ladich, Markus (Hg.): Michel Foucault. Pädagogische Lektüren. Wiesbaden, S. 165-186.
Sitter, Miriam (2015): PISAs fremde Kinder. Eine diskursanalytische Studie. Wiesbaden.
Sloterdijk, Peter (1996): Alte Leute und letzte Menschen. Notiz zur Kritik der Generationenvernunft. In: Tews, Hans Peter/Klie, Thomas/ Schütz, Rudolf M. (Hg.): Altern und Politik. Melsungen, S. 7-21.
Small, Neil/Froggatt, Katherine/Downs, Murna (2007): Living and dying with dementia. Dialogues about paliative care. Oxford/New York.

Snowdown, David A. (1997): Aging and Alzheimer's disease. Lessons from the nun study. In: The Gerontologist, 37/2, S. 150–156.

Snyder, Lisa (2003): Satisfactions and challenges in spiritual faith and practice for persons with dementia. In: Dementia, 2/3, S. 299–313.

Solomon, Alina/Mangialasche, Francesca/Richard, Edo/Andrieu, Sandrine/Bennett, David A./Breteler, Monique M. B./Fratiglioni, Laura/Hooshmand, Babak/Khachaturian, Ara S./Schneider, Lon S./Skoog, Ingmar/Kivipelto, Miia (2014): Advances in the prevention of Alzheimer's disease and dementia. In: Journal of Internal Medicine, 275/3, S. 229–250.

Sonntag, Katja (2014): Grundlagen. Demenz und Pflegebedürftigkeit. In: Dies./Von Reibnitz, Christine (Hg.): Versorgungskonzepte für Menschen mit Demenz. Praxishandbuch und Einstiegshilfe. Berlin/Heidelberg, S. 1–16.

Sontag, Susan (2012): Krankheit als Metapher. Aids und seine Metaphern. Frankfurt am Main.

Springate, Beth A./Tremont, Geoffrey (2014): Dimensions of caregiver burden in dementia. Impact of demographic, mood, and care recipient variables. In: American Journal of Geriatric Psychiatry, 22/3, S. 294–300.

Steinmetz, Astrid (2016): Nonverbale Interaktion mit demenzkranken und palliativen Patienten. Kommunikation ohne Worte – KOW. Wiesbaden.

Stern, Yaakov (2009): Cognitive Reserve. In: Neuropsychologica, 47/10, S. 2015–2028.

Stephan, Blossom/Birdi, Ratika/Tang, Eugene Yee Hing/Cosco, Theodore D./Donini, Lorenzo/Licher, Silvan/Ikram, M. Arfan/Siervo, Mario/Robinson, Louise (2018): Secular trends in dementia prevalence and incidence worldwide. A systematic review. In: Journal of Alzheimer's Disease, 66/2, S. 653–680.

Stobbe, Gabriele (2012): Schluckstörungen bei Demenz. In: Fuchs, Christoph/Gabriel, Heiner/Raischl, Josef/Steil, Hans/Wohlleben, Ulla (Hg.): Palliative Geriatrie. Ein Handbuch für die interprofessionelle Praxis. Stuttgart, S. 140–146.

Stoffers, Tabea (2016): Demenz erleben. Innen- und Außensichten einer vielschichtigen Erkrankung. Wiesbaden.

Stranz, Anneli/Sörensdotter, Renita (2016): Interpretations of person-centered dementia care. Same rhetoric, different practices? A comparative study of nursing homes in England and Sweden. In: Journal of Aging Studies, 38/3, S. 70–80.

Strauss, Anselm (1998): Grundlagen qualitative Sozialforschung. Datenanalyse und Theoriebildung in der empirischen Sozialforschung. München.

Stuckey, Jon C. (2003): Faith, aging, and dementia. Experiences of christian, jewish, and non-religious spousal caregivers and older adults. In: Dementia, 2/3, S. 337–352.

Surr, Claire Alice (2006): Preservation of self in people with dementia living in residential care. A socio-biographical approach. In: Social Science & Medicine, 62/2, S. 1720–1730.

Swinnen, Aagje/Schweda, Mark (Hg.) (2015): Popularizing dementia. Public expressions and representations of forgetfulness. Bielefeld.

Synofzik, Matthias (2007): PEG-Ernährung bei fortgeschrittener Demenz. Eine evidenz-gestützte ethische Analyse. In: Der Nervenarzt, 78/4, S. 418–428.

Szczepura, Ala/Wild, Deidre/Khan, Amir J./Owen, David W./Palmer, Thomas/Muhammad, Tariq/Clark, Michael D./Bowman, Clive (2017): Antipsychotic prescribing in care homes before and after launch of a national dementia strategy. An observational study in English institutions over a 4-year period. In: BMJ Open, 6/9, doi:10.1136/bmjopen-2015-009882.

Tanner, Denise (2012): Co-research with older people with dementia. Experience and reflections. In: Journal of Mental Health, 21/3, S. 296–306.

Taylor, Charles (1993): Multikulturalismus und die Politik der Anerkennung. Frankfurt am Main.

Taylor, Richard (2007): Alzheimer's from the inside out. Baltimore.

Thelen, Tatjana (2014): Care/Sorge. Konstruktion, Reproduktion und Auflösung bedeutsamer Bindungen. Bielefeld.

Thoma, Jens/Zank, Susanne/Schacke, Claudia (2004): Gewalt gegen demenziell Erkrankte. Datenerhebung in einem schwer zugänglichen Gebiet. In: Zeitschrift für Gerontologie und Geriatrie, 37/5, S. 349–350.

Thommessen, Bente/Aarsland, Dag/Braekhus, Anne/Oksengaard, Anne Rita/Engedal, Knut/Laake, Knut (2002): The psychosocial burden on spouses of the elderly with stroke, dementia and Parkinson's disease. In: International Journal of Geriatric Psychiatry, 17/1, S. 78–84.

Thürmann, Petra A. (2017): Einsatz von Psychopharmaka bei Pflegebedürftigen. In: Jacobs, Klaus/Kuhlmey, Adelheid/Greß, Stefan/Klauber, Jürgen/Schwinger, Antje (Hg.): Pflege-Report 2017. Die Versorgung der Pflegebedürftigen. Stuttgart, S. 119–130.

Thyrian, Jochen René/Winter, Paula/Eichler, Tilly/Reimann, Melanie/Wucherer, Diana/Dreier, Adina/Michalowsky, Bernhard/Zarm, Katja/Hoffmann, Wolfgang (2017): Relative's burden of caring for people screened positive for dementia in primary care. Results of the DelpHi study. In: Zeitschrift für Gerontologie und Geriatrie, 50/1, S. 4–13.

Tible, Olivier Pierre/Riese, Florian/Egemen, Savaskan/Von Gunten, Armin (2017): Best practice in the management of behavioural and psychological symptoms of dementia. In: Therapeutic Advances in Neurological Disorders, 10/8, S. 297–309.

Twigg, Julia (2010): Clothing and dementia. A neglected dimension? In: Journal of Aging Studies, 24/4, S. 223–230.

Tolhurst, Edward/Weicht, Bernhard (2018): Unyielding selflessness. Relational negotiations, dementia and care. In: Journal of Aging Studies, 47, S. 32–38.

Van Der Lee, Jacqueline/Bakker, Ton J. E. M./Duivenvoorden, Hugo J./Dröes, Rose-Marie (2014): Multivariate models of subjective caregiver burden in dementia. A systematic review. In: Ageing Research Reviews, 15/3, S. 76–93.

Van Dyk, Silke/Graefe, Stefanie (2010): Fit ohne Ende – gesund ins Grab? Kritische Anmerkungen zur Trias Alter, Gesundheit und Prävention. In: Jahrbuch für kritische Medizin und Gesundheitswissenschaften, 46, S. 96–121.

Van Gorp, Baldwin/Vercruysse, Tom (2012): Frames and counter-frames giving meaning to dementia. A framing analysis of media content. In: Social Science & Medicine, 74/8, S. 1274–1281.

Vandeweerd, Carla/Paveza, Gregory J./Fulmer, Terry (2006): Abuse and neglect in older adults with Alzheimer's disease. In: Nursing Clinics of North America, 41/1, S. 43–55.

Vass, Antony Andreas/Minardi, Henry A./Ward, Richard/Aggarwal, Neeru/Garfield, Cydonie/Cybyk, Beau (2003): Research into communication patterns and consequences for effective care of people with Alzheimer's disease and their carers. Ethical considerations. In: Dementia, 2/1, S. 21–48.

Vernooij-Dassen, Myrra/Jeon, Yun-Hee (2016): Social health and dementia. The power of human capabilities. In: International Psychogeriatrics, 28/5, S. 701–703.

Vilgis, Thomas A./Caviezel, Rolf/Lendner, Ilka (2015): Ernährung bei Pflegebedürftigkeit und Demenz. Lebensfreude durch Genuss. Wien.

Völk, Malte (2017a): Driving, not losing, the plot. Narrative patterns in implicit and explicit fictional representations of dementia. In: Open Cultural Studies, 1/1, S. 55–65.

Völk, Malte (2017b): »Wenn sie die Augen schloss, fing sie an zu denken.« Demenz in Biographie, Chronik und Tagebuch. In: BIOS – Zeitschrift für Biographieforschung, Oral History und Lebensverlaufsanalysen, 28/1+2, S. 102–118.

Von Reibnitz, Christine (2014): Ambulante Versorgungskonzepte und Unterstützungsangebote. In: Sonntag, Katja/Von Reibnitz, Christine (Hg.) (2014): Versorgungskonzepte für Menschen mit Demenz. Praxishandbuch und Entscheidungshilfe. Berlin/Heidelberg, S. 41–78.

Wackerbarth, Sarah B./Johnson, Mitzi (2002): The carrot and the stick. Benefits and barriers in getting a diagnosis. In: Alzheimer Disease & Associated Disorders ,16/4, S. 213–220.

Waldschmidt, Anne/Klein, Anne/Tamayo Korte, Miguel (2009): Das Wissen der Leute. Bioethik, Alltag und Macht im Internet. Wiesbaden.

Waldschmidt, Anne/Klein, Anne/Tamayo Korte, Miguel/Dalman-Eken, Sibel (2007): Diskurs im Alltag – Alltag im Diskurs. Ein Beitrag zu einer empirisch begründeten Methodologie sozialwissenschaftlicher Diskursforschung. In: Forum Qualitative Sozialforschung, 8/2, 69 Absätze. Verfügbar über: www.qualitative-research.net/index.php/fqs/article/view/251 [zuletzt abgerufen am 08.06.2016].

Wallerstein, Immanuel (2009): World-systems analysis. In: Modelski, George/Denemark, Robert A. (Hg.): World system history. Encyclopedia of life support systems. Oxford, S. 13–26.

Ward, Richard/Campbell, Sarah/Keady, John (2014): »Once I had money in my pocket, I was every colour under the sun«. Using »appearance biographies« to explore the meanings of appearance for people with dementia. In: Journal of Aging Studies, 30, S. 64–72.

Wearing, Sadie (2013): Dementia and the biopolitics of the biopic. From Iris to the Iron Lady. In: Dementia, 12/3, S. 315–325.

Weindl, Adolf (2011): »Parkinson Plus«/Demenz mit Lewy-Körperchen, Chorea Huntington und andere Demenzen bei Basalganglienerkrankungen. In: Förstl, Hans (Hg.): Demenzen in Theorie und Praxis. Berlin/Heidelberg, S. 113–144.

Weber, Melanie (2008): Alltagsbilder des Klimawandels. Zum Klimabewusstsein in Deutschland. Wiesbaden.

Wehling, Peter/Viehöver, Willy/Keller, Reiner/Lau, Christoph (2008): Zwischen Biologisierung des Sozialen und neuer Biosozialität. Dynamiken der biopolitischen Grenzüberschreitung. In: Berliner Journal für Soziologie, 17/4, S. 547–567.

Weichbold, Birgit (2015): Careways of dementia care. In: Psychiatria Danubina, 27/4, S. 439–445.

Weinrich, Harald (1964): Typen der Gedächtnismetaphorik. In: Archiv für Begriffsgeschichte, 9, S. 23–26.

Weinrich, Harald (2005): Lethe. Kunst und Kritik des Vergessens. München.
Weissenberger-Leduc, Monique/Weiberg, Anja (2011): Gewalt und Demenz. Ursachen und Lösungsansätze für ein Tabuthema in der Pflege. Wien/New York.
Welz, Gisela (1998): Moving Targets. Feldforschung unter Mobilitätsdruck. In: Zeitschrift für Volkskunde, 94/2, S. 177–194.
Werner, Perla/Goldstein, Dovrat/Karpas, Dikla/Chan, Liliane/Lai, Claudia (2014): Help-seeking for dementia. A systematic review of the literature. In: Alzheimer's Disease & Associated Disordes, 28/4, S. 299–310.
Werner, Perla/Heinik, Jeremia (2008): Stigma by association and Alzheimer's disease. In: Aging & Mental Health, 12/1, S. 92–99.
Westwood, Sue/Price, Elizabeth (Hg.) (2016): Lesbian, gay, bisexual and trans* individuals living with dementia. London/New York.
Wettstein, Albert/König, Markus/Schmid, Regula/Perren, Sonja (Hg.): Belastung und Wohlbefinden bei Angehörigen von Menschen mit Demenz. Eine Interventionsstudie. Zürich.
Wetzstein, Verena (2005): Diagnose Alzheimer. Grundlagen einer Ethik der Demenz. Frankfurt am Main.
Whitehouse, Peter (2007): The next 100 years of Alzheimer's – learning to care not cure. In: Dementia, 6/4, S. 459–462.
Whitehouse, Peter J./George, Daniel (2008): The myth of Alzheimer's. What you aren't being told about today's most dreaded diagnosis. New York.
Whitehouse, Peter J./Maurer, Konrad/Ballenger, Jesse F. (Hg.) (2000): Concepts of Alzheimer disease. Biological, clinical, and cultural perspectives. Baltimore.
Wiersma, Elaine C./Denton, Alison (2016): From social network to safety net. Dementia-friendly communities in rural northern Ontario. In: Dementia, 15/1, S. 51–68.
Wilson, Robert S./Krueger, Kristin R./Arnold, Steven E./Schneider, Julie A./Kelly, Jeremiah F./Barnes, Lisa L./Tang, Yuxiao/Bennett, David A. (2007): Loneliness and risk of Alzheimer disease. In: Archives of General Psychiatry, 64/2, S. 234–40.
Wirth, Rainer (2018): Die perkutane endoskopische Gastrostomie in der Altersmedizin. Indikationen, Technik und Komplikationen. In: Zeitschrift für Gerontologie und Geriatrie, 52/2, S. 237–245.
Wißmann, Peter/Gronemeyer, Reimer (2008): Demenz und Zivilgesellschaft – eine Streitschrift. Frankfurt am Main.
Witucki Brown, Janet/Chen, Shu-li/Mitchell, Carolyn/Province, Amy (2007): Help-seeking by older husbands caring for wives with dementia. In: Journal of Advanced Nursing, 59/4, S. 352–60.
Witzel, Andreas (1985): Das problemzentrierte Interview. In: Jütteman, Gerd (Hg.): Qualitative Forschung in der Pschologie. Grundfragen, Verfahrensweisen, Anwendungsfelder. Weinheim, S. 227–255.
Wojnar, Jan (2004): Lebensqualität Demenzkranker und betreuender Angehöriger. In: Jahrbuch für Kritische Medizin und Gesundheitswissenschaften, Band 40. Demenz als Versorgungsproblem, S. 65–82.
Wolf, Nina/Wysling, Yelena (2016): Sorge um Demenz – von Befürchtungen bis Fürsorge. Ein Einblick in das Forschungsprojekt Sorge-Figurationen bei demenziellen Erkrankungen in der Schweiz. In: Schweizer Volkskunde, 106/2, S. 46–51.

Wolfersdorf, Manfred/Etzersdorfer, Elmar (2011): Suizid und Suizidprävention. Stuttgart.
Wolff, Eberhard (2008): Patientenbilder. Zur neueren kulturwissenschaftlichen Gesundheitsforschung. In: Bricolage. Innsbrucker Zeitschrift für Europäische Ethnologie, 5, S. 24–38.
Wolff, Eberhard (2009): Funktionsweisen von Gesundheitsberatung im Medienensemble. Das Modell »Bircher-Benner«. In: Simon, Michael/Hengartner, Thomas/Heimerdinger, Timo/Lux, Anne-Christin (Hg.): Bilder. Bücher. Bytes. Zur Medialität des Alltags. Münster/New York/München/Berlin, S. 83–99.
Wolverson, Emma L./Clarke, Chris/Moniz-Cook, Esme (2016): Living positively with dementia. A Systematic review and synthesis of the qualitative literature. In: Aging & Mental Health, 20/7, S. 676–699.
Wooltorton, Eric (2002): Risperidone (Risperdal). Increased incidence of cerebrovascular events in dementia trails, In: Canadian Medical Association Journey, 167/11, S. 1269–1270.
Wooltorton, Eric (2004): Olanzapine (Zyprexa). Increased incidence of cerebrovascular events in dementia trails. In: Canadian Medical Association Journey, 170/9, S. 1395.
Wu, Yu-Tzu/Beiser, Alexa S./Breteler, Monique M. B./Fratiglioni, Laura/Helmer, Catherine/Hendrie, Hugh C./Honda, Hiroyuki/Ikram, M. Arfan/Langa, Kenneth M./Lobo, Antonio/Matthews, Fiona E./Ohara, Tomoyuki/Pérès, Karine/Qiu, Chengxuan/Seshadri, Sudha/Sjölund, Britt-Marie/Skoog, Ingmar/Brayne, Carol (2017): The changing prevalence and incidence of dementia over time – current evidence. In: Nature Reviews Neurology, 13/6, S. 327–339.
Yager, Edward M. (2006): Ronald Reagan's journey. Democrat to Republican. Lanham/Boulder/New York/Toronto/Oxford.
Yu, Doris S.F./Cheng, Sheung-Tak/Wang, Jungfang (2018): Unravelling positive aspects of caregiving in dementia: An integrative review of research literature. International Journal of Nursing Studies, 79, S. 1–26.
Zaudig, Michael (2011): »Leichte kognitive Beeinträchtigung« im Alter. In: Förstl, Hans (Hg.): Demenzen in Theorie und Praxis. Berlin/Heidelberg, S. 25–46.
Zehender, Leo (2005): Die Angst vor dem geistigen Verfall im Alter. Eine sozialphilosophische Annäherung an ausgewählte Problemlagen der institutionellen Betreuung demenziell erkrankter Menschen. In: Sittner, Elisabeth (Hg.): Demenz – Eine Herausforderung für Pflege und Betreuung. Wien, S. 9–26.
Zeilig, Hannah (2013): Dementia as a cultural metaphor. In: The Gerontologist, 54/2, S. 258–267.
Zeisberg, Johanna (2016): Pflicht zur Wahrheit, Pflicht zur Lüge? Ethische Fragen in der Demenzpflege. In: Stöckl, Claudia/Kicker-Frisinghelli, Karin/Finker, Susanne (Hg.): Die Gesellschaft des langen Lebens. Soziale und individuelle Herausforderungen. Bielefeld, S. 109–120.
Zentrum für Qualität in der Pflege (2015): Pflegeberatung in Deutschland wenig bekannt. Berlin. Verfügbar über: https://www.zqp.de/wp-content/uploads/2015_04_20_PI_Pflegeberatung_in_Deutschland_wenig_bekannt.pdf [zuletzt abgerufen am 27.08.2018].
Zimmer, Annette (2013): Die verschiedenen Dimensionen der Zivilgesellschaft. In: Hradil, Stefan (Hg.): Deutsche Verhältnisse. Eine Sozialkunde. Frankfurt am Main/New York, S. 347–359.

Zimmermann, Andrea Maria (2017): Kritik der Geschlechterordnung. Selbst-, Liebes- und Familienverhältnisse im Theater der Gegenwart. Bielefeld.
Zimmermann, Christian/Wißmann, Peter (2014): Auf dem Weg mit Alzheimer. Wie sich mit einer Demenz leben lässt. Frankfurt am Main.
Zimmermann, Harm-Peer (2011): Alters-Ratgeber und Alters-Avantgarden. Populare Aspekte differenziellen Alterns. In: Schürmann, Thomas (Hg.): Alt und jung. Vom Älterwerden in der Geschichte und Zukunft. Hamburg, S. 383–390.
Zimmermann, Harm-Peer (2012): Über die Macht der Altersbilder. Kultur – Diskurs – Dispositiv. In: Kruse, Andreas/Rentsch, Thomas/Zimmermann, Harm-Peer (Hg.): Gutes Leben im hohen Alter. Das Altern in seinen Entwicklungsmöglichkeiten und Entwicklungsgrenzen verstehen. Heidelberg.
Zimmermann, Harm-Peer (2016): Alienation and alterity. Age in the existentialist discourse on others. In: Journal of Aging Studies, 39, S. 83–95.
Zimmermann, Harm-Peer (2018a): Kulturen der Sorge. Wie unsere Gesellschaft ein Leben mit Demenz ermöglichen kann. Frankfurt am Main/New York.
Zimmermann, Harm-Peer (2018b): »Erhebe dich nur!« Sorge und Selbstsorge bei Demenz – kulturwissenschaftliche Gesichtspunkte. In: Pastoral-Theologie. Monatsschrift für Wissenschaft und Praxis in Kirche und Gesellschaft, 107, S. 483–500.

Internetseiten

Alzheimer Gesellschaft München e.V. (Internet): 30 Jahre Alzheimer Gesellschaft München. Verfügbar über: https://www.agm-online.de/30jahreagm.html [zuletzt abgerufen am 25.03.2018].

Alzheimer Gesellschaft München e.V. (Internet): Angebote für Menschen mit Demenz. Verfügbar über: https://www.agm-online.de/alzheimer-hilfe-kranke.html [zuletzt abgerufen am 25.03.2018].

Alzheimer Gesellschaft München e.V. (Internet): Begleitung durch den ehrenamtlichen Helferkreis zu Hause. Verfügbar über: https://www.agm-online.de/alzheimer-hilfebegleitung.html [zuletzt abgerufen am 25.03.2018].

Deutsche Alzheimer Gesellschaft e.V. (Internet): Leitbild der Deutschen Alzheimer Gesellschaft. Verfügbar über: https://www.deutsche-alzheimer.de/ueber-uns/leitbild.html [zuletzt abgerufen am 25.03.2018].

Deutsche Alzheimer Gesellschaft e.V. (Internet): Über uns. Verfügbar über: https://www.deutsche-alzheimer.de/ueber-uns.html [zuletzt abgerufen am 25.03.2018].

Deutsche Alzheimer Gesellschaft e.V. (Internet): Finanzierung. Verfügbar über: https://www.deutsche-alzheimer.de/ueber-uns/finanzierung.html [zuletzt abgerufen am 25.03.2018].

Deutsche Alzheimer Gesellschaft e.V. (Internet): Leitfäden für Beratung und Gruppenarbeit. Helferinnen in der häuslichen Betreuung von Demenzkranken. Verfügbar über: https://shop.deutsche-alzheimer.de/broschueren/35/helferinnen-der-haeuslichen-betreuung-von-demenzkranken [zuletzt abgerufen am 25.03.2018].

Frankfurter Allgemeine Zeitung (FAZ) (Internet): Der Abschiedsbrief von Gunter Sachs. Verfügbar über: http://www.faz.net/aktuell/gesellschaft/menschen/wortlaut-der-abschiedsbrief-von-gunter-sachs-1637779.html [zuletzt abgerufen am 25.03.2018].

Journalistikon (Internet): Sprache und Stil. Verfügbar über: http://journalistikon.de/category/sprache-und-stil-des-journalismus/ [zuletzt abgerufen am 25.03.2018]

Kurz, Alexander (Internet): Die Krankheit Morbus Binswanger. Verfügbar über: https://www.deutsche-alzheimer.de/unser-service/archiv-alzheimer-info/morbus-binswanger.html [zuletzt abgerufen am 25.03.2018].

Merz-Pharma (Internet): Alzheimer-Therapie heute und in Zukunft. Verfügbar über: http://www.alzheimerinfo.de/aktuelles/monatsspecial/archiv/ms_11_2007/alzheimer_therapie/index.jsp [zuletzt abgerufen am 25.03.2018].

Neue Zürcher Zeitung (Internet): »Keine Nahrung mehr aufzunehmen, ist ein natürlicher Weg des Sterbens«. Verfügbar über: https://www.nzz.ch/schweiz/sterbefasten-ein-ausweg-aus-der-demenz-ld.148715 [zuletzt abgerufen am 25.03.2018].

Schön Klinik (Internet): Alzheimer Therapiezentrum. Verfügbar über: http://www.schoen-kliniken.de/bad-aibling-harthausen/alzheimertherapiezentrum/ueberblick [zuletzt abgerufen am 25.03.2018].

Schröder, Jens (Internet): IVW-Blitz-Analyse: Zeitschriften-Top-100 und überregionale Zeitungen – viele Verlierer, nur wenige Gewinner. Verfügbar über: http://meedia.de/2017/01/20/ivw-blitz-analyse-zeitschriften-top-100-und-ueberregionale-zeitungen-viele-verlierer-nur-wenige-gewinner/ [zuletzt abgerufen am 25.03.2018].

Interviewleitfäden

Leitfaden I:
Zivilgesellschaftliche Demenzproblematisierung
Einleitung:
− Vorstellung des Interviewers
− Vorstellung des Forschungsvorhabens
− Erläuterung des Ablaufs: Bitte um freies Erzählen über eigene Perspektiven auf / Erfahrungen mit Demenz
− Hinweis auf Anonymität
− Test des Aufnahmegeräts
Erzählimpulse:
− Bitte erzählen sie mir von ihrem Engagement bei der Alzheimer Gesellschaft. Fangen sie vielleicht damit an, wie sie zu diesem Engagement gekommen sind.
− Was bedeutet Demenz für die Betroffenen und ihr Umfeld? Beginnen sie vielleicht bei dem Moment, wo die Betroffenen oder ihre Angehörigen demenzielle Beeinträchtigungen bemerken.
− Was ist im Umgang mit Demenz und den davon Betroffenen wichtig?
− Was denken sie über die Möglichkeit eines guten Lebens mit Demenz?
− Welche Empfehlungen haben sie für Menschen, die heute feststellen, dass sie selbst oder ein Familienmitglied von Demenz betroffen sein könnte/n?
Abschluss:
− Möchten sie etwas zu dem bisher Gesagten ergänzen?

Leitfaden II: Familiäre Demenzproblematisierung
Einleitung: – Vorstellung des Interviewers – Vorstellung des Forschungsvorhabens – Erläuterung des Ablaufs: Bitte um freies Erzählen über eigene Perspektiven auf/ Erfahrungen mit Demenz – Hinweis auf Anonymität – Test des Aufnahmegeräts
Erzählimpulse: – Bitte erzählen sie mir, wie die Demenz ihres Familienmitglieds bisher verlaufen ist. Fangen sie vielleicht damit an, wie alles angefangen hat. – Wie sieht die Situation heute aus? – Was ist im Umgang mit Demenz und den davon Betroffenen wichtig? – Was denken sie über die Möglichkeit eines guten Lebens mit Demenz? – Welche Empfehlungen haben sie für Menschen, die heute feststellen, dass sie selbst oder ein Familienmitglied von Demenz betroffen sein könnte/n?
Abschluss: – Möchten sie etwas zu dem bisher Gesagten ergänzen?«

Transkriptionsregeln

- Die Aussagen der Gesprächspartner*innen werden der Schriftsprache angepasst. Zum Beispiel führt das Transkript statt der ursprünglichen Formulierung »Jetzt ham sie gesagt…« die Form »Jetzt haben sie gesagt…« auf.
- Satzstellungen werden in ihrer ursprünglichen Form beibehalten.
- Unvollständig gebliebene Sätze/Satzteile werden mit »…« angezeigt.
- Alle Namen und Ortsangaben, die eine Identifikation der Gesprächspartner*innen sowie eine Identifikation der von ihnen erwähnten Personen ermöglichen, werden anonymisiert.
- In eckigen Klammern werden notiert:
  - Anmerkungen, die den Inhalt des Zitats nachvollziehbarer machen sollen (»[Mein Mann] hat voriges Jahr, da hat er Sachen gemacht…«);
  - Ergänzungen, die zitierte Aussagen vervollständigen (»Ja, die war so ein bisschen lockerer in dieser Richtung [und sagte]: ›Was soll ich da Stress machen?‹«);
  - Zusatzinformationen zu den Aussagen der Gesprächspartner*innen (»›Ja, Bällchenspielen.‹ [Frau Peter gab hier in einem kritisch-verächtlichen Tonfall den Kommentar ihres Mannes zum Betreuungsnachmittag wieder.]«);
  - Pausen der Gesprächspartner*innen, die über sechs Sekunden andauern (= [längere Pause]).

The manufacturer's authorised representative in the EU is Springer Nature Customer Service Centre GmbH, Europaplatz 3, 69115 Heidelberg, Germany. If you have any concerns regarding our products, please contact ProductSafety@springernature.com

Printed and bound by CPI Group (UK) Ltd, Croydon, CR0 4YY

25/03/2026

02078216-0002